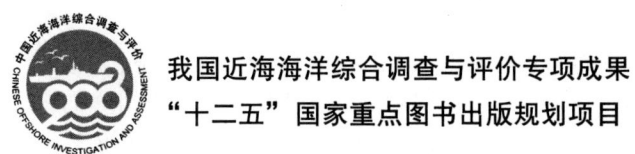

我国近海海洋综合调查与评价专项成果
"十二五"国家重点图书出版规划项目

中国区域海洋学
——海洋经济学

刘容子　主编

海洋出版社

2012年·北京

内 容 简 介

《中国区域海洋学》是一部全面系统反映我国海洋综合调查与评价成果，并以海洋基本自然环境要素描述为主的科学巨著。内容包括海洋地貌、海洋地质、物理海洋、化学海洋、生物海洋、渔业海洋、海洋环境生态和海洋经济等。《中国区域海洋学》按专业分八个分册。本书为"海洋经济学"分册，系统叙述了我国海洋经济发展的宏观环境、海洋产业经济、海洋区域经济、专属经济区与大陆架资源开发、区域海洋经济发展战略、规划及管理等。

本书可供从事海洋科学以及相关学科的科技人员参考，也可供海洋管理、海洋开发、海洋交通运输和海洋环境保护等部门的工作人员及大专院校师生参阅。

图书在版编目（CIP）数据

中国区域海洋学．海洋经济学/刘容子主编．
—北京：海洋出版社，2012.6
ISBN 978－7－5027－8253－5

Ⅰ.①中… Ⅱ.①刘… Ⅲ.①区域地理学－海洋学－中国②海洋经济学－中国 Ⅳ.①P72②P74

中国版本图书馆 CIP 数据核字（2012）第 084391 号

责任编辑：项　翔
责任印制：赵麟苏

海洋出版社 出版发行

http://www.oceanpress.com.cn
北京市海淀区大慧寺路 8 号　邮编：100081
北京旺都印务有限公司印刷　新华书店北京发行所经销
2012 年 6 月第 1 版　2012 年 6 月第 1 次印刷
开本：787mm×1092mm　1/16　印张：28.75
字数：720 千字　定价：110.00 元
发行部：62132549　邮购部：68038093　总编室：62114335
海洋版图书印、装错误可随时退换

《中国区域海洋学》编写委员会

主　任　　苏纪兰
副主任　　乔方利
编　委　　（以姓氏笔画为序）

王东晓　王　荣　王保栋　王　颖　甘子钧　宁修仁　刘保华
刘容子　许建平　孙吉亭　孙　松　李永祺　李家彪　邹景忠
郑彦鹏　洪华生　贾晓平　唐启升　谢钦春

《中国区域海洋学——海洋经济学》
编写人员名单

主　编　　刘容子
副主编　　孙吉亭
编　委　　（以姓氏笔画为序）

王　圣　刘娜娜　刘　强　孙省利　苏广明　杨伦庆　杨　靳
杨　琨　李　萍　张　平　张燕歌　陈春亮　邵文慧　孟庆武
赵玉杰　赵　蓓　原　峰　蒋铁民

序

我国近海海洋综合调查与评价专项（简称"908专项"）是新中国成立以来国家投入最大、参与人数最多、调查范围最大、调查研究学科最广、采用技术手段最先进的一项重大海洋基础性工程，在我国海洋调查和研究史上具有里程碑的意义。《中国区域海洋学》的编撰是"908专项"的一项重要工作内容，它首次系统总结我国区域海洋学研究成果和最新进展，全面阐述了中国各海区的区域海洋学特征，充分体现了区域特色和学科完整性，是"908专项"的重大成果之一。

本书是全国各系统涉海科研院所和高等院校历时4年共同合作完成的成果，是我国海洋工作者集体智慧的结晶。为完成本书的编写，专门成立了以苏纪兰院士为主任委员的编写委员会，并按专业分工开展编写工作，先后有200余名专家学者参与了本书的编写，对中国各海区区域海洋学进行了多学科的综合研究和科学总结。

本书的特色之一是资料的翔实性和系统性，充分反映了中国区域海洋学的最新调查和研究成果。书中除尽可能反映"908专项"的调查和研究成果外，还总结了近40~50年来国内外学者在我国海区研究的成就，尤其是近10~20年来的最新成果，而且还应用了由最新海洋技术获得的资料所取得的研究成果，是迄今为止数据资料最为系统、翔实的一部有关中国区域海洋学研究的著作。

本书的另一个特色是学科内容齐全、区域覆盖面广，充分反映中国区域海洋学的特色和学科完整性。本书论述的内容不仅涉及传统专业，如海洋地貌学、海洋地质学、物理海洋学、化学海洋学、生物海洋学和渔业海洋学等专业，而且还涉及与国民经济息息相关的海洋环境生态学和海洋经济学等。研究的区域则包括了中国近海的各个海区，包括渤海、黄海、东海、南海及台湾以东海域。因此，本书也是反映我国目前各海区、各专业学科研究成果和学术水平的系统集成之作。

本书除研究中国各海区的区域海洋学特征和相关科学问题外，还结合各海区的区位、气候、资源、环境以及沿海地区经济、社会发展情况等，重点关注其海洋经济和社会可持续发展可能引发的资源和环境等问题，突出区域特色，可更好地发挥科技的支撑作用，服务于区域海洋经济和社会的发展，并为海洋资源的可持续利用和海洋环境保护、治理提供科学依据。因此，本书不仅在学术研究方面有一定的参考价值，在我国海洋经济发展、海洋管理和海洋权益维护等方面也具有重要应用价值。

作为一名海洋工作者，我愿意向大家推荐本书，同时也对负责本书编委会的主任苏纪兰院士、副主任乔方利、各位编委以及参与本项工作的全体科研工作者表示衷心的感谢。

国家海洋局局长

2012年1月9日于北京

编者的话

"我国近海海洋综合调查与评价专项"(简称"908 专项")于 2003 年 9 月获国务院批准立项,由国家海洋局组织实施。《中国区域海洋学》专著是 2007 年 8 月由"908 专项"办公室下达的研究任务,属专项中近海环境与资源综合评价内容。目的是在以往调查和研究工作基础上,结合"908 专项"获取的最新资料和研究成果,较为系统地总结中国海海洋地貌学、海洋地质学、物理海洋学、化学海洋学、生物海洋学、渔业海洋学、海洋环境生态学及海洋经济学的基本特征和变化规律,逐步提升对中国海区域海洋特征的科学认识。

《中国区域海洋学》专著编写工作由国家海洋局第二海洋研究所苏纪兰院士和国家海洋局第一海洋研究所乔方利研究员负责组织实施,并成立了以苏纪兰院士为主任委员的编写委员会对学术进行把关。《中国区域海洋学》包含八个分册,各分册任务分工如下:《海洋地貌学》分册由南京大学王颖院士和国家海洋局第二海洋研究所谢钦春研究员负责;《海洋地质学》分册由国家海洋局第二海洋研究所李家彪研究员和国家海洋局第一海洋研究所刘保华研究员(后调入国家深海保障基地)、郑彦鹏研究员负责;《物理海洋学》分册由国家海洋局第一海洋研究所乔方利研究员和中国科学院南海海洋研究所甘子钧研究员、王东晓研究员负责;《化学海洋学》分册由厦门大学洪华生教授和国家海洋局第一海洋研究所王保栋研究员负责;《生物海洋学》分册由中国科学院海洋研究所孙松研究员和国家海洋局第二海洋研究所宁修仁研究员负责;《渔业海洋学》分册由中国水产科学研究院黄海水产研究所唐启升院士和中国水产科学研究院南海水产研究所贾晓平研究员负责;《海洋环境生态学》分册由中国海洋大学李永祺教授和中国科学院海洋研究所邹景忠研究员负责;《海洋经济学》分册由国家海洋局海洋发展战略研究所刘容子研究员和山东海洋经济研究所孙吉亭研究员负责。本专著在编写过程中,组织了全国 200 余位活跃在海洋科研领域的专家学者集体编写。

八个分册核心内容包括:海洋地貌学主要介绍中国四海一洋海疆与毗邻区的海岸、岛屿与海底地貌特征、沉积结构以及发育演变趋势;海洋地质学主要介绍泥沙输运、表层沉积、浅层结构、沉积盆地、地质构造、地壳结构、地球动力过程以及海底矿产资源的分布特征和演化规律；物理海洋学主要介绍海区气候和天气、水团、海洋环流、潮汐以及海浪要素的分布特征及变化规律；化学海洋学主要介绍基本化学要素、主要生源要素和污染物的基本特征、分布变化规律及其生物地球化学循环；生物海洋学主要介绍微生物、浮游植物、浮游动物、底栖生物的种类组成、丰度与生物量分布特征，能流和物质循环、初级和次级生产力；渔业海洋学主要介绍渔业资源分布特征、季节变化与移动规律、栖息环境及其变化、渔场分布及其形成规律、种群数量变动、大海洋生态系与资源管理；海洋环境生态学主要介绍人类活动和海洋环境污染对海洋生物及生态系统的影响、海洋生物多样性及其保护、海洋生态监测及生态修复；海洋经济学主要介绍产业经济、区域经济、专属经济区与大陆资源开发、海洋生态经济以及海洋发展规划和战略。

本专著在编写过程中，力图吸纳近50年来国内外学者在本海区研究的成果，尤其是近20年来的最新进展。所应用的主要资料和研究成果包括公开出版或发行的论文、专著和图集等；一些重大勘测研究专项（含国际合作项目）成果；国家、地方政府和主管行政机构发布的统计公报、年鉴等；特别是结合了"908专项"的最新调查资料和研究成果。在编写过程中，强调以实际调查资料为主，采用资料分析方法，给出区域海洋学现象的客观描述，同时结合数值模式和理论模型，尽可能地给出机制分析；另外，本专著尽可能客观描述不同的学术观点，指出其异同；作为区域海洋学内容，尽量避免高深的数学推导，侧重阐明数学表达的物理本质和在海洋学上的应用及其意义。

本专著在编写过程中尽量结合最新调查资料和研究成果，但由于本专著与"908专项"其他项目几乎同步进行，专项的研究成果还未能充分地吸纳进来。同时，这是我国区域海洋学的第一套系列专著，编写过程又涉及到众多海洋专家，分属不同专业，前后可能出现不尽一致的表述，甚至谬误在所难免，恳请读者批评指正。

《中国区域海洋学》编委会

2011年10月25日

前言

20世纪随着物质生产的飞速发展，人类也面临着人口爆炸、资源短缺和环境污染的困扰，因此有专家预言，21世纪将是海洋经济世纪。自20世纪80年代以来，我国沿海各地纷纷提出各自的海洋开发战略，向海洋要资源、要空间，使海洋经济得到极大的提高。特别是近年来，许多沿海地区的海洋经济发展战略已被国务院批复，使海洋经济的发展上升到一个新的层次。

2011年，沿海各地区深入贯彻实践科学发展观，认真落实党中央、国务院发展海洋经济的战略部署，积极推进全国海洋经济发展试点工作，加快推进经济发展方式转变和结构调整，海洋经济继续保持平稳较快的发展势头，实现了"十二五"时期的良好开局。据初步核算，2011年全国海洋生产总值45 570亿元，比上年增长10.4%。海洋生产总值占国内生产总值的9.7%。其中，海洋产业增加值26 508亿元，海洋相关产业增加值19 062亿元。海洋第一产业增加值2 327亿元，第二产业增加值21 835亿元，第三产业增加值21 408亿元，海洋第一、第二、第三产业增加值占海洋生产总值的比重分别为5.1%、47.9%和47.0%。据测算，2011年全国涉海就业人员3 420万人，比上年增加70万人。

在海洋物质生产快速增加、海洋经济水平不断提高的同时，对海洋经济发展规律的研究也如火如荼，新理论、新作品不断问世，如《海洋经济理论与实务研究》、《海洋产业资源与经济研究》、《蓝色经济学》等，涉及海洋经济的各个领域，很大程度上填补了海洋经济研究中的空白。今天，这部《中国区域海洋学——海洋经济学》的出版，是对海洋经济理论研究的又一新的贡献。

从古代的"禁海"，到今天的"近海"、"进海"，充分说明海洋已成为我国经济生活之中不可缺少的宝库。希望更多的海洋经济研究问世，以便使我们的海洋资源得到科学有序地开发，海洋产业结构得到优化合理的提升，海洋经济得到更好更快的发展。

本书由刘容子主编，孙吉亭为副主编。总设计为刘容子；总统稿人为刘容子、孙吉亭。各部分撰稿人分别是：总论部分由刘容子、孙吉亭撰稿；渤海部分由刘容子、张平、杨崭、张燕歌；黄海部分由孙吉亭、蒋铁民、赵玉杰、孟庆武、王圣、邵文慧、刘娜娜、赵蓓、杨琨撰稿;东海部分由孙吉亭、蒋铁民、赵玉杰、孟庆武、王圣、邵文慧撰稿;南海部分由孙省利、陈春亮、苏广明、李萍、刘强、原峰、杨伦庆撰稿。

孙吉亭

2012 年 3 月 25 日

目次

第1篇 总 论

引 言 …………………………………………………………………… (2)

第1章 海洋经济学研究的一般理论和方法 …………………………… (3)

1.1 术语、定义、研究范围 ……………………………………………… (3)

  1.1.1 海洋经济、海洋产业及海洋相关产业 ………………………… (3)

  1.1.2 海洋经济统计术语及其指标解释 ……………………………… (6)

  1.1.3 海洋经济相关术语 ……………………………………………… (6)

  1.1.4 海洋经济活动与统计的区域范围 ……………………………… (6)

  1.1.5 海洋经济学 ……………………………………………………… (7)

1.2 相关经济学理论方法在海洋经济研究中的应用与发展 ………… (7)

  1.2.1 区域经济学在海洋经济研究中的应用 ………………………… (7)

  1.2.2 产业经济学在海洋经济研究中的应用 ………………………… (9)

1.3 海洋经济学的一般特征 …………………………………………… (10)

  1.3.1 海洋经济的特殊性 ……………………………………………… (10)

  1.3.2 海洋经济活动的主要特征 ……………………………………… (11)

  1.3.3 海洋经济学同相关学科的关系 ………………………………… (12)

1.4 海洋经济学研究的一般原则 ……………………………………… (13)

  1.4.1 海洋经济要立足于最经济 ……………………………………… (13)

  1.4.2 海洋经济学研究要坚持最可持续发展 ………………………… (13)

  1.4.3 海洋经济学研究要谋求最大社会福利 ………………………… (14)

1.5 海洋经济学的基本理论 …………………………………………… (14)

  1.5.1 海洋价值理论 …………………………………………………… (14)

  1.5.2 海洋资源、环境的可持续利用理论 …………………………… (15)

1.5.3 科技兴海理论 ⋯⋯⋯⋯⋯⋯⋯⋯⋯⋯⋯⋯⋯⋯⋯⋯⋯⋯⋯⋯⋯ (15)
1.5.4 海陆一体化理论 ⋯⋯⋯⋯⋯⋯⋯⋯⋯⋯⋯⋯⋯⋯⋯⋯⋯⋯⋯ (15)
1.5.5 优化结构理论 ⋯⋯⋯⋯⋯⋯⋯⋯⋯⋯⋯⋯⋯⋯⋯⋯⋯⋯⋯⋯ (16)
1.5.6 依法治海理论 ⋯⋯⋯⋯⋯⋯⋯⋯⋯⋯⋯⋯⋯⋯⋯⋯⋯⋯⋯⋯ (16)
1.5.7 国际合作理论 ⋯⋯⋯⋯⋯⋯⋯⋯⋯⋯⋯⋯⋯⋯⋯⋯⋯⋯⋯⋯ (17)
1.6 中国区域海洋经济学的学科分类与研究范畴 ⋯⋯⋯⋯⋯⋯⋯⋯ (17)
1.6.1 海洋经济学的学科分类 ⋯⋯⋯⋯⋯⋯⋯⋯⋯⋯⋯⋯⋯⋯⋯ (17)
1.6.2 海洋产业的分类 ⋯⋯⋯⋯⋯⋯⋯⋯⋯⋯⋯⋯⋯⋯⋯⋯⋯⋯ (19)

第2章 中国发展海洋经济的背景和条件 ⋯⋯⋯⋯⋯⋯⋯⋯⋯⋯⋯⋯⋯ (20)
2.1 国际有关海洋法律制度 ⋯⋯⋯⋯⋯⋯⋯⋯⋯⋯⋯⋯⋯⋯⋯⋯⋯⋯ (20)
2.2 世界海洋经济发展状况 ⋯⋯⋯⋯⋯⋯⋯⋯⋯⋯⋯⋯⋯⋯⋯⋯⋯⋯ (23)
2.3 我国发展海洋经济的社会经济基础 ⋯⋯⋯⋯⋯⋯⋯⋯⋯⋯⋯⋯⋯ (23)
2.3.1 党和国家十分重视海洋开发 ⋯⋯⋯⋯⋯⋯⋯⋯⋯⋯⋯⋯ (23)
2.3.2 国家经济实力大幅提升 ⋯⋯⋯⋯⋯⋯⋯⋯⋯⋯⋯⋯⋯⋯⋯ (23)
2.3.3 海洋经济管理法规体系逐步完善 ⋯⋯⋯⋯⋯⋯⋯⋯⋯⋯ (24)
2.4 我国发展海洋经济的资源基础 ⋯⋯⋯⋯⋯⋯⋯⋯⋯⋯⋯⋯⋯⋯⋯ (24)
2.4.1 优越独特的地理区位 ⋯⋯⋯⋯⋯⋯⋯⋯⋯⋯⋯⋯⋯⋯⋯⋯ (24)
2.4.2 相对稀缺的空间资源 ⋯⋯⋯⋯⋯⋯⋯⋯⋯⋯⋯⋯⋯⋯⋯⋯ (26)
2.4.3 丰富多样的自然资源 ⋯⋯⋯⋯⋯⋯⋯⋯⋯⋯⋯⋯⋯⋯⋯⋯ (31)

第3章 中国海洋经济发展状况 ⋯⋯⋯⋯⋯⋯⋯⋯⋯⋯⋯⋯⋯⋯⋯⋯⋯⋯ (38)
3.1 全国海洋经济总体发展状况 ⋯⋯⋯⋯⋯⋯⋯⋯⋯⋯⋯⋯⋯⋯⋯⋯ (38)
3.2 全国主要海洋产业发展状况 ⋯⋯⋯⋯⋯⋯⋯⋯⋯⋯⋯⋯⋯⋯⋯⋯ (39)
3.2.1 海洋渔业 ⋯⋯⋯⋯⋯⋯⋯⋯⋯⋯⋯⋯⋯⋯⋯⋯⋯⋯⋯⋯⋯⋯ (39)
3.2.2 海洋石油和天然气业 ⋯⋯⋯⋯⋯⋯⋯⋯⋯⋯⋯⋯⋯⋯⋯⋯ (39)
3.2.3 海洋交通运输业 ⋯⋯⋯⋯⋯⋯⋯⋯⋯⋯⋯⋯⋯⋯⋯⋯⋯⋯ (39)
3.2.4 滨海旅游业 ⋯⋯⋯⋯⋯⋯⋯⋯⋯⋯⋯⋯⋯⋯⋯⋯⋯⋯⋯⋯ (40)
3.2.5 海洋船舶工业 ⋯⋯⋯⋯⋯⋯⋯⋯⋯⋯⋯⋯⋯⋯⋯⋯⋯⋯⋯ (41)
3.2.6 海洋生物医药业 ⋯⋯⋯⋯⋯⋯⋯⋯⋯⋯⋯⋯⋯⋯⋯⋯⋯⋯ (41)
3.2.7 滨海砂矿业 ⋯⋯⋯⋯⋯⋯⋯⋯⋯⋯⋯⋯⋯⋯⋯⋯⋯⋯⋯⋯ (42)
3.2.8 海洋电力 ⋯⋯⋯⋯⋯⋯⋯⋯⋯⋯⋯⋯⋯⋯⋯⋯⋯⋯⋯⋯⋯⋯ (42)
3.2.9 海水利用业 ⋯⋯⋯⋯⋯⋯⋯⋯⋯⋯⋯⋯⋯⋯⋯⋯⋯⋯⋯⋯ (44)
3.2.10 海盐业 ⋯⋯⋯⋯⋯⋯⋯⋯⋯⋯⋯⋯⋯⋯⋯⋯⋯⋯⋯⋯⋯⋯ (44)
3.2.11 海洋化工业 ⋯⋯⋯⋯⋯⋯⋯⋯⋯⋯⋯⋯⋯⋯⋯⋯⋯⋯⋯ (44)
3.2.12 海洋工程建筑业 ⋯⋯⋯⋯⋯⋯⋯⋯⋯⋯⋯⋯⋯⋯⋯⋯⋯ (45)
3.3 海洋经济区发展状况 ⋯⋯⋯⋯⋯⋯⋯⋯⋯⋯⋯⋯⋯⋯⋯⋯⋯⋯⋯⋯ (45)

3.3.1 环渤海经济区 …………………………………………………… (46)
3.3.2 长江三角洲经济区 ……………………………………………… (47)
3.3.3 珠江三角洲经济区 ……………………………………………… (47)
3.3.4 海峡西岸经济区 ………………………………………………… (47)
3.3.5 北部湾经济区 …………………………………………………… (48)

第4章 中国海洋经济发展规划体系及实施 …………………………… (49)

4.1 中国海洋经济规划体系及其特征 ……………………………………… (49)
4.1.1 海洋经济规划体系 ……………………………………………… (49)
4.1.2 海洋经济规划特征 ……………………………………………… (50)

4.2 全国总体性的海洋经济规划 …………………………………………… (50)
4.2.1 《全国海洋经济发展规划纲要》 ……………………………… (51)
4.2.2 《全国海洋功能区划》中的海洋经济内容 ………………… (51)
4.2.3 《国家海洋事业发展规划纲要》中设定的海洋经济发展
目标 ……………………………………………………………… (52)

4.3 沿海地区海洋经济发展规划 …………………………………………… (53)
4.3.1 河北省海洋经济发展规划 ……………………………………… (53)
4.3.2 海南省海洋经济发展规划 ……………………………………… (53)
4.3.3 浙江省海洋经济强省建设规划纲要 ………………………… (54)
4.3.4 山东省海洋经济"十一五"发展规划 ……………………… (54)
4.3.5 福建省"十五"和2010年海洋经济发展规划纲要
……………………………………………………………………… (55)
4.3.6 广东省海洋经济发展"十一五"规划 ……………………… (55)
4.3.7 江苏省"十一五"海洋经济发展专项规划 ………………… (56)
4.3.8 上海市海洋经济发展"十一五"规划 ……………………… (56)
4.3.9 天津市海洋经济发展"十一五"规划 ……………………… (57)
4.3.10 辽宁省海洋经济发展"十一五"规划 ……………………… (58)
4.3.11 广西壮族自治区海洋经济发展规划 ………………………… (58)

4.4 新一轮沿海和海洋经济发展规划部署与安排 ……………………… (58)
4.4.1 国家"十二五"国民经济和社会发展规划对海洋经济的
部署 ……………………………………………………………… (59)
4.4.2 沿海地区"十二五"规划对海洋经济发展的有关安排
……………………………………………………………………… (60)
4.4.3 全国海洋经济发展试点（试验、示范）规划 ……………… (67)

第5章 中国海洋经济发展前景 ………………………………………… (70)

5.1 实施海洋经济可持续发展战略的总体思路 ………………………… (70)

5.1.1 加速传统海洋产业升级改造，积极培育战略性海洋新兴产业 ……………………………………………………………………(70)

5.1.2 采取各种有效措施，保证海洋资源的可持续开发利用 …………………………………………………………………………(70)

5.1.3 稳定海洋生态环境的支撑作用 …………………………………(70)

5.1.4 持续增加和引导涉海就业 ………………………………………(71)

5.2 海洋经济可持续发展的战略目标 ……………………………………(71)

5.2.1 近期目标（2015年）……………………………………………(71)

5.2.2 中长期目标（2020年）…………………………………………(71)

5.2.3 远景预期（2050年）……………………………………………(71)

5.3 海洋经济可持续发展的战略任务 ……………………………………(71)

5.3.1 改造传统海洋产业 ………………………………………………(71)

5.3.2 培育新兴海洋产业 ………………………………………………(72)

5.3.3 储备未来海洋产业 ………………………………………………(72)

5.4 海洋经济可持续发展的空间布局 ……………………………………(72)

5.4.1 海岸带及邻近海域人口—产业聚集带 …………………………(73)

5.4.2 海岛及岛群特殊海洋经济发展区 ………………………………(73)

5.4.3 专属经济区渔业资源养护与开发区 ……………………………(73)

5.4.4 大陆架海洋能源（油气资源）开发区 …………………………(73)

5.4.5 国际海底区域多种战略性资源接替区 …………………………(73)

5.4.6 国家海洋高技术产业基地（多点）布局 ………………………(74)

5.5 海洋经济可持续发展的保障措施 ……………………………………(74)

5.5.1 加强海洋产业群建设 ……………………………………………(74)

5.5.2 切实保护海洋生态环境 …………………………………………(74)

5.5.3 增强海洋科技支撑能力 …………………………………………(74)

5.5.4 建设海洋经济可持续发展的保障体系 …………………………(75)

参考文献 …………………………………………………………………………(75)

第2篇 渤 海

引 言 ……………………………………………………………………………(78)

第6章 渤海区域海洋经济发展的基础与条件 ………………………………(79)

6.1 渤海区域海洋经济发展的资源基础 …………………………………(80)

6.1.1 渤海的海洋渔业资源 ……………………………………………(80)

6.1.2 渤海区域的海岸线资源 …………………………………………(81)

6.1.3 渤海区域的港址资源 ……………………………………………(82)

6.1.4 渤海区域的滩涂资源 ……………………………………………… (84)
    6.1.5 渤海区域的浅海资源 ……………………………………………… (85)
    6.1.6 渤海区域的油气资源 ……………………………………………… (86)
    6.1.7 渤海区域的海盐资源 ……………………………………………… (87)
    6.1.8 渤海区域的滨海景观资源 …………………………………………… (88)
    6.1.9 渤海区域海洋资源综合评价 ………………………………………… (89)
6.2 渤海生态系统服务价值评估 ………………………………………………… (90)
    6.2.1 评估范围 …………………………………………………………… (90)
    6.2.2 评估数据 …………………………………………………………… (90)
    6.2.3 评估结果 …………………………………………………………… (92)
6.3 渤海区域主要海洋资源开发状况 …………………………………………… (96)
    6.3.1 渤海区域海洋渔业资源开发状况 …………………………………… (96)
    6.3.2 渤海区域港口资源开发状况 ………………………………………… (98)
    6.3.3 渤海区域海洋油气资源开发状况 …………………………………… (98)
    6.3.4 渤海区域滨海景观资源开发状况 …………………………………… (99)
    6.3.5 渤海区域海盐资源开发状况 ……………………………………… (100)
    6.3.6 渤海区域海水资源开发状况 ……………………………………… (101)

第7章 渤海区域海洋产业经济 ……………………………………………… (103)

7.1 渤海地区的海洋渔业 ………………………………………………………… (103)
    7.1.1 环渤海地区渔业的发展 …………………………………………… (103)
    7.1.2 环渤海地区现代海洋渔业体系 …………………………………… (104)
7.2 渤海地区的海洋油气业 ……………………………………………………… (107)
    7.2.1 渤海海洋油气业开发 ……………………………………………… (107)
    7.2.2 渤海海洋油气业的发展 …………………………………………… (108)
7.3 渤海地区的海洋矿业 ………………………………………………………… (109)
    7.3.1 渤海地区海洋矿业的发展 ………………………………………… (109)
    7.3.2 渤海地区海洋矿业发展面临巨大挑战 …………………………… (110)
7.4 渤海地区的海洋盐业 ………………………………………………………… (110)
    7.4.1 渤海地区海洋盐业的发展 ………………………………………… (110)
    7.4.2 渤海地区海洋盐业发展存在的问题和前景 ……………………… (111)
7.5 渤海地区的海洋化工业 ……………………………………………………… (112)
    7.5.1 海盐化工和海水化工 ……………………………………………… (112)
    7.5.2 石油化工 …………………………………………………………… (113)
    7.5.3 海藻化工 …………………………………………………………… (114)
7.6 渤海地区的海水利用业 ……………………………………………………… (114)

7.6.1 海水直接利用 …………………………………………………… (115)
　　7.6.2 海水淡化 ………………………………………………………… (118)
7.7 渤海地区的海洋船舶工业 ……………………………………………… (119)
　　7.7.1 渤海地区海洋船舶工业发展历程 ……………………………… (119)
　　7.7.2 渤海地区船舶工业发展现状及趋势 …………………………… (120)
7.8 渤海地区的海洋交通运输业 …………………………………………… (120)
　　7.8.1 环渤海港口群 …………………………………………………… (121)
　　7.8.2 渤海水道与航线 ………………………………………………… (123)
7.9 环渤海地区的滨海旅游业 ……………………………………………… (123)
　　7.9.1 渤海地区滨海旅游业发展历程 ………………………………… (123)
　　7.9.2 渤海地区滨海旅游资源分布 …………………………………… (124)
　　7.9.3 渤海地区滨海旅游业发展现状 ………………………………… (124)

第8章 渤海海洋区域经济 …………………………………………………… (127)

8.1 环渤海地区社会经济基本情况 ………………………………………… (127)
　　8.1.1 经济总量规模大、增速快 ……………………………………… (127)
　　8.1.2 产业结构不断优化，竞争力趋强 ……………………………… (127)
　　8.1.3 需求拉动不断扩大，经济发展潜力较大 ……………………… (128)
　　8.1.4 沿海区位优势显著，经济布局趋海集聚 ……………………… (129)
8.2 环渤海地区的重点海洋经济区 ………………………………………… (129)
　　8.2.1 辽东半岛海洋经济区 …………………………………………… (129)
　　8.2.2 辽河三角洲海洋经济区 ………………………………………… (130)
　　8.2.3 渤海西部海洋经济区 …………………………………………… (130)
　　8.2.4 渤海西南部海洋经济区 ………………………………………… (130)
　　8.2.5 山东半岛海洋经济区 …………………………………………… (130)
8.3 环渤海地区海洋经济发展状况 ………………………………………… (130)
　　8.3.1 环渤海地区海洋经济总量及发展速度 ………………………… (131)
　　8.3.2 环渤海地区海洋产业结构情况 ………………………………… (132)
　　8.3.3 环渤海地区海洋产业布局 ……………………………………… (132)
　　8.3.4 环渤海地区海洋经济发展特征 ………………………………… (133)
　　8.3.5 环渤海地区各省市海洋经济发展状况 ………………………… (135)

第9章 环渤海地区海洋经济发展战略、规划与管理 ……………………… (139)

9.1 环渤海地区海洋经济发展规划体系 …………………………………… (139)
　　9.1.1 省市海洋经济发展规划 ………………………………………… (139)
　　9.1.2 区域海洋经济发展规划 ………………………………………… (140)
　　9.1.3 与渤海区域海洋经济发展有关的国家规划 …………………… (140)

9.2 环渤海各海洋经济区发展定位……………………………………(142)
9.2.1 辽东半岛海洋经济区发展定位………………………………(142)
9.2.2 辽河三角洲海洋经济区发展定位……………………………(143)
9.2.3 渤海西部海洋经济区发展定位………………………………(143)
9.2.4 渤海西南部海洋经济区发展定位……………………………(144)
9.2.5 山东半岛海洋经济区发展定位………………………………(146)
9.3 环渤海地区海洋经济发展存在的主要问题……………………(146)
9.3.1 区域海洋开发缺乏宏观调控…………………………………(146)
9.3.2 资源开发与保护矛盾突出……………………………………(146)
9.3.3 滨海湿地减损破坏严重………………………………………(147)
9.3.4 渔业资源严重退化……………………………………………(147)
9.3.5 海域使用矛盾和冲突日益严重………………………………(147)
9.3.6 生态系统脆弱性加剧…………………………………………(147)
9.4 环渤海地区海洋经济管理现状及对策…………………………(148)
9.4.1 环渤海地区海洋经济管理现状………………………………(148)
9.4.2 环渤海地区海洋经济管理战略构想…………………………(148)
9.4.3 合理规划环渤海海洋经济开发结构与布局…………………(151)
9.4.4 加强环渤海区域海洋环境管理………………………………(152)

参考文献……………………………………………………………………(155)

第3篇 黄 海

引 言………………………………………………………………………(158)

第10章 黄海的自然状况与资源……………………………………(159)
10.1 黄海的自然概况…………………………………………………(159)
10.1.1 黄海的地理环境特点…………………………………………(159)
10.1.2 黄海海底地质结构与海岸类型………………………………(159)
10.1.3 黄海的渔场……………………………………………………(160)
10.1.4 黄海接纳的径流量及入海泥沙量……………………………(160)
10.2 黄海的海洋油气资源……………………………………………(161)
10.2.1 黄海的油气资源生储条件与开发现状………………………(161)
10.2.2 对于黄海油气资源远景的几点看法…………………………(161)
10.3 黄海的生物资源…………………………………………………(162)
10.3.1 黄海的海洋水产资源状况……………………………………(162)
10.3.2 黄海的渔业资源开发利用状况（数据范围为黄渤海区域）
　　　　………………………………………………………………(162)

第 11 章　黄海区域海洋经济发展的宏观背景与条件 (164)

11.1　黄海区域及其在经济社会中的作用 (164)
11.2　黄海区域经济发展简史 (164)
　　11.2.1　黄海区域海洋盐业发展简史 (164)
　　11.2.2　黄海区域海洋渔业发展简史 (165)
　　11.2.3　黄海区域海洋运输业发展简史 (166)
11.3　黄海区域经济发展的优势与限制因素 (166)
　　11.3.1　黄海区域自然资源基础雄厚 (166)
　　11.3.2　黄海区域经济发展的限制因素 (170)
　　11.3.3　黄海海洋经济发展的 SWOT 分析 (172)

第 12 章　黄海区域海洋产业经济 (173)

12.1　黄海区域海洋经济发展概况 (173)
　　12.1.1　江苏省海洋经济发展概况 (173)
　　12.1.2　山东省海洋经济发展概况 (174)
　　12.1.3　辽宁省海洋经济发展概况 (175)
12.2　黄海区域主要海洋产业发展状况 (177)
　　12.2.1　黄海区域海洋渔业发展状况 (177)
　　12.2.2　黄海区域港口经济发展状况 (183)
　　12.2.3　黄海区域滨海旅游业发展状况 (185)
　　12.2.4　黄海区域海水利用业发展状况 (189)
　　12.2.5　黄海区域滨海修造船业发展状况 (192)
　　12.2.6　黄海区域海洋电力工业发展状况 (195)
　　12.2.7　黄海区域海洋生物制药业发展状况 (196)

第 13 章　黄海海洋区域经济 (198)

13.1　黄海海洋经济分区划分的原则指导思想和特点 (198)
　　13.1.1　黄海海洋经济分区划分的原则 (198)
　　13.1.2　黄海海洋经济分区划分的指导思想 (199)
　　13.1.3　黄海海洋经济区划分的标准 (200)
　　13.1.4　黄海海洋经济区的功能和特点 (201)
13.2　辽东半岛沿海经济区的开发与建设 (203)
　　13.2.1　辽东半岛海洋经济区域布局 (203)
　　13.2.2　辽宁省 5 个沿海经济区的建设 (204)
　　13.2.3　辽宁省沿海港口布局与建设 (205)
13.3　山东半岛蓝色经济区的开发与建设 (206)
　　13.3.1　以青岛港为核心，带动山东半岛港口群建设 (206)

13.3.2 黄河三角洲高效生态经济区发展规划与建设 ……… (209)
13.4 江苏沿海经济区的开发与建设 …………………………… (213)
13.4.1 连云港海洋经济发展规划与建设 ……………… (213)
13.4.2 南通市海洋经济开发与建设 …………………… (216)

第14章 黄海海洋经济发展战略与管理 …………………………… (218)

14.1 黄海海洋经济区发展战略的基本思路 …………………… (218)
14.1.1 黄海海洋开发的特点和条件 …………………… (218)
14.1.2 黄海海洋经济发展战略思路 …………………… (219)
14.1.3 黄海海洋经济发展战略的政策措施 …………… (222)
14.2 黄海海洋综合管理的任务和手段 ………………………… (224)
14.2.1 黄海区域海洋管理的任务及特点 ……………… (224)
14.2.2 黄海区域海洋管理的内容 ……………………… (224)
14.2.3 黄海区域海洋管理存在的问题 ………………… (227)
14.2.4 加强黄海区域海洋发展战略的政策建议 ……… (228)

参考文献 ……………………………………………………………… (230)

第4篇 东 海

引 言 ………………………………………………………………… (234)

第15章 东海区域海洋经济发展的背景与条件 ……………………… (235)

15.1 东海区域海洋经济发展的宏观背景 ……………………… (235)
15.2 东海区域的海洋资源 ……………………………………… (236)
15.2.1 东海区域的港口资源 …………………………… (236)
15.2.2 东海区域的滨海旅游资源 ……………………… (239)
15.2.3 东海区域的水产资源 …………………………… (241)
15.2.4 东海区域的海洋油气资源 ……………………… (242)
15.2.5 东海区域的海水资源 …………………………… (243)
15.3 东海区域的海洋生态环境承载力 ………………………… (244)
15.3.1 东海区域的海洋生态环境承载力现状 ………… (244)
15.3.2 东海海洋生态系统服务价值总量 ……………… (244)
15.3.3 东海生态环境与经济发展的主要矛盾 ………… (246)
15.3.4 东海环境与经济协调发展的出路 ……………… (247)
15.4 东海区域海洋经济发展的 SWOT 分析 ………………… (248)
15.4.1 大力调整和优化海洋产业结构 ………………… (248)
15.4.2 加大海洋科技创新力度,转变海洋经济增长方式 … (249)
15.4.3 大力发展港口经济,获得乘数效应 …………… (249)

15.4.4 形成产业集群,取得规模经济效益 ……………………………… (249)
15.4.5 加强区际联系,促进区域经济一体化 ……………………… (250)

第16章 东海区域的海洋产业经济 …………………………………… (251)
16.1 东海区域的海洋渔业 ……………………………………………… (251)
16.1.1 浙江省海洋渔业 ………………………………………… (252)
16.1.2 福建省海洋渔业 ………………………………………… (253)
16.2 东海区域的海洋油气业 …………………………………………… (255)
16.3 东海区域的海洋交通运输业 ……………………………………… (256)
16.3.1 浙江省海洋交通运输业 ………………………………… (258)
16.3.2 福建省海洋交通运输业 ………………………………… (259)
16.4 东海区域的滨海旅游业 …………………………………………… (260)
16.4.1 浙江省滨海旅游业 ……………………………………… (261)
16.4.2 福建省滨海旅游业 ……………………………………… (262)
16.5 东海区域的造船业 ………………………………………………… (263)
16.5.1 浙江省的沿海造船业 …………………………………… (263)
16.5.2 福建省的沿海造船业 …………………………………… (266)
16.5.3 上海市的造船业 ………………………………………… (267)

第17章 东海海洋区域经济 …………………………………………………… (270)
17.1 海洋经济分区 ……………………………………………………… (270)
17.1.1 海洋经济分区的原则 …………………………………… (270)
17.1.2 东海海洋经济区的划分及特征 ………………………… (273)
17.2 东海区域海洋经济总体状况 ……………………………………… (276)
17.2.1 东海海洋产业的经济总量及发展速度 ………………… (276)
17.2.2 东海海洋产业结构 ……………………………………… (277)
17.3 东海海洋经济区的发展现状与战略定位 ………………………… (278)
17.3.1 舟山群岛综合发展示范区的发展现状与战略定位
　　　 ……………………………………………………………… (278)
17.3.2 长江三角洲经济区的发展现状与战略定位 …………… (279)
17.3.3 闽东南海洋经济区的发展现状与战略定位 …………… (282)

第18章 东海区域海洋经济发展战略、规划与管理 ……………………… (284)
18.1 东海区域海洋经济规划体系 ……………………………………… (284)
18.1.1 东海区域已编制完成的省级规划 ……………………… (284)
18.1.2 东海区域已编制完成的地市级规划 …………………… (285)
18.2 东海区域海洋经济战略选择与规划定位 ………………………… (285)
18.2.1 东海区域海洋经济发展战略的基本思路 ……………… (285)

  18.2.2 东海区域海洋经济的发展目标和任务 …………………(288)

 18.3 东海区域海洋经济管理 …………………………………………(291)

  18.3.1 东海区域海洋综合管理的任务 …………………………(291)

  18.3.2 东海区域海洋管理体制、模式和手段 …………………(293)

  18.3.3 正确处理东海区域海洋综合管理中存在的矛盾和问题

    ………………………………………………………………(294)

 18.4 加强东海区域海洋经济发展战略的政策建议 …………………(295)

  18.4.1 提升东海区域战略地位 …………………………………(295)

  18.4.2 转变经济发展方式，处理好经济发展与环境的关系

    ………………………………………………………………(295)

  18.4.3 改革管理体制，提高管理效率 …………………………(295)

参考文献 …………………………………………………………………………(296)

第5篇　南　海

引　言 ……………………………………………………………………………(300)

第19章　南海区域海洋经济发展的宏观背景与基础条件 …………(301)

 19.1 适用南海的海洋法律法规 ………………………………………(301)

  19.1.1 国际法律制度 ……………………………………………(301)

  19.1.2 国内法律制度 ……………………………………………(301)

 19.2 南海区域海洋资源环境现状与形势 ……………………………(303)

  19.2.1 南海区域海洋资源优势突出 ……………………………(303)

  19.2.2 南海区域的区位优势明显 ………………………………(304)

  19.2.3 南海海域海洋权益争议影响经济发展 …………………(305)

  19.2.4 南海区域是海洋灾害多发区域 …………………………(305)

  19.2.5 对南海区域缺乏全面有效的综合管理 …………………(305)

  19.2.6 南海区域合作形成发展机遇 ……………………………(306)

  19.2.7 国家政策支持增加发展动力 ……………………………(306)

  19.2.8 南海局部海域海洋环境状况恶化 ………………………(307)

  19.2.9 南海区域部分海洋资源退化 ……………………………(307)

 19.3 南海区域海洋经济发展简史 ……………………………………(308)

  19.3.1 南海区域海洋经济发展历程 ……………………………(308)

  19.3.2 南海区域主要海洋产业发展沿革 ………………………(308)

 19.4 南海近岸海域生态系统服务功能与价值评估 …………………(314)

  19.4.1 评估范围 …………………………………………………(314)

  19.4.2 评估数据 …………………………………………………(315)

		19.4.3 评估结果	(317)
19.5	小结		(320)

第20章 南海区域海洋产业经济 (321)

20.1 海南区域的海洋渔业 (322)
- 20.1.1 南海区海洋渔业总体发展状况 (322)
- 20.1.2 广东海洋渔业发展状况 (323)
- 20.1.3 广西壮族自治区海洋渔业发展状况 (327)
- 20.1.4 海南省渔业发展状况 (330)

20.2 南海区域的海洋盐业 (331)
- 20.2.1 南海区海洋盐业总体发展状况 (331)
- 20.2.2 广东省海洋盐业发展状况 (333)
- 20.2.3 广西壮族自治区海洋盐业发展状况 (334)
- 20.2.4 海南省海洋盐业发展状况 (336)
- 20.2.5 南海区海洋盐业发展方向 (336)

20.3 南海区域的海洋油气业 (337)
- 20.3.1 发展与现状 (337)
- 20.3.2 广东省海洋油气产业现状 (341)
- 20.3.3 广西壮族自治区海洋油气产业现状 (341)
- 20.3.4 海南海洋油气产业发展现状 (343)

20.4 南海区域的海洋化工业 (344)
- 20.4.1 南海区海洋化工业总体发展状况 (344)
- 20.4.2 广东省海洋化工业发展状况 (345)
- 20.4.3 广西壮族自治区海洋化工发展状况 (346)
- 20.4.4 海南省海洋化工发展状况 (348)

20.5 南海区域的海水利用业 (349)
- 20.5.1 发展现状 (349)
- 20.5.2 海水利用存在的主要问题 (350)
- 20.5.3 潜力与趋势 (350)

20.6 南海区域的海洋工程建筑业 (351)
- 20.6.1 发展现状 (351)
- 20.6.2 潜力与趋势 (352)

20.7 南海区域的海洋船舶工业 (353)
- 20.7.1 发展现状 (353)
- 20.7.2 广东省海洋船舶工业发展状况 (353)
- 20.7.3 广西壮族自治区海洋船舶工业发展状况 (355)

20.7.4　海南省海洋船舶工业发展状况 …………………………………(357)

20.8　南海区域的海洋生物制药业 …………………………………(359)
20.8.1　发展现状 …………………………………………………………(359)
20.8.2　海洋生物制药业发展政策与趋势 …………………………(360)

20.9　南海区域的海洋矿业 ……………………………………………(361)
20.9.1　发展现状 …………………………………………………………(361)
20.9.2　发展趋势与对策 ………………………………………………(363)

20.10　南海区域的海洋电力业 ………………………………………(364)
20.10.1　发展现状 ………………………………………………………(364)
20.10.2　潜力与趋势 ……………………………………………………(368)

20.11　南海区域的海洋交通运输业 …………………………………(369)
20.11.1　南海区海洋交通运输业总体发展概况 ……………………(369)
20.11.2　广东省海洋交通运输业发展现状与趋势 …………………(379)
20.11.3　广西壮族自治区海洋交通运输业发展现状与趋势
　　　　………………………………………………………………(382)
20.11.4　海南省海洋交通运输业发展现状与趋势 …………………(384)

20.12　南海区域的滨海旅游业 ………………………………………(385)
20.12.1　南海区滨海旅游业总体发展状况 …………………………(385)
20.12.2　广东省滨海旅游业发展现状 ………………………………(387)
20.12.3　广西壮族自治区滨海旅游业发展现状 ……………………(387)
20.12.4　海南省滨海旅游业发展现状 ………………………………(388)
20.12.5　南海区滨海旅游业发展趋势 ………………………………(388)

20.13　小结 ………………………………………………………………(389)

第21章　南海海洋区域经济 …………………………………………(391)

21.1　南海海洋经济分区 ………………………………………………(391)
21.1.1　"珠三角"海洋经济区 …………………………………………(391)
21.1.2　粤东海洋经济区 ………………………………………………(392)
21.1.3　粤西海洋经济区 ………………………………………………(392)
21.1.4　广西临海经济带 ………………………………………………(392)
21.1.5　广西泛北部湾海域经济区 ……………………………………(392)
21.1.6　海南"一环四带"海洋经济圈 …………………………………(392)
21.1.7　海南"阶梯式"海洋开发区 ……………………………………(392)

21.2　主要海洋经济区发展战略定位 …………………………………(393)
21.2.1　"珠三角"海洋经济区发展战略定位 …………………………(393)
21.2.2　粤东海洋经济区发展战略定位 ………………………………(393)

21.2.3　粤西海洋经济区发展战略定位 …………………………………（394）
　　21.2.4　广西临海经济带发展战略定位 …………………………………（394）
　　21.2.5　广西泛北部湾海域经济区发展战略定位 ………………………（395）
　　21.2.6　海南"一环四带"海洋经济圈发展战略定位 ……………………（396）
　21.3　南海海洋经济区发展状况 …………………………………………………（399）
　　21.3.1　广东海洋经济区发展状况 ………………………………………（399）
　　21.3.2　广西海洋经济区发展状况 ………………………………………（401）
　　21.3.3　海南海洋经济区发展状况 ………………………………………（404）
　21.4　小结 …………………………………………………………………………（404）

第22章　南海专属经济区与大陆架资源开发 …………………………………（406）

　22.1　南海自然概况 ………………………………………………………………（406）
　　22.1.1　南海地形地貌概况 ………………………………………………（406）
　　22.1.2　南海自然资源概况 ………………………………………………（408）
　22.2　南海资源开发利用 …………………………………………………………（409）
　　22.2.1　南海渔业区划 ……………………………………………………（409）
　　22.2.2　北部湾渔业概况 …………………………………………………（410）
　　22.2.3　南海油气资源 ……………………………………………………（413）
　　22.2.4　南海资源开发利用存在的问题及相关制约因素 ………………（416）
　　22.2.5　南海海洋资源开发利用对策 ……………………………………（417）
　22.3　小结 …………………………………………………………………………（418）

第23章　南海区域海洋经济发展战略、规划与管理 …………………………（420）

　23.1　南海区域海洋经济规划体系 ………………………………………………（420）
　23.2　省级海洋经济发展规划 ……………………………………………………（421）
　　23.2.1　广东省海洋经济发展战略 ………………………………………（421）
　　23.2.2　广东省海洋经济发展"十二五"规划 ……………………………（421）
　　23.2.3　广西北部湾经济区发展规划 ……………………………………（422）
　　23.2.4　海南省海洋经济发展规划 ………………………………………（424）
　23.3　南海区域海洋经济管理 ……………………………………………………（426）
　　23.3.1　广东省海洋经济管理与发展 ……………………………………（426）
　　23.3.2　广西壮族自治区海洋经济管理与发展 …………………………（427）
　　23.3.3　海南省海洋经济管理与发展 ……………………………………（430）
　23.4　小结 …………………………………………………………………………（432）

参考文献 ……………………………………………………………………………（433）

第1篇 总 论

引 言

我国是一个陆海兼备的国家，大陆海岸线总长1.8万千米，位居世界第四。按照国际法和《联合国海洋法公约》的有关规定，我国主张的管辖海域面积达300万平方千米。同时，我国还拥有丰富的海洋资源，油气资源沉积盆地约70万平方千米，海洋渔场280万平方千米，海水可养殖面积260万平方千米，浅海滩涂可养殖面积242万平方千米，等等。这些数据充分说明，我国在发展海洋经济方面有着巨大的资源优势和发展潜力。

我国沿海分布着渤海、黄海、东海和南海四大海区以及台湾以东太平洋海域，它们是我国海洋经济发展的重要载体。为了论述方便，本书以海区为单元，分别论述了其各自的海洋经济发展状况，并研究了其发展的内在规律。

本书第一部分，首先论述了海洋经济学研究的一般理论和方法，包括相关经济学理论方法在海洋经济研究中的应用与发展、海洋经济学的一般特征、海洋经济学研究的一般方法、海洋经济学的基本理论、海洋经济科学发展面临的问题与展望等；运用这些基本理论与原则，分析中国发展海洋经济的背景和条件，解剖我国海洋经济发展状况，评价我国海洋经济发展规划体系及实施；在综合研究的基础上，展望中国海洋经济的发展前景，提出未来二三十年我国海洋经济可持续发展的总体战略思路、发展目标、战略任务及保障对策。

第1章 海洋经济学研究的一般理论和方法

1.1 术语、定义、研究范围

海洋经济概念的确定具有重要理论和实践意义。20 世纪 80 年代中国学术界提出海洋经济的概念，而国外学术界对此概念的明确提出相对更晚一些。海洋经济作为一个经济研究领域并逐步成为一门学科，随着海洋开发的不断深入、扩展，其内涵也不断充实扩大。在过去的二三十年里，国内外学术界对海洋经济的概念、定义、内涵以及外延进行了不懈的探索性研究。

1.1.1 海洋经济、海洋产业及海洋相关产业

海洋经济的概念，在狭义上，系指通过开发利用海洋资源、海洋水体和海洋空间而形成的经济；在广义上，包括所有开发利用海洋资源和空间形成的各类海洋产业以及依赖海洋而形成的临港重化工业等海岸带经济；在泛义上还包括与海洋经济难以分割的海岛上的陆域产业、海岸带的陆域产业以及河海体系中的内河经济等，实际上涵盖了海岛经济和沿海经济。临港工业、滨海旅游业、滨海城市建设等都要依托海洋，也属于泛义海洋经济的范畴。

近年来，在国内外掀起了海洋经济研究热。"海洋经济"作为一个术语为广大学术界所接受。在国外的英文文献中，"marine economy、ocean economy"和"coastal economy"等频频出现。不同的国家和地区、不同的社会制度和管理体系、不同技术经济前提条件、不同的国家战略视角以及所处不同海洋开发利用程度和水平，使用的术语也不同。因此，海洋经济的概念在不同的文献、报告、研究论文中含义不同。英文中海洋经济用词的不同很显然与地域范围的不同紧密关联。"ocean economy"系指直接依赖于海洋属性的经济活动；"coastal economy"系指在海岸或海岸附近发生的经济活动，无论这些活动是否与海洋有直接的联系。美国海洋政策文件使用"ocean economy"，显然其海洋经济的概念是依从覆盖世界大洋的涉海经济活动的总称。美国某些沿海州的一些文件使用"coastal economy"或"marine economy"，究其内涵，要么指涉海经济活动的地域空间为海岸线一定宽度范围内；要么忽略空间范围要素，而强调活动的内容或实施活动的主体——人，比如：美国缅因州的定义是"ocean economy"，指沿海社团进行的因海而生的经济活动；美国马塞诸塞州定义是"ocean economy"，指与海有关的商业经济活动。

造成"海洋经济"一个术语而多重定义和解释的原因：一是地理范围上，所覆盖的海陆范围、宽窄、基质各不相同；二是观察视角上，从自然科学家到社会科学家，从生产者到管理者，从政治家到科学家，从学术界到公众，多层面、多角度地对海洋经济活动展开透视性观察与研究，形成了前所未有的"海洋经济热"。作为一个新术语，人们在提问什么是"海

洋经济"的同时也即时性地给出各自的理解和解释，这就形成了海洋经济研究在主体上的广泛性和开放性；三是研究对象上，正是由于地理范围的不确定性和探讨视角的多面性以及新的海洋资源不断发现，新的海洋开发利用方式和手段不断创新，海洋新兴产业活动不断出现等，使得海洋经济研究对象边界不断扩张、动态演变，而呈模糊状态；四是统计口径上，作为国民经济中的一个新经济领域，海洋经济处于不断发展、成熟的过程之中，新的成规模的产业逐渐加入进来，海洋产业成为不断增殖扩大的群落体系，因其在国民经济中的地位和作用不同，而纳入国民经济统计范围的早晚不同，使得其显现的数量大小差异水平极大，特别是在区域层面上，这一点更为显著。

2003 年，国务院印发了《全国海洋经济发展规划纲要》，这是世界上沿海国家中第一个由国家最高行政机构颁布实施的海洋经济宏观政策性政府文件。在该文件中，对现阶段中国海洋经济的概念定义为：海洋经济是开发利用海洋的各类产业及相关经济活动的总和。

在上述定义中，海洋经济被描述为两大部分：一是海洋产业；二是海洋相关经济活动。分别具体阐述如下。

（1）海洋产业：指人类利用海洋资源和空间进行的各类生产和服务活动。其内涵至少包含五层含义：①直接从海洋获取产品的生产和服务；②直接从海洋获取的产品的一次加工生产和服务；③直接应用于海洋和海洋开发活动的产品的生产和服务；④利用海水或海洋空间作为生产过程的基本要素所进行的生产和服务；⑤与海洋密切相关的海洋科学研究、教育、社会服务和管理。

2001 年以前，纳入中国海洋经济统计的主要海洋产业只有 7 个，包括海洋水产、海洋运输、海洋盐业、滨海砂矿、海洋油气、滨海旅游、沿海造船；2001 年主要海洋产业所统计范围扩展到 12 个，即海洋渔业、海洋石油和天然气、海洋矿业、海洋盐业、海洋化工、海洋生物医药、海洋电力、海水利用、海洋船舶工业、海洋工程建筑、海洋交通运输和滨海旅游（表 1.1）。同时，海洋信息服务业纳入统计，但只有实物量数据，尚无价值量统计数据。

表 1.1　中国主要海洋产业统计分类的发展

序号	2001 年以前	2001 年至今
1	海洋水产	海洋渔业
2	海洋运输	海洋石油和天然气
3	海洋盐业	海洋矿业
4	滨海砂矿	海洋盐业
5	海洋油气	海洋化工
6	滨海旅游	海洋生物医药
7	沿海造船	海洋电力
8		海水利用
9		海洋船舶工业
10		海洋工程建筑
11		海洋交通运输
12		滨海旅游

（2）其他海洋产业：指《中华人民共和国海洋行业标准》（HY/T 062—1999）中规定的（12 个主要海洋产业除外）所有海洋产业，如滩涂林业、海洋水文、气象仪器、仪表制造业、

海水淡化业、海水直接利用业、海洋社会服务业等。

3）相关经济活动：系指与海洋产业活动相关的各类社会经济活动。第一类是海洋开发利用的前期基础活动，包括海洋调查、海洋测绘、海洋资源勘探等；第二类是海洋科技研发，包括国家支持的基础性海洋科学研究、海洋通用技术及海洋高技术开发等；第三类是海洋资源和生态环境保护工作，包括海洋环境监测、海洋生态建设、区域性海洋污染整治。

对海洋经济概念的不同表述，尽管侧重点有所不同，但都描述了海洋经济概念的3个特点：①涉海性。海洋经济与海洋存在依赖关系，即直接或间接地以海洋资源为生产对象或为这类生产提供服务。②综合性。海洋经济不仅包括直接以海洋资源为基本生产要素的生产或服务活动，而且包括间接为海洋产业提供服务的活动。③区域性。海洋经济是与一定区域的社会经济条件紧密相连的。

较为理想的海洋经济的概念不仅应包括以上3个特点，还应具有表述简洁、内涵尽量广阔丰富的特点，只有这样才能符合海洋经济理论研究以及海洋经济社会化实践发展的需要。从这个角度讲，《全国海洋发展规划纲要》中对海洋经济概念的表述，不仅从海洋经济实践需要角度是对海洋经济内涵的较为权威的解释，而且从理论研究角度上讲，也是一个较为理想的表述（图1.1）。

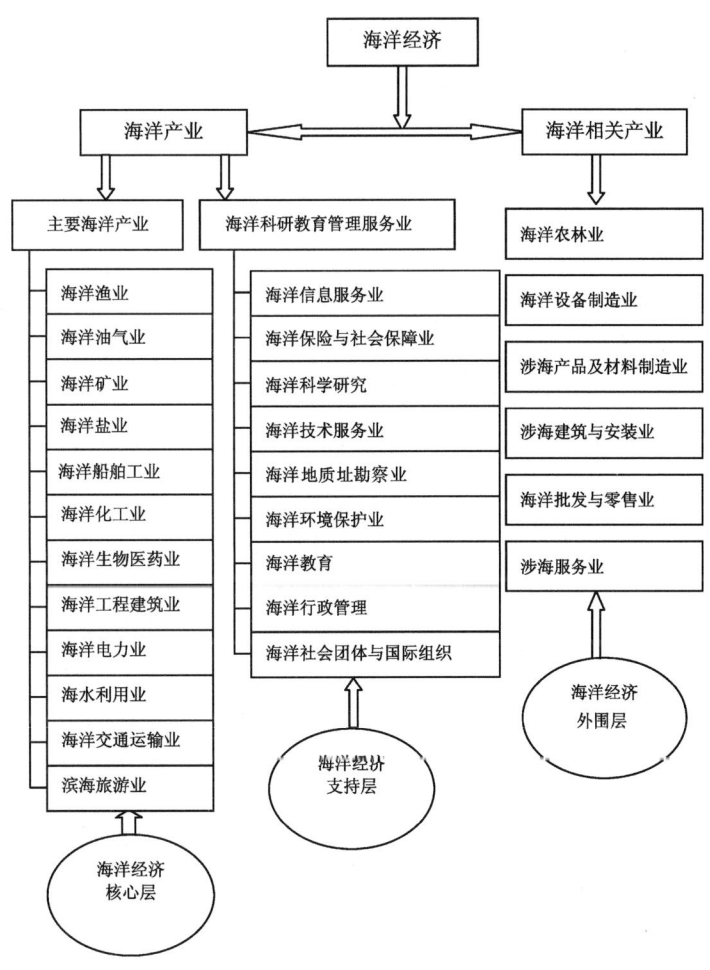

图1.1 我国海洋经济系统构成

按照上述定义，海洋经济可以归类为三个层次。

第一层是海洋经济的核心层,即主要海洋产业,是指在一定时期内具有相当规模或占有重要地位的海洋产业,包括海洋渔业、海洋油气业、海滨矿业、海洋盐业、海洋船舶工业、海洋化工业、海洋生物医药业、海洋工程业、海滨电力业、海水利用业、海洋交通运输业、和滨海旅游业等。

第二层是海洋经济的支持层,即海洋科研教育管理服务业,包括海洋科学研究、海洋教育、海洋地质勘察业、海洋技术服务业、海洋信息服务业、海洋保险与社会保障业、海洋环境保护业、海洋行政管理、海洋社会团体与国际组织等。

第三层是海洋经济的外围层,即海洋相关产业,是指以各种投入产出为联系纽带,通过产品和服务、产业投资、产业技术转移等方式与主要海洋产业构成技术经济联系的产业,包括海洋农林业、海洋设备制造业、涉海产品及材料制造业、涉海建筑与安装业、海洋批发与零售业、涉海服务业等。

1.1.2 海洋经济统计术语及其指标解释

海洋经济统计是对各设定指标的实物量和价值量的数据统计。海洋经济学研究更关注各类指标的价值量值及其变化量。

海洋生产总值:是海洋经济生产总值的简称。指按市场价格计算的沿海地区常住单位在一定时期内海洋经济活动的最终成果,是海洋产业和海洋相关产业增加值之和。

海洋产业增加值:是指按市场价格计算的常住单位在一定时期内生产与服务活动的最终成果。

1.1.3 海洋经济相关术语

伴随海洋经济的不断发展与扩展,出现了一系列相关术语。各种地理单元名词、经济活动类别名词、产业门类名词、管理权限名词等与"海洋经济"这个新生事物相伴而生。

临海工业:就行业而言,是指介于海洋产业和其他陆域产业之间,需要依托海洋空间和其他海洋资源而发展起来的部门;就区域而言,系指在海岸开发的基础上发展起来的某些特别适于海岸空间作为发展基地的产业。

临港产业:指依托港口优势发展起来的,原料和产品主要通过港口运输的产业,一般包括冶金、石油化工等部门。

临海功能园区:指位于沿海市区(拥有海岸线的地级市)和沿海县(拥有海岸线的县级市)区域范围内的各类园区,主要包括:经济技术开发区、高新技术产业开发区、旅游度假区、商贸开发区、工业园、创业园、软件园、环保产业园和物流产业园等各级、各类开发园区。

1.1.4 海洋经济活动与统计的区域范围

海洋经济活动是从属于一定陆域和海域的区域性人类生产与服务,因此,海洋经济的研究范围、研究对象具有一定的地域特点。中国现行海洋经济统计的地域范围为沿海地区及其下不同级别行政区划范围。

沿海地区:指有海岸线(大陆岸线和岛屿岸线)的地区,按行政区划分为沿海省、直辖市、自治区。

沿海城市:指有海岸线的城市,包括直辖市和地级市。

沿海区:指直辖市中有海岸线的区。

沿海县：指有海岸线的县和县级市。

1.1.5 海洋经济学

海洋经济学（marine economics），是研究海洋经济学的形成与发展、海洋生产力、海洋生产关系等海洋经济活动规律的多学科交叉形成的学科。海洋经济学研究通常区分为海洋产业经济、海洋区域经济和海洋生态经济。

海洋产业经济，主要研究海洋产业体系的内部结构、相互关系和发展规律，主要研究内容包括海洋产业结构、传统海洋产业（如海洋渔业、海洋盐业、海洋交通运输业、海洋矿业等）、新兴海洋产业（如海水利用业、海洋可再生能源电力业、滨海旅游业、海洋化工业、海洋工程建筑业、现代海洋服务业等）以及海洋未来产业（如大洋矿产资源产业、深海生物基因资源产业等）。

海洋区域经济，主要研究特定的海域和陆域范围内，各类海洋经济活动及相关经济活动的关系、发展规律及对区域经济的影响作用。主要研究内容包括海洋经济区划、海岸带经济、海岛经济、专属经济区与大陆架经济、大洋经济等。同时更为关注的是一定区域范围内，海洋经济对地区经济或区域经济在资源配置、经济总量、新兴产业、劳动就业等方面的贡献作用。

海洋生态经济，是在海洋可持续利用理念下提出的实现海洋经济可持续发展的研究领域，主要包括海洋资源和生态环境经济。

此外，海洋经济还研究可持续发展的战略和规划、海洋科技文化教育、海洋市场经济规律和海洋经济管理等。

1.2 相关经济学理论方法在海洋经济研究中的应用与发展

1.2.1 区域经济学在海洋经济研究中的应用

区域经济学中的区位论、系统论、新经济地理学和功能区划理论是区域经济学理论在海洋经济发展中最直接的体现。海陆一体化的思想则是系统论思想的具体体现。

1.2.1.1 系统论在海洋经济研究中的应用

系统论最初为一般系统论，是把生物和生命现象的有序性和目的性同系统的结构稳定性联系起来，研究生命现象的新陈代谢、生长发育、自我调节、刺激反应和天然能动性等基本特征，并把它作为观察、处理问题的一条原则，运用于生态学、种间竞争和平衡以及物理、化学等许多领域。系统论近半个世纪的发展进一步丰富了辩证唯物主义的运动观，揭示了复杂系统结构形式及演化的普遍性规律，提出了一系列的新思想、新观点和新方法，给各学术领域提供从整体分析处理问题的新思维方式。

以系统论考察海洋经济系统，可分为四个子系统：海洋资源系统、海洋生态系统、海洋经济系统、沿海社会系统。其发展过程实质是人类以自己的体力和智力活动将海洋生产力等潜在生产力转变为现实生产力为人类服务的过程。它是人类行为系统，是社会经济与海洋生态资源互为作用的一个极为复杂的运动系统，其本质是生产力系统与生产关系系统在海洋地理环境下的组合。通过海洋资源开发、利用和保护活动，形成海洋产品在生产、流通、分配和消费环节内的紧密结合，因此生产、流通、分配、消费成为海洋经济系统的四大构成要素。各要素之间通过互相影响、互相作用推动海洋经济再生产的循环上升发展。海洋经济系统由一系列不断增殖扩大的海洋产业构成，各类产业在系统环境、生态环境、社会经济环境等之间，都存在着与海洋资源、人类劳动、物质能量等方面的交换，系统中产业之间的分工与联系更是多种多样和复杂的。海洋产业系统内具有自组织性。例如，当海洋捕捞业从上游产业——造船业获取生产资料进行生产活动时，已产生向下游产业——水产品加工业和海洋药业或消费市场提供商品或服务的功能。海洋资源立体分布、陆海交织、关联国际、权属模糊的特性，形成了人与人、人与海洋的特殊生产关系。人类对海洋的不断需求、干预使海洋经济系统远离平衡态，不断地从外界输入新的人力、资本、技术信息等，满足在生产、流通、分配、消费等环节中的整合、流动、消耗，最终实现了海洋经济系统结构的提升。当生产率、产品数量、市场需求大幅上升的产业得到放大时，该产业上升为主导产业，发生产业结构的调整，新的产业结构出现，产业结构得到演进，海洋经济系统得到升级。

1.2.1.2 海陆一体化思想在海洋经济研究中的体现

海陆一体化最初是20世纪90年代我国编制《全国海洋开发保护规划》时提出的一条基本原则，后来这一原则作为海洋经济发展和沿海地区开发建设的重要"思想"，而被广泛地应用于沿海社会经济建设中。

广义的海陆一体化指如何发挥海洋优势，加强海陆联系和统一规划，促进沿海地区经济、社会的全面发展，它不但涉及海陆经济的协调发展，还包括海洋意识的培育、海陆文化的融合、海陆交通的衔接、海陆管理的统一与协调等。狭义的海陆一体化是指根据海、陆两个地理单元的内在联系，运用系统论和协同论的思想，通过统一规划、联动开发、产业链的组接和综合管理，把本来相对孤立的海陆系统，整合为一个新的统一整体，实现海陆资源的更有效配置。海陆一体是协调海陆关系以及促进海陆经济可持续发展的重要手段。从区域经济发展角度来看，海陆一体化包含两个层面：一是沿海地区在发展海洋经济的过程中，如何更好地发挥海洋资源优势，通过合理选择主导产业和优化海陆产业布局，实现海陆产业联动发展，实现沿海经济的增长；二是沿海地区与内陆地区如何通过点、轴、面等空间要素的有效组合，将沿海地区的产业优势特别是海洋经济优势向内陆地区扩散和转移，实现优势互补和区域共同发展。

海陆一体化着重强调海陆联系的重要性和紧密性，是统筹海陆关系的一种新思维。传统观点中，海洋是相对于陆地而提出，而陆地则是相对于海洋而言的，两者之间独立性大于联系性，因此，在海洋经济开发或沿海地区的开发建设中，更强调的是两者之间的区别，而忽略两者之间内在的联系。海陆一体化的思维，是对传统海洋经济开发与建设观念的一种创新，它不仅强调海陆统筹开发的重要性，而且将这重要性提升到了前所未有的高度，是一种科学海洋经济发展观。从自然生态系统的角度来看，海洋与陆地组成地球两大生态系统，两者之间通过物质、能量的流动和转换而紧密地联系在一起，密不可分。从社会经济的角度来看，陆地经济系统是海洋经济系统的支撑，而海洋经济可以看成陆地经济的空间延伸，甚至有些产业很难区分是属于陆域经济还是海洋经济。

海陆产业联动发展是实现海陆一体化的重要内容。产业是经济的重要支撑，区域经济的发展必然是以产业的发展为核心。海陆一体化的重点就是实现海陆经济一体化，而实现海陆经济一体化的关键就是实现海陆产业的联动发展，通过海陆产业之间的联动发展，将海洋资源的开发与陆域资源的开发、海洋产业的发展与其他产业的发展有机地联系起来,促进海陆经济一体化的实现。要通过海洋产业的发展,把海上生产同陆上生产、贸易、服务结合起来;同时把陆域资金、人才、技术、信息等生产要素引入海洋资源开发中,合理利用海洋空间,发挥沿海区位优势,把海洋资源的开发与陆域资源的开发、海洋产业的发展与陆地产业的发展有机地联系起来,促进海陆经济共同发展。

1.2.2 产业经济学在海洋经济研究中的应用

国内外很多学者将产业组织理论应用于海洋产业研究,进行了有意义的探索,获得了构建现代海洋产业体系的最新认识。

产业经济学一般包括产业组织理论和产业结构理论等。产业结构专指研究产业间关系的理论,而产业组织理论或产业布局理论,则专用于研究产业内部企业间关系和地区产业分布规律问题。

1.2.2.1 产业组织理论在海洋经济研究中的应用

产业组织理论以价格理论为基础,通过对经济运行过程中产业内部企业之间竞争与垄断及规模经济的关系和矛盾的具体考察分析,着力探讨这种产业组织状况及其变动对产业内资源配置效率的影响,从而为维护合理的市场竞争秩序和经济效益提供理论依据和政策途径。

产业组织理论是以产业的组织结构(structure)、组织行为(conduct)与组织绩效(performance)之间的关系为核心内容,表现三者关系的分析方法"S–C–P"分析范式是产业组织研究的主要工具。传统的产业组织理论主要用于分析微观企业的问题,但随着产业组织研究的发展,"S–C–P"分析范式不仅反映了一种存在于结构、行为与绩效之间的内在联系,同时它也被用于产业发展问题分析以及为政府制定相应的产业组织政策提供理论及现实的依据。

应用"S–C–P"分析范式对海洋产业组织问题进行分析,通常采取以下四个步骤。首先,从海洋产业的组织结构入手。在对特定海洋产业的组织结构进行分析和评价时,一般从行业集中度、企业数量及规模的角度出发,并对海洋企业的产品结构、市场结构以及产业集聚特征进行分析,在以上分析基础上总结海洋产业的组织结构特点。其次,海洋产业的组织行为分析。海洋产业组织结构特点会对海洋产业内企业的组织行为特别是价格行为、企业之间关系(联合或合作等)以及大企业的发展战略产生重要的影响,因此需要从这三个方面对海洋产业的组织行为进行分析。第三,海洋产业的绩效分析。对海洋产业的组织结构进行考察不是目的,研究的目的在于寻找最合适的产业组织结构和市场行为,以促进海洋产业绩效。对于海洋产业绩效的评价,可从海洋产业的经济效益、产品创新度、技术进步程度以及海洋产业对地区经济发展的贡献率等方面入手。第四,海洋产业组织的发展方向及对策。根据以上分析,可得到海洋产业的组织结构及组织行为方面存在的问题,在此基础上确立海洋产业在组织结构和组织行为方面的发展方向,并提出促进海洋产业组织完善的政策措施。

1.2.2.2 产业结构理论在海洋经济研究中的应用

产业结构概念始于20世纪40年代,最初其含义并不明确,既可用于解释产业间关系,也可用于解释产业内部关系以及产业的地区分布及规律等。将产业结构理论应用于海洋产业经济研究,派生出来对海洋产业的内涵、产业体系、三次产业结构分析等主要研究方法。

主要理论方法包括：区域产业结构演变的一般规律理论；产业结构调整理论；产业结构优化理论。

1.3 海洋经济学的一般特征

1.3.1 海洋经济的特殊性

海洋经济与陆地经济相比，既有共同性，又有特殊性。从共同方面讲，它们都要通过一定的劳动投入，进行生产，取得产品，在市场经济的条件下，都要求以最少的劳动消耗取得最大的经济效益；要通过优化经济结构、提高经济素质来发展生产，提高劳动生产率；要合理地组织生产，全面协调各个方面的关系等。海洋经济研究仅满足于共性是不够的，必须立足于海陆区别，根据海洋经济本身的特点，研究海洋经济的基本理论和基本方法，研究各个海洋经济部门的具体规律和海洋开发过程中出现的各种经济问题。

海与陆的区别，海洋经济的优势与困难，海洋开发的矛盾与问题，可以说，都集中在一个"水"字上。海洋这个巨型水体具有流动性、可依托性、阻障性和媒介性的特点。海洋生物资源、化学资源、矿产资源都积聚在海洋水体和水底下，海洋水体使全球不分国界地相连通。由于海洋生产大多要在海水环境中进行，海洋水体的特殊性，使海上的一切活动都需要依赖科学技术并借助于载体以及其他手段才能进行。海水的巨大压力和黑暗，使得下海好似进入了"迷宫"，阻碍着人类对海洋这个物质的结构能量、运动规律、潜在价值等问题的深入研究，使人们对它的认识仍较肤浅。由于海洋的潮汐、海流、波浪是海水运动的基本存在形式，海水运动带动了生物资源和污染物，冲破了国界自由流动，有时还带来灾难。由于海洋水面低于陆地，陆上的污染物及营养盐排入海洋，使海洋生态具有复合性特点，为海洋生态保护、污染处理带来复杂性，如此等等。具体说来，海洋经济的特殊性主要表现在以下几个方面。

一是海洋生产投资大、风险大。受海洋水文、气象条件的影响，海上开采石油，要增加抗风浪能力的设备，如果在渤海开采石油，要考虑冬季结冰的影响，要增加抗击冰块冲击的设备，所以费用大、成本高。海洋气象变幻莫测，风险很大，海上活动的意外事故的发生难以完全避免，每年台风、强风暴潮造成的损失是相当大的。所以，海洋经济研究既要注意提高海洋生产率，又要注意采取防灾抗灾措施；研究掌握海洋经济规律必须同探讨海洋自然规律相结合，研究把海洋生产活动与防灾抗灾设施办法结合起来。

二是海洋开发的综合性。在同一海域内，在水面、水中、海底蕴藏着多种资源，如渔业资源、矿产资源、石油天然气资源、海滨旅游资源、筑港资源等，各个生产部门都要开发。那么，是多种资源开发同时并举、立体交叉作业，还是突出一个重点、兼顾其他，如何做到统筹兼顾、协调配合、合理布局、综合发展，是一个重大而复杂的问题。所以，海洋经济研究必须立足全局，从整体利益出发，通过对资源的论证评估、各种开发经济效果的计算分析、国民经济的发展速度及投资比例等因素的综合分析与研究，才能制订出合理开发利用海洋的方案，为正确处理并解决各个经济部门之间的矛盾提出依据。

三是海洋环境的易变性。由于海洋与陆地共同存在于地球上，尤其是在海陆交界带，即海岸带，环境状况更为复杂。海岸带是海洋经济开发的主要地带，这一地带是海洋与陆地相互作用的地带，也是海洋与陆地之间的过渡地带。同时，由于海洋处于低位，陆地上的污染物质自然地流进海洋。所以，海洋环境复合性、易变性的特点非常明显。由于过度捕捞，导致渔业资源衰退，甚至某些鱼种灭绝；超密度的养殖也造成海水污染。海洋石油开采中泄漏、井喷，在海面上结成了石油膜，遮挡太阳光透入海中，而使浮游生物无法生活；沿海陆地工厂的废水、废渣以及生活垃圾排入海洋；农田中使用的化肥以及除草和防治病虫害的有害制剂通过河流流入海洋，破坏了海洋的生态环境。因此，研究海洋经济开发与保护，必须把海洋与陆地看做统一的整体，既要弄清海洋水环境同化、扩散废弃物和自净能力的限度以及生态利用的极限，也要研究合理组织陆地污染物排放和治理措施，使陆地环境和海洋环境为经济社会可持续发展提供保障。

四是海洋资源的共有性。近海资源横跨几个行政区域，大洋资源没有国界区分。在公海和大洋中捕鱼、航行和从事其他海洋开发是不受他国管辖的，也不需要缴纳租金。在一国范围内，渔场的使用、航道的通行也没有行政区域的划分。海洋经济的这种公有性特点，在开发海洋时容易引起不同单位、不同地区，甚至不同国家之间的纠纷，发生经济利益的冲突。因此，海洋经济研究不仅要研究海洋经济开发的历史和现状，而且要比较研究各国海洋经济法规和政策，为制定我国海洋经济法规政策和海洋开发规划、处理海洋权益纠纷提供借鉴。

五是海洋开发、利用、保护对科技的依赖性。海洋开发、利用、保护离不开科学技术的进步。正是由于海洋水声技术、卫星遥感技术、通信电子技术、超导定位技术、海洋工程技术、海洋仪器技术、航船技术、海洋生物技术等新技术的广泛采用，才出现了海洋现代开发和海洋经济大发展的局面。可以说，没有当今新技术成就的广泛采用，就绝不会有今天海洋事业的迅猛发展。所以，海洋经济学研究要通过揭示科学技术对海洋经济的作用，来促使人们认识科技是第一生产力，是海洋经济发展的基本动力。同时，要着力研究如何发展海洋科技，如何使科技成果转化为生产力，并从体制上、资金上寻找科技与经济结合的途径。

1.3.2 海洋经济活动的主要特征

1.3.2.1 区域性特点

海洋空间范围广大，海洋经济活动遍及巨大的海洋立体空间。因此，需要把海洋进行立体空间划分，海洋经济区域的划分有大有小、可大可小。主要依其经济活动的关联性自然形成。可以是一个或几个沿海省，也可以是省以下的沿海地区（地级、县级、乡级不等），如我国的长江口、珠江口、黄河口、图们江口、环渤海等海洋经济区。由于各个区域的海洋资源、沿海城镇乡村人口分布、生产力分布、生产组织结构、科技素质、交通条件以及工农业生产发展水平是各不相同的，而这些因素对海洋经济活动以及生产过程具有重要的影响和制约作用。因此，海洋经济学的基本特性是从属于区域经济学，作为学科研究，海洋经济学必须把区域经济作为主要研究对象，遵从于其区域性特点，从区域经济总体发展的角度，研究区域海洋经济发展的方向、重点任务、空间布局等，为区域经济社会的持续发展、为促进海洋生产力的发展与进步，提供科学依据。

1.3.2.2 资源性特点

海洋经济开发实际上是对海洋自然界的物质资源的开发、利用，包括海洋中存在的物质资源、动力资源和空间资源，如海洋生物资源、海洋矿物资源、海洋化学资源、海洋能源、海洋空间资源，等等。换言之，离开海洋资源，海洋经济开发利用就是一句空话。因此，海洋经济学研究的出发点应该是研究海洋资源的蕴藏、构成与开发利用的经济效果，进一步的研究应该是揭示海洋自然资源开发、利用与再生产过程中的经济关系和发展规律，更深入地研究应该是对海洋自然资源的开发利用活动进行技术经济评价，提出合理开发、有效利用自然资源的途径和方法以及资源开发、利用的极限和保护措施，为制订区域内协调的海陆资源开发与利用规划、资源管理和经济政策提供理论依据，从而在合理开发利用海洋资源与改善海洋生态环境的条件下达到获取海洋经济最佳效果的目的。

1.3.2.3 综合性特点

海洋经济综合性特点是由海洋资源多样性、多用性决定的。不管哪个海区，都存在多种资源，如海洋生物资源、海洋矿产资源、海洋化学资源、海洋动力资源、海港资源、海滨旅游资源等，而许多资源又具有多种功能和用途。每一种海洋资源的开发、利用都可能形成一定的海洋产业，所以海洋开发形成的不是单个产业，而是一个庞大的产业群；也就是说，海洋经济不仅体现在单个资源的开发利用上，而且主要体现在海洋资源的综合利用上，只有对资源"组合利用"、"立体利用"、"多质利用"，才能取得最佳的经济效益。所以，海洋经济学的研究工作，应当在综合上下工夫，研究如何综合开发、利用海洋资源，如何提高综合经济效益，如何加强海洋的综合管理。它要求海洋经济科学研究工作者知识面要宽，又有大量的调查研究，掌握丰富的第一手资料。从知识面上讲，不仅要掌握经济学、生产力经济、政治经济学的基础理论，而且要熟悉海洋学、资源经济学、区域经济学、生态经济学、技术经济学、海洋管理学等知识。从科研能力讲，要具有从宏观、总体、综合方面进行分析和研究的能力，还要有进行微观的定量计算和分析的水平。

1.3.3 海洋经济学同相关学科的关系

早在100多年以前，马克思就曾经预言，科学发展趋势是自然科学与社会科学（当时马克思称"人类的科学"）相互把对方"总括在自己下面"，"它将成为一个科学"。马克思的预言已变为现实。现代科学发展的一个明显特征是新兴学科主要发生在学科之间的交叉和渗透，既有同一学科门类的相邻学科之间的交叉和渗透，也有不同门类的相关学科之间的交叉和渗透。恩格斯也说过，原有学科的邻接领域将是新学科的生长点。海洋经济学是一门新兴的应用经济学科，它研究海洋开发、利用、保护的目的在于提高海洋开发的经济效益、生态效益和环境效益，实现三者的统一。这种科学研究决定了它不仅与社会科学方面的生态经济学、区域经济学、资源经济学、国土经济学、宏观经济学、计划经济学、技术经济学、渔业经济学、地质经济学、运输经济学、管理经济学等众多学科交叉，而且与自然科学方面的海洋生物、海洋物理、海洋化学、海洋地质以及海洋工程技术等学科又有十分密切的关系。同时，海洋经济学还十分重视方法论问题。它为了进一步增强科学研究的整体性、综合性，提高抽象化程度，在研究中更加广泛地运用数学方法以及系统论、控制论、信息论、协同论、突变论等"横断"学科。一门学科与其他众多学科交叉渗透，学科之间既有区别又有联系，且互相促进，这是现代科学发展的突出特点。正如著名科学家钱伟长所说："我认为自然科学、技术科学、社会科学与人文科学传统的学科交割即将会消除，它们将会结成一个完整的科学知识体系。不同学科之间不再是'隔行如隔山'，而是相互'取长补短'。这种科学的结合，就是世纪之交科学发展的特点之一。"

1.4 海洋经济学研究的一般原则

由于海洋经济是相对于陆地经济提出的，海洋经济的内涵是非常丰富的，因此界定海洋经济研究不仅要揭示其与海洋有关的特有本质属性，而且要全面揭示其本质属性，海洋经济既然是以海洋为对象，应当是包括海洋空间、海洋产业、海洋资源在内的复合经济。海洋开发战略也就出现了海洋资源、海洋产业和海洋区域发展等不同战略。海洋经济开发与管理中相继选择与实施的发展战略集中表现为这三种战略。海洋经济创新发展的目标导向战略系统，是一个复杂的、有层次的战略体系。

海洋资源开发的经济活动是多属性对象的经济活动，需要构建体现多属性要求的集成战略。而我国各地各海洋行业的海洋经济战略却明显存在缺憾：既存在离散缺陷，又存在集成缺失。在海洋开发中存在的谈海即渔和谈洋即航就是如此。这在很大程度上影响海洋的综合管理和海洋经济的统筹协调，导致海洋开发活动的外部不经济，影响整体开发效益的提高。由于传统海洋经济战略的孤立、离散和各自为战状态，不能有效地创新集成，使海洋经济发展面临资源永续利用的危机，危害人类的最大社会福利。这一现实迫使我们对传统海洋经济战略的"单打一"状态进行反思，要求重新作出选择。这不仅是维持海洋生态系统健康的需要，也是促进沿海地区社会、经济、文化持续发展，提高人民生活水平、维护子孙后代利益的迫切需求。为适应时代的要求，必然也必须抛弃传统发展战略的离散状态，实施战略创新，选择现代发展战略的高度集成统一状态，即建立在对经济效益、社会效益、生态效益和环境效益综合协调的基础之上，适合市场经济体制的新战略。海洋经济理论创新的共同基点应当是海洋经济最经济、最可持续发展和最大社会福利。

1.4.1 海洋经济要立足于最经济

海洋资源是稀缺资源，对它的资源的优化配置必须进行成本和边际分析。从广义上讲，所谓成本是指所耗费的广义资源，亦称广义代价。最经济原理就是经济过程的广义代价趋于最小可能值。海洋经济发展所耗费的广义资源，利用率低，或导致无法再利用，就是广义代价太大。海洋经济发展战略的制订与实施，必须要有使广义代价趋小的最经济理念。

1.4.2 海洋经济学研究要坚持最可持续发展

可持续发展的提出和发展是半个世纪以来围绕着什么是发展以及如何实现发展等争议形成的。可持续发展作为战略是在当今人类社会面临人口猛增、资源锐减、环境恶化的严峻形势下提出的，并受到国际社会普遍重视的。联合国世界环境与发展委员会在其重要报告《我们共同的未来》中指出："持续发展是既满足当代人的需求，又不对后代人满足需要的能力构成危害的发展。"要求实现人口、经济、社会、环境与资源相互协调、共同发展的目标。海洋开发的目的是要充分、合理、有效和可持续地利用海洋资源，发展海洋经济。

海洋经济理论创新之所以要选择最持续发展，作为共同战略理念，正是针对传统海洋发展战略使海洋环境恶化、渔业资源衰退，从而在一定程度上制约了海洋经济的发展而采取的对策。海洋经济实施可持续发展战略，也就是要按照可持续发展理论保护自然系统以维护长久的发展这一主张，恢复和保护海洋生态系统，恢复原有的海洋生物多样性，坚持海洋资源的开发与维护并重，海洋环境的利用与保护并重，做到海洋资源的持续利用。坚决反对只顾眼前利益、牺牲长远利益的短期行为。经济发展速度宁可暂时放慢些，也要保护好海洋生态环境和资源，不能再重复过去先污染后治理老路，确保海洋经济能够健康、永久地发展。

1.4.3 海洋经济学研究要谋求最大社会福利

海洋经济活动也要追求社会福利目标，所谓社会福利是指经济活动应以提高全社会的福利水平为目标，内容包括创造尽可能多的社会财富，依据供求关系的多样性，按对经济系统的管控和大社会化准则，制定规范，将财富进行分配，尽可能地提高经济系统的社会福利水平。在错综复杂的各种经济关系中，局部与整体的关系和因果关系是两种基本的关系形式，在社会财富分配中两种关系十分明显：怎么分配有局部与整体关系；分配结果影响积极性与创造性，是因果关系。实施海洋经济战略要正确处理各种关系，谋取社会福利最大化。

1.5 海洋经济学的基本理论

1.5.1 海洋价值理论

海洋价值理论是海洋经济理论的重要组成部分。所谓海洋价值观，就是人们对海洋的总体认识，即对海洋与人类社会存在和发展的关系、作用及重要性的认识。

海洋是地球的主要自然地理区域，总面积约为3.61亿平方千米，占地球表面面积的71%。它的价值在许多方面是难以用经济数据来衡量的，但它对人类社会和自然界的影响却是极其深远的。科学家认为，生命起源于海洋，人类的生存和发展也依赖于海洋。

1) 海洋的环境价值

海洋调节着全球气候，影响着人类生存的自然环境。海洋是太阳光的接收器和反射器。海洋植物经过光合作用每年产生的氧气达360亿吨，为大气中含氧量的70%。海洋也是吸收人类活动排出来的二氧化碳等温室气体的最大容器，其吸收能力是大气的50倍。海洋还为人类提供淡水、平衡温度、调节湿度，使工农业生产得到发展，使自然环境达到平衡。海洋中每年蒸发的淡水有50万立方千米，其中90%通过降水返回海洋，其余10%变为雨雪落在陆地上，然后顺河流又返回大海，如此循环往复，永不停息。

2) 海洋的经济价值

第一，海洋是全世界来往的通道。船舶通航于海洋，使大陆与岛屿之间、大陆与大陆之间克服了空间隔绝而变的四通八达。目前海洋运输在世界运输总量中占80%~85%。

第二，海洋是资源的宝库。海洋中存活着20多万种生物。地球上动物界的32个门类中，有23个门类仍然生活在海洋中。据推算，海洋的初级生产力每年有6 000亿吨，大约1 000吨浮游植物可养活1吨高级海洋生物，那么每年可供人类利用的鱼虾贝藻类约有6亿吨，而目前全世界每年捕捞量仅为9 000万吨，却为人类提供了22%的动物蛋白质。海洋矿产资源丰富，在近海海域中石油资源储量约为1 450亿吨、天然气储量约为45万亿立方米，约占世界油气总资源量的45%。整个海洋石油储量大约是陆地的3倍。世界洋底蕴藏着大约3万亿吨锰结核资源量，其中包含的锰、镍、钴、铜是陆地的几十倍、几百倍。目前已知的100多种元素中，能在海水中找到的就达80多种，如氯、钠、镁、硫、钙、溴、钾、碳、硼、氟等。海洋能是取之不尽、用之不竭的能源。海洋波浪、潮流、潮汐、盐度差、温度差、压力差等都会产生巨大的能量，可供开发利用的总量在766亿千瓦以上，相当于目前全世界发电总量的两倍。

第三，海洋是人类新的生存空间。为解决和缓解生存与发展空间问题，不少国家围海造地或者建造海上人工设施、人工岛屿等。目前世界上有海上机场十多个、海底隧道200多条、海洋公园200多个。日本近40年来每年平均填海造地50平方千米，荷兰800年来造地8 000平方千米。

第四，海洋是兴国的发祥地。海洋区位优势突出，目前世界强国均在沿海，而内陆国家一般比较落后。世界有35个国际大都市，其中有31个是靠海港发展起来的，其余4个均为国家首都（政治中心）。1995年世界银行公布的1994年全球国民生产总值排名前10位的国家都是沿海国家，它们是美国、日本、德国、法国、意大利、英国、中国、加拿大、西班牙、巴西。世界海洋经济1970年为1 100亿美元，1980年为3 400亿美元，1990年为6 700亿美元，每10年翻一番，高于同期世界经济的发展速度。

1.5.2　海洋资源、环境的可持续利用理论

世界海洋面积约为3.61亿平方千米，占地球表面面积的71%。海洋中蕴藏着丰富多样的资源和宝藏。但是，海洋资源不是无限的，海洋环境的承载力也是有限的。海洋资源与环境可持续理论，就是要坚持可持续利用发展观，在海洋开发中"既满足当代人的需要，又不对后代人满足其需要的能力构成威胁"。这是海洋自然规律的要求，也是海洋经济发展规律的要求。坚持可持续利用的海洋经济发展观，要求开发与保护相结合，确立海洋环境、海洋资源的有价观念。还要求有节制地进行海洋开发，做到开源与节流相结合。对自然资源要非常珍惜，资源开发既要考虑当前，也要想到将来，梯级利用，综合利用，做到物尽其用。要积极开源、勘探、调查新资源，对紧缺资源要研制代用新物质、新材料，对矿产资源开发在没有找到可替代的新资源以前不能开光耗尽，要给后代人留有空间，对生物资源开发要考虑再生周期。

1.5.3　科技兴海理论

海洋开发要坚持科技兴海，加强海洋科技对海洋经济发展的带动作用。发挥科技作为第一生产力的作用，大力发展海洋高新技术，提高海洋开发的技术水平和能力。发展海洋资源勘察技术，不断发现新的可开发资源；大力发展合理开发海洋资源，提高资源的利用率和利用价值的新技术；发展海洋资源的综合利用和深度加工技术，开发利用海洋功能食品、海洋医药产品、海洋精细化工产品等，提高海洋科技对海洋经济增长的贡献率；大力发展海洋环保和生态修复技术，满足海洋经济可持续发展的需要。依靠科技，调整海洋产业结构，促进海洋产业的升级换代，推动海洋新兴产业的发展，努力实现海洋产业现代化，把海洋资源优势转化为海洋经济优势。

1.5.4　海陆一体化理论

海岸带区域是海洋开发的主要区域，是沿海城镇的重要生产实践活动领域。海洋生产和陆上生产互相结合，是发挥海岸带区域优势的客观要求。海岸带是海陆的交接带和过渡带，是海陆经济荟萃地带。实行海陆一体化开发，把海岸带的区域优势变成经济优势，就应以沿

海城市为依托和中心，使生产力海陆双向延伸和发展。海上，从沿岸城镇向近海远洋发展；陆上，从沿岸城镇向沿海省区延伸，逐步扩大到内陆地区。利用沿海与内陆在经济发展水平上的"位差"，将沿海经济向内陆渗透、辐射，带动内陆经济的"梯次发展"；同时，利用内陆资源方面的优势，进一步促进沿海地区发展。实现沿海与内陆经济共荣的关键，是沿海城镇要确立海陆并重的观念，实行海陆整体发展战略，把海洋经济作为国家（地区）经济的一个增长点，纳入整个国民经济的发展计划，同步发展，统一配置生产要素。下海开发海洋初级产品；上陆进行精深加工，提高附加值，逐步形成以海洋为特色的产业群，同时向内陆扩散海洋产品，吸纳内陆劳动力。这样既可以发展海洋经济，又可以带动陆地经济，从而可以实现沿海与内陆经济共同繁荣。近几年，我国沿海地区经济增长很快，其实并不完全取决于对海洋的开发，区位优势作用很大。

1.5.5 优化结构理论

海洋经济的生产、流通、分配、消费活动中的所有问题几乎都与结构问题有关。合理的经济结构能产生最佳的经济效益。不断进行结构调整和产业升级是发展海洋经济的客观规律。调整海洋经济结构，包括所有制结构、产业结构、产品结构、技术结构、贸易结构、企业组织结构等，都是海洋经济领导工作必须研究和把握的重要事情。海洋经济结构是一个动态概念，它要求随着经济社会和科技的发展变化而不断进行调整。为了消除所有制结构不合理对生产力发展的羁绊，就必须进行所有制结构调整。为了适应国内外市场及人们的消费需求和消费意识的变化，就要进行产品结构调整。为了适应我国经济发展状况、世界科学技术加快发展和国民经济结构加速重组的趋势，就必须进行产业结构调整，以高新技术为依托，改造和提高传统产业，发展新兴产业和高技术产业。

1.5.6 依法治海理论

海洋是连续、统一、流动的水体，海洋资源和空间的开发利用是在立体环境中进行的，水下是油田、煤田，水体是渔场，水面要航行，海岸筑港、建厂，从而形成了一些海洋产业，如海洋石油与天然气工业及海洋捕捞养殖、海水淡化与综合利用、海盐及盐化工、海洋旅游、海洋交通运输等产业，依托海洋或部分使用海洋的船舶工业、海产品加工业等临港工业急剧增加。这样就造成了各个行业共生在一个海洋环境中，伴生了大量的环境、资源和利益问题，彼此间发生着有益的或有害的影响。有些相得益彰，构成良性循环；有些互相矛盾、此长彼消，形成制约关系，甚至破坏关系。各个行业部门为了维护海洋秩序和行业利益，加强了部门管理，于是管理部门之间的矛盾又发生了；沿海国家、地区之间存在着许多海洋权益争端问题。只有通过在国家层面制定海洋法律、法规和在联合国角度制定海洋法规、公约，才能解决矛盾和争端，实行依法治海。法是"秩序和正义的综合体"，集中地表达国家的海洋主张，反映国家和民族生存与发展的根本利益，体现社会对海洋活动秩序的规范要求。国际法规反映世界各国的主张和利益。所以，只有法才具有普遍的公认属性和强制力。利用法律来调整各种利益关系，以法律为准绳来协调和处理各种海事，即依法治海，最有权威，最公正。只有依法治海，才能保证海洋开发与保护有序地进行，提高综合经济效益和生态效益，保障国家的海洋权益。依法治海是海洋自然规律和海洋经济规律发展的必然要求，是任何单位和人士所无法替代的。

1.5.7 国际合作理论

由于海洋是全球连通，所以各国开发和利用海洋、发展海洋经济同世界大洋有着十分密切的关系，不仅有航运、海底矿产、公海共有资源共享的利益问题，而且有海洋生物及污染物不分国界地自由游动和漂流带来的问题，大洋与全球气候、环境也有直接的关系。为了了解海洋、开发利用海洋，就需要扩大对世界大洋的调查、监测和勘探工作。特别是有些重大科研项目，单靠一个国家的力量是难以完成的，需要几十个，甚至上百个国家合作进行。海洋国际合作是开发利用海洋的必要条件。

1.6 中国区域海洋经济学的学科分类与研究范畴

1.6.1 海洋经济学的学科分类

按照海洋经济的学科研究范围，学科分类可以分为部门经济或称产业经济、区域经济和生态经济三大类。

海洋经济学既有宏观经济问题研究，也有海洋微观经济问题研究；既要研究生产关系，又要研究生产力；既要研究海洋的经济理论问题，又要研究海洋的现实经济问题。但是，这种理论研究是根据理论经济学的原理，探索海洋资源开发、利用领域中的经济关系和经济运动规律。可见，它的研究仅限在特定的范围内，它的理论也仅限于一个领域，因而不可能成为对其他经济学科都适用的经济理论，不能归入理论经济学的范畴。海洋经济学的研究显然离不开海洋渔业、海洋化工、海洋采矿、海洋运输、海洋环保等科学，但它属于社会科学范畴，只是着重研究海洋生产活动的社会方面。它虽然带有经济学科与海洋科学交叉的某些特点，但它交叉的学科面太广，边际范围太宽，所以也不能把海洋经济学划入边缘经济学种类。我们认为，把海洋经济学划为应用经济学范畴更为恰当，因为它是把理论经济学的基本原理应用于海洋资源开发与利用的实践，在实践的基础上进行经验总结、理论抽象，揭示客观规律，并为海洋资源的开发、利用和保护服务的学科。

1）海洋部门经济（亦称海洋产业经济）

海洋部门经济学亦称具体经济学或产业经济学。所谓部门，是指在开发海洋经济中形成的同类职能的企业、事业单位的总和，如海洋渔业部门、海洋运输部门等。海洋部门经济学研究的内容既包括一般经济规律、海洋经济规律在本部门内部的具体表现形式问题，也包括本部门的特殊经济规律问题以及经济政策、管理体制、法律法规和本部门经济发展的历史与现状。因此，它自身已形成了一个内容广泛、结构复杂的学科体系。比如：海洋渔业经济主要研究海洋渔业在生产过程中开发海洋渔业资源的合理方式、渔业生产力的组织和布局、海洋渔业生态经济良性循环的途径以及海洋渔业经济结构与水产品流通问题等。又如：海洋港口研究主要是从经济学的角度，运用经济学的理论和方法，分析和研究与港口相关的重大经济问题，诸如港口布局、港口工艺、港口体制、企业制度、港口成本和港口定价等一些与港口生产和经营相关的问题，从而揭示港口经济规律和宏观政策，并为港口企业经营、港口企业财务、港口企业管理服务。再如：由于海洋工业部门主要进行海洋矿产、石油等资源的开发，因此，海洋工业经济研究着重进行资源开发可行性研究和投入—产出经济效益研究以及海洋工业生产过程中的资源配置、生产规模、发展速度和生产品的流通问题的研究。

海洋产业按照内部分工,分为若干子部门经济,如海洋渔业经济、海盐经济、海洋港口经济、海洋运输经济、海洋矿产石油经济、海洋旅游经济、海洋工程经济、海洋环保经济、海洋能源经济和海洋管理等。从我国海洋部门经济的研究情况看,海洋渔业经济、海洋港口运输经济以及海洋管理的研究比较深入,且颇有成果,主要有《中国渔业经济》、《渔业生态经济学概论》、《渔业技术经济分析》、《现代海洋港口经济学》、《现代港口与船舶》、《海洋综合管理》、《海洋管理通论》等专著。许多产业部门从应用出发,搞一些单项研究,如可行性研究、政策研究、中长期发展战略研究等。这对推动部门经济发展起了重要作用。

2)海洋区域经济

海洋区域经济研究在特定海洋自然区域或沿海行政区域内海洋活动及其规律。其主要研究范畴有:一是区域经济理论,包括区域经济的形成和发展、区域功能区划和区域经济综合发展、海洋经济与陆地经济的关系、区域经济发展预测和模型等;二是生产力布局理论,主要是科技进步在区域经济中的作用、区域社会问题、区域自然资源丰度和生产组织形式;三是生产力布局的经济调节机制,主要研究各地区的经济结构和区域劳动生产率增长、收入分配、固定资金利用及价格的地区差异等;四是区域经济发展战略的选择、经济发展规划和计划的制订以及实现战略目标和发展规划的措施。海洋区域经济研究不能局限于对自然资源、自然条件的经济评价及其开发和利用价值的研究,而且要对地理区域的人口分布、交通条件、经济发展水平、政治制度、社会因素、相邻地区的基本情况进行分析,为制定区域发展纲要提供科学依据。所以,海洋区域经济具有综合性、特殊性和应用性的特点。我国理论工作者和有关部门对海洋区域经济的研究较为深入,产生了许多成果。例如,为了推动本地区海洋经济发展,大多沿海省、市、县都做了海洋功能区划,制订了海洋经济发展规划。

3)海洋生态经济

海洋本身是一个大的生态系统,同时又分为许多次级生态系统;在有人类活动的海域,人类的经济活动与海洋自然生态系统结合,从而形成生态经济系统。

海洋生态经济系统的结构包括:全球海洋生态系统、区域海洋生态系统、大海洋生态系统、特殊海洋生态系统、海洋生态系统关键区、海洋生态系统保护区等多个层次。在进行海洋生态系统保护时,不同的经济发展时代都要选择关键区,建立保护区,以实现有针对性的保护和管理。

不同的海洋生态经济系统,在不同的发展阶段,其经济价值体现差异较大。海洋的经济价值可以归结为:海洋资源价值、海洋军事价值、海洋科研价值和海洋生态价值。

海洋生态经济学研究主要包括:海洋生态系统分类与特征研究,海洋生态系统结构与功能研究,海洋生态系统价值研究,海洋生态系统危机与问题研究以及海洋生态经济系统管理策略、模式、规划研究,同时还可以包括在上述研究基础上进行的海洋生态经济建设产业政策研究等。

在我国海洋经济研究与管理实践中,虽然没有明确提出海洋生态经济的概念,但在国家及地方都有从海洋生态经济要求出发,针对海洋生态危机和一些紧迫问题,编制了有关海洋生态环境保护管理规划、海洋生态省建设规划等。积累了一定的海洋生态经济研究与管理经验,为海洋生态经济学科形成与发展奠定了一定的基础。随着海洋经济的深入发展,特别是经济发展与生态环境保护目标冲突的情况下，呼吁以生态系统方法调整海洋经济开发策略，研究推动基于海洋生态系统的海洋循环经济发展模式，从而使海洋经济走上持续、健康的发展之路。

1.6.2 海洋产业的分类

海洋产业分类是分析各海洋产业部门经济活动以及它们之间的相互联系和比例关系的基础，也是进行海洋经济管理的重要依据。主要有三种分法，即按产业构成分类、按产业发展历史分类、按实际应用情况分类。

1.6.2.1 按产业构成分类

这种分类把国内生产总值三次产业构成的方法应用于海洋，把海洋产业分为三大产业。海洋第一产业，即海洋农业，包括海洋捕捞业、海水养殖业、海洋植物采集播种业等。海洋第二产业，即海洋工业，主要有海洋石油天然气开采业、海滨采矿业、深海采矿业、海盐业、海洋工程建筑业、海水产品加工业、水产饲料制造业、海盐化工业、海藻化工业、海洋药物与保健品制造业、渔具及渔具材料制造业、渔业机械制造业、船舶制造业、海洋仪器仪表制造业。海洋第三产业，即海洋服务业，主要有沿海港口业、海洋运输业、海洋旅游业、海洋教育业、海洋科学研究业、海洋综合技术服务业、海洋环境保护业、海上贸易业、海洋信息业、海洋电子业、海洋保险业和海上救捞业等。三次产业分类法反映了海洋产业在社会分工上的递进关系，便于从宏观上把握海洋产业结构的演进规律和发展趋势；同时，这种分类与国际上和陆地上三次产业分类的口径、范围基本一致，因此便于进行比较。

1.6.2.2 按产业发展历史分类

这种分类把海洋产业分为三大类，即传统海洋产业、新兴海洋产业和未来海洋产业。传统海洋产业是指那些历史悠久并在20世纪中叶以前就形成一定规模的产业，如海洋捕捞业、沿海港口业、海洋运输业、海盐业等。新兴海洋产业一般是指20世纪70年代以来，即以海洋石油开采为标志进入海洋现代大开发以来形成一定规模的产业，如海水养殖业、海洋石油天然气开采业、海洋旅游业、盐化工业等。未来海洋产业通常是指在目前已初现端倪，随着海洋科学技术的进步，有可能在未来形成一定规模的产业，如海水淡化业、海洋能利用业、海洋生物工程业等。按传统、新兴和未来进行分类，有利于人类理解海洋产业发展历史，并自觉依靠科技进步改造传统产业、发展新兴产业、培育和扶持未来产业，促使海洋产业结构得以优化和海洋经济持续快速发展。

1.6.2.3 按实际应用情况分类

一种是把其内容全部归属于海洋产业范畴的、直接开发利用海洋资源的产业分为一类；还有把直接关联的"一次加工"业分为一类；或把其内容大部分属于海洋产业范畴、非海洋产业部分又难以分离的均计入海洋产业内；以及把其内容部分或少部分属海洋产业范畴的，能分的分离，不能分离而值又较小者略去不计。这种分类统称为应用统计分类法，带有界定海洋产业、确定指标体系和便于统计的作用。

第 2 章　中国发展海洋经济的背景和条件

2.1　国际有关海洋法律制度

《联合国海洋法公约》(简称《公约》)是全球性海洋事务的"宪章",中国自 1973 年 12 月起自始至终参加了《公约》制订的各届会议,1982 年在《公约》开放签字的第一天就率先签署,并在 1996 年 5 月 15 日,第八届全国人大常委会第 19 次会议批准了《公约》,开始全面享有和承担《公约》赋予沿海国的权利和义务。《公约》的基本原则和内容在宏观上构成中国海洋法律制度的组成部分。

《公约》建立了一种新的海洋法律制度,将海洋划分为内水、领海、毗连区、用于国际航行的海峡、群岛水域、专属经济区、大陆架、公海、国际海底区域等不同区域,明确了不同区域的不同管辖制度和法律地位(图 2.1)。

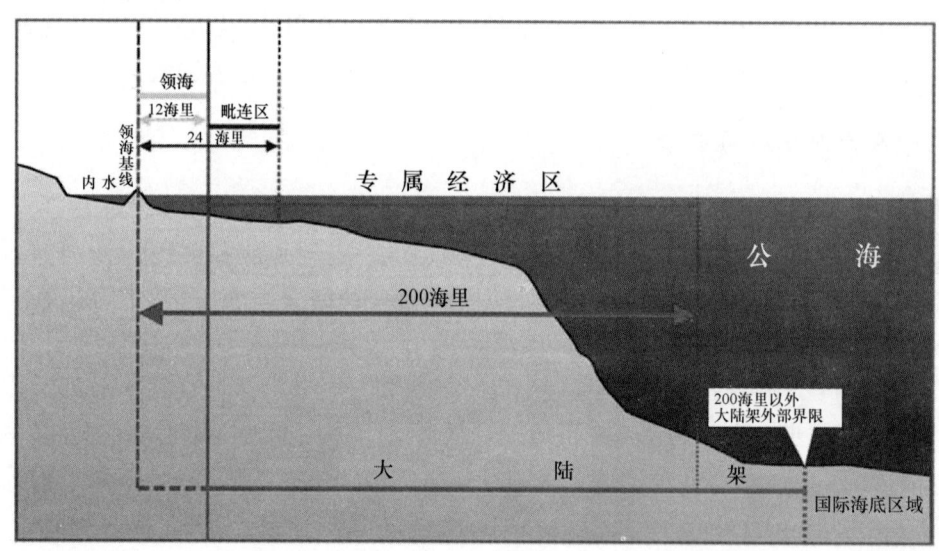

图 2.1　各海洋区域示意图①

1) 内水

领海基线向陆地一面的全部水域为"内水",其法律地位与陆地领土相同,属于沿海国完全的主权范围。内水可以包括一国的河口、领湾、领峡、海港以及直线基线与海岸之间的其他海域。按照国际习惯法,沿海国对内水享有完全排他的主权,对内水范围内的一切人、物和发生的事件有排他的管辖权。非经沿海国许可,外国船舶不得在一国的内水航行。获准进入沿海国港口的外国船舶,必须严格遵守沿海国有关港务、海关、卫生、海事、环境保护

---

① 张海文,等. 联合国海洋法公约图解. 北京:法律出版社,2010,第 20 页.

等法律的规定。

2）领海及毗连区

领海是沿海国领土主权向海洋扩展的部分，是沿海国陆地领土及其内水以外邻接的一带海域，沿海国主权及于领海的水域、上空、海床和底土，领海是沿海国领土的组成部分。《公约》明确沿海国有确定其领海宽度的权利，但其最大宽度从领海基线量起不超过12海里。沿海国行使领海主权时应允许外国船舶无害通过其领海。

毗连区是指在领海之外而又毗连于领海的一个区域，其外部界限是从领海基线算起不超过24海里。毗连区是为了保护国家某些利益而设置的特殊区域。沿海国在毗连区中并不享有完全主权，而是一种管制权。沿海国为防止外国船舶在其领土或领海内发生违犯其海关、财政、移民或卫生等法律规章的行为，或处罚在其领土或领海内所发生的违犯上述法律和规章的行为，可以对船舶采取必要的管制，如临检、调查、搜查和逮捕等。此种管制权并不影响毗连区水域的地位，毗连区不是沿海国领土的组成部分。

3）用于国际航行的海峡

《公约》规定了用于国际航行的海峡的通行制度。一是连接公海或专属经济区的一部分和公海或专属经济区另一部分之间的用于国际航行的海峡。二是适用无害通过制度，包括：在公海或专属经济区的一部分和外国领海之间的海峡；由海峡沿岸国的一个岛屿和该国大陆形成的，且该岛向海一面有一条在航行和水文特征方面同样方便的穿过公海或专属经济区的航道的海峡。

4）群岛水域

群岛基线所包围的水域，称为群岛水域。群岛水域地位特殊，既不同于内水，也不同于领海。群岛国对群岛水域享有主权，其主权及于群岛水域的上空、海床和底土以及其中所包含的资源。同时，群岛国的主权行使受《公约》有关群岛国规定的限制，主要表现在其他国家在群岛水域内通行的权利，相邻国家在群岛水域的某些区域内的传统捕鱼权利和其他国家维护已铺设的海底电缆的权利。

5）专属经济区

专属经济区是指领海以外并邻接领海的一个区域，其宽度从领海基线量起不应超过200海里，包括区域内的水体、海床和底土。

沿海国在专属经济区内享有对自然资源（包括生物资源和非生物资源）的主权权利以及从事经济性开发和勘探，如利用海水、海流和风力生产能活动的主权权利。此外，沿海国还享有对特定事项的管辖权，包括：人工岛屿、设施和结构的建造和使用，海洋科学研究，海洋环境的保护和保全等。

所有国家，不论是沿海国还是内陆国，在专属经济区内都享有航行、飞越以及铺设海底电缆和管道的自由，但这种自由不得妨碍沿海国的权利。包括内陆国和地理不利国在内的其他国家，可以捕捞生物资源的适当剩余部分。

6）大陆架

沿海国的大陆架包括其领海以外依其陆地领土的全部自然延伸，扩展到大陆边外缘的海底区域的海床和底土，如果从测算领海宽度的基线量起到大陆边的外缘的距离不到 200 海里，则扩展到 200 海里的距离。如果沿海国大陆架自然延伸超过 200 海里的，需要根据《公约》第 76 条规定其外部界线，一般不应超过从测算领海宽度的基线量起 350 海里，或 2 500 米等深线外 100 海里。沿海国主张 200 海里以外大陆架的，应向大陆架界限委员会提交其确定 200 海里以外大陆架外部界线的划界案。

沿海国对大陆架的权利，主要表现在对大陆架自然资源享有主权权利。沿海国为勘探大陆架和开发其自然资源的目的，对大陆架行使主权权利。这种主权权利是专属性的，若沿海国不行使此项权利，其他任何人不经沿海国明示同意不得从事此项活动。沿海国可以通过自己勘探开发，或授权外国人开发来行使这项权利。此外，沿海国享有授权和管理为一切目的的在大陆架上进行钻探的专属权利以及对大陆架上的人工岛屿、设施和结构的建造和使用拥有专属管辖权。《公约》要求沿海国对 200 海里以外的大陆架上的非生物资源的开发，按照一定的比例和年限向国际海底管理局缴付费用或实物，并由国际海底管理局根据公平分享的标准进行分配。

大陆架不是沿海国领土的组成部分，沿海国对大陆架的权利不影响其上覆水域或水域上空的法律地位。所有国家在大陆架上都有铺设海底电缆和管道的权利。沿海国对大陆架权利的行使，不得对航行和《公约》规定的其他国家的其他权利和自由有所侵害，或造成不当的干扰。

7）公海

公海是指"不包括在国家的专属经济区、领海或者内水或者群岛国的群岛水域内的全部海域"。公海不包括其水域覆盖的海底区域。公海只用于和平目的，对所有国家开放，不受任何国家的支配和管辖。每个国家不论是沿海国还是内陆国，在公海均有航行、飞越、捕鱼、科学研究、铺设海底电缆和管道以及建造国际法允许的人工岛屿和其他设施等六项自由。但是国家在行使这些自由时，应适当考虑到其他国家行使公海自由的利益，并受到《公约》规定的限制。

8）国际海底区域

国际海底区域，在《公约》中专称"区域"，是《公约》创立的新的国际法概念，指"国家管辖范围以外的海床和洋底及其底土"，即不包括在国家的内水、领海、专属经济区和大陆架或者群岛国的群岛水域的海床和洋底及其底土内的全部海底区域。沿海国划定其大陆架的外部界限时，也就间接确定了"区域"的边界。

"区域"及其资源是人类的共同继承财产，对所有国家开放，专为和平目的的利用，任何国家不应对"区域"的任何部分及其资源主张或行使主权或主权权利。"区域"内资源的一切权利属于全人类，由国际海底管理局代表全人类行使，在没有歧视的基础上公平分配从"区域"内活动中取得的财政及其经济利益。各国在区域内权利的行使，不影响区域上覆水域（公海）及水域上空的法律地位。

《公约》还对"区域"内的海洋科学研究、海洋环境保护、资源开发活动政策和"区域"内活动的管理机构作了规定。国际海底管理局作为"区域"内活动和资源的管理机构，一直致力于"区域"制度的完善和区域资源勘探开发规章的制定，先后于 2000 年和 2010 年通过了《"区域"内多金属结核探矿和勘探规章》和《"区域"内多金属硫化物探矿和勘探规章》两部规章。

2.2 世界海洋经济发展状况

进入 21 世纪以来，海洋发达国家和地区纷纷制定了海洋可持续发展的战略和政策，并将海洋战略提升为国家战略。美国 1999 年制定了国家海洋战略，并成立了相关的国家咨询委员会，明确了海岸带经济和海洋经济的定义，从法律上确立了海洋经济的管理和评估制度。英国、法国、澳大利亚等国政府也相继发布了有关海洋经济发展的报告。这些国家都在加强国家对海洋经济运行的管理、监督和评估，并在宏观上把握海洋经济的健康发展和海洋产业的结构调整。

世界海洋经济发展前景看好。目前，全球现代海洋产业总产值达 1 万亿美元，占世界 GDP 总值 23 万亿美元的 4%。世界四大海洋支柱产业已经形成，发展前景看好。

一是海洋石油工业。全球海上石油的探明储量为 200 亿吨以上，天然气储量 80 万亿立方米。100 多个国家和地区从事海上石油勘探与开发，投入开发的经费每年达 850 亿美元。2000 年海上石油产量约 13 亿吨，占世界油气总产量 40%，产值约 3 000 亿美元。21 世纪中叶海洋油气产量将超过陆地油气产量。

二是滨海旅游业。据世界旅游组织统计：滨海旅游业收入占全球旅游业总收入的 1/2，约为 2 500 亿美元，比 10 年前增加了 3 倍；1998 年全世界 40 个大旅游目的地中有 37 个是沿海国家或地区；沿海 37 个国家的旅游总收入达 3 572.8 亿美元，占全球旅游总收入的 81%。

三是现代海洋渔业。传统的海洋捕捞业已发展为捕—养—加并举的工业化渔业生产。近 10 年来，全世界海洋渔获量每年达 8 500 万多吨，产值约 2 000 亿美元。

四是海洋交通运输业。全世界较大海港 2 000 多个，国际货运的 90% 以上通过海上运输完成，1998 年世界集装箱港口吞吐量约为 1.5 亿标准箱，海运收入 1 500 亿美元。

总之，世界范围内的海洋产业发展经历了从资源消耗型到技术、资金密集型的产业结构升级，世界海洋产业结构不久将可能出现"三、二、一"的排列顺序。从我国海洋产业发展趋势来看，略滞后于世界海洋产业结构的转变，首先可能过渡到"二、三、一"结构。

2.3 我国发展海洋经济的社会经济基础

2.3.1 党和国家十分重视海洋开发

党的十七大提出了"发展海洋产业"的部署。胡锦涛总书记 2009 年视察山东时指出，山东要大力发展海洋经济，科学开发海洋资源，培育海洋优势产业，打造山东半岛蓝色经济区。在 2011 年的中国"两会"上，国务院总理温家宝在政府工作报告中强调，"坚持陆海统筹，推进海洋经济发展"。在《中华人民共和国国民经济和社会发展第十二个五年发展规划纲要》中第十四章一整章论述了"推进海洋经济发展"。党和国家对海洋经济的重视，是海洋经济又好又快发展的基础。

2.3.2 国家经济实力大幅提升

2010 年我国国内生产总值达到 39.8 万亿元，跃居世界第二位，国家财政收入达到 8.3 万亿元。载人航天、探月工程、超级计算机等尖端科技领域实现重大跨越。经济结构调整步伐加快，农业特别是粮食生产连年获得大丰收，产业结构优化升级取得积极进展，节能减排和生态环境保护扎实推进，控制温室气体排放取得积极成效，各具特色的区域发展格局初步形成。人民生活明显改善，就业规模持续扩大，城乡居民收入增长是改革开放以来最快的时期之一，各级各类教育快速发展，社会保障体系逐步健全。经济体制改革有序推进，农村综合改革、医药卫生、财税金融、文化体制等改革取得新突破，发展活力不断显现。对外开放迈上新台阶，进出口总额位居世界第二位，利用外资水平提升，境外投资明显加快，我国国际地位和影响力显著增强。社会主义经济建设、政治建设、文化建设、社会建设以及生态文明建设取得重大进展。

2.3.3 海洋经济管理法规体系逐步完善

20世纪90年代以来，我国把海洋资源开发作为国家发展战略的重要内容，把发展海洋经济作为振兴经济的重大措施，对海洋资源与环境保护、海洋管理和海洋事业的投入逐步加大。为规范海洋开发活动，保护海洋生态环境，国家先后制定实施了《中华人民共和国海洋环境保护法》、《中华人民共和国海上交通安全法》、《中华人民共和国渔业法》、《中华人民共和国海域使用管理法》、《中华人民共和国海岛保护法》等一系列法律法规。全民海洋意识日益增强。沿海一些地区迈出了建设海洋强省（自治区、直辖市）的步伐。海洋经济的快速发展已经具备了良好的社会条件。

2.4 我国发展海洋经济的资源基础

2.4.1 优越独特的地理区位

1）我国沿海地区在当今世界经济版图中地位日益重要

我国沿海地区优越独特的区位为我国参与经济全球化提供了良好的发展空间。我国沿海地区处于中纬度地区，倚靠亚欧大陆、濒临太平洋西部，气候宜人，物产丰富，交通便利，是中国人口密度最大和经济、文化、科技最发达的地区。沿海地区特殊的地理位置，有利的周边环境，便利的交通运输条件，为沿海地区参与经济全球化并获得快速发展奠定了良好的基础，成为环太平洋经济圈的重要一环。

改革开放30多年来，中国重视沿海地区的区位优势，使沿海地区已成为中国经济发展最快、最有活力的地区。加入WTO以后，我国开放程度大幅度提高，沿海的有利区位条件和海洋资源优势得到重大发挥，成为中国外引内联持续和高速发展经济的纽带。

现阶段，国际经济发展的大潮，正在把中国沿海地区推向国际经济大循环的前沿阵地。中国近海是东北亚和东南亚之间的交通要塞，是中国经济走向世界的重要通道。北部沿岸的连云港、天津、秦皇岛、大连是欧亚大陆桥的东端；上海位于长江口，处于江海交汇的桥头堡位置上；广州是中国华南的主要出海口；广西北海、钦州、防城是西南内陆地区的出海大通道。这种特殊的地理位置所形成的区位优势是无可替代的。

沿海地区作为改革开放的前沿阵地，在经济、文化、社会生活等方面都首先受到了经济全球化浪潮的影响。从改革开放初期，沿海地区特别是珠三角地区承接第一批产业开始，沿海地区把握住国际产业转移的重大机遇，迅速形成了大规模的以出口导向型为主的产业结构体系，"中国制造"、"世界工厂"声名鹊起。

沿海地区的产业发展主要通过两种方式逐步纳入全球价值链中。

一是直接接受国际制造基地的转移，主要发生在"珠三角"、"长三角"、环渤海等地区，通过港资、台资、韩资、日资等外来企业制造业的转移而参与到全球价值链中；扮演的角色是国际产业转移的接受者（发挥集群功能）。从产业集群的形成就已经嵌入了全球价值链中，主要是凭借优越的地理位置、政府的优惠政策、较好的投资环境和生活环境来吸引外资，逐步形成出口导向型产业结构体系。

二是我国产业发展主动嵌入全球价值链中，主要是通过进口替代性道路发展起来自己的企业和产业，主要产业集中在服装、鞋与纺织品等领域，然后为国外大企业做"OEM"或"ODM"，从而参与全球价值链。这类产业集群是适应农村城镇化和农村产业化以及城市经济结构调整需要而产生的，主要依靠内部力量形成，是基于自身的优势资源和优势产业，或成为城市工业配套而形成的。

从总体上来看，改革开放30多年来，我国沿海地区凭借在世界经济发展格局中优越的区位优势，实现了以产业集群化发展为特征的高速工业化，走出一条依赖比较优势外向带动和低成本资源要素外延开发相结合的发展道路。

2）我国主要经济核心区布局沿海地区

我国主张管辖海域面积约300万平方千米，处于中低纬度地带，自然环境和资源条件都较为优越。沿海地区位于我国海岸线最前端，特殊的地理位置，有利的周边环境，便利的交通运输条件，为沿海地区经济的快速发展奠定了良好的基础。

环渤海地区处于东北亚经济圈的中心地带，向南联系着长江三角洲、珠江三角洲、港澳台地区和东南亚各国；向东沟通韩国和日本；向北联结着蒙古国和俄罗斯远东地区。环渤海地区是中国交通网络最为密集的区域之一，是我国海运、铁路、公路、航空、通信网络的枢纽地带，交通、通信连片成网，形成了以港口为中心、陆、海、空为一体的立体交通网络，成为沟通东北、西北和华北经济和进入国际市场的重要集散地。

"长三角"地区原有的工业技术基础雄厚，产业门类齐全，资源加工能力强，改革开放以后，经过30多年的发展，已经成为我国经济、社会、文化、科技等最为发达的地区。加之以市场为纽带的经济联系密切，区域整体经济实力较为均衡，为区域内各城市之间经济的分工、合作奠定了基础。

"珠三角"经济区毗邻香港、澳门特别行政区和台湾省，既是我国联系世界经济的桥梁和纽带，也是国内物流、人流、技术流、资金流和信息流的大通道，在中国与东盟国际经济合作及泛"珠三角"区域经济合作中发挥着重要作用。

海峡西岸北承长江三角洲、南接珠江三角洲，背靠赣、皖、湘广阔的内陆腹地，并与香港和澳门特别行政区有着密切联系，独具连接"两岸三地"的区位优势。以台湾海峡为纽带，东岸的台湾省和西岸的福建省及周边地区有着深厚的地缘、史缘、血缘、语缘、商缘关系，海峡西岸的福建省及周边地区形成的海峡西岸经济区具有独特的区位优势。而这一战略地位重要、经济社会联系密切、发展空间广阔、发展潜力巨大的经济区域的形成，为绚丽多彩的中国经济增添一道亮丽的风景线。

北部湾经济区的广西壮族自治区地处华南经济圈、西南经济圈与东盟经济圈的结合点，区位优势成为最大的优势。"先行一步的北部湾（广西）经济区建设，将成为推动中国与东盟次区域合作从单一的'陆上合作'走向相互呼应的'海陆合作'的重要基点。"北部湾经济区既是大西南乃至整个西部地区的出海通道,又是沿海产业西移的承接地带,还是同东盟友邦商务往来的最前沿。

海南省位于中国的最南端,内靠粤港澳深珠形成的华南经济圈外缘要地,外临东南亚地区,处于中国-东盟自由贸易区的地理中心位置。海南省是祖国的南大门,在维护国家主权和海洋权益方面具有特殊作用;海南省向东北穿过台湾海峡等直抵西太平洋环形经济区的北部,向东经巴士海峡等与太平洋沟通,东南经苏禄海等可达大洋洲,西南经马六甲海峡与印度洋相通,海上交通十分便利。

3) 我国沿海地区海洋经济集聚优势凸显

经过30多年快速发展,我国东部沿海地区尤其是东部发达省(市)正面临着资源、环境和发展空间的严重约束。在此背景下,沿海各省(市)凭借30多年积累的经济和技术实力,纷纷向海洋进军,向海洋索要资源和发展空间,蓝色经济浪潮席卷整个东部沿海地区,初步形成了"三大"、"五小"的海洋经济区域格局。"三大",即支撑起我国88%的海洋经济的环渤海、"长三角"和"珠三角"海洋经济区;"五小",即辽宁沿海经济带、山东黄河三角洲生态经济区、江苏沿海经济区、海峡西岸经济区和广西北海经济区。进入21世纪,我国的海洋经济开发正以强大的扩张力,由浅水近海向深水远海、陆海双向及社会、经济、文化三维坐标扩展突破。在经济地理范畴越来越宽广的沿海区域,以人口趋海移动引发的区域城镇化、海洋资源开发利用的高新技术集约化为基本态势,加速了沿海区域经济格局的剧烈变化,以海洋资源开发和海洋产业发展为特征的"新东部"迅速崛起,正在成为推动我国21世纪经济社会发展的重要引擎。

2.4.2 相对稀缺的空间资源

我国主张管辖海域300万平方千米,南北跨越38个纬度,兼有热带、亚热带、温带海洋特征,蕴藏着丰富的岸线港址资源、滩涂和浅海资源、海岛资源以及旅游资源。

1) 岸线和港址资源

我国海岸可分为基岩海岸、淤泥质海岸、砂质海岸三种类型。

根据"全国海域使用动态监视监测系统"1990年、2000年、2005年、2007年四期海岸线数据分析发现,1990年我国大陆海岸线长度为20 793.9千米,至2000年下降为18 618.2千米,至2007年下降至17 284.3千米(见图2.2)。其中1990—2000年,大陆岸线长度下降率为1.10%,2000—2005年为0.68%,2005—2007年为1.99%,可见近年来海岸线缩短的趋势有所加剧。

通过分析发现,随着近年来围填海和城市扩张趋势的加快,我国自然岸线的长度正在迅速下降,1990年自然岸线长度占岸线总长度的比例为81.73%,至2007年大陆自然岸线长度仅余9 943.9千米,占大陆岸线总长度的57.53%(见图2.3)。海岸人工化的主要原因是围海养殖与盐业,其次为港口、建设用地等。截至2007年,沿海各省中河北省人工岸线比例最高,达到了82.99%,海南省最低,为7.30%。对比历史数据,自2005年至今,河北省海岸人工化进程最快,人工岸线长度比例较2005年增加了20.23%。从总体来看,海岸人工化情况北方地区较南方地区更为严重。

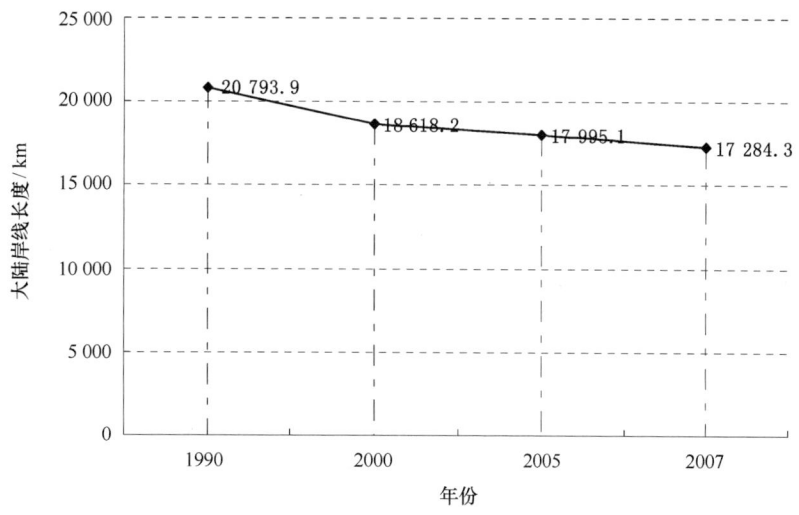

图 2.2 我国大陆岸线长度的历史变化

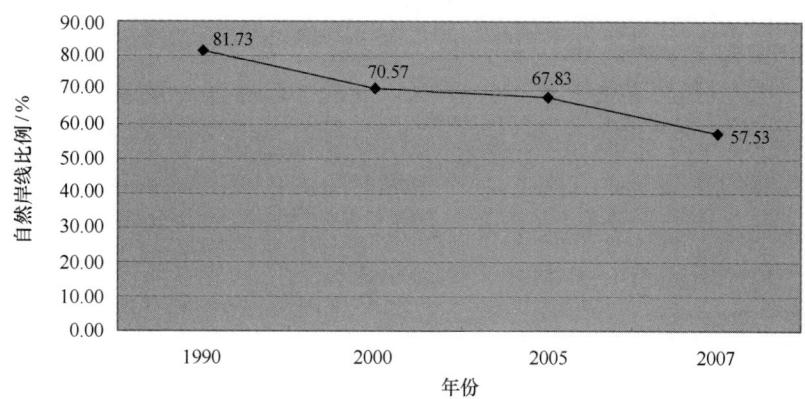

图 2.3 我国自然岸线长度比例历史变化趋势

人工海岸分为围池坝、城镇填海、港口码头构筑物、海防堤四种类型，2007年共7 340.3千米的人工岸线中，围池坝占了绝对多数，总长度达到5 109.3千米，占到了全部人工岸线长度的78%，其余三种类型所占比例均不足10%（图2.4）。

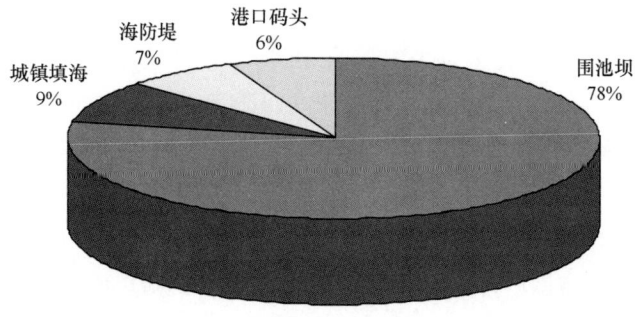

图 2.4 2007年我国人工岸线类型

我国海岸拥有多处建港条件优越的海湾。我国有大于10平方千米的海湾150多个，面积在5平方千米的海湾200个左右。其中，河口海湾34个。我国港口资源在地理分布上不够均衡，资源主要集中在基岩港湾和大、中河口，而平原海岸（如渤海湾沿岸、苏北沿岸等）岸线平直,海滩宽阔,水浅坡缓,淤积严重,港口资源贫乏。

经过多年的勘探、沿海港址普查以及全国海岸带综合调查,初步统计,可供建中级泊位以上的港址约164处,其中,可供建万吨级泊位以上的有40处,可供建10万吨级泊位的有10多处(表2.1)。[①]

表2.1 我国沿海地区自然港址数量及其分布

地区	港址类型 港湾和大河河口	可供选择建港的港址数量	
		可建中级以上泊位港址数	其中可建万吨级以上泊位港址数
辽宁	20	21	5
河北	3	6	1
天津	1	1	
山东	18	24	11
江苏	2	14	1
上海	1	3	3
浙江	14	28	3
福建	21	17	6
广东(含海南)	31	42	8
广西	7	8	2
合计	118	164	40

资料来源:《中国海岸带和海涂资源综合调查报告》,北京:海洋出版社,1991,第454页。

2) 滩涂资源和浅海资源

据全国海岸带和海涂资源综合调查资料,北起辽宁省鸭绿江口,南至广西壮族自治区北仑河口的四大海域,沿海11个省市区(不包括台湾省)共有滩涂217.03万公顷。滩涂资源的95%以上分布在大陆岸线的潮间带;岛屿滩涂资源面积分布很少,占全国滩涂资源总面积的5%以下。

四个海区沿海的滩涂资源数量,从北向南呈现阶梯式逐渐减少,渤海沿岸占31.3%,黄海沿岸占26.8%,东海沿岸占25.6%,南海沿岸占16.3%。按行政区划分析,差别非常显著。江苏省滩涂面积最多,多达51.28万公顷,山东省次之,有33.87万公顷,浙江省28.85万公顷,辽宁、福建、广东三省各有20万公顷左右,河北省、广西壮族自治区各有7万公顷左右,上海、天津和海南各有数万公顷滩涂。从大陆海岸线每千米平均拥有滩涂面积情况看,全国平均为128.67公顷(含海南省平均为116.47公顷),江苏岸段最高达到537.92公顷,天津、上海岸段各达到333多公顷,广东、山东、海南三岸段各在70公顷以下,高低相差悬殊;根据滩涂资源的分布地形部位,我国的滩涂资源可分为海滩涂、滩涂沼泽、河滩地三个二级类型。海滩涂是滩涂资源的主体,分布范围广,面积最大,占到总面积的80.9%;滩涂沼泽分布在大潮高潮线附近,占总面积的14.5%,河滩地面积最少,仅占总面积的4.9%。据不完全统计,近50年来,全国围海面积达到1.19万公顷,围垦面积较大的地区主要有:浙江省围滩、围海面积1 650平方千米,上海市围海730平方千米,珠海市围海270平方千米,江苏省围海2 270平方千

---

① 中国海岸带和海涂资源综合调查报告. 北京:海洋出版社,1991,第454页.

米。① 尽管经过近50年的大规模围垦，但近海滩涂仍具有很大的分布范围，总量仍很丰富。而且，沿海滩涂除个别岸段处于冲蚀状态外，大部分都在淤涨，每年淤涨海涂（2.67~3.3）万公顷（全国海岸带和海涂资源综合调查成果编委会，1991年）。

我国沿海各省市区（未包括台湾省）0~-15米浅海区域面积为123 802平方千米，在四大海区总面积中仅占2.6%。其中，东海浅海面积最大，占全国总浅海面积的31.5%；渤海（含北黄海沿岸）次之，为25.1%；南黄海和南海分别为24.5%和18.9%（表2.2）。

表2.2 全国滩涂资源和浅海资源面积构成

类别		面积/万hm²	百分比/%	构成/% 海滩涂	构成/% 滩涂沼泽	构成/% 河滩地	大陆岸线/km	滩涂面积/岸线长度/(hm²/km)	0~-15m浅海面积/km²	百分比/%
总计		217.03	100	80.6	14.5	4.9	16 135	135（129）	123 802	100
渤海岸		68.04	31.3	75.1	17.5	7.4	3 422	199	31 117	25.1
其中	辽宁	24.18	35.5	70.7	29.3	—	1 972	123	14 800	47.6
	河北	11	16.2	70	26.2	3.8	421	268	4 409	14.2
	天津	5.87	8.6	63.7	23.5	12.7	153	382	3 073	9.9
	鲁北	26.99	39.7	83.7	1.9	14.4	886	305	8 835	28.3
黄海岸		58.2	26.8	79.3	20.4	0.3	3 189	182	30 377	24.5
其中	鲁东	6.88	11.8	92.1	5.9	2	2 235	31	5 999	19.7
	江苏	51.32	88.2	77.6	22.4	—	954	538	24 378	80.3
东海岸		55.49	25.6	84.5	6.3	9.2	5 063	110	38 978	31.5
其中	上海	6.15	11.1	72.7	27.3	—	172	357	6 515	16.7
	浙江	28.86	52	79.7	5	15.3	1 840	157	23 504	60.3
	福建	22.48	36.9	94.8	1.8	3.4	3 051	67	8 959	23
南海岸		35.36	16.3	86.8	12.3	0.9	4 451	79（70）	23 330	18.9
其中	广东	20.42	57.8	89.8	9.6	0.6	3 368	61	17 224	73.8
	海南	4.89	13.8	80.8	15.1	4.1	—	121（27）	2 303	9.9
	广西	10.05	28.4	83.7	16.3	—	1 083	93	3 803	16.3

资料来源：《中国海岸带和海涂资源综合调查报告》，北京：海洋出版社，1991。

滩涂资源和浅海资源给我国社会经济发展提供了新的发展空间，向海洋要空间就成为解决我国经济、社会发展问题的重要手段。1949年至20世纪末，全国围填海造地面积达1.2万平方千米，形成了沿海地区重要的农业种植区和人口密集区，对保持耕地动态平衡起到了重要作用。近5年，平均每年建设用围填海面积达150~170平方千米，在支持沿海地区经济发展、缓解建设用地供需矛盾、减轻耕地保护压力等方面发挥了重要作用。据预测，全国城镇建成区面积2010—2020年增加约3.7万平方千米，2020—2030年增加约3万平方千米，在保障18亿亩②耕地红线前提下，按照每年200平方千米的填海规模，至2030年海洋可为社会经济提供3 000~4 000平方千米的发展空间，能在很大程度上缓解东部沿海未来发展对土地的需求。

---

① 陈吉余. 开发浅海滩涂资源拓展我国的生存空间. 中国工程科学，2000，2（3）.
② 1亩＝1/15公顷。

我国围填海总面积1990年为824 111.7公顷，至2007年增长到1 304 433.27公顷（图2.5）。其中1990—2000年，每年平均新增围填海24 324.3公顷，年增长率为2.62%，2000—2005年，每年平均新增围填海32 405.6公顷，年增长率为2.87%，2005—2007年，每年平均新增围填海37 525.5公顷，年增长率为3.01%，围填海增长速度此持续加快的趋势尚未得到扭转。

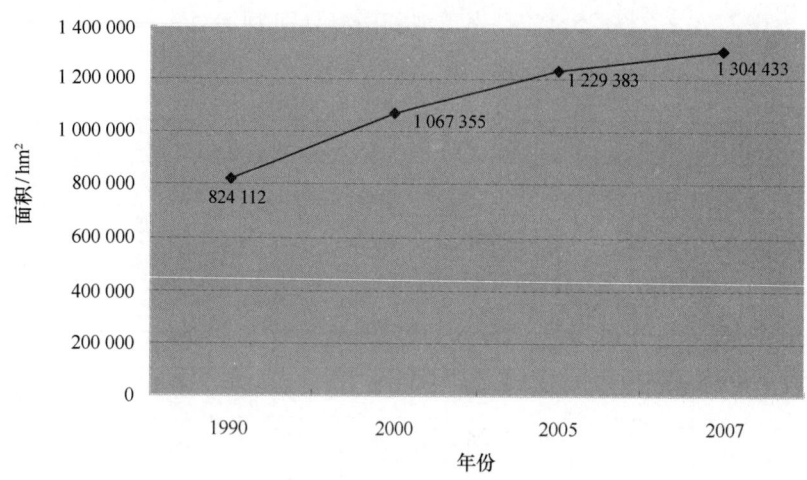

图2.5　1990—2007年全国围填海面积增长

3）海岛资源

我国是海洋大国，海域辽阔，海岛众多。在我国300万平方千米的管辖海域中，面积大于500平方米的海岛有6 900多个，其中有居民海岛433个，约占海岛总数的6%。我国海岛呈明显的链状或群状分布，大多数以群岛或列岛的形式出现，其中长山群岛、庙岛群岛、舟山群岛、南海诸岛和钓鱼岛及其附属岛屿等群岛、列岛具有重要区位价值。我国海岛分布不均，东海最多，约占66%；南海次之，约占25%；黄海居第三位，渤海岛屿最少。按离岸距离统计，距大陆岸线10千米之内的沿岸岛约占70%，距大陆岸线10～100千米的近岸岛占27%；按物质组成分类统计，基岩岛约占海岛总数的93%，沙泥岛约占6%，珊瑚岛约占1%。我国海岛生物种类繁多，一些海岛还具有红树林、珊瑚礁等特殊生境。

近年来，我国海岛地区社会经济稳步发展，成为海洋资源开发的重要基地，但仍具有人口总量少，经济总量小，产业层次低的特征。总的来说，我国海岛数量众多、资源丰富、区位特殊，是我国海洋经济和社会发展的重要依托，发展潜力巨大。

4）滨海旅游资源

滨海旅游资源，是以滨海自然风光为基础，以历史文化遗址为象征共同构成，是海洋空间的人文利用形式，是旅游业发展的重要物质基础。据初步调查，中国海滨旅游景点1 500多处，滨海沙滩100多处，其中最重要的有国务院公布的16个国家历史文化名城，25处国家重点风景名胜区，130处全国重点文物保护单位以及5处国家海洋、海岸带自然保护区。按资源类型分，共有273处主要景点，其中有45处海岸景点、15处最主要的岛屿景点、8处奇特景点、19处比较重要的生态景点、5处海底景点、62处比较著名的山岳景点以及119处比较有名的人文景点。①

对中国沿海省市现已开发的景观资源分析表明，长江口以南的景点远多于以北沿岸，占景点总数的88%，占用景点岸线总长度的78.7%；对旅游景点的类型分析表明，海岸型164个，海岛型24个，红树林生物海岸型3个。

2.4.3 丰富多样的自然资源

2.4.3.1 海洋生物资源

我国海域从南到北，共跨越37个纬度，三个气候带，客观上造成了渤海、黄海、东海和南海所处环境的差异，因而形成的海洋生物资源组成复杂多样，呈现热带、亚热带和暖温带各种成分的兼容。

根据黄宗国等（1994）的统计资料，中国海域现已被描述和发现的海洋生物物种有20 278种，其中分布于南海的种类约占70%，达到13 860多种，以后陆续报道一些新物种、新纪录，目前已报道记录的海洋生物估计为22 600多种②。我国毗邻的渤海、黄海、东海和南海的自然海域传统渔场面积470万平方千米，有对传统渔场内最大持续渔获量和最佳渔业资源可捕捞量估算值分别约为470万吨/年和300万吨/年。传统渔场海域的海洋鱼类占世界总数的14%，蔓足类占24%，昆虫类占20%，红树植物占43%，海鸟占23%，头足类占14%，造礁石珊瑚物种约占印度—西太平洋区系总数的1/3，全国有珊瑚246种，仅海南至少有115种。③

1）滩涂生物资源

海洋滩涂不仅生物多样性强，而且生态系也具有多样性，主要可分为河口生态系、红树林生态系、湿地生态系和上升流生态系。这些生态系是巨大的初级生产者，维持着海洋生物资源的多样性和丰富性，支持着海洋渔业及水产养殖业的可持续发展。在潮间带滩涂区域，生物资源种类繁多，已查明鉴定有1 500多种，其中，软体动物500余种，甲壳动物300余种，各类海藻350余种。潮间滩涂区域的生物资源量普遍高于其他区域。据调查统计，我国滩涂区域的平均资源量约为249.5克/平方米。在海区分布上，南海单位面积生物资源量最高，渤海次之，东海和黄海则低于全国平均值。

2）浅海生物资源

水深15米以内的浅海海域是海洋生物的产卵、育幼、索饵、繁殖的重要场所，从而也是水产业发展的主要资源基地。我国沿海岸线入海河流1 800余条，年平均总入海径流量约为2.4万亿立方米。其中，东海接纳的径流量最大，约占67%，南海约占24%，渤海和黄海分别占5.5%和3.9%。入海河流挟带巨量泥沙和营养盐入海。大陆沿岸曲折的岸线和众多的港湾，复杂的水文、气象、海底地形等条件，形成了多处上升流海域，这些条件造就了我国大陆沿岸浅海水域良好的渔业资源基础。

水深15米以内的浅海水域主要为鱼类、甲壳类和头足类生物资源。已经查明确定的浅海

---

① 全国海洋开发规划领导小组办公室. 全国海洋开发规划研究成果汇编. 1995.
② 黄良民. 中国海洋资源与可持续发展（中国可持续发展总纲第8卷）. 北京：科学出版社，2007，4.
③ 林炜，陈洪强. 可持续发展理论与我国海洋生物资源的开发利用. 生物学通报，2002.

鱼类 481 种，其中资源量较大的有黄鲫、梭鱼、带鱼等 74 种，约占该海域鱼类资源总量的 90%。甲壳类和头足类已发现有 120 余种，其中主要经济种类有对虾、白虾、章鱼等 20 种，在浅海生物资源总量中占主要地位。

2.4.3.2 海洋矿产资源

目前，我国已开发的矿产资源主要包括石油、天然气以及滨海砂矿，并已对大洋矿产资源、天然气水合物等进行了调查、勘探。

1）滨海砂矿资源

我国目前已探明的具有工业储量的滨海砂矿种主要有石英砂、锆石、独居石、磷钇矿、钛铁矿、锡石、磁铁矿、金红石、铬铁矿、铌钽铁矿、砂金矿以及少量的金刚石和砷铂矿等。我国滨海砂矿资源分布很不均匀，大中型砂矿床主要分布在辽宁、山东、福建、广东、广西、海南和台湾省，而河北、江苏、浙江三省仅有少量矿点和异常区。目前已经探明砂矿产地 93 处，各类矿床 193 处（其中大型 37 处、中型 51 处、小型 105 处），重要矿点 160 多处；已查明石英砂矿储量在 15 亿吨以上，锆石、钛铁矿、独居石、磷钇矿、金红石、磁铁矿和锡石储量综合在 2 720 万吨以上（表 2.3）。①

表 2.3 我国沿海各地滨海砂矿资源概况

地区	矿产情况				主要矿种	伴生矿种	成因类型
	大型	中型	小型	矿点			
辽宁			2	9	锆石、金、金刚石、独居石、石榴石	磷钇矿、钛铁矿、磁铁矿、金红石、独居石、铌钽铁矿	冲积、海积
河北				4	锆石、独居石	金红石、锡石	海积
山东	3	4	9	22	金、锆石、磁铁矿、石英砂、贝壳	钛铁矿、磁铁矿、金红石、磷钇矿、铌钽铁矿	海积、冲积、风积、残坡积
江苏				1	石英砂		海积
浙江				4	锆石	独居石、钛铁矿、金红石	海积
福建	1	3	7	29	磁铁矿、锆石、独居石、钛铁矿、石英砂	钛铁矿、磁铁矿、金红石、独居石、磷钇矿	海积、风积
广东	3	23	54	57	独居石、锆石、钛铁矿、褐钇铌矿、金、磷钇矿、锡石、石英砂	锆石、钛铁矿、金红石、磁铁矿、独居石、锡石、铌钽铁矿、磷钇矿、金	冲积、海积
广西	4	2	5	2	磁铁矿、钛铁矿、铌钽铁矿、石英砂	钛铁矿、铬铁矿、独居石、金红石、锆石、磷钇矿	海积、风积
海南	10	25	37	57	锆石、钛铁矿、金红石、独居石、铬铁矿、石英砂	金红石、铬铁矿、独居石、铌钽铁矿、锡石、砷铂矿、磷钇矿、褐锡铌矿	海积、冲积、风积、残坡积
台湾					钛铁矿、独居石、锆石	锆石	海积

---

① 黄良民. 中国海洋资源与可持续发展（中国可持续发展总纲第 8 卷）. 北京：科学出版社，2007，第 170 页.

我国浅海区的重矿物多达60多种，具有利用价值的远景矿种主要有锆石、钛铁矿、金红石、铌铁矿、独居石、磷钇矿和石榴石等。

海洋铁锰结核是我国海域尤其是南海深海、半深海表层沉积物的重要组成部分。渤海、黄海和东海都分布有铁锰结核，但其形态和有用金属含量比南海的小。黄海铁锰氧化物形成于晚更新世残留沉积区；东海结核富集在古长江三角洲的残留沉积物中。南海铁锰结核分布广泛，北部湾的铁锰结核主要富集在湄洲岛附近海域15~45米的沉积物中。在台湾浅滩、东沙群岛以南的陆坡、中央盆地、中沙群岛南侧以及南海盆的西北边缘，也广泛分布有铁锰结核。

2）海洋油气资源

我国管辖海域发育着一系列中新生代盆地，包括近海的渤海湾盆地、北黄海盆地、南黄海盆地、东海盆地、冲绳海槽盆地、台西盆地、珠江口盆地、莺歌海－琼东南盆地、北部湾盆地以及南海中部的中建南盆地和南沙群岛诸盆地。总体上看，我国陆架区海域辽阔，海洋石油资源储量较大。目前，在我国海域发现了18个中新生代沉积盆地，总面积约130多万平方千米，其中近海大陆架上已发现含油气沉积盆地9处。

天然气水合物是尚未开发的储量最大的一种新能源，也是21世纪最有潜力的接替能源。它巨大的资源潜力以及对环境的潜在影响吸引着世界各国勘察、试验开采以及配套环境影响评价工作的不断深入。我国海域具有广阔的天然气水合物资源前景。据估算，仅南海天然气水合物的总资源量就达到643.5亿~772.2亿吨油当量，约相当于我国陆上和近海石油天然气总资源量的1/2。尽早开发利用天然气水合物，战略意义重大。其中：西沙海槽6个有利的天然气水合物资源远景区，资源量约45.5亿吨油当量；东沙海域7个有利的天然气水合物资源远景区，资源量约47.5亿吨油当量；神狐海域4个有利的天然气水合物资源远景区，资源量约33.28亿吨油当量；琼东南海域5个有利的天然气水合物资源远景区，资源量约为58.3亿吨油当量。目前我国天然气水合物勘探程度低、开采技术研究还处于室内模拟系统和模拟分析方法的建立阶段，技术整体落后与发达国家。

2.4.3.3 海水资源

按照开发利用方向划分，海水资源主要包括直接利用海水、淡化利用海水和海水化学元素提取利用，统称海水资源的综合利用。沿海日益严峻的水资源短缺形势及建设资源节约型和环境友好型社会迫切需求以及海洋战略性新兴产业的培育促使我们要大力开发利用海水资源，大力发展海水利用业。经过国家"九五"、"十五"、"十一五"科技攻关支持，我国先后建成一批具有自主知识产权的千吨级和万吨级示范工程，初步构建起具有中国特色的海水利用技术体系，具备规模化应用和产业化发展的基本条件。目前，全国海水淡化工程实际产水量50万立方米/日，年海水直接利用量近500亿立方米。

1）海水直接利用

现阶段海水直接利用主要包括工业冷却、环境工程、大生活和灌溉等用水方式。

（1）用于工业冷却水。随着工业的发展，用于工业的冷却水越来越多，范围越来越大。由于地球上淡水越来越少，海水作为替代淡水作冷却水源就日益受到重视。目前火力发电、核电、冶金、石化等领域都直接利用海水做冷却水。如日本每年用于上述产业的冷却海水就达 $1\,000 \times 10^8$ 立方米。

（2）环境工程用水。海水在环境工程中得到越来越多的应用。①烟气脱硫：利用天然海水作为烟气中 SO_2 的吸附剂，其理论脱硫率多达 98%。目前世界上有 30 多台海水脱硫装置。我国深圳西部电厂、福建后石电厂均采取了海水脱硫工艺。②处理城市污水：城市生活污水的海洋处理技术是将经过一定程度处理的污水，通过远离岸边界固定于海床上扩散器，均匀地排入海中，利用海洋固有自净能力来降低污染物浓度。这种海水深排的方式，实质上是利用海水的稀释、扩散、光氧化、物理化学沉淀、吸附、生物降解、自然清毒杀菌等重大的生态系统共同作用的结果。这些是沿海地区，特别是沿海城市污水处理的有效途径。目前美国这种工程有 250 多处，英国有 40 多处。③废水处理：海水直接用于废水处理，主要利用海水所含的大量 Mg^{2+} 和 Ca^{2+} 等离子，在碱性条件下生成 $Mg(OH)_2$ 及 $Ca(OH)_2$ 沉淀，这种沉淀物是优良的絮凝剂，能有效去除废水中的悬浮颗粒物、胶体物质及可溶性磷酸盐等。在印染工艺中，在处理炼礁废水中，在处理冲厕海水中都有较好的效果。

（3）海水主要用于工业冷却水、洗涤、除尘、净化、冲渣、冲灰、化盐和印染等工艺外，还用于洗刷、冲厕、消防和泳池用水等大量生活用水。据统计我国城市供水的 20% 为城市生活用水，而生活用水中冲厕用水约占 36%。海水直接利用可解决冲厕用水问题。淡水紧缺的香港 20 世纪 50 年代就开始用海水冲厕。

灌溉用水。农业灌溉用水是用水大户。解决干旱地区灌溉用水问题，也是重大科技问题。目前用海水灌溉农田，在世界范围内都在研究实验当中。阿拉伯国家、印度和美国都曾在这方面做过试验。而且用养殖废海水进行灌溉对解决养殖废水造成海洋的污染也有重要意义。

2）海水淡化

海水淡化技术是解决淡水资源缺乏地区的重要手段之一。我国现有海水淡化厂可分为市政用水、工业用水和海岛居民用水海水淡化厂三种类型：①目前投运的市政用水海水淡化厂（海岛除外）仅天津北疆发电厂海水淡化厂 1 座，一期工程首批建成 4×2.5 万吨/日海水淡化装置，计划向附近汉沽水厂和塘沽新区水厂供水。虽然该淡化厂具备 10 万吨/日产水能力，但向外供水的输送管道尚未完工，淡化水几乎不能输送出去，实际仅一套装置开机运行，产水量为 1.2 万吨/日，主要供企业自用。②目前投运的海岛用水海水淡化厂有 44 座，总产水能力 5.4 万吨/日，主要供应海岛居民生活用水。③现有工业用水海水淡化厂有 30 座，总产水能力 37 万吨/日，主要为电厂或其他工业企业自用淡化厂。

3）海盐资源

我国海盐资源丰富。北起鸭绿江口，南到北仑河口，沿海多沙质海岸，海滩平坦辽阔，适宜盐田利用。沿海气候也适于晒盐，特别是渤海、黄海沿岸，年蒸发量较大，降雨量较小，而且有明显的较长的干旱季节；东海、南海沿海气温高，除雨季外，其他时间都可产盐。因此，我国沿海 11 个省市区和台湾省都产海盐。

经过多年发展，我国海盐产业发展逐步壮大，海盐产量已连续多年居于世界首位。山东省海洋盐业产值占全国海洋盐业产值的 55% 以上，高居全国首位。我国现有盐田生产总面积约为 43 万公顷，主要分布在山东、河北、辽宁、天津、江苏等沿海省市，其中环渤海的三大盐区（长芦盐区、辽东湾盐区、莱州湾盐区），盐田面积近 30 万公顷，占到全国盐田总面积的 70% 以上，其产量和产值也均占全国海盐业的 80% 以上（表 2.4）。

表 2.4　我国沿海各地盐田面积和海盐生产能力（2007—2008 年）

地区	盐田总面积/hm²		生产面积/hm²		年末海盐生产能力/$\times 10^4$ t	
	2007	2008	2007	2008	2007	2008
天　津	33 397	31 977	32 152	30 788	198.70	188.69
河　北	82 754	81 745	77 969	77 012	522.00	520.86
辽　宁	51 800	20 030	44 942	44 784	285.15	268.37
江　苏	74 763	72 816	40 846	16 437	147.00	133.00
浙　江	4 377	3 789	3 654	3 172	21.47	15.76
福　建	6 894	6 921	5 610	5 742	56.19	49.58
山　东	202 184	205 702	153 451	154 776	2 447.00	2 588.10
广　东	10 484	10 484	8 409	6 506	20.20	19.48
广　西	4 406	3 460	2 339	1 260	14.60	13.99
海　南	3 735	3 757	2 892	2 822	24.00	18.70
合　计	474 794	470 681	372 264	336 793	3 736.31	3 816.53

资料来源：《2009 中国海洋统计年鉴》，第 99 页。

2.4.3.4　海洋可再生能源

海洋可再生能源资源包括潮流能、潮汐能、波浪能、温差能和盐差能等。中国海洋能理论蕴藏量 6.3 亿千瓦（表 2.5）。[①]

表 2.5　我国海洋可再生能源蕴藏量

地区	潮汐能			潮流能		波浪能
	装机容量/MW	年发电量/($\times 10^6$ kW·h)	坝址数/个	平均功率/MW	水道数/个	平均功率/MW
辽宁	594.03	1 635.46	51	1 130.47	5	255.03
河北	10.23	20.45	20			143.64
山东	124.24	375.38	24	1 177.91	7	1 609.79
江苏	1.1	5.46	2			291.25
上海	704	2 280	1	304.88	4	164.83
浙江	8 913.94	2 669.02	73	7 090.28	37	2 053.4
福建	10 332.85	28 413.44	88	1 280.49	19	1 659.67
台湾	56.19	154.53	17	2 282.5	35	4 291.22
广东	1 573.81	1 519.74	49	376.56	16	1 739.5
广西	393.13	1 111.1	72	23.08	4	80.9
海南	89.57	229.41	27	282.35	3	562.77
全国	21 793	62 435.99	424	13 948.52	130	12 855

我国近海海域风能资源是巨大的潜在开发领域。主要分布在东部沿海陆地、岛屿及近海海域，是开发前景好的可再生资源。

---

① 国家海洋局. 2007 中国海洋统计年鉴. 北京：海洋出版社，2007.

海洋可再生能源作为一种储量大、可再生的清洁能源，自20世纪70年代开始受世界各国的普遍重视（表2.6）。目前，大型潮汐发电技术趋于成熟，潮流发电正在向规模化利用方向发展，波浪能发电技术已经进入商业化阶段，海水温差能的综合开发利用前景广阔，生物质能、盐差能等处于实验室研究阶段，海洋风能发电技术产业化条件基本成熟。中国海域所蕴藏的海洋可再生能资源丰富，每一种类型的海洋能总蕴藏量都远远超过全国装机容量的几倍。经过多年的发展，中国已具有开发多种海洋可再生能源的技术储备。近年来，国家为了推进可再生能源的发展，相继出台了一系列的法律法规和政策，为海洋可再生能源的开发利用创造了良好的历史机遇。

表2.6 世界和我国海洋可再生能源蕴藏量比较

类别	全球可开发能量/（$\times 10^8$ kW）	我国可开发能量/（$\times 10^8$ kW）
潮汐能	17	1.1
潮流能		0.18
海流能		0.3
波浪能	20	0.23
温差能	100	1.5
盐差能	20	1.1

此外，我国近海风资源十分丰富，近海10米水深的风能资源约1亿千瓦，近海20米水深的风能资源约3亿千瓦，近海30米水深的风能资源约4.9亿千瓦，是陆地风能资源的两倍，具有巨大的资源潜力。

2.4.3.5 公海和国际海底资源

国际海底区域面积约为2.517亿平方千米，占全球海洋总面积的65%、地球表面积的49%。《联合国海洋法公约》规定，"区域"内蕴藏着丰富的矿产资源和深海生物基因资源（统称"大洋资源"）。目前发现的矿产资源主要包括大洋多金属结核资源、大洋富钴结壳资源、海底热液硫化物资源、深海生物及其基因资源、天然气水合物资源等。随着陆地矿产资源的日益枯竭，海底资源将成为21世纪可供人类开发的重要矿产资源接替基地，形成包括深海勘探业、深海采矿业、深海技术装备制造业等多种门类的深海产业。

1）大洋多金属结核资源

主要分布于水深4 000～6 000米海底，含有70多种元素，其中镍、钴、铜、锰的平均含量分别为1.3%、0.22%、1%和25%，其资源量分别高出陆地相应资源量的几十倍到几千倍。全球大洋底多金属结核资源总量为1.5万亿吨，Archer则估计为5 000亿吨，有商业开采潜力的资源量达750亿吨。位于东太平洋海盆内克拉里昂、克里帕顿两断裂之间的区域（简称"CC区"）是结核经济价值最高的地区，估计结核量约有340亿吨，可产出锰75亿吨、镍3.4亿吨、铜2.65亿吨、钴7 800万吨。

2）大洋富钴结壳资源

主要分布于海山表面，水深一般800～3 000米，富含钴、镍、铂、稀土等金属，其中钴的平均含量最高达0.8%~1.2%，是多金属结核的钴含量4倍，钴平均含量较陆地原生钴矿高几十倍。仅就钴的含量而言，陆地上还没有类似的矿床。据估计，全球大洋富钴结壳资源量为210亿吨，大约635万平方千米的海山区被富钴结壳覆盖。富钴结壳的富集区主要分布在赤道太平洋北部，既包括国际海底区域，也包括若干国家的专属经济区。

3）海底热液硫化物资源

主要分布于大洋中脊和弧后盆地扩张中心，富含铜、铅、锌、银、金等多种金属元素，水深范围在数百米到4 000多米之间变化，以2 000米左右水深为主。具有矿体富集程度高、成矿过程快的特点；伴随海底热液活动，在极端环境条件下生长发育的深海生态系统和生物资源具有重要的科学和经济价值，使其成为当前深海科学研究的热点。已经报道的世界洋底中各种类型的热液活动区和热液异常约280个，其中约145处已经被观察或影像所证实，在巴布亚新几内亚领海内利希尔岛附近的锥形海山是迄今发现的金含量最丰富的热液硫化物矿床，平均26克/吨，最高230克/吨。目前热液硫化物资源总量尚待调查确定，但对几个洋中脊矿床的估计显示，单个海底硫化物矿床的资源量在100万吨至1亿吨之间。

全球洋中脊系统长约7万千米，平均宽度300千米，至今仍有80%的地段还没有被调查。2005年我国进行首次大洋环球科学考察，分别对东太平洋海隆、大西洋中脊和印度洋中脊进行了综合科学考察，为中国的洋中脊研究和现代海底热液硫化物资源调查研究揭开了新的篇章。迄今为止，我国共完成了6个航次的调查，在西南印度洋中脊、东太平洋海隆和劳盆地弧后扩张中心等均发现新的活动热液喷口和多金属硫化物分布区。

4）深海生物及其基因资源

深海生物及其基因资源是近年来引起国际关注的新资源类型，深海生物物种丰富，功能各异，处于深海独特的高压、高温/低温物理、化学和生态环境中，在高压、剧变的温度梯度、极微弱的光照条件和高浓度的有毒物质包围下，形成了极为独特的生物结构、代谢机制，体内产生了特殊的生物活性物质，深海生物基因资源在工业、医药、环保、国防等领域都将有广泛的应用。目前国际上深海生物基因资源的应用已经带来数十亿美元的产业价值。

5）天然气水合物资源

天然气水合物是一种由碳氢气体与水分子组成的白色结晶状固态物质，俗称"可燃冰"，主要赋存于具有低温（小于10℃）、高压（大于10 MPa）环境的世界海洋大陆边缘和高纬度永久冻土里。据国际天然气潜力委员会的初步统计，世界各大洋中（包括国际海底区域和国家管辖海域）天然气水合物资源总量换算成甲烷气体为1.8×10^{16}~2.1×10^{16}立方米，大约相当于全世界已知的煤、石油和天然气等资源总量的两倍，被认为是一种潜力很大、可供21世纪开发的新型能源。

6）其他资源

除上述资源外，大洋中的磷块岩、深海黏土、海水中溶解元素等非传统、非常规资源也逐渐引起人们的关注。

第3章 中国海洋经济发展状况

改革开放以来,中国海洋经济保持高于同期国民经济的增长速度,2005 年实现了《全国海洋经济发展规划纲要》确定的发展目标,全国主要海洋产业总产值 16 755.13 亿元,海洋产业增加值 7 185.05 亿元,按可比价格计算,比上年增长 12.0%,相当于同期国内生产总值的 4.0%。[①]"十一五"后期,面对世界金融危机带来的影响,中央和地方政府出台了一揽子经济刺激方案,保证了 2009—2010 年全国宏观经济的平稳发展。在此背景下,我国海洋经济实现了历史性跨越,2009 年,全国海洋生产总值首次突破 3 万亿大关。此后海洋经济增速受国内外经济环境影响虽有小幅放缓,但发展趋势日渐明朗,发展质量有所改善。

3.1 全国海洋经济总体发展状况

进入 21 世纪以来,我国海洋经济迅猛发展,始终保持高于同期国民经济的增长速度(图 3.1)。2008 年,全国海洋经济仍保持高于同期国民经济的增长水平,全国海洋生产 29 662 亿元,占国内生产总值的 9.87%。其中,海洋产业增加值 17 351 亿元,占国内生产总值的 5.77%,已经提前超额完成《全国海洋经济发展规划纲要》确定的 2010 年海洋经济发展目标。

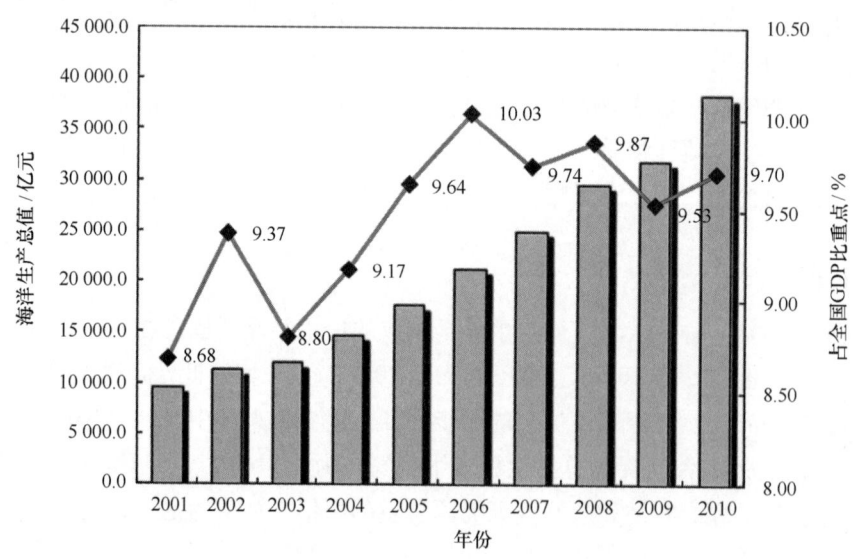

图 3.1 2001—2010 年全国海洋生产总值(GOP)及对国内生产总值(GDP)贡献率

2010 年全国海洋生产总值 38 439 亿元,比上年增长 12.8%。海洋生产总值占国内生产总值的 9.7%。其中,海洋产业增加值 22 370 亿元,海洋相关产业增加值 16 069 亿元;海洋第

---
① 国家海洋局:2006 年中国海洋统计年鉴. 北京:海洋出版社,2007.

一产业增加值 2 067 亿元，第二产业增加值 18 114 亿元，第三产业增加值 18 258 亿元。海洋经济三次产业结构 5∶47∶48。据测算，2010 年全国涉海就业人员 3 350 万人，其中新增就业 80 万人。

3.2 全国主要海洋产业发展状况

我国海洋产业一直保持持续、快速的发展，成为我国国民经济发展的重要力量。主要海洋产业保持稳定增长态势，2010 年滨海旅游业、海洋渔业、海洋交通运输业作为海洋支柱产业，占主要海洋产业比重近 3/4；其中滨海旅游业位居各主要海洋产业之首。同时，以海洋高新技术研究与开发为基础而发展起来的海洋高技术产业，引发带动了一些新兴海洋产业的迅速发展，并形成了一定的产业群体，海洋电力业、海水综合利用业等新兴产业在海洋经济中的地位逐步提高。2010 年，我国主要海洋产业增加值 15 531 亿元，比上年增长 13.1%；海洋科研教育管理服务业增加值 6 839 亿元，比上年增长 10.7%。

3.2.1 海洋渔业

海洋渔业及相关产业包括海水养殖、海洋捕捞、海洋水产品加工、海洋渔业服务业及相关产业，属于我国大农业中的渔业范畴。改革开放后，我国海洋渔业产量经历了两个增长阶段后，进入了平稳增长阶段。1978—1996 年，我国海产品总量增长较快，年增长率为 10%。1997 年后增速减缓，年增长率为 3.6%。近 30 年间，总产量翻了近三番。从 1990 年起稳居世界第一海产品大国的地位。2007 年海水产品产量达到 2 550.89 万吨。海洋渔业产值增速比产量增速更快。1996—2005 年的 10 年间，我国海洋渔业产值增长了 3.05 倍，年均增加 420 多亿元。其中，1996—2002 年的 6 年间产值增加了 1 000 亿元，之后产值增速提高，2003—2007 年的 4 年里增加 2 000 亿元。海洋渔业的产业拉动能力较强，2008 年我国海洋渔业实现增加值 2 216 亿元，由海洋渔业直接拉动的加工业、服务业的产业规模在 1 000 亿元以上。

2010 年，全国海洋渔业保持平缓增长，海水养殖产量稳步提高。全年实现增加值 2 813 亿元，比上年增长 4.4%。

3.2.2 海洋石油和天然气业

中国近海大陆架面积约 130 万平方千米，发育有 10 个大型的沉积盆地，总面积约 89.6 万平方千米，有效勘探面积 60 万平方千米。根据调查，我国近海石油资源量 276.52 亿吨，天然气资源量 8.815 万亿立方米。

近年来，我国海洋石油工业发展迅速。海洋石油产量从 2001 年的 2 142.95 万吨，提高到 2006 年的 3 239.1 万吨。海洋石油天然气增加值从 2001 年的 176.8 亿元，提高到 2006 年的 668.9 亿元，年均增长 24.8%，如图 3.2 所示。

2010 年，我国继续加大海洋油气勘探开发力度，多个油气田陆续投产，海洋石油天然气产量首次超过 5 000 万吨。海洋油气业高速增长，全年实现增加值 1 302 亿元，比上年增长 53.9%。

3.2.3 海洋交通运输业

改革开放以来，我国海洋交通运输业空前发展，我国海运船队运力规模从改革开放初期

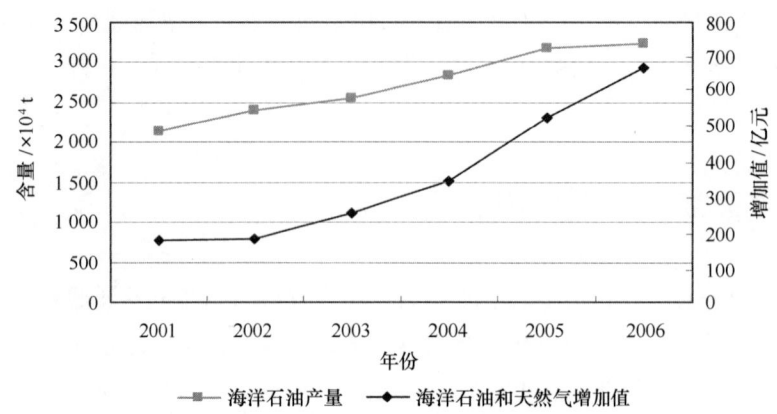

图3.2 我国海洋石油和天然气增加值和原油产量

的1 600多万载重吨，居世界40多位，发展到2007年的1.19亿载重吨，位居世界第4位。中远集团船舶总运力跃居世界第二位，中远、中海集装箱船队运力进入世界10强。

截至2007年，我国港口货物吞吐量和集装箱吞吐量已连续5年位居世界第一位，集装箱吞吐量2007年首次突破亿箱。8个港口进入世界港口货物吞吐量前20位，5个港口进入世界前十位，亿吨大港14个。目前，我国海洋交通运输业承担93%的外贸运输量，全国港口接卸99%的进口铁矿石、95%的进口原油。

2010年，随着国际贸易形势趋好和航运价格恢复性增长，海洋交通运输业迅速回暖。我国海洋交通运输业全年实现增加值3 816亿元，比上年增长16.7%。

3.2.4 滨海旅游业

我国滨海旅游业进入快速发展阶段始于改革开放以后。20世纪90年代开始，滨海旅游开始展现出强大的发展能力。目前，每年滨海旅游业收入占海洋产业总产值近30%，已成为海洋产业的重要支柱。从滨海旅游业收入的绝对数值来讲，2007年，全年滨海旅游收入7 948亿元，占全国主要海洋产业总产值31.08%，增加值3 242亿元，比上年增长17.6%。

我国滨海旅游资源丰富，各具特色。目前我国大多数滨海地区都进行了不同程度的旅游开发。截至2005年年底，国内以滨海旅游资源为开发内容的A级景区中，仅4A级旅游区就有44家，此外还存在着众多以海滨为开发背景的A级景区。2004年主要沿海城市拥有星级饭店共计2 318座，客房平均出租率63.54%。到2008年底，我国拥有5A级滨海旅游景区19处，4A级滨海旅游景区185处，3A级滨海旅游景区96处，2A级滨海旅游景区120处，1A级滨海旅游景区7处（见表3.1）。从绝对数量上，全国31省市按星级饭店座数排名，前10名中，沿海11个省市区占有一半席位；按星级饭店拥有客房间数排名，前10名中沿海省市占6席；从经营情况看，全国31个省按营业收入排名，前10名中沿海省市占6席；按上缴税金排名，前10名中沿海省市占有7席。

我国滨海旅游市场分为国际旅游市场和国内旅游市场。亚洲是我国滨海旅游的一级市场，以日本、韩国以及东南亚各国为主；传统的英、法、德来华旅游人数稳定上升，美国亦保持重要的入境客源国的地位，俄罗斯已成为沿海各省旅游人数迅速增长的客源国之一。由于地缘关系，港澳台居民出游主要在广东、福建以及海南。香港是外国旅游者进入我国的重要中转站，为其他沿海地区的滨海旅游和内陆的旅游区输送了众多的旅游者。

目前，我国国内旅游市场是滨海旅游市场的主要组成部分，2005年实现收入3 887亿元，占滨海旅游总收入的 76.9%，增加值 1 391 亿元。① 沿海各省市滨海旅游的国内客源以本省为主，占 50% 左右。

表 3.1 我国国家级滨海旅游景区

地区 \ 旅游景区级别	5A	4A	3A	2A	1A
辽宁省	1	21	15	4	1
河北省	1	12	1	16	0
天津市	2	8	9	13	0
山东省	1	14	30	25	3
江苏省	0	7	8	17	0
浙江省	6	44	20	36	0
上海市	3	16	1	0	0
福建省	1	17	1	1	0
广东省	2	32	10	7	0
广西壮族自治区	0	6	0	1	0
海南省	2	8	1	0	0
合计	19	185	96	120	7

资料来源：908 - ZC - I - 19 成果报告。

2010 年沿海地区依托特色旅游资源，发展多样化旅游产品，滨海旅游业保持平稳增长。全年实现增加值 4 838 亿元，比上年增长 7.9%。

3.2.5 海洋船舶工业

改革开放以来，我国船舶工业发展极为迅速，1995 年中国造船产量第一次超过德国，占到世界市场份额的 5%，位列韩国、日本之后，成为世界第三造船大国。到 2007 年，我国造船完工量占世界市场份额已达 23%，我国造船完工量已超过日本。这是我国连续 13 年造船完工位居世界第三位以来，造船份额的又一次重大提升。同时，我国的新承接船舶订单超过韩国位居世界第一位，手持船舶订单位居第二位，超过了日本、欧洲及其他国家所占的全部份额。中国船舶工业已牢牢占领了世界主流船舶市场。在散货船、油船、集装箱船三大主流船型市场中，散货船订单首次超过日本，位居世界第一位，油船、集装箱船仅次于韩国，位居世界第二位。

2010 年我国造船完工量及新承接船舶订单量大幅度增长，海洋船舶工业继续保持较快增长，全年实现增加值 1 182 亿元，比上年增长 19.5%。

3.2.6 海洋生物医药业

我国海洋药物系统研究开始于 20 世纪 70 年代，经过多年努力，海洋生物技术于 1996 年被列入国家"863 计划"。至此，海洋药物的研究与开发正式成为国家重点课题，第一批海洋生物技术的重大项目相继优先启动。

"九五"期间，中国海洋药物发展较快，形成了以青岛为主，其他沿海城市蓬勃发展的

---

① 中国统计年鉴. 北京：中国统计出版社，2006.

新局面。"十五"期间,"863 计划"海洋生物技术围绕海水养殖业、海洋生物医药业和海洋生物加工业三大新兴产业开展了相关技术研究与开发,促进了我国海洋生物医药技术跨越式发展。

进入 21 世纪之后,我国海洋生物医药产业发展非常迅速,海洋生物医药业不断加强新药研制与成果转化,产业化进程逐步加快。2001 年海洋生物医药业实现增加值 6.63 亿元,2008 年实现增加值 58 亿元,年均增长 31.14%,如图 3.3 所示。

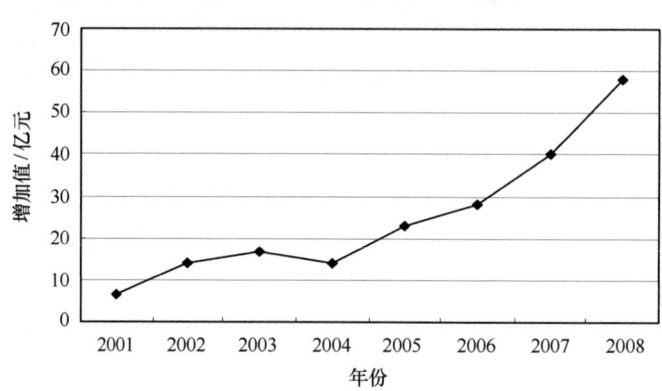

图 3.3　2001—2008 年我国海洋生物医药业增加值

2010 年随着国家相关政策的有力实施,海洋生物医药业继续保持较快增长态势。全年实现增加值 67 亿元。

3.2.7　滨海砂矿业

我国海岸带蕴藏丰富的滨海砂矿资源,已发现具有工业价值的矿种有锆石、钛铁矿、独居石、磷钇矿、金红石、石英石等 12 种,现已探明砂矿产区 90 余处,各类矿床 191 个,其中大型 35 个、中型 51 个、小型 105 个,矿点 135 个,总地质储量 164 137 万吨。

进入 21 世纪以来,随着我国沿海经济迅猛发展,社会对海砂的需求急剧上升,进而推动我国滨海砂矿业快速发展。2001 年我国滨海砂矿业增加值为 1 亿元,到 2005 年达到 8.3 亿元。随着海砂的社会需求增大,我国近岸海域海砂被大肆采挖。滥挖、滥采海砂不仅致使局部海域的海洋生态环境、海岸线、海底地形、防护林带、风景保护区以及海洋特别自然保护区遭到破坏,并直接威胁防洪堤、沿海公路等涉海工程及航运的安全。此外,由于非法采砂作业引发的海上纠纷、安全事故等情况时有发生。

针对我国海砂开采形势,从 2007 年开始,国家正式实施禁止天然砂出口管理措施,海砂管理力度进一步加大,滨海砂矿业呈现出稳中趋降的趋势。全年实现增加值 5 亿元,比上年减少 24.2%,如图 3.4 所示。

2010 年随着管理力度的加强,我国海砂开采活动更加规范有序,海洋矿业全年实现增加值 49 亿元,比上年减少 0.5%。

3.2.8　海洋电力

我国海洋能资源丰富,总蕴藏量约为 8 亿千瓦,开发前景可观。经过多年不断努力,中国海洋电力产业正在稳步增长,海洋电力业"十五"期间的增加值平均增长速度 16% 左右。2007 年中国海洋电力增加值已达 5 亿元,比上年增长约 17%。

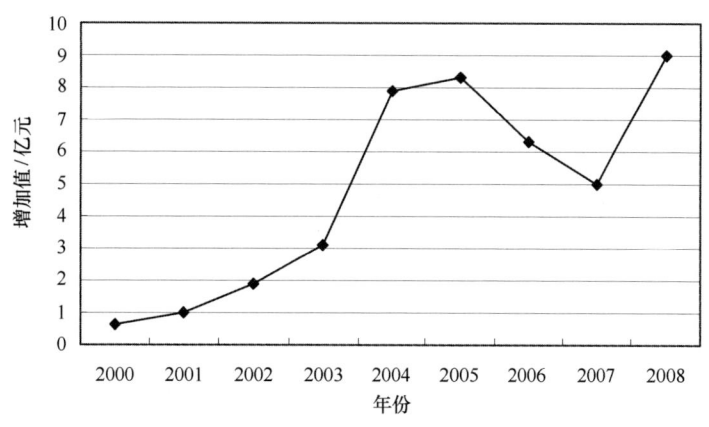

图 3.4　2000—2008 年我国滨海砂矿业

海上风力发电发展迅速，已有实质性突破。中国海上可开发风能储量为 7.5×10^8 千瓦，随着陆上风机总数趋于饱和，海上风力发电就成为未来发展的重点。2007 年启动的"国家科技支撑计划"将能源作为重点领域，提出要在"十一五"期间组织实施"大功率风电机组研制与示范"项目，组建近海试验风电场，形成海上风电技术。同年，中国首个经国家发改委核准的海上风电场——上海东海大桥 10×10^4 千瓦海上风电场项目已经开工建设，2009 年已建成投产。地处辽东湾的中国首座离岸型海上风力发电站，于 2007 年 11 月 28 日正式投入运营，更是标志着中国发展海上风电有了实质性突破。与此同时，沿海地区一批海上风电项目带动了风电产业快速发展，天津、连云港等风电产业基地初步形成。目前，中国已经拥有沿海风力发电场 18 个，并网发电的主要有南澳风力发电场、大连横山风电场、山东长岛风电场等。

潮汐发电稳步推进。中国可开发潮汐能资源达 $2\,000\times10^4$ 千瓦，年发电量超过 600×10^8 千瓦时。江厦电站是目前中国最大的潮汐电站，已正常运行近 20 多年。该电站是 1974 年在原"七一"塘围垦工程的基础上建造的，先后安装了 6 台机组，单机容量从 500 千瓦到 700 千瓦，最后一台机组于 2007 年 10 月投入运行。目前总装机为 3 900 千瓦，是世界第三大潮汐电站。除江厦电站外，到目前为止，我国正在运行发电的潮汐电站还有 7 座，如海山潮汐电站、沙山潮汐电站、福建平潭县潮汐电站等。这 8 座潮汐电站总装机容量为 6 000 千瓦，年发电量 100×10^4 千瓦时。目前，我国潮汐发电量仅次于法国、加拿大，位居世界第 3 位。

海浪发电期待有所突破。我国沿海海域年平均波高在 2 米左右，波浪周期平均 6 米左右，波浪能总量约有 5×10^8 千瓦，可开发利用的约 1×10^8 千瓦。我国波力发电技术研究始于 20 世纪 70、80 年代以来获得较快发展。小型岸式波力发电技术已进入世界先进行列，航标灯所用的微型波浪发电装置已趋商业化，在沿海海域航标和大型灯船上推广应用。与日本合作研制的后弯管形浮标发电装置，已向国外出口，处于国际领先水平。在珠江口大万山岛上研建的岸边固定式波力电站，第一台装机容量 3 千瓦的装置早在 1990 年就已试发电成功。总装机容量 20 千瓦的岸式波力试验电站和 8 千瓦摆式波力试验电站也试建成功。"十五"期间，我国又投入经费 400 多万元，由中国科学院广州能源研究所研制了一座波浪能独立发电系统。总体上看，我国波浪能转换研究进步是明显的，在世界上也有一定影响。但是海浪发电技术还需要进一步的发展，目前已进入示范阶段，商业开发还需时日。

2010 年海洋风电陆续进入规模开发阶段，海洋电力业继续保持快速增长态势，全年实现增加值 28 亿元，比上年增长 30.1%。

3.2.9 海水利用业

历经40多年的技术培育和产业化推进，国内海水利用技术取得了长足进步，初步形成了包括海水淡化业、海水综合利用装备制造业和海洋化工业等在内的海水利用产业。

国内研发机构及企业在低温多效海水淡化、海水循环冷却等技术领域，已跻身国际先进水平。

通过自主设计、研制，先后制造建成1 000吨/日反渗透海水淡化示范工程（山东长岛、浙江嵊泗和大连长海），3 000吨/日低温多效蒸馏海水淡化工程（黄岛），并良好运行。设计制造3 000、4 500吨/日低温多效海水淡化成套装置，出口海外。同时，通过对进口装备的消化吸收，建成1.25万吨/日低温多效海水淡化工程（国华沧东）。目前，国内海水淡化吨水成本约5元左右，在技术、经济两方面，都具备了规模化产业发展的基本条件。

海水直接利用技术的推广应用，使沿海高耗水工业（煤电、钢铁、石化等）的冷却用水得到大面积替代，年工业冷却直接利用海水量达500亿吨。国内自主研发的海水循环冷却技术单机规模达到10万立方米/小时，已经进入工程示范阶段。

我国在海水提取钾、溴、镁等多个技术领域实现国际领先。拥有自主知识产权的"沸石离子筛法海水提钾技术"先后完成千吨级、万吨级实验，开发出海水提钾高效节能新技术装备，实现5万吨/年海水提钾生产能力。我国自主研发的"气态膜法海水卤水提溴技术"，经十吨级中试后，百吨级整套工艺技术在研。先后建成万吨级海水提取硝酸钾示范工程、万吨级浓海水制取膏状氢氧化镁示范工程、百吨级气态膜法提溴、硼酸镁晶须中试装置等，正在进行4万吨/年海水苦卤提取硫酸钾及综合利用工程建设。同时，空气吹出法占全国溴素生产能力的90%以上。

海水利用装备制造产业初见端倪。目前，全国已有几十家企业、公司进军海水利用领域。

进入21世纪以来，我国海水利用产业发展迅速。2001年海水利用业增加值仅为1.1亿元，2008年跃升到8亿元。2001—2010年，产业增加值年均增长率高达27.8%。

2010年我国海水淡化能力不断增强，海水直接利用规模持续扩大，产业化水平进一步提升，海水利用业继续保持较快发展。全年实现增加值10亿元，比上年增长18.4%。

3.2.10 海盐业

我国有丰富的含盐量高的海水资源，是海水晒盐产量最多的国家，也是盐田面积最大的国家。我国沿海有宜盐土地及滩涂资源约0.84万平方千米，有盐田37.6万公顷，主要分布在长江口以北。

海洋盐业是我国的一大传统海洋产业，历史悠久。我国海盐产量一直位居世界首位。近年来，随着纯碱和烧碱制造业的快速发展，国内盐业市场需求量的上升，海洋盐业呈现出稳步增长趋势。2006年，海洋盐业实现增加值40.9亿元，比上年增长了5%。2009年海洋盐业受下游两碱产业复苏的带动，全年海盐产量达3 500.45万吨，同比增长11.9%，实现增加值43.6亿元。

2010年，受不利天气以及盐田面积减小等因素影响，海盐产量有所下降，但由于价格持续上行，海洋盐业仍实现了良好的经济增长。全年实现增加值53亿元，比上年增长15.3%。

3.2.11 海洋化工业

进入21世纪，我国海盐化工业不断发展壮大，以苦卤综合利用为主攻方向的科技开发逐步深化，2000年，盐化工产品已达80种，产量达95万吨，其中，氯化镁、工业溴、硫酸钾、氯化钾等主要产品产量达50.7万吨。2006年海洋化工业全年实现工业增加值184.6亿元，比上年增长了20.4%。2009年，海洋化工业发展较快，全年实现增加值465.3亿元，比上年增长24.8%。

2010年海洋化工业稳步增长，全年实现增加值565亿元，比上年增长12.4%。

3.2.12 海洋工程建筑业

随着沿海地区海洋开发进程加快，海洋工程建筑业发展迅速。近年来，一批对国民经济发展具有重要影响的海洋工程项目相继开工或投入使用，如上海洋山港、河北唐山港曹妃甸港区建设等一批重点海洋工程项目的建设，将对未来一段时期内海洋经济的发展产生深远影响。"十五"期间，海洋工程建筑业增加值累计936.1亿元，2006年海洋工程建筑业增加值305.5亿元，是"十五"期初的两倍多。随着科技发展，海洋工程建筑业拓展到浅海或深海，逐渐突破了原有仅在海底表面施工建设的局面，基本形成了海底下、海底面和海水中的立体化海洋工程建筑业新格局，海洋空间得到了充分的应用。2009年，海洋工程建筑业实现增加值672.3亿元，同比增长71.4%。

2010年海洋工程建筑业保持稳步发展，全年实现增加值808亿元，比上年增长14.5%。

3.3 海洋经济区发展状况

在国家"东部率先发展"战略部署和沿海地区大力发展海洋经济战略的推进下，区域性海洋经济集聚态势日益显著，沿海区域性海洋经济区发展格局已经基本形成。

近年来，我国沿海地区充分发挥区域优势，实行优势互补、联合开发，基本形成三大海洋经济区，即：环渤海海洋经济区、"长三角"海洋经济区和"珠三角"海洋经济区。"十五"期间，三大海洋经济区主要海洋产业增加值合计与全国主要海洋产业增加值的比重均高于85%。2006年，环渤海经济区主要海洋产业增加值占全国主要海洋产业增加值的40.6%，位于前列的主要海洋产业为海洋交通运输业、海洋渔业和滨海旅游业；长江三角洲经济区主要海洋产业增加值占全国主要海洋产业增加值的29.8%，位于前列的主要海洋产业为滨海旅游业、海洋交通运输业和海洋渔业；珠江三角洲经济区的主要海洋产业增加值占全国主要海洋产业增加值的17.9%，位于前列的主要海洋产业为滨海旅游业、海洋交通运输业、海洋渔业和海洋石油与天然气业。另外，天津滨海新区和海峡西岸经济区的发展也方兴未艾。

2009年，环渤海、"长三角"和"珠三角"三个主要海洋经济区的海洋生产总值合计28 157.7亿元，占全国海洋生产总值的87.9%，其中环渤海区域海洋生产总值为12 015亿元，"长三角"为9 466亿元，"珠三角"为6 614亿元。

2010年，环渤海地区海洋生产总值13 271亿元，占全国海洋生产总值的比重为34.5%，比上年减少0.1个百分点。长江三角洲地区海洋生产总值12 059亿元，占全国海洋生产总值的比重为31.4%，比上年减少0.6个百分点。珠江三角洲地区海洋生产总值8 291亿元，占全国海洋生产总值的比重为21.6%，比上年增长0.9个百分点（见图3.5）。

"十二五"开局，国家加速部署沿海地区"3+N"个海洋经济示范区建设，即山东、浙江和广东以及紧随其后的福建等。至此，我国沿海区域的海洋经济布局已经基本形成，为新一轮海洋经济的大发展创造了新的条件和环境，将为早日实现"东部率先发展"战略目标起到强有力的经济支撑。

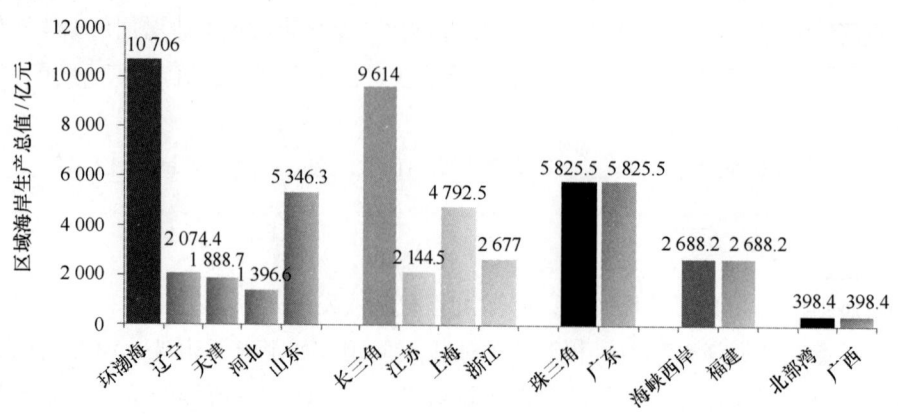

图 3.5　区域海洋生产总值比较

数据来源：中国海洋经济统计公报，2009

3.3.1　环渤海经济区

环渤海地区是我国海洋经济发展主要集聚区，包括辽宁、山东、天津与河北四省市。区内海洋生产总值多年位居沿海几大经济区之首。依靠便利的交通优势、良好的海洋资源条件，环渤海经济区海洋经济获得了快速发展。

环渤海经济区在海洋交通运输业、海洋渔业等方面具有优势。青岛港集装箱吞吐量世界排名第10，货物吞吐量世界排名第7；天津港集装箱吞吐量世界排名第14，货物吞吐量世界排名第6；大连货物吞吐量世界排名第12（表3.2）。三大枢纽港环绕渤海成满弓状，连同丹东、营口、曹妃甸、黄骅、烟台、威海、日照，形成了世界最为密集的大型港口群。海洋渔业方面，环渤海经济区海水养殖面积近100万公顷，占全国海水养殖面积的62.6%；海洋捕捞产量约420万吨，占全国的31.8%；海水养殖产量约650万吨，占全国的45.5%。随着"辽宁沿海经济带发展规划"以及"黄河三角洲高效生态经济区发展规划"纳入国家战略，环渤海经济区海洋经济的发展将会迎来新的历史机遇。

表 3.2　环渤海地区港口情况一览

省份	主要港口	货物吞吐量/×10⁴ t	集装箱吞吐量/×10⁴ TEU
辽宁	大连港	24 588.4	452.5
	营口港	15 085	203.64
	锦州港	4 722.95	65
	丹东港	3 259.2	22.22
河北	秦皇岛港	25 220.06	40.25
	曹妃甸港	—	—
	唐山港	10 853	24.04
	黄骅港	7 980.29	—
天津	天津港	35 593.2	850.3

续表 3.2

省份	主要港口	货物吞吐量/×10⁴ t	集装箱吞吐量/×10⁴ TEU
山东	青岛港	30 029	1 002
	烟台港	14 699.26	153.14
	日照港	15 102.2	70.85
	威海港	1 619.5	34.65

数据来源：2009 年港口年鉴，2009 年中国统计年鉴。

3.3.2　长江三角洲经济区

长江三角洲经济区包括江苏、上海和浙江等省市，是中国经济最为发达的地区。依靠陆域经济的有力支撑，"长三角"地区海洋经济取得长足发展。2009 年该地区海洋生产总值 9 466 亿元，占全国海洋生产总值的 29.6%。

"长三角"经济区在海洋船舶工业和海洋工程装备制造业方面处于领先地位，目前已经成为我国主要的海洋工程装备及配套产品研发与制造基地。该区集聚了以中船重工 702 所为代表的海洋工程装备研发机构数十家，以江南造船为代表的船舶和海洋工程制造企业上百家。产业规模不断扩大，集聚程度不断提高。江苏、上海和浙江已经分别成为中国海洋船舶制造、海洋工程装备制造、船舶修造的中心。

3.3.3　珠江三角洲经济区

珠江三角洲经济区以广东省域为主体。2009 年区内海洋生产总值 6 614 亿元，同比增长 13.5%，占全国海洋生产总值的比重较上年提高 0.5 个百分点，达 20.7%。

近些年该区大力发展资源型和制造型海洋产业，海洋经济总量稳步提升。2009 年广东省海洋生产总值占全省地区生产总值的 18%，增长速度高于同期全省 GDP 的增长速度。"珠三角"经济区不断拓展海洋经济的深度和广度，形成了以海洋交通运输业、海洋渔业、滨海旅游业和海洋油气业为主体，海洋船舶制造业、海洋电力业、海洋生物制药业全面发展的区域海洋经济新格局。

3.3.4　海峡西岸经济区

海峡西岸经济区以福建省域为主体，简称"海西区"。在加快建设"海峡西岸经济区"国家战略推动下，福建沿海地区的海洋经济实力明显提高，海洋产业结构不断优化，港口与海洋基础设施建设迈上新台阶。按照促进东部沿海发展和两岸直接"三通"的部署，区内海港资源整合初显成效，形成以厦门港、福州港为主，泉州港为辅的东南沿海地区港口布局。

"海西区"沿海能源建设同步推进。福建岸线曲折，优良港口众多，在充分发展大型沿海煤电的基础上，风电选址前期工作和宁德、福清核电等项目正在加速推进。

当前海峡西岸经济区在推进海洋经济发展上主要有两个重点：一是充分利用海洋资源优势，加快推进临港工业、海洋渔业、船舶修造等传统海洋产业升级改造；二是大力发展海洋新兴产业，利用区位优势，积极承接台湾现代服务业转移，提高海洋科技水平，建设海峡两岸的现代物流、海洋信息服务、台湾海峡防灾减灾服务中心。

3.3.5 北部湾经济区

北部湾经济区包括广西壮族自治区以及广东、海南两省的部分地区，拥有丰富的渔业资源、油气资源以及滨海旅游资源，海洋经济发展潜力巨大。北部湾经济区作为我国的西南门户和出海通道，与东盟合作领域不断拓展，合作范围日益扩大，在发展跨国区域物流和现代服务业方面取得了积极进展。2009年底国务院印发了《关于进一步促进广西经济社会发展的若干意见》，使广西沿海及北部湾经济区发展上升到国家战略层面。

随着南宁、北海、钦州、防城港城市圈基础设施的不断完善，临海产业的快速发展以及沿海经济布局的日益合理，在充分发挥广西后发优势的基础上，北部湾经济区作为我国沿海经济发展新的增长极的作用将逐步凸显。

第 4 章　中国海洋经济发展规划体系及实施

规划是人们根据现有的认识，对规划事物的未来设想和理想状态及其实施方案的选择过程。而海洋规划是指，在一定时期内对一定空间范围的海洋资源开发、空间利用、海洋经济发展、生态环境保护等活动进行统筹安排的战略方案和指导性计划，既是各级海洋行政主管部门、政府对海洋各项事业发展进行宏观调控、经济调节和公共服务的重要依据，又是实现海洋综合管理的重要手段，还是经济与社会发展规划体系的重要组成部分。

中国海洋经济发展规划在不断调整、规范经济活动的管理实践中逐步形成为一定的规划体系及其管理制度，使全国和沿海地方的海洋经济逐步向秩序性、规范化方向发展。"十一五"以来，在《全国海洋经济发展规划纲要》的宏观规范指导下，沿海省、市、县各级海洋经济发展均在上级和各自的规划体系进行，部分涉海行业有些也在大形势的驱动下，纷纷将海洋列为重点发展领域，形成了行业中涉海或海洋专项的发展规划。

4.1　中国海洋经济规划体系及其特征

海洋经济规划是海洋规划的一部分。海洋经济规划主要针对海洋经济发展所制定的一系列经济政策，包括经济发展方向、产业选择与布局、海洋科技与技术、海洋发展与生态环境保护以及区域流通与资源配置等相关政策，为推动海洋经济可持续发展、提升海洋经济国际竞争力以及经济带动能力做一个思路明确的发展规范，并提出主要措施和实施方案，具有相应的法律效应。

4.1.1　海洋经济规划体系

我国的海洋经济规划研究始于 20 世纪 80 年代，主要对国际的、其他国家的涉海规划进行理论探讨和借鉴学习，结合国情、海情，逐步应用到我国海洋规划的研究、编制和实施实践。1992 年，全国海洋开发规划工作及沿海各省市海洋规划工作的开展，为深入研究海洋规划理论提供了经验和坚实的基础。20 世纪 90 年代，我国发布了《全国海洋开发规划》（1993年）、《中国海洋 21 世纪议程》及《中国海洋 21 世纪议程行动计划》（1996 年）等具有全局性和战略性的海洋规划；为加强海洋生态环境保护工作，编制了《全国海洋生态环境保护与建设规划》、《中国海洋生物多样性保护行动计划》、《全国海洋环保"九五"（1996—2000年）计划和 2010 年长远规划》等海洋生态环境保护类规划；发布了《海洋技术政策（蓝皮书）》（1993 年）、《"九五"（1996—2000 年）和 2010 年全国科技兴海实施纲要》（1996 年）等海洋科技规划。进入 21 世纪，国家进一步加强了海洋规划的编制工作，陆续出台了《全国海洋经济发展规划纲要》（2003 年）、《海水利用综合规划》（2005 年）、《国家海洋科学和技术"十一五"规划纲要》（2006 年）、《国家海洋事业发展规划纲要》（2008 年）等。目前，

《重点海域环境保护规划》也取得了新的进展。

近年来，国内学者针对海洋经济发展规划进行了大量的理论及方法上的研究与探讨，直接指导并应用于"十五"、"十一五"、"十二五"三个五年计划阶段海洋经济发展规划编制工作。

在"十一五"阶段，中国的海洋经济发展规划体系基本形成。2003年，国家和沿海地区分别启动了海洋经济发展规划编制工作，到2005年底，基本形成了中国海洋经济发展的三级规划体系（图4.1）。以2003年5月9日国务院印发的《全国海洋经济发展规划纲要》为起点，沿海11个省、直辖市、自治区分别编制出台了本地区的省级"海洋经济发展规划"。在国家规划纲要的宏观指导和省级规划的直接指导下，沿海地级市也编制了市级海洋经济发展规划，部分沿海县也编制出台了海洋经济发展规划或计划。

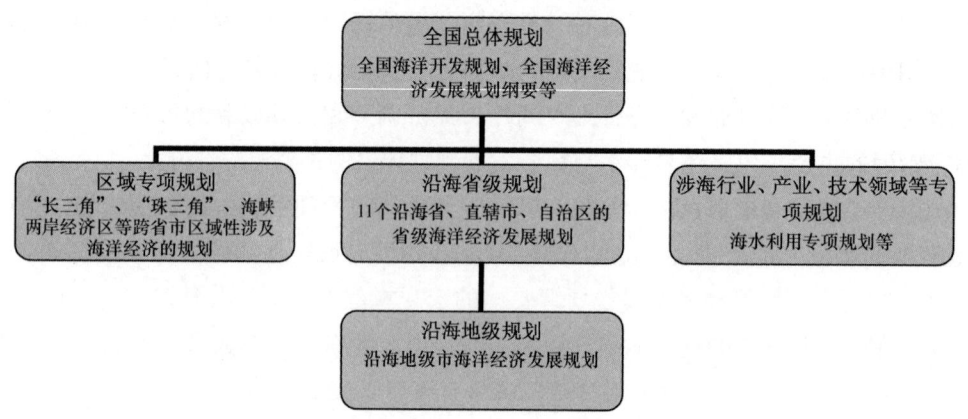

图4.1 我国海洋经济发展规划体系结构

4.1.2 海洋经济规划特征

一是目的性。海洋规划是为了实现海洋管理的特定目标如海洋经济的协调发展、海洋资源的持续开发、海域空间的合理利用与控制、海洋生态环境保护等进行规划的。

二是系统性和综合性。海洋是一个复合的自然生态经济系统，与陆地生态系统以及人类的社会系统相互关联和影响。由于海洋规划集合了自然资源、生态环境、社会经济等要素，因此海洋规划普遍采取系统分析和综合分析的方法。

三是动态性和延续性。海岸和海洋自然环境的不断变化以及社会经济引发的对海洋资源的需求变化等因素决定了海洋规划是一个在一定时期的动态的连续过程。海洋规划要依据规划对象的动态性特征，根据现行的政策和计划，制定远景或近景目标，涉及多部门统筹协调。同时，根据实际的管理需要对海洋规划进行连续的更新和修订。

四是可持续性。海洋规划和海洋管理应以资源、环境、经济的可持续发展为基本前提。

五是前瞻性。海洋规划要提出在规划期限和区域范围内，需要确定当前阶段可能出现的管理重点，并预测随着海洋开发的多元化和复杂化而可能需要解决的管理事务。

4.2 全国总体性的海洋经济规划

"十一五"期间，国务院先后出台和批复了《全国海洋经济发展规划纲要》、《全国海洋功能区划》和《国家海洋事业发展规划纲要》。初步形成了指导、规范全国海洋经济发展的规划体系，为全国和沿海地方的海洋经济发展起到了重要作用。

4.2.1 《全国海洋经济发展规划纲要》

2003年5月9日国务院印发了《全国海洋经济发展规划纲要》（以下简称《纲要》）。印发该规划的国务院文件明确指出：海洋蕴藏着丰富的生物、油气和矿产资源，发展海洋经济对于促进沿海地区经济合理布局和产业结构调整，保持我国国民经济持续健康快速发展具有重要意义。

《纲要》涉及主要海洋产业有海洋渔业、海洋交通运输、海洋石油天然气、滨海旅游、海洋船舶、海盐及海洋化工、海水淡化及综合利用和海洋生物医药等；涉及区域为我国的内水、领海、毗连区、专属经济区、大陆架以及我国管辖的其他海域（未包括我国港、澳、台地区）和我国在国际海底区域的矿区。规划期为2001年至2010年。

《纲要》确定的全国海洋经济发展的总体目标是：海洋经济在国民经济中所占比重进一步提高，海洋经济结构和产业布局得到优化，海洋科学技术贡献率显著加大，海洋支柱产业、新兴产业快速发展，海洋产业国际竞争能力进一步加强，海洋生态环境质量明显改善。形成各具特色的海洋经济区域，海洋经济成为国民经济新的增长点，逐步把我国建设成为海洋强国。

《纲要》确定的全国海洋经济增长目标为：到2005年，海洋产业增加值占国内生产总值的4%左右；2010年达到5%以上，逐步使海洋产业成为国民经济的支柱产业。

《纲要》要求沿海地区海洋经济发展目标是：到2005年，海洋产业增加值在国内生产总值中的比重达到8%以上，一部分省（自治区、直辖市）海洋产业总产值超过1 000亿元，形成一批海洋经济强市、强县，海洋产业成为沿海地区的支柱产业。到2010年，沿海地区的海洋经济有新的发展，海洋产业增加值在国内生产总值中的比重达到10%以上，形成若干个海洋经济强省（自治区、直辖市）。

2011年，《全国海洋经济发展规划纲要（十二五）》初步编制完成。按照规划编制的一般程序，将在广泛征求有关部门、专家、公众意见后，形成上报稿，经国务院批复正式出台。

4.2.2 《全国海洋功能区划》中的海洋经济内容

2002年8月22日国务院批复了《全国海洋功能区划》（以下简称《区划》）。印发该规划的国务院文件指出：海洋是我国经济社会可持续发展的重要资源。在海域使用管理上，必须认真贯彻执行海洋管理法律法规，坚持在保护中开发、在开发中保护的方针，严格实行海洋功能区划制度，实现海域的合理开发和可持续利用。

《区划》将我国管辖海域划定为10种主要海洋功能区，对每种海洋功能区都提出了开发保护重点和管理要求。10种主要海洋功能区包括：港口航运区、渔业资源利用和养护区、矿产资源利用区、旅游区、海水资源利用区、海洋能利用区、工程用海区、海洋保护区、特殊利用区和保留区。

《区划》确定了30个包括近岸海域、群岛海域及重要资源开发利用区的重点海域。①渤海7个：辽东半岛西部海域、辽河口邻近海域、辽西—冀东海域、天津—黄骅海域、莱州湾及黄河口毗邻海域、庙岛群岛海域和渤海中部海域。②黄海6个：辽东半岛东部海域、长山群岛海域、烟台—威海海域、胶州湾及其毗邻海域和苏北海域。③东海7个：长江口—杭州湾海域、舟山群岛海域、浙中南海域、闽东海域、闽中海域、闽南海域和东海重要资源开发利用区。④南海10个：粤东海域、珠江口及毗邻海域、粤西海域、铁山港—廉州湾海域、钦州湾—珍珠港海域、海南岛东北部海域、海南岛西南部毗邻海域、西沙群岛海域、南沙群岛海域和南海重要资源开发利用区。

针对海洋开发，《区划》确定了有关目标，即：建立起符合海洋功能区划的海洋开发利用秩序，实现海域的合理开发和可持续利用，满足国民经济和社会发展对海洋的需求。

2001—2005年，加强海洋功能区划的实施管理，逐步调整不符合海洋功能区划的用海项目，实现重点海域开发利用基本符合海洋功能区划，控制住近岸海域环境质量恶化的趋势。2006—2010年，严格实行海洋功能区划制度，实现海域开发利用符合海洋功能区划，生态环境质量得到改善，海洋经济稳步发展。

2010年，新一轮全国和省级的海洋功能区划编制工作陆续启动，到2011年沿海11个省级区划基本完成，全国区划的编制工作程序也接近尾声。新一轮区划进一步强调了区划的基础性、总体性和相对稳定性的作用，区划以2009年为基期，区划期限为2010—2020年。

新一轮区划编制的基本原则要求是：①按照海域的区位、自然资源和自然环境等自然属性，科学确定海岸和近海海域的基本功能。要充分考虑海域自然固有的特性和海洋生态环境状况，尊重自然规律，以海域经济、社会和生态效益的最大化为目标，划分海岸和近海基本功能区，为海洋开发活动及海域管理和海洋环境保护工作提供科学指导，从管理源头上落实科学管海、科学用海的总体要求。②根据经济和社会发展的需要，统筹安排各有关行业用海。按照国家和沿海省、自治区、直辖市区域发展总体战略的要求，科学划分海岸和近海基本功能区，优化配置各行业用海，切实保障传统渔民用海，保障公共利益和国家重大建设项目用海。按照建设资源节约型社会的要求，引导海洋产业相对集聚发展，促使海洋产业用海由粗放低效向集约高效转变，提高海域资源利用效率。③保护和改善生态环境，保障海域可持续利用，促进海洋经济的发展。按照建设环境友好型社会的要求，立足构建良好的海洋生态环境，合理安排生产、生活和生态类功能区，优先保护自然生态空间，确保生态安全。按照促进国民经济平稳较快发展的要求，加强和改进区划实施保障措施，增强海域管理参与宏观调控的针对性和有效性。④保障海上交通安全。按照深水深用、浅水浅用、远近结合、各得其所和充分发挥港口设施作用的原则，科学选划港口航运区，切实保障国家和地区重要港口的用海需求，特别是深水泊位和航道项目的用海需求。禁止在港区、锚地、航道、通航密集区以及公布的航路内划分与港口作业和航运无关、有碍航行安全的功能区。⑤保障国防安全，保证军事用海需要。按照《军事设施保护法》的规定，加强军地在军事设施保护方面的协调配合，做好军事设施保护与地方经济建设的协调发展。鉴于国家安全的重要性和特殊性，在同等条件下应优先满足军事用海的需要，限制在军事区内从事海洋开发利用活动。

4.2.3 《国家海洋事业发展规划纲要》中设定的海洋经济发展目标

2008年2月7日国务院批准了《国家海洋事业发展规划纲要》。印发该规划的国务院文件指出：要始终贯彻在开发中保护、在保护中开发的方针，进一步规范海洋开发秩序。加强海洋环境整治与陆源污染控制。加快实施以海洋环境容量为基础的总量控制制度，遏制近岸海域污染恶化和生态破坏趋势。建立并完善全国海洋经济运行评估监测系统，提高海洋经济增长质量，积极发展海洋产业，促进海洋经济又好又快发展。加快全国海洋信息化建设，提高海洋环境预报水平和能力，切实增强防灾减灾能力。

《国家海洋事业发展规划纲要》确定的海洋经济发展目标是：海洋经济发展向又好又快

方向转变，对国民经济和社会发展的贡献率进一步提高。2010年海洋生产总值占国内生产总值的11%以上；海洋产业结构趋向合理，第三产业比重超过50%；年均新增涉海就业岗位100万个以上；海洋经济核算体系进一步完善。

2010年起，全国及沿海省市区启动了"十二五"海洋事业发展规划的编制工作。

4.3 沿海地区海洋经济发展规划

沿海各地在改革开放之后高度重视海洋经济，逐渐形成沿海区域发展布局的完整链条。2003—2007年，为落实《全国海洋经济发展规划纲要》，在国家发改委《关于编制省级海洋经济发展规划的意见》的统一部署下，沿海11个省、直辖市和自治区分别开展了海洋经济"十一五"专项规划的编制工作，并均以省级政府文件形式发布省内各部门和沿海市县，成为"十一五"期间推动沿海地区海洋经济全面发展的纲领性文件。

以下依出台时间先后顺序分别简要概述沿海省级海洋经济发展规划重点内容。

4.3.1 河北省海洋经济发展规划

2004年河北省出台了《河北省海洋经济发展规划》。规划确定的总体目标是：海洋经济以每年15%以上的速度增长，占全省国民经济的比重进一步提高，经济结构和产业布局明显优化，沿海城镇就业岗位大量增加，海洋科技贡献率显著提高，以曹妃甸港区和临港工业带为重点的各项建设取得突破性进展，海洋自主产业、新兴产业快速发展，国际竞争力进一步增强。海洋生态环境质量明显改善，近岸海域水质达到海洋功能区要求标准，海洋防灾减灾能力显著提高。形成具有河北省特色的海洋经济区域，沿海地区率先实现全面建设小康社会的目标。2007年海洋产业总产值实现395亿元，增加值达到176亿元，比2002年翻一番。2010年海洋产业总产值实现620亿元，增加值达到268亿元。

规划确定的河北省主要海洋产业发展目标是：①港口及海洋运输业。完成原油、铁矿石、集装箱等大型专业化泊位的开发建设，加大曹妃甸深水码头前期工作力度，完成20万吨级矿石码头建设工程，力争开工建设25万吨级原油接卸码头，谋划建设集装箱码头工程。2007年实现产值55亿元，2010年实现产值85亿元。②临港工业。钢铁、能源、化工、粮油食品加工及设备制造等大型临港工业基地初具规模。2007年海盐实现产值17亿元，海洋化工实现产值42亿元；2010年海盐实现产值30亿元，海洋化工实现产值60亿元。③海洋渔业。2007年水产品产量达到80万吨，实现渔业产值93亿元；2010年，水产品产量达到110万吨，实现产值138亿元。④滨海旅游业。2007年年接待国内游客1 400万人次，旅游收入63亿元；接待国际游客24万人次，旅游创汇1亿美元；2010年年接待国内游客1 800万人次，旅游收入75亿元；接待国际游客30万人次，旅游创汇1.5亿美元。⑤新兴海洋产业。充分利用渤海生物资源，研制海洋生物产品，发展新兴海洋产业，初步建成一批具有一定规模的海洋生物产业和海水淡化企业，海水直接利用总量成倍增长。

4.3.2 海南省海洋经济发展规划

2005年海南省出台了《海南省海洋经济发展规划》。规划确定的总体目标是：渔、景、港、石油资源与生态环境综合优势得到充分发挥，以四大主导产业为重点的海洋经济持续快速发展，海洋经济在全省生产总值中所占比重进一步提高，海洋经济结构和产业布局得到优化，海洋科学技术的贡献率显著加大，海洋经济的竞争能力进一步加强，继续保持优良的海洋生态环境。其中：①海洋经济总体增长目标：2010年以前海洋经济总量保持15%左右的增长速度，2011—2020年保持13%左右的增长速度；2010年海洋产业增加值占全省生产总值的22.22%，2020年达到31.82%。②海洋产业发展目标：以2003年海洋产业增加值为基础，2010年海洋产业增加值翻一番以上，达到325亿元；2020年海洋产业增加值翻3番，达到1 104亿元。③促进沿海市县发展目标：沿海市县总人口达到全省人口总数的85%；沿海市县生产总值在全省生产总值中的比重达到90%；沿海市县从业人口达到全省从业人口总数的85%。④沿海城市发展目标：把海口建设成为百万人口的大城市，成为海南的中心城市，并在海口周边形成城市连绵区，辐射和带动全省中小城市和地区的发展。同时，在沿海市县建设城镇人口20万~30万人的中等城市，形成城市体系，使城镇人口由目前的204万人增加到500万人以上。港口建设、海洋运输、仓储物流、临海重化工业、水产品深加工、海洋生物医药等产业，主要布局在海口和其他沿海城市以及环岛公路发展轴上，形成"点-轴"系统。

4.3.3 浙江省海洋经济强省建设规划纲要

2005年浙江省出台了《浙江海洋经济强省建设规划纲要》。规划确定的总体目标是：海洋经济在国民经济中所占比重进一步提高，海洋经济结构和产业布局得到优化，新兴产业快速发展，优势产业竞争力显著增强，海洋生态环境质量明显改善，走出一条海洋经济与陆域经济联动发展的新路子。到2010年，基本达到海洋经济强省建设目标；到2020年，争取全面建成海洋经济强省。

到2010年浙江省海洋经济发展具体目标是：进一步扩大海洋经济总量。海洋经济总产出超过5 400亿元，海洋经济增加值占地区生产总值的比重达到10%。优化海洋产业结构和布局。调整海洋捕养结构，大力发展临港工业等海洋第二产业，积极拓展海洋服务业，重要海洋产业主要经济技术指标高于全国平均水平。突出重点地区、重点领域和重点项目，努力营造功能分工明确、特色优势显著的海洋经济区域发展新格局。基础设施进一步完善。"三大对接工程"建成，陆海基础设施互通共享，宁波、温州等中心城市对海岛的经济辐射能力显著提高，陆海经济联动初显成效。形成一批海洋经济强市、强县（市、区）。到2010年，全省形成若干个海洋经济总产出1 000亿元以上的海洋经济强市和一批海洋经济总产出100亿元以上的海洋经济强县（市、区）。海洋生态环境明显改善。海洋生态环境保护工作得到加强，海洋污染得到有效治理。按照海洋功能区划要求，力争近岸海域水质达标率达到55%，主要河口、重点港湾、滨海旅游区等重要海域的生态环境质量明显提高，沿海地区建成有效的海洋防灾减灾体系。

4.3.4 山东省海洋经济"十一五"发展规划

2006年山东省出台了《山东省海洋经济"十一五"发展规划》。规划确定的总体目标是：海洋经济总量进一步扩大。把海洋经济作为全省经济最大增长点来加以培植，推动海洋经济超常规快速发展。到2010年山东省海洋产业增加值由2005年的1 145亿元增加到3 000亿元，年均增长20%以上，占全省地区生产总值的比重达到10%以上。到2020年，海洋产业增加值达到10 000亿元，占全省地区生产总值的比重达到15%以上。

《山东省海洋经济"十二五"发展规划》确定的具体目标是：①海洋产业结构和布局不

断优化。调整海洋渔业结构,大力发展造船、钢铁、石油化工、盐化工、海洋能源等临港工业,积极拓展滨海旅游、临港物流等海洋服务业,依靠科技进步、制度创新和承接国内外产业转移与技术转让,优化经济结构,提高经济发展质量。到 2010 年,海洋三次产业比例由 2005 年的 20∶37∶43 调整到 15∶45∶40。②区域带动能力显著增强。通过基础设施的不断完善、产业集聚效应的扩大、园区经济的集约化的发展,进一步增强海洋经济的辐射带动能力。到 2010 年,全省港口吞吐能力达到 6 亿吨以上,使海洋经济区域成为全省乃至黄河中下游地区的对外开放平台、物流基地和国外产业转移承接基地。

4.3.5 福建省"十一五"和 2010 年海洋经济发展规划纲要

2006 年福建省出台了《福建省"十一五"和 2010 年海洋经济发展规划纲要》。规划确定的总体目标是:海洋产业成为全省新的经济增长点,发展速度力争快于全省国民经济增长速度。到 2005 年全省海洋产业产值达 2 100.3 亿元,年均增长 15.1%;海洋产业增加值达 910.5 亿元,年均增长 14.6%;占全省地区生产总值的比重,由 2000 年的 11.7%,提高到 2005 年 15%。到 2010 年海洋产业总产值达 4 550.7 亿元,年均增长 16.7%;海洋产业增加值达 1 900.2 亿元,年均增长 15.85%,占全省地区生产总值的 20%。

福建省海洋经济发展规划确定的具体目标包括:①海洋主要产业预期目标:到 2005 年,水产品总产量达 625 万吨,年均增长 6.9%;港口货物吞吐能力达 9 200 万吨,年平均增长 5.9%;滨海旅游接待国内外游客 3 120 万人次,年均增长 4.7%;船舶制造产量 60 万吨,年增长 45.5%。到 2010 年,水产品总产量达 725 万吨,平均增长 3.1%;港口吞吐能力达 12 000 亿吨,平均增长 5.5%;滨海旅游国内外游客 4 000 万人次,年均增长 5.1%;船舶制造产量 200 万吨,年增长 27.2%。海洋产业结构调整的主要预期目标:到 2005 年,海洋三次产业增加值比例调整为 25∶19∶56。到 2010 年,海洋三次产业增加值比例调整为 14∶22∶64。②外向型经济发展主要预期目标:到 2005 年,海洋产业创汇额达到 30 亿美元,占全省出口创汇总额的 20%;到 2010 年,海洋产业创汇额达到 55 亿美元,占全省出口创汇总额的 25%。③科技进步对经济增长贡献目标:到 2005 年,科技进步对海洋涉海产业经济增长的贡献率达 55%;到 2010 年,科技进步对海洋经济增长贡献率达 60%。

4.3.6 广东省海洋经济发展"十一五"规划

2006 年广东省出台了《广东省海洋经济发展"十一五"规划》。规划确定的总体目标是:建设海洋经济强省,构建和谐海洋。海洋经济快速、全面、可持续发展,成为国民经济的重要支柱。建成完备、和谐、高层次的产业集群,海洋渔业、临海工业、海洋交通运输业、滨海旅游业、海洋生物制药业达到国内领先水平。全省 5 个主枢纽港的龙头带动作用进一步加强,建成转运、物流、储备中心,形成石化、造船、钢铁、能源 4 大临海工业基地;海洋渔业各项经济指标居于全国各省市前列,建成现代渔港经济区;滨海旅游整体质量和效益不断提高,形成一批示范性旅游度假景区和生态旅游品牌;海洋生物制药实现规模化、集团化。区域协调互动发展,形成粤东、粤西和"珠三角"3 个各具特色的海洋经济区,培育 4 个海洋经济强市。海洋生态系统良性循环,海洋资源持续高效利用,人与海洋和谐共处。

广东省海洋经济发展具体目标包括:① 2010 年:海洋经济实力进一步增强,全省海洋产业总产值达到 6 000 亿元,海洋产业增加值占全省地区生产总值的 15%。海洋产业结构进一步优化。临海工业、海洋交通运输业、海洋油气业、海洋渔业、滨海旅游业等主导产业提升发展，海洋生物制药业、海水综合利用业等新兴产业迅速发展，海洋环保产业、海洋信息业等未来产业加快培育。海洋经济区发展协调推进。粤东、粤西和"珠三角"三大海洋经济区形成功能分工明确、特色优势显著的区域和谐发展新格局。形成海洋经济强市。2010年，全省形成广州、深圳、惠州、湛江4个海洋经济强市，海洋产业成为沿海地区的支柱产业。海洋资源和海洋生态环境保护进一步加强。生活污水年排放控制总量为42.4亿吨，处理达标率为70%；工业废水年排放控制总量为15.8亿吨，达标排放率为90%；船舶石油类年排放控制量为1 800吨。海域环境恶化趋势得到基本遏制，增建海洋自然保护区，完成人工鱼礁投放计划，珍稀海洋生物、深水港湾、滩涂等海洋资源得到有效保护，海洋灾害监控体系基本建立，海洋功能区划目标得以实现。海洋科技自主创新能力提高。自主研发步伐加快，海洋科技达到全国领先水平。海洋管理体制改革取得突破。现代海洋管理协调机制逐步完善，海洋行政主管部门的经济管理职能得到强化，实现海洋管理体制系统化、执法监督一体化、行政管理法制化、行为规范国际化。② 2020年：海洋经济质量和效益显著提高，增长方式实现根本性转变，海洋产业结构优化升级，区域海洋经济发展全面协调，沿海城市实现现代化，社会更加和谐稳定，成为最佳创业、居住、休闲娱乐地区，人民生活富裕安康，海洋资源、环境得到有效保护，海洋生态系统健康发展。

4.3.7 江苏省"十一五"海洋经济发展专项规划

2006年江苏省出台了《江苏省"十一五"海洋经济发展专项规划》。规划确定的目标是："十一五"期间，海洋产业总产值年均递增20%以上，到2010年，达到2 000亿元；海洋产业增加值年均递增17%以上，到2010年，达到500亿元；2010年，海洋产业增加值占全省经济总量的比重达到2%左右，跨入海洋经济强省的行列，到2020年海洋产业总产值达到8 000亿元，在国民经济中的比重提升到12%。

江苏省"十二五"海洋产业发展目标包括：①海洋渔业和农林牧业：到2010年，海洋渔业和农林牧业产值达到500亿元，并在结构调整方面取得新的突破，新产品的开发取得重大进展，农业的基础地位进一步稳固。②海洋工业：建设一批以港口为依托的重大工业项目，沿海地区的工业经济实力明显提高，到2010年，海洋工业产值达到900亿元，对沿海地区经济的带动作用明显增强。③海洋第三产业：到2010年，海洋第三产业产值达到600亿元，在海洋经济中的比重逐年提高。

4.3.8 上海市海洋经济发展"十一五"规划

2006年上海市出台了《上海市海洋经济发展"十一五"规划》。规划确定的总体目标是：实现海洋经济持续快速协调发展，海洋经济布局进一步优化，海洋科技对海洋经济增长的贡献率持续增加，海洋生态环境得到恢复和改善，形成外向型、市场化、高层次海洋经济发展格局。到2010年，基本确立上海国际航运中心地位，把上海初步建成国际上具有重要影响的船舶研发制造基地和我国海洋工程技术装备研发制造基地，使海洋产业成为上海国民经济的重要支柱。

上海市海洋经济发展"十一五"规划确定的海洋产业发展目标是：继续保持海洋交通运输业和海洋船舶制造业在全国的领先地位，实现海洋高科技产业的重大突破，形成较为合理的海洋产业结构，力争使上海海洋产业增长速度高于全市经济平均增长速度，到2010年，全市海洋主要产业总产值预计达到5 500亿元，继续保持全国领先地位。①海洋交通运输业：

到 2010 年,上海港货物吞吐量达到 6 亿吨,集装箱吞吐量超过 2 400 万标准箱,位居国际集装箱大港前列,基本建成洋山深水枢纽港,基本确立上海港作为东北亚国际集装箱运输枢纽港和航运服务中心的地位。港口软环境基本符合上海国际航运中心建设要求,港口信息化水平达到世界港口一流水平,基本成为东北亚地区航运信息中心、航运交易中心、海事服务和咨询中心。②海洋船舶工业:加快上海船舶工业基地建设,到 2010 年,船舶工业销售收入预计超过 500 亿元,船舶配套设备销售收入超过 100 亿元;造船能力达到 1 000 万载重吨,造船产量达到 700 万载重吨,修船坞容量超过 100 万载重吨,船用大功率低速柴油机生产能力达到 350 万马力,大型船用半组合曲轴生产能力达到 200 根。船舶产品配套能力显著提高。③滨海旅游业:滨海旅游业成为上海现代服务业中发展较快的行业之一,"十一五"期间,滨海旅游业产值年均增长超过 15%。形成东北部崇明三岛、东南部洋山深水港区—临港新城、南部杭州湾北岸等各具特色的滨海旅游区。④海洋油气业:完成平湖油气田扩建工程。日供天然气规模达到 180 万立方米,五年累计供应天然气 28.4 亿立方米,累计产油 96.7 万吨。⑤海洋高科技产业:力争在海洋工程、海洋新能源产业、海洋生物医药产业等领域实现突破,使海洋高科技产业成为上海海洋产业新的增长点和未来支柱产业。⑥海洋渔业:近海捕捞生产渔船规模稳定在 400 艘左右,渔船安全性能全面提高,年产量保持在现有水平上。建成 2 个以万吨级加工母船为主体的综合性大型渔业船队。到 2010 年海洋捕捞总量达 25 万吨,水产品加工率达 90%,形成远洋渔业生产为主,水产食品加工、市场贸易、渔业设施及装备等协调发展的海洋渔业产业链。

4.3.9 天津市海洋经济发展"十一五"规划

2006 年天津市出台了《天津市海洋经济发展"十一五"规划》。发展海洋经济总体目标是:全面落实《全国海洋经济发展规划纲要》,结合天津实际,大力发展与海洋相关的产业,到 2010 年把天津建成海洋科技研发和产业化基地、国家级石油化工基地、重要的海洋化工基地和海水淡化与综合利用示范城市,努力成为全国海洋经济发展强市之一。"十一五"期间,全市海洋经济增长速度年均递增 20%,2010 年海洋产业增加值达到 1 200 亿元。2015 年,实现海洋产业增加值超过 2 000 亿元。

天津市"十一五"海洋产业发展目标:①港口及海洋交通运输业:完成集装箱、煤炭、原油、液化天然气等大型专业化码头和南疆、北疆两个物流中心工程建设,形成 30 万吨级深水航道。2010 年,天津港实现货物吞吐量超过 3 亿吨,集装箱吞吐量超过 1 000 万标准箱。②海洋工业:建设三大海洋工业基地,发展四大骨干行业、六大骨干产业集团和十个重点产品,形成技术先进、联系紧密、结构合理的海洋工业产业链。2010 年,海洋工业产值达到 2 200 亿元,占全市工业总产值的 16%;工业增加值 620 亿元,占全市工业的 19%。③海洋高新技术产业:加快海水淡化与综合利用,发展海水淡化设备,做强海洋工程业,成为重要的海洋科技研发与产业化基地。到 2010 年,海洋高新技术产业产值达到 125 亿元。④滨海旅游业:逐步形成体现自然生态、海洋特色、文化品位、滨海新貌的旅游产业体系,建成复合型海洋旅游基地。到 2010 年,接待海内外旅游者突破 3 000 万人次,旅游收入 350 亿元。⑤海洋渔业:发展海水增养殖,扩大远洋捕捞规模,搞好水产品深加工,建设环渤海中心渔港。到 2010 年,实现海洋渔业产值 27 亿元,年均递增 15.7%。海水养殖产量达到 3 万吨;远洋捕捞船只达到 40 艘,年产量 3 万吨。

4.3.10 辽宁省海洋经济发展"十一五"规划

2007年辽宁省出台了《辽宁省海洋经济发展"十一五"规划》。规划确定以建设"海上辽宁"为总目标，以市场为导向，以机制、体制创新为动力，进一步优化海洋产业布局，实施科技兴海、外向牵动和结构调整战略，实现海洋经济可持续发展。到2010年，全省海洋经济总产值力争达到3 000亿元，年递增20%；增加值力争达到1 600亿元，占全省地区生产总值的11.9%，年递增18%。海洋三次产业结构由2005年的40∶20∶40，调整到2010年的20∶35∶45。海洋产业劳动力就业达100万人以上，拉动间接就业128万人以上。

辽宁省海洋经济发展"十一五"规划确定的海洋产业发展目标为：①海洋渔业：水产品产量达到500万吨，渔业经济总产值达到1 000亿元，增加值达到480亿元，创汇15亿美元。全省渔民人均纯收入达到10 000元。交通运输业。沿海港口生产性泊位达到470个，实现港口货物吞吐量5亿吨，集装箱运输达到1 300万标箱，营运收入增长20%以上。②滨海旅游业：接待海外游客145万人次，创汇12.9亿美元，接待国内游客5 329万人次，旅游收入增长2倍以上。③船舶修造业：造船能力达到800万载重吨，修船坞容量达到100万载重吨，工业总产值增长1倍以上。④盐业和海洋化工业：盐业和海洋化工业实现产值30亿元，其中，海盐产量稳定在300万吨左右。⑤海洋油气业：海洋油气实现产量15亿立方米，形成盘锦、中海油锦州202及25-1两大海洋油气开采和石油化工生产基地。⑥海洋医药、海洋生物工程、海水综合利用等新兴海洋产业有较大发展。

4.3.11 广西壮族自治区海洋经济发展规划

2007年广西壮族自治区出台了《广西壮族自治区海洋经济发展规划》。规划确定的总体目标是：发挥北部湾（广西）经济区"陆海组合"的禀赋条件，开拓广西发展的新资源和经济活动空间，海陆互动，以港口为依托，以北海、钦州、防城港三市为支撑，以海洋产业为主体，打好传统产业基础，加快发展临海大产业，大力发展新兴海洋产业，努力把北部湾（广西）经济区建设成为我国重要的区域性海洋产业基地、物流中心和制造业中心。到2010年，海洋产业成为北部湾（广西）经济区支柱产业之一，海洋经济成为广西经济新的增长点；2020年，初步建设成为"海洋强区"。

广西壮族自治区海洋经济发展规划确定的海洋经济增长目标是：2010年海洋经济总产值达到650亿元，"十一五"规划期年均增长25%左右，海洋产业对全区经济增长的贡献率达到20%左右，资源潜力的开发成效进入最佳阶段。2020年海洋经济总产值达到4 000亿元，年均增长20%左右，海洋产业对全区经济增长的贡献率达到35%左右，海陆经济一体化，建成相互促进、统一协调的"蓝色国土"。

4.4 新一轮沿海和海洋经济发展规划部署与安排

2008年以来，国家有关部门部署了一系列"十二五"涉海规划预研，围绕海洋高技术产业、战略性海洋新兴产业、沿海区域经济等规划研究及规划编制工作陆续进行。到2010年，有关发展海洋经济的内容直接纳入到中央关于"十二五"的规划建议和国家"十二五"国民经济和社会发展规划纲要。大力发展海洋经济已经提升到了全国国民经济和社会发展重点领域的高度。

2008年以来，沿海省份的地方发展规划纷纷被国务院批复，这种现象出现的密集程度是前所未有的。2008年，国务院正式批复《珠江三角洲地区改革发展规划纲要》。2009年5月，国务院正式对外发布《关于支持福建省加快建设海峡西岸经济区的若干意见》；6月，国务院会议原则通过《江苏沿海地区发展规划》；7月，国务院会议原则通过《辽宁沿海经济带发展规划》。2010年初，《国务院关于推进海南国际旅游岛建设发展的若干意见》正式出台；2010年，《长江三角洲地区区域规划》也获国务院批准颁布。2011年初，国务院正式批复《山东半岛蓝色经济区发展规划》。2011年3月，国务院正式批复《浙江海洋经济发展示范区规划》。2011年7月，国务院正式批准设立浙江舟山群岛新区。2011年8月，国务院正式批复《广东海洋经济综合试验区发展规划》。

至此，覆盖全国沿海地区的海洋经济开发布局基本形成，标志着新一轮沿海开发时代的到来。

4.4.1 国家"十二五"国民经济和社会发展规划对海洋经济的部署

国家"十二五"国民经济和社会发展规划纲要以一章篇幅专列海洋经济。同时，在多处对海洋经济相关内容进行了详细部署。

1）对海洋经济发展的专门部署

国家"十二五"国民经济和社会发展规划的第十四章：推进海洋经济发展。强调：坚持陆海统筹，制定和实施海洋发展战略，提高海洋开发、控制、综合管理能力。①优化海洋产业结构：科学规划海洋经济发展，合理开发利用海洋资源，积极发展海洋油气、海洋运输、海洋渔业、滨海旅游等产业，培育壮大海洋生物医药、海水综合利用、海洋工程装备制造等新兴产业。加强海洋基础性、前瞻性、关键性技术研发，提高海洋科技水平，增强海洋开发利用能力。深化港口岸线资源整合和优化港口布局。制定实施海洋主体功能区规划，优化海洋经济空间布局。推进山东、浙江、广东等海洋经济发展试点。②加强海洋综合管理：加强统筹协调，完善海洋管理体制。强化海域和海岛管理，健全海域使用权市场机制，推进海岛保护利用，扶持边远海岛发展。统筹海洋环境保护与陆源污染防治，加强海洋生态系统保护和修复。控制近海资源过度开发，加强围填海管理，严格规范无居民海岛利用活动。完善海洋防灾减灾体系，增强海上突发事件应急处置能力。加强海洋综合调查与测绘工作，积极开展极地、大洋科学考察。完善涉海法律法规和政策，加大海洋执法力度，维护海洋资源开发秩序。加强双边多边海洋事务磋商，积极参与国际海洋事务，保障海上运输通道安全，维护我国海洋权益。

2）对海洋经济相关领域的具体部署

主要内容详见《中华人民共和国"十二五"国民经济和社会发展规划》，其中：

第九章"改造提升制造业"。其中第二节"优化产业布局"中提出：主要利用进口资源的重大项目优先在沿海沿边地区布局。

第十一章"推动能源生产和利用方式变革"。其中第三节"加强能源输送通道建设"中提出：加快……海上进口油气战略通道建设……

第十二章"构建综合交通运输体系"。其中第一节"完善区际交通网络"中提出……提升沿海地区港口群现代化水平。

第十八章"实施区域发展总体战略"。其中:第二节"全面振兴东北地区等老工业基地"中提出……重点推进辽宁沿海经济带和沈阳经济区等区域发展。第四节"积极支持东部地区率先发展"中提出:发挥东部地区对全国经济发展的重要引领和支撑作用,在更高层次参与国际合作和竞争,在改革开放中先行先试,在转变经济发展方式、调整经济结构和自主创新中走在全国前列。着力提高科技创新能力,加快国家创新型城市和区域创新平台建设。着力培育产业竞争新优势,加快发展战略性新兴产业、现代服务业和先进制造业。着力推进体制机制创新,率先完善社会主义市场经济体制。着力增强可持续发展能力,进一步提高能源、土地、海域等资源利用效率,加大环境污染治理力度,化解资源环境瓶颈制约。推进京津冀、长江三角洲、珠江三角洲地区区域经济一体化发展,打造首都经济圈,重点推进河北沿海地区、江苏沿海地区、浙江舟山群岛新区、海峡西岸经济区、山东半岛蓝色经济区等区域发展,建设海南国际旅游岛。

第二十章"积极稳妥推进城镇化"。其中第一节"构建城市化战略格局"中提出:在东部地区逐步打造更具国际竞争力的城市群。

第二十一章"积极应对全球气候变化"。其中第二节"增强适应气候变化能力"中提出:提高沿海地区适应气候变化水平。

第二十二章"加强资源节约和管理"。其中第二节"加强水资源节约"中提出:大力推进海水淡化和苦咸水利用。

第三十二章"合理调整收入分配关系"。其中第二节"健全资本、技术、管理等要素参与分配制度"中提出:建立国有海域资源出让收益全民共享机制。

第五十章"完善区域开放格局"。其中第一节"深化沿海开放"中提出:全面提升沿海地区开放型经济发展水平,加快从全球加工装配基地向研发、先进制造和服务基地转变。率先建立与国际化相适应的管理体制和运行机制,增强区域国际竞争软实力。推进服务业开放和国际服务贸易发展,吸引国际服务业要素集聚。深化深圳等经济特区、上海浦东新区、天津滨海新区开发开放,加快上海国际经济、金融、航运、贸易中心建设。

第五十八章"推进两岸关系和平发展和祖国统一大业"。其中第三节"支持海峡西岸经济区建设"中提出:充分发挥海峡西岸经济区在推进两岸交流合作中的先行先试作用,努力构筑两岸交流合作的前沿平台,建设两岸经贸合作的紧密区域、两岸文化交流的重要基地和两岸直接往来的综合枢纽。发挥福建对台交流的独特优势,提升台商投资区功能,促进产业深度对接,加快平潭综合实验区开放开发,推进厦门两岸区域性金融服务中心建设。支持其他台商投资相对集中地区经济发展。

4.4.2 沿海地区"十二五"规划对海洋经济发展的有关安排

1)辽宁省"十二五"规划对海洋经济发展的安排

以辽宁沿海经济带、沈阳经济区建设为引擎,以贯通沿海与腹地的沈大经济带为战略轴线,带动辽西北地区实现跨越发展,构建"双擎一轴联动"的空间发展格局。实施主体功能区战略,推进资源型城市经济转型,发展海洋经济,扶持民族地区和贫困地区,形成区域协调互动发展的新机制。

高水平推进沿海经济带开发建设。以打造东北地区对外开放的重要平台和经济社会发展的先行区域为引领，进一步提升大连核心地位，强化大连—营口—盘锦主轴，壮大盘锦—锦州—葫芦岛渤海翼和大连—丹东黄海翼，加快实现沿海经济带"一核、一轴、两翼"的空间布局，建设对外开放的新高地。基本建成大连东北亚国际航运中心。争取国家在长兴岛设立面向东北亚的自由贸易试验区，争取国家批准在营口设立保税港区。加快10个新港区建设，抓好绥中、荣兴、龙栖湾、海洋红4个亿吨大港建设，形成布局合理、分工明确的现代港口群。依托42个重点产业园区，实施大连长兴岛临港工业区石化产业岛炼化一体化、丹东曙光汽车集团SUV乘用车生产基地、辽宁龙栖湾化纤有限公司年产240万吨差别化纤维、鞍本钢铁集团鲅鱼圈新厂二期、盘锦振奥合成橡胶产业园、中石油锦西石化分公司1 000万吨/年炼油异地改造等一批重大项目，提升先进装备制造业、原材料工业及配套产业、现代服务业的核心竞争力，建成特色鲜明、具有国际竞争力的产业集聚区。依托沿海丰富的生态、海洋、岛屿、温泉等避暑度假旅游资源，大力发展滨海旅游业。加快城镇化进程，着力建设一批中等城市、新区和新市镇。加快沿海防护林体系建设，加强海洋生态系统保护，完善公共服务设施。建成更具竞争力的临港产业带、功能完备的城镇带和度假休闲滨海旅游带。

大力发展海洋经济。坚持陆海统筹，充分发挥海洋资源优势，发展渔业、交通运输、滨海旅游和海洋新兴产业，合理开发利用海洋资源，保护海岛、海岸带和海洋生态环境，建设海洋经济强省。加快调整传统海洋渔业，建设海洋牧场，实现数量型渔业向质量型渔业转变。加快发展养殖业，养护和合理利用近海渔业资源，积极发展远洋渔业，发展水产品深加工及配套服务产业，实现海洋渔业可持续发展。依托滨海大道和长山群岛国际旅游度假区、觉华岛北方旅游度假区等建设项目，着力发展滨海旅游业，打造具有地域特色的滨海旅游带。大力发展海洋药物、功能食品、海水利用、海洋生物、海洋能源等海洋新兴产业，提高海洋经济整体水平和效益。进一步加大海洋油气勘探开发力度，深化老区勘探和调查，增加经济可采储量，稳定海洋油气业发展。合理开发利用海岛和岸线资源，修复近海重要生态功能区，形成良性循环的海洋生态系统。

2）河北省"十二五"规划对海洋经济发展的安排

加快打造沿海经济隆起带。推进沿海"11县（市、区）8区1路"建设。充分发挥环渤海的区位优势，坚持规划引导、政策支持、开放带动，促进重大生产力布局向沿海地区集中。在近海临港、基础较好、潜力较大的昌黎、丰南、黄骅等11个县（市、区）以及北戴河新区、曹妃甸新区、渤海新区等8个功能区，以滨海公路为纽带，加速构建沿海经济隆起带。着力建设一批高标准产业园区，重点发展装备制造、精品钢材、石油化工等特色优势产业，培育发展新能源、新材料、海洋经济等战略性新兴产业，大力发展港口物流、文化创意、商务会展等现代服务业，强化沿海地区产业分工与合作，形成环渤海地区具有重大影响力的临港产业带。着力建设一批国际知名、国内一流的滨海休闲度假景区，重点抓好北戴河新区、唐山湾国际旅游岛、渤海新区滨海滩涂公园建设，形成各具特色的滨海风光旅游带。着力改善沿海地区生态环境，重点治理点源面源污染，加强滩涂和重要湿地保护，形成海蓝地绿的海洋生态带。着力提升唐山、秦皇岛、沧州三个中心城市功能，重点建设唐山湾国际生态城、黄骅新城、北戴河新区三个滨海新城，强化城市间功能对接和互动发展，形成以三个中心城市和三个滨海新城为核心，一批中小城市和特色城镇为节点的滨海城市带。

加大沿海中心城市开发开放力度。唐山市充分发挥省域中心城市优势，着力发展精品钢铁、装备制造、现代化工、港口物流、新型建材、滨海旅游、会展经济、总部经济、海洋经济等，打造综合性贸易大港和世界级精品钢铁基地，建设科学发展的示范城市、环渤海地区的新型工业化基地、面向东北亚的对外开放窗口。秦皇岛市充分发挥旅游资源优势，着力搞好国家现代服务业综合改革试点和国家旅游综合改革试验区，重点发展休闲旅游、港口物流、数据产业、服务外包、总部经济、会展经济等现代服务业和重大装备、电子信息等先进制造业，依托北戴河新区建设国际知名滨海休闲度假旅游目的地，形成现代化滨海旅游宜居城市。沧州市充分发挥沿海和历史文化优势，高标准建设综合大港和临港工业园区，着力发展石油化工、装备制造、精品钢材、港口物流、滨海旅游、海洋经济等产业，努力形成环渤海地区重化工业基地和冀中南及纵深腹地的出海通道，建设环渤海地区重要的港口城市。

3）天津市"十二五"规划对海洋经济发展的安排

加快建成宜居生态型新城区：改善海河下游河口生态环境。坚持陆海统筹，合理开发利用海洋资源，积极发展海洋经济，提高海洋综合管理能力。更加注重社会建设，着力保障和改善民计民生，提高公共服务水平，促进社会公平正义，建设和谐社会首善区。

4）山东省"十二五"规划对海洋经济发展的安排

深入实施重点区域带动战略，促进区域经济相互融合发展。一是加快打造山东半岛蓝色经济区。精心组织实施国家海洋经济发展试点，加快实施国家批复的《山东半岛蓝色经济区发展规划》，打造具有国际先进水平的海洋经济改革发展示范区和我国东部沿海地区重要的经济增长极；胶东半岛高端产业聚集区作为山东半岛蓝色经济区的主体力量，要发挥全省优质资源富集地带的优势，努力建成国内一流、国际先进的高端产业聚集区。

5）江苏省"十二五"规划对海洋经济发展的安排

构建苏中经济国际化新高地。发挥苏中承南启北、江海联动的区位优势，深入推进沿江开发和沿海开发，促进苏中全面融入苏南经济板块，进一步提高发展层次和水平。重点发展先进装备制造业、基础原材料产业和港口物流业，着力打造海洋工程装备、生物医药等具有国际竞争力的产业集群。大力引进外资，扩大对外贸易，加强国际交流与合作，加快建立与国际市场接轨的生产体系、营销体系和服务体系。加大对苏中里下河地区的扶持力度。

6）上海市"十二五"规划对海洋经济发展的安排

提升产业基地能级。发挥国家新型工业化产业示范基地的带动作用，推进国家微电子产业基地、精品钢铁基地、海洋装备基地、国际汽车城、临港装备产业基地、化学工业园区等重大产业基地建设。推动战略性新兴产业集聚发展，着力打造若干战略性新兴产业示范区。加快工业向产业基地和各类国家级、市级开发区集聚，加快推进规划工业区块外现状工业用地的调整转型。

7）浙江省"十二五"规划对海洋经济发展的安排

充分发挥海洋资源优势，实施海洋开发战略，统筹海洋经济与陆域经济发展，构建现代海洋产业体系，加快建设全国海洋经济发展示范区。

一是优化海洋空间开发格局。

（1）构建"一核两翼三圈九区多岛"总体布局。以宁波—舟山港海域、海岛及其依托城市为核心区，促进宁波、舟山区域统筹联动发展，加快舟山海洋综合开发试验区建设，着力打造我国海洋经济参与国际竞争的核心区域和保障国家经济安全的战略高地。以环杭州湾产业带及其近岸海域为北翼，加强与上海国际金融和航运中心接轨，以温台（温州、台州）沿海产业带及其近岸海域为南翼，加强与海峡西岸经济区接轨。加快杭州、宁波、温州三大都市圈海洋高技术产业和现代服务业发展，增强对周边区域的集聚辐射，成为我国沿海地区海洋经济活力较强、产业层次较高的重要区域。依托沿海七市，建设九大产业集聚区，使之成为我省海洋经济发展方式转变和城市新区培育的主要载体。推进梅山、六横、金塘、衢山、普陀山（朱家尖、桃花岛）、洋山、南田、头门、大陈、大小门、南麂等重要海岛的开发利用与保护，突出岛屿的主要功能和特色，努力成为我国海洋开发开放的先导地区。依托铁路、公路、内河航运等集疏运网络，推进海陆联动，辐射湖州、金华、衢州、丽水等内陆地区互动发展。

（2）加强海洋资源合理开发和有效保护。编制实施海洋功能区划，实行滩涂、岸线、海岛、海岸带等海洋空间资源分类指导和管理，依法有序实施温州、台州、宁波、舟山等沿海滩涂围垦和围填海工程，扎实推进瓯飞滩等重大项目实施，节约集约利用海洋资源。实施海陆污染同步监管防治，加大陆源入海污染物集中净化处理和达标排放力度，加强海洋环境应急管理能力建设，完善海洋环境监测评价体系和灾害观测预警体系。加强沪苏浙合作，推动跨区域海洋污染防治，实施海洋生态保护区建设计划，推进"海洋牧场"建设，加大近海生态环境建设和修复力度。

二是打造"三位一体"港航物流服务体系。

（1）构筑大宗商品交易平台。按照建设一个大宗商品交易中心，宁波、舟山两个服务平台，石油化工、矿石、煤炭、粮食、建材、工业原材料、船舶等多个交易区，一批国家战略物资和商业化储运配送基地的总体架构，完善配套设施和服务，加强国内外战略合作。着力构建大宗商品交易平台，引导发展流通加工、分拨配送、国际采购、转口贸易等增值服务，带动物流金融、现货即期交易、期货合约交易等业务发展。

（2）优化完善集疏运网络。整合港口资源，建设一批深水码头和重点港区，发展集装箱运输，进一步提高港口吞吐能力。发挥水水中转优势，开辟国内支线和国际航线，加强与国际港口和海运物流企业合作。改造提升一批内河航道，建设海河联运体系，拓展"内陆港"服务功能，创新推动港口联盟。完善进港航道、锚地、疏港公路铁路及重要枢纽等集疏运网络，实现多种运输方式数据共享、无缝对接，加快建成"集散并重"的综合性国际枢纽港。建设一批港口物流园区，培育一批港口物流企业。引导民资参与航运发展，打造全国领先的海洋运输船队。

（3）强化金融和信息支撑。加强航运金融服务创新，引导国内外商业银行在浙分支机构积极发展各类航运金融服务，培育港航产业投资基金，改造设立服务海洋经济发展的银行机构，鼓励各类商业银行和保险公司开发航运金融产品，高水平建设宁波航运金融集聚区。扩大投融资业务和渠道，引导政府创投基金、担保基金、风险补偿基金和省属领军企业、社会力量支持港航产业发展。提升电子口岸信息系统，加快宁波国家交通物流电子枢纽系统和沿海港口物流信息服务平台建设，打造"数字港"。扶持发展船舶交易、船舶管理、航运经纪、航运咨询、船舶技术等航运服务业，建设一批航运服务集聚区和宁波、舟山远洋船员服务基地。

三是加快发展现代海洋产业。

（1）扶持发展海洋新兴产业。坚持引进与培育并举，提升海洋装备工业技术集成和设备成套化水平。打造国家级海洋先进装备业和海洋工程装备基地。积极有序布局沿海核电项目，成为全国重要的核电生产基地。以创建中国（海盐）核电城为重要载体，打造国家核电服务和装备制造基地,促进核电关联产业发展。积极发展海岛和近海风能、潮汐能、潮流能等海洋可再生能源,打造国家海洋能研究与开发基地。加强海洋生物技术研究与开发,重点发展海洋功能性生物制品、生物性原料药与衍生品等产业,建设海洋生物制品基地。大力推进海水淡化和综合利用,加快关键技术设备国产化进程,打造我国重要的海水淡化技术装备制造基地。加强海洋勘探开发和海洋测绘服务,建设东海油气田后方基地和我国大洋勘查技术与深海科学研究开发基地。以滨海城市为依托,加快建设甬舟、温台和跨杭州湾三大海洋旅游区,优化海洋旅游产品结构,完善海洋旅游配套服务体系,打造我国重要的海洋休闲旅游目的地。

(2)择优发展临港先进制造业。以宁波国家级石化产业基地和台州炼化一体化项目建设为重点,打造国际领先的现代石化产业基地。发挥沿海地区船舶工业特色优势,重点发展海洋工程船、液化天然气船、综合服务船、邮轮游艇、体育船艇、节能型船用柴油机及船用电子信息设备等高附加值船舶和船用设备,加快形成现代船舶产业链协作体系。充分发挥沿海临港优势,建设宁波钢铁基地、临港汽车及零部件基地、国家级高档造纸基地。

(3)提升发展现代海洋渔业。加强渔船网具管理,控制近海捕捞强度,优化捕捞结构,实施海洋捕捞渔船转型升级示范工程。扶持壮大远洋渔业,完善配套服务体系。积极发展生态高效养殖,建设一批生态型水产养殖园区。大力发展水产品精深加工和物流贸易,强化水产品专业市场升级改造,强化水产品质量检验。继续推进标准渔港建设。

四是推进舟山海洋综合开发试验区建设。

(1)建设大宗商品国际物流基地。规范有序推进口岸扩大开放,规划建设国家战略物资储备基地、港航服务集聚区和一批大型港口物流项目,打造全国重要的铁矿砂中转贸易、煤炭中转加工配送、油品中转贸易储存、粮食中转加工配送、化工品中转储运加工、集装箱中转运输等六大基地,建设舟山大宗商品交易平台。推进沿海运输、海进江和国际航运业务发展,推动舟山港口由中转储运向综合物流港转变,打造国际物流岛。

(2)建设现代海洋产业基地。推动一批重大涉海产业项目落户海岛。加快船舶工业升级改造,重点发展海洋工程装备、高值船舶和船配产品,打造全国船舶检测中心和中国(舟山)船舶交易中心,建设我国重要的造船基地、船舶工业示范基地和世界级修船基地。加快推进舟山群岛海洋旅游综合改革试验区建设,打造国际佛教文化圣地和海洋休闲旅游目的地。提升捕捞、养殖、加工、贸易等现代渔业产业,打造舟山现代远洋渔业基地。综合开发海洋可再生能源,建设我国海洋新能源综合开发利用重地。

(3)建设国家级海洋科教基地。高水平推进中国(舟山)海洋科学城建设,打造一批海洋科技创新平台、科研中试基地和孵化器,支持海洋科研成果转化落地。加强高等院校涉海学科和专业建设,做大做强浙江海洋学院,加强海洋职业技术教育,推动与名校和大院大所的战略合作,实施海洋人才工程,打造我国重要的海洋专业人才教育培养基地。

(4)建设群岛型花园城市。加强舟山临城新区与定海、普陀城区的特色建设与协调发展,集聚港航、金融、商务、信息、科研等资源,推动绿色、美丽、数字城市建设。突出群岛特色,优化城镇结构,加强中心镇和新渔村建设,挖掘海岛特色文化,保护修复历史遗存和生态景观,提升海岛居民生活品质,建成我国山海秀美、生态和谐的群岛型花园城市。

8)福建省"十二五"规划对海洋经济发展的安排

发展现代海洋经济。围绕"海峡、海湾、海岛",合理开发海洋资源,优化空间布局,培育发展海洋新兴产业,加快建设现代化海洋产业开发基地。

（1）优化海洋经济空间布局。统筹推进海岸、海岛、近海、远海开发，促进港口岸线资源合理利用，协调推进海岸带开发，打造海峡蓝色产业带。推动建立闽台海洋合作的长效机制，构建两岸海洋经济合作圈。加强海洋经济聚集区域建设，科学规划、有序开发特色海岛。

（2）壮大提升海洋优势产业。加快海洋产业集聚发展、优化发展，推动海洋经济转型升级。着力优化提升临港工业，推动形成东南沿海重要的临港重化产业基地。推动临港工业与运输、金融、保险、商贸等产业联动发展。加快现代海洋渔业、船舶修造、海洋运输、滨海旅游等产业发展，延伸产业链，提高技术含量，培植一批在国内外具有较强竞争力的龙头骨干企业和产业集群。

（3）培育壮大海洋新兴产业。加快培育海洋生物医药、海洋可再生能源、海水综合利用、邮轮游艇、海洋环保等新兴产业，做大做强漳州诏安、厦门海沧、泉州石狮等海洋生物医药和保健品研究开发产业基地。促进海洋生物育种、海洋活性物质提取、海洋药物、海水淡化等高新技术的产业化应用。

（4）推进海洋科技创新。坚持科技兴海，加强海洋科技研发及能力建设，开展重大海洋科研攻关，进一步增强科技进步对海洋经济发展的促进作用，海洋科技进步综合指标继续保持全国先进行列。

加强海洋科技创新能力建设。加强海洋科技人才培养和引进工作，促进与国内外及台湾海洋科技交流与合作，推进厦门国家海洋研究中心建设，着力打造一批中试工程化技术平台和科技兴海示范基地。建立海洋碳汇研发基地。加强海洋科研装备。建设海水淡化技术和设备研发基地。构建海洋公益事业科技创新体系，建立健全海洋产业创新平台。支持中小海洋企业联合高等院校、科研院所进行合作研究开发，加大对企业技术创新成果推广转化的扶持力度，推动海洋企业建立技术研发机构，促进企业成为海洋科技创新主体。

加快海洋科技成果转化利用。支持开展海洋产业重大关键共性技术开发，建立健全促进海洋科技成果高效转化机制。加强海洋生物医药及功能产品技术的研发和转化应用。开展海洋能开发利用技术的国内外联合攻关。实施海水淡化示范工程及海上风能、潮汐能等发电示范工程，开展浓海水制盐技术攻关。充分利用技术转化交流平台，加强海洋科技信息、技术转让等服务网络建设。鼓励企业组建创新中心，提高核心技术开发能力，针对行业重大科技需求，加速科技成果转化和产业化。

（5）提高海洋管理能力。深化海洋管理体制改革，完善法规体系，重点解决海洋资源开发、海洋环境保护、海洋日常管理活动中的突出问题，形成协调、高效的海洋综合管理体制。

强化海域和海岛管理。集中集约利用海域资源，落实海洋功能区划和主体功能区规划，实行动态管理和规划定期评估制度。加快有居民海岛开发建设与保护，加大基础设施建设和教育、医疗、社会保障、生态环境保护等方面的投入。推进无居民海岛的保护性开发，允许单位和个人在符合规定的前提下申请使用权。加强资源调查，重视海域使用论证、审批和监督，健全海域、海岛使用权市场机制。

（6）保护海洋生态环境。陆海统筹、河海兼顾，促进近岸海域、陆域和流域环境协同综合整治，控制陆源污染向海洋转移，控制近海资源过度开发。充分利用"海湾数模"，严格控制湾内围填海，引导和推动湾外围填海。加强海洋自然保护区和海洋生态功能区建设，加快实施近岸海域及海洋生态系统的保护、修复和建设工程。建立健全海洋污染源溯源追究制度，提高污染突发事件应急能力。建立健全海洋生态补偿和渔业补偿机制。实施"碧海银滩"工程，率先建成我国海洋生态文明宜居区。

（7）加大海洋执法监察力度。完善维护海洋权益的政策法规，推进地方性法规规章立法工作，制定相应配套措施。强化海监执法，完善海洋执法协调合作机制，理顺涉海管理部门间的职责关系，形成海洋执法合力，加强海洋监察执法队伍建设。建设近海地区及台湾海峡动态监测和综合管理信息系统，提高海洋资源、环境监测、经济管理服务信息化水平。探索解决争端新途径，加强闽台海洋事务磋商，夯实维权基础。

2011年3月国务院正式批复了国家发展改革委上报的《海峡西岸经济区发展规划》。该规划是贯彻落实《国务院关于支持福建省加快建设海峡西岸经济区的若干意见》的具体举措，进一步明确了建设海峡西岸经济区的具体目标、任务分工、建设布局和先行先试政策。

明确提出：立足于各地发展基础和资源环境承载能力，将海峡西岸经济区划分为三大功能区，即东部沿海临港产业发展区，中部、西部集中发展区，生态保护和生态产业发展区。按照"分工明确、布局合理、功能互补、错位发展"的原则，确定了"一带、五轴、九区"的网状空间开发格局。"一带"即"加快建设沿海发展带"，"五轴"即福州—宁德—南平—鹰潭—上饶发展轴、厦门—漳州—龙岩—赣州发展轴、泉州—莆田—三明—抚州发展轴、温州—丽水—衢州—上饶发展轴和汕头—潮州—揭阳—梅州—龙岩—赣州发展轴；"九区"即厦门湾发展区、闽江口发展区、湄洲湾发展区、泉州湾发展区、环三都澳发展区、温州沿海发展区、粤东沿海发展区、闽粤赣互动发展区、闽浙赣互动发展区。

9）广东省"十二五"规划对海洋经济发展的安排

构建东西两翼沿海经济带。把发展海洋经济作为推动东西两翼沿海地区跨越发展的重要引擎。加快建设以石化、钢铁、船舶制造、能源生产为主的沿海重化产业带，发展特色经济、海洋经济和现代农业，建设成为我国乃至世界级的重化工业基地和物流基地、新能源产业基地、海洋经济发展示范区、现代农业示范区，成为全省新的经济增长极。以基础设施一体化为先导，强化区域内部基础设施统筹衔接，加强与"珠三角"和周边相邻省（区）的对接，重点建设沿海综合运输主通道。支持促进粤东经济一体化和提升粤西区域合作水平，加快"汕潮揭"城市群建设和"湛茂阳"经济圈发展。促进粤东地区与海峡西岸经济区、粤西地区与北部湾经济区的融合发展，强化粤东对台及东盟经贸交流合作，粤西参与大西南和东盟等区域合作。

10）广西壮族自治区"十二五"规划对海洋经济发展的安排

积极发展海洋产业。坚持陆海统筹，科学规划海洋经济发展，合理开发利用海洋资源，建设海洋工业基地，大力发展海洋产业。加强海洋基础性、前瞻性、关键性技术研发，发展高效生态海水养殖、外海和远洋捕捞、海产品加工、海洋生物医药、海洋化工、港口物流、滨海旅游、修造船等产业，积极探索合作开发北部湾油气资源。加强南沥、营盘、犀牛脚、企沙、侨港、龙门港等重要渔港建设，加快实施沿海转产转业渔民、连家船渔民上岸定居及就业安置工程。加强人工鱼礁和海洋牧场建设，健全围填海管理制度，保护海岛、海岸线和海洋生态环境。实施海洋主体功能区划。积极开展与东盟国家的海洋开发合作。

11）海南省"十二五"规划对海洋经济发展的安排

加快发展海洋经济。围绕建设南海资源开发和服务基地，制定和实施海洋强省战略，科学规划发展海洋经济，形成南海蓝色经济区。"十二五"要根据海洋产业发展规划，研究推进周边岛屿开发开放的政策措施；把海洋运输业、海洋船舶制造业、海洋渔业、海洋观光旅游业等海洋产业做大做强；加快疏港、临港基础设施建设，吸引更多的大型航运公司落户，开辟新的航线，发展中转贸易，成为国内市场与国际市场的接轨点、国内经济和国际经济的交汇点；依托区位、港口资源和保税港区的政策优势，优化港口经济结构和产业布局；加强海监渔政队伍和装备建设，提高海洋开发、控制、综合管理能力；切实加强海洋生态环境保护，保护好海岛、海岸线和海洋生态环境。

一是发展现代海洋产业体系。支持大型石油公司加大海洋石油资源勘探开发力度，提高海洋油气资源开发利用水平，加快推进海南国家石油战略储备基地建设。支持发展海洋生物工程、海洋能源利用、海水淡化等新兴产业。以港口为依托，按照城、港、区（园区）联动发展的思路，形成具有竞争力的海洋产业。洋浦港经济区重点发展石化、林浆纸一体化、港航、以油气储备为重点的现代物流、修造船以及小飞机、游艇制造等新兴产业，马村港经济区重点发展现代港口物流业、汽车及先进装备制造业、制药业、光伏产业等，八所港经济区重点发展天然气加工工业、海洋能源、对越边境贸易业等，三亚港经济区重点发展滨海旅游业、海洋渔业等，清澜港经济区重点发展现代物流业等。以海湾为依托，开发建设一批国际大型旅游区，发展休闲度假业、邮轮游艇产业。支持金牌港经济开发区列入国家级海洋经济示范区。以海口、三亚等滨海城市为依托，培育发展海洋旅游、金融服务、信息服务、技术服务、商贸服务等海洋服务业。以渔港为依托，做大做强现代海洋渔业。加强与广东、广西的合作，建立海上巡航、搜救和事故应急合作机制，不断完善海上安全日常管理协调工作机制。

二是科学规划海洋功能区开发。全面实施国务院批复同意的《全国海洋功能区划》，即海南岛东北部海域，大力发展滨海旅游及生态渔业，加快油气资源的勘探和开发，强化自然保护区管理；海南岛西南部毗邻海域，积极勘探开发油气资源，稳步发展盐、盐化工等海洋产业，发展生态养殖，加强滨海旅游设施建设，保护珊瑚礁资源；积极稳妥开放、开发西沙旅游，建设好西沙渔业补给基地，合理开发利用和养护渔业资源，推进涵养水源和风能、潮汐能电站及生活设施建设，争取开发深海油气资源以及天然气水合物资源，加强珊瑚礁等自然保护区管理，保护海龟等珍稀物种及海洋生物多样性。

三是保护和利用海南岛周边海岛。依据国家海岛保护法，编制海南岛周边海岛保护和利用规划，加快编制西南中沙开发利用规划。坚持保护为主、科学利用的原则，重点保护和利用海南岛周围具有政治、经济、军事、旅游、环保和科研价值的海岛，因岛制宜，建设一批自然保护型、旅游型、水产养殖科研型、综合利用型海岛。加强海域、海岛、海岸线保护、整治、修复等工作。

4.4.3 全国海洋经济发展试点（试验、示范）规划

1）山东半岛蓝色经济区发展规划

2011年1月国务院批复《山东半岛蓝色经济区发展规划》。该规划主体区范围包括山东全部海域和青岛、东营、烟台、潍坊、威海、日照6市及滨州市的无棣、沾化2个沿海县所属陆域，海域面积15.95万平方千米，陆域面积6.4万平方千米。规划期为2011—2020年，重点是"十二五"时期。

该规划提出的发展定位为：建设具有较强国际竞争力的现代海洋产业集聚区；建设具有世界先进水平的海洋科技教育核心区；建设国家海洋经济改革开放先行区；建设全国重要的

海洋生态文明示范区。

该规划确定的发展目标为：到2015年，现代海洋产业体系基本建立，综合经济实力显著增强；发展方式转变和经济结构调整迈出实质性步伐，海洋经济综合效益显著提高；海洋科技创新体系基本形成，自主创新能力大幅度提升；单位地区生产总值能耗和主要污染物排放总量持续降低，海陆生态建设和污染治理取得显著成效，环境质量明显改善；作为东北亚国际航运综合枢纽和国际物流中心的地位显著提升，海洋经济对外开放格局不断完善；人民生活质量进一步提高，率先达到全面建设小康社会的总体要求。海洋生产总值年均增长15%以上，区内研究与试验发展经费占地区生产总值的比重达到2.5%，海洋科技进步贡献率提高到65%左右，人均地区生产总值超过8万元，城镇居民人均可支配收入和农民人均纯收入年均增长10%左右，城镇化水平达到65%左右。到2020年，建成海洋经济发达、产业结构优化、人与自然和谐的蓝色经济区，率先基本实现现代化。海洋经济综合实力和竞争力位居全国前列，建成具有世界先进水平的海洋科技教育人才中心，经济开放水平大幅度提升，成为我国参与经济全球化发展的重点地区，海洋生态文明建设取得显著成效，单位地区生产总值能耗达到国内先进水平，主要污染物排放总量得到严格控制，区域、海洋生态环境质量不断改善，实现基本公共服务均等化，人民生活更加富裕。海洋生产总值年均增长12%以上，人均地区生产总值达到13万元左右，城镇化水平达到70%左右。

该规划确立了三个层面的海陆空间优化布局，即：优化海洋产业布局，提升胶东半岛高端海洋产业集聚区核心地位，壮大黄河三角洲高效生态海洋产业集聚区和鲁南临港产业集聚区两个增长极；优化海岸与海洋开发保护格局，构筑海岸、近海和远海三条开发保护带；优化沿海城镇布局，培育青岛—潍坊—日照、烟台—威海、东营—滨州三个城镇组团，形成"一核、两极、三带、三组团"的总体开发框架。

该规划提出了构建现代海洋产业体系的重点任务。一是加快发展海洋第一产业，主要包括现代水产养殖业、渔业增殖业、现代远洋渔业和滨海特色农业。二是优化发展海洋第二产业，主要包括海洋生物产业、海洋装备制造业、海洋能源矿产业、海洋工程建筑业、现代海洋化工产业和海洋水产品精深加工业。三是大力发展海洋第三产业，主要包括海洋运输物流业和海洋文化旅游业。

2）浙江海洋经济发展示范区规划

2011年3月国务院批复《浙江海洋经济发展示范区规划》。该规划提出的发展定位是：建设成我国大宗商品国际物流中心、海洋海岛开发开放改革示范区、现代海洋产业发展示范区、海陆协调发展示范区、海洋生态文明与清洁能源示范区。

该规划确定的发展目标为：争取到2015年，全省海洋生产总值接近7 000亿元，占全国海洋经济比重提高到15%，海洋战略性新兴产业增加值占30%以上，科技贡献率达70%以上，海洋经济综合实力、辐射带动力和可持续发展能力居全国前列，在全国地位进一步提升，基本建成海洋经济强省。

该规划的空间范围包括杭州、宁波、温州、嘉兴、绍兴、舟山、台州7个市47个县（市、区）。

该规划确定的海洋经济发展示范区空间布局概括为"一核两翼三圈九区多岛"，即："一核"指以宁波—舟山港海域、海岛及其依托城市为核心区，促进宁波、舟山区域统筹联动发展，打造我国海洋经济参与国际竞争和保障国家经济安全的战略高地；"两翼"指以环杭州湾产业带及其近岸海域为北翼，加强与上海国际金融和航运中心接轨，以温台沿海产业带及其近岸海域为南翼，加强与海峡西岸经济区接轨；"三圈"指杭州、宁波、温州三大都市圈，优先发展海洋战略性新兴产业，不断增强区域集聚辐射；"九区"指沿海九大产业集聚区，积极成为海洋经济发展方式转变和城市新区培育的主载体；"多岛"指梅山、六横、金塘、普陀山（朱家尖）、洋山、南田、头门、大陈、大小门、南麂等重要海岛，突出岛屿特色开发，努力成为全国海洋开发开放的先导区。

该规划确定的三大重点任务为：一是打造集大宗商品交易平台、海陆联动集疏运网络、金融和信息支撑系统"三位一体"的港航物流服务体系。二是加快发展现代海洋产业，主要有：重点扶持发展海洋战略性新兴产业，打造国家级海洋先进装备业和海洋工程装备基地、海水淡化技术装备制造基地、海洋能研究与开发基地、海洋休闲旅游目的地、大洋勘察技术与深海科学研究开发基地等，择优发展新型环保石化、船舶、汽车、造纸、钢铁等临港先进制造业，提升发展现代海洋渔业。三是推进舟山海洋综合开发试验区建设，重点打造大宗商品国际物流基地、现代海洋产业基地、国家级海洋科教基地，把舟山建设成为群岛型花园城市。

3）广东海洋经济综合试验区发展规划

2011年7月国务院批复《广东海洋经济综合试验区发展规划》。该规划范围包括广东省全部海域和广州、深圳、珠海、汕头、惠州、汕尾、东莞、中山、江门、阳江、湛江、茂名、潮州、揭阳14个沿海地级以上市，海域面积41.9万平方千米，陆域面积8.4万平方千米。规划期为2011—2020年。

该规划确定的目标为：到2015年，基本建成海洋强省。海洋经济总量显著提升，全省海洋生产总值达1.5万亿元，占到GDP总量的近1/4，继续保持全国领先地位。到2020年，全面实现建设海洋经济强省战略目标。

该规划赋予该综合实验区的历史使命重大。明确提出：广东要创新合作方式，加强与香港特别行政区和澳门特别行政区、海峡西岸经济区、北部湾地区和海南国际旅游岛的对接合作，努力探索有利于海洋经济科学发展的体制机制。规划定位于提升我国海洋经济国际竞争力的核心区、促进海洋科技创新和成果转化的集聚区、加强海洋生态文明建设的示范区和推进海洋综合管理的先行区。

综合试验区要构建"一核、两极、三圈、四带"的海洋综合开发新格局。要提升优化珠三角海洋经济区的核心作用。要发展壮大粤东海洋经济区、粤西海洋经济区两个增长极。要密切三个经济合作圈，一是粤西——粤桂琼海洋经济合作圈，重点加强滨海旅游业、现代海洋渔业、涉海基础设施建设等；二是粤东——福建海峡西岸经济区，着力打造粤闽海洋经济合作圈，扩大与福建在现代海洋渔业、海洋文化等领域的合作；三是珠三角——粤港澳经济圈，加强在海洋运输、物流仓储、海洋工程装备制造、海岛开发、邮轮经济等方面的合作，从而在整体上形成一盘活棋。要拓展海洋经济向深蓝挺进，要合理开发海洋带及邻近海域，保护性开发海岛及邻近海域，积极开发近海海域，有重点地开发深海海域。

该规划提出在海洋产业要着重提升传统海洋产业、振兴现代海洋产业、壮大新兴海洋产业。

第 5 章　中国海洋经济发展前景

5.1 实施海洋经济可持续发展战略的总体思路

海洋经济实现可持续发展的最终目的是为国民经济和社会发展做出持续且更大的贡献。实现这个目的需要以海洋产业发展为核心，以增加和引导海洋就业为途径。保持海洋资源的长期供给，保持海洋环境持续支撑作用。

5.1.1 加速传统海洋产业升级改造，积极培育战略性海洋新兴产业

要实现海洋经济的可持续发展，就必须加速改造传统产业，促进海洋高技术及其产业化进程，同时积极培育新兴产业，为发展未来产业创造条件，促进海洋产业规模的扩大和整体素质的提高。具体来看，海洋渔业应严格控制近海捕捞强度，以高技术支撑海洋养殖业发展，大力发展远洋渔业、水产加工业，积极发展休闲渔业；海洋交通运输业以综合物流服务为发展主要模式和方向；海洋油气业加快浅海油气田的勘探，积极探索争议海域的油气资源的勘探开发模式，渤海浅海油气资源作为战略储备，油气资源开发重点由渤海向东海、南海转移，加速深海油气勘探装备的研发，为深海油气勘探和开发奠定技术基础；滨海旅游业努力提高科技含量和文化品位，加强基础设施和生态环境建设，规范滨海旅游管理；加强海洋生物技术的研究和生物制品的开发，培育海洋生物产业；积极推进海水综合利用，扩大海水利用业的规模；加大海上风电和近海风电场的研究和开发力度，加快海上风电技术产业化；发展深潜器和水下机器人制造技术，海洋资源探测和海洋环境监测设备，促进海洋装备制造业综合发展；大力发展深海技术和装备，为国际海底资源开发利用提供技术支撑，加快发展深海资源产业。

5.1.2 采取各种有效措施，保证海洋资源的可持续开发利用

包括：海洋能够提供优质健康的食物，安全有效的海洋药物，安全畅通的航线，保有一定数量自然岸线、滩涂和浅海资源，清洁优美的浴场，稳定的能源。为此，严格控制近海捕捞强度，将近海捕捞强度降低到可持续捕捞产量的水平；海洋药用动植物养殖区海洋环境符合功能要求，以保证海洋药物安全；保证现有滨海浴场的环境符合功能要求，预留适宜于滨海旅游的岸线、海滩、浴场和水域，并不断提升滨海旅游资源的价值；维护我国海上运输线的安全畅通，确保我国国民经济所需能源安全持续供给。自然海岸线保有量与人工岸线相辅相成。海域海岛依法有序有度使用。

5.1.3 稳定海洋生态环境的支撑作用

以削减陆源污染物排放为重点，以综合治理重点海域环境为突破口，遏制渤海、长江口

和珠江口等近岸海域生态恶化趋势。恢复近海海洋生态功能，保护红树林、滨海湿地和珊瑚礁等海洋、海岸带生态系统，加强海岛保护和海洋自然保护区管理。完善海洋功能区划，规范海域使用秩序，严格限制开采海砂。提高海洋环境灾害应急能力。

5.1.4 持续增加和引导涉海就业

以海洋产业规模的不断扩大及产业链的不断延长作为增加和吸纳涉海就业的根本途径。引导沿海失业渔民向海水养殖业、水产加工业、休闲渔业方向转产转业，推进渔村的城镇化建设。引导社会潜在从业人员向新兴海洋产业部门就业，鼓励海洋从业人员参与国际高端劳务输出。通过增加海洋教育、培训和科研投入不断提高海洋从业人员的整体素质。

5.2 海洋经济可持续发展的战略目标

5.2.1 近期目标（2015年）

海洋经济整体增长速度仍保持略高于国民经济增长速度，海洋经济在国民经济中所占比重进一步提高，海洋产业结构和布局进一步优化，海洋科技贡献率进一步提高，海洋传统产业素质提高，升级改造优化，海水利用、海洋医药、海洋能电力、高端设备制造、海洋现代服务等海洋新兴产业有较大发展，海洋生态环境质量显著改善。海洋经济吸纳劳动力的能力进一步增强。

5.2.2 中长期目标（2020年）

在2015年基础上，各项指标平稳增长。

5.2.3 远景预期（2050年）

中国海洋经济进入成熟稳定发展阶段，成为海洋经济强国，有能力参与国际海洋开发重大事务。

5.3 海洋经济可持续发展的战略任务

海洋经济在未来是否能够可持续地发展，归根结底取决于海洋产业规模的扩大、素质提高及门类扩充。对于传统产业，用高新技术、先进的管理制度和规划手段等对其进行改造，在规模不断扩大的同时，促进其素质不断提高。对于新兴产业，在相关技术提高的同时，加速海洋科技成果的产业化进程，促进规模的不断扩大。对于未来产业，通过制订规划、提高技术水平和装备水平为未来实现产业化奠定技术基础和支撑。

5.3.1 改造传统海洋产业

传统海洋产业目前是我国海洋经济的支柱产业，未来传统海洋产业能否实现升级改造，直接关系到我国海洋经济能否由数量增长型过渡到质量提高型。不同的传统海洋产业采取的升级改造模式不同。海洋渔业严格控制近海捕捞强度，用高技术改造海水养殖业，发展远洋渔业和休闲渔业。海洋运输业提高综合管理水平。海洋油气业提高勘探技术，开拓新的勘探领域和开发模式。滨海旅游业规范管理，提高科技含量，加强旅游基础设施和生态环境建设。海洋造船业提高技术水平，发展高端船舶制造，淘汰落后产能。

5.3.2 培育新兴海洋产业

培育新兴产业不仅是增加海洋经济总量，也是促进海洋产业的拓展和结构优化的重要途径。未来贯彻实施科技兴海规划，陆续培育一批新兴海洋产业，催生一批龙头海洋企业，形成以新技术促进海洋开发利用的新态势。

5.3.3 储备未来海洋产业

加快发展深海资源产业。制订大洋与海底资源开发利用规划，大力发展深海技术，支持深海资源勘探、开采重大技术装备开发和高精度海底探测技术开发，逐步完善深海技术装备体系，加快热液硫化物、富钴结壳矿、天然气水合物等国际海底资源的勘探与开发，为国际海底资源开发利用提供技术支撑。

同时，要加大政府引导性投入，重点投向海洋装备制造、海洋油气、船舶制造、海洋渔业、海洋运输、海洋生物医药、海水综合利用、海洋化工、滨海旅游等海洋产业领域。加强政策支持。针对我国海洋科技创新能力较弱，我国主要海洋仪器仍然依赖进口，与欧美国家相比，我国在深海资源勘探和环境观测方面，技术装备仍然比较落后，科技投入相对不足，体制机制还存在不少弊端等问题，加强海洋基础性、前瞻性、关键性技术研发，提高海洋科技水平，增强海洋开发利用能力。

5.4 海洋经济可持续发展的空间布局

我国国民经济和社会发展"十二五"规划对海洋经济区域布局提出了原则要求，即：科学规划海洋经济发展，合理开发利用海洋资源，积极发展海洋油气、海洋运输、海洋渔业、滨海旅游等产业，培育壮大海洋生物医药、海水综合利用、海洋工程装备制造等新兴产业。深化港口岸线资源整合和优化港口布局。制订实施海洋主体功能区规划，优化海洋经济空间布局。

因此，未来中国海洋经济发展的空间战略布局，要从全面推进海洋经济发展、拓展海洋经济活动空间和能力的战略高度，将领海、管辖海域、公海和国际海底以及极地纳入我国海洋经济布局视野。以陆海统筹、海陆国土整体性为宗旨，高度重视海域国土在国土规划中的地位和作用。基于海洋资源与生态环境特征，基于沿海陆域和海域的整体地域性、空间层次性，强化海域空间的优化开发布局，全国海洋经济的空间布局与全国国土整体规划的点、面、线布局相互贯通，协同发展。

未来10~20年，海洋经济的区域空间布局应从以下六个层面展开：一是海岸带及邻近海域海洋产业集聚带；二是海岛及岛群特殊海洋经济发展区；三是专属经济区渔业资源养护与开发区；四是大陆架海洋能源（油气资源）开发区；五是国际海底区域多种战略资源接替区；六是国家海洋高技术产业基地布局。其中，海岸带及邻近海域分为环渤海、"长三角"、海峡西岸、"珠三角"和北部湾五个区域进行布局，即："一带（海岸带）、四区（海岛、专属经济区、大陆架区、国际海底区）、多点（高技术产业基地）"的空间布局格局。

5.4.1 海岸带及邻近海域人口—产业聚集带

渤海、黄海、东海、南海海岸带及邻近海域的资源优势及开发利用水平各不相同，根据自然资源条件、经济发展水平，同时兼顾沿海的行政区划，我国海岸带及邻近海域可划分为6大区块进行开发与整治，以形成各具特色的人口和产业集聚的海洋经济区域。从北至南依次为环渤海海洋产业集聚带、"长三角"海洋产业集聚带、海峡西岸海洋产业集聚带、"珠三角"海洋产业集聚带、北部湾海洋产业集聚带和环海南岛海洋产业集聚带。由此可形成贯通我国沿海地带的海洋产业发展集聚带。在未来一个较长时期，海洋经济势必意味着沿海地区经济发展的重心所在，并将成为全国经济布局的新亮点。

5.4.2 海岛及岛群特殊海洋经济发展区

我国是一个海洋大国，岛屿众多。面积在500平方千米以上的岛屿6 961个（未包括港、澳、台岛屿），其中，有居民的海岛433个，无居民的海岛6 528个。海岛陆域总面积约8万平方千米，岛屿海岸线14 000余平方千米。岛屿及其邻近海域的自然资源丰富，经济价值和生态价值突出，但生态环境相对脆弱。海岛及其邻近海域资源环境的开发与保护对我国海洋经济的可持续发展、维护国家主权和海洋权益以及国防安全等具有重要作用。但是，由于历史原因，我国海岛地区经济大多相对落后，是"东部的西部"区域。为全面推进海岛建设，扶持海岛经济发展，拓宽海洋经济发展空间，必须充分利用海岛的区位优势和资源优势，统筹人与自然和谐发展，处理好海岛经济建设与资源利用、生态环境保护、国家主权和安全维护的根本关系，不断加快海岛的建设与发展。发展海岛经济要因岛制宜，建设与保护并重，军民兼顾与平战结合，实现经济发展、资源环境保护和国防安全的统一。海岛及邻近海域海洋经济区发展建设，应该加大海岛和跨海基础设施建设力度，加强海岛风能、潮汐能等可再生能源的开发，注重推广海岛水源涵养和海水淡化技术的推广，开展海岛生态修复工程，改善海岛人居环境和经济发展基础，重点发展深水养殖、海岛休闲、生态旅游等绿色高端产业，建立各类海岛及邻近海域自然保护区。重点发展长山群岛、庙岛群岛、舟山群岛、洞头岛、平潭岛、南澳岛、万山群岛、上下川岛群、东沙群岛、西沙群岛和南沙群岛等区域。

5.4.3 专属经济区渔业资源养护与开发区

应坚持实行重点海域海洋捕捞量"零"增长甚至"负"增长策略，通过强化伏季休渔等措施保护近海海洋生物资源，同时引导沿海有条件的地区发展过洋性渔业和公海渔业，缓解近海渔业捕捞能力过剩的矛盾。

5.4.4 大陆架海洋能源（油气资源）开发区

应力争在海上发现新的大型油气田，使海洋油气产量在油气总产量中的比重从10%提高到25%以上。要把天然气水合物勘探列入国家计划，重点进行南海北部陆坡区相关海洋环境和天然气水合物资源调查，为商业性勘查做好资源、环境和技术准备。

5.4.5 国际海底区域多种战略性资源接替区

需加强国际海底区域资源勘探、研究与开发。持续开展深海勘查，大力发展深海技术，适时发展深海产业。圈定多金属结核靶区，开展富钴结壳等新型矿产的调查，兼顾国际海底区域其他资源的前期调查，加强生物基因技术的研究与开发。努力提高深海资源勘探和开发技术能力，扩大对国际海底区域及深海不同种类资源的占有范围与程度，确保我国占有资源的质量，维护我国在国际海底区域的权益。

5.4.6 国家海洋高技术产业基地（多点）布局

应选择沿海地级以上城市建立以海洋生物育种和健康养殖业、海洋生物医药与功能制品产业、海水利用产业、海洋工程装备制造业、高端船舶和深海运载装备业、海洋现代服务业、深海生物资源产业、远洋渔业、海洋可再生能源产业、深海资源开发装备产业、大洋资源开发产业等为重点产业的海洋高技术产业基地。

5.5 海洋经济可持续发展的保障措施

提高海洋经济可持续发展的综合协调能力。要以科学发展观为指导，科学规划海洋发展。加强研究、完善相应的海洋经济和海洋事业发展规划，厘清我国海洋发展的战略思路，明确海洋经济区域布局的要求和沿海地区海洋经济发展的原则。加强海洋经济宏观调，加强海洋经济规划指导，培育和引导海洋循环经济，建立现代化海洋产业可持续发展体系。

5.5.1 加强海洋产业群建设

明确海洋产业的发展思路，确立海洋产业的重点发展方向。要优化海洋产业结构，以高新技术产业引领海洋经济的发展。要促进海洋三次产业协调发展，实现海陆资源互补、区域互联和产业互动，提高海洋经济发展质量和效益。还要优化海洋经济空间布局，继续推进海岸带及邻近海域综合经济区建设，推进无居民海岛的开发与管理，发挥各地比较优势，形成各具特色的沿海经济区。

5.5.2 切实保护海洋生态环境

明确海洋生态环境保护的基本思路，确定海洋生态环境保护的重点任务。要加强生态建设和环境保护工作，确保海洋经济可持续发展。合理开发利用和保护海洋资源。要转变海洋资源开发方式，提高资源开发效率和综合利用率，把宝贵的海洋资源开发好、利用好。应进一步加强海洋资源的调查评价，加大海域油气等重要矿产资源勘探开发力度，有重点地勘探开发专属经济区、大陆架，为海洋资源利用提供基础和保障。与此同时，还要坚持合理开发、适度开发、集约利用，采取有效措施加强资源保护，促进海洋资源的永续利用。

5.5.3 增强海洋科技支撑能力

要加强海洋科学研究和技术应用。首先，针对我国现有海洋科研机构是多部门分别建立的，在地区布局、方向任务、专业配置等方面存在重复建设、资金和人才浪费，项目重复、力量分散等问题，进行结构性改革。主要目标是打破部门和地方的条块分割，调整组织结构，优化资源配置。要继续实施科技兴海战略及海洋科技计划，大力发展深海勘探、基因工程、卫星遥感和海洋可再生能源利用等高新技术；重点开发一批先进适用技术。进一步优化海洋人才结构，以人才开发支持海洋事业发展。应鼓励大专院校和科研院所的科技力量以多种形式进入企业或企业集团，积极参与企业的技术改造和技术开发，把科技转化为经济效益。

5.5.4 建设海洋经济可持续发展的保障体系

建设海洋经济可持续发展的社会保障体系，建设海洋经济可持续发展的经济保障体系，建设海洋经济可持续发展的综合管理和决策保障机制，建设海洋经济可持续发展的科技支撑系统。

参 考 文 献

国家海洋局. 中国海洋经济统计公报. www. soa. gov. cn.
沿海地区"十二五"规划.
中国海洋发展报告 2011. 北京：海洋出版社，2011 年.
中国海洋发展报告 2012. 北京：海洋出版社，2012 年.
中华人民共和国国民经济和社会发展第十二个五年规划纲要. www. gov. cn.

第 2 篇　渤　海

引 言

渤海是我国的内海,在自然地理中属于典型的半封闭型内海。按行政区划划分,毗邻渤海周边有辽宁、河北、天津和山东三省一市。按经济地理划分,环渤海经济圈在狭义上指辽东半岛、山东半岛、津冀为主的环渤海滨海经济区域,也即上述三省一市行政区划范围,渤海沿岸的 15 个地级市行政区划范围——大连、营口、盘锦、锦州、葫芦岛、秦皇岛、唐山、汉沽、塘沽、大港、沧州、滨州、东营、潍坊和烟台。而广义的环渤海经济区则可延伸到山西、整个辽宁、整个山东及内蒙古中、东部(盟)市。

渤海区域海洋经济是我国海洋经济发展的重要组成部分,并且有着鲜明的特点。

第6章 渤海区域海洋经济发展的基础与条件

渤海区域海洋经济的发展是基于丰富多样的海洋区位、海洋资源和海洋生态环境基础而形成的（图6.1）。

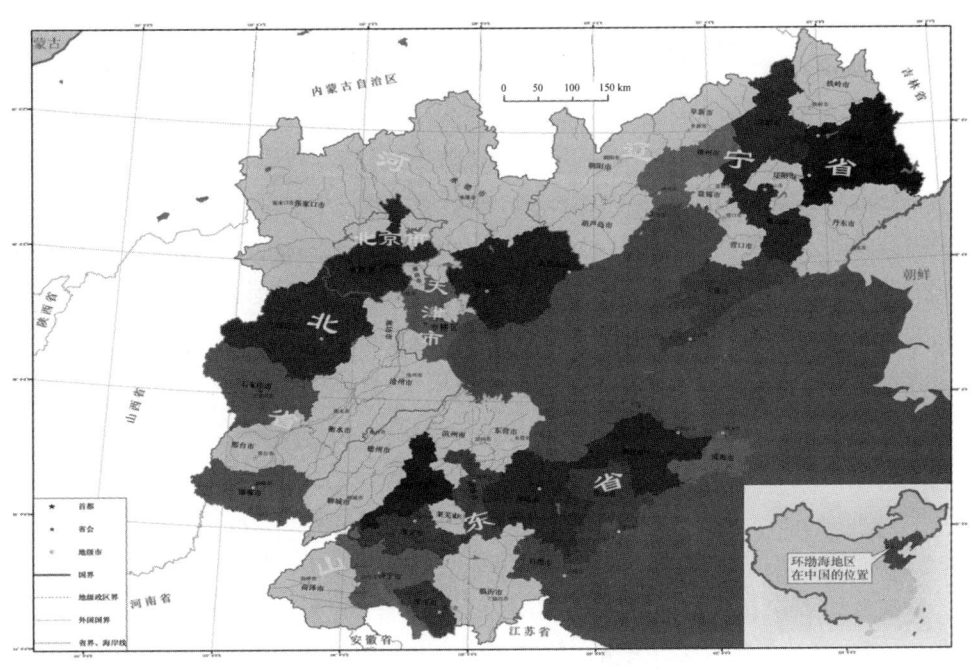

图6.1 环渤海周边行政区划图

环渤海行政管辖总面积52.1万平方千米，占全国国土面积的5.42%；2005年末总人口2.29亿人，占全国总人口的1.8%；地区生产总值47 205.92亿元，占全国GDP的25.78%。

环渤海沿海15个地市级行政管辖陆域总面积133 785.11平方千米，占全国国土面积的1.4%；2005年末总人口4 186.58万人，地区生产总值12 927.54亿元，占全国GDP的7.06%。

广义的环渤海经济区，陆域面积112万平方千米，占全国国土面积的12%；人口2.4亿人，占全国人口的20%。据1995年统计，该区域内有城市151个，占全国城市总数的1/4；其中百万人口以上的大城市13个，占全国的40%。

环渤海地区目前已成为国家社会经济发展的重点区域，在我国社会经济发展过程中起着巨大的作用。目前，渤海沿岸分布着40多个港湾，29个大中小港口城市。渤海海域面积7.728万平方千米，占国家管辖海域总面积的2.6%；创造了占全国10%的工业总产值，生产了占全国70%的海盐，提供了占全国5.6%的海产品，创造了约占全国GDP 25.78%的地区生产总值。

环渤海地区海洋经济发展迅速。2010年,环渤海地区主要海洋产业总产值13 271亿元,占全国海洋生产总值的34.5%。海洋渔业、滨海旅游业和海洋交通运输业三大海洋支柱产业之和占本地区主要海洋产业总产值六成以上。渤海区域经济以沿海经济、涉海经济和海洋经济为特色,在区域经济社会的长期发展中,三者交织互动,形成独特的海洋特色经济形态。

6.1 渤海区域海洋经济发展的资源基础

渤海区域海洋资源主要类型有渔业资源、港口资源、石油及矿物资源、海盐资源、景观资源和滩涂资源等。

6.1.1 渤海的海洋渔业资源

渤海平均水深仅18米,盐度低,水质肥沃,饵料生物丰富。经济渔业资源以暖温性为主,占海区渔获总量的70%以上;冷温性种类一般有7%~8%,最多时可达25%;暖水性种类通常占10%左右。由于存在三种不同适温属性的生物种类,各自有不同的行为习性,故形成了在渤海、黄海大范围内的繁殖产卵、索饵和越冬场所。在渤海区沿岸形成了春、夏两季浮游生物量高发区,自然构成了渤、黄海渔业资源区系中最主要的产卵场和育肥场。[1]

渤海渔业资源种类有44科,102种,主要以食性级低、生命周期短的浮游生物和虾蟹类为主,它们分别占渤海总渔获量的38%和30%左右,中上层鱼类和底层鱼类共计占28%左右,头足类不足0.1%。暖水性种类数量很大,形成相当可观的资源量,是重要的捕捞对象。

1) 渤海的渔业资源概况

渤海的渔业资源量用初级生产力进行估计约为碳112克/平方米,总量为862万吨/年(有机碳)。实际上,供渔业捕捞的食草动物和海蜇的资源蕴藏量约为28万吨(鲜重);底栖动物(毛蛤等)为118万吨(鲜重);毛虾10.15万吨;梭子蟹2万吨;对虾1.2万吨;鱼类生物量25万吨,超过万吨的仅有黄鲫、鳀鱼。

历史上,渤海是中国对虾的故乡,但是,20世纪80年代以来,对虾的年产量从七八十年代的10万~30万吨水平,降至6 000吨以下。海区的渔业资源种类替代频繁,近几年渤海区虾蟹类渔获产量的增长主要由中国毛虾产量增长所致,而中国对虾产量大幅度下降。

进入90年代,渤海各种天然渔业资源基本衰竭,渔获质量下降。目前,经济价值低的小型中上层鱼类已经成为海区渔业资源的主要组成部分。例如,鳀鱼和黄鲫这两种小型中上层鱼类优势种占总生物量的比例,已从1983年的36%上升到1993年的59%和1998年的78%;而主要经济鱼类小黄鱼和蓝点马鲛所占比例,从1983年的10%下降到1993年的3.6%和1998年的4.1%。

渤海年平均生物生产量为3.84吨/平方千米,高于我国近海的平均生物生产量3.02吨/平方千米,大大低于日本近海11.8吨/平方千米的水平,故渔业资源的数量也属于世界中下水平。据多年的科学研究证明,渤黄海为同一渔区,其最佳资源可捕量为(55~65)万吨。捕捞作业渔船的单产能大致反映资源密度的变化情况。[2] 20世纪50年代的渤海渔业结构以定置渔业捕毛虾为主,拖、围、钓各种渔业都有。60年代开始,机动渔船年均单位功率产量为

---

[1] 黄良民. 中国海洋资源与可持续发展. 科学出版社,2007.
[2] 金显仕,等. 黄、渤海生物资源与栖息环境. 北京:科学出版社,2005.

4.5吨/千瓦；随着捕捞技术的提高，具有较高价值的中、下层经济鱼类相继消亡，70年代，机动渔船的年均单位功率产量下降为2.2吨/千瓦；80年代以来，机动渔船的年均单位功率产量一直稳定在1.0~1.3吨/千瓦的低水平上，除对虾、毛虾和海蜇外，其他鱼类均不能形成鱼汛。单产的变化情况表明，70年代前后渤海海区的传统渔业资源就已经被过度开发。90年代以来，渤海区渔业生物量与80年代初相比又有明显下降趋势，根据底拖网调查渔获率估算的资源密度从1983年的1.31吨/平方千米，下降到1993年的1.02吨/平方千米。

2）渤海渔业资源声学评估结果

以1997—2001年我国对渤海海域渔业资源进行的夏、冬季两次声学调查评价为依据，获得以下主要结果。

夏季生物资源声学评估种类共12类、15种，总生物量近41万吨。其中黄鲫是绝对优势种，占总生物量的61.2%；其次为鳀鱼占16.35%；再次为棱鳀类和青鳞沙丁鱼，分别约占5.58%和5.05%。底层鱼类中小黄鱼生物量最高，占渤海夏季评估种类总生物量的近2.50%（表6.1）。声学评估种类总生物量非零值的分布密度在170~1 165 822千克/平方海里之间，平均60 068千克/平方海里，变异系数为2.776。密集区主要分布于渤海北部、西部及南部沿岸，其中辽东湾中部最为密集，夏季渤海5海里的平均最高生物量密度即分布于此。

表6.1　渤海夏季生物资源声学评估种类总生物量及其组成一览　　　　　单位：t,%

种类	蓝点马鲛	鲐	鳀鱼	黄鲫	青鳞沙丁鱼	棱鳀类	银鲳
生物量	6 529.6	60.0	66 674.7	250 826.8	20 574.9	22 737.5	10 171.8
比例	1.6	0.02	16.35	61.52	5.05	5.58	2.50

种类	斑鰶	带鱼	小黄鱼	白姑鱼	枪乌贼类	总生物量
生物量	17 983.8	16.9	10 087.2	165.6	1 919.4	40 7 48.5
比例	4.41	0.004	2.47	0.04	0.47	

冬季生物资源声学评估范围共覆盖16个渔区，面积29 843平方千米。种类共7类、10种，总生物量2 203吨。其中鳀鱼是绝对优势种，占总生物量的83.15%；其次为枪乌贼类，占9.78%；再次为棱鳀类，占3.18%（表6.2）。底层鱼类中仅有小黄鱼和玉筋鱼出现，且所占比例均不足1%。声学评估种类总生物量非零值的分布密度在2~3 701千克/平方海里之间，平均286千克/平方海里，变异系数为2.048。与夏季相反，渤海冬季密集区主要分布于渤海中、东部的辽东湾南部水域，冬季渤海5海里的平均最高生物量密度即分布于此。

表6.2　渤海冬季生物资源声学评估种类总生物量及其组成一览表　　　　单位：t,%

种类	鳀鱼	黄鲫	棱鳀类	银鲳	小黄鱼	玉筋鱼	枪乌贼类	总生物量
生物量	1 832.0	29.4	70.1	33.7	5.0	17.4	215.5	2 203.1
比例（%）	83.15	1.34	3.18	1.53	0.23	0.79	9.78	

6.1.2　渤海区域的海岸线资源

20世纪80年代初全国海岸带调查时，环渤海三省一市的海岸线总长占全国的24%，其中大陆岸线总长为 5 667.8 千米, 在当时已包含人工岸线约 1 332.98 千米, 占环渤海地区海岸线总长的 23.5%。这里应说明的是, 山东省和辽宁省的岸线数据包括了黄海部分（表 6.3）。

表 6.3　环渤海三省一市海岸线资源状况①

省市区 \ 岸线	海岸线总长/km	大陆岸线/km	岛屿岸线/km	人工岸线/km 总长度/km	人工岸线/km 大陆岸线总长/km
天津	153.5	153.3	4.2		
河北	599	421.0	178.0	6	6
辽宁	2 620.5	1 971.5	649.0	601.98	601.98
山东	3 733.4	3 122.0	611.4	777.88	725
合计	7 106.4	5 667.8	1 442.6	1 385.86	1 332.98
占全国	24.06	31.93	12.23	52.38	46.69
全国	14 236.86	11 367.53	2 897.43	2 824.1	2 712.65

近年来, 随着海洋开发强度的加大, 围填海遍地开花, 使得自然海岸线消失迅速, 人工岸线比重越来越大。据不完全统计, 自 1949 年至 2005 年期间, 环渤海地区围填海造地总面积 3 186 平方千米, 占滩涂总面积的 6.2%（表 6.4）。

表 6.4　环渤海地区围填海造地情况（1949—2004 年）

省份	滩涂总面积/（万亩）	构成（%）潮上带	构成（%）潮间带	构成（%）潮下带	围填海面积/（万亩）
辽宁	28 633	39.9	8.4	51.7	248.0
河北	9 931	44.5	11.1	44.4	84.5
天津	5 415	32.4	10.8	56.8	35.5
山东	33 452	45.5	10.1	44.3	110.0
合计	77 431	42.4	9.6	48	478

与此同时, 渤海区域海岸线资源明显减少。例如, 2005 年河北省最新海洋资源调查显示, 全省海岸线总长 437.49 千米, 比 20 世纪 80 年代初期减少了 161.51 千米, 20 多年间, 平均每年减少海岸线 8 千米, 速度是极其惊人的。

6.1.3　渤海区域的港址资源

环渤海地区最大的交通运输优势就是在 5 000 多千米海岸线上分布着 40 多个各类港口。这些港口大多是不冻、不淤、风浪较小的天然良港, 拥有较优越的自然地理条件。现有宜建和已建港口 90 多处, 港口密度在我国四大海区中居首位。吞吐量超过百万吨港口平均 552 千米一个, 吞吐量大于 1 000 万吨港口平均 920 千米一个。其中年吞吐量在 500 万吨以上的港口有秦皇岛、大连、天津、营口, 这四大港口是我国北方内外贸易的主要口岸和出海通道。

截至 2008 年底, 环渤海地区主要港口 13 个: 丹东、大连、营口、锦州、秦皇岛、黄骅、唐山、天津、蓬莱、烟台、威海、青岛和日照, 码头总长度超过 14 万米, 约占全国海港码头总长度的 1/3; 泊位总数 714 个, 约占全国的 1/5; 万吨级泊位总数 417 个, 约占全国的 2/5。

---

① 部分数据源自《中国海岸带和海涂资源综合调查报告》. 北京: 海洋出版社, 1991.

由此可见，环渤海地区海洋交通运输优势很大（表6.5～表6.6）。

表6.5 环渤海地区主要港口码头泊位（截至2008年底）

港口	码头长度/m	泊位个数/个	万吨级泊位数/个
丹东	3 172	23	11
大连	33 168	198	76
营口	10 685	49	33
锦州	4 889	17	16
秦皇岛	12 394	54	42
黄骅	2 946	14	10
唐山	7 800	33	28
天津	26 357	128	75
蓬莱	910	15	—
烟台	12 897	71	42
威海	1 554	12	4
青岛	15 618	63	48
日照	9 294	37	32
合计	141 684	714	417
占全国比重（%）	29	19	39

表6.6 1995—2008年环渤海地区主要生产性码头及港口情况对比

港口码头基本情况		1995年	2005年	2008年
主要港口数量/个		13	14	13
	占全国总数百分比/%	21	29	29
码头长度/m		40 000	103 200	141 684
	占全国总数百分比/%	49	30	29
码头泊位/个		230	574	714
	占全国总数百分比/%	25	18	19
万吨级码头泊位/个		79	304	417
	占全国总数百分比/%	—	40	39

我国沿海可供选址建中级泊位以上的港址计164处，其中黄渤海66处，占40.2%。中等泊位以上港址间距约为120千米，大大低于全国平均水平170千米。渤海区域港口开发系数（等于已开发岸线/港区自然岸线）最大，其开发程度高于南海3倍多。

港址条件除了自然环境条件如水深、面积、水文环境和工程地址外，还应包括社会经济因素。根据港址的分类标准，大连—山海关属于基岩港湾海岸，质量最好；山海关—大口河岸段为砂质海岸，质量次于前者。

6.1.4 渤海区域的滩涂资源

滩涂资源是指大潮高潮位和大潮低潮位之间的土地及其承载的生物，其土地包括海滩涂、滨海沼泽地和河口滩地。据《全国海岸带和海涂资源综合调查报告》，全国高高潮至低低潮之间的潮间带滩涂总面积为 213.33×104 公顷；按四大海区来分，沿海滩涂资源的数量从北向南呈阶梯式逐渐减少，其中渤海沿岸占 31.3%，黄海沿岸占 26.8%，东海沿岸占 25.6%，南海沿岸占 16.3%。而《中国统计年鉴》自 1998 年以来公布的我国海洋滩涂面积数据一直是 2.08 万平方千米，浅海滩涂可养面积 242.00 万公顷。

从历史上看，渤海区的海滩涂资源是比较丰富的。这里以全国水产统计（1984 年）数据进行对比分析：1984 年，渤海区有海滩涂总面积约 3.13 万平方千米，其中可养面积 5 400 平方千米，占滩涂总面积的 17.3%。到 2006 年，环渤海地区海水可养滩涂面积仅为 33.6 万公顷。[1]

20 多年来滩涂资源面积净减少 2 037 平方千米，其中辽宁减少约 740 平方千米，河北减少约 716 平方千米，天津减少约 315 平方千米，山东减少约 266 平方千米（表 6.7~表 6.8）。

表 6.7　环渤海地区沿海滩涂资源情况[2]（1984 年）

地区	滩涂面积/万亩	滩涂面积/km²	可养面积/万亩	可养面积/km²
辽宁	1 964	13 093.33	250	1 666.667
河北	823	5 486.667[3]	200	1 333.333
天津	135	900	60	400
山东	1 773	11 820	300	2 000
合计	4 695	31 300	810	5 400

注：1 亩 =1/15 公顷。

表 6.8　环渤海地区浅海滩涂海湾可养面积分布（2008 年）　　　　单位：×10³ hm²

地区	海水可养面积	其中：浅海	滩涂	港湾
辽宁	725.84	590.44	92.45	42.95
河北	111.36	49.66	61.70	0
天津	18.49	10.00	8.49	0
山东	358.21	131.68	173.41	53.12
合计	1 213.9	781.78	336.05	96.07

20 世纪 80 年代，河北海岸带调查结果显示，全省滩涂总面积 1 167.9 平方千米，0~20 米浅海面积 6 455.6 平方千米。到 2006 年，河北省又一次开展了海洋资源调查与评价工作，结果是，滩涂总面积为 943.1 平方千米，0~20 米浅海面积为 5 327.01 平方千米。20 年间，滩涂资源减少了 224.8 平方千米，仅剩 20 年前滩涂总面积的 80%；浅海面积减少了 1 128.59 平方千米，比 20 年前减少了 17.5%（见表 6.9）。

---

[1] 国家海洋局. 中国海洋统计年鉴 2006. 北京：海洋出版社，第 36 页，2007.
[2] 全国水产统计资料（1949—1985 年）. 农牧渔业部水产局，1986.
[3] 另据《河北省海岸带资源》河北海岸带资源编辑委员会，河北科学技术出版社，1988，第 4 页，1∶50000 滩涂及浅海海涂测绘结果：河北省滩涂面积为 1 167.9 平方千米，宽 3~8 千米不等。测区范围自岸线起向海面延伸，曹妃甸以南测至 5 米等深线，以北测至 10 米等深线，海底地貌变化地段延伸至旧海图水身注记基本复合为止。

表6.9 河北省滩涂资源分布情况[①]

区域	滩涂总面积（km²）	所占比例（%）	岩滩	海滩	潮滩
秦皇岛	25.47	2.70	0.20	13.62	11.65
唐山	663.84	70.39		663.84	
沧州	253.79	26.91		253.79	
合计	943.10	100	0.20	13.62	929.28

6.1.5 渤海区域的浅海资源

通常浅海水域划定在 -10 米水深等深线以内，随着海洋开发技术的提高，浅海范围的概念也随之扩大，有的地方以 -20 米等深线为界，有的地方甚至至 -30 米等深线。据20世纪80年代全国海岸带调查，我国大陆沿岸浅海：0~10米等深海域面积约626.5万公顷，0~15米等深线海域面积为1 238.02万公顷[②]，-20米等深线海域面积为1 570万公顷。浅海海域资源以东海沿岸最为丰富，占总数的31.5%，渤海次之，占25.1%，南海和黄海分别占24.5%和18.9%（表6.10）。

表6.10 渤海区浅海海域资源分布及构成

岸段	省区	浅海面积[③]/（×10⁴ hm²）	其中可养[④]/（×10³ hm²）
渤海岸段	辽宁	148.00	590.4
	河北	44.09	49.66
	天津	30.73	10.00
	鲁北	88.35	131.68
	合计	311.17	781.74

据河北省调查评价最新结果[⑤]：全省浅海资源总面积5 607.55平方千米。其中，秦皇岛市1 946.97平方千米，占全省浅海总面积的34.72%；唐山市2 661.99平方千米，占47.47%；沧州市998.59平方千米，占17.81%。

在河北省浅海面积中有0~5米浅海面积1 139.69平方千米，占全省浅海总面积的20.32%；5~10米浅海面积1 466.78平方千米，占26.16%；10~15米浅海面积1 397.34平方千米，占24.92%；15~20米浅海面积1 323.20平方千米，占23.61%；大于20米浅海面积280.54平方千米，占5%（见表6.11）。

---

① 河北省海洋资源调查与评价综合报告．河北省国土资源厅（河北省海洋局），2006．
② 《中国海洋功能区划报告》（1993）数据：0~15米等深线浅海海域面积为1 400万公顷；0~10米宜养浅海区面积133万公顷。
③ 中国海岸带和海涂资源综合调查报告。
④ 中国统计年鉴1998。
⑤ 河北省海洋资源调查与评价综合报告，河北省国土资源厅（河北省海洋局），2006，第270页。

表6.11 河北省浅海面积分布表

深度	全省		秦皇岛		唐山		沧州	
	面积/km²	比重/%	面积/km²	比重/%	面积/km²	比重/%	面积/km²	比重/%
0~2 m	416.80	7.43	24.54	5.89	203.81	48.90	188.45	45.21
2~5 m	722.89	12.89	65.32	9.04	275.42	38.10	382.15	52.86
5~10 m	1 466.78	26.16	590.54	40.26	448.25	30.56	427.99	29.18
10~15 m	1 397.34	24.92	797.75	57.09	599.59	42.91		
15~20 m	1 323.20	23.60	465.29	35.16	857.91	64.84		
20~25 m	170.69	3.04	3.53	2.07	167.16	97.93		
25~30 m	87.53	1.56			87.53	100		
>30 m	22.32	0.40			22.32	100		
合计	5 607.55	100	1 946.97	34.72	2 661.99	47.47	998.59	17.81

6.1.6 渤海区域的油气资源

6.1.6.1 油气资源现状[①]

渤海海域面积7.3万平方千米，盆地多凸多凹、凹凸相间排列，是由多个箕状断陷组成的复杂断陷，各断陷又自成独立的沉积体系、油气单元和构造演化动力学体系，各个时期沉积中心在横向上变迁，在同一地区形成不同的沉积相带叠置和多套生储盖组合。渤海湾盆地内拥有19个凹陷，油气资源十分丰富，是中国四大油气区之一，同时也是我国最早进行海洋油气勘探、开发的海区（表6.12~6.14）。

表6.12 环渤海洋石油储量（2008年）　　　　　　　　　　　　　　　单位：×10⁴ t

区域	累计探明地质可采储量	剩余可采储量
渤海	38 934	27 753
合计		66 687

表6.13 渤海区海洋石油勘探工作量情况（2008年）

地区	地震测线		钻井	
	二维/km	三维/km²	预探井/口	评价井/口
天津	0	5 440	68	31
河北	0	210	13	23
辽宁	0	581	1	3
山东	0	0	0	0
合计	0	6 321	82	57

---

① 徐守余，严科．渤海湾盆地构造体系与油气分布．地质力学学报，2005．

表6.14 渤海区海洋油田生产井情况（2008年）

地区	合计/口	采油井/口	采气井/口	注水井/口	其他井/口
天津	2 071	1 545	94	398	34
河北	382	305		77	
辽宁	276	221	11	31	13
山东	409	326	6	77	1
合计	3 138	2 397	111	583	48

胜利浅海地区的埕岛油田的7个含油构造和垦东地区的5个含油构造，总探明加控制含油面积226.8平方千米，石油地质储量55 180万吨。

6.1.6.2 渤海区域的其他矿物资源

渤海区域的其他矿产资源也十分丰富，主要有滨海煤田、油质岩和稀有金属、地下卤水等。龙口煤田就是我国发现的第一座滨海煤田，该煤田东西长27千米，南北宽14千米，有煤矿区12处，探明含煤总面积391.1平方千米，探明总储量11.77亿吨，油页岩探明总储量3亿吨。另外，在黄河口济阳拗陷东部也发现煤和油页岩，远景储量85亿吨。分布在山东、辽宁沿海的金矿产地有30余处，其中特大型金矿2个，大型金矿3个，中型金矿5个。金储量282.52吨，银储量1 024.25吨。渤海复州湾沿岸的大连金州区金刚石探明总储量2 400千克，具全国第一。除此之外，渤海还有滑石矿、菱镁矿、石墨矿及铜、铅、锌矿等。渤海的滨海砂矿也成为一个重要矿产资源。

6.1.7 渤海区域的海盐资源

6.1.7.1 渤海区域的海盐资源状况

渤海区是我国历史最长、面积最大、质量最高、产量最高的海盐产区。渤海沿岸的日照时数值最高，年蒸发量1 700毫米，降水量只有600毫米，而且相对湿度低。

以2001年环渤海地区盐田资源情况看，临渤海沿岸地区拥有盐田总面积28.32万公顷，单位岸线盐田面积最高超480公顷、最低8.6公顷，相差50多倍，平均值185公顷（表6.15）。从另一个角度来说，环渤海沿岸地区空间资源丰度很高，后备土地资源丰富，使现实需求很大的临海产业基地建设、临海城镇发展具备了很强的基础条件。

表6.15 2001年环渤海地区盐田资源丰度比较

名次	地区	盐田面积/hm²	单位海岸线盐田面积/（hm²/km）
1	潍坊	55 102	487.63
2	沧州	34 885	366.05
3	天津	37 738	283.74
4	唐山	47 559	238.63
5	营口	20 620	214.79
6	滨州	38 831	162.47
7	锦州	5 516	56.46
8	东营	6 574	18.76
9	大连	30 303	15.90
10	烟台	6 045	8.60
合计		283 173	185.3（平均数）

渤海区现有盐田12个，近20年来盐田总面积基本保持在3万公顷左右，上下浮动，占全国比重在65%~80%之间。2005年有盐田总面积2.9万公顷，占全国比重为74%（表6.16）。

表6.16 渤海海盐区多年盐田总面积　　　　　　　　　　　　　　　　　单位：hm², %

地区	1991年	1995年	2000年	2001年	2002年	2003年	2004年	2005年	2008年
辽宁	57 531	66 977	53 060	63 060	53 039	55 970	42 791	55 852	50 030
山东	85 751	118 673	103 286	92 962	95 888	95 875	95 479	122 273	205 702
河北	71 467	78 452	78 572	79 010	78 505	79 099	79 799	87 204	81 745
天津	39 446	39 261	37 185	36 183	34 784	34 657	34 484	33 779	31 977
海区合计	254 195	303 363	272 103	271 215	262 216	265 601	252 553	299 108	369 454
全国	392 424	443 402	359 858	338 018	333 032	341 439	313 392	402 989	470 681
占全国	64.78	68.42	75.62	80.24	78.74	77.79	80.59	74.22	78.49

从各地分布变动情况来看，天津基本不变，山东变动较大，辽宁呈下降趋势，河北有所增加。

渤海的滨海平原中，还分布着大量高浓度的地下卤水资源，其中莱州湾地区储量约74亿立方米，折合盐量6.46亿吨；渤海湾卤水储量6.24亿立方米，折合盐量0.27亿吨。

6.1.7.2　渤海区域海盐资源评价

渤海沿岸滩涂十分广阔平坦，滩面一般延伸5~10千米，加上气候干燥，蒸发量大，是生产海盐的优良海区。但是，目前，盐田与滩涂养殖、陆源排污等发生严重冲突，使海盐发展空间受到限制。

6.1.8　渤海区域的滨海景观资源

6.1.8.1　渤海区域的滨海景观资源状况

渤海沿岸景观资源较为丰富。渤海沿岸地区风光秀丽，有许多沙滩，名胜古迹，休养地广布，气候宜人，冬无严寒，夏无酷暑。大连、北戴河、烟台、青岛、威海等都是全国的旅游胜地。

海岸景点。基岩海岸景点及其海湾景点主要分布在辽东半岛，其中海蚀景点主要分布在大连、烟台；砂质海岸景点主要分布在兴城、抚宁、昌黎；河口海岸景点有滦河、海河、黄河；泥质海岸景点主要分布在渤海湾、莱州湾等。

岛屿景点。主要为长山列岛、菊花岛等。

生态景点。大连旅顺蛇岛自然保护区、庄河仙人洞自然保护区、盘锦大苇田、河北昌黎海岸林带。

山岳人文景点。辽宁的大孤山、狼山、笔架山、河北的东联峰山、碣石山。人文景点比较著名的有辽宁盖州石棚山巨石文化遗迹、营口金牛山旧石器时代遗址、河北山海关长城和老龙头、兴城宁远卫城、山东蓬莱水城等。许多沿海城市建立了海上公园、滨海度假村、博物馆和展览馆等。

6.1.8.2　渤海区域滨海景观资源评价

渤海海滨景点中，最好的是人文景点，其次是山岳景点和海岸景点，生态景点和岛屿景点较少,奇特景点和海底景点最少。

6.1.9 渤海区域海洋资源综合评价

根据海洋开发规划研究成果,渤海区域各种资源的丰度排列如下:盐田、港址、景观、油气、水产、滩涂、浅海、砂矿。对于渤海的资源总体评价如下。

6.1.9.1 渤海区域海洋资源占有相对量的评价

据"同种资源评价法"结论($R=x/m$;R=资源相对系数;x=某资源量;m=某资源总量),我国各海区各种资源占有相对量如表6.17所示,渤海盐田资源相对量较大。

表6.17 中国各海区多种资源占有的相对比例

资源名称	黄渤海	东海	南海
滩涂(潮间带面积)	0.6	0.25	0.15
浅海(0~15 m面积)	0.5	0.3	0.2
水产(最佳资源可捕量)	0.17	0.49	0.34
石油(资源量)	0.2	0.22	0.58
天然气(资源量)	0.1	0.16	0.74
港址(宜建中等以上泊位数)	0.4	0.29	0.31
盐田(宜盐滩涂及土地面积)	0.82	0.15	0.03
景观(主要景点数)	0.35	0.35	0.3
砂矿(探明储量)	0.05	0.55	0.4

注:$R>0.5$ 表示资源量大;$0.5>R>0.4$ 表示较大;$R<0.1$ 表示小。

6.1.9.2 渤海海区相对开发量评价

根据全国海洋开发规划确定的计算公式:

$C_i = P_i/C$

C_i = 某资源的相对开发系数;

P_i = 某海区某资源的已开发量;

C = 全部海区某资源的可开发总量。

得出结果见表6.18。

表6.18 各海区资源相对开发量比较

海区	水产养殖(产量)	港口(吞吐量)	景观(旅游人次)	盐业(产量)	石油(产量)
黄渤海	0.66	0.41	0.03	0.85	0.68
东海	0.25	0.39	0.26	0.10	
南海	0.09	0.20	0.71	0.05	0.32

6.1.9.3 渤海区域海洋资源开发程度评价

根据全国海洋开发规划的计算方法,黄渤海各种资源到20世纪90年代中后期的平均开发系数如表6.19所示。从表6.19数据可以看出,水产捕捞开发过度,超过1.5倍;浅海水产养殖开发系数相对较低。

表 6.19　黄渤海资源平均开发系数

港址	盐田	石油	捕捞	养殖		平均
				滩涂	浅海	
0.26	0.47	0.10	2.5	0.44	0.013	0.214

进入 21 世纪以来，由于缺乏海洋资源的综合调查资料，难以对渤海资源开发程度进行现状评价。

6.2　渤海生态系统服务价值评估[①]

海洋作为人类社会的生命保障系统，为沿海居民提供了自然资源和生存环境两个方面基本的服务功能，提供人类生存和经济发展的重要基础。各类海洋生态系统服务已经成为人类社会经济生产系统中的无可替代的重要资本。正是海洋生态系统服务价值的存在，使得沿海地区海洋经济的发展得以持续。

6.2.1　评估范围

评估范围为南起 37°05′N，北至 41°00′N，西起 117°30′E，东至 123°40′E，由渤海海峡与环渤海沿海地区陆域所围成的海域。临海地市包括大连、营口、盘锦、锦州、葫芦岛、秦皇岛、唐山、天津滨海新区、滨州、东营、潍坊和烟台（图 6.2）。

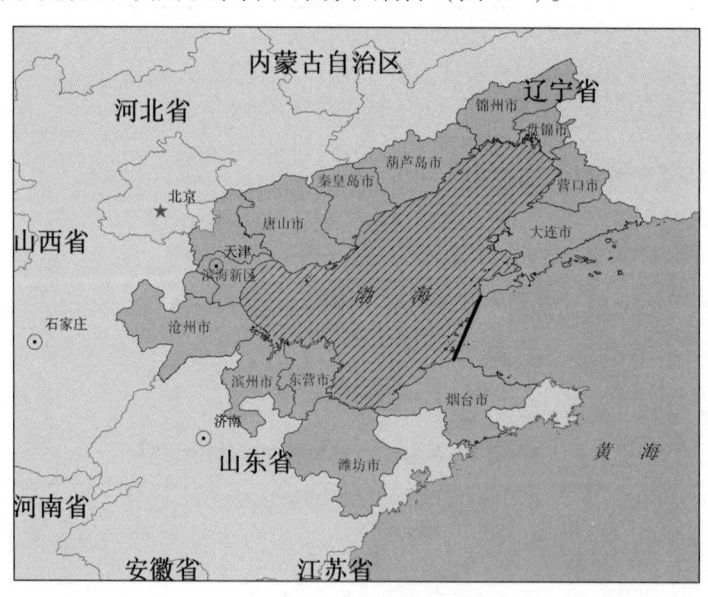

图 6.2　渤海评价范围示意图

评估的时间步长以一年为单位，如果数据跨年度，则换算为一年。

6.2.2　评估数据

所有评估数据针对评估海域内的海洋生态资本价值要素，包含非评估海域的数据剥离

[①] 引用 908-02-04-03 成果报告"渤海报告（刘容子、李峰）"中相关内容。

剔除。

1）养殖生产数据

养殖产量由各沿海省海洋和渔业部门发布的《渔业统计年鉴》及《海洋渔业统计报表》获得，海产品单位价格从各沿海市的主要水产品批发市场调查获得。

2）捕捞生产数据

捕捞量由各沿海省海洋和渔业部门发布的《渔业统计年鉴》及《海洋渔业统计报表》获得，海产品单位价格来由各沿海市的主要水产品批发市场调查获得。

3）氧气生产数据

浮游植物氧气产量根据初级生产力实测值，基于光合作用方程计算获得。浮游植物初级生产力根据国家近海海域生物资源调查项目提供的渤海海域资料中浮游植物叶绿素浓度、同化系数及水层透光度，应用空间差值法计算得到。大型藻类氧气产量根据大型藻类干重实测值，基于光合作用方程计算获得。大型海藻的干重因缺乏调查数据，以天津近海养殖及捕捞的大型海藻的总量去除含水量计算得到。氧气价格根据王松坚和阳小琴（2006）及杨玉平等（2000）对两种主要工业制氧方法——深冷法和真空变压吸附制氧法的分析，得到制造氧气的平均成本为567元/吨。

4）气候调节数据

气候调节的物质量固定二氧化碳的量分浮游植物和大型藻类计算。浮游植物固定量根据初级生产力实测值，基于光合作用方程计算获得。浮游植物的初级生产力根据渤海海域生物资源调查提供的浮游植物叶绿素浓度、同化系数及水层透光度，应用空间差值法计算得到。大型藻类氧气产量根据大型藻类干重实测值，基于光合作用方程计算获得。大型海藻的干重以渤海海域近海养殖及捕捞的大型海藻的总量去除含水量计算得到。根据2008年北京环境交易所的交易记录，二氧化碳排放权的平均交易价格为106.2元/吨，将此价格利用2007年和2008年的生产价格指数进行修正，得到2007年的二氧化碳排放权价格为101.0元/吨。

5）废弃物处理数据

废弃物处理量数据来源于个沿海省市的统计年鉴中的每年各地市的废水和污染物排放量。根据国家统计局和环境保护部共同编著的《中国环境统计年鉴》，计算和统计出2008年渤海地区的工业废水和生活污水排放量、废水治理设施处理能力及年运行成本等，其他年度处理单位成本根据当年生产成本价格指数进行修正，得到不同年度的单位成本。

6）休闲娱乐评估数据

渤海海域的海洋旅游景区的年旅游人数、旅游收入及其他数据来源于各沿海省市及其沿海各地市的统计年鉴或国民经济发展统计公报，海岸线数据来源于"908"近海海岸线调查结果，旅游景区级别依据国家和地方旅游局网站。

7) 科研服务评估数据

以渤海近海海域为研究区的海洋类科技论文数量通过查询维普中文科技文献搜索引擎获得。科技论文的单位成本根据国家海洋局 2005 年发布的海洋科技统计公报数据计算得到。

8) 物种和生态系统多样性维持评估数据

海洋保护物种的名称、分布区，海洋保护区的名称、分布区、主要保护对象等资料来自国家海洋局网站和有关保护区和保护物种的报告。被访居民的性别、年龄、受教育程度、年收入、家庭人口数、认捐数额等数据通过本研究的问卷调查获得。调访地区人口总数、平均家庭人口数、人均年收入等资料来自各省市统计年鉴。

6.2.3 评估结果

6.2.3.1 供给服务评估结果

1) 养殖生产评估结果

沿渤海各省（市）的养殖生产价值之和即为渤海海域的养殖生产价值。经核算，2008 年渤海海域的养殖生产价值为 7 721 333 万元；其中，辽宁省占 73.02%，河北省占 0.05%，天津市占 0.79%，山东省占 26.14%（表 6.20）。

表 6.20　渤海海域 2008 年养殖生产价值

地区	养殖生产价值/万元
辽宁	5 638 255
河北	3 866
天津	60 949
山东	2 018 263
渤海海域	7 721 333

2) 捕捞生产评估结果

沿渤海各省（市）的捕捞生产价值之和即为渤海海域的捕捞生产价值。经核算，2008 年渤海海域的捕捞生产价值为 4 182 826 万元；其中，辽宁省占 50.72%，河北省占 0.18%，天津市占 0.19%，山东省占 48.92%（表 6.21）。

表 6.21　渤海海域 2008 年捕捞生产价值

地区	捕捞生产价值/万元
辽宁	2 121 397
河北	7 338
天津	8 045
山东	2 046 046
渤海海域	4 182 826

3）氧气生产评估结果

渤海各省（市）的氧气生产价值之和即为渤海海域的氧气生产价值。经核算，2008 年渤海海域的氧气生产价值为 1 613 536 万元；其中，辽宁省占 52.89%，河北省占 11.85%，天津市占 0.55%，山东省占 34.71%（表 6.22）。

表 6.22 渤海海域 2008 年氧气生产价值

地区	氧气生产价值/万元
辽宁	853 351
河北	191 150
天津	8 943
山东	560 091
渤海海域	1 613 536

6.2.3.2 调节服务评估结果

1）气候调节评估结果

渤海各省（市）的气候调节价值之和即为渤海海域的气候调节价值。经核算，2008 年渤海海域的气候调节价值为 390 596 万元；其中，辽宁省占 53.49%，河北省占 11.98%，天津市占 0.56%，山东省占 33.96%（表 6.23）。

表 6.23 渤海海域 2008 年气候调节价值

地区	气候调节价值/万元
辽宁	208 940
河北	46 802
天津	2 190
山东	132 664
渤海海域	390 596

2）废弃物处理评估结果

渤海各省（市）的废弃物处理价值之和即为渤海海域的废弃物处理价值。经核算，2008 年渤海海域的废弃物处理价值为 599 600 万元；其中，辽宁省占 15.28%，河北省占 6.16%，天津市占 68.22%，山东省占 10.34%（表 6.24）。

表 6.24 渤海海域 2008 年废弃物处理价值

地区	废弃物处理价值/万元
辽宁	91 589
河北	36 956
天津	409 059
山东	61 997
渤海海域	599 600

6.2.3.3 文化服务评估结果

1）休闲娱乐评估结果

渤海各省（市）的废休闲娱乐价值之和即为渤海海域的休闲娱乐价值。经核算，2008年渤海海域的休闲娱乐价值为6 974 998万元；其中，辽宁省占31.77%，河北省占15.51%，天津市占25.24%，山东省占27.49%（表6.25）。

表6.25　渤海海域2008年休闲娱乐价值

地区	休闲娱乐价值/万元
辽宁	2 215 859
河北	1 081 500
天津	1 760 500
山东	1 917 139
渤海海域	6 974 998

2）科研服务评估结果

渤海各省（市）的科研服务价值之和即为渤海海域的科研服务价值。经核算，2008年渤海海域的科研服务价值为30 210万元；其中，辽宁省占49.54%，河北省占28.46%，天津市占3.46%，山东省占18.51%（表6.26）。

表6.26　渤海海域2008年科研服务价值

地区	科研服务价值/万元
辽宁	14 966
河北	8 598
天津	1 055
山东	5 591
渤海海域	30 210

6.2.3.4 支持服务评估结果

1）物种多样性维持评估结果

渤海各省（市）的物种多样性维持价值之和即为渤海海域的物种多样性维持价值。经核算，2008年渤海海域的物种多样性维持为2 218万元；其中，辽宁省占63.76%，河北省占11.23%，天津市占2.25%，山东省占22.77%（表6.27）。

表6.27　渤海海域2008年物种多样性维持价值

地区	物种多样性维持价值/万元
辽宁	1 414
河北	249
天津	50
山东	505
渤海海域	2 218

2）生态系统多样性维持评估结果

渤海各省（市）的生态系统多样性维持价值之和即为渤海海域的生态系统多样性维持价值。经核算，2008 年渤海海域的生态系统多样性维持为 9 026 万元；其中，辽宁省占 19.69%，河北省占 4.35%，天津市占 3.39%，山东省占 72.56%（表 6.28）。

表 6.28　渤海海域 2008 年生态系统多样性维持价值

地区	生态系统多样性维持价值/万元
辽宁	1 777
河北	393
天津	306
山东	6 549
渤海海域	9 026

6.2.3.5　综合评估

综合上述四大类、九项评估指标的核算结果，渤海海域生态服务总价值约为 2 152.4 亿元。其中供给服务价值约为 1 351.8 亿元，占总价值的 62.80%；调节服务价值约为 99.0 亿元，占总价值的 4.60%；文化服务价值约为 700.5 亿元，占总价值的 32.55%；支持服务价值为 1.12 亿元，占总价值的 0.05%。九项评估指标中，以养殖生产价值最高，占总价值的 35.87%；休闲娱乐价值居第二位，占 32.41%；捕捞生产价值也较高，占总价值的 19.43%，居第三位（表 6.29）。

表 6.29　2008 年渤海海域生态服务功能价值统计汇总

一级类别	一级类别价值/万元	一级类别比例/%	二级类别	二级类别价值/万元	二级类别比例/%
供给服务	13 517 695	62.80	养殖生产	7 721 333	35.87
			捕捞生产	4 182 826	19.43
			氧气生产	1 613 536	7.50
调节服务	990 196	4.60	气候调节	390 596	1.81
			废弃物处理	599 600	2.79
文化服务	7 005 208	32.55	休闲娱乐	6 974 998	32.41
			科研服务	30 210	0.14
支持服务	11 244	0.05	物种多样性维持	2 218	0.01
			生态系统多样性维持	9 026	0.04
合计	21 524 343	100.00	合计	21 524 343	100.00

从空间分布来看，渤海海域的生态服务价值分布很不均，辽宁省渤海海域的生态服务价值约为 1 114.7 亿元，占渤海海域的生态服务价值的 51.79%，居第一位；山东省渤海海域的生态服务价值约为 674.9 亿元，占渤海海域的生态服务价值的 31.35%，居第二位；天津市海域的生态服务价值为 225.1 亿元，渤海海域的生态服务价值的 10.46%，居第三位；河北海域的生态服务价值为 137.7 亿元，所占比例最少，为 6.40%（见表 6.30）。

表6.30 沿渤海省市渤海域生态服务价值分类统计表　　　　　　　　　　　　　　单位：万元

地区	供给服务			调节服务		文化服务		支持服务		合计
	养殖生产	捕捞生产	氧气生产	气候调节	废弃物处理	休闲娱乐	科研服务	物种多样性维持	生态系统多样性维持	
辽宁	5 638 255	2 121 397	853 351	208 940	91 589	2 215 859	14 966	1 414	1 777	11 147 548
河北	3 866	7 338.46	191 150	46 802	36 956	1 081 500	8 598	249	393	1 376 852
天津	60 949	8 045	8 943	2 190	409 059	1 760 500	1 055	50	306	2 251 097
山东	2 018 263	2 046 046	560 091	132 664	61 997	1 917 139	5 591	505	6 549	6 748 845
合计	7 721 333	4 182 826	1 613 536	390 596	599 600	6 974 998	30 210	2 218	9 026	21 524 343

6.3 渤海区域主要海洋资源开发状况

6.3.1 渤海区域海洋渔业资源开发状况

新中国成立初期，对渤海渔业资源的利用不足，到20世纪60年代才达到充分利用程度，从七八十年代开始，出现的过度捕捞状态，多种传统经济鱼类资源遭到不同程度的破坏，优质渔获物和劣质渔获物的比例出现失调。50年代，优质与劣质渔获物的比例为8:2，60年代为6:4，70年代为4:6，80年代则为2:8。①

从渤海区多年海洋捕捞产量及占全国总产量比重来看，1986年渤海区的捕捞量39万吨，占全国比重超过10%；1995年渤海区捕捞量95万吨，占全国比重下降为9.3%；到1998—1999年，渤海区捕捞量超过160万吨，占全国比重再次攀升到10%以上；而后，渤海区捕捞量逐年下降，占全国的比重也从10%降到8.6%（图6.3）。

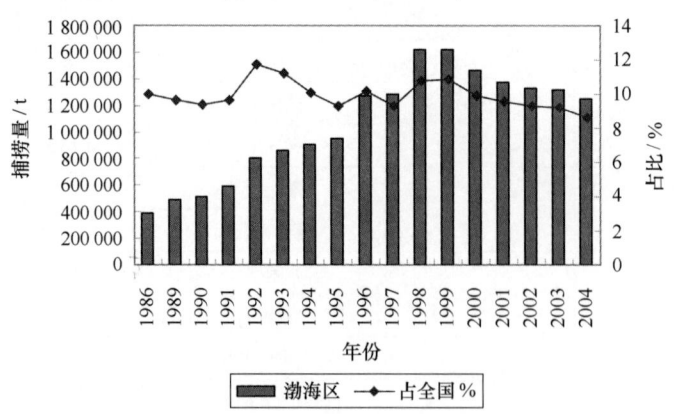

图6.3 渤海渔区海洋捕捞历年产量及占全国捕捞总产量比重（1986—2004年）

资料来源：多年水产统计年报、中国海洋统计年鉴等

就环渤海地区三省一市海洋渔业捕捞量来看，1995年为271万吨，1998年和1999年捕

---

① 黄良民. 中国海洋资源与可持续发展. 北京：科学出版社，2007.

捞产量跃升到 500 万吨以上，而后逐年回落，近 5 年来捕捞总产量保持在 450 万吨水平，2005 年捕捞总产量 455 万吨。在"三省一市"的海洋捕捞产量中，相当部分产量是产自渤海渔区以外的海区，也包括外海和远洋捕捞产量（图 6.4）。例如，河北省 1999 年全省海洋捕捞产量为 33 万吨，其中在渤海的捕捞产量为 28 万吨，占捕捞总量的 86%；2002 年捕捞总量为 32 万吨，其中在渤海的捕捞产量为 24 万吨，比 1999 年减少了 4 万吨，占当年捕捞总量的 76.2%[①]。从海洋捕捞能力上分析，辽宁和山东的外海远洋捕捞能力相对大于河北和天津，渤海区以外的渔获物比例更高。

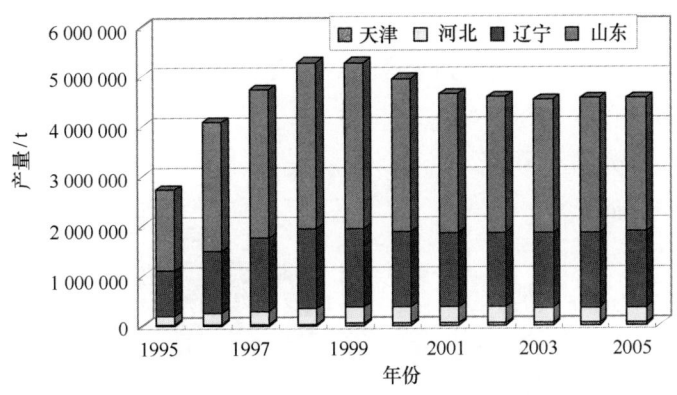

图 6.4　环渤海"三省一市"多年海洋捕捞产量变化情况

对比"三省一市"和渤海渔区海洋捕捞产量情况，"三省一市"的捕捞产量中只有不到 1/3 是在渤海渔区获得的，其他省区也在渤海有一些渔获产量。也就是说，环渤海地区的渔捞能力远大于本海区资源承载力（表 6.31）。

表 6.31　环渤海地区捕捞量与海区产量对比

年份	渤海区 A/t	三省一市 B/t	B－A/t	B/A/%
1995	954 020	2 713 769	1 759 749	35.154 8
1996	1 271 860	4 071 300	2 799 440	31.239 65
1997	1 290 771	4 721 199	3 430 428	27.339 9
1998	1 618 361	5 263 543	3 645 182	30.746 61
1999	1 624 517	5 264 471	3 639 954	30.858 12
2000	1 462 776	4 942 751	3 479 975	29.594 37
2001	1 374 114	4 631 569	3 257 455	29.668 43
2002	1 329 807	4 570 448	3 240 641	29.095 77
2003	1 314 064	4 512 604	3 198 540	29.119 86
2004	1 251 716	4 542 417	3 290 701	27.556 17

近年来，渤海区的渔业产业面临萎缩。究其原因主要如下：一是以传统利用的底层鱼类为主体的资源处于严重枯竭状态，如大黄鱼、带鱼、鲆鲽类、红娘鱼、鮟鱇、鲷类等；二是包括底层鱼类和中上层鱼类的资源处于严重过度利用状态，如鳕鱼、鳐鱼、黄姑鱼、鲱鱼、鳓鱼、白姑鱼、马面鲀等；三是部分种类处于充分利用状态，如鲳鱼、蓝点马鲛、鲐鱼、梅

---

① 河北省国土资源厅（河北省海洋局）. 河北省海洋资源调查与评价综合报告. 2006.

童鱼、海鳗等；四是部分中上层鱼类尚处于中等利用或偶有不足利用的状态。

6.3.2 渤海区域港口资源开发状况

环渤海地区港口资源丰富，海洋交通运输业发展速度很快。1995 年，环渤海港口货物吞吐量达 16 175 万吨，占全国沿海主要港口货物吞吐的 20.2%；旅客吞吐量 537 万人，占全国沿海主要港口旅客吞吐量的 8.3%。

1995 年以来，沿海主要港口的货物吞吐量以年均 13.49% 的速度增长，与全国沿海主要港口货物吞吐量年均增长速度基本相当；集装箱吞吐量以年均 57.32% 的速度增长，比全国沿海主要港口集装箱吞吐量年均增长速度高出 3 个百分点；旅客吞吐量波动发展，整体上呈现平稳上升后再下降的趋势（图 6.5）。

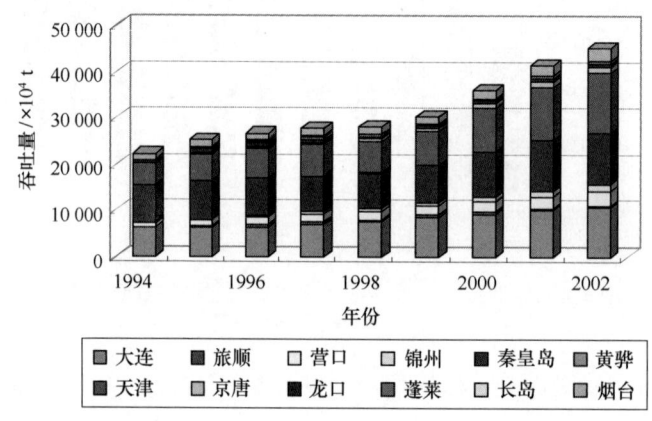

图 6.5　环渤海地区沿海主要港口货物吞吐量多年增长变化情况

2008 年，环渤海港口货物吞吐量达 194 131 万吨，占全国沿海主要港口货物吞吐量的 43.24%；旅客吞吐量 1 694 万人次，占全国沿海主要港口旅客吞吐量的 22.61%；集装箱吞吐量 2 980 万标准箱，占全国沿海主要港口集装箱吞吐量的 25.52%。

6.3.3 渤海区域海洋油气资源开发状况

环渤海地区石油和天然气资源十分丰富，是我国重要的石油和天然气基地。2008 年，环渤海地区海洋原油产量 1 784.91 万吨，占全国海洋原油产量的 52.17%（见图 6.6）；海洋天然气产量 181 733 万立方米，占全国海洋天然气产量的 21.18%。已投产油气田的基本情况[①]如下。

①歧口 18-2 油田。位于歧口 18-1 油田西南，距歧口 18-1 平台约 6.3 千米，距歧口 17-3 平台约 10.5 千米，西北距塘沽约 43 千米。水深 8.6~10.9 米。

②渤南油气田群。位于渤海中部海域，东北距辽宁大连 175 千米，东南距山东龙口市 100 千米，西北距天津塘沽 200 千米，平均水深 22~25 米，全油气田设计生产期为 20 年。

③曹妃甸 11-1/11-2 油田。西距塘沽 90 千米，曹妃甸 11-2 油田位于曹妃甸 11-1 油田南部，相距 7.8 千米，水深 21~26 米。该油田由中海石油（中国）有限公司与美国科麦奇石油公司合作开发，开发计划分两期进行，高峰年产量 265 万立方米，生产年限 20 年。

---

① 国家海洋局. 中国海洋年鉴 2005. 北京：海洋出版社，2006，126-127.

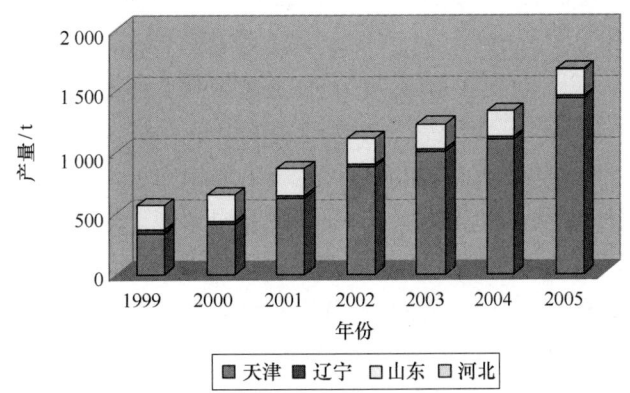

图 6.6　环渤海地区海洋原油产量增长（1999—2005 年）

④渤中 25-1/25-1 南油田。包括渤中 25-1 及渤中 25-1 南两个油田，渤中 25-1/25-1 南油田位于渤海东南部海域。按照中国海洋石油总公司与雪佛龙石油公司的协议，该油田又分为自营区和合作区。渤中 25-1 油田位于塘沽东南 150 千米，距岸最近距离 25 千米，平均水深 19 米，油田生产期 20 年。

6.3.4　渤海区域滨海景观资源开发状况

环渤海地区丰富的旅游资源，为滨海旅游业的发展提供了重要的物质基础。1995 年以来，环渤海地区天津、唐山、秦皇岛、沧州、大连、丹东、锦州、营口、盘锦、葫芦岛、青岛、东营、烟台、潍坊、威海、日照、滨州等沿海城市滨海旅游业发展速度很快。1995 年，上述城市接待入境旅游者人数 70.76 万人，2005 年达到 290.59 万人，占全国主要沿海城市接待入境旅游者人数的 9.55%，年均增长 15.17%，高出全国主要沿海城市接待入境旅游者人数增长速度的 2 个百分点（图 6.7）。

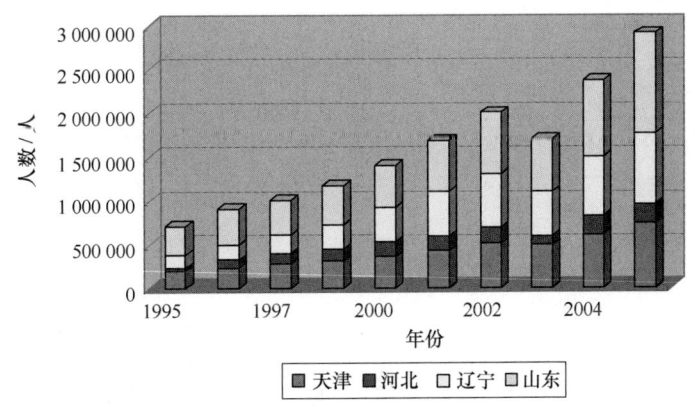

图 6.7　环渤海地区主要沿海城市接待入境旅游者人数（1995—2005 年）

旅游业已成为沿海主要城市的第三收入大户；由于旅游业的发展，使得渤海沿海地区的文物古迹、自然景观和风景名胜区、海洋自然保护区等得到了很好的保护和保全，并且促进了新的景点（区）的开发。总体而言，渤海海滨旅游资源开发利用程度不高，滨海旅游仍多局限于粗放经营，仅限于海水、阳光、沙滩的利用，以日光浴和旅游为主要娱乐方式，其他陆域和水上娱乐活动开发很少。在旅游方式上，也基本以国内避暑渡假和观光游览为主，品种单一，缺乏活力。

6.3.5 渤海区域海盐资源开发状况

海盐业及其盐化工业是我国北方地区的传统海洋产业。1995 年以来，环渤海地区盐田总面积和生产面积呈现波动减少的趋势，原盐产量缓慢增加，年均增长约 7%，高出全国平均水平 2 个百分点。

1995 年，环渤海地区（含辽宁、山东省黄海沿海部分）盐田总面积 302 484 公顷，占全国海盐区面积的 68.4%，其中生产面积 263 524 公顷，占全国的 71.2%；海盐产量 1 276.5 万吨，占全国海盐总产量的 72%。到 2005 年，环渤海地区有盐田总面积 299 108 公顷，占全国的 74.22%，其中生产面积 266 099 公顷，占全国的 74.90%。原盐产量达 2 514.69 万吨，占全国的 88.9%。

在国家盐业限产政策和市场容量需求调节下，原盐产量增长幅度不大，但一直保持世界第一海盐业大国的地位。同时，技术革新与进步使海盐生产的单产水平成倍提高，由 1995 年的单产 4 吨原盐水平上，到 2005 年，单产水平提高到 9.5 吨左右（图 6.8）。

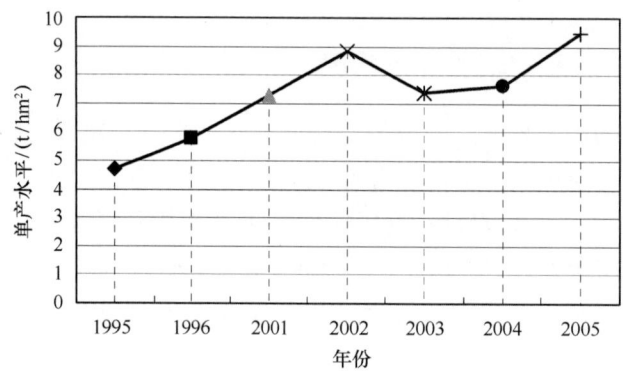

图 6.8　1995—2005 年环渤海地区原盐生产单产水平情况

发达的盐业为海洋化工提供了雄厚的物质基础，1995 年主要盐化工产品产量 327 831 吨，占全国的 78.4%，其中氯化钾 30 552 吨，溴素 33 090 吨，氯化镁 242 514 吨，无水硫酸钠 21 675 吨，分别占全国的 72.4%、97.8%、75.7% 和 100%（图 6.9）。

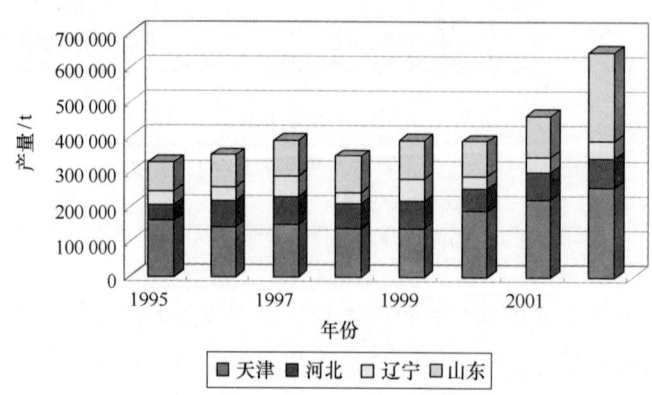

图 6.9　环渤海地区盐化工产品总产量增长变化情况（1995—2001 年）

近年来，环渤海地区海洋化工业发展迅速，成为我国重要的海洋化工基地。2005年，环渤海地区海洋化工主要产品产量达435.3万吨，占全国的92.17%，比2004年增长2.6%（图6.10）。

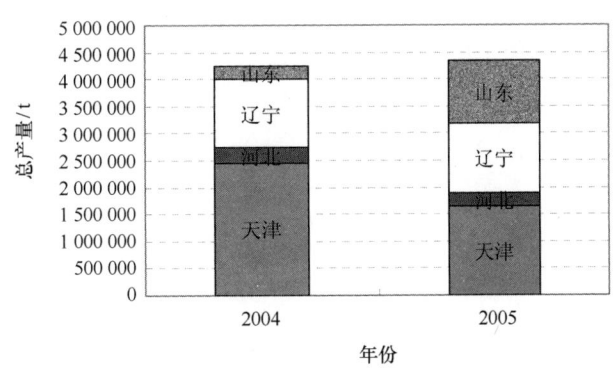

图6.10 环渤海地区海洋化工产品总产量增长变化情况（2004—2005年）

6.3.6 渤海区域海水资源开发状况

环渤海地区既是我国北方经济中心，也是我国缺水程度最高的地区。经济高速度、高强度发展，使得缺水问题成为地区经济进一步发展的瓶颈。

我国自20世纪60年代开始进行海水利用技术攻关，截至目前，我国海水利用技术已经基本成熟，具备了产业化发展的条件。一是海水淡化在反渗透法、蒸馏法（热法）等主流海水淡化关键技术方面均取得重大突破，完成了自主知识产权的3 000立方米/日低温多效海水淡化工程和5 000立方米/日反渗透海水淡化工程，正在进行万立方米/日级示范，具备产业化的技术条件。二是海水直流冷却技术已得到推广应用，海水循环冷却技术已进入万立方米/时级产业化示范阶段，有关指标（如海水利用中碳钢的腐蚀控制指标）居世界先进水平；沿海一些火电厂开始应用海水脱硫。三是海水化学资源综合利用技术取得积极进展，如海水制盐广泛应用，海水提镁、溴、钾等完成百吨级或千吨级中试。

我国海水利用已有一定基础和规模。一是火电厂和核电厂直接利用海水作为工业冷却水已有一定规模。2003年我国利用海水作冷却水用量达330亿立方米左右，应用最多的行业是电力、石化、化工等，电力企业利用海水作冷却水量约占全国海水作冷却水总量的90%。二是我国海水淡化规模逐步增加。目前，我国已建成运行的海水淡化水产量约为3.1万立方米/日（苦咸水淡化水产量为2.8万立方米/日），在建和待建的工程规模为38.1万立方米/日。三是海水淡化成本迅速下降。海水淡化主体设备造价较10年前下降了近一半，吨水成本已经降到5元左右。随着技术的不断进步和规模化、国产化发展，海水淡化的成本继续呈下降趋势。四是海水制盐作为我国传统的海水化学资源综合利用产业，海盐产量已达到1 800万吨。

2003年全国海水淡化装置淡水生产量约1.66万吨/日，其中山东占57%，达9 500吨/日。山东省海水淡化利用目前在国内处于领先地位，辽宁、天津也进入产业化利用阶段。天津市目前运行有1 000立方米/天反渗透海水淡化示范工程项目，该项目集成的相关技术包括海水预处理、海水深度处理、反渗透海水淡化处理装置、能量回收装置、浓海水化盐等。项目整装装置于2003年底正式投入运行。辽宁营口海水淡化项目于2003年动工，项目总投资 2.2 亿元，建成后淡化水成品水可达到 1 000 吨/日。该项目利用潮汐蓄能发电，采用"三位一体"的"电厂云雾法"使海水和氯化钠同时分离，以大大降低海水淡化成本。

我国在大生活用海水的技术方面已经取得重大进展，使得海水作为沿海地区城市大生活替用水即将成为现实。大生活用海水实际上是指直接利用海水来替代淡水，用来冲洗厕所。

第 7 章 渤海区域海洋产业经济

渤海地区是中国海洋产业体系发展较为完善、门类较为齐全的地区。历史上，海洋渔业和海洋盐业是渤海地区最为传统的海洋产业，在相当长的历史时期内占据了渤海地区海洋产业的主导地位。随着生产力的发展，生物资源、矿产资源、旅游资源、海水资源、海洋能源等逐渐得到深入、细化的开发。在传统一次产业不断发展的同时，海洋制造业、海洋服务业也迅速成长壮大。目前，渤海地区滨海旅游业、海洋渔业、海洋油气业和海洋交通运输业已经较为成熟，海洋电力业、海洋生物制药业、海水利用业等海洋新兴产业也初具规模，海洋经济内容得到不断充实，三次产业通过持续动态调整实现渤海地区海洋产业结构不断优化。

7.1 渤海地区的海洋渔业

海洋渔业，广义地讲是指包括海水养殖、海洋捕捞、海洋渔业服务业和海洋水产品加工等活动的总称。狭义的海洋渔业，就是指通过在海洋中捕捞、采集和养殖水生动植物获得水产品的一类生产活动。海洋渔业是渔业的一个重要组成部分，以为人类提供食品和工业原料为主要生产目的。由于捕捞业和养殖业在其中占较大比重，海洋渔业一般被划为第一产业，在我国属于广义上的"大农业"范畴。随着社会生产力的发展，水产品加工业以及海洋渔业服务行业逐渐兴起壮大，成为海洋渔业发展的重要组成部分，与海水养殖和海洋捕捞一道构成了较为完整的海洋渔业体系。

7.1.1 环渤海地区渔业的发展

在我国五大海区中，渤海海域初级生产力居于前列，水质肥沃，饵料丰富。《竹书纪年》记载夏王帝芒"东狩于海，获大鱼"。春秋时代史书多次出现齐国"渔盐之利"。唐代陆龟蒙《渔具咏》"列竹于海澨曰沪"。可见渤海地区海洋渔业历史之悠久。

中国具有现代意义的海洋渔业最早开始于 20 世纪初期，但由于 20 世纪上半期国内社会动荡、战争频繁，一直发展不快。新中国成立后，黄渤海区的渔业取得了辉煌成就，大致可以分为五个不同发展阶段，分别为 1949—1965 年的恢复、发展、调整阶段；1966—1975 年的缓慢增长阶段；1976—1985 年的稳定发展阶段；1986—1998 年的快速发展阶段和 1999 年以后的大规模战略调整阶段。

20 世纪 60 年代中期以前，国家鼓励、扶持渔业生产，环渤海地区水产品总量从 1949 年的 52.4 万吨增加到 1965 年的 461.8 万吨。

20 世纪 60 年代末期至 70 年到末期，受"文化大革命"的影响，渔业生产能力大幅下降，年均水产品产量只有 4.2 万吨。1978 年，环渤海地区海洋水产品总量为 131.7 万吨，捕捞产量 101.9 万吨，养殖产量 29.8 万吨，分别占该地区水产品总产量的 77.4% 和 22.6%。

改革开放之后至 80 年代中期,我国的渔业管理体制率先开始由计划管理向计划与市场相结合方向转变,国家确定了养捕并举的政策,产量得到大幅提升,水产品加工业得到快速发展,环渤海地区水产品总产量由 1980 年的 109.4 万吨提高到 1985 年的约 141 万吨,增幅达 29%,其中海洋捕捞总产量由 82.6 万吨提高到 104.3 万吨,海水养殖总产量由 26.8 万吨增加到 36.8 万吨。

1988 年,全国养殖业产量开始超过捕捞产量。1997 年我国政府确立了"大力发展养殖业,保护和合理利用近海渔业资源,积极扩大远洋渔业,狠抓加工流通,强化法制管理"的发展方针。同时,远洋渔业也得到快速发展,从事远洋渔业生产的渔船已达 1 200 多艘,年生产经营额达 6 亿美元。这一时期,环渤海渔业效益和渔民收入均有较大提高,渔业产值占全国总产值的比重由 1979 年的 1.4% 上升到 10% 以上。

然而,随着捕捞强度的日益加剧,渤海面临空越来越严重的生物资源压力。为了改变这种不可持续的发展模式,我国政府于 1999 年提出了实行海洋捕捞产量零增长目标,相继出台了有关渔业结构调整和鼓励渔民转产转业的相关政策。从此,我国渔业发展进入了大规模战略调整阶段。同期,渔业经济增长方式从数量型向质量效益型转变,连续多年保持捕捞量负增长。海水养殖面积继续扩大,远洋渔业产量增长迅速。

7.1.2 环渤海地区现代海洋渔业体系

海洋渔业是环渤海地区传统的海洋产业,渔业发展以国有渔业为骨干,以群众渔业为主体。随着生产力的发展,渤海海洋渔业体系逐渐得到完善,形成了以海洋捕捞、海水增养殖以及水产品加工为主体的现代渔业产业体系(图 7.1)。

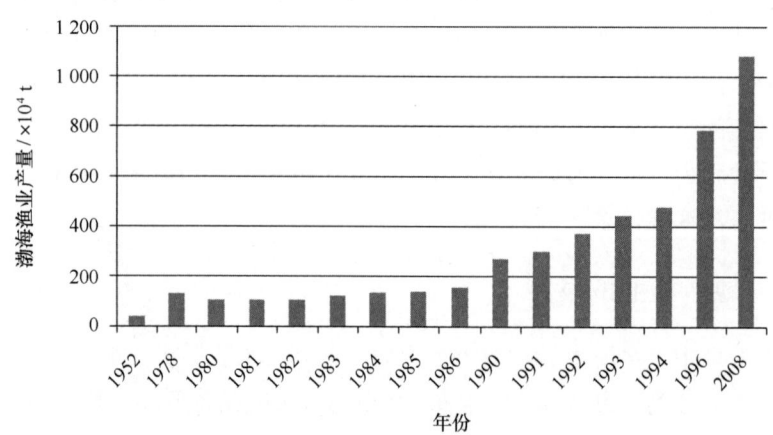

图 7.1 环渤海海洋渔业总产量历史数据统计
资料来源:水产统计年报、中国海洋经济统计年鉴

1)海洋捕捞业

20 世纪 80 年代中期至 90 年代末,环渤海捕捞业产量加速增长。进入 21 世纪以来,由于渔业政策的战略性调整,环渤海海洋捕捞产量增速开始放缓,2000 年之后连年出现负增长。2008 年,环渤海海洋捕捞产量 425.84 万吨,其中,近海渔业产量继续减少,远洋渔业产量变化不大,达到 23.5 万吨(见图 7.2)。

山东省、辽宁省为渤海地区海洋渔业捕捞大省。2008 年,山东省海洋捕捞 248 万吨,辽宁省海洋捕捞 148 万吨。河北省和天津市捕捞产量较小,均保持在 30 万吨以下水平(见图 7.3)。

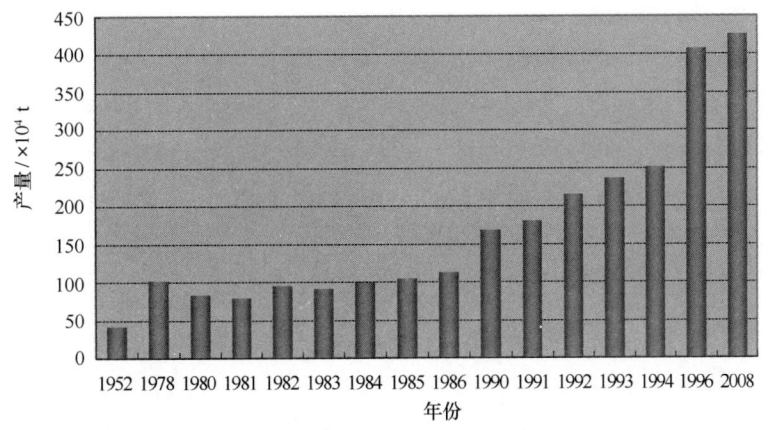

图 7.2　环渤海海洋捕捞业总产量历史数据统计

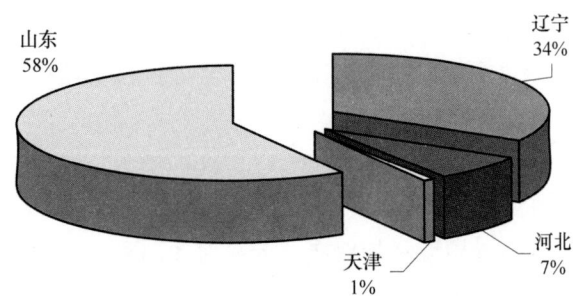

图 7.3　环渤海海洋捕捞产量地区结构示意图（2007）

根据海洋渔业资源的实际利用情况，国家积极调整海洋捕捞结构（图 7.4），养护和合理利用近海渔业资源，积极开发新资源、新渔场。环渤海地区积极开展同有关国家和地区的渔业合作，共同发展渔业经济。[①]

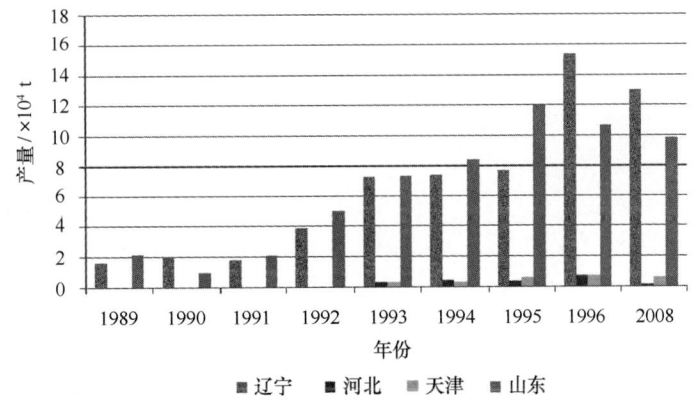

图 7.4　环渤海远洋渔业产量按地区统计

2）海水增养殖业

随着自然渔业的资源急剧衰退，环渤海近海水产增养殖业蓬勃兴起。20 世纪 80 年代中期以来，渤海海水养殖业迅速发展，养殖的种类增多，区域扩大，海水养殖产量已增至 2006 年的 628 万吨，养殖面积增至 101.4 万公顷。然而，大规模发展海水养殖使得近岸大量水面被围栏或

---

① 《中华人民共和国国务院新闻办公室〈中国海洋事业的发展〉白皮书》. 1998.

密置网箱,水中氮、磷含量猛增,局部养殖海域的水环境质量受到严重影响。为破解产业发展瓶颈,海水养殖业不断进行技术升级,大力推广深水网箱养殖和工厂化养殖(图7.5)。

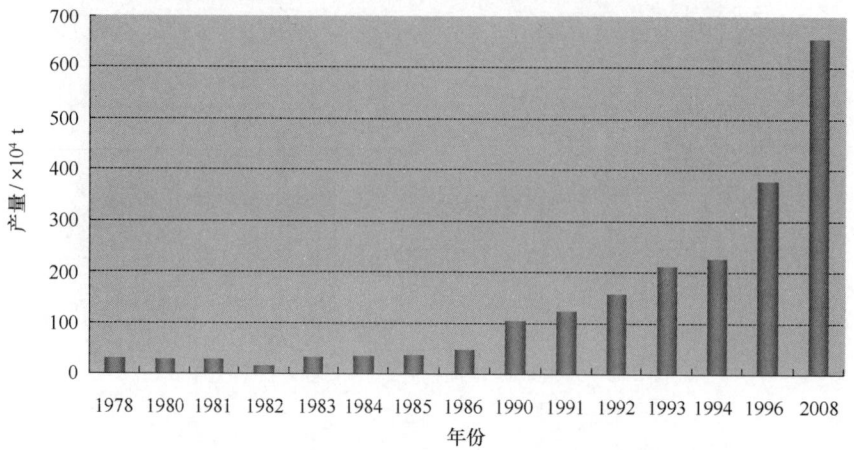

图 7.5　环渤海海水养殖业总产量历史资料统计

20世纪90年代以来,环渤海地区海水养殖面积逐年增长,其中,辽宁省和山东省海水养殖面积在渤海地区海水养殖总面积比重较大,山东省的海水养殖面积总体保持了较快的增长,滩涂养殖产量、海上深水养殖产量均位居全国前列(图7.6~图7.8)。

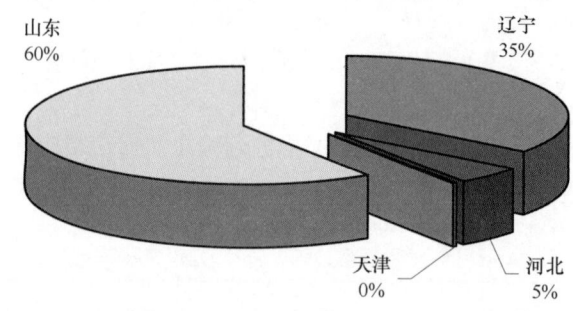

图 7.6　环渤海海水养殖产量地区结构示意图(2006)

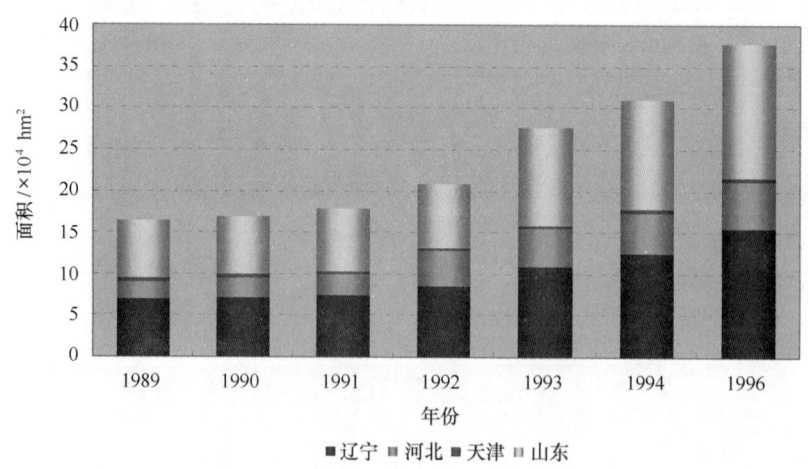

图 7.7　环渤海海水养殖面积按地区统计

3)水产品加工贸易

随着水产品行业技术的不断进步和加工能力的提高,渤海地区以企业为主体的水产品加工业

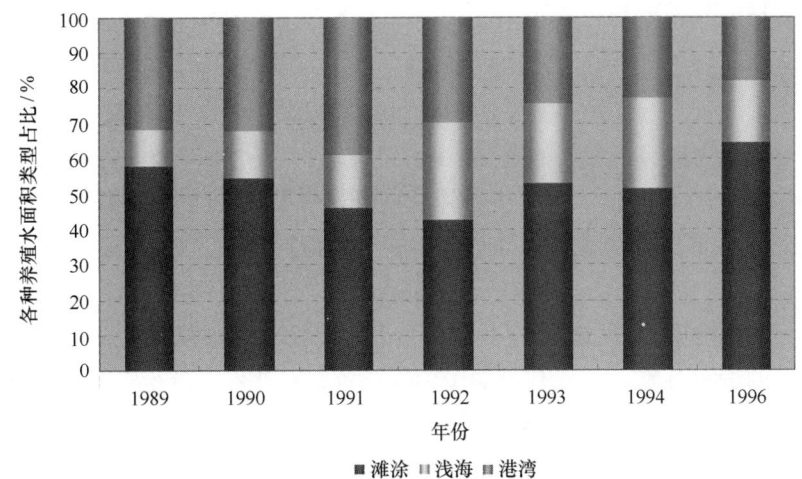

图 7.8　环渤海海水养殖不同水面类型面积占比

市场不断成熟。渤海水产品加工龙头企业实力不断壮大,实现了由初级加工逐步向精深加工转型。

山东省是环渤海地区水产品加工大省,企业数量和水产品加工产量均居三省一市首位。在紧紧围绕"优质高效",发展区域化、专业化、集约化、商品化的水产品加工业,逐步提升水产加工产品的附加值,在满足居民水产品消费的基础上,将高新技术引入水产加工行业,不断进行技术创新和产业升级,引领水产品加工业向生产海洋药物、海洋保健食品等高附加值产品的转变,实现水产品加工业的集约化发展。

7.2　渤海地区的海洋油气业

海洋油气业是指在海洋中勘探、开采、输送、加工原油和天然气的生产活动。石油、天然气是目前应用最为广泛的自然能源,作为人类生存和发展的重要物质基础,石油、天然气也是当今国际政治、经济、军事、外交关注的焦点。随着全球能源消费不断增长,石油价格持续攀升,人们将越来越多的目光投向海洋。

7.2.1　渤海海洋油气业开发

1982 年 1 月 30 日,国务院颁布《中华人民共和国对外合作开采海洋石油资源条例》,成立了中国海洋石油总公司,以立法形式授予中国海洋石油总公司在中国对外合作海区内进行石油勘探、开发、生产和销售的专营权,全面负责对外合作开采海洋石油资源业务。该公司成立后,作为中国对外开放的窗口和国家石油公司,担负起对外合作和发展中国海洋石油的重任,使中国海上石油年产量从不足 10 万吨跃升到 2 000 万吨(油当量)以上,取得了高速高效发展的成绩。进入 90 年代,海洋石油开采实行全方位对外合作,不断吸收资金、引进技术、分散风险,使海洋石油事业获得了更大的飞跃。

总体而言,当代中国的海上石油开发体制是由 20 世纪 80 年代的计划经济转型而来,实行的是国家行政授权国有企业的委托制或代表制而不是市场经济的合同制,它的运作特征是高度垄断的集权拓展而不是公司的商业竞赛。2004 年之后,中石油、中石化也相继获得了开发海洋油气资源的勘探许可,[①] 打破了"一家独大"的局面,为渤海区域的海洋油气资源开

---

① 武建东. 改革的创新战略中国海洋天然气. 海洋能源论评,2007,34-39.

发引入了良性竞争。

7.2.2 渤海海洋油气业的发展[①]

石油和天然气是国民经济发展的重要能源资源,在中国约300万平方千米的管辖海域中,200米水深范围以内的近海大陆架面积约130万平方千米,蕴藏着丰富的石油和天然气资源。据地质学家预测,这部分海域总的石油资源量约为237亿吨,天然气资源量15.8万亿立方米。[②]

中国海洋石油工业于20世纪50年代末开始起步,海洋石油勘探始于南海。1965年后转移到了中国北方的渤海海域。80年代开始吸引外国资金和技术,进行合作勘探开发。到1997年底,中国已与18个国家和地区的67个石油公司签订了131项合同和协议,引进资金近60亿美元。发现含油气构造100多个,找到石油地质储量17亿吨,天然气3 500亿立方米;已有20个油气田投入开发,形成了海洋石油天然气产业。2008年,中国海洋石油产量3 421万吨,天然气产量为85.8亿立方米。中国的海洋石油天然气开发实行油气并重,向气倾斜,自营勘探开发与对外合作相结合,上下游一体化的政策,并取得了重大进展。

环渤海地区是中国石油资源开采的首批开发区域,有辽河、冀东、大港、胜利等陆上油田环绕。20世纪80年代,渤海沿岸油田开始对陆上油田向浅海延伸部分进行了石油勘探,胜利石油管理局首先于该时期发现埕岛油田,并于90年代独立自主地进行了海上油气资源的开发建设,拉开了渤海海洋油气资源的开发序幕。

20世纪90年代末,渤海海域的石油勘探更是连续取得了许多重大突破和进展,其中,渤海冀东南堡油田是30年来国内原油勘探最重大的发现。该油田位于河北省唐山市境内(曹妃甸港区),地质上为渤海湾盆地黄骅坳陷北部的南堡凹陷,属中石油冀东油田公司勘探开发范围,勘探面积1 570平方千米,其中陆上570平方千米,滩海1 000平方千米。经过长达40年的艰苦探索,到2004年中石油在冀东陆上共发现5个油田,累计探明石油地质储量1亿吨,原油年产量达到100万吨。该油田所处的渤海湾地区南堡凹陷带,是渤海湾盆地中众多小凹陷之一,渤海湾拥有与此相当的凹陷构造60余个。据地质专家估计,其前景远不止如此,单从资源量测算,渤海湾一共有200亿吨资源量,还有半数以上的油气资源尚待探明。南堡油田是40多年来我国石油勘探又一个最激动人心的发现,对于实现我国原油生产稳定增长和可持续发展,增强我国能源安全供应的保障能力具有重要意义。

2001年,渤海地区年产原油220万吨,获得了非常不错的经济效益。在此基础上,渤海胜利油田已经形成了一支海洋钻井、作业、海上平台及海底管线建设的工种齐全、设备配套的施工队伍。21世纪初,已在辽东湾发现了石油地质储量达2亿吨的油田3个,辽宁省在2004年海洋油气总产值实现52 922万元,其中原油产量1 296.4万吨,产值43 308万元,天然气产量1.27亿立方米,产值9 614万元。天津市的海洋油气产值也是逐年攀升,2003年海洋石油和天然气总产值达229.5亿元,比2002年增长105.3%;2004年总产值达287.58亿元,比2003年又增长25.3%,海洋油气业已经成为拉动天津市海洋经济增长的主导产业。截至2007年,埕岛油田已探明的石油储量达3.6亿吨,并已经配套建成280万吨生产能力。

2008年,继南堡油田之后,渤海油田的勘探工作又获得了几个重要突破。随着莱州湾垦利油田的勘探成功、秦皇岛35-2油田打破10年无新发现的僵局和锦州25-1优质亿吨级千

[①] 纪建悦,孙岚,张志亮,等. 环渤海地区海洋经济产业结构分析. 山东大学学报哲学(社会科学版). 2007,2.
[②] 中国海洋石油总公司官网公司简介.

方井区的扩展成功，使得渤海油气资源开发形成了"中心稳固、南北呼应"的完美空间格局。近几年发现的大油田和储量一路向上的势头以及渤海油田的资源量，坚定了海洋石油开发在渤海油田寻找大型、优质油田的信心。渤海油田即将迎来勘探储量和产量的大幅增长，从而使渤海海洋油气业发展在中国油气开发史中突出更加重要的地位。2009年，渤海油田共成产原油和天然气2 013万立方米油当量，这是继2004年突破1 000万立方米、2008年突破1 600万立方米之后迈上的又一台阶。

在渤海油气资源勘探上取得了巨大成绩的同时，也还有勘探空白区和不少勘探程度很低的地区或区块，但由于经济技术条件未能开发而暂时搁置，渤海油气资源勘探程度仍然较低。在渤海海域油气资源勘探中，应适当扩大对外合作力度，利用外国资金和技术资源的同时，充分发挥国内的资金和技术力量，加快渤海海域油气资源的勘探和开发。在国家有关政策指导下积极开展对外开放与合作的海上石油作战队伍，在目前已经登记和合作开发的区块的周边，向外扩展延伸，进一步地开展对内和对外的联合与合作。中海油在过去十年中，集中力量开发主力大油田，同时，我国三大石油公司在该领域也充分发挥了主动性和积极性，加快了渤海海域石油地质储量和原油产量的双重增长。我国原油产量供不应求的现状将维持在相当长的一个历史时期，如果能进一步加快渤海海域的油气勘探和开发，对解决我国近期石油紧缺和石油安全问题将发挥重要作用。

7.3 渤海地区的海洋矿业

海洋矿业包括海滨砂矿、海滨土砂石、海滨地热、煤矿开采和深海采矿等采选活动。我国滨海砂矿开发兴于20世纪60年代，渤海是我国矿产开发主要地区之一。渤海滨海砂矿长期无偿开发，经历了从开发不足到开发过度的过程。随着海洋矿产资源开发的深入发展，"无度、无序、无偿"用海造成了资源的严重破坏和浪费，矿产开采普遍存在着采富弃贫现象。同时，由于技术水平不高，大量伴生矿物废弃现象时有发生，严重制约了海洋矿产资源的可持续利用。滨海砂矿资源的合理利用和可持续的开发，对保护我国自然岸线的地貌特征具有重大意义，是我国国民基础设施建设顺利开展的重要保障之一。

7.3.1 渤海地区海洋矿业的发展

现阶段，渤海海洋矿业开发主要为海底煤矿和滨海砂矿，滨海砂矿产品主要包括建筑沙砾、工业用砂和矿物砂矿等滨海砂矿资源。建筑沙砾多用于建筑材料的生产，工业用砂和矿物砂矿产量占矿产总量比重相对稳定。海洋矿产资源是一个国家国民经济发展重要的战略资源，随着人口不断增加和工业化进程的加快，海洋矿产资源开发逐渐成为未来陆地矿产开发的战略储备资源，其开发方式和开发强度逐渐得到世界各国关注。矿产资源是不可再生资源，渤海地区滨海矿产资源产品，甚至一些稀缺的矿产资源产品，经历了被当做普通商品以换取外汇的阶段。在矿产资源出口的历史中，渤海矿产资源产品技术含量和附加值偏低，由于粗放型的开发模式，致使矿产资源生产长期处于价值链体系的末端。为应对矿产资源开发的不合理现状，近年来，中国政府对矿产资源出口政策做出了一系列调整：2007年天然砂出口的管理措施的正式出台，对渤海海滨砂矿的生产产生了重要影响，海滨砂矿生产出现稳中趋降的态势；从2008年开始，中国政府开始逐步限制稀土的出口并不断的削减配额。这一系列举措不但对渤海滨海矿砂业开采产生了积极的作用，同时对保障战略资源的储备产生了深远的战略意义。

7.3.2 渤海地区海洋矿业发展面临巨大挑战

(1) 渤海地区矿产资源方面的挑战

渤海地区矿产资源总量相对比较丰富,人均占有量少,潜在价值低。区内分布有山东半岛、辽东半岛两大矿带,但从已探明储量来看,中小矿床多、大型和特大型矿床分布较少,资源分布比较分散,难选矿和共生矿多,矿石质量贫多、富少。随着国民经济的快速增长,矿产资源需求随之大幅上升,同时,市场对矿产资源资源的需求,不再只停留在低附加值的初级产品上,精细滨海砂矿产品的市场需求也将逐渐增大。随着矿产资源约束问题日益突显,未来渤海地区海洋矿业发展必将面临巨大的资源挑战。

(2) 滨海矿产资源开采技术方面的挑战

环渤海地区伴生矿产分布较多,综合利用水平偏低,已探明保有储量虽然多已进行开采,但由于矿产的采集及冶炼技术水平停滞不前,矿产资源的利用率偏低,多数矿产资源的开采存在只采主矿、共生矿,而伴生矿产未能回收利用而被遗弃在矿渣中的现象。为此,渤海地区海洋矿业的发展必须构建以技术为核心的海洋矿业发展体系,有力提高国际竞争力,以应对滨海矿产资源开采所必须应对的技术挑战。

(3) 开发利用方式方面的挑战

渤海地区矿产资源的开发经历了强度大、消耗高的粗放型开发阶段,采富弃贫、一矿多开、大矿小开的现象较为普遍,矿产资源总回收率和共、伴生矿产资源综合利用率均低于40%,几乎没有开展综合利用的大中型矿山占有相当大的比重,一度导致渤海地区矿产资源储量出现负增长。随着矿产资源开发强度进一步加大,矿山环境保护与恢复治理难度将越来越大。渤海地区矿产资源节约与综合利用存在巨大潜力,但如不尽快转变矿产资源利用方式,矿产资源开发超过环境容量负载,发展将难以为继。为满足经济社会发展对矿产资源日益增长的需求,必须加强勘查开发和提高资源利用率,以此有效解决渤海地区海洋矿业发展面临的战略性挑战。

7.4 渤海地区的海洋盐业

海洋盐业是指利用海水生产以氯化钠为主要成分的盐产品的活动,包括采盐和盐加工。由于盐业较高的经济回报,同时也是关乎国计民生的基础产业,因而历史上各朝各代的盐业生产均受到了不同程度的重视。

7.4.1 渤海地区海洋盐业的发展①

我国的海盐业始于周代初,迄今已有近 4 000 年的历史。数千年来,和海洋渔业一样,海盐业一直是我国海洋开发的主要行业。从齐国便开始发展海盐业,及至春秋时期,齐国的海盐业已蜚声四海。秦始皇统一中国后,打破了原有的地区分割,实行了统一的海盐业政策,海盐业在北起辽宁南至两广的广阔沿海地区得到了很大的发展。至汉代,官府直接垄断海盐业生产,从此海盐业有了长足发展,由之征收的盐赋也为日后的连年征讨提供了财政保障,此时,我国的海盐业达到了空前的繁荣和发展。到清代后,日晒制盐法已被广为接受,基本

---

① 孙丰阁. 我国盐化工产业发展分析"我国资源型化工产业发展分析报告会"特别报导(五). 化学工业,2008,8:1-8.

上得到了普及。另外,清代还改变了海盐产品的专卖制,允许盐民在市场上出售海盐,这在一定程度上调动了盐民们的生产积极性。这些变革促进了海盐业的发展,同时也导致重点盐区的转移,北方渤海地区海水制盐业占尽天时地利,逐渐成为全国的重点盐区,这种格局基本上一直保持至今。

渤海地区海洋盐业以海水或地下卤水为原料晾晒制成原盐,产品应用广泛。首先,原盐是食用盐的主要原料,同时,原盐还广泛用于农、牧、渔、食品加工业。其次,原盐是化学工业最基本的原料,工业发达国家的化工用盐一般都占到总盐耗量的90%以上,因此,原盐是重要的国防工业和战备所必需的物资,原盐亦被人们誉为"化学工业之母"。在工业上,渤海地区产出原盐用途较为广泛,已成为制碱工业和氯碱工业的主要原料,同时也成为基本化学工业品的盐酸、纯碱、烧碱的主要生产原料,每生产1吨纯碱或烧碱约消耗1.2~1.4吨原盐。

渤海海域海盐资源丰富,海水盐度较高,一般海水盐度都超过30。在渤海海峡北部、山东半岛东部和南部沿岸,海水盐度都可达31,辽宁沿海为31.5,河北沿海最高盐度达32.9。该区气候干燥,蒸发量大,年平均蒸发量1 700毫米,而年降水量为600毫米左右,且集中于7—8月。沿岸地区日照时间长,年平均2 500小时以上,其中河北、天津沿岸可达2 700~2 800小时以上,沿岸地区蒸发量大于降水量,除个别盐场年净蒸发量低于1 000毫米/年以外,多数盐场超过1 000毫米/年,最高的南堡盐场达到1 696.9毫米/年,有利于海盐资源开发。此外,在辽东湾、渤海湾和莱州湾(简称"三湾")一带有丰富的地下卤水资源,尤以莱州湾沿岸最为集中,卤水总储量为74×10^8立方米,NaCl储量为6.46亿吨。[①]

随着科学技术水平的提高以及盐业产业政策环境的改善,现代盐业的技术水平、生产能力、机械化程度均有提高。环渤海地区是中国最大的盐业生产基地,该区有辽宁、天津、河北、山东四大盐产区,海盐产量占全国海盐总产量的70%以上(表7.1)。天津长芦盐以其品质出众而名扬海内外。近10余年,受盐化工及下游行业快速发展的影响,原盐的需求快速增加。

表7.1 渤海地区海盐业生产情况

	海盐产量/$\times 10^4$ t			工业总产值/万元			盐田总面积/hm^2		
	2004	2005	2008	2004	2005	2008	2004	2005	2008
天 津	238.5	230.60	235.96	58 998	86 920	—	33 823	33 779	31 977
河 北	394.42	461.92	385.07	93 600	95 000	—	84 971	87 204	81 745
辽 宁	204.00	212.13	182.08	50 599	63 200	—	48 980	55 852	50 030
山 东	1 132.24	1 610.04	2 122.71	513 800	500 526	—	124 573	122 273	205 702
合 计	1 969.16	2 514.69	2 925.82	716 997	745 646	—	292 347	299 108	369 454

环渤海地区海洋盐业资源利用水平偏低,对整个区域的海盐苦卤利用率不足20%。以莱州湾为例,该地区地下卤水的掠夺性开采使盐、溴比例失调,这一地区出现水位下降、浓度降低、流量减少等资源枯竭的现象。同时,渤海地区海洋盐业产品结构比较单一,盐化工耗盐比重过大,高附加值海盐产品品种匮乏、比重偏低。

7.4.2 渤海地区海洋盐业发展存在的问题和前景

渤海地区海洋盐业资源丰富,产量位居全国前列,但海盐产品结构单一,主要为下游海洋

---

① 张耀光,关伟,李春平,等. 渤海海洋资源的开发与持续利用. 自然资源学报,2002,6.

化工产业提供生产原料，盐化工业耗盐量所占比重过大。而对于盐业高附加值产品，如公路化雪用盐、洗浴用盐等深加工产品的研发投入较少，产品种类匮乏，在市场竞争中难以满足不同层面的客户需求。未来，渤海地区海洋盐业发展不应局限于原盐生产，产业结构需向产业链下游调整，着力研发生产高附加值产品，逐步扩大产品精深加工的生产规模，细化产品结构，提高经济增加值，在保证国家战略资源安全稳定的同时，以获取更加丰富的经济回报。

渤海为我国内海，蕴藏着丰富的自然资源，资源开发带来的环境问题日趋突出。为使海洋自然资源得到合理高效的运用，在循环经济思想的指导下，渤海海洋资源综合利用开始起步。作为循环经济的典范，河北"曹妃甸循环经济示范区"在渤海海洋资源开发中焕发出勃勃生机，其中盐业与多种相关的海洋产业得到了很好的结合，比如，风力发电和盐业生产相结合；海水淡化和海水制盐相结合；风力发电、油气资源与盐业下游产业相结合等。综合利用沿海地区的自然资源，实现盐业生产与多种海洋产业相结合，是沿海地区海洋经济发展的必然趋势。环渤海地区的天津滨海新区、沧州渤海新区、辽宁沿海经济带等几大沿海经济区的建设，也均引入了循环经济的理念，渤海地区盐业发展也将随之进入新的发展阶段。[①]

7.5 渤海地区的海洋化工业

海洋化工业是指包括海盐化工、海水化工、海藻化工及海洋石油化工的化工产品生产活动。基于优越的海洋盐业资源，盐化工业成为渤海地区海洋化工产业中最为传统的门类。海水化学资源综合利用技术的发展，使得从制盐浓缩海水中提取各种微量化学元素，实现规模化生产，促进了海水化工产业化进程。渤海地区分布多家闻名海内外的大型海洋化工生产企业，该地区也因此成为我国最为成熟和重要的海盐化工和海水化工的生产基地。进入20世纪80年代，渤海石油化工产业已具相当规模，中国石化集团在渤海沿岸建有数十家分公司，主要分布在河北沿岸，石油化工已成为渤海海洋化工业的重要组成部分。而随后出现的生物技术得到不断的推广和应用，也使海藻化工在国民经济中的地位不断凸显出来，渤海海洋化工产业体系因此得到不断充实和完善。

7.5.1 海盐化工和海水化工[②③]

海洋盐化工业是海洋盐业的下游产业，主要指利用盐或盐卤资源，加工成氯酸钠、纯碱、氯化铵、烧碱、盐酸、氯气、氢气、金属纳以及这些产品的进一步深加工和综合利用的过程，产品包括钠碱、氯和氯的衍生物等。渤海地区海盐化工业是化学工业的重要组成部分。

近年来，环渤海地区坚持以盐为主、盐化结合的多元化经营方针，重视发展海水综合利用技术，依靠科技，探索苦卤综合利用的技术革新，调整海水化工产品结构，大力开发高附加值的产品，大大提高了经济效益。2005年，环渤海地区各种海洋化工产品产量可观，氯化钾、工业溴、氯化镁年产量为3.5万吨、7.3万吨、44.4万吨，分别占全国同类化工产品的八成以上。[④]

---

① 陈井泉，鄂宝军. 环渤海地区自然资源综合开发利用的前景展望.
② 环渤海产业发展战略评价专题. 31~32.
③ 中国自然资源丛书——海洋卷.
④ 纪建悦，孙岚，张志亮，等. 环渤海地区海洋经济产业结构分析. 山东大学学报哲学社会科学版（双月刊），2007.

表 7.2　2005 年环渤海盐区主要盐化工产品产量　　　　　　　　　　　　单位：t

地区	氯化钾	工业溴	氯化镁	硫酸钾	其他产品
辽宁	3 818	388	40 454	—	11 057
山东	—	88 560	89 281	20 282	75 529
河北	1 322	5 269	15 333	—	—
天津	14 700	2 773	154 758	—	—
合计	19 840	96 990	299 826	20 282	86 586

资料来源：各省市海洋经济统计数据。

环渤海地区分布有多家闻名国内外的大型海洋化工企业，如山东海化集团、天津大沽化工股份有限公司、天津渤海化工集团等，是渤海地区海洋化工业生产的主体。近年来，依靠技术进步，各大企业开展资源综合利用并加强企业管理，大力发展多品种生产，降低消耗、提高效益，奠定了渤海地区在全国盐化工及海水化工系统中的突出地位。[①][②]

7.5.2　石油化工[③]

石油化工又称石油化学工业，指化学工业中以石油为原料生产化学品的领域，广义上也包括天然气化工。20 世纪 50 年代，石油化工的高速发展，使大量化学品的生产从传统的以煤及农林产品为原料，转移到以石油及天然气为原料的基础上来，石油化工成为化学工业中的基干工业，在国民经济中占有极重要的地位。

渤海地区石化产业普遍受到重视。主要分布在大连、东营、滨州、潍坊、滨海新区、唐山等市（见表 7.3）。综合其他相关资料，沧州、葫芦岛、锦州、盘锦产值也比较大。烟台现有石化产业比较落后，但该市政府已将把烟台发展成为重要的石化基地作为工作目标（图 7.9）。

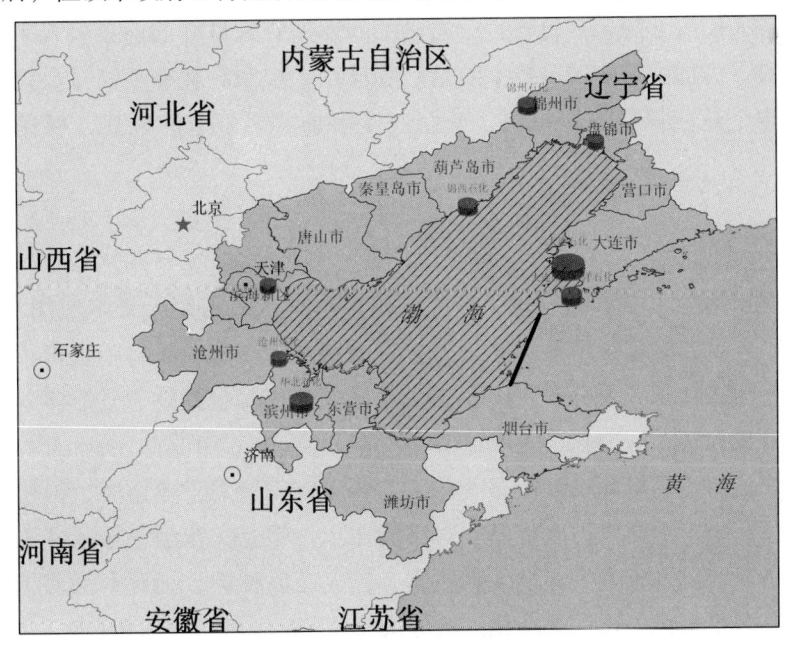

图 7.9　环渤海重点石化企业及原油加工能力分布图

资料来源：根据《中国石油天然气集团公司年鉴 2008》、《中国石油化工集团公司年鉴 2008》等整理制图

---

① 资料来源：各企业官方网站数据。
② 王志远，蒋铁民. 渤海环境经济研究. 北京：海洋出版社，2005（6）：23.
③ 环渤海产业发展战略评价专题. 31~32.

表 7.3　环渤海地区重点石化企业一览表

名称	原油加工能力 /($\times 10^4$ t)	规划新增产能 /($\times 10^4$ t)	主要产品
辽河石化分公司	500	—	沥青、柴油、汽油、重油、液化气、石脑油、石焦油、润滑油、聚丙烯
华北石化分公司	1 050	1 500	
大港石化分公司	500	—	汽油、柴油、液化气、石焦油、丙烯、MT-BE 等产品
锦西石化分公司	700	—	
锦州石化分公司	700	—	汽油、航煤、柴油、液化气、润滑油、石蜡、石焦油、苯乙烯、碳酸二甲酯、锻炼焦等
大连西太平洋石油化工有限公司	800	200	
大连石化分公司	2 050	—	汽油、煤油、柴油、燃料油、润滑油基础油、石蜡、液化气、丙烯、聚丙烯等石化产品
天津石化公司	500	—	乙烯、对二甲苯3、PTA、聚酯、涤纶短纤维、涤纶长丝、聚醚等产品
沧州炼化公司	500	—	乙烯，汽油、柴油、溶剂油、沥青、液化气、铝箔汽油、石油焦、硫黄

资料来源：《中国石油天然气集团公司年鉴 2008》、《中国石油化工集团公司年鉴 2008》整理。

以石油和天然气原料为基础的石油化学工业，建立起整套技术体系，产品应用已深入国防、国民经济和人民生活的各个领域，石油化工的发展有着良好的前景。未来渤海地区石油化工产业的发展，需加大节能减排技术的推广和应用，控制高耗能、高排放的产品产能的过快增长，行业内企业应抓住市场机遇，理性迎接市场波动带来的挑战，以保持良好的增长势头。

7.5.3　海藻化工

海藻化工是以海藻为原料制成化工产品的生产过程，最初始于日本使用红藻制取琼胶。进入 20 世纪 50 年代，中国开始了海藻化工技术的探索，实现了从海带提取褐藻胶、甘露醇和碘。渤海地区海藻化工主要分布在山东省沿海地区，产品包括碘、甘露醇、海藻酸钠、水合氯醛以及小球藻粉等，海藻化工业产量 12 977 吨/年。

经过多年来的努力，渤海地区还海藻化工已形成较完整的工业门类，但传统产品产量仍然所占比重过大，新产品研发力度难以应对市场需求。因此，在渤海地区海藻化工未来的发展中，生产企业应当推广已有的先进生物技术，扩充产品种类，提升产品质量，多渠道发掘市场需求，进一步推进渤海地区海藻化工的健康发展。

7.6　渤海地区的海水利用业

水资源是重要的基础性战略自然资源，关系到经济社会的健康发展。我国淡水资源人均占有量低于世界平均水平，随着经济的增长和人口的增加，农业、工业及生活用水量与日俱增，水资源分布不均和浪费问题日渐凸显，水资源问题逐渐成为制约社会进步和经济发展的瓶颈。进入21世纪，水荒成为世界各国必须面对的问题，海水作为一种替代用水资源越来越受到各国政府的高度重视。

海水利用业是指对海水的直接利用和海水淡化活动，包括利用海水进行淡水生产和将海水应用于工业冷却用水和城市生活用水、消防用水等活动。随着海水淡化和海水利用技术的发展成熟，积极促进海水利用业的发展成为解决水资源短缺的有效途径之一。2003年5月，国务院颁布实施的《全国海洋经济发展规划纲要》将海水淡化和海水综合利用列为未来发展的新兴产业之一。2005年，《全国海水利用专项规划》、《关于海水利用的指导意见》、《关于海水利用的优惠政策》等相关法规陆续出台[1]，《全国海水利用专项规划》提出，到2010年我国海水淡化能力达到80万~100万立方米/日，海水直接利用能力达到550亿立方米/年。至2007年，全国海水利用技术取得重大突破，海水利用产业化发展迅速，海水利用业初具规模，全年实现增加值4亿元，比上年增长13.5%，是2001年的近4倍，占海洋地方生产总值比重达到0.04%。

在此背景下，环渤海沿海海水利用业重点发展城市纷纷出台了各自的海水利用专项规划，并积极出台了一系列政策措施，大力发展海水淡化和综合利用，创建海水淡化产业化示范工程和国家海水淡化与综合利用示范城市或基地。[2] 目前渤海地区海水利用主要为海水淡化和工业用水。近年来，大连、青岛、天津等市纷纷加大了海水利用力度，地区内海水利用技术发展领先于全国，凭借其强大的技术支撑力量，环渤海地区的海水利用业正在朝着资源化、产业化的方向发展。目前青岛市年海水利用总量已达8亿多立方米，海水直接利用涉及电力、化工、水产品加工等7个行业、十几家企业，利用海水量折合淡水约为4 000多万立方米以上，每天利用海水约240万立方米；在天津滨海新区，再生水、海水利用量已占到该地区总用水量的20%。

7.6.1 海水直接利用[3]

环渤海地区海水直接利用已有60余年的历史，主要为工业用水。由于海水直接利用工艺相对简单，至今仍是环渤海地区沿海城市利用海水的主要方式，包括工业冷却水、海水烟气脱硫、生活用水、海水源热泵等。十余年来，现有的海水直流冷却技术已得到推广应用，海水直接利用从工业冷却水到工艺用水，均有了较成熟的发展[4]。海水直接利用中工业冷却用水占用水总量的95%以上，主要分布在沿海城市的电力、石化、钢铁及化工等行业。其中，滨海各发电厂用量居首，其次为石油和化工业。除了工业用冷却水外，市政及居民大生活用水已进入试用阶段，天津和青岛等地已展开试点工作，并取得了丰硕成果，近年来兴起的海水热源泵也进入产业化开发阶段，青岛已建成全国首个海水空调示范项目。同时，海水农业实验也在渤海部分地区进行了试行。

1）冷却用水

海水在工业用水方面的应用主要为冷却用水，环渤海地区沿海电厂为工业冷却用水大

---

[1] 杨瑾. 我国海洋化工开发的新进展及存在问题. 海洋开发与管理，2005，6.
[2] 纪建悦，孙岚，张志亮，等. 环渤海地区海洋经济产业结构分析. 山东大学学报哲学社会科学版（双月刊），2007，2.
[3] 姚慧敏，孔庆波. 我国北方沿海城市海水利用概述. 中国环保产业，2008，11：17-21.
[4] 王志远，蒋铁民. 渤海环境经济研究. 北京：海洋出版社，2005.

户，海水用量在渤海地区工业用水中占有较大比重，天津大港电厂、青岛发电厂、华能日照电厂等电力企业采用海水作为工业冷却水已有相当长的历史。随着海水冷却技术不断推广，海水直流及循环冷却同时被应用到更广泛的领域。渤海地区主要企业海水冷却用量详见表7.4。

表7.4 渤海地区海水冷却水用量统计表

企业名称	海水冷却利用方式	年海水利用量/($\times 10^4$ t)	主要产品名称	主要产品产量/t
华能丹东电厂	直流冷却	54 600	电能	—
华能营口电厂	开式循环	—	电能	—
中国石油天然气股份有限公司大连石化分公司	循环冷却	21 600	汽油	2 690 000
			柴油	4 730 000
			煤油	320 000
国电电力大连庄河发电有限责任公司	直流冷却	45 179	电能	—
华北电网有限公司天津大港发电厂	循环冷却	84 978.9	电能	—
河北大唐国际王滩发电有限公司	—	45 000	电能	—
秦皇岛电厂	—	40 095	电能	—
河北国华沧东发电有限公司	—	118 260	电能	—
山东鲁北企业集团总公司	循环冷却	4 869	电能	—
东营汇邦化工有限责任公司	—	1 000	溴素	500
利津县盐场	—	100	原盐	100 000
东营兴盛盐业化工有限责任公司	—	100	原盐	100 000
山东沾化发电厂	直流冷却	10 020	电能	—
山东沾化热电有限公司	循环冷却	12 078	电能	—
荣成市成山泰海水产有限公司	—	30	海参	7
荣成市裕源祥水产品公司	—	35	鱼苗	0.5
荣成市西港海水养殖公司	—	35	鱼苗	0.6
山东好当家海洋发展股份有限公司	—	96 048	海参、海蜇	850
烟台西部热电厂	直流冷却	2 000	电能	—
山东西霞口水产科技公司	—	40	海参	8
青岛发电厂	直流冷却	87 600	电能	—
青岛碱业股份有限公司	直流冷却	10 000	烧碱	65
			氯化钙	1 100 000
山东黄岛发电厂	直流冷却	15	电能	—
日照华能电厂	工业冷却水	462 158	电能	—
合计		1 095 841		—

2) 工艺用水①

海水脱硫技术在世界上已经有 40 多年的发展历史,随着海水利用技术的发展,环渤海地区海水直接利用中的工业工艺用水用量逐年稳步增加。海水由于具有天然的弱碱性特征,被开发用于烟气洗涤,通过较为简单的生产工艺和原料,实现较高的烟气脱硫率,达到净化烟气的目的。以青岛电厂为例,该厂 1 号和 2 号 30 万千瓦机组海水脱硫工程,是环境保护部在我国北方地区的第一个海水脱硫示范项目,也是我国北方地区第一个采用海水脱硫技术的电厂。该工程分别于 2004 年和 2005 年投入运行,并于 2006 年顺利通过青岛市环保局验收。该示范工程顺利实施后,先后有多家北方沿海地区电厂采用海水烟气脱硫。从技术工艺和应用领域来看,海水脱硫是沿海地区的烟气脱硫工艺中,同时具有经济性和可行性的技术,目前海水脱硫技术已被推广应用于沿海电力、石化行业,发展前景广阔。

3) 大生活用水

海水直接利用中的大生活用水主要为海水冲厕。以海水取代淡水作城市生活冲厕用水,将能节省城市生活用淡水的 20%~30%,可大大缓解沿海城市和地区淡水紧缺的局面。近年来,以大生活海水应用技术成果为基础,环渤海地区的大连、青岛等市启动建成了社区海水冲厕的示范工程。由于海水冲厕给排水系统具有一定的技术要求,因此在已建成的城区直接进行改造具有较大难度,大连市目前主要通过新区规划建设,逐步实现海水冲厕。②青岛已开工建设 20 万立方米的国家海水冲厕示范小区,其中青岛沙子口镇的南姜新小区开工建设规模 1 000 立方米/日海水冲厕工程,为全国首例海水冲厕示范小区,在取得经验的基础上青岛将逐步在东部沿海区域建立海水冲厕系统,力争 2010 年青岛市冲厕海水利用量达到 5 万立方米/日。③

4) 海水源热泵

海水源热泵系统就是利用海水作为热源或热汇,并通过热泵机组,加热热媒或冷却冷媒,最终为建筑提供热量或冷量的系统。海水中所蕴含的热能是典型的可再生能源,因此,海水源热泵空调系统也是可再生能源的一种利用方式,是一种具有节能、环保意义的绿色供热空调系统,该技术在北欧各国已得到了规模化应用。由于其具有显著的环保特征,此项技术的发展在中国也逐渐得到关注。2006 年,建设部将星海湾商务区海水源热泵工程列为第一批可再生能源建筑应用示范项目,并把大连市确定为全国唯一的规模化应用海水源热泵技术试点城市。"十一五"期间,大连市在小平岛、长兴岛、星海湾等 8 个地区实现海水源热泵供热供冷,总面积为 773 万平方米,使得环渤海地区的海水热泵应用技术取得了一定进展,为该技术的广泛推广奠定了基础。④

---

① 姚慧敏,孔庆波. 我国北方沿海城市海水利用概述. 中国环保产业,2008,11:17-21.
② 李理,张兴文,李付林,等. 海水利用大连市水资源可持续发展的有效途径. 环境保护,2008,12:62-63.
③ 国家发展改革委宏观经济研究院课题组. 加快海水利用步伐,发展海水淡化产业——对天津市和山东省有关情况的调研报告. 宏观经济研究,2004,9:37-41.
④ 李理,张兴文,李付林,等. 海水利用大连市水资源可持续发展的有效途径. 环境保护,2008,12:62-63.

7.6.2 海水淡化[1][2][3]

淡水是地球上最宝贵的财富,是人类粮食生产、能源供应和维持区域和全球生态系统必不可少的自然资源。在淡水资源日趋匮乏的现状下,世界各国的海水淡化技术得到迅速的发展。1984 年天津市政府与国家海洋局合作在天津组建了国家海洋局天津海水淡化与综合利用研究所。该所是目前国内海水淡化与综合利用领域唯一的国家级研究机构,经过 30 多年的科研攻关,在反渗透法、蒸馏法等海水淡化技术的应用取得了突破性进展。多年来,淡化所在海水淡化、海水直接利用、海水化学资源提取及深加工方面的科学研究、技术开发、工程设计等,均发挥了重要作用,参与设计建设了众多具有相当影响力的海水淡化工程。凭借雄厚的技术优势,环渤海地区沿海城市相继建立起一批千吨级产能、万吨级产能的海水淡化示范工程。

天津市位于海河下游,是淡水资源严重短缺的特大城市,多年来在海水淡化技术攻关和产业化方面进行了大量的工作。大港电厂在应用海水作冷却水的基础上,于 1986 年引进了两套日产 3 000 吨的多级闪蒸海水淡化装置,分别在 1989 年和 1990 年投入运行,近 20 年来保证了电厂的稳定运行,取得了较为显著的社会经济效益。《天津市海洋高新技术产业发展规划纲要》确定了天津市发展海洋经济的目标和重点领域,提出了要充分发挥天津市在海水淡化与海水综合利用领域领先的技术优势,不断完善工程化技术,开展海水综合利用,降低海水淡化的成本。截至 2008 年,天津市年海水淡化能力已达 500 万吨,在建项目海水淡化能力 6 000 万吨。随着滨海新区建设的发展,一批大型海水淡化项目陆续建成。

山东省海水淡化工程分布在青岛、烟台、荣成等地。青岛市属于严重缺乏淡水资源的城市,在海水淡化方面成果显著。黄岛电厂与国家海洋局天津海水淡化与综合利用研究所,合作设计开发了以电厂低压蒸汽作为热源的海水淡化项目。从低温多效闪蒸技术的 60 吨/日的海水淡化试验装置,到 3 000 吨/日低温多效和 3 000 吨/日反渗透海水淡化设备,在海水淡化技术应用方面取得较大进展。2008 年 10 月,我国首台单体容量最大、技术含量最高、单机占地面积最小的海水淡化设备——10 000 吨/日反渗透海水淡化装置在黄岛电厂投产,日均生产淡化海水的达到 16 000 吨。

辽宁省在海洋经济发展规划中明确指出,积极发展海水淡化,作为城镇和海岛居民推广的生活和工业用水,在大连、葫芦岛等沿海城市建立海水淡化示范工程,建设海水利用产业化基地和海水利用装备制造基地,重点建设辽宁正业企业集团 3 万吨/日海水淡化项目、葫芦岛北方膜工业有限公司反渗透海水淡化设备制造生产线项目,逐步形成产业规模。[4] 大连市注重用水结构的优化,扩大海水利用规模,把海水淡化作为城市供水的重要补充。在 3 年的节水型社会建设过程中已建成长海县大长山岛镇、长海县肺子岛镇、华能大连电厂、大连石化总公司、大连 30 万吨矿石码头等海水淡化厂,海水淡化能力达到 1.19 万吨/日。[5][6] 继长海县 1 500 立方米/天的反渗透淡化工程之后,大连石油化工公司海水淡化厂、大连港集团日

---

[1] 姚慧敏,孔庆波. 我国北方沿海城市海水利用概述. 中国环保产业,2008,11:17-21.
[2] 国家发展改革委宏观经济研究院课题组. 加快海水利用步伐,发展海水淡化产业——对天津市和山东省有关情况的调研报告. 宏观经济研究,2004,9:37-41.
[3] 杨瑾. 我国海洋化工开发的新进展及存在问题. 海洋开发与管理,2005.6.
[4] 辽宁省海洋经济发展规划.
[5] 李理,张兴文,李付林,等. 海水利用大连市水资源可持续发展的有效途径. 环境保护,2008,12:62-63.
[6] 大连市水务局. 大连市节水型社会建设试点评估报告.

产 1 200 吨海水淡化厂等 4 项海水淡化工程相继投运，日生产淡水将达到 1.4 万吨。[①]

目前，渤海地区已建成运行的海水淡化企业已扩占到多个生产领域，水产量已达到 81 470 吨/日（表 7.5）。环渤海地区海水淡化产业进入快速发展期，未来不但能够保证沿海缺水城市的生活、工业用水，其产业化发展前景也较为广阔。

表 7.5　环渤海地区海水淡化企业

企业名称	淡化水日生产能力/（t/d）	单位成本/（元/t）
中石油大连石化分公司	5 000	7.00
大连港集团有限公司	1 200	5.18
华能营口电厂	9 600	6
大连港集团有限公司	1 200	5.18
河北大唐国际王滩发电有限公司	10 000	—
秦皇岛电厂	10 000	—
河北国华沧东发电有限公司	20 000	—
华北电网有限公司天津大港发电厂	6 000	7.00
华北电网有限公司天津大港发电厂	6 000	7.00
青岛发电厂	2 880	5.00
烟台市芝罘岛养殖捕捞总公司	550	5.70
山东九发深海矿泉开发有限公司	50	1120.00
长岛海泉供水有限公司	220	6.30
青岛华欧海水淡化有限公司	3 000	4.83
烟台市崆峒岛养殖捕捞总公司	550	5.70
长岛海泉供水有限公司	220	6.30
合计	81 470	—

7.7　渤海地区的海洋船舶工业

海洋船舶工业是指以金属或非金属为主要材料，制造海洋船舶、海上固定及浮动装置的活动以及对海洋船舶的修理及拆卸活动。船舶工业是国民经济发展和国防建设的战略性产业，是兼有技术密集和资本密集两种特征的重要海洋产业门类，可以在一定程度上表征当地工业发展的总体水平。海洋船舶工业的发展在沿海地区国民经济中占有相当的比重，对沿海地区劳动力就业可以起到有效的拉动作用。

7.7.1　渤海地区海洋船舶工业发展历程

经历了改革开放以来 30 多年的快速发展，渤海地区的海洋船舶制造业发展已跨入国际先进行列。其中：辽宁省和山东省是渤海地区海洋船舶工业生产大省。

---

① 姚慧敏，孔庆波. 我国北方沿海城市海水利用概述. 中国环保产业，2008，11：17-21.

辽宁省海岸线漫长，自新中国成立以来，辽宁一直是我国北方重要的造船基地，具有得天独厚的优越条件。大连造船新厂和大连造船厂是我国最大的两个造船厂，拥有我国最大的30万吨船坞，建造出我国最大吨位的船舶。

改革开放以来，山东省船舶工业厚积薄发，以威海—烟台和青岛—日照两大区块为代表，已基本形成具有较强竞争力的外向型工业经济，已具备深入发展船舶工业的坚实基础。

7.7.2 渤海地区船舶工业发展现状及趋势

辽宁省和山东省作为环渤海地区海洋船舶工业生产的主要区域，已形成包括科研设计、生产、配套、修理在内的比较完整的产业体系，开辟了渤海地区海洋船舶工业发展的新局面。

1）辽宁省的船舶工业

多年来辽宁省船舶工业为辽宁及全国经济的发展作出了巨大贡献。改革开放以来，产品已进入世界五大洲近40个国家和地区，出口船舶500多万吨，为国家创汇30多亿美元。

在未来几年里，辽宁省应充分发挥东北老工业基地的优势，依托先进装备制造业基地的发展，完善辽宁的船舶配套工业体系。加强技术上的不断创新，加强自主设计开发能力，从政策上合资金上对关键技术的研究、开发、储备给予大力扶持，着力于高端产品的研发，提高船舶生产的附加值，为辽宁省的船舶工业发展提供有力的保障。同时，不断扩大对外合作，提高对外开放水平，在确保完成国防任务的前提下，最大限度促进区域船舶工业的发展。

2）山东省的船舶工业

"十五"期间，山东省根据国家产业政策导向和今后一个时期经济发展的要求，依靠现有条件将船舶工业建设成省内的一大优势产业。近年来，山东船舶工业抓住国际造船业转移的机遇，实现了造修船、海洋工程以及船舶配套业快速协调发展，全行业呈现经济效益大幅提升、产业结构不断优化、综合实力显著增强的良好发展态势。2007年主要经济指标增长40%左右，今年一季度全行业完成工业总产值同比增长68%；增加值同比增长39%；销售收入同比增长28%；利税同比增长10%；利润同比增长7%。[1]

山东省应继续大力推进青岛、烟台、威海三大基地建设。同时，推动青岛、烟台、威海三市经济技术开发区和即墨、蓬莱、荣城六大船舶工业聚集区的快速发展。三大基地具体指：以青岛、日照为中心的特种船生产基地，以烟台、威海为中心的远洋专用运输船生产基地，以济宁为中心的大型渔船生产基地；以青岛、日照为中心，重点发展集装箱船、海洋工程船、化学品船、成品油船、液化气船、天然气船、游艇和海洋石油平台等高技术特种船，同时发展高速玻璃钢救生艇、巡逻艇、缉私艇等专业化船艇；以烟台、威海为中心，建成船舶总装、渔船专业设计制造基地，重点生产远洋捕捞船、超低温冷藏运输船和旅游船；以济宁为中心，建设内河船舶设计开发制造基地，开发内河高档次旅游船和货运船。[2]

7.8 渤海地区的海洋交通运输业

海洋交通运输业是指以船舶为主要工具从事海洋运输以及为海洋运输提供服务的活动，

---

[1] 王超英.加快山东船舶工业发展.国防科技工业，2008，8.
[2] 交通运输经济快讯.2002.16.

包括远洋旅客运输、沿海旅客运输、远洋货物运输、沿海货物运输、水上运输辅助活动、管道运输业、装卸搬运及其他运输服务活动。港口经济巨大的辐射作用，使得海洋运输业和国民经济呈现相互促进、共同发展的基本规律。对于拉动地方制造业与服务业发展、局促进区域经济快速发展，港口发挥着日益重要的作用。

7.8.1 环渤海港口群

中国五大港口群落中，环渤海港口群具有举足轻重的地位。环渤海地区海岸线长 5 800 千米，分布大小港口 60 余座，其港口腹地辽阔，覆盖中国东北、华北和西北等地区。渤海湾港口腹地煤炭、石油资源丰富，铁路及公路运输覆盖全国，是我国工业、特别是重工业较发达地区，社会经济发展领先于全国平均水平，能源、冶金、化工、机械、建材等制造业发展迅速，物流集疏运需求不断增加，港口从 20 世纪 90 年代的大小港口 30 余座发展到如今星罗分布的 60 余座，数量上增长了近 1 倍。近年来，随着振兴东北老工业基地、天津滨海新区的开发建设以及沈阳沈北新区概念的提出，环渤海湾经济圈的发展开始提速，依托东北三省和蒙东地区，京津冀等华北地区和山东及河南等中原省市，环渤海地区沿海港口服务范围广泛，环渤海沿海港口群在发展区域经济中的重要作用更加凸显出来。

经过数十年的建设，环渤海地区港口基础设施建设有了明显改善，基本形成了有主枢纽港为骨干、区域性中型港口为辅助、小型港口为补充的层次分明的港口布局体系。[①] 环渤海目前有亿吨级大港 5 座，分别为大连港、天津港、青岛港、秦皇岛港、日照港，占全国沿海亿吨大港的一半，其中，青岛港、天津港、大连港位列我国沿海八大集装箱干线港，大陆国际集装箱吞吐量居于全国前列，是环渤海港口中综合竞争实力最强的中心港口。营口、秦皇岛、烟台、日照、丹东、锦州、龙口、威海、庄河、旅顺新港、皮口、葫芦岛、蓬莱、长岛、乳山、凤城、黄骅等辅助性港口，与中心港口组成了有机的环渤海海洋输运体系。

青岛港始建于 1892 年，是已具有 120 年历史的国家特大型港口，全国 512 户重点国有企业之一。由青岛老港区、黄岛油港区、前湾新港区三大港区组成。现有职工 16 000 人。拥有码头 15 座，泊位 73 个，其中，营运码头 13 座，营运泊位 49 个。万吨级以上泊位 32 个，可停靠 5 万吨级船舶的泊位 6 个，可停靠 10 万吨级船舶的泊位 6 个，可停靠 30 万吨级船舶的泊位 2 个。主要从事集装箱、煤炭、原油、铁矿、粮食等各类进出口货物的装卸服务和国际国内客运服务。与世界上 130 多个国家和地区的 450 多个港口有贸易往来。是太平洋西海岸重要的国际贸易口岸和海上运输枢纽。十几年来，港口吞吐量从 20 世纪 80 年代的 2 000 多万吨增长到 2006 年 2.2415 亿吨，港口外贸吞吐量继续保持全国港口第二位，进口铁矿石吞吐量继续保持世界港口第一位，进口原油吞吐量继续保持全国港口第一位，集装箱吞吐量完成 770.2 万标准箱，港口资产由 5 亿元增值为 156 亿元。青岛港腹地广阔且经济发达，工业、农业发达，"海尔"、"青岛啤酒"、"海信"等一批企业驰名中外，山东半岛已经成为中国北方最具活力的制造业基地。[②]

天津港的历史最早可以上溯到汉代，自唐代以来形成海港。1860 年正式对外开埠，是我国最早对外通商的港口之一。塘沽新港始建于 1939 年，新中国成立后经过 3 年恢复性建设，于 1952 年 10 月 17 日重新开港通航。改革开放以来，随着国民经济的快速发展，天津港的港口生产实现了跨越式的发展。90 年代中后期，天津港以每年 1 000 万吨的增长速度进入了快

---

① 王志远，蒋铁民. 渤海环境经济研究. 北京：海洋出版社，2005：63.
② 青岛港官方网站数据。

速发展期，2001年，天津港吞吐量首次超过亿吨大关，成为我国北方的第一个亿吨大港，此后，又以每年3 000万吨的速度高速增长，2004年突破2亿吨，集装箱超过380万标准箱，吞吐量进入世界港口前十名，集装箱排名第18位。2005年港口吞吐量达到2.4亿吨，集装箱吞吐量480万标准箱。2006年吞吐量达到2.58亿吨，集装箱吞吐量达到595万标准箱。2007年吞吐量达到3.09亿吨，集装箱吞吐量达到710万标准箱。2008年吞吐量达到3.56亿吨，集装箱吞吐量达到850万标准箱。天津港已经形成了以集装箱、原油及制品、矿石、煤炭为"四大支柱"、以钢材、粮食等为"一群重点"的货源结构。目前，天津港吞吐量位居世界港口第五位，国内港口第三位，北方港口第一位；集装箱吞吐量位居世界港口第14位，国内港口第6位。在2008年全国500强企业评选中，天津港位居第384位，港口行业第二位。天津港建港条件虽不如大连港和青岛港优良，但国家把滨海新区纳入国家总体发展战略布局，无疑给天津港的发展带来新机遇。天津港核心腹地包括京、津、冀、晋四省市，依托天津滨海新区，天津港将被建成为国际航运中心和国际物流中心。①

大连港位于辽东半岛南部、东北亚经济圈中心位置。核心港区陆域面积约18平方千米，现有集装箱、原油、成品油、粮食、煤炭、散矿、化工产品、客货滚装等84个现代化专业泊位，其中万吨级以上泊位54个，同时拥有30万吨级原油码头、30万吨级矿石码头和8万吨级散粮泊位。优越的海上区位优势、深水资源优势、城市功能优势和保税港区政策优势，使大连港成为中国东北地区通往世界最近的海上门户和最主要的出海通道。大连港受集装箱业务发展较晚和腹地经济结构的影响，目前港口发展稍显滞后，但大连港在集装箱吞吐量受益中央振兴东北的大战略的效果已开始显现。2008年，大连港集团完成吞吐量1.85亿吨，比上年增长11.9%，完成集装箱吞吐量450.1万标准箱，比上年增长18.1%。②

专业性港口也是环渤海地区交通运输业的特色之一。秦皇岛港、黄骅港和唐山港为中国煤炭出口枢纽港。秦皇岛港是世界第一大能源输出港，是我国"北煤南运"大通道的主枢纽港，担负着我国南方"八省一市"的煤炭供应，占全国沿海港口下水煤炭的50%。同时，秦皇岛港与黄骅港、唐山港继续承担中国"北煤南运"主要出海口的基础上，拓展更多领域，发展煤炭、原油、铁矿石、液体化工品等运输项目。

京津冀及周边地区钢铁、石化产业东迁及发展的巨大需求，促进了曹妃甸港区开发建设，综合开发潜力巨大。曹妃甸港区不仅具备合理布局和开发建设大型深水港优越的经济地理资源条件，而且具有成组建设大型深水码头得天独厚的条件。港区后方大片国有滩涂，可进行大规模工业性开发，发展临港工业。从优化京津唐地区产业配置的角度看，依托大型深水港口，既为京津冀地区支柱产业的发展提供有力支撑，同时又为京、津两市向外转移扩散传统产业，提供发展空间。曹妃甸港区处于环渤海经济圈前沿，其开发建设有利于改善环渤海深水港口的布局。

对自然岸线的利用，国家实施一贯的深水深用、合理利用岸线资源的政策，一切深水岸线优先用于港口建设，积极发展海洋运输业。到1997年底，中国民用船舶已发展到32万艘，近5 000万载重吨，其中从事外贸运输的船队达2 300多万载重吨；中国共有年吞吐量1 000万吨以上的海港15个，沿海主要海港货物吞吐总量达9.05亿吨。在此背景下，经过数十年的建设，环渤海区域已经建成一支以中国远洋运输集团和中国海洋运输集团等中央骨干航运业为主，地方航运业为辅的海洋船队，拥有包括各种类型和级别的杂货船、油船、散装船、

---

① 天津港官方网站数据。
② 大连港官方网站数据。

集装箱船、滚装船和客船等。①

经历 30 多年的快速发展，环渤海港口运输业环境资源承受巨大压力，资源环境负荷已处于过载状态，港口投资新竞赛更是进入白热化阶段，渤海区沿海三省一市纷纷上马大量港口建设相关的投资项目，以此拉动地方经济，特别是临海工业的快速发展。港口管理权下放促进了港口建设和发展，同时，地方经济单元的相对独立性导致环渤海各地区加速开发港口资源，是发展渤海区域经济必须面对的现实，由于重复建设、无序竞争、资源浪费产生的结构不合理、局部产能过剩的弊端开始显现。在"以港兴市"甚至"以港兴省"的思路影响下，环渤海湾地区各地政府对港口发展的关心和关注程度日益提高，港口在政府多项经济建设工作中的地位也越发重要。国家投资新政对基础设施建设的倾斜，使得环渤海各省市投资项目在港口、铁路领域的争夺也愈加激烈。

随着港口建设、经营的放开，环渤海各大港口也在通过多种方式尝试合作化解竞争。但继续沿用分割的港口管理体制，港口资源配置的低效能必然愈演愈烈，因此，加强港口建设规划显得尤其重要，资源整合与有效利用，由此成为环渤海港口经济发展亟待解决的重大课题。

7.8.2 渤海水道与航线

横跨渤海的大连至烟台、威海等地的航线是连接经济发达的东部沿海地区与资源丰富的东北地区最便捷的运输路线，被称为"黄金水道"，已经成为我国最繁忙的水道。近年来，这条航线格外繁忙，年货运量超过 1 800 万吨，旅客过往量达六七百万人次，随着目前环渤海区域社会经济的持续、快速发展，尤其是振兴东北老工业基地和胶东半岛制造业基地建设步伐的加快，这条航线上的客货运输量还会有大幅度的增长。②

7.9 环渤海地区的滨海旅游业

滨海旅游业是包括以海岸带、海岛及海洋各种自然景观、人文景观为依托的旅游经营、服务活动。主要包括：海洋观光游览、休闲娱乐、度假住宿、体育运动等活动。旅游业是社会发展的重要催化剂，创造了全球 5% 的国民生产总值和就业。滨海旅游业作为旅游业的重要分支，在传统旅游产业中占有相当的比重。滨海旅游业的发展同国民经济发展水平密切相关，提高人们的物质文化生活水平。随着旅游业不断发展，沿海地区的海洋产业结构得以不断优化，同时对提供了就业岗位和增进国际交流发挥了巨大作用，日益凸显出对当地经济发展的重要作用。

7.9.1 渤海地区滨海旅游业发展历程

中国滨海旅游发展起步较晚，改革开放以前只是以外事接待为主，沿海各地修建的疗养院主要对企事业单位内部员工提供福利，旅游收入总体规模很小，仅仅具备产业雏形。1984 年中央提出"国家、地方、部门、集体、个人一齐上、自力更生与利用外资一齐上"的旅游建设方针，拉开了旅游产业全面的序幕，入境旅游有较大提高，国内旅游开始起步。北方各地沿海城市凭借其丰富的滨海旅游资源，使当地面向大众的滨海旅游业蓬勃兴起并迅速发展。

---

① 王志远，蒋铁民. 渤海环境经济研究. 北京：海洋出版社，2005：65.
② 王志远，蒋铁民. 渤海环境经济研究. 北京：海洋出版社，2005：64.

"八五"以来,国内旅游产业稳步发展,并且有势头愈加强劲之势。虽然2001年受全球旅游业整体下滑的影响,但由于采取了正确的产业发展方针和政策,中国旅游业很快整体回升,各项旅游经济指标增速均超过10%。

7.9.2　渤海地区滨海旅游资源分布[①][②]

环渤海地区是北方经济发展的核心区域和东北亚经济圈的中心地带,以辽东半岛和山东半岛环抱起中国最大的内海——渤海,东与韩国和日本隔海相望,周边拥有广阔的经济腹地,滨海旅游资源种类十分丰富。这种独特的地缘优势,使其具有得天独厚的腹地基础和通往世界的海上通道,为环渤海区域经济的发展、开展国内外多领域的合作,提供了有利的环境和条件,成为海内外游客前来观光旅游的热点地区。[③]

环渤海地区有上百座大中小城市,拥有众多的风景名胜区、自然保护区、历史文化名城和旅游观光城市,众多著名的旅游城市分布于此,包括北京、天津、大连、青岛、烟台、曲阜、泰安、秦皇岛等。环渤海地区为典型的温带气候,四季分明、宜人,自然风光秀丽,主要的滨海旅游资源包括海岸带的自然景观、人文景观和目前正在迅速兴起的工业旅游。滨海地区山地与平原云集,海岛数量众多,集滨海休闲度假和陆地观光于一体,风光旖旎。环渤海地区的海滩资源闻名遐迩,以"阳光、沙滩、海水"闻名远近。从古至今,环渤海地区都是历代王朝发展繁盛之地,该地区历史遗迹众多,保留了大量古代建筑和名人古迹,拥有秀美的园林风光。同时,环渤海地区是中国新民主主义革命的主要根据地,目前留存了大量革命遗址,众多"红色旅游"项目逐渐兴起。

7.9.3　渤海地区滨海旅游业发展现状

环渤海地区是我国旅游业规划发展的重点区域之一,滨海旅游业已成为渤海海洋经济发展以及渤海地区旅游业发展的重要组成部分,在海洋经济总量和地方旅游收入中占有相当的比重。2007年,环渤海地区滨海旅游业总收入达到4 221亿元,成为促进环渤海地区国民经济发展的支柱产业之一,对该地区区域经济的发展具有拉动显著的拉动作用(表7.6)。

表7.6　2007年环渤海地区滨海旅游业统计数据

	国内游客人数/万人	国际游客人数/万人	旅游业总收入/亿元
辽宁	16 504	200	1 307
河北	10 030	82	580
天津	6 000	103	680
山东	20 000	250	1 654
合计	52 534	635	4 221

数据来源:环渤海三省一市国民经济和社会发展统计公报。

环渤海滨海旅游业在空间上形成了京津冀、山东半岛、辽东半岛三足鼎立之势,空间布局相对均衡,国内游客与国外入境游客数量比例保持相对稳定。但是,环渤海区域滨海旅游

[①] 张耀光,关伟,李春平,等.渤海海洋资源的开发与持续利用.自然资源学报,2002,6.
[②] 李诗白.家门口转转:构造环渤海旅游板块.环渤海经济瞭望,2000,5-6:37-38.
[③] 张广海,周菲菲.环渤海城市旅游经济联系度分析.经济研究导论,2009,8.

业的整体发展和一体化进程却发展缓慢，三个区域独立发展，区域间的合作意愿和内在关联度很低，该地区滨海旅游业区域经济效应并不显著。总体上看，环渤海地区滨海旅游业发展形势良好，区沿海各省市的滨海旅游业发展各具特点。

辽宁省各沿海地市滨海旅游业发展以大连、丹东、锦州、盘锦、营口、葫芦岛六市为载体，近年来蓬勃发展，成为这一地区经济新的增长点。截至2005年底，辽宁省已经有12个城市（含兴城市）列入全国优秀旅游城市行列，21个县（市、区）进入旅游强县（市、区）行列，全省已有各类旅游住宿设施12 000多家，其中星级饭店461家，旅行社975家（其中国际旅行社72家，出境游组团36家），各类旅游区（点）500多家。[1] 辽宁省平均每年接待的海外旅游观光者已超过300万人，为国家创汇近30亿美元，分别占全国的15%和30%。[2] 辽宁省不同城市之间滨海旅游业发展存在较大差异，大连市的滨海旅游业收入远远领先于位居第二的丹东市，其他沿海中、小城市则出现了滨海旅游遍地开花的空间布局，并未形成以大连带动周边地区滨海旅游业发展的辐射作用，营口、锦州、葫芦岛等市由于经济水平、资源条件的制约，滨海旅游业很难在较短时间内迅速崛起。

河北省拥有丰富的旅游资源，河北拥有全国十大风景名胜中的承德避暑山庄风景区和秦皇岛北戴河风景区。到2006年末，全省旅游景点数量近500个，A级景区总量达到176处，位居全国前列；旅行社923家；星级饭店增加到350家，工农业旅游示范点246处，间接带动当地就业200万人。河北省旅游业的增长速度既高于同时期全省国民经济增长速度，也高于全国旅游业平均发展的速度，是全国旅游业发展较快的省份之一，作为第三产业的龙头，带动了一大批相关产业和行业的发展，对调整经济结构，转变经济增长方式，改造提升传统服务业发挥了积极作用。[3]

天津具有丰富的旅游资源，地文景观、水域风光、生态环境、古迹建筑、消闲求知、购物等类型齐全，天津的旅游资源等级较高，自然资源和人文资源相互交错融合，分布相对集中，入境游位居环渤海地区各省市前列。[4] 截至2005年底，天津市拥有星级宾馆、饭店110家，旅行社达265家，全市旅游景点60余处。天津市旅游业已成为最具活力的朝阳产业，对全市国民经济和社会发展贡献日趋显著。[5] 2008年，全市接待海外旅游者122.04万人次，旅游外汇收入10.02亿美元，同比分别增长18.2%和28.6%；内旅游接待人数7 004.05万人次，国内旅游收入810.71亿元，同比分别增长16.4%和18.2%，旅游业增加值占到全市服务业12.2%，占到全市GDP的5.3%旅游业各项经济指标均创历史最高水平。[6]

山东省的滨海旅游产业呈现了均质性发展的现状，旅游产业体系日臻完善。全省拥有各类旅游景区（点）800余处，其中A级旅游区（点）235处，国家和省级旅游度假区16个，旅游星级饭店787家，旅行社1 800家，国家级工农业旅游示范点119家。旅游目的地形象更加突出。省内滨海旅游业发展形成了以青岛为龙头，烟台、威海日照等周边地市功能互补的格局，改革开放后一直保持高速发展态势。2005年、2006年，山东省旅游业总收入均达到了25%以上的增幅。全省旅游产业结构合理，不断开发出新的旅游产品，一般观光到观光度假

---

[1] 张满林. 辽宁旅游产业变迁的实证分析. 渤海大学学报，2007，6：120-124.
[2] 李诗白. 家门口转转：构造环渤海旅游板块. 环渤海经济瞭望，2000，5-6：37-38.
[3] 陈胜. 河北省打造沿海旅游强省的思考. 经济论坛，2008，15：20-22.
[4] 李建航. 加入WTO与天津旅游经济发展的环境基础. 天津商学院学报，2003，1：8-11.
[5] 任亚荣. 天津旅游产业集群的发展及存在的问题. 商业经济，2008，11：111-113.
[6] 余文清. 解放思想抢抓机遇攻坚克难，开创天津旅游工作新局面. 环渤海经济瞭望，2009，3：1-4.

旅游逐步转变,旅游产业体系特色突出。①

　　随着国民经济的发展和居民人均可支配收入的提高,渤海作为我国五大滨海旅游区之一,已经发展为带动地方区域经济第三产业发展的主导产业。同时,旅游市场的国际化以及国内旅游市场基础设施建设的逐步完善,渤海地区也逐渐成为世界滨海旅游发展的增长点之一。

---

① 数据来源:资料来源《山东省统计年鉴》及国民经济和社会发展统计公报。

第8章　渤海海洋区域经济

环渤海地区是我国经济发展的重要增长极，在国民经济发展中占有举足轻重的地位，也是东北亚地区经济圈的中心和连接欧亚大陆桥的要冲。本章重点从区域经济系统分析角度，介绍环渤海区域海洋经济区划、区域海洋经济发展状况以及重点地区的海洋经济发展战略。

8.1　环渤海地区社会经济基本情况

2000 年以后，环渤海经济区凭借丰富的海洋资源和优越的区位条件，海洋产业总产值以年均超过 20% 以上的高速率增长，2009 年环渤海经济区海洋生产总值达到 10 706 亿元，区域海洋经济出现规模大发展快，产业结构不断优化、需求拉动不断扩大、经济布局趋海集聚的显著特征。

8.1.1　经济总量规模大、增速快

改革开放以来，伴随着我国区域经济发展重点自南向北、由东向西的梯次推进，环渤海区域经济持续增长，1990 年以来环渤海三省一市的经济一直以高于全国平均水平高速发展，21 世纪以后成为继"珠三角"和"长三角"的中国发展第三级。该区域在我国国民经济发展中发挥着举足轻重的作用，2006 年该地区实现生产总值 7 463 亿元，比上年增长 28%，人口达到 2.15 亿人，人口密度为 427 人/平方千米，以占全国 5.26% 的土地面积，承载了 16.34% 的人口，创造了 22.45% 的国内生产总值，是中国最重要的发展区域之一。

地区 GDP、人均 GDP 是反映一个地区经济总量、经济实力大小、衡量其经济发展水平的重要指标。2000—2006 年，该地区 GDP 由 19 940 亿元飞跃至 47 348 亿元，人均 GDP 由 9 571 元/人增全 21 968 元/人。其中，山东省区域经济规模最大，2006 年底地区生产总值达到 22 077 亿元，天津 2006 年地区生产总值达到 4 359 亿元，河北、辽宁 2006 年产值分别达到 11 660 亿元和 9 251 亿元。

8.1.2　产业结构不断优化，竞争力趋强

2000—2006 年，环渤海地区在三次产业保持较快增长的同时，逐步实现产业结构优化。2000 年该区域一、二、三产业比例为 13∶50∶17，2006 年为 10∶55∶35，总体上呈现"二、三、一"的结构。与全国相比，第二产业比重高出 6.1 个百分点，第一产业比重基本持平，第三产业比重则低了 4.7 个百分点。第一产业增加值从 2000 年的 2 670 亿元增长到 4 840 亿元，以黑色金属冶炼及压延加工业，电力、热力的生产和供应业，石油和天然气开采业，化学原料及化学制品制造业为主的第二产业增加值从 2000 年的 9 969 亿元增加到 26 084 亿元，第三产业增加值从 7 300 亿元增加到 16 424 亿元。第三产业虽然有了较大发展，对经济的带动力也有所增强，但仍未超过第二产业。第二产业尤其是工业成为推动经济增长的主导力量，其

中排在首位的黑色金属冶炼及压延加工业在工业增加值中的比重更是占到了16%以上，远高于全国范围该行业在工业中的比重（表8.1）。

表8.1 环渤海地区经济社会基本情况

年份	GDP（亿元）				人均GDP/（元/人）	全社会固定资产投资/亿元	最终消费总额/亿元	全部财政收入/亿元	进出口总额/万亿美元	海洋总产值/亿元	岸线经济密度/（万元/km）	岸线海洋经济密度/（万元/km）
	总量	第一产业	第二产业	第三产业								
2000	19 940	0.13	0.50	0.37	9 571	6 227	9 733	1 142	664	1 272	35 076	2 238
2001	21 387	0.13	0.49	0.38	10 223	6 827	10 822	1 391	726	1 587	37 622	2 792
2002	24 184	0.12	0.49	0.38	11 508	7 917	11 862	1 484	852	1 997	42 542	3 514
2003	27 985	0.12	0.52	0.37	13 264	10 909	13 284	1 701	1 095	2 772	49 228	4 876
2004	34 064	0.12	0.53	0.35	16 058	14 415	11 862	2 012	1 506	4 201	59 922	7 391
2005	40 320	0.11	0.54	0.35	18 874	15 613	17 599	2 596	1 871	5 230	70 926	9 200
2006	47 348	0.10	0.55	0.35	21 968	24 092	20 396	3 211	2 266	7 619	83 290	13 403

从各省市来看，天津、河北、山东、辽宁均是"二、三、一"的产业结构。山东、天津第二产业比重均高达57%，山东省工业以化学原料及化学制品制造业、农副食品加工业、纺织业、石油和天然气开采业为主导，并形成了全国重要的家电、电子生产基地。天津市是环渤海沿海区域经济活跃度最高、发展速度最快的区域，IT制造业在全国处于领先地位，石油和天然气开采业发展迅速，这里还是全国最大的电子通信设备、液晶显示器等的生产基地；河北省目前业已形成海运产业、制药业、生态农业等特色经济发展区域，外商投资地区和领域不断拓宽；河北则农业相对占据地区生产总值较大，达到了13.37%，是环渤海地区第一产业占比最高的省份。环渤海地区已经形成了以高技术产业、电子、汽车、机械制造业为主导的产业集群，各具特色的产业带开始形成，产业竞争力正迅速提升。

8.1.3 需求拉动不断扩大，经济发展潜力较大

2000—2006年，环渤海地区投资、消费和出口三大需求持续扩大，对区域经济发展拉动较大。该地区通过不断深化投融资体制改革，拓展融资渠道，社会投资趋于活跃，全社会固定资产投资总额不断增加，2006年达到24 092亿元，同比增加约54%，占全国109 998.2亿元的22%。2006年该地区资本形成额为21 524亿元，实际投资10 765亿元。环渤海地区还是中国北方外来投资最密集的区域，2006年外商直接投资额达到了2 763亿美元，占全国的16%，且有继续增长的趋势。许多跨国公司把在北京建立研发中心和运营总部，把生产基地建在天津、辽宁和山东等地作为在中国北方发展的战略布局。2006年，天津拥有外商投资企业10 753家，其中全球500强企业在此设有200余家生产性投资企业，大连的外商投资企业也超过了8 000家，累计外商投资达到了120多亿美元[①]。消费方面，随着经济的快速发展和效益的不断提高，环渤海地区城乡居民收入逐年增加，生活水平稳步提高，2006年城镇居民

---

① 张丽君，韩笑研. 中国环渤海经济圈的现状及前景. 第四届海洋强国战略论坛环渤海区域崛起与发展论文集，2008.

平均每人全年家庭可支配收入达到 11 787 元，农村居民家庭人均纯收入 4 622 元，地方财政收入为 3 211 亿元；居民消费和政府消费支出达到 110 413.2 亿元，同比增加 14%，占全国的 18%。从进出口贸易增长来看，2000—2006 年环渤海地区进出口额由 664 亿美元发展到 2 266 亿美元，其中 2006 年净出口额达到 650 亿美元，占全国的净出额 36% 左右。由此可见，三大需求不断扩大的趋势明显，尤其是以投资对经济发展的贡献率和拉动作用明显，环渤海地区经济发展潜力较大。

8.1.4 沿海区位优势显著，经济布局趋海集聚

环渤海地区拥有丰富的海洋资源和港口区位优势，自 20 世纪 90 年代以来环渤海地区沿海城市经济总量占全区域的比重持续上升，从 1993 年的 35.8% 上升到 2005 年的 39.8%，上升了 4 个百分点，经济活动主要分布在天津、青岛、烟台、威海、大连、唐山等沿海港口城市，产业沿海化布局的趋势更加明显。2005 年沿海城市环渤海地区的工业增加值在全区的比重达 43.6%，主要集中在山东、河北、辽宁三地，从主要工业行业区域分布来看，化学原料及化学制品制造业、交通运输设备制造业基本符合该规律，农副食品加工业高度集中在山东（70% 左右），黑色金属冶炼及压延加工业，电力、热力的生产和供应业更多分布在河北，通信设备、计算机及其他电子设备制造业，石油和天然气开采业在天津分布较多。环渤海地区的服务业主要集中在山东、北京、河北、辽宁，占到该区域城镇单位就业人员的 90% 以上，从主要服务业行业区域分布来看，批发和零售业符合该规律，教育，公共管理和社会组织，卫生、社会保障和社会福利业主要分布在山东、河北、辽宁，交通运输、仓储和邮政业则更多分布在北京、辽宁等省市。

环渤海地区的农作物主要分布在山东、河北和辽宁三省，仅山东一省就接近 50%，各类农作物基本符合该规律，不同的是稻谷高度集中在辽宁，麻类高度集中在河北，豆类、薯类、果园播种面积河北的比重高于山东。山东是环渤海地区经济和工业活动最大的地区，占全区总量的 40% 左右；其次是河北、辽宁和北京，基本在 15% 以上；最后是天津，占 8% 左右。第二和第一产业活动高度集中在山东、河北、辽宁，合计分别占 80%、90% 以上；第三产业集中在山东、河北和辽宁[1]。

8.2 环渤海地区的重点海洋经济区

实施海洋区域开发，是发挥地区综合优势，提高开发总体效益，实现海洋区域经济可持续发展的重要基础。根据地理区位不同、资源禀赋差异、经济发展水平和行政区划，《全国海洋经济发展规划纲要》将环渤海地区划分为 5 个海洋经济区：辽东半岛海洋经济区、辽河三角洲海洋经济区、渤海西部海洋经济区、渤海西南部海洋经济区、山东半岛海洋经济区。各区的资源优势、发展重点和产业布局如下[2]。

8.2.1 辽东半岛海洋经济区

本区东起丹东市鸭绿江口，西至营口市盖州角，以基岩海岸为主，岸线长 1 300 千米，滩涂面积约 900 平方千米。优势海洋资源是港口资源、旅游资源、渔业资源。海洋开发基础

---

[1] 中国地理学会，北京大学政府管理学院. 环渤海地区可持续经济发展研究专题报告，2006.
[2] 引自国务院 2003 年的《全国海洋经济发展规划纲要》。

好，是海洋经济较发达的地区之一。主要发展方向为：以大连港为枢纽，营口、丹东港为补充，建设多功能、区域性物流中心；提高海洋船舶制造的自动化水平和产品层次；建设大连、旅顺、丹东滨海旅游带；重点发展海珍品养殖；保障复州湾、金州湾盐业生产基地的持续发展；培植海水利用产业，提高大连市的海水利用程度。

8.2.2 辽河三角洲海洋经济区

本区从营口市盖州角到锦州市小凌河口，淤泥质海岸，岸线长300千米，滩涂面积约800平方千米。优势海洋资源是油气资源和海水资源。海洋开发基础弱。主要发展方向为：重点建设辽河油田的临海油气田，勘探开发笔架岭、太阳岛等油气区；加强海水资源开发利用，发展营口、锦州盐业生产基地；加快锦州港建设，为辽西、内蒙古东部地区物资运输服务。

8.2.3 渤海西部海洋经济区

本区北起锦州市小凌河口，南到唐山市滦河口，主要为沙砾质海岸，岸线长400千米，滩涂面积约170平方千米。优势海洋资源是滨海旅游资源、港口资源、油气资源。海洋经济发展基础薄弱。主要发展方向为：发展北戴河、南戴河、山海关、兴城旅游业；继续保持秦皇岛港煤炭输出大港的地位，拓展综合性港口功能；加快绥中、秦皇岛海洋石油资源开发。积极发展海水淡化和海水直接利用。

8.2.4 渤海西南部海洋经济区

本区北起唐山市滦河口，南至烟台市虎头崖，为淤泥质海岸，岸线长1 100千米，滩涂面积约3 800平方千米。优势海洋资源是油气资源、港口资源和海水资源。海洋开发北部基础较好，南部较差。主要发展方向为：开发建设歧口、渤中、南堡、曹妃甸海区的油气田，重点建设蓬莱、渤海油气田群；勘探开发赵东、马东东、新港滩海油气区；强化天津港的集装箱干线港地位，继续建设黄骅港、京唐港；继续发展海水淡化和综合利用产业，天津要建成海水淡化利用示范市。调整区内海盐生产能力，发展海洋化工产业。

8.2.5 山东半岛海洋经济区

本区西起烟台市虎头崖，南至鲁苏交界的绣针河口，为基岩海岸，岸线长3 000千米，滩涂面积约2 400平方千米。优势海洋资源是渔业资源、旅游资源、港口资源。海洋开发基础好，海洋经济比较发达。主要发展方向为：发展海水养殖业和远洋捕捞业，搞好水产品精加工；强化青岛集装箱干线港的地位，提高烟台、日照等港口综合发展水平；以海洋综合科技为先导，大力发展海洋生物工程、海洋药物开发和海洋精细化工制品；开发建设以青岛、烟台、威海为重点的滨海及海岛特色旅游带；积极发展青岛等缺水城市的海水利用。

8.3 环渤海地区海洋经济发展状况

环渤海地区凭借丰富的海洋资源和优越的区位条件，海洋经济及海洋产业发展成就显著。2000年以后，环渤海经济区加快海洋经济发展，努力培养海洋产业集群优势，海洋产业总产值以年均超过20%以上的高速率增长，发展速度已超出长江三角洲经济区、珠江三角洲经济区，2007年环渤海经济区海洋生产总值达到9 542亿元，占全国海洋生产总值的比重为38.3%，环渤海经济区涉海就业人员近1 000万人，人均海洋产值近百万元。

8.3.1 环渤海地区海洋经济总量及发展速度

环渤海地区海岸线长度达5 684.74千米，海洋资源种类繁多，海洋生物、油气矿产、可再生能源、滨海旅游等资源储备丰富。2000—2007年环渤海地区凭借丰富的海洋资源和优越的区位条件，仅仅7年间该区域海洋产业总产值从1 272亿元跃升至9 542亿元，占全国海洋生产总值的比重约达36%，对该地区GDP的贡献率达17%，年际增长速度远远超过了该地区的国民经济平均增长速度，呈现出了良好的发展态势。岸线海洋经济密度达到16 785万元/千米，比同期增长25%左右。环渤海地区平均岸线海洋经济密度13 403万元/千米，其中：天津最高，达到89 302万元/千米，辽宁最低7 501万元/千米，山东、河北分别为11 785万元/千米和24 937万元/千米。这在一定程度上表明，环渤海地区海洋经济发展不均衡，海洋开发利用程度差异较大。[①]

区域内部省市之间，山东省海洋产业规模最大，2006年海洋生产总值达到3 679亿元，与2000年相比增幅达到2 941亿元，其次是天津市1 369亿元、辽宁省1 479亿元以及河北省1 092亿元。在海洋经济发展速度方面，天津市则名列首位，2000—2005年平均年度增长速率高达65%，海洋油气业和新兴海洋产业迅速成长是推动天津市海洋产业快速发展的重要动力。其他三省海洋产业发展速度紧跟其后，河北主要海洋产业总产值平均年增长率为38%，辽宁和山东也均超过了25%（图8.1，表8.2）。

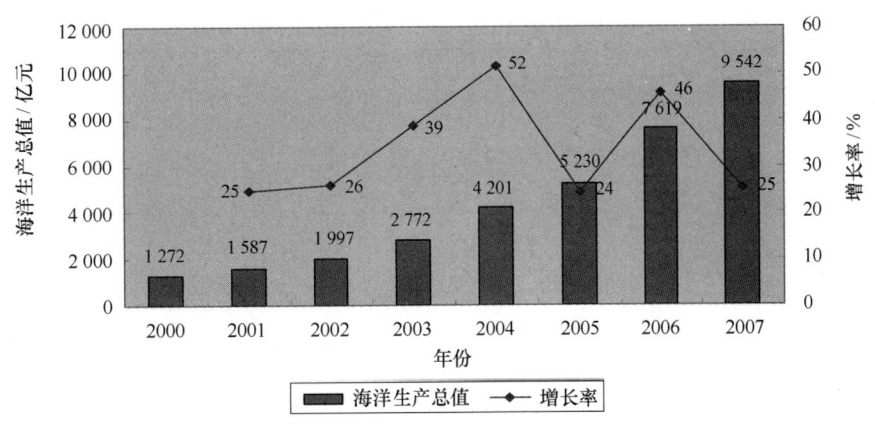

图8.1 2000—2007年环渤海地区海洋经济总量及增长率

表8.2 环渤海地区三省一市海洋经济情况（2006年）

地区	海岸线长/km	海洋生产总值/亿元	海洋三次产业结构	岸线海洋经济密度/（万元/km）
环渤海地区	5 684.74	7 619.30	6∶53∶41	13 403
辽宁	1 971.5	1 478.90	9.9∶53.5∶36.3	7 501
河北	437.94	1 092.10	2.3∶50.7∶47	24 937
天津	153.3	1 369.00	0.3∶65.8∶33.9	89 302
山东	3 122	3 679.30	8.3∶48.6∶43.1	11 785

---

① 刘容子，吴姗姗．环渤海临海区域经济发展态势与忧患．中国人口资源与环境，2008．

8.3.2 环渤海地区海洋产业结构情况

进入21世纪后,环渤海地区海洋产业结构不断优化,2000—2006年一、二、三产业结构由63:21:16发展到6:53:41,2006年海洋第一、二、三产业产值分别达到481.6亿元、4 032.5亿元和3 105.2亿元(表8.3),海洋第二、三产业占比远大于第一产业。与2006年全国海洋三次产业结构5.4:46.2:48.4相比,环渤海地区的海洋第二产业优势较大,第三产业所占比例与全国水平相当。海洋交通运输业、海洋渔业和滨海旅游业仍在环渤海地区保持着三大主导产业地位,产值之和占本区域海洋生产总值的91%。海洋科研管理业等辅助产业发展迅速,实现增加值819.6万元,占本区域海洋生产总值的11%,为该区域海洋经济发展提供了有力的支撑。

表8.3 环渤海地区及全国海洋三次产业产值数据统计表(2000—2006年)[①]　　单位:亿元

地区	海洋分产业	2000年	2001年	2002年	2003年	2004年	2005年	2006年
环渤海	第一产业	802.78	849	982.5	1 390.5	1 570.1	1 845.6	481.6
	第二产业	401.94	420.80	546.1	654.3	940.9	1 337.5	4 032.5
	第三产业	207.93	247.5	314.1	439.1	1 351.5	1 630.6	3 105.2
全国	第一产业	2 084.34	2 256.6	2 541.00	3 240.2	3 967.6	4 577.5	1 142.9
	第二产业	693.86	1 243.8	1 615.8	2 207.1	3 142.1	3 940.2	9 802.5
	第三产业	1 355.3	3 291.8	4 216.9	4 419.6	5 855.6	6 316.2	10 274.9

环渤海区域三省一市海洋产业结构均呈现出了显著的"二、三、一"结构特征。2006年,天津、辽宁、河北的第二产业比重均超过了50%,而三省一市的海洋第一产业比重均在10%以下,占比较低,第三产业比重相当。其中,山东海洋渔业及相关产业产值达到1 286亿元,是环渤海地区海洋第一产业最为发达的省份;天津市是我国油气和海洋化工的重要生产基地,两大产业产量和产值在全国名列前茅。此外,海水淡化和综合利用产业、海洋生物技术等海洋高新技术产业发展带动下,天津市第二产业持续高速发展,第二产业产值约达900亿美元,二次产业比重达到了65.8%;山东、河北省三次产业结构分别为8.3:48.6:43.1和2.3:50.7:47,第二产业产值略高于第三产值,产业发展较为均衡。总体来讲,环渤海整个区域的产业结构趋同,工业化水平较高。

8.3.3 环渤海地区海洋产业布局

海洋产业集群的聚集度是区域海洋产业布局的重要表现形式。环渤海地区海洋产业近年来发展迅速,在青岛、大连、天津等沿海城市海洋产业不仅成为的支柱产业,海洋产业集群已初具规模。环渤海三省一市海洋三次产业产值的区位熵系数[②]可在一定程度上反映环渤海地区三次产业集聚和布局情况(见表8.4)。

---

① 黄瑞芬,苗国伟.海洋产业集群测度——基于环渤海和长三角经济区的对比研究.中国地理学会、北京大学政府管理学院,环渤海地区可持续经济发展研究专题报告.2006,第55-61页.

② 区位熵系数(LQ)是一个给定区域中产业某一指标占有的份额与整个经济中该产业该指标占有的份额的比值。该系数可用来判别产业集群的集聚程度。当区位商大于1时,表明该地区该产业集群程度较高,具有比较优势,可以判定存在产业集群;反之,区位熵系数接近0,表示该地区该产业分布分散,不具备比较优势,可以判定不存在产业集群现象。$LQ = (e_{io}/e_i) / (E_{io}/E_i)$,$e_{io}$表示区域海洋第$i$产业的产值,$e_i$表示区域第$i$产业的产值,$E_{io}$表示全国海洋第$i$产业的产值,$E_i$表示全国第$i$产业的产值。

表 8.4 环渤海海洋分产业区位熵系数（海洋产值指标）（2001—2006 年）[①]

三次产业	2001 年	2002 年	2003 年	2004 年	2005 年	2006 年
第一产业	2.05	2.12	2.29	2.11	2.08	2.15
第二产业	1.56	1.52	1.28	1.22	1.36	1.63
第三产业	0.41	0.40	0.54	1.26	1.35	1.53

表中数据显示，2001 年以后环渤海地区海洋第一产业区位商系数一直保持在 2 以上，这表明，该地区海洋渔业及其加工产业集聚程度较高，在全国具有较明显的比较优势。第二产业区位商系数大于 1，这表明第二产业在环渤海地区产业集群已经形成，且发展较为稳定。从 2004 年开始，环渤海第三产业大于 1，说明 2004 年之前环渤海地区海洋第三产业发展较慢，不具备比较优势，没有产生产业集聚现象。但 2004 年以后，借助于滨海旅游、海洋交通运输的快速发展，该地区海洋第三产业及其现象开始显现，并呈现出加速发展的趋势。

2006 年，环渤海地区海洋渔业及相关产业在辽宁和山东发展具有较大比较优势，第一产业区位商分别达到 1.51 和 1.44，产业集聚程度较高。而海岸线相对较短的河北和天津两省受资源禀赋的约束，海洋第一产业发展处于劣势，主要在沿海地带分散分布。近年来，天津市海洋第二产业发展迅猛，近 200 家与海洋相关的高新技术和产品开发企业正在茁壮成长，已初步形成以海洋石油和天然气、电子通信、海水利用和海洋电力为主导的产业集群，2006 年天津海洋第二产业产值达到 900 亿元，在环渤海地区海洋第二产业区位商高达 2.54，位居第一。海洋第三产业集聚程度较高为山东和天津，在海洋科技、海洋交通运输和滨海旅游业等行业具有产业优势和形成产业集群的良好条件，区位商分别达到 1.17 和 1.40（表 8.5）。

表 8.5 环渤海地区三省一市海洋三次产业区位商（2006 年）

海洋三次产业	辽宁	河北	天津	山东
第一产业	1.51	0.16	0.30	1.44
第二产业	1.08	0.59	2.34	0.91
第三产业	0.81	0.69	1.40	1.17

8.3.4 环渤海地区海洋经济发展特征

环渤海地区拥有漫长的海岸线，海洋资源、区位优势突出、港口星罗棋布，有天津、大连、青岛等大型开放港口，有得天独厚的人文、科技、旅游、经济资源，沿海分布着众多的城市，产业和人口集聚[②]，区域海洋生产总值近万亿元，海洋经济发展进入了快车道，有着巨大的发展潜力。2000 年以后，该区域海洋经济发展呈现出如下特征。

1）区域海洋经济发展速度较快

2000 年以来，环渤海地区海洋产业产值年均增长率约达 33%（按现价计算），远远高于国民经济平均的增长速度。2007 年，海洋总产值达到 9 642 亿元，占全国海洋生产总值的比

---

① 黄瑞芬，苗国伟. 海洋产业集群测度——基于环渤海和长三角经济区的对比研究. 中国地理学会、北京大学政府管理学院，环渤海地区可持续经济发展研究专题报告. 2006，第 58 页.
② 高洪深. 区域经济学. 北京：中国人民大学出版社，2006，第 297 页.

重约达36%，对该地区GDP的贡献率达17%。随着环渤海区域海洋产业规模不断扩大，海洋经济已并成为该地区国民经济的重要组成部分。

2) 海洋经济与区域经济关联较为密切

为揭示该区域海洋经济与区域国民经济的内在关系，运用灰色关联分析方法①对区域海洋生产总值与区域国民生产总值的相关性进行研究发现，2000年至2006年间环渤海地区GDP与区域海洋经济的运行轨迹具有较高的相似性，灰色关联度达到61%。综合考虑经济发展轨迹和发展速度两方面因素，区域海洋经济和区域经济综合关联度为51%（图8.2）。由此可见，该地区海洋经济发展与国民经济发展的关系是相互促进、相辅相成，紧密关联的，大力发展海洋经济可促进区域经济快速发展，区域经济的迅速腾飞可带动海洋经济发展。

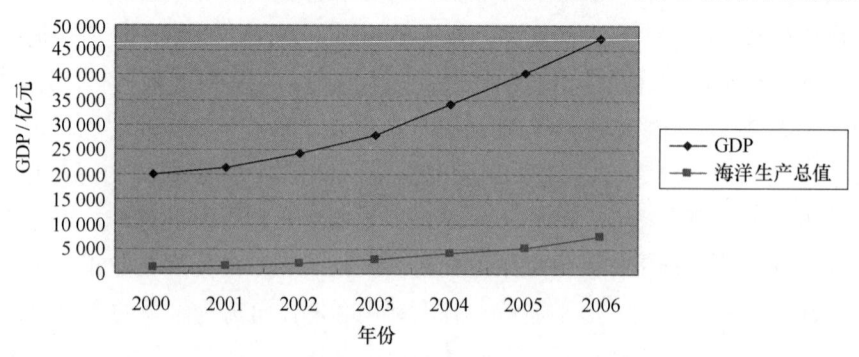

图8.2 环渤海地区GDP与区域海洋生产总值

3) 区域海洋经济结构不断优化

海洋第一、二、三产业的结构比例由2000年的63∶21∶16，发展至2006年的6∶53∶41，海洋第一产业产值锐减而二、三产业增长迅速，这一方面起因于渤海污染加重、环境恶化以及近海生物资源的开发过度；另一方面则要归功于地方政府开始重视对海洋油气、化工、空间、旅游等海洋资源的开发利用以及海洋科技的快速发展。

4) 区域海洋产业竞争力增强

环渤海地区优势产业带动作用突出，高新产业增长强劲，特色产业持续增长的特点，表明该地区海洋产业在全国竞争力增强。2005年环渤海地区海洋渔业、滨海旅游、海洋交通运输、海洋电力与海水利用业四大优势产业完成总产值12 200亿元，占该区域海洋总产值的比重达到72%。据计算，海洋渔业、海洋油气业、海洋电力与海水利用业四大产业产值与海洋经济总产值的相对关联度②达到了75%以上，这表明这些产业对该区域海洋经济的快速发展有着重明显的主导和带动作用。与此同时，近几年来，以海洋电力与海水利用产业、海洋生

---

① 灰色关联分析的基本思想是根据数据序列曲线几何形状的相似程度来判断数据序列之间的关联度。灰色关联度是将系统因素集合众多的各个因素视为空间中的点，将每一因素关于不同时刻、不同指标、不同对象的观测数据视为点的坐标，通过研究特定的n维空间中各因素之间或因素与系统特征之间的关系，并依托n维空间中的距离来定义的。本研究样本数据采用2000—2006年的年度数据，来源于《中国海洋统计年鉴》。以环渤海地区三省一市GDP序列为系统特征序列，海洋经济生产总值序列为相关因素序列进行灰色关联分析。

② 相对关联度表征序列相对于始点的变化速率的关系，数据序列之间的变化速率越接近，相对关联度越大；是反映序列之间联系是否紧密地一个数量指标。

物医药业、海洋科研管理服务等高新技术产业发展快速，产值由 2001 年 800 多亿元增至 2005 年 3 284 亿元，一跃成为环渤海地区海洋经济中最具发展潜力的产业，高新产业增长势头强劲。此外，全国的海洋盐化工和海洋化工业几乎全部集中于环渤海地区，产值均占到全国该产业的 85% 以上；海洋生物医药业也是该地区的特色产业，我国海洋医药业接近 60% 的产值源自该地区[①]，特色海洋产业在全国地位突出，并继续保持持续增长的良好势头。

5）区域海洋产业集聚程度增高

从时间序列上来看，环渤海地区海洋三次产业集聚程度逐年提高，尤其是海洋三产业上升趋势明显，2006 年区域熵达到了 1.53，海洋交通运输、滨海旅游、海洋科研管理服务等产业在天津、青岛和大连等沿海城市形成了明显的海洋产业集群。环渤海海洋第一产业区位熵系数一直保持在 2 以上，虽在近几年略有起伏，但总体集聚水平较高。海洋第二产业方面，天津、山东、辽宁等沿海城市积极围绕本地区优势产业，不断通过改善投资环境、政策扶持、招商引资、发展循环经济等措施积极支持发展配套产业和服务业及下游产业，把优势产业变成支柱产业、主导产业，把单一产业变成产业群，形成了诸多规模大、功能互补等多个产业集群，促使海洋第二产业集聚度也不断攀升，环渤海经济布局不断改善（图 8.3）。

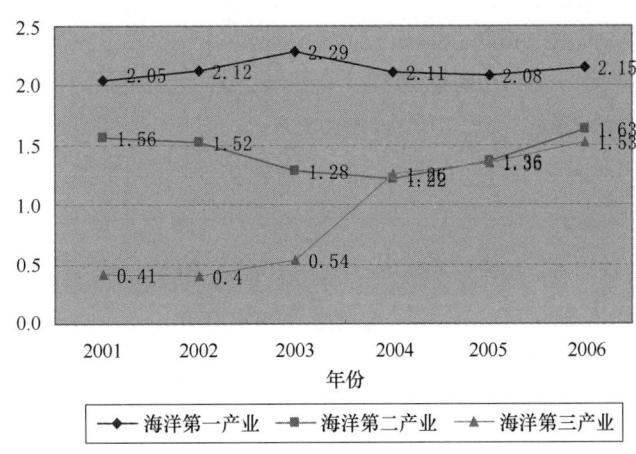

图 8.3　环渤海地区海洋三次产业区位熵系数图

8.3.5　环渤海地区各省市海洋经济发展状况

环渤海地区海洋经济呈现持续快速增长的状态。但环渤海地区的海洋经济相对全国而言，处于比较低的水平。

1）辽宁省海洋经济发展状况

辽宁是海洋大省，海洋资源比较丰富。但辽宁的主要海洋产业总产值占全国的比例仅为 5.0%~6.8%，说明辽宁在海洋经济上发展比较缓慢，而海洋渔业占据了总产值的 48%~77%，海洋水产、海洋船舶工业、海洋交通运输和沿海旅游四个产业占全省海洋产业总产值的 98%，仅在 2004 年，由于相关产业有所发展，使这四个产业的产值所占比重略有下降，达到 94% 以上。海洋生物制药和保健品、海洋化工和海水利用具有较大的发展空间。辽宁省

---

① 刘容子，吴珊珊. 环渤海临海区域经济发展态势与忧患. 中国人口资源与环境，2008 年第 2 期.

海洋产业产值在全国沿海地区处于第六、第七位的水平（表8.6，表8.7）。

表8.6　辽宁省主要海洋产业总产值（2000—2005年）　　　　　　　　　　单位：亿元

年份	合计	海洋渔业及相关产业	海洋石油和天然气	海洋盐业	海洋化工	海洋生物医药	海洋船舶工业	海洋工程建筑	海洋交通运输	滨海旅游
2000	326.58	211.30	4.92	4.42			47.23		37.48	21.23
2001	362.37	245.80	2.42	4.51			60.34		21.95	27.35
2002	459.33	299.95	2.26	4.24			73.45		48.85	30.58
2003	543.41	417.44	3.67	2.85					95.00	24.45
2004	932.23	446.04	3.21	5.06	14.88	1.37	108.42	29.60	120.00	203.65
2005	1 039.91	490.59	5.31	6.32	19.02	1.78	169.00	30.00	93.11	224.78

表8.7　辽宁省主要海洋产业增加值（2000—2005年）　　　　　　　　　　单位：亿元

年份	合计	海洋渔业及相关产业	海洋石油和天然气	海洋盐业	海洋化工	海洋生物医药	海洋船舶工业	海洋工程建筑	海洋交通运输	滨海旅游
2000	17.04		3.44	1.89			11.71			
2001	20.27		1.66	2.19			16.42			
2002	33.31		1.97	1.56			17.95		11.83	
2003	21.14		2.62	1.00			17.52			
2004	264.72	221.32	2.36	2.13	5.36	0.63	21.08	11.84		
2005	291.04	234.80	4.14	2.85	5.71	0.54	32.00	11.00		

2）河北省海洋经济发展状况

河北省是中等海洋省份，海洋资源并不丰富，但拥有良好的海岸线和浅海资源。河北省海洋产业总产值占全国的比例仅为1.4%～2.0%，主要产业中，海洋水产、交通运输和海洋化工所占比重比较大。近年来，海洋工程建筑和滨海旅游业发展迅速，海水利用产业在成长。河北省海洋产业产值在全国沿海地区的地位处于第九、第十位的水平（表8.8）。

表8.8　河北省主要海洋产业总产值（2000—2005年）　　　　　　　　　　单位：亿元

年份	合计	海洋渔业及相关产业	海洋石油和天然气	海洋盐业	海洋化工	海洋电力	海水利用	海洋船舶工业	海洋工程建筑	海洋交通运输	滨海旅游	其他产业
2000	6.08			5.25				0.83				
2001	24.36			5.33	9.02	9.24		0.77				
2002	35.25			4.38	7.40	9.54		1.25		12.68		
2003	48.47			4.02	7.86		10.25	1.35	13.54			11.45
2004	85.89	30.96		5.82	9.32		11.53	2.03	14.35			11.88
2005	94.51	33.7	1.01	6.10	9.80		11.90	3.80	16.10			12.10

3）天津市海洋经济发展状况

天津拥有的海岸线比较短，海洋资源具有局限性。但海洋经济发展迅速，主要海洋产业产值从2001年的268.65亿元，猛增到2005年的1 447.49亿元；其中，海洋石油、海洋化工、海洋交通运输和滨海旅游业发展尤其突出，其他海洋产业也在迅速壮大。但天津市海洋产业产值在全国沿海地区的地位与辽宁省相互交替，处于第六、第七位的水平，但呈现上升趋势（表8.9，表8.10）。

表8.9 天津市主要海洋产业总产值（2000—2005年） 单位：亿元

年份	合计	海洋渔业及相关产业	海洋石油和天然气	海洋盐业	海洋化工	海洋船舶工业	海洋交通运输	滨海旅游	其他产业
2000	138.63	6.66	67.43	4.81		2.33	38.23	19.17	
2001	268.65	7.03	77.62	4.89	38.33	3.95	44.27	23.17	69.39
2002	416.08	8.27	112.01	5.13	53.61	7.12	52.31	28.31	149.32
2003	568.07	10.08	146.58	5.23	71.73	9.39	96.22	27.25	201.59
2004	1 051.47	9.47	193.61	5.90	103.74	13.57	161.46	332.66	231.06
2005	1 447.49	9.27	329.08	8.69	113.72	18.63	261.43	332.73	373.94

表8.10 天津市主要海洋产业增加值（2000—2005年） 单位：亿元

年份	合计	海洋渔业及相关产业	海洋石油和天然气	海洋盐业	海洋化工	海洋船舶工业	海洋交通运输	滨海旅游	其他产业
2000	54.9		51.37	3.92		-0.39			
2001	115.8		68.14	3.71	10.11	.67	24.66		8.51
2002	126.1		69.00	3.73	15.05	1.38	18.20		18.72
2003	165.6		109.37	4.53	17.44	1.68			32.57
2004	197.7	4.91	127.92	4.71	21.55	1.91			36.74
2005	319.5	4.74	244.4	6.03	27.07	2.83			34.38

4）山东省海洋经济发展状况

山东省是海洋大省，海洋经济发展迅猛，主要海洋产业产值从2001年的840多亿元，猛增到2004年的1 900多亿元，占全国的14.1%。海洋水产业占总产值的54.7%，其他海洋产业均衡发展，形成了门类齐全、逐步协调发展的态势（表8.11，表8.12）。

表8.11 山东省主要海洋产业总产值（2000—2005年） 单位：亿元

年份	合计	海洋渔业及相关产业	海洋石油和天然气	海滨砂矿	海洋盐业	海洋化工	海洋生物医药	海洋电力	海水利用	海洋船舶工业	海洋工程建筑	海洋交通运输	滨海旅游	其他产业
2000	737.76	551.77	36.23	0.05	57.17					26.08		45.38	21.08	
2001	840.58	554.52	30.97	0.02	65.63	4.78	0.98	45.08	35.39	2.07	75.20	25.30	0.64	
2002	994.61	628.81	29.98		61.24	14.73	5.58	67.40	42.24	20.06	87.14	32.11	5.32	
2003	1 477.64	919.19	35.59		33.19	76.40	10.31	55.93	77.88	40.44	132.64	25.79	70.28	
2004	1 938.46	1 060.29	42.65		51.38	84.57	11.62	31.26	27.55	55.88	55.81	147.04	279.08	91.33
2005	2 418.11	1 286.45	48.73	0.16	50.05	141.01	25.54	34.40	8.20	34.52	87.19	194.16	390.21	117.49

表 8.12 山东省主要海洋产业增加值（2000—2005 年）　　　　　　　　　　　　　　单位：亿元

年份	合计	海洋渔业及相关产业	海洋石油和天然气	海滨砂矿	海洋盐业	海洋化工	海洋生物医药	海洋电力	海水利用	海洋船舶工业	海洋工程建筑	海洋交通运输	滨海旅游	其他产业
2000	30.24		19.84	0.02	4.49					5.89				
2001	50.38		17.84	0.01	1.65	1.19	0.14	19.96		8.44	0.84			0.31
2002	118.57		18.05		4.81	3.01	1.20	32.39		10.73	5.26	40.96		2.16
2003	193.20		24.50		13.36	40.03	3.26	14.27	15.68	21.03	15.57			45.50
2004	690.27	487.78	31.44		20.49	46.41	4.33	16.61	16.39	12.70	21.34			32.78
2005	784.41	541.41	42.36	0.08	19.67	65.77	11.20		4.32	24.52	32.42			42.66

5）环渤海区域海洋经济发展总体状况及在全国的地位

环渤海地区海洋资源丰富，海岸线长 5 684.74 千米，占全国的 32.02%。海洋经济发展迅速，2005 年，主要海洋产业海洋经济总产值达到 5 230.09 亿元，占全国的 31.21%；主要海洋产业增加值达到 2 268.43 亿元，占全国的 31.57%。但与全国平均水平相比，环渤海地区海洋经济发展的总体水平偏低。据统计，2005 年环渤海地区岸线海洋经济总产值密度达到 9 200.23 万元/千米，低于全国的平均水平（9 438 万元/千米），为全国平均水平的 97.48%；岸线海洋经济增加值密度达到 3 990.41 万元/千米，低于全国的平均水平（4 047.3 万元/千米），为全国平均水平的 98.59%（表 8.13）。

表 8.13 环渤海三省一市海洋经济发展现状（2005 年）

地区	总产值/亿元	增加值/亿元	海岸线长/km	岸线总产值密度/（万元/km）	岸线增加值密度/（万元/km）
辽宁	1 039.91	439.63	1 971.5	5 274.72	2 229.93
河北	324.58	160.2	437.94	7 411.52	3 658.04
天津	1 447.49	593.27	153.3	94 422.05	38 699.94
山东	2 418.11	1 075.33	3 122	7 745.39	3 444.36
环渤海合计	5 230.09	2 268.43	5 684.74	9 200.23	3 990.41
全国总计	16 755.13	7 185.05	17 752.7	—	—
全国平均	—	—	—	9 438.1	4 047.3
环渤海占全国（%）	31.21	31.57	32.02	—	—
平均比重（%）	—	—	—	97.48	98.59

第 9 章 环渤海地区海洋经济发展战略、规划与管理

海洋经济已经成为沿海地区经济重要的组成部分。随着海洋开发活动的深入，海洋经济的影响将更为广泛和深刻。因此，积极制定科学、合理的区域海洋经济发展战略，实施新一轮海洋开发规划，对渤海地区海洋经济及区域经济的健康、快速发展十分关键。

9.1 环渤海地区海洋经济发展规划体系

根据环渤海三省一市的海洋经济发展规划，海洋资源开发利用将进入一个新的历史阶段，海洋开发的规模更大、范围更广、程度更深。

9.1.1 省市海洋经济发展规划

1）辽宁省海洋经济发展规划

《辽宁省海洋经济发展规划（2006—2010 年）》中提出，实施环渤海"三点一线"（后改为"五点一线"）发展战略，即加快渤海沿岸的大连长兴岛开发、营口滨海工业基地建设、锦州湾（目前包括葫芦岛、丹东）整体开发以及环渤海沿线的开发建设。以建设新型工业为导向，壮大搞活临港经济，重点抓好交通运输业、装备制造业、原材料加工、电力工业、高新技术产业、水产品增养殖业、水产品加工业、滨海旅游业、金融保险和房地产业。重点建设营口临海产业基地、锦州西海国际工业园区、葫芦岛北港工业园区、长兴岛海洋经济开发区。

2）河北省海洋经济发展规划

《河北省海洋经济发展规划（2003—2010 年）》提出，优先发展临港工业区，推动海洋交通运输产业结构全面升级。加快港口及临港工业基地建设，将能源、钢铁、石油化工、盐化工等受资源、环境状况制约的基础产业转移到沿海，依托唐钢、首钢在京唐港加快发展大型临港钢铁工业基地，依托沧州化工城在黄骅港发展大型临港石油化工基地，提升港口"板块经济"效应。建设以滨海旅游和临港工业为主导的秦皇岛经济区，以山海关经济技术开发区、港东重化工业区和高新技术开发区为重点，加快临港工业基地建设。建设以京唐港及曹妃甸港区临港工业为主导的唐山经济区，建设以黄骅港、大型临港化工基地建设为主的沧州经济区。

3）天津市海洋经济发展规划

《天津市海洋经济发展规划（2006—2010 年）》提出，建设国际化深水大港，包括建设北

港池集装箱一、二、三期工程，南疆神华煤炭码头工程、通用散货码头工程、专业化煤码头工程，30万吨级原油码头工程、2号30万吨级原油码头工程，滚装码头改造工程，液化天然气码头工程。建成三大海洋工业基地，包括大港石化产业基地、临港工业基地、循环经济示范基地等。构建四大骨干行业，包括油气资源开采、石油化工、海洋化工、造船业等。发展六大骨干企业集团，包括中石化天津分公司、中石油大港油田公司、中海油天津公司、中化工天津公司、渤海化工集团和天津新港船厂。海岸带地区重点建设6个海洋产业区，包括海水资源综合利用区、海滨休闲旅游区、海港物流区、滨海中心商务商业区、滨海化工区、临港产业区等。

4）山东省海洋经济发展规划

《山东省海洋经济发展规划（2006—2010年）》提出，调整海洋渔业结构，大力发展造船、钢铁、石油化工、盐化工、海洋能源等临港工业，积极拓展滨海旅游、临港物流等海洋服务业，依靠科技进步、制度创新和承接国内外产业转移与技术转让，优化经济结构，提高经济发展质量。构建黄河三角洲高效生态经济区，继续加快石油与天然气的勘探开发步伐，尽快实现海上油气资源开发的新突破。

9.1.2 区域海洋经济发展规划

京津冀都市圈区域规划（2006—2010年），规划的总体功能定位为：我国政治、科教、文化中心和北方综合实力最强的经济中心，国家重要的创新基地、现代制造业、研发和转化基地，我国最重要的交通枢纽、参与东北亚及全球经济合作和对外交流的重要窗口和基地，发展水平高、服务带动能力和国际竞争力强的现代化大都市区。在渤海沿岸，唐山的定位中包括以钢铁、能源、建材、化工、装备制造和新兴工业为主的制造业基地，国际性能源和原材料集疏主枢港，世界级重化工业基地等。秦皇岛的定位中包括国家级能源输出港和北方地区综合性枢纽港口城市，京津冀临港工业和环渤海重要的先进制造业基地。沧州的定位中包括以电力、重化工业为主的京津冀都市圈重要的能源、化工基地，以先进制造、新型建材、海水苦咸水淡化、海水养殖与加工、海洋运输为主的临港产业基地。

9.1.3 与渤海区域海洋经济发展有关的国家规划

1）《国家海洋事业发展规划纲要》

2008年2月21日，经国务院批准，国家发改委、国家海洋局联合印发了《国家海洋事业发展规划纲要》。该《纲要》指出：要加强对海洋经济的调控指导，提高海洋经济增长质量，壮大海洋经济规模，优化海洋产业布局，提高海洋经济对国民经济的贡献率。

对于如何统筹协调海洋经济，使之能够良性发展，《国家海洋事业发展规划纲要》明确了三点：①宏观调控海洋经济。加强国家对海洋开发利用的宏观调控，将围填海总量控制作为重要手段，纳入国家年度指令性计划管理。严格控制各类园区围填海规模。按照环渤海、长江三角洲、珠江三角洲、海峡西岸和环北部湾区域经济发展战略，统筹协调陆海区域功能定位，进一步构建各具特色的海洋经济区，推动区域海洋产业集群的形成，促进海洋经济与区域经济的协调发展。完善海洋经济核算体系，加强海洋产业的调查、分析与动态评估，建立海洋经济运行监测与评估系统，加强跟踪分析，为宏观经济决策提供依据。②规划指导海洋经济。国家总体规划、专项规划、区域规划以及涉海行业规划要加强对相关海洋产业发展的指导。对《全国海洋经济发展规划纲要》开展中期评估，并适时进行滚动式修订，加强对沿海省级海洋经济发展规划实施的指导。在全国主体功能区规划的指导下，根据海洋资源环境承载能力、已有开发密度和发展潜力，在海洋功能区划基础上，对我国管辖海域进行分析评价，明确各类海洋主体功能区的数量、位置、范围以及每个主题功能区的定位、发展方向、开发时序、管制原则和政策措施等。适时启动重点区域海洋开发规划，指导沿海地区开发活动，实施动态管理。③培育引导海洋循环经济。制定促进海洋循环经济发展的相关政策和措施，建立海洋循环经济评价指标体系。以海洋资源的节约与循环利用为目标，应用和推广循环经济技术，大力发展海洋资源综合利用产业，形成资源高效循环利用的产业链，发挥产业集聚优势，提高资源利用率。加强海洋生物资源开发，充分利用生物技术，发掘和筛选一批具有重要应用价值的海洋生物资源，开发海水养殖新技术、选育一批海水养殖新品种，建立种苗繁育基地，加速产业化，推动海水养殖业发展；加快海洋生物活性物质分离、提取、纯化技术研究，支持海洋生物医药、海洋生物材料、海洋生物酶等研究开发和产业化。加快建设海洋能源、海水淡化与综合利用等工程，建立海洋循环经济示范企业和产业园区。在滨海湿地、三角洲和海岛等特殊海洋生态区，发展高效生态经济。

2) 《国家中长期科学和技术发展规划纲要（2006—2020年）》

2006年2月9日国务院发布《国家中长期科学和技术发展规划纲要（2006—2020年）》。其立足国情、面向世界，认真落实科学发展观，以增强自主创新能力为主线，以建设创新型国家为奋斗目标，对中国未来15年科学和技术的发展做出了全面规划和部署，是新时期指导中国科学和技术发展的纲领性文件。

《国家中长期科学和技术发展规划纲要（2006—2020年）》高度重视海洋科学技术，对实现海洋经济可持续发展具有重要推动作用，并将海水淡化、海洋资源高效开发利用、海洋生态环境保护、大型海洋工程技术与装备列入重点领域中的优先发展主题[①]，将包括海洋环境立体监测技术、大洋海底多参数快速探测技术、天然气水合物开发技术和深海作业技术在内的海洋技术列为前沿技术。

3) 《国家"十一五"海洋科学技术发展规划》

为贯彻全国科学技术大会精神，落实《国家中长期科学和技术发展规划纲要（2006—2020年）》，加快海洋科技发展，推进国家海洋科技创新体系建设，提升我国海洋科技水平和能力，支撑和引领海洋经济快速发展，保障海洋安全，2006年11月，国家海洋局等三部委联合印发了《国家"十一五"海洋科学和技术发展规划纲要》，这是中国第一个国家海洋科学和技术发展规划。

《国家"十一五"海洋科学和技术发展规划纲要》全面规划和部署了"十一五"及今后一段时期全国海洋科技工作的发展方向和主要任务。《国家"十一五"海洋科学和技术发展规划纲要》明确规定了海洋科技对海洋经济发展的作用，提出"十一五"期间，海洋科技对海洋经济的支撑能力显著增强。海洋科技对海洋经济发展的贡献率达到50%。海洋科技资源

---

① 根据《国家中长期科学和技术发展规划纲要（2006—2020年）》，重点领域是指在国民经济、社会发展和国防安全中重点发展、亟待科技提供支撑的产业和行业。优先主题是指在重点领域中急需发展、任务明确、技术基础较好、近期能够突破的技术群。

配置得到优化,海洋科技高层次人才数量增加30%,海洋科技成为支撑和引领海洋事业发展的重要力量。

为确保规划目标实现,《国家"十一五"海洋科学和技术发展规划纲要》统筹考虑并明确提出了"十一五"期间,中国海洋科技发展的八大重点任务。其中,对海洋经济方面部署的任务是发展海洋开发技术,推动海洋经济健康发展。其他七项任务,如发展海洋环境监测预报技术,提高海洋环境保障能力;开展海洋管理研究,促进海洋事业可持续发展;推进海洋创新体系建设,提高海洋科技创新能力等对海洋经济的实现又好又快发展具有重要的保障和支撑作用等。

4)《高技术产业发展"十一五"规划》

2007年7月,经国务院批准,国家发改委印发了《高技术产业发展"十一五"规划》,这是贯彻落实国民经济和社会发展第十一个五年规划纲要的具体部署,是实施国家中长期科学和技术发展规划纲要的行动计划,也是推动中国高技术产业快速健康发展,促进产业结构调整和经济增长方式转变,加快建设创新型国家和落实科学发展观的一项重要举措。

《高技术产业发展"十一五"规划》将海洋领域列为八大重点支持领域之一,要求海洋领域要围绕加快发展海洋产业,形成国民经济新的增长点的目标,重点支持对海洋经济有重大带动作用的海洋生物、深海资源产业、海水综合利用等高技术产业化进程,为发展新兴产业提供有力支撑。

5)《全国科技兴海规划纲要(2008—2015年)》

2008年9月25日,国家海洋局、科技部联合发布了《全国科技兴海规划纲要(2008—2015年)》,这是中国新形势新阶段对科技兴海工作的全面规划,是中国第一个以科技成果转化和产业化促进海洋经济又好又快发展的规划,是指导未来5~10年中国科技兴海工作的行动指南。

《全国科技兴海规划纲要(2008—2015年)》从推动海洋高新技术产业和解决海洋经济发展中的问题入手,提出五项重点任务:一是加速海洋科技成果转化,促进海洋高新技术产业发展;二是加快海洋公益技术应用,推进海洋经济发展方式转变;三是加快海洋性信息产品开发,提高海洋经济保障服务能力;四是构建科技兴海平台,强化科技兴海能力建设;五是实施重大示范工程,带动科技兴海全面发展。

9.2 环渤海各海洋经济区发展定位

根据环渤海三省一市"十一五"海洋经济发展规划,2010年环渤海地区海洋生产总值发展目标为8 300亿元,各省市海洋经济增长速度和目标均定在15%以上,(其中:天津20%,辽宁20%,山东20%,河北15%),区域海洋经济发展更加注重转变经济发展方式,海洋产业结构优化和布局调整,重点发展港口、化工、石油开发和加工、钢铁以及造船等产业。

9.2.1 辽东半岛海洋经济区发展定位

辽东半岛海洋经济区海域广阔,它东邻黄海,西临渤海,以基岩海岸为主,海岸线长达1 300千米,滩涂面积约900平方千米。区内近海岛屿众多,渔业、港口和旅游资源丰富,工业基础雄厚，是我国重要的重工业及主要工业原材料基地。钢、生铁、钢材和纯碱产量占全国1/5，烧碱占全国10%，发电量、机床、冶金设备、变压器、汽车和造船等在全国占有重要地位。以大连为中心，以丹东、营口为两翼的机床、汽车、加工设备、金属轧制设备和铸造设备等为代表的辽宁装备制造工业，构成了沿海装备制造的"V型黄金布局"。这些工业部门大部分集中于沿岸地带，为海洋经济的发展提供了雄厚的工业基础，尤其是为海洋水产加工、海洋化工、造船业及港口建设等产业发展创造了有利条件。该区域内的金刚石、铁矿、镁矿、硼矿、黄金和铅锌等陆地矿产资源产量位居全国前列，从而为今后延后产业链和扩大相关产业规模提供了条件。而辽东半岛海洋经济区内还拥有全国密度最高的公路铁路网，基础设施完善，交通工具齐全，目前已经形成了海陆空相互协调的立体化、多功能、综合性的现代化运输体系，对区域内的生产要素流动、形成比较优势奠定了物流基础[①]。

辽东半岛海洋经济区战略定位：以构建大连东北亚国际航运中心为重点，成为承接国际产业转移、实现结构优化升级的先行地区，成为全省重要的石化基地、电子信息产业和软件基地、先进装备制造业基地、造船基地和高新技术产业基地，成为服务于辽宁和东北地区的对外开放窗口。

9.2.2 辽河三角洲海洋经济区发展定位

辽河三角洲海洋经济区是从营口盖州角到锦州市小凌河入海口一段，处于辽宁省的渤海辽东湾顶部，岸线长300千米，滩涂面积约800平方千米。区域优势海洋资源为油气资源、海水资源和湿地资源，拥有全国第三大油田——辽河油田，也是国家重要商品粮基地，属于农业、油气、港口全方位综合开发型的三角洲。目前辽河三角洲经济区已形成海洋渔业、海洋交通运输业、海盐及其化工业、海洋油气业、滨海旅游业、海洋服务业等七大行业，各个产业发展的规模和速度不同，其中海洋油气业、海盐化工和海洋交通运输业发展规模较大、速度较快。锦州港依托地区优势，通过有效的股份制改造和灵活的市场运作，已从地方小港发展成为环渤海地区一个重要港口，2005年吞吐量已经超过3 000万吨，形成具有一定规模的现代化地区性重要港口。辽河三角洲海洋油气业已经初具规模，但由于开发基础薄弱，开发程度不高，石油生产能力和该地区富集的石油储量不相称。锦州的盐业是辽河三角洲海洋经济区另一个主要发展方向。营口和锦州都是我国北方重要的海盐产区之一，盐田和海盐是辽河三角洲最重要资源之一。海盐产业约占1.6万公顷盐田，原盐产量100万吨左右[②]。

辽河三角洲海洋经济区战略定位：重点建设辽东湾的海上油气田；构筑石油开采与石化工业基地；加快海水资源开发利用；稳定锦州和营口盐业生产基地，加快盐化工基地建设；增殖和恢复渔业资源，保护渔业水域生态环境，建设滩涂浅海贝类增养殖基地，发展港湾养殖和水产品加工业；发展旅游业；加快营口港建设；加快湿地资源保护和开发，实施苇、鱼、蟹立体养殖和综合利用。

9.2.3 渤海西部海洋经济区发展定位

渤海西部海域经济区东起锦州市小凌河口，南到唐山市滦河口，岸线长400千米，滩涂面积约170平方千米，主要包括辽西海洋经济区和河北省秦皇岛经济区。

---

① 李靖宇，赵伟. 加大辽宁半岛海洋经济区开发力度的现实论证. 河南科技大学学报（社会科学学报），2008（4）：71-75.

② 张森. 辽河三角洲海洋经济区产业的发展与布局. 海洋开发与管理，2008（3），63-67.

1)辽西海洋经济区

该区东起锦州市小凌河口,西到辽冀海域行政区域界线,为沙砾质海岸,岸线长约300多千米,滩涂面积160平方千米,在港口、旅游、渔业和油气资源等方面优势明显,以油气、船舶修造、旅游业为主,海洋经济发展基础薄弱。辽西沿海经济区由锦州西海工业区和葫芦岛北港工业区组成,锦州市西海工业区将加快锦州港的发展步伐,到2015年吞吐量达到亿吨,具备49个生产性泊位;加快基础设施建设;重点加快发展石油化工、煤化工、粮食深加工、装备制造及汽车零部件和新型建材等临港工业体系;建设保税物流中心和大型物流项目等。葫芦岛市北港工业区推出着力发展船舶制造及船用配套产业,石油化工和精细化工,有色金属精深加工,港口仓储物流及轻工业为主的出口加工业等四大产业规划。

辽西海洋经济区战略定位:加快绥中海洋石油资源开发,大力发展石油化工;加快发展船舶机械工业和船舶修造业,建成船舶机械制造基地;积极发展旅游业,打造"辽西走廊"黄金旅游线;加快锦州湾港建设;大力发展浅海、滩涂渔业增养殖基地和水产品深加工;积极发展海水淡化和海水直接利用。要以锦州湾开发建设为突破口,主动承接辽宁中部城市群和京津冀都市圈的双重辐射,吸引资金、技术和人才等生产要素,大力发展临港工业和外向型经济,形成具有辽西特色和优势的新型产业群,加快城市化进程,努力成为辽宁新的经济增长区域。

2)河北秦皇岛经济区

本区东起辽冀,西至滦河口。优势海洋资源主要有滨海旅游资源,港口资源,海洋经济发展的基础较好。秦皇岛经济区战略定位:以滨海旅游和加工业为主导、以秦皇岛港为依托,建设现代化综合性国际贸易、客运港和陆海物流中心;以山海关、北戴河、南戴河、黄金海岸为重点,大力发展滨海度假、海洋观光、生态旅游和文化旅游,建成国际著名旅游度假区;以秦皇岛经济技术开发、山海关出口加工区、港东工业区和山海关造船厂为重点,打造粮油食品、金属压延、玻璃、机械装备制造和修造船五大强势产业,加快海洋生物工程产业基地和出口加工基地建设;以设施养殖为重点,加快发展浅海渔业养殖。将该区建成我省海洋经济综合开发基地。

9.2.4 渤海西南部海洋经济区发展定位

该区北起唐山市滦河口,南至烟台市虎头崖,岸线长1 100千米,滩涂面积约3 800平方千米。油气资源、港口资源和海水资源是该区优势海洋资源,重点发展油气业、港航业、海水淡化以及海盐化工业等。重点开发唐山经济区、天津滨海新区、沧州经济区以及黄河三角洲高效生态经济区等。

1)唐山经济区

本区东起滦河口,西至天津。优势海洋资源是港址资源、油气资源、海盐资源和滩涂资源,海洋经济发展呈现良好势头。主要发展方向为:以临港重化工为主导,以曹妃甸港区建设为重点,建设以矿石、原油、集装箱运输为主的北方航运中心;依托海港开发区、南堡开发区和曹妃甸工业园区,建设以矿石、石油为主的储运加工基地,以钢铁、能源为主的原材料生产基地和以盐化、煤化为主的化工生产基地;以沿海四县滩涂浅海增养殖、工厂化养殖为重点，建设中国北方现代化海洋牧场及水产品加工基地，依托中心渔港，发展远洋捕捞船队，提高海洋渔业的综合生产能力；建成几个功能比较齐全的临海城镇，将唐山打造成海洋经济强市，并将曹妃甸工业区建设为我国能源、矿石等大宗货物的集疏港、新型工业化基地、商业性能源储备基地和国家级循环经济示范区。

2) 沧州经济区

本区北起天津，南至山东。优势资源是港口资源、滩涂资源和海盐资源，海洋经济发展潜力较大。主要发展方向为：以滨海化工业为主导、以黄骅港建设为重点，形成以煤炭外运为主，兼顾杂货、石油、集装箱运输的重要海上门户；以黄骅港城为中心，以石化和盐化结合为重点，建设中国北方新型化工基地和精细化工系列产品加工制造中心；发挥滩涂、浅海资源优势，大力发展海水增养殖业，改善养殖结构，建设渔业生产加工基地。

3) 天津滨海新区

天津滨海新区位于天津东部临海地带，包括塘沽区、汉沽区、大港区三个行政区和天津港、天津经济技术开发区、天津港保税区、天津东疆保税港区、中新天津生态城等5个功能区以及东丽区、津南区的部分区域。规划面积2 270平方千米，海岸线153千米，常住人口202万。

目前滨海新区拥有世界吞吐量第六的综合性港口，形成了电子信息、汽车及装备制造、石油和海洋化工、现代冶金、绿色食品、生物制药、新材料新能源七大主导产业，航空航天、金融物流、服务外包等新的优势产业正在崛起。现有15 000多家外资企业，包括摩托罗拉、空中客车、丰田汽车、三星电子等96家世界500强企业。滨海新区发展前景广阔，有1 214平方千米可供开发利用的盐碱荒地，已探明渤海海域石油资源总量100多亿吨，天然气储量1 937亿立方米，原盐年产量240多万吨。滨海新区依托京津冀、服务环渤海、辐射"三北"、面向东北亚，努力建设成为我国北方对外开放的门户、高水平的现代制造业和研发转化基地、北方国际航运中心和国际物流中心，逐步成为经济繁荣、社会和谐、环境优美的宜居生态型新城区。继续发展海水淡化和综合利用产业，建成海水淡化利用示范区。调整区内海盐生产能力，发展海洋化工产业。

4) 黄河三角洲高效生态经济区

黄河三角洲地区，是以黄河历史冲积平原和鲁北沿海地区为基础，向周边延伸扩展形成的经济区域。地域范围包括东营和滨州两市全部以及与其相毗邻，自然环境条件相似的潍坊北部寒亭区、寿光市、昌邑市，德州乐陵市、庆云县，淄博高青县和烟台莱州市，总面积2.65万平方千米。

该区主要以发展高效生态经济和绿色产业为主导方向，重点发展石油化工、盐化工和海洋化工、农用化工、精细化工，扩大高附加值产品的比重；充分发挥黄河三角洲地处环渤海经济圈中心、北接京津冀、南连胶东半岛经济带的优越地理位置，加快基础设施建设，实施港口扩建工程，构架大交通网络格局；强化渔业资源可持续发展，实现滩涂贝类资源的农牧化经营和海水养殖的规模化、集约化生产；加大环境保护与整治力度，积极发展生态旅游业；保护好草地、湿地、动植物繁衍和栖息地等自然生态系统，保护好生物物种多样性；建成全国重要高效生态经济示范区、全国重要的特色产业基地。全国重要的后备土地资源开发区以及成为支撑环渤海地区发展的又一重要区域。

9.2.5 山东半岛海洋经济区发展定位

该区西起烟台市虎头崖,南至鲁苏交界的绣针河口,为基岩海岸,岸线长3 000千米,滩涂面积约2 400平方千米。优势海洋资源是渔业资源、旅游资源、港口资源。海洋开发基础好,海洋经济比较发达。根据沿海自然资源条件和沿海区域经济发展的要求,山东半岛海岸线绵长,地貌类型多样,资源得天独厚、景点众多,要紧紧围绕打造"阳光海岸"和发展"生态健康养殖",统一规划,合理布局,建成各具特色的黄金旅游经济区和健康渔业养殖区。充分考虑莱州湾、胶州湾、荣成湾所处的地理位置、自然资源和基础条件,大力发展海水增养殖业及深加工业、盐化工业、港口、旅游、船舶制造业等具有特色的海湾经济。充分发挥半岛港口群的优势,结合胶东半岛制造业基地建设,重点建设临港工业基地和临港物流基地,形成产业聚集度高、带动能力强的青岛、日照、烟台和威海临港经济区;发挥我省海岛资源丰富、与陆岸距离近、分布相对集中、易于开发的优势,形成庙岛群岛、烟台岛群、威海岛群、青岛近海岛群及日照近岸海域岛群五大岛群开发保护区。

山东半岛海洋经济区战略定位:发展海水养殖业和远洋捕捞业,搞好水产品精加工;强化青岛集装箱干线港的地位,提高烟台、日照等港口综合发展水平;以海洋综合科技为先导,大力发展海洋生物工程、海洋药物开发和海洋精细化工制品;开发建设以青岛、烟台、威海为重点的滨海及海岛特色旅游带;积极发展青岛等缺水城市的海水利用。

2009年,国务院先后批准了辽宁沿海经济带建设规划、黄河三角洲高效生态经济区发展规划,辽宁沿海经济带、黄河三角洲和天津滨海新区、曹妃甸循环经济示范区一起被列入国家区域发展战略以及即将出台的《山东半岛蓝色经济区规划》、《环渤海地区发展规划》,必将推动环渤海沿海区域资源整合和经济的快速发展。

9.3 环渤海地区海洋经济发展存在的主要问题

9.3.1 区域海洋开发缺乏宏观调控

在渤海近岸海域中,除了已划定的国家、省市地方的海洋自然保护区外,几乎所有的近岸海域均被使用;沿岸各大中型港口使海上交通要道纵横交错。渤海近岸海域使用存在重叠、交叉、拥挤的状况,导致渤海资源环境问题突出,制约了渤海海洋经济的健康、和谐发展。

9.3.2 资源开发与保护矛盾突出

渤海的资源开发与保护矛盾突出,由开发带来的环境问题日益凸显。海岸侵蚀。渤海的大部分沙质海滩和大部分处于开阔水域的泥质潮滩受到侵蚀,特别是营口鲅鱼圈、秦皇岛、黄河口等区域正发生着严重的海岸侵蚀,随着时间的推移这种影响将与日俱增。水资源短缺导致的过度开采地下水引起地面沉降和海水入侵成为环渤海地区的重大环境问题。地面沉降导致楼房倾塌和地下管道变形,雨季洪灾为患,给居民生产和交通带来不便和严重损失。渤海生态用水匮乏。入海的淡水量迅速减少,导致渤海主要生境发生了变异,直接影响了渤海生态系统的正常演替。海水入侵。超采地下水导致的海水入侵在中国的华北基岩海岸和沙质海岸区也陆续发生，面积达到1.43万平方千米，其中，以辽东半岛和山东半岛最为严重。海水入侵距离一般为5~8千米，最大达11千米，地下水含氯化物的浓度已达250毫克/升，甚至高达6 000毫克/升。

9.3.3 滨海湿地减损破坏严重

总体上看，海岸带芦苇、沼泽、潟湖等滨海湿地丧失约50%，而辽河三角洲自然湿地丧失比例更高。渤海的潟湖大都被改变；余下的潟湖也基本丧失了相应的功能。

9.3.4 渔业资源严重退化

由于各种开发利用活动的影响，使淡水输入的减少、海滨湿地的面积萎缩、河口和海湾污染严重以及重要生境的改变，导致渤海生态系统崩溃，体系发生变异，直接显现的是渔业资源严重退化。

9.3.5 海域使用矛盾和冲突日益严重

渤海海域使用问题主要表现在开发利用与环境保护之间、排污与其他开发活动之间、开发利用与自然属性维护之间的矛盾和冲突。环渤海地区涉海部门数量众多，在对渤海海域的使用上，各自决策，部门之间、行业之间、使用者之间、国家和地方之间等存在严重的矛盾，多数区域形成相互制约，严重影响了渤海海域的合理开发利用。随着海洋经济意识的迅速提高，海洋开发项目逐年增多，规模和范围逐渐扩大，用海矛盾日益突出，近岸工程与水产养殖之间、海上交通与水产养殖之间、石油勘探开发与水产养殖和旅游业之间、陆源排污与旅游、水产养殖、盐业之间等的冲突日益严重，纠纷不断，经济损失严重，并威胁到沿岸生产与生活。据不完全统计，1995年至1997年，发生在渤海海域因项目实施过程中所引起的纠纷超过100起，索赔事件50多起，总赔偿金额约几十亿元。

9.3.6 生态系统脆弱性加剧

渤海的内海特性主要包括：半封闭状态、交换能力弱、受河流作用强烈、开发和排污影响显著并深远、系统脆弱并易于崩溃。从生态系统角度看：①渤海海域生态系统相对封闭，与黄海共同构成黄海大海洋生态系，海域生态区系及物种分布与大洋生态系统相对隔离，外部洄游性生物资源补充量少，海域生态系统具有明显的地区性和封闭性特征。②海域的物种对原始生境依赖程度高。海域的相对封闭性和丰富多样的生境，决定了海洋生物特有种和地方种种类较多，这些物种的繁育生长以及洄游都在渤黄海海域之内完成，并且高度依赖于沿岸原始生境条件。海洋经济鱼类对近岸原始生态条件，既是产卵场和育幼场，也是渔场，受原始生境状况的直接影响。渤海的生境依赖于河口和浅水海湾，受陆地各种活动的影响控制，黄海依赖于渤海为其经济鱼类的产卵场和育幼场。③生态系统抗干扰能力弱。海域生态系统中，高营养级生物种群数量较少，鱼类生产力不足世界平均水平的三分之一，资源承载力十分有限。对海洋生物资源的过度开发利用，极易造成高营养种群缺失，导致原有生态系统结构失衡，并迅速向低质种群演替，使生态系统的服务功能和可持续利用价值大大降低。

9.4 环渤海地区海洋经济管理现状及对策

9.4.1 环渤海地区海洋经济管理现状①②

目前，区域海洋管理存在两种框架体系，一种是国家主导的区域海洋管理，另一种是地方政府主导的区域海洋管理。国家主导的区域海洋管理项目一般由中央（或者联邦）一级的政府部门或者多个中央部门联合实施；地方主导的区域海洋管理一般由中央政府提供激励措施，建立执法和协调机制，中央政府和地方政府之间建立伙伴关系，对地方政府进行只当的分权。在渤海区域国家已设置了法定的区域性海洋管理机构，该区域海洋管理体制的最早建立于20世纪60年代，为了适应我国海洋事业的发展，加强对海洋工作的管理，经专家提议，国务院批准成立了国家海洋局，并于1964年成立了国家海洋局北海分局，负责渤海区域的海洋管理工作。1988年、1995年、1999年中央编制委员会三次下达国家海洋局的"三定方案"，对北海分局的"三定"做了明确规定。

基于生态系统的管理是区域海洋管理的基石，海洋功能生态系统为海洋经济发展提供了多种多样的服务，包括：供给服务，如提供食物、原材料、医药、基因资源；调节服务，如气候调节、水文调节等；文化服务如精神、美学、娱乐等；以及支持服务，如初级生产、养分循环等。但是传统的单一目标的海洋管理模式，大都是关注单一的海洋生态系统服务或者少数几种服务的组合。与侧重考虑单一物种、部门、活动和问题的管理模式不同，渤海区域海洋管理已经开始特别关注不同部门对生态系统的累积性影响。该区域的海洋管理目标是，通过维持生态系统的健康、生产力和活力来保持生态系统提供人类需要的产品和服务的能力。在新一轮的渤海地区海洋经济发展规划中，循环经济园区、循环产业链以及清洁海洋生产方式等可持续发展的理念得以充分的体现。在促进海洋资源合理开发和经济稳步增长的同时，保护海洋及海岸带的生态环境，保证生物多样性，保证资源的可持续利用，从而实现渤海沿海地区社会、经济、环境的可持续发展。

9.4.2 环渤海地区海洋经济管理战略构想

9.4.2.1 指导思想和基本原则

1）指导思想

以科学发展观和资源节约型、环境友好型社会建设目标为指导，根据《全国海洋经济发展规划纲要》和《全国海洋功能区划》的要求，以开发利用渤海海洋资源、发展海洋经济为中心，与环渤海地区社会、经济发展相适应，面向社会，面向世界，面向21世纪，调控海洋资源开发的适度规模和综合、合理布局；依靠技术进步，促进海洋资源优化开发和可持续利用；改善海洋生态环境，减轻海洋灾害；使海洋资源开发健康、快速、持续发展，为实现海洋经济的腾飞和滨海新区的增长极效能而奠定基础。

要充分考虑滨海新区建设战略、京津冀经济圈建设规划、环渤海地区"又好又快"发展

---

① 姚海燕，李景梅. 渤黄海区域海洋管理机理及其战略管理必要性的思考. 河北国土资源，2007.
② 刘宣. 区域海洋管理的理论与实践研究进展. 浙江万里学院学报，2009.

的需求，调整渤海的开发战略，建立渤海开发与保护的长期目标体系。①调整环渤海地区海洋经济发展的战略结构和布局，减少对资源依赖型产业的发展，重点发展海洋高技术产业；②调整临海、滨海工业布局和结构，减少对围填海的需求，使沿海生境得以修复或恢复，增强渤海的生态弹性；③控制渤海的石油开发，统筹规划渤海石油开发的时空布局；④调整港口布局，重点放在挖潜和建立新型港口运行体系上；⑤调整淡水入海量，解决渤海生态用水问题，增强渤海的环境容量和生态系统的恢复力，以维护渤海及黄海大海洋生态系的功能；⑥在增强淡水输入的基础上，调整沿海的排放布局和允许排放量目标体系，改进渤海的环境承载力。

2）基本原则

可持续开发利用原则。海洋开发的目的是要充分、合理、有效和可持续地利用海洋资源，发展海洋经济，使渤海沿海经济、社会和环境协调、可持续发展，以满足国民经济发展的需求。因此，渤海的资源开发应遵循可持续的原则，在全国海洋开发规划和全国海洋功能区划的基础上，结合渤海的具体情况，按照如下战略原则对渤海资源进行可持续开发。

海陆一体化协调开发原则。海洋是由海岸、海面、水体和海底构成的立体空间，海洋资源赋存于这一立体空间，它是复合的、多层次的，只有综合开发利用才能产生最大效益，只有坚持可持续发展战略，才能与环渤海地区社会、经济发展相适应。因此，渤海的开发要以海岸带为基地，因地制宜，将海岸带的区位优势和资源优势有机结合，向相邻的广大海域和邻近陆域两个侧面辐射，以实现海陆资源一体化开发，并形成不同类型的海洋资源开发区（带、点）。

重视提高综合效益原则。为适应市场经济发展，必须在重视渤海资源综合开发利用的同时，大力发展海产品加工业，提高产品的技术附加值，海洋开发由资源开发型转变为资源开发与产品加工相结合型，由资源产品经济转向资源商品经济，协调各海洋产业关系，提高海洋资源开发的综合效益，从而体现国家在海洋上的总体利益。

加速科技兴海的原则。现代海洋资源开发是建立在最新科技成就基础之上的，要超前发展海洋资源开发新技术，包括适用新技术和高新技术，并使技术商品化、市场化，加速传统海洋产业的技术改造，促进新兴海洋产业的发展，使海洋资源开发由劳动密集型产业向技术密集型产业转变，加速海洋经济发展。

开发和保护同步发展、保护优先原则。要在充分开发利用海洋资源的同时，高度重视海洋资源和生态环境保护。海洋资源开发要与环境保护、资源保护同步规划、同步实施、同步发展，并以海洋承载力为基础，以保护优先，确保海洋环境健康和海洋资源可持续利用，使海洋环境和资源保护工作与海洋开发及沿海地区经济协调发展。

统筹兼顾、突出重点原则。根据渤海资源的特点和优势，在全面统筹开发的基础上，突出对港口资源、水产资源、油气资源、滨海旅游资源、盐业资源等进行重点开发利用，充分利用上述五大资源的优势，使之开发利用有更快的发展，取得更大的经济和社会效益。

技术经济最佳适用原则。由于受经济、技术、环境等诸多因素的限制和影响，渤海资源开发规划必须切实可行，在开发过程中，充分考虑技术经济原则和最佳适用技术原则，在经济能力许可和技术条件允许的情况下，真正做到使资源开发收到良好的经济效益、社会效益和环境效益。

9.4.2.2 战略目标

渤海资源开发的总体战略目标是：近十年进行调整和养护，修复渤海的功能和承载力；再经过10年形成布局和结构合理的开发格局；到2050年，渤海重现昔日风光和功能，与沿海地区呈现协调发展的局面。

近期的发展需要充分考虑渤海作为内海的特殊政策，既支持海洋产业的协调发展，又促进海洋环境的治理与恢复。产业发展的重点向第三产业极大地倾斜，在控制陆源排污入海和调整入海淡水量的同时，调整海洋渔业和增养殖业的布局与种类，减缓第二产业的发展速度，发展依靠高新技术的产业和海洋服务业，使渤海拥有治理、养护和恢复时期。国家需要按照"渤海环境保护总体规划"，重新制定渤海资源开发规划和产业发展规划，鼓励产业进行科技开发和企业与科研机构联合，协调行政区域内和行政区域间的行业发展规划，调整海洋产业结构和布局，限定海域使用的有效期和资源恢复责任。在推行涉海产业清洁化生产技术政策的同时，大力推进渤海资源环境利用的现代技术，如：海水综合利用技术、海洋矿物和油气开发技术、海洋生物技术、海洋环保技术、海洋信息技术等的产业化，并合理进行渤海环境资源的区划，与环渤海地区陆地规划和区划协调一致，形成海陆一体化的协调发展局面。

渤海立法的重点是充分认识渤海作为内海的特殊性、北方区域发展与渤海的可持续利用的关系、渤海与环渤海地区的统筹规划机制、渤海与环渤海地区的污染控制机制、渤海开发与环渤海地区发展的协调机制、渤海减灾防灾和应急机制、渤海作为内海的政策和技术标准的特殊性、渤海的综合管理与联合执法机制、渤海的综合监测与评价机制等。这是解决渤海问题的根本途径。

9.4.2.3 海洋生态经济管理体系建设目标

以生态系统为基础的海洋经济管理已经成为当今社会广泛采纳的最佳管理模式。也称为生态化管理，核心是采取生态系统途径，构建海洋生态经济体系。《联合国生物多样性公约》关于生态系统途径的定义是"以平等的方式促进自然保护和可持续利用而综合管理土地、水体和生物资源的战略"。

在海洋经济管理中采取生态系统途径的总体目标是：保证海洋产业在生态和经济上是可持续的、满足社会需求、单种或多种以海洋为基地或以陆地为基地的活动不会威胁生态系统的整体性、符合海洋生物多样性或世代间平等的要求。

生态系统是生态化管理的核心内容。采取生态化管理重点在于管理生态系统边界内，而不是管理或所有权边界中的许多人类活动，其中重要的是要认识到不同生态系统之间的联系，例如：陆地和海洋以及海洋生态系统内部和相互之间的联系。

生态化管理要考虑生态系统的目标、生态系统的健康和整体性以及连续地提供生态系统的产品和服务。生态化管理承认在海洋生态系统知识、人类与生态系统的相互作用和预测人类活动对生态系统的影响等方面存在不确定性。

采取生态化管理战略的目的，是保证在决策中下列问题获得考虑：①海洋生态系统是动态变化的，自然系统普遍存在环境变化；②关于生态系统和人类活动对生态系统影响的不确定性的水平；③为了降低不确定性而收集信息需要的投资；④对海洋生态系统不利影响的风险；⑤不确定性水平、对海洋生态系统不利影响的风险以及研究和开发中投资之间的相互关系；⑥对海洋生态系统的潜在利益；⑦海洋区域出现的各种变化，如利用方式的改变和技术与社会经济的变化；⑧预防预警途径，减少由于海洋资源利用造成的不希望出现的和不可预测的环境效应。

实现渤海有效管理需要从生态系统本质上解决生态环境和资源问题。当前迫切需要的是：创新管理方法，建立和健全环渤海区域综合管理机制，在不同的利益相关者之间建立合作伙伴关系，协调国家和地方政府、相关管理部门、行业、企业、社区公众之间的利益关系，使其共同参与渤海环境管理，逐步实现改善并恢复渤海生态环境优良状态的目的。

环渤海地区由于行政界限、行业部门分散等原因，缺少统一的海洋资源开发利用与保护的管理机构，造成各自为政、管理混乱、地区竞争激烈的不良发展局面，成立统一协调的管理机构，是解决问题的重要途径。鉴于环渤海地区海陆经济发展现状和规划趋势，应重点对陆源污染物治理、海上污染防治、海洋生态区建立及保护、海洋环境监测与评价、突发污染事件应急方案、渤海周边地区产业布局、海洋执法、区域发展规划和政策等方面进行有效协调和管理，建立环渤海区域统一发展的管理机制，逐渐改善渤海生态环境现状，形成环渤海地区海洋资源开发利用和保护协调发展的良好态势。

为加强跨省间、跨部门间的合作，建立简洁高效的渤海管理机制是十分必要的。建议由中央、地方政府组成跨行政区的渤海综合管理协调机构，例如，成立渤海管理委员会，赋予其明确的职责，包括权利和义务。通过把渤海综合治理的权利和责任交给环渤海的地方省市政府，共同开展渤海海洋资源保护、海洋环境监测和海洋监察执法工作。建立国家和地方相结合的环渤海环境和资源管理协调机制；研究建立渤海环境综合管理最佳模式；制定渤海环境综合管理行动计划；建立渤海环境综合监视监测系统；加强能力建设。使渤海形成一个有机的整体，省市之间、县与县之间，实现渤海资源共享，进行公平与可持续性开发管理。

9.4.3 合理规划环渤海海洋经济开发结构与布局

9.4.3.1 制定渤海海岸利用规划

环渤海地区近岸海域使用无序无度、地区之间资源开发雷同，且矛盾冲突现象严重，急需开展并实施海岸利用规划，确定各岸段的保护和开发利用方向，调控海岸开发的规模和节奏，规范海岸开发秩序，保护海洋生态环境。环渤海海岸利用规划应突出三个方面内容：第一，结合规划范围（环渤海各地区）内海洋功能区划和海洋资源开发利用现状，按照海岸主导功能原则进行环渤海地区岸段划分。第二，在明确规划期限的基础上，根据环渤海未来资源环境保护目标以及社会经济发展需求，明确各岸段资源开发利用和保护目标。第三，安排规划期内海洋资源开发利用内容、方面和时序以及环境整治、保护与修复的举措。

9.4.3.2 制定渤海主体功能区规划

按照国家主体功能区规划的总体部署，对渤海未来10～15年的重点开发区、优化开发区、限制开发区和禁止开发区作出合理的规划，实施动态管理；按照主体功能定位，调整区域政策，调整区域开发秩序和结构；加强薄弱环节，促进共享均等化基本公共服务。对于海洋开发密度已经较高、资源环境承载能力开始减弱的海域，要改变大量依靠占用海域、大量消耗资源和大量排放污染实现经济增长的模式，发展资源节约型和环境友好型技术产业，提高经济增长质量和效益，改进区域资源环境承载能力，修复受损生态系统和生境。对于海洋资源环境承载能力较强、地区经济和人口聚集条件较好的海域，要改进基础设施建设，调整海洋功能利用优先顺序，改善海洋开发利用环境，促进海洋产业和临海产业集群发展，从粗放型开发转变成集约型开发。对于海洋资源环境承载能力较弱、大规模积聚经济和人口条件不够好并关系到较大海域范围内生态安全的海域，要以保护为主、保护中开发、分散发展，因地制宜地发展当地和区域资源环境可承载的特色产业和生态产业，大规模推进海洋生态修复和环境保护，逐步形成海洋特别保护区。对于依法设立的各类海洋自然保护区、珍稀濒危物种特殊生境区（特定时期的繁殖区和主要洄游途径区）、主要功能尚未确定并需要保留的海域及遭受严重损害而需要尽快修复或恢复的海域，要禁止开发。要通过协调环渤海地区的开发与经济发展规划及政策，促进渤海的可持续利用。

9.4.3.3 调整区域水资源结构和调配方案

尽可能改善渤海海洋生态用水状况增加渤海入海生态流量是一个综合性和长期性的问题。合理调配环渤海地区的水资源以及调节入海淡水径留量，对于渤海恢复生态系统功能、维护可持续利用能力和增加承载力具有重要意义。为此，需要在环渤海地区实施节水型社会建设，建立和健全以水资源总量控制与定额管理为核心的与水质相统一的水资源管理体系、与水资源承载能力相适应的经济结构体系、与水资源优化配置相协调的节水工程技术体系；通过城市污水处理系统的完善，改进处理后的中水利用方式，培育和发展污水处理市场，全面改进环渤海地区（不仅仅是环渤海的13个城市）的污水处理能力及经营方式。大力推进海水淡化工程，在环渤海的主要城市，扩大海水淡化规模，形成海水综合利用新模式。在南水北调东线、中线、西线工程建设和松花江引水工程以及入渤海河流流域内不同地区的水资源调配工程中，要进一步统筹渤海的生态用水；同时，合理调配洪水入海，通过沿岸地区的防洪和蓄洪措施，发挥水利工程对改善渤海生态的作用。

9.4.4 加强环渤海区域海洋环境管理

9.4.4.1 减轻和控制沿海工业污染物污染海域环境

随着沿海工业的快速发展和环境压力的加大，应采取一切措施逐步完善沿海工业污染防治。一是通过调整产业结构和产品结构，转变经济增长方式，发展循环经济。"关停并转"小型污染企业，淘汰设备落后、治理无望的企业和生产线。二是加强重点工业污染源的治理，推行全过程清洁生产，采用高新适用技术改造传统产业，改变生产工艺和流程，减少工业废物的产生量，增加工业废物资源再利用率。三是按照"谁污染，谁负担"的原则，进行专业处理和就地处理。四是加强沿海企业环境监督管理，严格执行环境影响评价和"三同时"制度。对新建项目，执行"环保第一审批制"，杜绝"先污染后治理"现象。

9.4.4.2 建立并实施排污总量控制制度和排污许可证制度

渤海是我国的重点海区，根据《中华人民共和国海洋环境保护法》，尽快建立并实施重点海域排污总量控制制度，确定主要污染物排海总量控制指标，并对主要污染源分配排放控制指标。全面实施排污许可证制度，使陆源污染物排海管理制度化、目标化、定量化，为实现渤海环境保护的理性管理奠定基础。

9.4.4.3 建设环渤海地区生态省和生态市

调整不合理的城镇规划，加强城镇绿化和城镇沿岸海防林建设，保护滨海湿地，加快沿海城镇污水收集管网和生活污水处理设施的建设，增加城镇污水收集和处理能力，逐步提高沿海城市环境污染的防治能力。同时，加强沿海城市污染治理的监督管理，结合国家"城考"、"创模"和"生态示范区"建设，将沿海城市近岸海域环境功能区纳入考核指标，强化防止和控制沿海城市污染物污染海域环境的措施。

9.4.4.4 高度重视农业污染物对海域环境的污染

沿渤海省、市应结合生态省、生态市建设，积极发展生态农业，减少农业面源污染负荷。严格控制环境敏感海域的陆地汇水区畜禽养殖密度、规模，有效处理养殖场污染物，严格执行废物排放标准并限期达标。

9.4.4.5 减轻和控制各海洋产业对渤海的污染

规范和强化港口和船舶污染管理，在渤海海域，强化船舶油类物质污染物"零排放"计划，实施船舶排污设备铅封制度，加强渔港、渔船的污染防治。建立大型港口废水、废油、废渣回收与处理系统，健全船舶油类污染物接收处理规程和申报制度，开展船舶防污染专项检查，积极推进海上船舶污染应急预案的制订和应急反应体系的建设，制订海上船舶溢油和有毒化学品泄漏应急计划，制定港口环境污染事故应急计划，建立应急响应系统，防止、减少突发性污染事故发生。要建立海上养殖区环境管理制度和标准，编制海域养殖区域规划，合理控制海域养殖密度和面积，建立各种清洁养殖模式，控制养殖业药物投放，通过实施各种养殖水域的生态修复工程和示范，改善被污染和正在被污染的水产养殖环境，减轻或控制海域养殖业引起的海域环境污染。要防止和控制海上石油平台产生石油类等污染物及生活垃圾对海洋环境的污染，一方面在钻井、采油、作业平台应配备油污水、生活污水处理设施，使之全部达标排放。另一方面海洋石油勘探开发应制定溢油应急方案。加强对溢油应急计划的审批和海上溢油事故的现场监督管理。要求企业在投产前必须编制溢油应急计划并报主管部门批准，确保企业在溢油事故发生后，能够有效地组织人力、物力，及时、迅速、正确处置各类海面油污染，将污染损害降到最低。要严格管理和控制向海洋倾倒废弃物，禁止向海上倾倒放射性废物和有害物质。加强对倾倒区的监督管理和监测，严格执行倾废区的环境影响评价和备案制度，及时了解倾倒区的环境状况及对周围海域环境、资源的影响，防止海上倾废对生态环境、海洋资源等造成损害。

9.4.4.6 建立渤海区域性海洋资源环境调查制度

目前，环渤海地区资源环境现状分析多依赖于全国大规模调查，有关研究地区的更详细的现时的基础调查资料欠缺，客观、科学、合理分析该地区的资源、环境和生态现状与存在问题以及这些问题产生的深层次的原因十分困难。当前，需要建立渤海区域性的海洋资源环境调查制度，周期性地开展渤海资源环境调查和评价，为协调开发与保护的关系、调整区域经济结构和布局、促进环渤海地区和海洋经济又好又快发展提供基础性资料和决策依据。根据一些国家的经验，建议每五年开展一次渤海区域性定期、定点、定位海洋资源环境调查与评价，掌握渤海的环境、资源状况和发展趋势，为国家和渤海沿岸各级政府的污染控制以及环境与资源管理的政策决策提供科学依据。

9.4.4.7 建设渤海监视监测及应急体系

渤海环境资源监视监测系统是实施渤海环境、资源监测的区域性监测业务实体，本系统的监视监测范围包括沿海陆地、河口和海域，监视监测内容包括例行监测、应急监测和研究性监测，监测对象为海域的开发利用活动及生物、水体、沉积物、界面大气质量和入海污染源状况。渤海的应急体系是渤海主要灾害应急响应的综合业务系统，包括污染灾害、生态灾害和自然灾害的应急响应。

根据国家海洋局《渤海环境监测、监视、预警、应急体系建设》方案，该体系的长远建设目标是以国家在渤海现有的管理和业务支撑体系为基础，建设和提高渤海污染与生态环境监测与监视、海洋灾害预警与应急响应、信息系统和技术支撑的整体能力，建成结构合理、机制健全、管理协调、功效显著并具有完善的业务保证和技术支持体系，对渤海实施全方位的监控。近期工作目标包括：

①建立渤海综合性的监测体系，形成对渤海的集污染监测、生态监测、灾害监测及海洋观测为一体的分层次、多功能海洋环境监测能力和由卫星传送、无线传输、地面网络传输等多种技术和专业数据库组成的监测数据传输和监测信息整合能力。实现对陆源排污的监督、对海上主要功能区排污和生态损害活动的监控，并及时掌握渤海的同步生态响应。

②加强对渤海重点目标实时监控以及突发海损事件的应急响应能力建设，提高对渤海各种环境违法违规行为以及海损事件的发现率和查处率。

③加强渤海海洋灾害预测预警基础能力、预测预警业务化能力、预测预警产品制作与发布能力、灾害风险评估能力的建设。

④建立统一规划的渤海海洋监测、监视、预警、应急系统数据传输与网络平台；建设国家、海区、中心站三级分布式基础信息平台；形成对渤海环境监测监视和预警、应急的信息支持能力；建立预测预报模型，实施海洋污染灾害及环境与资源变化趋势的预测预报示范工程。

⑤开展制约海洋环境监测、监视、灾害预警和应急响应能力的关键技术创新研发，为其提供所需的先导技术和关键技术。

按照点（陆源排污口和江河入海口）、带（近岸区域，覆盖主要功能区、赤潮多发区和生态敏感区）、面（覆盖全渤海）三种尺度相结合覆盖的原则进行站位布设，实现对渤海海域的全面覆盖。加强小尺度的入海排污口监测，中尺度生态监控区、赤潮监控区、重点海洋功能区和河流入海污染物总量监测和大尺度的趋势性监测。强化移动监测、遥感监测、海上固定自动监测和监测数据处理与评价能力。

通过对由卫星遥感、航空遥感和执法船舶组成的立体监视系统的软、硬件建设，提高对海洋赤潮及溢油和重大污染事故的全面、及时监视能力；完善渤海应急响应机制，建立渤海应急指挥中心，全面指挥发生在渤海的赤潮、溢油、核辐射的突发事件的应急响应工作；系统建设以渤海全区巡航监视、重点目标实时监控和突发事件应急响应建设为主体、以海监船与海监直升机基地建设为保障，建立一个点面兼顾、常规巡视与重点监控相结合的渤海监视监控体系。实现重点目标的定点、连续监控，赤潮、溢油、核辐射等突发事件的高效快速反应。

在海洋环境实时监测系统的支持下，在渤海海洋环境灾害预警计算机系统强大的计算能力支撑下，利用渤海赤潮灾害预警系统、渤海溢油灾害预警系统和海洋环境灾害风险评估技术示范系统的结果，对灾害进行识别，并对灾害程度和影响等进行评估并作出预警，利用环渤海海洋环境灾害体系声像产品制作系统制作各类预报和警报产品，利用环渤海海洋环境灾害远程会商系统实现各级海洋灾害预警报部门间的多点实时视频会商，通过环渤海海洋环境灾害预警报产品分发系统提供给有关政府部门、媒体及各类用户。

同时，为提高监测、监视、预警和应急的业务水平和工作效率，需以创新的思路，组织力量，联合攻关，借助该项目所提供的平台，集中攻克涉及渤海海洋环境保护的科学技术问题，研究解决限制渤海环境监测与评价和监视与预警长足进步的科学问题；研制、引进和吸收技术先进、性能稳定、可业务化运行的专业设备，突破获取连续、实时、准确和可靠监测与观察数据的瓶颈；建立专业实验室和现场试验平台，通过技术孵化、现场验证和示范性运行，为渤海环境保护的科学决策和环境治理与恢复提供服务。

参 考 文 献

1949—2009 年《全国水产统计年报》.

2006 年中国海洋环境质量公报.

2006 年中国海洋灾害公报.

2009 年中国海洋统计年鉴.

《中华人民共和国国民经济和社会发展第十一个五年规划纲要》.

河北省国土资源厅. 河北省海洋资源调查与评价综合报告. 2009.

河北省海洋经济发展"十一五"规划.

辽宁"五点一线"海洋经济发展战略.

辽宁统计年鉴 2006［M］，北京：中国统计出版社.

天津市海洋经济发展"十一五"规划.

中国海洋统计年鉴 2006［M］，北京：海洋出版社，2006.

第 3 篇 黄 海

引 言

　　黄海位于中国与朝鲜半岛之间，北面和西面濒临我国。我国在黄海的主要海湾有荣成湾、胶州湾和海州湾等。山东半岛为港湾式沙质海岸，江苏北部沿岸则为粉砂淤泥质海岸。主要沿海城市有大连、丹东、青岛、烟台、连云港等。

　　黄海面积约38万平方千米，平均深度44米。黄海的水温年变化小于渤海，为15～24℃，黄海海水的盐度也比较低，为32。一般说来，该地区的气候特点为冬季寒冷干燥，夏季温暖湿润，适宜多个海洋产业的发展。

　　本部分重点研究辽宁省、山东省和江苏省的海洋经济发展状况及规律。首先论述了黄海海洋经济发展的宏观背景与条件以及黄海海洋产业发展概况；在此基础上进一步分析了黄海海洋经济分区划分的原则和特点，实证研究了辽东半岛沿海经济带、山东半岛蓝色经济区的发展状况；探讨了黄海专属经济区与大陆架资源开发区的发展；最后提出了黄海海洋经济区发展战略的基本思路与黄海海洋综合管理的任务和手段。

第 10 章　黄海的自然状况与资源

10.1　黄海的自然概况

10.1.1　黄海的地理环境特点

黄海北界辽宁，西傍山东、江苏，东邻朝鲜、韩国，西北边经渤海海峡与渤海沟通，南面是以长江口北岸的启东嘴至济州岛西南角的连线与东海相接，东南面至济州海峡。北黄海与南黄海其间以山东半岛的成山角（成山头）至朝鲜半岛的长山（串）一线为界。北黄海的形状近似为一椭圆形，南黄海则可大致视为六边形。北黄海东北部有西朝鲜湾，南黄海西侧有胶州湾和海州湾，东岸较重要的海湾有江华湾等。黄海大部分海域水深在60米以内，与东海、南海相比较是半封闭的浅海，而且海流和潮流又比较复杂，因此，黄海区域海水自净能力较差。

10.1.2　黄海海底地质结构与海岸类型

黄海海底的地质结构独特，由冰后期沉没的大陆架浅滩构成。海底平均深度44米，最大深度约100米。靠中国大陆一侧的坡度较为平缓，靠朝鲜半岛一侧的坡度较大。海底谷呈南北走向，谷沟轴靠近朝鲜半岛。黄海沿岸岛屿很少，多半为开阔的泥沙海岸。黄海海岸类型复杂。沿山东半岛、辽东半岛和朝鲜半岛，多为基岩沙砾质海岸或港湾式沙质海岸。苏北沿岸至长江口以北以及鸭绿江口附近，则为粉砂淤泥质海岸。

10.1.2.1　北黄海地质构造

在构造上，北黄海属中朝地台的东延部分，其地质构造演化史与胶辽隆起相似。北黄海自北向南可以划分为海洋岛隆起、北黄海盆地和刘公岛隆起等3个次级构造单元。据综合地球物理资料解释，北黄海盆地是一个以地垒、地堑和掀斜断块为特征的中、新生代克拉通内裂陷盆地。新近系—第四系厚300~800米。古近纪盆地继承了中生代断陷盆地的性质，但沉积分布范围较小，已知最大凹陷面积仅900平方千米，且各断陷盆地互不连接，最大沉积厚度为2 000米。中生代最大断陷盆地面积为2 500平方千米，海域东北部中生界分布广、厚度大，最大厚度可达5 000米，其下伏岩系为古生界碳酸盐岩。新生界无明显的褶皱构造，局部构造多为潜山和披覆构造。在地史演化中，北黄海曾产生多期次、多层次的断裂构造，应力以拉张为主，伴以剪切和挤压。前人对北黄海油气勘探的目的层系主要集中在古近系与新近系，而对中生界几乎未曾涉及。由于北黄海古近系与新近系分布面积小，沉积厚度薄，且无明显的褶皱构造，因而对其油气资源远景评价不高，至今尚未进行过钻探。

10.1.2.2 南黄海地质构造

南黄海由北向南可以划分为千里岩隆起、北部盆地、中部隆起、南部盆地和勿南沙隆起等5个次级构造单元。据推测，南黄海的变质基底是太古宙—元古宙强烈混合岩化和花岗岩化的片麻岩、片麻花岗岩及混合岩。北部盆地黄2（黄海二）井所揭示的基底为震旦纪—寒武纪浅变质岩系。以 ENE 和 NE 向为主的构造线控制着盆地的形成和发展。ENE 向构造把盆地分割成带，凹陷和凸起呈串珠状相间排列；WNW 向构造又把盆地分割成块。盆地内发育有断陷、拗陷和地堑，断陷主要分布在 123°E 以西，以北断南超、北陡南缓、北深南浅为特征。南部盆地基底为元古界结晶片岩，上覆巨厚的陆相中生界和海相上古生界。NE、E－W、NW 向3组构造线相互交织形成不规则网状格局，其中以 NE 向构造线为主导。在盆地两侧，凹陷呈 NE 向雁行状排列。在沉积结构上，盆地沉积以受主干断裂控制的箕状断陷型沉积为主，呈现南断北超、南陡北缓、南深北浅的特征。

10.1.3 黄海的渔场

黄海受季风影响显著，风向风速随季节变化。季风影响海流和水温，对鱼群洄游有一定影响。3月份西北风、北风和东南风的平均风速和频率的分布是对称的，海面水温开始升高，暖水体向北移动，鱼群开始自南向北洄游。4月份东南季风的频率占优势，平均风速较西北风为小，鱼群向浅海移动。9月份平均风速与频率和3月份相似。10月份以后盛行北风、西北风，平均风速和频率随月份的增加而增加。黄海是越冬鱼群洄游来沿岸索饵、产卵的必经之地，主要的渔场，背部有鸭绿江口和海洋岛渔场，中部有烟、威外海渔场、成山头外海何石岛东南渔场，南部有青岛外海渔场5℃鹰爪虾、鲨鱼、鳗鱼、鳕鱼、鲐鱼、鲅鱼、鲱鱼、河豚等，海峡一带盛产海参。长江口东北海域是主要经济鱼类的越冬场。

10.1.4 黄海接纳的径流量及入海泥沙量

我国入海河流的流域面积占全国总面积的44.9%，入海流量占全国河流总流量的69.8%（程天文、赵楚年，1985）。主要河流注入海域的径流量的分布，以东海的径流量最多，占主要河流入海水量的2/3，入南海的水量次之，而入黄海的径流量最小，仅占1.7%。河流输入海域的泥沙量以渤海最多，占主要河流输沙量的67.2%；入东海的次之；入黄海的最少，仅占0.11%。流入黄海的河流，东岸主要有清川江、大同江和大汉江，西岸主要有沂河、灌河、沭河及苏北灌溉总渠等。长江口虽然位于东海以内，但长江径流对南黄海的影响却很大，许多研究认为，长江冲淡水的影响，可达济州岛附近[①]。每年流入黄海的沉积物超过16亿吨，主要来自黄河和长江。自20世纪70年代以来，由于降水量的减少，水利工程的建设，工农业用水的增加，流域植被的破坏、河床采沙等人类活动因素的影响，主要河流入海水量和输沙量都有不同程度的减少，其结果是黄海和渤海的沙泥质海岸普遍出现了侵蚀后退的现象。

---

① 冯士筰，李凤岐，李少菁. 海洋科学导论. 北京：高等教育出版社，1999，440.

表 10.1　注入渤海、黄海、东海、南海的主要河流的径流量和输沙量

河流	注入海区	平均年径流量/ $\times 10^8$ m^3	枯水月份	丰水月份	平均年输沙量/ $\times 10^6$ t
辽河	渤海	118	1—2	7—8	20—25
海河	渤海	154	2	7—8	9
黄河	渤海	423	1—2	7—8	1 006
鸭绿江	黄海	345	4	8	2
长江	东海	9 414	2	7	486
钱塘江	东海	463	11—12	7-8	7
闽江	东海	662	12—1	6—7	8
韩江	南海	260	12—1	6—7	7.2
珠江	南海	3 457.8	1	5—6	83

10.2　黄海的海洋油气资源

10.2.1　黄海的油气资源生储条件与开发现状

黄海海域有 6 个沉积坳陷（盆地），从北而南为安洲盆地、北黄海盆地、群山盆地、南黄海北部坳陷、南黄海南部坳陷、黑山盆地。黄海盆地在前震旦纪结晶基底之上，沉积了逾万米的古生代和中、新生代地层，具有多构造类型、多生烃层系的油气生储条件。然而，由于多次构造变动，地质构造复杂，该海域的油气勘察始终未获重要突破。北黄海盆地位于北黄海海域，其北部为辽东－海洋岛隆起区，南部为胶北－刘公岛隆起区，西隔波海口与渤海湾盆地为相望，东与安州盆地为邻，面积约为 24 000 平方千米。北黄海盆发育东部、中部和西部三个中生界含油气系统，各种油气成藏地质条件较匹配，东部坳陷油气资源前景较好，其次为中部坳陷。

据不完全统计，自 1977 年到 2002 年，朝鲜在西朝鲜湾盆地海域已完钻 16 口井，发现了侏罗系生油岩，在侏罗系和白垩系中获得了工业性油流。南黄海具有古生界、中生界和新生界 3 个找油气领域。南、北两个坳陷是新生界含油远景区，中部隆起和勿南沙隆起是古生界和中生界含油气远景区。我国真正的油气勘探工作始于 1979 年的对外合作，南黄海盆地当年完成 1.9 万千米地震测线，1983 年的一轮招标又有 3 个区块中标，1986 年有 2 个区块中标，在各区块完成义务勘探工作量基础上，海油总开展了多轮综合研究工作，并优选目标进行了钻探。截至 2002 年，南黄海海域已钻井 25 口，其中北部盆地其 11 口（中方 6 口，韩方 5 口），南部盆地 14 口，但由于盆地区域综合研究工作不够深入，导致至今仍无大的油气发现。

10.2.2　对于黄海油气资源远景的几点看法

（1）朝鲜在北黄海西朝鲜湾所获工业油流主要产自白垩系和侏罗系。因此，进行对比研究，搞清北黄海中生代地层分布对于在这一时代地层中取得油气勘探突破具有重要意义，应

选择有利地段布设战略探索井。

（2）据悉，朝鲜在其西海岸陆架区发现了一个资源量达30亿吨的含油气区。推测其含油层位主要是中生界。我国胶东半岛胶莱盆地中侏罗统莱阳群的暗色泥岩厚达1 000米。因此，在北黄海中部第三系之下可能有呈NE向带状分布的中生代和古生代地层存在。

（3）据西朝鲜湾盆地地震资料，第三系生物礁和上奥陶统碳酸盐岩潜山也是潜在的远景勘探领域。

（4）南黄海具有古生界、中生界和新生界等3个找油气领域。南部盆地和北部盆地是新生界、中生界和古生界含油远景区，中部隆起和勿南沙隆起是古生界和中生界含油气远景区。

（5）南黄海中、新生界发育有利于烃类生成的暗色泥岩，即泰州组、阜宁组和戴南组泥岩。

（6）南黄海勿南沙隆起发育8 000～9 000米厚的古生界和中、新生界，虽不普遍存在，但至少表明其间的深凹可能是海域内中、新生代沉积最厚的地区。从找油气角度考虑，这是不可忽视的重要因素之一。在下扬子及其邻区陆域古生界海相地层中已经发现油气藏，相比之下，南黄海的油气远景可能更好。

10.3 黄海的生物资源

10.3.1 黄海的海洋水产资源状况

黄海最重要的浮游生物资源是中国毛虾、太平洋磷虾和海蜇等；主要的底栖植物资源是海带、紫菜和石花菜等；经济贝类有牡蛎、贻贝、蚶、蛤、扇贝和鲍鱼等；经济虾、蟹资源有中国对虾、鹰爪虾、新对虾、褐虾和三疣梭子蟹，刺参的产量相当可观；黄海鱼类比渤海多1倍，不下300种。主要经济鱼类有小黄鱼、带鱼、鲐鲅、鲅鱼、黄姑鱼、鲷鱼、鳓鱼、太平洋鲱鱼、鲳鱼、鳕鱼、蓝点马鲛、叫姑鱼、白姑鱼、牙鲆等，此外还有头足类（乌贼）和鲸类（小鳁鲸、长须鲸、虎鲸等）。主要渔场有海洋岛、烟威、石岛、海州湾、连青石、吕四、大沙渔场等。

黄海因大陆河川的流入，带来了丰富的营养盐，加上黑潮水与大陆沿岸水形成潮目带，因此是一个渔获产量非常高的水域。黄海中由于全年都有中央底层冷水存在，因此真鳕、鲱及高眼鲽等冷水性鱼类资源相当丰富。其中，在黄海西部，鱼类是渔业资源的主体，约有250种。但虾、蟹等甲壳类和乌贼、蛤、螺等软体动物，也是渔业资源的组成部分。合计超过200种。此外，还有其他海产动物如海蜇等，也是渔业上的捕捞对象。在这些种类繁多的渔业资源中，大约40种具有捕捞价值。

10.3.2 黄海的渔业资源开发利用状况（数据范围为黄渤海区域）

我国在黄海区的年均渔获量从20世纪50年代的36万吨增加到90年代初的113万吨。产量虽然增加了两倍，但这40年间黄海区的渔业资源结构却发生了很大变化，资源趋于小型化、低龄化、劣质化、主要鱼类资源从利用不足到充分利用，最后走上了捕捞过度的道路。

40多年来，伴随着黄渤海区渔业产量的增加，捕捞力量的增加却是异常显著。50年代，黄渤海区的机动渔船年平均增加仅为72艘；至80年代年平均增加5 606艘，增长速度是50年代的78倍。机动渔船总数已从1951年的166艘（16 781马力）增至1992年的85 658艘

(3 025 811马力),增长了515倍,可是机动渔船的平均功率数却趋于小型化。因此,我国黄海沿岸和近海的捕捞强度也就越来越大。

黄渤海区渔业资源的衰退也可以通过单位捕捞力量渔获量的变化来说明。50年代黄渤海区年均单位捕捞力量渔获量为16.68吨,至90年代初已降为0.76吨,40年来下降了96.1%。单位捕捞力量渔获量的不断下降也充分说明了黄渤海区渔业资源的过度利用和衰退,这也正是捕捞力量恶性膨胀所带来的必然结果。

第 11 章 黄海区域海洋经济发展的宏观背景与条件

11.1 黄海区域及其在经济社会中的作用

黄海沿海地区主要包括辽宁、山东和江苏三省的大部或部分地区。黄海沿岸地区因其丰富的海洋资源而成为我国现代经济十分发达的区域。从区域经济的观点分析，渤黄海区域不仅在我国国民经济中占有举足轻重的战略地位，而且已经成为东北亚地区经济圈的中心和欧亚大陆桥的要冲，其形成的沿岸综合经济区，使它在东北亚经济圈、欧亚大陆桥以及东南亚海洋经济圈等多种系统的区域经济中起着重要作用。

作为我国经济发展的前沿地带，沿海地区都把海洋资源和区位优势作为促进本地区经济社会发展的强大引擎，环黄海三省辽宁、山东和江苏均做出了振兴地方经济的重大决策和战略部署。辽宁省依托临海区位优势，着力开发建设以沿黄渤海的锦州湾、营口沿海、大连长兴岛、花园口工业区、丹东五个区域和一条贯通全省海岸线的滨海公路所组成的"五点一线"沿海经济带，构筑对外开放的全新优势。2009 年胡锦涛总书记视察山东时明确指出"要大力发展海洋经济，科学开发海洋资源，培育海洋优势产业，打造山东半岛蓝色经济区"。江苏提出将江苏沿海地区设为国家重点开发区，打造南融"长三角"、北承渤海湾、西联中西部、东出东北亚的国家发展重要战略区。

11.2 黄海区域经济发展简史

11.2.1 黄海区域海洋盐业发展简史

黄海沿岸地势平坦，面积宽广，适宜晒盐海盐业在本区域海洋开发中有着悠久的历史。

山东地区是我国开展海盐生产最早的地区，主要盐场在青岛、日照以及莱州湾沿岸。《世本》所记，传说中的"宿沙氏煮海为盐"，就始于山东地区。到齐庄公五年（公元前549年），今日山东沿海的盐业产区全部被齐国占有，成为当时海盐业最发达的诸侯国，当时齐盐除了在本国销售之外，还远销于梁、赵、宋、卫各国。秦汉时期—隋唐时期，山东盐产量没有资料，无法推断。元代山东盐业产量增加很快，山东全区办盐 31 万引。清代为了从山东盐业获得更多收入，定额每年办盐 40 万引[①]左右，销售区域较广，包括山东全省及河南、江苏、安徽的一部分地区，收入较高。

辽宁沿海地区的盐业生产，早在春秋战国时期就开始见于文字记载，当时"燕有辽东之

---
① 盐引，又称"盐钞"，是自宋代使用的取盐凭证。

煮"。几千年来一直该区是我国的重要盐区之一。《周礼》中所说的幽州有鱼盐之利，包括辽宁和河北两个地区当时已有盐业生产。到了汉代，辽宁的盐业生产已经分为辽东和辽西两个地区。据历史资料记载，辽东地区在平郭（今营口、盖平）设有盐官，管理辽东的盐场。汉代以后直到宋代，辽宁盐业未见记载。清代末年与民国初年，营口、盖平、复州一带晒盐场地最多。与其他海盐产区比较，辽宁盐区的生产和销售资料最少。销售区域主要是东北三省。

江苏盐业自汉代开始见于文献记载。汉代吴王曾在今扬州一代煮海为盐。江苏的盐场主要分布于北起赣榆、南至南通的沿海地区，因为分布于淮河两岸，古代通称淮盐。清代末年以前，淮南盐场是我国最大的海盐生产中心，20世纪六七十年代以前，淮南盐场的产量还是淮北盐场的7倍。随着"滩晒法"取代"煎熬法"以及海涂外移，淮南区不利于发展滩晒盐场，盐场逐渐减少，淮北地区盐场发展很快，淮盐重点产区转到淮北。清代末期以来，淮北区普遍推广晒盐法，成本低，效率高，成为重要海盐产区。

目前，随着经济的发展和海盐生产技术的提高，环黄海辽宁、山东和江苏三省海盐生产在我国的地位更加重要，2007年，三省共有盐田总面积328 747公顷，占全国海盐区盐田面积的比重达到66.2%。

11.2.2 黄海区域海洋渔业发展简史

黄海是保卫我国华北的前哨，也是华北一带的海路要道。这里寒暖流交汇，海洋环境优越，渔业资源非常丰富，渔业开发活动较早。

山东省海岸突出于黄海，渔场广阔，处于各种经济鱼类进行产卵和越冬洄游必经之路，是我国北方主要海洋渔业产区。黄河下游在史前时代就是原始人集中活动的地区。考古工作者曾在龙口、蓬莱、烟台、青岛、日照等地发现许多远古人类遗迹，出土物中有牡蛎、毛蚶、文蛤等各种贝壳，还有鱼骨，说明早在原始社会，在当地即已开发利用了浅海和滩涂水产资源。山东沿海的渔业活动见于文字记载也很早，《禹贡》中青州、徐州的贡品，都有鱼类。《史记》中记载，周初太公封于齐，曾动员人民兴渔盐之利，使齐成为大国。历史上若干朝代以来，山东一直是我国北方渔业最发达的省份，到了清朝末期，又是黄渤海区引进机船渔业最早的省份，并形成北方机船渔业发展的中心。

远在6 000多年前，辽宁沿海地区虽未形成城镇，但居住在这里的人类，为了繁衍生息，就开始了渔猎活动。辽宁省安东（丹东）至庄河沿岸，为鸭绿江口渔场，这里是多种中下层鱼类的产卵场。在辽宁沿海和附近岛屿上，曾发现几十处古代遗址，其中有许多出土的骨鱼钩、石网坠、贝壳和鱼骨等，说明早在新石器时代，当代的原始人即开发利用了沿海的水产资源。早期的渔业活动，见于文字的也不少，如《史记·货殖列传》载：上谷至辽东有"鱼盐枣粟之饶"。到清代，辽宁的海洋渔业已有较好的基础，清光绪三十四年（1908年），辽宁沿海有渔户2 400户，渔丁10 300余人，出海船只260余艘，渔获量5千余吨。

江苏濒临东、黄海，海岸线全长约1 000千米。其中，苏北沿海沙洲特多，东西横列，构成若干沙沟，是各种洄游鱼类在黄海的产卵和索饵场之一。鱼类中有小黄鱼、大黄鱼、鲳鱼、白姑鱼、带鱼、鲆鲽、鲅鱼、鳗鱼、河豚和鳐类等，也盛产毛虾和梭子蟹。生产工具以定置张网类为主，北部多坛子网，南部有大型的黄花张网等。也有一些围网（团网）、流刺网（摇网）和钓钩渔业。

进入21世纪，我国渔业产量继续提高，2007年，我国海洋渔业产量达到2 550.89万吨，捕捞产量在1 243.55万吨。山东省和辽宁省的海洋水产品产量都在300万吨以上，江苏的海洋水产品产量也超过了110万吨，产量以养殖业为主。新形势下，各地在开发利用渔业资源的同时，注重资源的可持续发展，沿海各地水生生物资源养护取得突破，不断开展渔业资源和珍稀濒危物种增殖放流，特别是鲁、辽和苏、浙、闽等省。

11.2.3 黄海区域海洋运输业发展简史

海运业是山东最早形成的海洋产业之一，有着悠久和辉煌的历史，早在夏朝，山东海上交通就开始了。春秋时期，齐国已拥有强大的海上船队和蓬莱、芝罘、琅琊等古港，以海王之国著称于世。山东半岛通往江淮沿岸的航线称为南路海道，这是山东沿海地区与南方交往的重要海航线路。登州、莱州、密州各口岸经常驶发商船，将各类物品运往南方销售。随着人类社会经济的发展，海洋开发进程的深入，辽宁沿海城区城镇形成并逐渐发展壮大。新中国成立后，山东沿海航运业，除青岛、烟台、龙口港归交通部管理外，其他国营港航业务由山东省交通厅统管。1973年后积极贯彻周恩来总理提出的"三年改变港口面貌"的指示，山东沿海港口建设进程加快。至1985年，全省拥有大小港口22个（部属港口3个），船舶停靠泊位134个，其中万吨级以上18个。进入新世纪，山东省港口迅速发展，2008年山东省沿海港口吞吐能力为3.6297亿吨，青岛港、日照港等已建有多个20万吨级以上大型专用泊位，港口对山东省海洋经济的发展起着越来越重要的作用。

早在在公元前11世纪的西周初，辽宁地区就已与朝鲜半岛之间有航运往来，以后逐步发展到与日本的航行灯等。此后，随着海上捕捞、港口建设和港口运输的发展，港口城市已显雏形。新中国成立以来，特别是改革开放以来，除了对原有港口进行改造、扩建、新建泊位外，还新建了大窑湾深水港、营口鲅鱼圈港、丹东大东港、锦州大笔架山港等，新港口的建立和老港口的发展，进一步使辽宁沿海地区形成了以港口城市为中心的城市群体系。辽宁海洋开发带动了沿海城市的发展，促进海洋产业及其相关产业的发展。目前，辽宁沿海分布着14个城市，特别是以大连为龙头的对外开放城市已具有雄厚的经济基础，这将为进一步发展海洋经济提供更加有力的保障。

11.3 黄海区域经济发展的优势与限制因素

11.3.1 黄海区域自然资源基础雄厚

11.3.1.1 海洋水产资源丰富多样

黄海地区水产资源丰富多样。黄海最重要的浮游生物资源是中国毛虾、太平洋磷虾和海蜇等；主要的底栖植物资源是海带、紫菜和石花菜等；经济贝类有牡蛎、贻贝、蚶、蛤、扇贝和鲍鱼等；经济虾、蟹资源有中国对虾、鹰爪虾、新对虾、褐虾和三疣梭子蟹，刺参的产量相当可观。主要经济鱼类有小黄鱼、带鱼、鲐带、鲅鱼、黄姑鱼、鲷鱼、鳓鱼、太平洋鲱鱼、鲳鱼、鳕鱼、蓝点马鲛、叫姑鱼、白姑鱼、牙鲆等，此外还有头足类（乌贼）和鲸类（小鳁鲸、长须鲸、虎鲸等）。主要渔场有海洋岛、烟威、石岛、海州湾、连青石、吕四、大沙渔场等。

黄海因大陆河川的流入，带来了丰富的营养盐，加上黑潮水与大陆沿岸水形成潮目带，因此是一个渔获产量非常高的水域。黄海中由于全年都有中央底层冷水存在，因此真鳕、鳒及高眼鲽等冷水性鱼类资源相当丰富。其中，在黄海西部，鱼类是渔业资源的主体，约有250种。但虾、蟹等甲壳类和乌贼、蛤、螺等软体动物，也是渔业资源的组成部分，合计超过200种。此外，还有其他海产动物如海蜇等，也是渔业上的捕捞对象，在这些种类繁多的渔业资源中，大约40种具有捕捞价值。

自50年代以来，黄海地区的捕捞力量迅速增加，作业渔场也不断向外推进，其中60年代推进到30~40米水深海域，并开辟了黄海中、北部渔场，东部和南部渔场。由于捕捞强度不断增加，主要经济资源如小黄鱼、带鱼、大黄鱼等陆续衰退，渔获物中的幼鱼和低质鱼比例上升。例如，在黄海底拖网渔获物中，小黄鱼幼鱼占其成鱼量的百分比在50—60年代为40%~60%，而70—80年代则为70%~90%；带鱼、鳓鱼、鲅鱼、鲳鱼等其他经济鱼类幼鱼占其成鱼之比，一般在30%~90%范围内。目前，小黄鱼、带鱼、鳕鱼、白姑鱼、鲆鲽类等底层、近底层资源已遭到严重破坏。黄海区渔业资源的衰退也可以通过单位捕捞力量渔获量的变化来说明：50年代黄渤海区年均单位捕捞力量渔获量为16.68吨，而至90年代初则已降为0.76吨，40年来下降了96.1%。这也正是捕捞力量恶性膨胀所带来的必然结果。

11.3.1.2 滨海旅游资源独具特色

黄海海域气候宜人，海岸类型多样，形成了滨海湿地景观和海蚀景观，以及海水浴场等，海洋旅游资源非常丰富，滨海旅游业发达兴旺，是区域海洋经济的重要组成部分和增长点。

其中，辽宁沿海海岸类型多样，形成了滨海湿地景观和海蚀景观，以及海水浴场等。黄海沿海海域内，海蚀景观资源主要分布在黄海北部的金州—旅顺口区沿岸，著名的有金州区海滨喀斯特地貌景观，大连市南部的蚀洞。滨海湿地自然景观主要分布在北黄海东部鸭绿江至大洋河口的平原淤泥海岸地带，这一带地势低洼，河网密布、芦苇丛生、鱼虾繁茂，有丹顶鹤等多种鸟类。辽宁省天然海水浴场72处，海岸线长49.6千米，约占辽宁省海岸线总长的6%。此外，辽宁省有众多海岛，具有以"海"为特色的旅游资源。大连南部海滨和旅顺南路以及菊花岛、海王九岛和大鹿岛等处，形成了海洋旅游资源区域，为建设开发不同类型的海洋旅游业提供了有利条件。

山东省主要滨海旅游景点有34处，位居全国第三。在海滩浴场、山岳景观、岛屿景观和人文景观方面优势更为突出。沿海的青岛、烟台、威海等市分别形成了各具特色的滨海旅游项目。青岛市在海滨度假旅游、海上观光游、海洋科技、海岛生态旅游的基础上，推出了青岛海洋节，开拓了帆船表演、海洋科研修学游等以海为主体的多种新型旅游项目；烟台市重点向海外推出"海滨历史和海洋生态旅游"等黄金线路；威海市以海滨自然风光、历史文化、民俗风情和人文景观为重点推出了多种大型旅游项目。山东滨海旅游区建设初具规模，景点开发和设施建设步伐加快，突出海滨特色和文化氛围，充分利用海水、阳光、沙滩、海洋生物等资源，建设了一批国内领先、国际一流的大型海洋旅游项目。

江苏省自然景观和人文景观丰富多彩，有国家级和省级风景区、自然保护区13处。其中，连云港市滨海地区有国家级风景名胜区和两处自然保护区，具有旅游开发潜力的海滨沙滩五处，是省内三大旅游区之一，是未来极富潜力的"绿色产业资源"。江苏省沿海滩涂资源拥有量全国第一，滨海旅游业发展迅速，滩涂开发特色旅游项目吸引了大批海内外游客观光。江苏省旅游发展总体规划中重点开发的"沿南黄海岸旅游带"和"苏锡常通旅游区"，辽阔的海域、丰富的海产、宽广的滩涂和洋口港等得天独厚的自然资源。

11.3.1.3 海洋能源资源丰富

据估算,辽宁海洋能的蕴藏量约为700万千瓦,约占全国海洋能蕴藏量的0.67%。其中潮汐能约为193.6万千瓦,波浪能约为150万千瓦,海流能约为100万千瓦,盐度差能约为100万千瓦。辽宁潮汐资源点分布在北黄海沿岸的13处,辽东湾沿岸的11处,但其可能装机容量和可能年发电量北黄海沿岸远高于辽东湾沿岸,前者占总量的81%,后者仅占19%。

山东省海洋能资源包括海水运动过程中产生的潮汐能、波浪能等。自1958年起,山东省先后建立了一些潮汐电站,1978年建成的乳山白沙口潮汐电站装机容量960千瓦,是全国最大的潮汐电站。1991年在青岛小麦岛研建的8千瓦摆式波力示范实验电站的基础上,于即墨大管岛上建成了30千瓦摆式波力示范发电站。波浪能在黄海成山角、千里岩、小麦岛波浪较大,波浪能集中。我国波浪能在山东沿海有较丰富的蕴藏量,占10%以上。

江苏海域及沿海的能源资源相当丰富。其中,南黄海的石油天然气蕴藏丰富。目前,已探明天然气储量230亿立方米,据初步勘探估测,面积10万平方千米的黄海储油沉积盆地的石油地质储量在2.9亿吨以上。江苏沿海潮汐能资源主要分布于长江口北支、一些喇叭形河口及辐射沙洲强潮水道,其中长江北支江口为一个喇叭形潮汐河口,潮差大(测得最大潮差达5.95米)、流速快(潮头经过地区最大平均流速可达每秒3.5米以上),初步估算装机容量70万千瓦。小洋口、灌河口、射阳河口均有强潮能蕴藏。另外,在黄沙洋等地还发现一些有开发价值的强潮水道。此外,江苏沿海滩涂狭长,辐射沙洲风能资源优良,是建设大型海上风电场的理想场区,近海风力发电潜力巨大。

11.3.1.4 港口资源优势明显

黄海区域以基岩海岸为主,大部分城市建有港口或具备建港的条件,现已建成的港口主要有丹东港、大连港、威海港、青岛港、日照港和连云港等。该区主要港口发展迅速,实力不断增强。根据2008年统计资料,全国沿海港口货物吞吐总量为429 599万吨,比去年增长10.66%。其中上海的货物吞吐量为50 808万吨,稳居第一位,占全国的11.83%。黄海沿海主要港口中,货物吞吐量位居前十位的包括青岛港、大连港以及日照港、烟台港以及连云港,占全国的比重分别为7%、5.72%、3.52%、2.6%和2.34%。从表11.1可以看出,同去年相比,环黄海地区主要港口货物吞吐量增长迅速,增速均超过10%。目前黄海沿岸各港口城市都在大力改造和扩建现有港口,有的还在建设港区、新码头和新泊位。以青岛港为例,青岛市港口建设围绕东北亚国际航运中心的要求全面展开,进一步加快港口重点项目建设投入,2009年年全年计划投资36亿元,新增生产泊位8个,新增通过能力2 448万吨、306万标准箱。

表11.1 2008年黄海沿海主要港口货物吞吐量比较

港口名称	货物吞吐量 /($\times 10^4$ t)	去年货物吞吐量 /($\times 10^4$ t)	比去年增长 /%	占全国百分比 /%	排序
全国沿海合计	429 599	388 200	10.66		
上海	50 808	49 227	3.21	11.83	1
青岛	30 029	26 502	13.31	7	5
大连	24 588	22 286	17.33	5.72	7

续表 11.1

港口名称	货物吞吐量 /($\times 10^4$ t)	去年货物吞吐量 /($\times 10^4$ t)	比去年增长 /%	占全国百分比 /%	排序
日照	15 102	13 063	15.61	3.52	8
烟台	11 189	10 129	10.47	2.6	9
连云港	10 060	8 507	18.26	2.34	10

数据来源：中国统计年鉴 2009。

近年来，随着经济的不断发展和开放程度的提高，环黄海区域各港口也不断加强合作，港口资源整合的步伐加快。

在山东，随着东北亚航运中心的建设，继烟台港与蓬莱港正式进行合并重组之后，青岛港与威海港合资成立青威集装箱码头有限公司，统一经营威海港集装箱码头，迈出山东港口整合第一步。按照山东省政府港口整合规划，"十一五"期间，山东将投资 530 亿元建设境内青岛、烟台、日照三大港口，形成以青岛港为干线港，烟台、日照港为支线港，龙口、威海港为喂给港的现代化港口系统。山东省的港口整合计划已制定到未来几年。将加大力度打破行政、地域、所有制等对港口资源的垄断和限制，整合现有资源，打造青岛港、日照港、烟台港 3 个亿吨大港，建设大型集装箱、矿石、煤炭和原油四大运输系统。可以预见，未来几年山东沿海港口资源整合将更加深入。

在辽宁，大连港与锦州港举行合作签字仪式，双方以成立合资公司的方式共同开发建设锦州港西部海域，双方的合作将在矿石和油品运输及集装箱业务方面进行，为大连东北亚航运中心拓宽港口领域打下了坚实基础。

在江苏，2008 年 8 月青岛港和连云港也签署了关于加强战略合作谅解备忘录。为建立港口战略合作机制和物流服务合作平台，增强区域核心竞争力，促进和推动腹地经济发展，双方在友好协商的基础上，将在货源开发、航线班列、价格服务、经营管理等方面加强战略合作，发挥各自优势，互利合作，实现共赢。港口整合不但提升了港口自身的形象和地位，而且也为区域经济的发展和城市的发展注入了强大的动力。

11.3.1.5　海水利用业由传统走向现代

海水作为资源利用，体现在以下三个方面：一是海水作为直接利用的资源；二是利用海水中溶解的自然矿物元素；三是将海水转化成淡水资源。

辽宁从海水资源开发出的主要产品有：海盐、氯化钾、溴、无水硫酸钠、氯化镁、粉碎洗涤盐、精盐、硫酸镁等。目前从海水晒制海盐在辽宁占主要地位，充分利用了适宜晒盐的滩涂以及蒸发和阳光的条件，三者协调结合，形成了盐业资源，目前辽宁已发展成全国北方重要盐区之一。海盐产区位于黄海区域的主要有大连、丹东市。海盐总产量居全国前列，2007 年，全省海盐产量 202.22 万吨，占全国总产量的 6.9%。海水淡化在长海县已有日产 1 000 吨级装置，在大连市工业有直接利用海水作为冷却水。海水化学资源的利用主要是制盐、盐化工、卤水开采、海水淡化和海水直接利用。

我国海盐产量最大的省是山东省，有海盐生产企业 220 家，2007 年生产海盐 2 071 万吨，海盐生产能力 2 447 万吨，盐田面积 20.22 万公顷。山东海盐及盐化工产业分布在莱州湾南岸，主要集中在潍坊，东营、滨州、青岛等地也有部分生产。近年来，山东海盐化工中的纯碱产量已达100万吨,烧碱产量50万吨,均居全国首位。海水直接利用仅限于青岛市部分企业,从整体上看,尚处于起步阶段。海水淡化技术已经取得突破,但尚未形成产业,在解决生活用水方面有较大潜力。

江苏省作为全国四大海盐生产区之一,盐场分布于沿海三市,共有近9万公顷的盐田面积和6.7万公顷的生产面积,产量186.9万吨,原盐年产量占全国总产量的10%。

11.3.2 黄海区域经济发展的限制因素

11.3.2.1 部分海域污染严重,海洋生态系统遭到破坏

在我国黄海、渤海沿岸的多条河流中,70%以上河流下游成了纳污河。监测与统计结果显示,2007年黄海的入海排污口污水排海量约190亿吨,占全国排海污水总量的52.9%;排海污染物制约640万吨,占全国入海污染物质总量的53.5%,都比其他三个海区的总和还要多。2008年,黄海污染海域面积12 030平方千米,严重污染海域主要集中在胶州湾、海州湾、江苏洋口和启东近岸。主要污染物为无机氮、石油类和活性磷酸盐。海洋污染的直接受害者,主要是海洋生物。例如石油污染,在海面扩散成油膜,既遮拦阳光辐射,影响海洋植物的光合作用,又阻碍了海—气交换,导致大面积海水缺氧,进而危及海洋动物。再者,油膜和油块还会粘堵鱼鳃,抑或粘连鱼卵及幼鱼,既能导致窒息死亡,也可能使幼鱼致畸变异。重金属和有机物的污染,不仅使潮间带的生物类群种数剧减,也会造成海带腐烂,贝类死亡,鱼、虾、蟹遭殃或循遁远徙,甚至累及附近的海鸟和海兽。此类现象在大连、青岛沿岸时有所闻。

11.3.2.2 部分海域富营养化,赤潮灾害时有发生

近年来,随着沿海工农业的迅猛发展,排入海洋中的污染物越来越多,海域富营养化,赤潮频发,规模加大,危害加剧。2008年,黄海海域全年共发生赤潮12次,累计面积1 578平方千米,比上年赤潮发生次数增加7次,累计面积增加832平方千米。赤潮较集中发生在8月和6月;并且首次于2月在大连湾记录到赤潮,面积近110平方千米。赤潮的频繁发生危害很大,不仅导致直接的经济损失,更严重的是它已直接影响到人体健康以及海洋生态环境,可使水产养殖大幅度减产甚至绝产,这种间接的损失是难以估计的。

11.3.2.3 沿岸河口、海湾生物多样性严重下降

生物多样性的状况,是衡量生态系统健康的一个重要标志。由于海洋污染损坏了生物的生存环境,致使不少生物因不能忍受而灭亡或数量锐减,导致海洋生物多样性降低。已有的一些调查资料显示,河口、城市近岸海域生物多样性丧失的情况是显著的。以胶州湾海域为例,2002年与1984年同期相比,胶州湾海域的浮游动物生物量下降近50%,优势种发生了明显变化,海域底栖生物的生物量较1984年同期明显下降,生物量的构成也发生了较大的改变。此外,由于胶州湾养殖种类和养殖海区选择盲目,没有进行海区适宜度评估,底质生境破坏严重。养殖自身污染和陆源排污导致养殖环境恶化,病毒交叉感染,引发海水养殖扇贝大量死亡,严重影响养殖业的健康发展。通常附近海域的沉积物污染往往大于水质污染十几倍甚至上百倍。一些本来属于无机类物质转化为有机物有毒物质如无机汞转为有机汞、甲基汞等易被生物体富集、吸收、积累、富集后的生物链直接危害人类健康,已成为不容忽视的

严峻环境问题。

11.3.2.4 生态系统服务价值[①]不平衡

黄海近海55 247.36平方千米的海域，2008年产出的生态系统服务价值合计3 288.58亿元，其中以供给服务价值和文化服务为主，二者价值量合计为3 226.87亿元，占总价值量的98.12%。黄海提供的9项生态系统服务价值中，以休闲娱乐和食品生产（包括养殖和捕捞）服务为主，占总价值量比例接近90%。

2008年，黄海生态系统服务总价值的空间分布密度平均530.07万元/（平方千米·年）。生态系统服务价值的高值区集中分布于大连的长兴岛海域、丹东近海；中值区主要分布于烟台、威海和日照近海海域；低值区主要分布于大连、青岛、连云港、盐城和南通近海海域。

黄海近海生态系统服务总价值分布规律是：离海岸较近的海域，价值越高；离岸较远，价值越低；在有养殖区、旅游区分布的局部海域，其价值显著高于其他海域。

11.3.2.5 过度开发和海洋工程危及海洋、海岸带的可持续利用

随着海洋过度地开发利用，海洋荒漠化的危险越来越大。海洋荒漠化并不是海洋全部变为荒漠，而且变成无生物的水体，成为白色沙漠，随着荒漠化也不是全部陆地都成为荒漠，而是一部分陆地区域荒漠化。从这个意义上说，海洋荒漠化问题是不容否定的，而且问题越来越严重。由于对海洋资源的过量开发，有的资源已经开始衰退。以渔业资源为例，在中国、日本和韩国长期持续渔获压力下，黄海水域的渔获鱼种的生物学及生态学特征均产生了相当大变化，大多数鱼种均感受到资源状况恶化，同时分布区域也明显缩小，出现了渔获物小型化、成熟个体小型化及早熟化等濒临绝种的特征。另外，海洋工程的大量兴建，加快了海洋形态的改变，致使生物资源再生能力和海岸带可持续利用价值降低。

11.3.2.6 围海造地、港湾淤积、湿地萎缩

沿海地区人口膨胀，土地翻番增值，于是竞相拦海围垦"与海争地"。许多不合理的围垦，破坏了原有小海湾的水动力环境和生态环境，导致岸滩游移多变和生态平衡失调。黄海地区的围垦、筑坝使一些海湾淤积、干涸，造成严重生态环境和社会经济问题。我国黄海地区沿海滩涂湿地主要分布在辽宁的鸭绿江口、山东的胶州湾、江苏的海州湾等地。新中国成立以来，曾在50年代和80年代分别掀起了围海造田和发展养虾业两次大规模围海热潮，使沿海自然滩涂湿地总面积约缩减了一半。其结果，不仅使滩涂湿地的自然景观遭到了严重破坏，重要经济鱼、虾、蟹、贝类生息、繁衍场所消失，许多珍稀濒危野生动植物绝迹，而且大大降低了滩涂湿地调节气候、储水分洪、抵御风暴潮及沿岸保田等能力。

对于海洋资源的开发与利用应该做到生态系统、经济效益和社会公平三者协调发展，做到人海关系地域系统在发展上的和谐，使海洋资源得以持续利用，海洋经济增长，海洋环境良好，海陆共同发展。黄海拥有丰富的海洋资源，沿海各地区拥有资源的种类和质量各不相同，各地区进行海洋经济区域发展规划布局时，要注意本地区海洋生态环境的保护，做到可持续发展。对于海洋资源的开发利用应做到在摸清海洋资源家底的基础上，科学的开发，对不同类型的海洋资源开发，必须协调一致以达到充分开发，资源开发与环境保护相结合，以

---

① 引自《黄海近海生态系统服务评估研究》（国家海洋局第一海洋研究所），项目编号：908-02-04-03。

形成完善的海洋环境生态系统，发挥海洋资源的最大值。

11.3.3 黄海海洋经济发展的SWOT分析

运用SWOT分析理论，简要分析黄海海洋开发利用的优势和劣势及机遇和威胁。分析结论为：独特的区位优势与丰富的自然资源为黄海海洋经济的发展提供了良好的基础条件，雄厚的科技实力、日益完善的基础设施建设是黄海区域经济发展的重要支撑，环黄海区域开放与合作也在不断地进行中。今后，黄海区域应该抓住机遇，更大程度的发挥优势，合理地改变劣势与规避威胁，以应对日益激烈的挑战，实现本区域经济与社会的可持续发展（表11.2）。

表11.2 黄海海洋开发利用的SWOT分析内部条件外部条件优

	内部条件		外部条件
优势	①区位优势明显，交通等基础设施完善，与东海、南海相比，经济腹地广阔，是我国北方对内搞活和对外开放的重要枢纽 ②海洋自然资源丰富。不仅蕴藏着丰富的海域生物资源，还有丰富的海底矿产资源、滩涂资源和海洋旅游资源等 ③黄海区域科研院所密集，人才集中，信息灵通，科技实力雄厚。海洋专业人才为例，青岛市是我国海洋科技力量最集中的城市，拥有全国一流的高等学府和科研院所，云集了全国60%的海洋科技专家，为黄海区域的可持续发展研究提供了重要技术支撑	机遇	①近年来，环黄海地区的经济合作日益活跃，"环黄海经济圈"正在逐步形成，这将有利于黄海周边国家和地区海洋经济的协调发展 ②黄海大海洋生态系统项目的启动，对于保护黄海生态环境，推动黄海海洋经济的发展意义深远 ③新的世纪里，我国城市群的发展呈现出由南向北扩展的趋势，借助良好的经济基础、地域优势和智力资源，环渤黄海地区成为我国经济发展和对外开放新的热点地区
劣势	①从资源特点来看，黄海海洋生物资源丰度、生产力和生物量相对较低；部分海洋资源开发力度不够，如黄海油气区要进一步调查勘探，努力发现商业性油气田 ②从生物多样性看，环境污染、捕捞过度和高密度养殖，严重破坏了海洋生物的产卵场、栖息地等资源，影响了生物的补充机制、再生能力和生态系统，海洋生物资源得不到再生机会 ③从社会方面分析，与东海、南海沿岸人们的海洋活动传统与习惯相比，黄海沿岸人们的海洋文化观念相对滞后，略现保守和封闭	威胁	①沿海区域之间竞争日益激烈，行政分割和市场封锁问题仍然存在，阻滞海洋经济的可持续发展 ②目前我国海洋经济发展缺乏宏观指导、协调和规划，海洋资源开发管理体制不够完善，不利于各地区海洋经济的快速、协调发展 ③环黄海周边国家的国际交流与合作加强的同时，也给我国环黄海地区的发展带来巨大的竞争压力

第12章 黄海区域海洋产业经济

我国黄海地区主要包括江苏、山东、辽宁三个省大部或部分地区。黄海海洋产业经济的发展特点主要体现在江苏、山东、辽宁三省海洋产业结构、海洋产业布局、主要海洋产业发展特点以及相互间的合作与竞争态势。

12.1 黄海区域海洋经济发展概况

江苏、山东、辽宁均把海洋作为国民经济发展的第二战略空间,在20世纪八九十年代分别实施"海上苏东"、"海上山东"、"海上辽宁"的发展战略,使海洋经济成为国民经济的重要组成部分和新增长点。

12.1.1 江苏省海洋经济发展概况

1）海洋经济快速发展

自20世纪90年代开始实施"海上苏东"发展战略以来,江苏省海洋经济保持较快增长。海洋生产总值从1997年的122.77亿元增加到2007年的1 873.50亿元,10年间增长了14.26倍,年均增长率为31.33%。同期江苏全省GDP增长倍数、年平均增长率分别为2.85倍和14.44%。2007年江苏沿海地区涉海就业人员为174.8万人,占全国涉海就业人员的5.55%,占江苏省就业人员的37.9%;江苏沿海地区海洋经济生产总值为1 873.50亿元,占江苏省国内生产总值的7.28%。江苏省海洋经济的发展对省域经济的发展起到了良好的拉动和促进作用（表12.1）。

表12.1 1997—2007年江苏省海洋经济发展主要指标

年份	江苏省海洋产值/亿元	全国海洋产值/亿元	占全国海洋产值比重/%	占江苏省GDP比重/%	占全国GDP比重/%
1997	122.77	3 104.43	3.95	1.84	3.93
1998	129.48	3 269.94	3.96	1.80	3.87
1999	142.46	3 651.30	3.90	1.85	4.07
2000	146.04	4 133.50	3.53	1.71	4.17
2001	171.98	7 233.80	2.38	1.82	6.60
2002	221.54	9 050.29	2.45	2.09	7.52
2003	453.61	10 523.40	4.31	3.65	7.75
2004	565.22	13 704.76	4.12	3.77	8.57
2005	739.58	16 755.13	4.41	4.04	9.15
2006	1 287.00	21 220.50	6.06	5.95	10.13
2007	1 873.50	25 073.00	7.47	7.28	10.05

资料来源:中国海洋统计年鉴（2001—2008）.北京:海洋出版社.

但从全国范围看,江苏省海洋经济发展仍然滞后。由表 12.1 可以看出,2007 年江苏省海洋经济产值占全省 GDP 的 7.28%,远低于全国平均发展水平 10.05%。

2)海洋产业结构不断优化。

江苏海洋产业除了海洋油气、海洋砂矿两个产业没有产业活动外,其他海洋产业部门类别都具备。海洋产业结构从 1997 年的 80.9∶11.8∶7.3 到 2007 年的 4.5∶46.4∶49.1,不断趋向高级化。传统海洋产业在海洋产业中的地位逐步下降。1997—2007 年海洋渔业及相关产业、海洋盐业的产值比重分别从 80.9%、5.2% 分别逐年下降到 34.3%、0.9%;第二产业稳步发展,尤其是海洋船舶工业从 1997 年的 6.8% 逐年稳步增长到 2007 年的 24.9%,成为新的经济增长点;第三产业快速发展,据 1997—2007 年统计数据表明,江苏省滨海旅游业从 3.5% 逐年稳步增长到 16.7%,已成为江苏省海洋产业中一个极具影响力的新兴海洋产业。此外,江苏省拥有丰富的风能、潮汐能,海洋电力工业发展迅速,在江苏省海洋产业总产值中占有一定的比重(2007 年达到 8.6%)。总体来看,海洋渔业及相关产业、海洋船舶工业、滨海旅游业、海洋电力业已经是江苏省海洋产业的支柱产业。海洋工程建筑业、海洋化工业、海洋交通运输业、海洋生物医药业、海水利用业所占比重仍然较低,一直不超过 10%。

12.1.2 山东省海洋经济发展概况

1)海洋经济总量持续高速增长

"海上山东"战略实施以来,主要海洋产业增加值占全省 GDP 比重,由 1991 年的不足 2% 增长到 2007 年的 6.6%;"十五"末,全省海洋产业总产值达到 2 490.3 亿元,与"九五"末相比,年均增长 18.5%。2007 年山东省海洋生产总值 4 618 亿元,比上年增长 22.4%;海洋产业增加值 1 726.6 亿元,比上年增长 25%,约占全省 GDP 的 17.8%(图 12.1)。

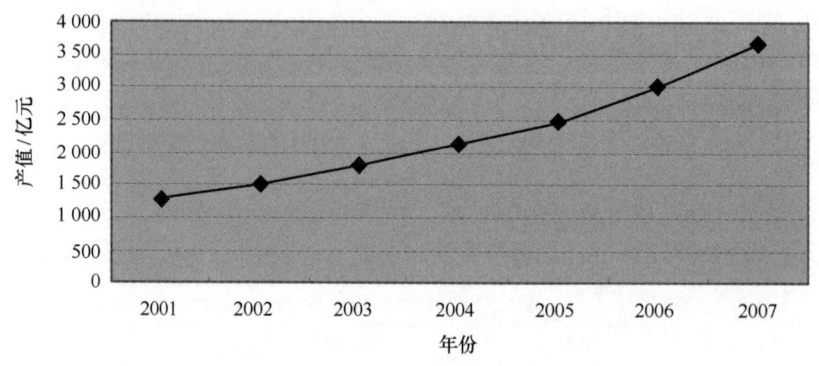

图 12.1 山东主要海洋产业总产值(2001—2007 年)

2)海洋产业结构不断优化

海洋三次产业比例由 2000 年的 32∶29∶39,优化为 2007 年的 18∶38∶44。渔业产业结构战略性调整成效显著,第一产业比重不断下降,同时渔业产业化、标准化、外向化水平不断提高。2007 年海洋渔业产量达 650 万吨,产值 1 260 亿元。山东省水产品产量、产值、出口创汇等连续十年保持全国第一位。第二产业比重进一步提高,海洋资源精深加工规模不断扩大。船舶工业集群效应初步显现,中小型船舶、海洋工程装备、船用动力装备、船用原材料等四类产品的竞争力不断增强；海洋化工主导产品市场占有率不断扩大，溴素深加工产品已达八大系列 50 多个品种，镁盐系列及纯碱深加工产品达到十几种。第三产业中海洋运输、港口服务、滨海旅游等产业增长幅度均超过 20%。2007 年山东省滨海旅游业收入达到 923 亿元（表 12.2、表 12.3）。

表 12.2 渔业经济相关指标变化

年份	产量（万吨）	增长率（%）	产值（亿元）	增长率（%）	出口创汇（亿美元）	增长率（%）	渔民人均收入	增长率（%）
2003	706		376		18.2		6 306	
2007	778	2	602	9.9	34.1	13.3	8 246	5.5

注：表中增长率指相应指标 2007 年数据相对于 2003 年数据的年均增长率。

表 12.3 山东省主要海洋工业产值（2007 年） 单位：亿元

海洋工业总产值	水产品加工	盐及盐化工	海洋油气	海洋船舶修造
1 317	534	210	78	200

3）海洋科技创新成为山东海洋经济发展的加速器

目前已建成省部级海洋重点实验室 24 家，省级以上工程技术研究中心 6 个，国家高技术产业化基地 5 个，国家级科技兴海示范基地 5 个；国家海洋科学研究中心已在青岛建成，国务院批复在青岛建设具有国际水准的国家深潜基地，国家"十一五"大型综合海洋科学考察船项目也落户山东。海洋产业科技进步贡献率不断提高，已达到 60%。沿海县市充分发挥比较优势，结合科技创新增强竞争优势。青岛市积极创建海洋科技城，荣成市创建国家"863"海洋项目转化基地，烟台、威海市大力发展海洋与渔业精深加工产业群、名优水产品集约化养殖带，潍坊、东营、滨州市积极建设滩涂贝类优势产业带，日照市努力创建中国对虾育苗基地，特色鲜明的海洋经济产业带已初步形成。这势必加速实现山东省海洋经济又好又快发展。

4）海洋新兴产业成为山东区域经济发展的重要增长点

海洋新兴产业是高新技术产业向海洋的延伸，近年来海洋石油、滨海旅游和海水综合利用等海洋新兴产业增势强劲，2005 年实现产值 58.7 亿元、574.7 亿元和 39.0 亿元，分别比上年增长 38.4%、23.8% 和 39.8%。其中，海水综合利用增幅最大，说明海水综合利用是一项具有广阔发展前景的朝阳产业。

12.1.3 辽宁省海洋经济发展概况

早在 20 世纪 80 年代中期，辽宁省就提出建设"海上辽宁"的经济发展战略，"十五"以来，辽宁省各级涉海部门和海洋与渔业部门认真吸取和总结"海上辽宁"建设的经验教训，积极实施可持续发展、科技兴海和"五点一线"的外向牵动战略，加强海洋综合管理，使全省海洋经济快速、健康发展。

2008 年初，辽宁省政府在"五点一线"基础上增加 17 个政策支持区域，2008 年底增加到 24 个。这些政策支持区域像"五点"一样，也是属于工业用地的开发园区，比照和享受

"五点"政策,但规模和范围较"五点"要小。2009年7月,国务院常务工作会议讨论通过《辽宁沿海经济带发展规划》,这意味着辽宁沿海经济带发展上升为国家战略,我国"三大四小"沿海发展格局("三大"是指珠三角、长三角和京津冀地区;"四小"是指北部湾、海峡西岸、江苏沿海和辽宁沿海)基本形成。加快辽宁沿海经济带发展,对于振兴东北老工业基地,完善我国沿海经济布局,促进区域协调发展和扩大对外开放,具有重要战略意义。

1)海洋经济总产值快速增长,综合实力不断增强

随着对海洋开发的日益重视和海洋科技的不断发展,辽宁省海洋经济总体实力不断提高。辽宁省海洋经济总产值从1985年的40亿元,在全省国民生产总值中的比重不足5%,发展到2006年总产值达1 468.6亿元,占全省国民生产总值的15.9%。目前,已形成海洋渔业、交通运输业、滨海旅游业、船舶修造业等六大海洋支柱产业,同时,海洋生物医药、海水利用等新兴产业也得到初步发展。

2)海洋产业结构日趋合适

目前形成了以海洋渔业、滨海旅游业、船舶制造业、海洋港口运输业为主的海洋产业结构。海洋渔业产值大约占1/3,居主导地位;其次为滨海旅游、港口运输和船舶制造业,以上四部门构成辽宁省海洋经济的主体,占到辽宁省海洋生产总值的90.7%(表12.4);其中,造船、水产在全国占有重要地位(表12.5)。

表12.4 辽宁省主要海洋产业产值构成表(2006)

	海洋渔业	滨海旅游	海洋船舶制造业	海洋交通运输业	海洋石油天然气业	海盐及盐化工业	新兴海洋产业	合计
产值/亿元	546.8	417.4	246.2	121.4	91.5	5.7	39.9	1 468.9
构成/%	37.2	28.4	16.8	8.3	6.2	0.4	2.7	100.0

注:海洋工程建筑业、海水综合利用业和海洋生物制药业综合统计为新兴海洋产业。
资料来源:2006年辽宁省海洋经济统计公报。

表12.5 辽宁省主要海洋产业产值、产量在全国的比重(2006)

海洋产业	产值			海洋产业	产量		
	辽宁	全国	比重/%		辽宁	全国	比重/%
海洋渔业	546.8	4 533	12.1	海洋水产品(万吨)	369.7	2 618.4	14.1
海洋石油和天然气	9.15	121.1	7.6	海上原油(万吨)	48.4	3 154	1.5
海洋盐业	5.7	94	6.1	海盐(万吨)	226	3 096	7.3
船舶制造业	246.2	1 145	21.5	造船完工量(万吨)	265	1 452	18.3
港口运输业	121.4	2 585	4.7	港口吞吐量(万吨)	34 796	353 000	9.9
滨海旅游业	417.4	4 706	8.9	国际旅游人数(万人次)	95.5	2 263	4.2

资料来源:王丹. 辽宁省海洋经济发展布局及沿海经济带构建. 辽宁师范大学,2005年硕士论文,18.

2003年辽宁省海洋内部三次产业结构比为57∶26∶17。辽宁省海洋产业结构仍以传统产业为主,传统海洋产业和新兴海洋产业构成如表12.6所示。

表 12.6 辽宁省传统、新兴海洋产业结构表（2003）

产业	产值/亿元	构成/%
传统海洋产业	420	58
新兴海洋产业	302	42
合计	722	100

资料来源：王泽宇. 辽宁省海洋产业结构优化升级及合理布局研究. 2006年硕士研究生论文，43.

3)"科技兴海"战略初见成效，综合管理进一步加强

积极推进"科技兴海"战略，编制了《科技兴海规划》，加大了海洋科研攻关的力度。"十五"期间，共取得科研成果100余项，其中获省部级以上奖励38项，科技贡献率达42%。为加强对海洋管理机构、海洋法制、海洋开发和保护等方面建设，辽宁省先后出台《辽宁省海域使用管理办法》、《辽宁省人民政府关于进一步加强海洋与渔业管理工作实施意见》，并公布《辽宁省海洋功能区划》，使全省海洋管理工作做到有法可依，初步纳入法制化、规范化轨道。

12.2 黄海区域主要海洋产业发展状况

12.2.1 黄海区域海洋渔业发展状况

12.2.1.1 江苏省海洋渔业发展状况

2007年江苏的海水产品总量、水产品加工量、海水养殖面积分别位列全国第七、第六、第四位。2007年海洋水产品产量120万吨，增长2.35%。其中，捕捞产量57.35万吨，下降0.26% 养殖产量62.56万吨，增长4.86%。在海洋渔业中，传统的捕捞业一直占有重要优势，直到2006年海水养殖产量超过海洋捕捞产量（见图12.2）。

1）捕捞业

江苏省海洋捕捞平均年产量20世纪50年代为8万吨左右，70年代急速增加，到90年代，达到60万~70万吨，是50年代的近十倍。2000年以来，海洋捕捞总产量虽然持续增加，但已呈现出渔船减少、强度降低、捕捞个体小型化趋势。20世纪80年代小黄鱼的最大捕捞体长为292毫米，到2001年则降低到251毫米；鲐鱼降低幅度更大，从418.6毫米降低到367.5毫米；20世纪90年代末，细条天竺鲷、矛尾虾、虎鱼等小型鱼类生物量增加，传统的经济种类白姑鱼、小黄鱼及中上层的日本鲭鱼生物量减少。虽然捕捞强度不断提高，但单位渔获量却不断下降，捕捞优势种类数量不断下降。60年代，江苏捕捞的优势品种年产量达到3万吨以上，占比37.5%。90年代，主要经济鱼类品种年产量17万吨，占比32.3%。2003年，主要经济鱼类年产量16万吨，占比28%。在黄海、东海及外海捕捞的主要品种，60—70年代为大小黄鱼、带鱼、鳓鱼、马鲛鱼、鲳鱼，80—90年代为马面鱼、鲐鱼、马鲛鱼、乌贼、小黄鱼、鲳鱼、带鱼、黄鲫、虾、蟹，近年来鲳鱼、乌贼等优势品种尤为稀少（见图12.2）。渔获物低龄化、低值化明显；虾蟹类资源已出现过度捕捞迹象；小黄鱼、鲳鱼

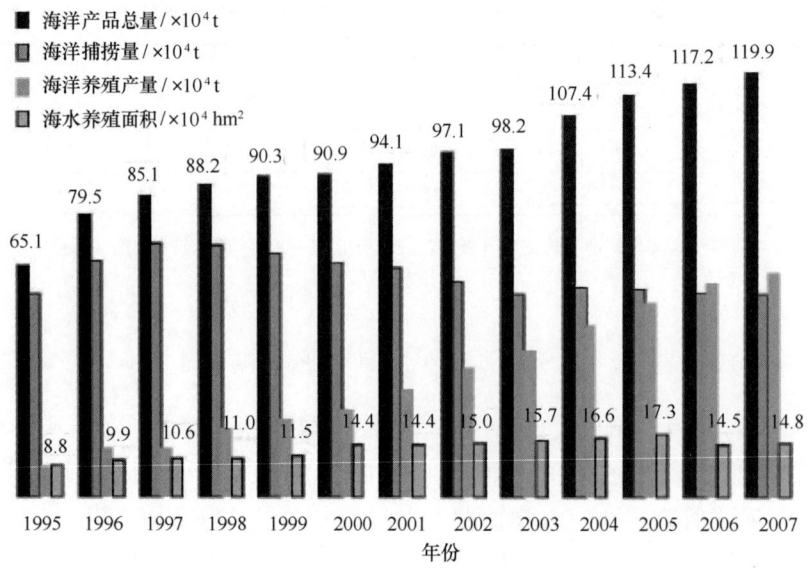

图 12.2 历年江苏省海洋水产品捕捞养殖变化

产卵期多年形不成。另外由于中日、中韩渔业协定已经生效，大量的渔民和渔船将从传统的渔场撤回，江苏省有 2 万劳动力退出捕捞业，对江苏的海洋捕捞业也产生了很大的影响。

2）养殖业

江苏省海水养殖面积逐年增加，2005 年曾达到 17.3 万公顷，位列全国第四；养殖单产 4 223 千克/公顷，远低于山东和浙江的 8 704 千克/公顷、15 177 千克/公顷，也低于全国平均值 9 819 千克/公顷，鱼类、贝类更显突出，仅分别为 5 740 千克/公顷和 6 373 千克/公顷，远远低于全国平均水平（表 12.7），粗放式的养殖方式致使产业产出低、附加值低、效益差。近几年江苏确定了"以养促捕"政策，全力推进贝、虾、蟹、鱼、藻等多品种发展，促进了海水养殖业的快速发展。推广示范海水养殖新技术，不断提高科技含量和养殖效益。在沿海广泛推广鱼虾贝蟹综合生态养殖模式，加快以贝类增养殖为主的浅海开发利用，突破了菲律宾蛤仔、青蛤、西施舌、海参、漠斑牙鲆、半滑舌鳎等新品种的育苗和养殖技术。提升了海水养殖产品质量，产品的市场竞争力不断增强。促进了沿海渔民养殖效益的提高。养殖规模扩大，海水养殖在海洋渔业中的比重继续上升。2006 年发生改变，养殖产量首次超过捕捞产量。海水养殖产量占海洋渔业总产量的 52.2%。2007 年海水养殖鱼类 3 745 公顷，甲壳类 1.93 万公顷，贝类近 11 万公顷，藻类 1.4 万公顷。养殖产量 62.6 万吨；渔民人均纯收入 8 170 元，高于山东 8 136 元，渔民劳均纯收入达 10 105 元。

表 12.7　2005 年全国各地海水养殖单产比较　　　　　　　　　　　　　单位：kg/hm²

地区	总体水平	鱼类	甲壳类	贝类	藻类	其他类
天津	2 078	1 925	2 024			
河北	2 916	1 701	550	3 900		1 291
辽宁	6 294	13 023	2 892	6 373	37 069	1 478
上海	2 692	7 000	2 333			
江苏	4 223	5 740	2 800	6 373	1 982	6 227
浙江	15 177	11 528	5 132	23 525	7 891	6 210

续表 12.7

地区	总体水平	鱼类	甲壳类	贝类	藻类	其他类
福建	24 916	16 052	3 739	35 590	18 415	11 354
山东	8 704	19 524	992	12 988	21 600	1 270
广东	13 997	9 731	5 022	24 026	18 346	1 235
广西	16 162	15 137	8 202	22 998	5 750	731
海南	19 021	39 614	17 190	14 371	21 951	157
全国	9 819	11 338	3 286	12 549	17 396	1 418

资料来源：中国渔业统计年鉴。

随着渔业的发展，水产品加工业发展迅速，加工产品呈多样化、系列化、标准化。水产品加工业和海水养殖业相互带动，形成良性循环。紫菜加工业从一次加工发展为二次加工，促进的紫菜养殖业迅猛发展；斑点叉尾鮰的加工出口带动江苏省斑点叉尾鮰养殖业的兴起。目前，全省水产品加工业已发展成为包括水产品制冷、腌干制品、罐制品、鱼糜加工制品、水产药品与保健品、调味品、海藻化工品、紫菜食品、甲壳素深加工、水产工艺品、鱼粉与饲料加工品等多个专业门类，其产业、产品结构呈现不断优化趋势；形成了以南通地区紫菜、文蛤、低值鱼类加工为主，连云港地区海带、蛏蛭、虾类加工为特色，盐城地区则龙虾、泥螺加工为主的区域布局。

12.2.1.2 山东省海洋渔业发展状况

山东省的海洋渔业多年来一直处于我国海洋渔业的龙头地位。2008年，全省渔业经济总产值1 894.6亿元，实现增加值855.7亿元；全省水产品总产量749.1万吨，其中海洋捕捞产品248.1万吨；水产品对外贸易总量233.9万吨，贸易总额54.9亿美元，创汇34.1亿美元，出口创汇分别占全省农产品出口创汇的34.4%和全国水产品出口创汇的35%。山东省海洋渔业产量、产值和水产品出口创汇额等指标连续13年位居全国首位。2008年，山东海洋渔业实现增加值2 216亿元，比上年增加33%，占全国渔业增加值的33.8%，继续位居全国首位。

根据区域资源优势和总体发展规划，山东沿海着力打造各具特色的海洋经济产业带。建设了省级标准化示范基地31处；认定无公害水产品产地178处，无公害养殖面积10多万公顷；国家级水产品加工示范园区1处，省级水产食品加工园区10处；重点培育了对虾、刺参等20个优势和特色品种。形成了布局合理、产业兼顾、优势明显、科技突出的海洋经济产业带。

"十一五"期间，山东省大幅度减轻了渔民负担；对近海海域进行捕捞许可证管理及禁渔期管理，切实保护了生物资源；落实养殖证制度，保护了渔民合法权益；创新渔业经营组织方式等管理措施，组建各类渔业经济协作组织43个；组织实施了"渔业资源修复工程"、"渔港及渔港经济区建设工程"、"500万亩标准化生态鱼塘整理工程"、"海外渔业工程"、"平安渔业建设工程"、"渔业良种工程"、"莱州湾生态整治工程"、"渔业科技创新与新型渔民培训工程"、"水产品质量保障工程"、"海洋与渔业信息化工程"十大工程。通过"十大工程"的实施，山东省海洋渔业的物质技术条件明显改善，综合生产能力和市场竞争能力明显增强，已成为全省农村经济发展和"山东半岛蓝色经济区"建设的重要支柱产业。

1) 海洋捕捞

海洋捕捞在山东省海洋渔业中曾一度占据主导地位,随着技术的更新,作业能力也不断增强。20 世纪 70 年代,海洋捕捞渔船只能基本实现基本的动力化,作业也只能推进到 20 米水深海域;80 年代,对海洋捕捞生产作业结构进行了全面调整,外海作业成为主要生产领域;90 年代,远洋渔业得到迅速快速的发展,与阿根廷、印度尼西亚、新西兰、缅甸等国家的渔场都有着紧密的合作。从作业渔场来看,以 2001 年为例,山东海洋捕捞产量主要来自黄海和渤海,分别占 72.33% 和 16.33%,其次是东海和远洋渔场,分别占 7.26% 和 3.77%。但是由于近海环境不断的遭到破坏,加上以往无限量的捕捞,鱼群数量锐减。自 1999 年农业部实施海洋捕捞年产量"零增长"策略以来,山东也制定了相关法律政策保护渔业资源,自 2000 年至今海洋捕捞出现负增长。在控制沿岸和近海捕捞的同时积极发展外海和远洋渔业。目前,远洋渔业已经扩大到 20 多个国家和地区,产量、产值均比上个经济周期翻了一番。2008 年,山东全省海洋捕捞产量 248.1 万吨(含远洋渔业产量)(图 12.3)。

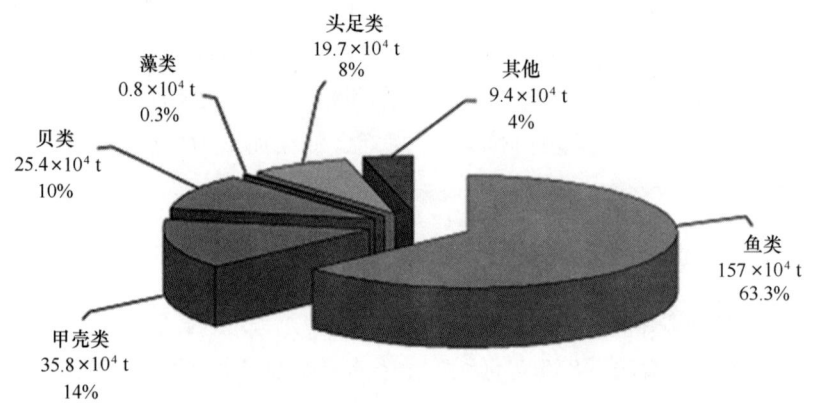

图 12.3 2008 年海洋捕捞产品种类构成

近海捕捞业是山东省海洋渔业的主导产业。为扭转近海渔业资源的衰减的局面,山东省制定了严格的资源保护和禁渔期政策,渔具渔法也受到了严格的限制,目前多数近海捕捞企业都已经逐渐转向发展远洋渔业和海水增养殖业。适度控制捕捞量、增殖保护渔业资源是目前山东近海捕捞业结构调整。山东省近海捕捞应用较多的几种主要渔具为:拖网、刺网、张网、钓鱼具和陷阱类渔具等。

随着国家对远洋渔业发展作出了政策上的引导和调整,山东远洋渔业迅速发展,2008 年,山东省具有远洋渔业资格的企业共 18 家,从事远洋渔业生产的渔船已达 315 艘,在外船员近 5 000 人,从事 13 个远洋渔业项目,远洋渔场已遍及四大洋 30 多个国家和地区,远洋渔业总产量近 20 万吨,总产值近 11 亿元。总产量中,鱿鱼钓产量 6.4 万吨,占 56.5%;金枪鱼钓产量 2.2 万吨,占 22.4%;其他为拖网渔业产量,占 21.1%。总产值中,鱿鱼钓项目产值 4.1 亿元,金枪鱼钓项目产值 3.8 亿元,分别占总产值的 36.5% 和 39.4%。初步形成了捕捞、运输、加工、销售、后勤补给一条龙的海外渔业发展体系。

山东省远洋渔业目前使用的主要作业方式为:悬臂拖网、远洋大型中层拖网、金枪鱼延绳钓、灯诱鱿鱼钓等。悬臂拖网主要捕捞虾类、头足类和其他底层鱼类。远洋大型中层拖网(变水层拖网),是在北太平洋渔场作业的主要网具,主要捕捞狭鳕、大头鳕、无须鳕和鲽类。金枪鱼延绳钓是世界远洋钓渔业中较先进的作业类型,主要捕捞长鳍金枪鱼、黄鳍金枪鱼、肥壮金枪鱼、马苏金枪鱼和鲣鱼等，灯诱鱿鱼钓主要捕捞大型鱿鱼。

2）海水养殖

山东海水养殖业人工育苗技术实现了五次突破，实现了五次大的飞跃，经历了"鱼、虾、贝、藻、珍"五次海水养殖浪潮，推动我国海水养殖业实现了"养殖高于捕捞"、"海水超过淡水"的两大历史性突破。山东海水养殖业在全国乃至世界海水养殖业中均占据着重要的地位，已经成为我国最大的养殖渔业省份。利用山东半岛濒临黄海、渤海湾的浅海和滩涂优势，海水养殖发展迅速。在"以养为主"的方针指导下，坚持面积、产量、质量和效益并重，因地制宜，制定了一系列的具体的政策和措施，形成海带、对虾、扇贝、海水鱼、海参五次养殖浪潮。例如，近年来在全省沿海的海参养殖规模和产量不断增加，已经成为全国重要的海参养殖基地。

20 世纪 90 年代，山东省在全国海水养殖界率先提出了"健康养殖"的概念，在养殖模式及养殖品种方面取得了突破性进展。目前，国内主要的养殖模式在山东省均有分布，主要包括：池塘（围堰）养殖、底播养殖、浅海（筏式、网箱）养殖、盐田养殖、工厂化养殖。近年来，山东省积极推进健康养殖示范区建设，养殖效益显著。2008 年，新建省级以上健康养殖示范区 55 处，总规模已达 122 处，面积 4 万多公顷。全省刺参、对虾等十大优势品种产量达 279 万吨，占海水养殖总产量的 75.4%。其中刺参、对虾、三疣梭子蟹、扇贝和菲律宾蛤仔五个品种产值均超过 30 亿元。

根据山东省海岸带、海域特征和各模式海水养殖的分布特点，将全省海水增养殖海域分为黄河三角洲区、山东半岛北部区、山东半岛南部区（图 12.4）。

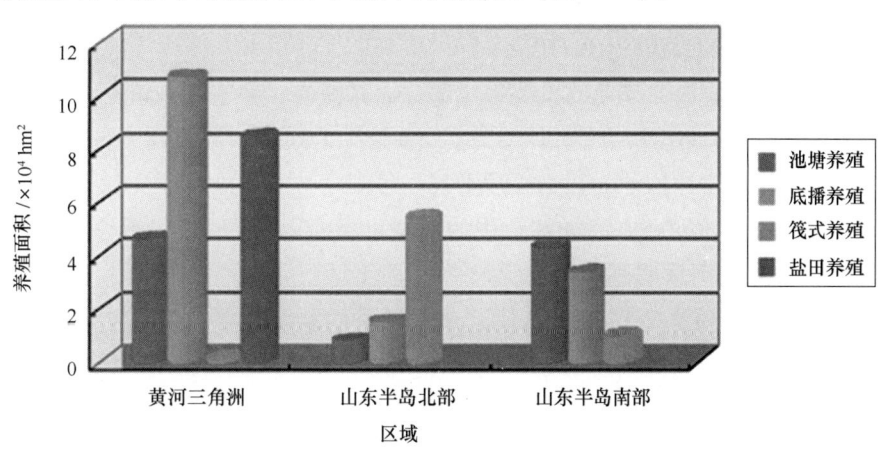

图 12.4　山东省各区域海水养殖模式对比

山东省渔业生产的不断发展，带动了水产品加工业的迅速崛起。山东省是全国最大的水产品加工出口基地，出口量和出口额 13 年来一直居全国首位。拥有国家级水产品加工示范园区 1 处，省级水产食品加工园区 10 处；国家级重点龙头企业 3 家，省级重点龙头企业 25 家；出口创汇超千万美元的龙头企业 100 多家。2008 年，山东省水产品加工企业 1 872 家，年加工能力 654.8 万吨；全省水产冷库 1 784 座，冻结能力 15.9 万吨/日，冷藏能力 110.4 万吨/次，固定资产约 280 亿元。全省水产品加工总量 435.5 万吨，精深加工比重达 60% 以上（见图 12.5）。

近年来，山东大力推进渔业国际化的进程，大力发展龙头企业，加强水产品标准化体系建设，促进水产品加工出口。海洋鲜销渔业也有了健康发展，大大增强了海产品出口创汇能力。

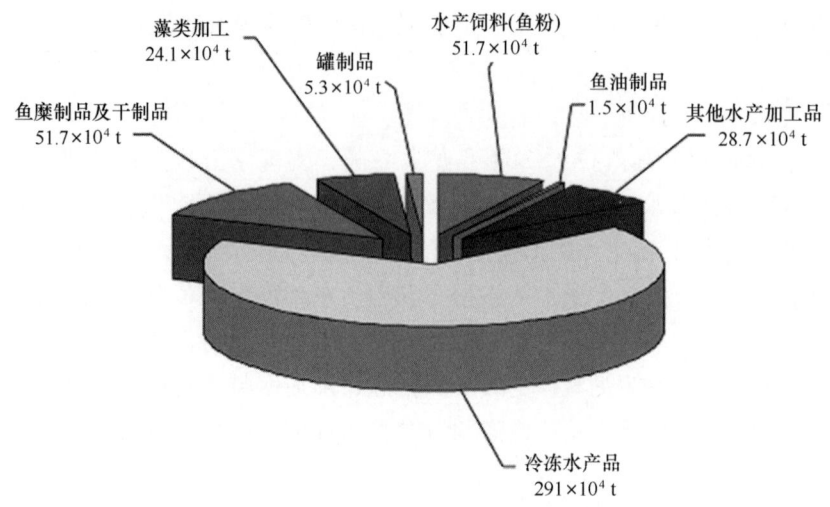

图 12.5 2008年山东省水产加工品分类

12.2.1.3 辽宁省海洋渔业发展状况

海洋渔业是辽宁省海洋产业的主导。在空间分布上以大连、丹东、锦州、营口、盘锦等沿海地市为主。2006年海洋渔业总产值546.8亿元，比上年增长11.5%，占全省海洋经济总产值的37.2%；增加值272.5亿元，比上年增长16.1%，占全省海洋经济增加值的32.8%。2008年渔业经济总产值800.4，其中渔业产值完成419.6亿元，比2007年增长28.7%。海洋渔业产业结构不断优化，2008年渔业经济三次产业的比例调整为52:25:23。海洋捕捞与养殖的比例由2007年的33:67调整为30:70。

海洋捕捞业是辽宁省海洋渔业的重要组成部分，其捕捞品种主要以鱼类、虾蟹类、贝类、藻类等为主。尤其是20世纪90年代以来，远洋渔业从无到有、从小到大，从单一捕鱼到渔工贸结合综合经营，海洋捕捞业的产量飞速增长。

2000年以后，海水养殖业在海洋渔业中的地位正不断得到提升，"近海养殖"趋势越来越明显。2008海水养殖产量实现263.8万吨，比上年增长13.6%；海洋捕捞完成147.8万吨，比上年减少0.9%（图12.6，表12.8）。养殖品种主要以贝类和鱼类为主。

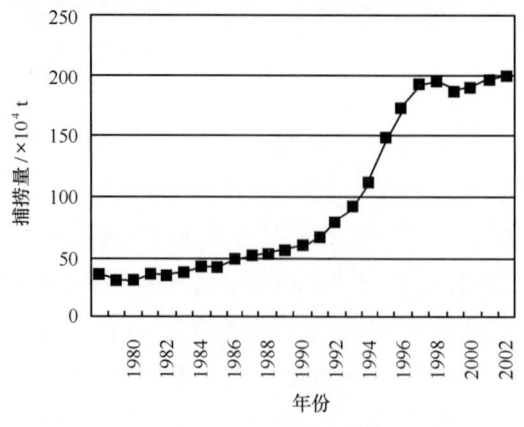

图 12.6 1978—2003年辽宁省捕捞业产量

表12.8　1998—2008年辽宁省海洋渔业结构表　　　　　　　　　　　　　　　　　　　　单位：$\times 10^4$ t

	1998	1999	2000	2001	2002	2003	2005	2008
海水产品	281.4	296.8	302.3	310.5	327	330.8	425	411.6
海洋捕捞	160.6	157.7	150.2	149.6	148.8	148	149	147.8
人工养殖	120.8	139.2	152.1	160.9	178.2	182.8	276	263.8

2008年海水养殖产量按水域分：海上149.6万吨、滩涂84.5万吨、陆基29.7万吨，分别比上年增长2%、25%和63.5%。产量增长点主要在滩涂和陆基。海水养殖面积53.4万公顷，比上年增长1.1%。按水域分：海上34万公顷，比上年减少3.7%；滩涂13.6万公顷，比上年增长14%；陆基5.8万公顷，比上年增长5%。面积增长点主要在滩涂。

12.2.2　黄海区域港口经济发展状况

12.2.2.1　江苏省港口经济发展状况

江苏沿海经济带大小港口众多，发展前景和建港条件较好的有14个，一类口岸3个，二类口岸5个，三类口岸6个。其中又以连云港港、滨海港和洋口港为主要优势港口。

连云港港为国家一类开放口岸江苏唯一的大型海港，港口条件优越。一直是国家及江苏省委省政府重点发展的港口之一，但是经过20多年的发展，远没有达到预期水平，这是因为，在我国，推动沿海港口吞吐量大幅上升的第一因素是煤炭中转，作为煤炭输出港，连云港输给了北部的日照港；作为煤炭接收港，连云港又不及长江口以南的港口。尽管这些因素不可改变，但是连云港作并且，随着陆桥经济时代的来临，西部大开发等外部环境的改善，作为陇海兰新经济带的大门和新亚欧大陆桥东桥头堡，连云港将在其中发挥着独特的作用。

位于盐城的滨海港，地理坐标为120°16′，北纬34°18′，与韩国和日本隔海相望。经专家考察一致认为，在滨海海岸，尤其是废黄河三角洲，具有开发建设特大型、多功能、综合性深水大港的优越条件，其建港条件不仅在江苏海岸最佳，而且也优于我国东南沿海许多海岸，是国家在沿海布局大中型电力、石油化工、盐化工、煤化工等工业项目和集装箱枢纽码头、接煤港址的理想选择。

位于南通的洋口港区位条件优越，既靠长江，又临黄海，地处我国沿海沿江"T"型经济带交汇处，雄居长江三角洲洲头，隔海与韩国、日本相望，隔江与上海及苏锡常地区相依，溯江联结长江中上游诸省，是江苏乃至我国东部地区"外引西进"的理想桥头堡，战略地位十分重要。洋口港建港条件优越，具有建设大型LNG专用泊位、第五、第六代集装箱泊位、（15~20）万吨级原油进口及大宗散货泊位的自然条件。铁路方面，可连接新长、宁启、沪崇苏；公路方面，可连接沿海高速、宁通高速，并通过苏通大桥、沪崇苏通道连接上海、苏南地区。洋口港的开发不仅可以从根本上改善苏南经济发展的外部环境，降低商务成本，可以避免形成上海港和宁波北仑港的双寡头竞争的局面，还可以改变江苏与上海之间不对称的被动局面，保持江苏在长江沿岸的中枢地位。

12.2.2.2　山东省港口经济发展状况

山东省港口发展迅猛，特别是2003年港口体制改革以后，山东各沿海港口取得了快速发展，2005年山东省沿海港口工作会议后，山东沿海掀起了新一轮港口建设和发展热潮。目前，已初步形成以青岛、烟台和日照港为主枢纽港，龙口、威海港为地区性重要港口，潍坊、蓬莱、莱州、东营、滨州等中小港口为补充的现代化港口群。截至2006年，山东省沿海港口拥有生产性泊位328个，其中万吨级以上深水泊位142个，深水泊位比重达到43.3%，吞吐能力达到2.8亿吨。2007年山东沿海港口达到24个，其中，烟台港完成货物吞吐量1.31亿吨，至此，山东省成为中国唯一拥有3个亿吨大港的省份。

山东沿海港口的资源整合不断加强。从2003年日照港与岚山港整合，2005年烟台港与蓬莱港整合，2006年1月青岛港与威海港合资成立集装箱码头，同年4月烟台港龙口港整合，到2007年5月青岛港与日照港联合成立集装箱码头，逐步从政府主导型到顺应市场型，结构层次不断提高。通过资源优势互补，目前已形成了以青岛港为龙头，以威海港、日照港为两翼的国际集装箱运输体系。

在国家对渤海湾地区港口建设的规划中，山东省青岛、日照、烟台三港在国家建设的集装箱、进口铁矿石、进口原油（含天然气）和煤炭装船等四大运输系统中担当重要角色。为此，2005—2010年，山东省将建设四大运输系统，基本形成以大型集装箱、原油、铁矿石、煤炭码头为主的运输体系。将在青岛、日照、烟台建设23个3万吨至10万吨级集装箱泊位，形成以青岛港为干线港，烟台、日照港为支线港，龙口、威海等港为喂给港的集装箱运输系统，新增吞吐能力1 100万标准箱；在日照、青岛、烟台建设3个15万吨至30万吨级的矿石泊位，形成由青岛、日照、烟台港组成的深水、专业化进口铁矿石中转运输系统，新增吞吐能力6 800万吨；在青岛等地建设30万吨级原油泊位，形成以青岛、日照等港组成的深水、专业化进口原油中转运输系统，新增吞吐能力6 500万吨；结合国家"西煤东运""北煤南运"大通道规划的实施和山东省沿海各港口的实际，扩建和改造青岛、日照煤炭泊位，在日照、龙口等港新建6个5万吨至10万吨级煤炭泊位，形成由青岛、日照、龙口等港组成的煤炭装船运输系统，新增吞吐能力8 700万吨。

山东沿海在开发和利用港口资源的同时，仍面临一些问题制约港口的持续发展。重复建设、内耗严重，尤其是在港口腹地货物集、疏、运设施方面竞争激烈。资金短缺，运输能力不足，也是山东港口群建设面临的主要问题，已成为制约港口发展的瓶颈。2008年4—7月，山东省铁矿石滞港2 831万吨，其中日照港集团港存矿石1 400万吨，青岛港集团1 031万吨，烟台港集团400万吨（包括龙口港集团100万吨）。矿石港存量居高不下，给港口生产和矿石运输组织带来了较大压力。城市间的集疏运系统不畅，港口与腹地之间的直线运输距离均比较长，没有直向干线铁路与陆域纵深连接，从而限制了港口功能的拓展。

12.2.2.3 辽宁省港口经济发展状况

辽宁省已形成以大连、营口为主要港口，丹东、锦州港两个地区性重要港口为两翼，盘锦、葫芦岛等一般港口为补充的分层次港口发展格局。杨荫凯等（2000年）将辽宁省沿海港址划分为黄海北部、辽东半岛南端、辽东湾顶部、辽东湾西部4个地域组合区，其中黄海北部港址组合区和辽东半岛南端港址组合区位于黄海沿岸。其中，大连港是东北沿海货运规模最大、服务能力最强、辐射范围最广的主枢纽港（见图12.7）。大连港以集装箱干线运输为重点，全面发展石油、矿石、散粮、商品、汽车等大宗货物中转运输，加快拓展港口物流、保税、信息、商贸和国际海上旅游服务，积极推进长兴岛组合港区建设。丹东港以杂货、大宗散货和集装箱运输为主，积极发展物流、商贸、临港工业等相关功能。锦州港和葫芦岛港是锦州湾重要港口，地区运输体系的重要枢纽。

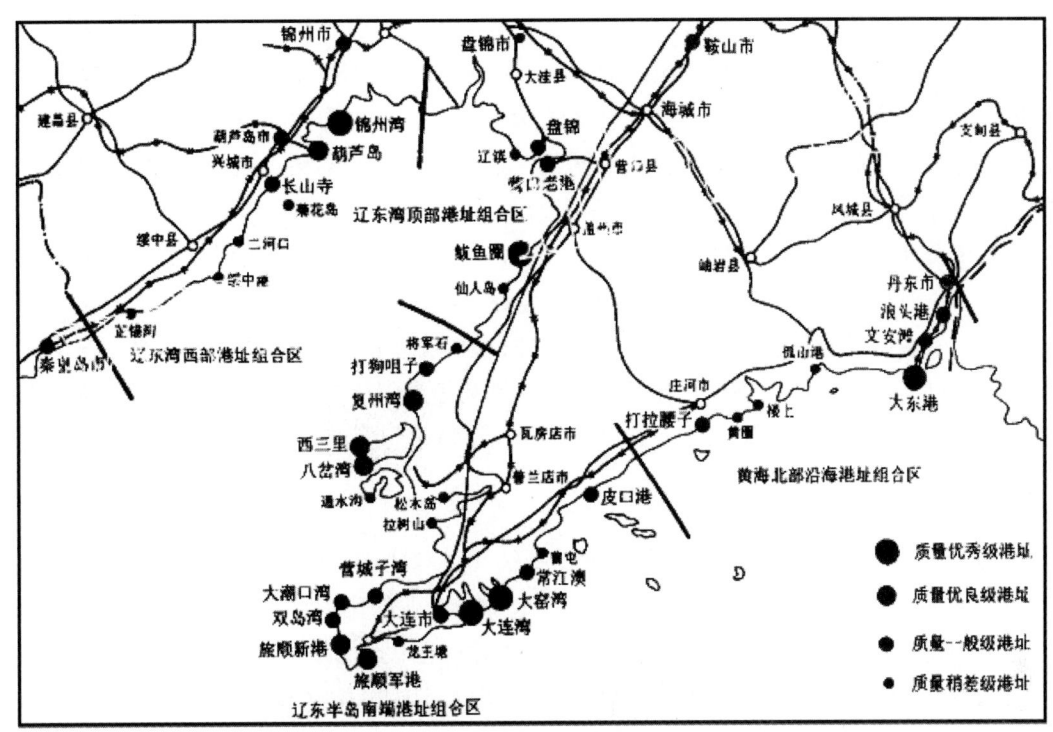

图12.7 辽宁省沿海港址区域组合图

资料来源：杨荫凯，韩增林．辽宁省沿海港址资源综合评价及其地域组合研究，《地理研究》，2000（19），p70．

辽宁省港口群辐射牵动作用日益增强，为腹地经济的快速发展提供有力支撑。与2000年相比，2005年沿海港口生产性泊位由238个增加到294个，其中万吨级以上泊位由82个增加到108个。货物吞吐能力由1.25亿吨增加到2.05亿吨。集装箱船泊位从7个增到17个，集装箱能力增长了1.5倍，达到262万标准箱。辽宁港口群承担了东北地区70%以上的海上货物运输，80%以上的外贸物资运输，90%以上的外贸集装箱运输。2005年沿海港口完成货物吞吐量2.8亿吨，为2000年的2倍；其中外贸吞吐量达到9 560万吨，集装箱吞吐量达到380万标准箱，均为2000年的3.1倍。

大连港是我国第七大集装箱港口，是东北地区最重要的集装箱港口，拥有国际国内集装箱航线85条，航班密度为300多班/月，东北三省90%以上的外贸集装箱均在大连港转运。大连港油品码头现有原油储罐35座，共350万立方米；成品油储罐39座，储存能力36.8万立方米以及液体化工品储罐51座，11.975万立方米；总储存能力达到398.8万立方米，是亚洲最先进的散装液体化工产品转运基地。大连港是中国东北地区承接进口矿石的主要港口。位于大孤山半岛的大连港矿石码头公司拥有国内最大、最先进的30万吨级矿石专用卸船泊位，吃水-23米，可靠泊目前世界上所有适航的散矿运输船舶。其转水码头前沿水深-18.6米，接卸船型卸船为2万吨级并具备15万吨级船舶清仓作业能力，装船为1万至7万吨级。

12.2.3 黄海区域滨海旅游业发展状况

12.2.3.1 江苏省滨海旅游业发展状况

江苏沿海自然和人文旅游资源丰富，海滨生态旅游产品的构成多样化。特别是连云港和盐城滨海旅游资源比较集中和可开发程度较高。连云港旅游资源的主要特色为花果山和摩崖石刻，连云港滨海旅游的主体功能包括观光、生态、购物、科学考察、文化民俗等，与其他的旅游区相比，度假、宗教和竞技运动三个功能较为欠缺。由于经营体制方面的原因，连云港滨海旅游资源的开发程度较低，旅游业发展也较缓慢。没有起到带动其他产业发展的作用。盐城属于淤泥质海岸，滩涂资源丰富。湿地旅游价值高、吸引力大，具有一定的知名度，但是由于生态旅游产品开发程度低、构成趋同化、景点之间交通不畅、设施不完备等原因，而未能充分利用，产品中"生态旅游"主题不突出，影响也不大，尚未得到市场的广泛关注。

从客流分布来看，沿江地区（南京、镇江、常州、扬州、泰州、无锡和苏州）面积4.26万平方千米，其中苏、锡、宁、镇、扬是江苏重点旅游区，也是全国旅游热点地区。江苏沿海地区虽然有较好的资源优势和良好的发展条件，但客流量等旅游经济指标与沿江相比有较大差距。但随着江苏沿江旅游空间容量的限制，尤其是太湖旅游区内旅游资源已基本开发并已呈现出过度利用状态，太湖水质受到严重威胁，沿海生态旅游正成为江苏旅游新的增长点。

12.2.3.2 山东省滨海旅游业发展状况

2006年，山东省旅游总收入达到1 295.66亿元，对地方生产总值的贡献率约为3.4%。其中滨海旅游业总收入达到719.38亿元，占全省旅游产业的比重超过50%，占全省海洋产业生产总值的比重达到30%左右，已成为山东沿海地区国民经济的重要支柱产业之一。2008年，山东沿海7市共实现旅游收入1 092亿元，占山东省旅游总收入的4.5%，其中旅游外汇收入10.4亿美元，占全省的74.7%。全年接待国际游客176万人次、国内游客11 489万人次，分别占全省的69.4%、47.9%。在蓝色经济区中，旅游业实际上已成为主导产业。

在加快滨海旅游资源开发的同时，山东滨海地区旅游接待设施建设速度大大加快。2006年山东沿海地区共有星级饭店361家、旅行社853家，其中绝大多数分布在青岛、烟台和威海三地，三地占有全省一半以上的星级酒店和旅行社（表12.9）。旅游设施的增加有力促进了山东滨海旅游业的发展。1988—2006年，山东滨海地区接待国际旅游者人数由9.83万人次增加至140.1万人次。

表12.9　山东沿海旅游饭店及旅行社分布（2006年）

	合计	青岛	东营	烟台	潍坊	威海	日照	滨州
星级饭店/家	361	131	21	60	24	72	42	11
国内旅行社/家	808	330	40	169	74	90	65	40
国际旅行社/家	45	20	5	9	2	8	1	0

2006年沿海7地市共接待海外游客176.6万人次，占全省的比重超过70%，是2000年的3.6倍，年均增长率达到23.6%（图12.8）。其中青岛市的海外游客接待接近100万人次，占全省滨海旅游接待总量的比重超过50%，其次是烟台和威海，分别占全省的28.3%和11.4%，三地合计占滨海旅游海外游客的比重近90%，是山东滨海国际旅游发展的主要地区，而其他四地市国际旅游发展差距很大（见表12.10）。

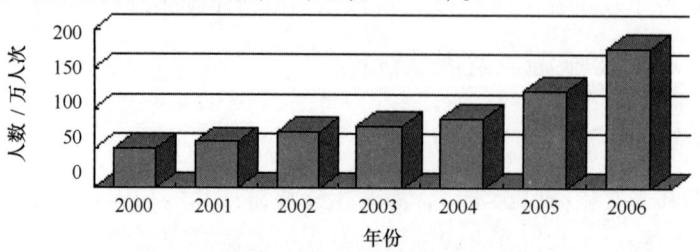

图12.8　山东滨海入境旅游人数统计

表12.10　山东入境滨海旅游统计　　　　　　　　　　　　　　　　单位：百人次

地区	2000	2001	2002	2003	2004	2005	2006
青岛	2 606	3 234	4 175	3 430	5 221	7 669	9 370
东营	10	14	23	1 910	29	30	46
烟台	1 040	1 124	1 358	1 141	1 491	1 851	4 994
潍坊	149	186	211	215	309	359	429
威海	912	977	1 015	892	1 299	1 779	2 006
日照	241	271	310	288	472	595	756
滨州	5	4	3	6	10	38	58
合计	4 963	5 810	7 095	7 882	8 831	12 321	17 659

资料来源：山东海洋与渔业统计手册，2004—2006；山东省旅游局，2001—2004。

从地区分布来看，青岛的国际游客数量和外汇收入分别占蓝色经济区旅游总量的45.5%和48.1%，构成蓝色经济区入境旅游的主体，烟台和威海紧随其后（表12.11）。

表12.11　2008年山东省沿海7市接待入境游客及旅游创汇

地区	入境游客人数			旅游（外汇）收入		
	接待量/万人次	占全省份额/%	增长/%	收入/万美元	占全省份额/%	增长/%
青岛	80.13	31.58	−26	50 045.4	35.97	−25.9
烟台	35.21	13.88	14.5	26 707.7	19.19	16.4
威海	28.83	11.36	7.8	13 733.7	9.87	10.3
沿海地区	176.11	69.4	—	104 036.1	74.77	—
山东全省	253.76	100	1.6	139 148	100	2.9

从国内旅游看，沿海地区同样占据了山东旅游的大半壁江山，特别是人均花费水平接近全国最发达的地区（表12.12）。

表12.12　2008年山东省沿海7市国内旅游收入及接待量

地区	国内收入			国内游客		
	绝对量/亿元	占全省份额/%	增长/%	绝对量/万人次	占全省份额/%	增长/%
青岛	385.5	20.20	10.1	3 389.5	14.10	4.0
烟台	209.9	11.00	24.3	2 346.0	9.76	17.4
威海	149.2	7.82	23.0	1 586.0	6.60	16.8
潍坊	143.6	7.52	35.1	1 869.3	7.77	32.2
日照	78.6	4.12	23.1	1 450.8	6.03	18.3
东营	27.6	1.45	38.0	427.6	1.78	30.0
滨州	26.2	1.37	30.0	420.7	1.75	23.1
沿海地区	1 020.6	53.48	—	11 489.9	47.78	—
山东	1 908.5	100.00	23.1	24 046.6	100.00	18.2

从产品结构上看，山东滨海旅游的资源优势在于山海自然风光，目前开发的滨海旅游产品主要是自然景观产品，旅游文化产品主要侧重宗教和民俗。山东省的滨海旅游在沿海的青岛、烟台、威海、东营等市分别形成了各具特色的滨海旅游产品。青岛市在海滨度假旅游、海上观光游、海岛生态旅游的基础上，推出了国际啤酒节、青岛海洋节为主体的节庆旅游产品；烟台市重点向海外推出"海滨历史和海洋生态旅游"等4条黄金线路；威海市以海滨自然风光、历史文化、民俗风情和人文景观为重点推出了多种大型旅游项目；东营市以黄河入海口为主体吸引物，发展以黄河口、胜利油田、湿地生态为主要特色的旅游产品。2007年山东海滨4A级旅游景区达到5家，3A级2家，2A级24家。

山东半岛位于中国沿海地热资源的集中分布区，有极为丰富的温泉，目前已经开发形成具有高端特点的温泉度假地，高尔夫、温泉、葡萄酒、城市休闲、近海邮轮等产品组合已经形成中国沿海典型的高端产品集群（表12.13）。

表12.13 沿海地区旅游产业要素情况

地区	星级酒店/家		旅行社/家		景区/个		旅游度假区/个	
	总数	三星级以上	国际	国内	A级景区	4A以上	国家级	省级
沿海地区	460	321	66	884	136	36	1	13
山东	859	558	118	1 679	323	73	1	16
比重/%	54	58	56	53	42	49	100	81

从高端旅游产品的发育情况分析，沿海的青岛、烟台、威海市集中了山东主要的度假、休闲产品（表12.14）。

表12.14 山东沿海主要高端旅游产品分布

	2008年入境旅游人数/人次	旅游度假区/个	4A级以上景区/个	高尔夫球场/个
山东	2 537 575	17	70	31
青岛	801 265	4	10	7
烟台	352 090	5	7	8
威海	288 277	4	4	13

总体来看，山东对滨海旅游资源的开发与利用层次不高；滨海旅游产品单一，主要集中于季节性的滨海观光，渔村风情体验、海上休闲、海滨度假、海岛旅游等新兴产品不具规模，缺乏吸引力。山东滨海旅游发展极不平衡，对滨海旅游资源的开发主要集中于青岛、烟台、威海三地，山东全省70%左右的国际游客和40%左右的国内游客集中在上述区域；省内其他几个沿海城市的滨海旅游发展迟缓，在滨海旅游高峰季节还没有实现对重点旅游景区的分流作用，不能有效地缓解重点旅游景区客流压力。

12.2.3.3 辽宁省滨海旅游业发展状况

辽宁省滨海旅游增长势头强劲，接待海外及港澳台旅客从2000年39.52万人次升至2005年81.4万人次，旅游外汇收入由2000年的2.57亿美元增加到2005年的4.7亿美元，年均增长速度为14.3%，从总体趋势上看，旅游外汇收入呈逐年增加趋势，旅游业已成为名副其实的支柱产业。2006年滨海旅游收入为417.4亿元，比上年增长20.5%，占全省海洋经济总产值的 28.4%；增加值 277 亿元，占全省经济增加值的 33.3%。

辽宁滨海旅游资源丰富，除海滨浴场共性大，分布集中，具有一定的空间竞争性外，其他滨海旅游资源皆个性突出，没有明显的替代性竞争。因此，不同旅游地间的互补性大于竞争性。但滨海旅游空间发展极不平衡，对滨海旅游资源的开发主要集中于大连。大连是滨海旅游资源最为"聚集"的地区，是旅游经济的核心，集中了滨海 1/3 的自然旅游资源和一半以上的人文景观，在整个区域中担负着旅游客源的组织和供给、旅游信息的沟通与交流、旅游人才的供应与培训等多项职能；丹东和锦州是辽宁滨海 2 个次一级的旅游资源的"聚集"地区，担负着一定的旅游客源的分流与疏通职能；省内其他几个沿海城市的滨海旅游发展迟缓，在滨海旅游高峰季节还没有实现对重点旅游景区的分流作用，不能有效地缓解重点旅游景区客流压力。

与其他沿海地区相比较，旅行社和国际旅行社总数均排第四位，而国际外汇收入则排在第七位（表 12.15）。可见，辽宁省滨海旅游业还有很大的发展空间。

表 12.15 沿海地区滨海旅游主要指标比较（2005 年）

地区	旅行社总数/家	国际旅行社数/家	国际外汇收入/万美元
天津	248	27	50 901
河北	772	34	10 373
辽宁	970	69	47 662
上海	731	47	355 588
江苏	1 282	76	20 257
浙江	1 059	53	143 098
福建	515	40	124 260
山东	1 480	76	64 911
广东	839	183	591 036
广西	328	60	1 256
海南	143	33	11 474

资料来源：《中国海洋统计年鉴》，2006。

12.2.4 黄海区域海水利用业发展状况

12.2.4.1 山东省海水利用业发展状况

1）海水淡化

山东是全国海水淡化应用最广泛的省份。淡化技术日渐成熟，主要以反渗透和低温多效蒸馏为主，海水淡化量占全国的一半以上。山东海水淡化装置数量居全国首位，产水能力居全国第 3 位。截至 2006 年底前，山东共建成海水淡化工程 17 处，日淡化海水 3.5 万立方米，占全国总量的 25%，设备装置总量和技术水平居全国前列。2006 年，山东省主要海水冷却企业年处理海水能力达到 58 亿吨，海水冷却企业主要产品销售收入已达 28 亿元（见表 12.16）。今后，山东将投资 36.12 亿元，兴建 21 处海水淡化工程，日淡化能力达到 41 万立方米，年供水量达 13 969 万立方米以上。

表 12.16　山东省海水淡化企业情况一览表（2006 年）

地区名称	企业名称	淡化水日生产能力 /（t/d）	单位 /（元/t）	年产量 /×10⁴ t	销售收入 /万元
黄岛区	青岛华欧海水淡化有限公司	3 000	9.83	50.6	443.9
青岛市	青岛发电厂	2 880	5	57.6	
长岛县	长岛海泉供水有限公司	220	6.3	8	44
牟平区	山东九发深海矿泉开发有限公司	50	11.20	1	1 560
烟台市	烟台市芝罘岛养殖捕捞总公司	550	5.7	20	120
烟台市	山东九发深海矿泉开发有限公司	50	11.20	2	1 090
芝罘区	烟台市崆峒岛养殖捕捞总公司	550	5.7	20.075	120
威海市	威海	18 000			

从区域分布上看，大型的海水淡化项目主要分布在青岛、烟台和威海三个城市。山东海水利用产业规划布局是：把青岛建成集科研、应用、产业化示范于一体的海水利用中心发展区，为沿海其他地区提供海水利用咨询、设备设计加工等服务。建设 3 个产业带。在烟台、威海建设海水淡化产业带，在潍坊、滨州、东营建设海水化学资源综合利用产业带，形成环山东半岛沿海工厂化海水养殖产业带。

此外，山东省还积极利用新能源发展海水淡化。海水淡化技术所需能源主要来自石油、煤炭等化石燃料。传统的化石燃料是不可再生能源，随着海水淡化规模的不断扩大，势必给环境带来新的压力。从世界能源利用趋势看，传统化石燃料的替代型能源主要有风能、波浪能、太阳能、地热能、海洋能寄生物质能等。山东拥有丰富的风能、波浪能、潮汐能，可将这些可再生资源与海水淡化相结合的工艺与技术，实现环境零污染。

2）海水化学资源的综合利用

近年来，山东海水综合利用取得新突破。其中，以海化集团和鲁北集团为代表的"一水多用"模式，不仅可以丰富水产养殖的品种，还降低了制盐和化工生产的能源消耗，实现了在现有技术经济条件下海水资源的最大化利用。据不完全统计，全省海水资源综合利用产值已达 26 亿元。目前，山东沿海地区已将海水"一水多用"技术作为发展重点，加大从海水中提取盐、溴、镁等系列产品的研发和推广力度，建设大规模海水提溴、提镁示范项目。将海水淡化与发展新型制盐业相结合，利用海水淡化产生的浓海水制盐。

2006 年，山东省海洋化工产业总产值 1 998 400 万元，产业增加值达到 787 400 万元，占全省海洋产业总产值的比重达到 6.66%，占全省化工产业的比重超过 50%，对全省地方生产总值的贡献率为 0.36%。近些年山东沿海地区的海洋化工发展较快，2006 年的海洋化工总产值已是 2002 年山东省海洋化工产业总产值的 13.6 倍，年均增长率超过 90%，已成为山东沿海地区国民经济的重要支柱产业之一。

从区域分布上看，山东省从事海洋化工的企业主要分布在潍坊北部莱州湾、青岛一带。（见图 12.9、图 12.10）。生产规模较大的地区是潍坊和青岛，其次是滨州。

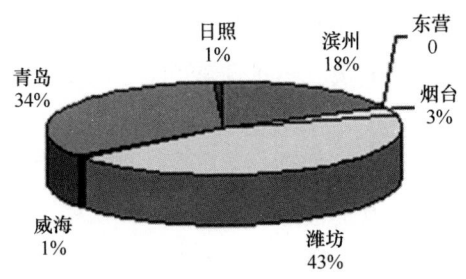

图 12.9 山东海洋化工总产值地区构成（2006 年）

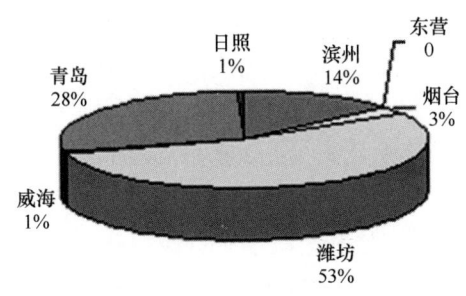

图 12.10 山东海洋化工增加值地区构成（2006 年）

山东区位条件优越，潍坊北部地区有着得天独厚的海盐资源和卤水资源，海洋化工资源丰富，发展海洋化工潜力巨大。山东省是全国海藻化工原料海带的主要产区，产业发展规模较大，对海藻化工业的发展提供有力的原料保障。应进一步加强技术集成创新，突出循环经济发展，尽快做大做强海藻化工产业，是非常必要和可行的。山东海洋化工今后重点发展趋势是：①控制产能有序发展；②整合资源、发展循环经济；③充分利用资源、纵向延伸产业链。

12.2.4.2 辽宁省海水利用业发展状况

辽宁省是我国北方海盐生产区中的重要盐场之一，盐田总面积 57 772 公顷，约占全国盐田总面积的 13%，2006 年海盐总产量为 226 万吨，但因受气候影响，海盐产量年际变化大。辽宁省在全国盐业生产中的地位（表 12.17）。

表 12.17 沿海地区海盐产量产值比较表（2005 年）

地区	海盐产量/×10⁴ t	占比重/%	海盐总产值/万元	占比重/%
天津	230.6	8.2	86 920	10.3
河北	461.92	16.3	95 000	11.3
辽宁	212.13	7.5	63 200	7.5
江苏	186.9	6.6	55 800	6.6
浙江	38.68	1.4	10 543	1.3
福建	43.87	1.6	11 200	1.3
山东	1 610.04	56.9	500 526	59.5
广东	20.19	0.7	10 000	1.2
广西	8.02	0.3	2 867	0.3
海南	16.2	0.5	5 137	0.7
合计	2 828.55	100	841 193	100.0

资料来源：2006 年中国海洋统计年鉴。

产盐地区主要集中于大连、营口、盘锦、锦州等沿海城市，食用盐生产基本满足省内需求。主要盐化工产品有氯化钾、工业溴、污水硫酸钠、氯化镁等。比较有代表性的盐场有大连的金州盐场、旅顺盐场等。

辽宁省海水淡化主要集中在大连、营口、葫芦岛3个市，海水淡化能力达到6.14万立方米/日，直接利用量达到21.6亿立方米/年。

（1）大连市。经过几年的发展，大连市海水淡化能力达到1.14万立方米/日，其中绝大多数属于工业利用，大连石化和华能电厂是用水大户。海水直接利用的企业主要集中在金州以南地区，2004年直接利用量达到13.4亿立方米。

（2）葫芦岛市。绥中发电厂海水冲灰工程和海水冷却工程于2000年投产使用，利用海水7.07亿立方米/年，其中海水冷却工程采用的是单元制海水直流供水系统，利用海水7亿立方米/年。龙港区海水淡化工程是由新加坡凯发集团、新加坡艾斯卡控股有限公司和正业集团合资开发的5万立方米/日海水淡化项目。该项目总投资4.52亿人民币，于2005年7月份开工建设，计划2007年1月1日正式投产，主要用于工业。

（3）营口市。华能营口电厂直接利用海水进行冷却和冲灰，年利用海水总量5 170万立方米，其中汽轮机冷凝器冷却用海水3 930万立方米，冲煤灰用海水1 240万立方米。

根据《辽宁省海水利用专项规划》，辽宁省将重点发展海水直接利用、海水淡化、海水利用技术和装备制造、海水化学资源综合利用等海水利用比较优势的领域。一是扩大海水利用范围和规模，发展海水利用装备制造业，加强淡化后浓海水的循环利用，逐步实现海水利用、设备制造和技术创新相互促进的海水利用发展新模式；二是重点建设大连海水综合利用示范区、沿海产业基地海水利用推进区和沿海城镇海水利用推广区等3个区域，形成示范带动，技术优势与产业化进程紧密结合的发展格局；三是构建辽宁海水利用"1224"工程，为辽宁沿海和海岛经济可持续发展提供水资源保障。力争到2015年实现日淡化海水41万立方米，年海水直接利用107亿立方米；到2020年，实现日淡化海水88万立方米，年海水直接利用202亿立方米的目标。

12.2.5 黄海区域滨海修造船业发展状况

12.2.5.1 江苏省滨海修造船业发展状况

江苏省已成为全国造船业比较集中的主要地区之一，形成了一定的技术储备和建造能力。船舶制造业在企业数量、资产、销售收入、利润等方面的比重排名都居于全国第一位，是名副其实的我国造船业第一大省。2009年江苏船舶工业继续保持强劲快速增长势头，造船完工量为548艘，共计1 546万载重吨，同比增长74%，占世界市场份额的超过1/5，超过全国份额的2/3，是我国造船完工量唯一过千万载重吨的省份。全行业的利润达到180亿元，超过全国船舶产业总利润的一半。江苏造船主营业务收入相当于排名第二、第三、第四名的辽宁、浙江、上海三地造船主营业务之和。

江苏省海洋工程装备发展迅速，特别是南通市经过多年的快速发展，形成以中远川崎、中远船务和中远钢结构为龙头、多种经济成分并存的船舶造修及配套企业群，成为全国重要的船舶工业基地。2009年，南通市规模以上船舶工业企业完成总产值920多亿元，在全市规模工业中占比达到15.3%，成为南通的支柱产业。2008年南通市造船完工量占江苏造船完工量的37%、全国13%；新接船舶订单达365.7万载重吨，占江苏新接船舶订单的50%、全国

14%;手持订单超过3 000万载重吨,占江苏手持订单的44%、全国16%。海洋装备制造业异军突起。2009年4月2日南通中远船务首个海工项目"350POB海洋生活及工作平台"交船;2008年9月份,江苏熔盛重工为中国海洋石油总公司承建的国内首个大型深水铺管起重船"海洋石油201"正式开工,这是国内自主设计建造的第一艘具有自航能力的深水铺管起重船;韩通重工为挪威SEVAN海事建造的SEVAN300FPSO于2008年底交付船东;2009年6月28日,世界最先进的首座圆筒形超深水海洋钻探储油平台"SEVANDR 几 LER"号在中远船务(启东)海洋工程制造基地建造成功。南通船舶工业正在经历从修船到造船,从造船到海洋工程产业的转型升级,在国内船舶制造业的地位不断提高。

在产业的空间布局上,大型海洋工程装备应该主要布局于连云港、南通和盐城三市,又以连云港、南通为主;沿江造船业十分发达的泰州和扬州,重点布局20万吨以下海上浮式生产储油船(FPSo)及各类海洋开发用辅助船舶(如辅管船、海上起重船、平台供应船、钻井辅助船、多用途工作船等);南京、镇江、南通、泰州、扬州和无锡等船舶配套业发达地区,重点布局发展海洋工程装备的配套产品;镇江、无锡和扬州是江苏省船舶教育和研发集中地,重点发展海洋工程装备的研发和技术。

12.2.5.2 山东省滨海修造船业发展状况

"十一五"期间,山东省重点培育"三大基地"和"四大船舶产品集群"。推进以青岛至日照、烟台至威海、济宁至枣庄为中心的三大船舶工业基地建设;重点发展四大船舶产品集群:一是重点发展具有规模优势的中小型船舶产品,大力发展10万载重吨以下集装箱船、油船等产品;二是加快发展海上钻井平台、大型海洋钢结构及相关配套设备等海洋工程装备产品,形成世界一流的海洋工程装备产品集群;三是加快培育船用动力设备集群,发展中高速柴油机、大功率低速柴油机、大型船用柴油机曲轴等船舶动力配套装置;四是培育船用原材料产品集群。

2007年前11月山东省船舶制造业实现工业总产值166亿元,同比增长50.42%,占全国的7.42%,继续居全国第五位。山东省除企业数量指标外,资产、销售收入、利润均居全国第六位。从近年来的规模指标比重变化情况看,山东省企业销售收入、利润比重显著下滑,而资产比重有所上升(表12.18)。

表12.18 2003—2007年山东省规模指标比重变化(%)

	2007年11月	2006年	2005年	2004年	2003年
企业数比重	9.83	10.02	9.31	9.79	9.68
资产比重	6.41	5.77	5.74	5.85	5.91
收入比重	7.16	7.57	7.74	6.77	7.08
利润比重	4.97	6.32	9.47	7.02	10.45

数据来源:国家统计局。

山东省是渔船制造业大省,造船规模和能力居全国前列。目前,山东省现有渔船制造企业150多家,其中钢质渔船制造厂34家,玻璃钢渔船制造厂近10家,木质渔船制造厂104家。尤其是玻璃钢渔船制造发展迅猛。山东省建造的玻璃钢渔船已发展成为不同尺度的拖网渔船、金枪鱼钓船、养殖渔船、渔业执法船等。其中,连续建造29.98米玻璃钢金枪鱼延绳钓船11艘,已在太平洋、印度洋进行远洋作业。同时,为印度尼西亚、尼日利亚、安哥拉、阿联酋、挪威等国建造了大量出口玻璃钢渔船，其中威海中复西港船艇有限公司就为安哥拉建造了 250 艘玻璃钢渔船。

同时，山东省船舶行业抓住海洋工程装备市场需求旺盛的有利时机，在抓好造修船及配套发展的同时，加快海洋工程装备制造业发展步伐。目前，山东省全省手持海洋钻井平台及其配套装备合同金额 140 亿元。

山东省滨海修造船业的发展迅速，但仍存在很多问题。产业规模普遍较小，并且较为分散，各自为战，龙头带动能力差，产业升级慢，链条比较短。如威海市虽然船舶工业比较集中，但船舶配套企业仅有 16 家，98% 的船用配套设备来自外地。面对船舶制造业发展的新形势，山东省修造船业正加大结构调整的力度，转轨转型，由单一品种，向多品种、多样式、多渠道发展，大力发展交通运输船、渔政船、旅游船、集装箱船等船型。

12.2.5.3 辽宁省滨海修造船业发展状况

辽宁作为中国最重要的工业基地，提出全力打造"五点一线"沿海经济带开发开放新战略，其中重点将发展临港工业，特别是首要发展船舶工业，并将辽东湾打造成在世界级船舶制造业基地。目前，韩国 STX 集团投资 10 亿美元的造船系列项目、新加坡万邦集团投资 7 亿美元的船舶制造项目和台湾富士康集团投资 10 亿美元的科技园项目等一批大项目相继落户"五点"的各个工业园区。

辽宁是我国重要的造船工业基地，2005 年，辽宁省的船舶制造工业总产值仅低于上海，位居第 2 位；工业增加值位于第 3 位。2005 年，全年完成造船总量 279.43 万载重吨，增长 42.55%，完成利润 5 亿元。船舶工业是辽宁经济发展的支柱产业，现拥有大连、葫芦岛、营口、盘锦等 6 个船舶工业园区，总面积 280 万平方米，共有船舶修造企业 200 多家，4 万多从业人员。目前着打造的"辽东湾世界级船舶制造业基地"，分布在辽宁沿渤海辽东湾岸线，由国内和世界知名船舶企业组成；其造船规模大，科研水平高，配套和维修能力强，形成制造、科研、配套一体化，并处于世界领先地位，已初步形成在全国船舶行业中居重要地位、并备受国际船舶界瞩目的船舶产业带。

辽宁省的船舶制造业主要布局于大连市。大连造船业在我国有举足轻重的地位，素有中国船舶工业"半壁江山"之称；造船能力仅次于上海，是国内 10 万吨级以上大型船舶和海洋工程的制造基地。我国目前 5 个最大的造船公司有 4 个在上海（江南造船厂、沪东中华造船厂、外高桥造船厂、上海造船厂），一个在大连（大连造船新厂）。目前大连已形成包括科研设计、生产总装、配套和修理在内的相对健全的船舶产业体系；已形成造船企业 14 家、修船企业 32 家、科研院所和院校各 3 所的船舶企业群体。现在大连造船能力已达 200 万吨，占辽宁省的 85%，占全国的 25%，并且向造船产业集群发展目标努力。2007 年，大连船舶重工集团有限公司手持船舶订单达到 117 艘、1 468.9 万载重吨，合同金额达 83 亿美元，已经位居世界第四、国内第一。

辽宁省重点的造船企业有：大连船用柴油机厂、大连船舶重工舾装有限公司、大连中远船务工程有限公司、大连船舶重工集团有限公司、葫芦岛渤船重工船舶修造总公司 5 家。其中，大连船舶重工集团有限公司的收入、资产比重最高，利润比重第二位。大连中远船务工程有限公司的利润比重最高。

12.2.6 黄海区域海洋电力工业发展状况

12.2.6.1 江苏省海洋电力工业发展状况

江苏省风能密度高，资源禀赋好，开发价值极高。资源估计总储量为 3.0×10^{10} 瓦，实际可开发量约为 0.24×10^{10} 瓦。主要在南通、盐城、连云港等沿海地区，其中海上风能的可开发量有 3 600 平方千米。同时江苏沿海地区地势平坦、滩涂宽广、沙洲辽阔，现有滩涂总面积 68.73 万公顷，建设风电场的立地条件十分优越。江苏南部沿海的东台、如东、大丰 3 市所辖的浅海辐射沙洲，具有独特的发展风电资源优势与空间条件，大部分沿海岸线和滩涂均可成为建设风电场的基地。其中，位于东台市、大丰市东端附近的东沙更是全球难得的建设大型海上风电场的理想场区。江苏省得天独厚的风能利用优势，为风力发电业规模化、商业化创造了良好的基础条件。

东台 20 万千瓦风电特许权项目已开工建设，这是目前国内也是世界单期规模最大的风电项目，加上江苏大丰、如东、响水、滨海、射阳风电项目已启动或获准建设，沿海风电场走廊将成为江苏约 1 000 千米海岸线上一个新的支柱产业，江苏也将成为我国最大的风电产业基地。

目前风力发电难以规模化和产业化的根本原因主要有二：一是风力发电呈现波动，一旦并入电网，在 3% 范围内尚能忍受，超过 5%，则必须设置"稳定器"，而一旦超过 8%，将给电网带来毁灭性的震荡；二是风力机结构复杂，风电价格远高于煤电，我国风电设备单位功率的费用是煤电的两倍以上，以致不少电网公司将风电视为"垃圾电"。

12.2.6.2 山东省海洋电力工业发展状况

山东半岛及附近岛屿是全国风能资源最丰富的地区之一，全省风能资源总含量为 6 700 万千瓦。山东省在风电领域取得快速发展。目前全省共计有 106 台并网风机，总装机容量 9.22 万千瓦，风电装机容量进入全国前 5 名。其中，已核准的在建风场 9 个，共计安装 1 500 千瓦风机 280 台，总装机容量 43.6 万千瓦。

由于电煤价格高、煤质差、储量不足，将造成发电机组临故修和降出力增多，预计山东电网电力缺口在（900～1 200）万千瓦，沿海各市纷纷利用风能发电，应对电力缺口，有效地满足了当地用电。潍坊市继"华能寿光"、"昌邑风力"发电项目之后，第三个沿海风力发电项目计划投资 15 亿元，规划装机容量约为 10 万千瓦。目前一期工程总装机容量 4.95 万千瓦的 33 台 1 500 千瓦风机，已经进入安装阶段。2005 年，鲁能集团在荣城东楮岛建成我市第一座风力发电场，装备 10 台各 1 500 千瓦的风力发电机组，总装机容量 1.5 万千瓦，现已并网发电。从 2006 年至今，威海市已有 4 个风力发电项目陆续并网发电，2 个项目获得核准筹备开工，还有大唐、歌美飒等一批风电项目正在快速推进。目前威海市已并网发电的风电装机容量超过 13 万千瓦，风电最高出力可达全市用电负荷的 10%。近年，青岛风力发电产业也迅速崛起，吸引来了德国 SSB 公司、贝克曼公司、蒂森克虏伯公司等众多世界知名风力发电配套企业。位于即墨的青岛华威风力发电项目，总投资 1 698.6 万美元，装机总容量 1.635 万千瓦。2003 年就已经建成运营，年平均发电达 2 350 万千瓦时，年均售电收入约 1 800 万元。目前该公司正着手建设三期风场，其装机容量为 1.4 万千瓦，建成后，华威的总装机容量将达到 3 万千瓦，一年可发电 6 000 万度。目前的即墨丰城镇等沿海一线，正在筹建风力发电项目，即墨东部沿海将形成 30 千米的风电长廊。此外，即墨市气象部门还确定三个适合推广风力发电的区域，分别是崂山仰口以北地区、胶州湾北部、胶南沿海地区。

2009 年 4 月，沾化县北部沿海的国华瑞丰沾化风力发电项目一期工程 25 台风机全部成功并网发电。该风机单机容量 2000 千瓦，是目前世界最先进的风机，也是我国目前单机容量最大的风机。每年可提供上网电量约 10781 万千瓦时，平均单机年发电量为 456.7 万千瓦时。与相同发电量的火电相比，每年可节约标煤约 39 965 吨，可减少燃煤所造成的多种有害气体的排放。该项目分三期建成，二期项目正在进行选址工作，计划于 2010 年开工建设，2011 年并网发电。待全部投产后，沾化县风电装机总量将达到 200 万千瓦以上，将成为黄河三角洲地区重要的风电能源基地。自 2000 年首家外资风电企业烟台东方风电有限公司批准设立以来，山东省共批准风电项目 15 个，总投资 8 亿美元，合同利用外资 1.7 亿美元，实际使用外资 9 300 万美元，外资风电项目总装机容量 486 兆瓦，上网电量 31 022 万千瓦时，占全国的比重高达 17%。风电主要集中在烟台、威海、东营、滨州等地，项目规模较大。15 个项目平均规模 5 348 万美元，是全省外资项目规模的 12 倍。其中，投资 5 000 万美元以上的有 9 个。在谈的国华瑞丰（荣城）风力发电有限公司增资项目获批后，将成为全省最大的风电项目，总投资达 1.2 亿美元，合同利用外资 2 221 万美元，装机容量 98 兆瓦。

山东省不仅引进风力发电项目，还将产业向前端延伸，加紧与德国、西班牙、荷兰、丹麦、澳大利亚等风力发电设备技术发达国家的国际合作，引进风力发电设备制造项目。目前，泰安太风风电设备有限公司、山东安得利斯风电技术装备有限公司、恩德（东营）风电设备制造有限公司等一批外资风力发电配套产业项目已经设立。

此外，山东省经过多年来对潮汐电站建设的研究和试点，不仅在技术上日趋成熟，而且在降低成本、提高经济效益方面也取得了很大进展。随着科学技术的进一步发展，潮汐能、波浪能将作为环保能源得到更大规模的开发利用，具有广阔的发展前景。虽然山东对新能源开发利用取得了一定成绩，但总体来看，水平还不高，产业规模小，应用范围窄，在资源消费总量中占的比重较低。山东新能源开发利用目前还只是"配角"地位，其利用比例在整个能源体系中还不到 10%。

12.2.7 黄海区域海洋生物制药业发展状况

黄海区域海洋生物制药业主要集中在山东省。山东省开发利用海洋生物医药资源始于 20 世纪 70 年代，初期以水产品精深加工和海洋功能食品生产为主，后期向海洋新材料、海洋医药生产过渡。目前，山东省已初步形成了以海洋药物与功能食品为主体，以海洋新材料与活性物质提取为辅的海洋生物医药产业基础，具备了较完善的海洋生物医药产品体系。在青岛等地的产业发展初具规模，已成为山东海洋新兴产业发展的重点产业类群。

在产品结构上，山东省已初步形成了以海洋药物与功能食品为主体，以海洋新材料与活性物质提取为辅的海洋生物医药产业基础，具备了较完善的海洋生物医药产品体系。以藻酸双酯钠、甘糖脂、海力特、海通片等为主的海洋药物，以宝络安、阿泰宁、常立宁等为主的微生态新药，以欧参宝、藻芝素、海富硒、降糖乐、胃好等为主的海洋功能食品，以甲壳素为原料的医用新材料、添加剂及低毒农药等，以科谷酶为主的海洋生物活性物质提取以及以海洋活性微肥、海洋杀菌剂、海洋丽姿等一批海洋生物制品等已构成山东省海洋生物医药产业的基础。

据不完全统计，2006 年山东沿海 7 地市从事海洋药物、海洋功能食品以及海洋生化制品生产的企业发展到百余家，其中年营业收入过千万有近20家，过亿元的有3家，总资本超过200亿元。全省已经取得和有可能取得一类新药证书的海洋类新药有6个，其他类别的药物有20多个，还有一批功能食品、化妆品、生物制品及其中间产物正在研发或进入生产阶段，山东已经成为我国新兴的海洋新药及海洋生化制品研发基地。

　　在空间分布上，主要海洋药物生产企业分布在青岛、日照、威海及烟台四地市。其中青岛市的海洋生物医药产业在山东省内占有主导地位，产业总产值占全省的比重接近60%，增加值比重也超过50%；其次是日照，总产值和增加值比重都超过20%。

第 13 章 黄海海洋区域经济

13.1 黄海海洋经济分区划分的原则指导思想和特点

13.1.1 黄海海洋经济分区划分的原则

黄海属于西太平洋边缘海，全部为大陆架所占的浅海，位于中国与朝鲜半岛之间，北面和西面濒中国，东邻朝鲜半岛。在黄海南部，东起韩国济州岛，西至中国长江口一线是黄海和东海的分界线。在黄海北部，中国威海与大连连线为黄海与中国渤海的分界线。山东半岛深入黄海之中，其顶端成山角与朝鲜半岛长山串之间的连线，将黄海分为南、北两部分。北黄海是指山东半岛、辽东半岛和朝鲜半岛之间的半封闭海域。长江口至济州岛连线以北的椭圆形半封闭海域，称南黄海。

黄海作为半封闭式海域，地处我国北方沿海，是连接渤海和东海地区的枢纽，同时也是我国面对太平洋的门户，与朝鲜半岛和日本相毗连，是我国社会经济技术最发达的地区。黄海沿岸地区已成为新世纪带动我国中西部发展的战略地区，在全国经济发展格局中占有举足轻重的地位。随着新世纪西部大开发和振兴东北老工业基地战略的实施，在经济、资源、环境等方面，该区域将面临国内外日益激烈的竞争。因此，合理的划分黄海海洋经济区，可以成为指导海洋利用合理布局的科学基础，也是实施海陆一体化综合管理、实现海陆产业合理布局的必要手段，从而有效地促进黄海地区海洋经济的增长。经济区的划分应遵循全面安排、统筹兼顾，将经济效益、社会效益和环境效益相统一的指导思想。综合考虑地理、经济、资源及环境等因素，坚持利益最大化的原则。具体来说，黄海海洋经济区的划分应遵循以下五点原则。

1) 海洋与陆地、局部与全局相结合，实现多目标多层次系统开发的原则

经济区作为占有一定范围地域的生产体系，就应包括海域和陆域，将两者相结合，作为完整的经济系统进行考虑。只有把握全局，根据海岸带整体的经济发展特点和需求，才能保证有重点、有步骤的开发利用，才能使海岸带的开发利用与整个地区经济结合起来。

2) 以陆域经济为依托，综合考虑经济、产业需求，使海陆各产业经济有机关联共同发展的原则

海岸带的区域性特征决定了其与陆地经济具有千丝万缕的联系。海岸带的复杂性、多变性和空间利用的多样性是任何地区所无法比拟的。在现有经济技术条件下，海岸带空间在其构成要素上，无论节点、域面、网络都必须在海陆兼备、立体开发的模式下才能满足人类经济活动空间载体的要求。

3）资源的开发与保护相结合，实现区域经济可持续发展的原则

实现海岸带区域经济的可持续发展，就要做好资源开发利用和保护环境之间的协调发展。海岸带资源的开发与利用，应建立在开发利用与保护整治相结合的基础上，严格遵循自然规律，根据资源再生能力和自然环境的适应能力，科学地处理好开发利用与保护之间的关系，保护和改善生态环境，保障海岸带可持续利用，促进海岸带经济的发展。

4）注重海岸带功能区划，体现统筹兼顾、突出重点的原则

海岸带区域范围划分，还应注重海岸带的功能区划，既要考虑开发利用，又要考虑治理保护和保留等多方面关系；既要考虑主导功能，又要兼顾一般功能；既要考虑当前的需要，又要考虑长远的发展；既要考虑全部利益，又要兼顾局部利益。因此，在区别不太地区、不同情况，确定区域范围时，要因地制宜考虑问题，确定不同重点，并突出这些重点，实现效益最大化。

5）适当照顾行政区划的原则

考虑军用与国防需要，处理好经济建设与国防建设的关系。不同层次的海洋经济区的划分要适当照顾一定级别行政区界的完整，既包括保持沿海陆域行政区界的完整，也包括维持海上传统管辖范围的完整。海岸带除了经济建设的作用，也是国防的前哨和对外开放的前沿。国防建设的地位，不能因经济建设而削弱，同时经济建设和对外开放也不能因军事国防而被束手束脚。海岸带区域范围的划分，也要正确处理两者的关系，使经济建设和国防建设有机结合起来。

13.1.2 黄海海洋经济分区划分的指导思想

黄海海洋经济区的划分，应遵循以下指导思想。

1）海陆共同组成经济区域体系

经济区是占有一定国土范围的地域生产体系，海域和陆域均为国土组成部分。同时，海陆经济是密不可分的，而海岸带是海陆衔接的过渡地带。沿海地区经济区往往是由海岸带逐渐向远海推进的。海岸带既有陆域又有水域，自然环境特殊，自然资源丰富。由于海岸带兼海陆之利，是人类经济活动聚集地区，无论工业、农业、交通运输业、商业以及沿海中心城市等都在这里发展起来，成为联系海陆的经济纽带。海洋经济首先在海岸带地区形成，随着技术的进步和海洋开发的深入，海洋经济的发展将逐渐向远海推进。因而在划分海洋经济区时，应将海陆作为完整的经济系统统筹进行考虑。

2）海洋经济区以陆域经济区为依托

经济区是社会劳动地域分工不断发展而逐步形成的。而在海洋与陆域这两个空间范围内，在经济发展程度与水平上有较大的差别，目前陆域已有较高的生产力水平，而海洋经济的发展则比较落后。海洋经济的发展，在时间上滞后于陆域经济的发展，在发展程度与水平上也低于陆域，但海洋经济的发展必须要以陆域为后盾，实施海陆协调发展，因而海洋经济区将以陆域经济区为依托。

3) 重视海洋经济区形成的自然基础

每一海洋经济区的海域自然地理条件具有较强的类似性。海洋资源的种类、开发与海洋空间的地域组合具有一定的特点，或者本身就是一级海洋资源的组合单元（如渤海辽东湾、北黄海海域等）。黄海海洋经济区的划分还应适当照顾行政区界的完整。不同层次海洋经济区的划分要适当照顾一定级别行政区界的完整，既包括保持沿海陆域行政区界的完整，也包括维持海上传统管辖范围的完整。

4) 海岸带上的陆地经济中心是海洋经济区的中心

各经济区都需有一个相应规模的中心地作为组织与协调全区发展的核心，依靠它把整个区域经济活动凝聚成一个整体，起到联络海陆经济发展的枢纽作用。每个海洋综合经济区具有相应规模的沿海城镇中心作为核心。这些城镇中心，既可是陆域经济区的中心，也可是海洋经济区的中心，具有兼顾性。

13.1.3 黄海海洋经济区划分的标准

根据上述海洋经济区域划分的原则和指导思想，以海洋经济发展水平为主要划分标准，同时兼顾行政区界的完整性和海洋资源的类似性，结合黄海地区沿海经济自身发展特点，将黄海地区划分为二级海洋经济区（图13.1）。

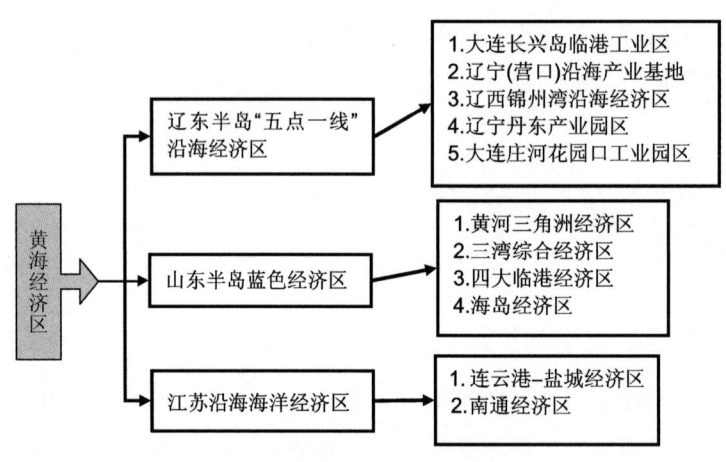

图 13.1 黄海海洋经济区划

13.1.3.1 一级经济区

按照以上五个经济区划分原则，同时考虑到行政区界的完整性和海洋资源的类似性，将黄海地区沿海划分为辽东半岛、山东半岛和江苏沿海经济区三个一级海洋经济区。辽宁作为辽东半岛和东北地区唯一的沿海省份，依托渤海、黄海的临海区位优势，目前正着力开发建设"五点一线"沿海经济带，构筑对外开放新格局。"五点一线"中的"五点"包括沿渤海一侧的大连长兴岛临港工业区、辽宁（营口）沿海产业基地、辽西锦州湾沿海经济区以及黄海一侧的辽宁丹东产业园区、大连花园口经济区；"一线"是指西起葫芦岛市绥中县、东至丹东东港市，连接"五点"全长1 443千米的滨海公路。

2009年4月，胡锦涛总书记在山东视察时指出："要大力发展海洋经济，科学开发海洋资源，培育海洋优势产业，打造山东半岛蓝色经济区。"山东省委在贯彻胡锦涛总书记讲话中指出："总书记提出了打造山东半岛蓝色经济区的要求，这是从全面和战略高度深谋远虑的重要部署，是我省一次重大的发展机遇。充分发挥我省海洋优势，深入研究相关产业规划、区域布局、政策措施等，大力实施陆海统筹，科学开发海洋资源，培植海洋优势产业，发展产业集群，加快山东半岛蓝色经济区的崛起。"山东半岛蓝色经济区的提出，在全国还是第一个，这标志着一个充满发展活力的半岛蓝色经济区的崛起，同时也将成为继珠江三角洲、长江三角洲经济区之后，带动整个黄河流域经济区腾飞发展的龙头。山东半岛蓝色经济区建设将围绕黄河三角洲、三湾综合经济区、四大临港经济区、海岛经济区四大板块进行，在"海上山东"建设基础上，打造山东半岛蓝色经济区的规划。

上海位于长江入海口，是黄海与东海的分界线，并且是长江三角洲经济区的经济中心，因此，上海不再列入黄海经济区划中。而江苏省其他沿海各地市海洋经济发展均较为落后，难以单独成为经济中心，为此，以连云港、盐城、南通三地市作为江苏经济区的经济发展中心。

13.1.3.2 二级经济区

二级经济区在一级经济区的基础上，主要考虑海域特点、资源特征和海洋产业构成，同时兼顾行政区界的完整，共划分为辽东半岛的五点经济区：大连长兴岛临港工业区、辽宁（营口）沿海产业基地、辽西锦州湾沿海经济区、辽宁丹东产业园区、大连庄河花园口工业园区；山东半岛蓝色经济区的四大板块：黄河三角洲经济区、三湾综合经济区、四大临港经济区和海岛经济区；以及江苏省连云港－盐城经济区和南通经济区。

13.1.4 黄海海洋经济区的功能和特点

13.1.4.1 辽东半岛经济区的功能和特点

2005年，辽宁省委、省政府经过认真调研、反复论证，决定以省内黄海、渤海的5个重点发展区域和一条贯通全省海岸线的滨海公路建设为核心，实施辽东半岛"五点一线"沿海经济带开放开发战略。"五点一线"的开放开发战略，使得丹东、营口、盘锦、锦州、葫芦岛5个城市，在以大连为龙头的带领下，从过去的内陆纵深布局，转而形成了以内陆为依托、面向广阔海洋的外向开放型布局。丹东市建设临港产业园区，完成由滨江到滨海、既沿边又沿海的城市转型；营口市依托营口、鲅鱼圈、仙人岛3个港口全力打造滨海带形城市，力争成为沈（阳）大（连）发展轴上的第三极；盘锦市在辽河入海口布局船舶工业基地，建设辽滨新城区；锦州市凿通南山，把老市区到海边的距离缩短20分钟，在西海工业区着力发展临港产业，推进滨海新城建设；葫芦岛放大"大北港"概念，使北港形成以开发区为主体，以龙岗区、连山区为两翼的快速发展新格局。实践证明，"五点一线"的开发战略，打破了过去各自为战、孤立发展的局面，同时还避免了重复投资、"诸侯经济"等不利弊端。仅葫芦岛市绥中县的万家镇，以前是个偏僻小镇，在纳入"五点一线"战略格局后，3年就吸引海内外数十家企业，其中不乏各行业的龙头企业，绥中滨海经济区呼之欲出。大连湾工业区、营口仙人岛能源化工区、盘锦石油装备制造基地、凌海大有临海经济产业区等相继异军突起。截至2008年8月底，辽宁新增17个"五点一线"重点支持区域。2008年1—9月，全省"五点一线"沿海经济带规划的7个园区完成固定资产投资271.34亿元，同比增长73.6%，高于全省平均增幅36.4个百分点。大开放、大集聚、大空间的沿海经济带建设新局面初步显现。

13.1.4.2　山东半岛蓝色经济区的功能和特点

在 2009 年 4 月 23 日胡锦涛总书记视察山东时指出"要大力发展海洋经济，科学开发海洋资源，培育海洋优势产业，打造山东半岛蓝色经济区"。为贯彻胡锦涛总书记的重要指示山东省委、省政府出台了《实施集中集约用海打造山东半岛蓝色经济区草案》和《关于打造山东半岛蓝色经济区的指导意见》。山东省将充分利用海洋大省的优势，大力发展蓝色经济。蓝色经济区将被打造成为黄河流域出海大通道经济引擎、环渤海经济圈南部隆起带、贯穿东北老工业基地与长江三角洲经济区的枢纽、中日韩自由贸易先行区。加快黄河三角洲高效生态经济区的开发建设。把湿地保护、生态建设放在突出位置。重点发展高效生态农业、生态重化工业、现代加工制造业、临港物流业和生态旅游业，努力建设全省新的经济增长极和全国重要的高效生态经济区。加快沿莱州湾、沿胶州湾、沿荣成湾综合经济区的开发建设。沿莱州湾地区要加快发展养殖业和水产品的精深加工，并有选择地发展一批重化工业；沿胶州湾地区要重点发展临港工业、旅游业和生态健康养殖业；沿荣成湾地区要重点发展船舶制造业、现代渔业、海洋生物产业和旅游业。加快建设四大临港经济区。要以青岛、烟台、威海、日照四大港口为依托，紧密结合胶东半岛制造业基地建设，充分发挥半岛港口群的优势和邻近日韩的区位优势，大力发展临港现代制造业和临港物流业，加快培植一批高素质的主导产业、一批具有较强核心竞争力的大企业集团、一批具有较高市场占有率的知名品牌。要以青岛保税区为基础，积极争取建设国际性的区域自由贸易区。高度重视开发海岛经济。要在确保国防安全的前提下，重点发展海岛旅游业和海珍品养殖业，有条件的岛屿可以加强风能、潮汐能等清洁能源的开发。要坚持生态保护优先的原则，科学有序地开发岛屿资源。

13.1.4.3　江苏省沿海经济区的功能和特点

沿海地区由于丰富的海洋资源和便利的港口交通，通常是一个地区经济最发达的地方。但是在江苏省，沿海地区偏偏是经济不发达地区，海洋经济成为江苏省经济发展的"凹地"。因此，江苏省沿海经济区的建设，担负着振兴江苏海洋经济、走出经济发展"凹地"的重任。

连云港-盐城经济区是江苏省海洋经济发展的龙头。本区优势资源是港口资源、旅游资源和滩涂资源。拥有江苏唯一的基岩和砂质海岸，海洋开发基础相对较好，但海洋经济发展总体较为落后。今后发展方向为：发展港口海运业，发挥新欧亚大陆桥桥头堡作用，建设连云港主枢纽港；以东西连岛、前三岛及其附近岛屿开发为重点，发展滨海旅游业，建设苏北滨海旅游中心；建设江苏省海珍品和鱼类养殖出口创汇基地；充分利用滩涂资源，大力发展贝类养殖，建设贝类养殖和出口加工基地；在稳定盐业生产的基础上，逐步淘汰低产盐田，退盐还养，形成合理的盐养生产结构，提高盐业综合素质；以国家级自然保护区建设为依托，提升滨海旅游业；转变滩涂开发利用方式，因地制宜发展种植业、林桑果业、盐业、牧草业等经济作物，实施农业综合开发。最终建成江苏最重要的海洋开发、管理、教育和海洋高新技术产业基地。而南通地区由于人多地少，用地矛盾突出，在近期海洋开发中，应通过水利和围滩养鱼等措施综合治理，加速土壤改良，使粮棉等生产尽快达到内地水平；在林业方面，要搞好海堤防护林带和农田林网建设，适当扩大蚕桑面积和果园面积；在水产方面，稳定鳗鱼和对虾面积，重点提高养殖水平；加速沿岸地带水产品加工基地建设；发展港口航运业，开发南通港的外港区；适度发展盐业生产；利用丰富的源以及独特的风光和民俗，发展滨海旅游业。

13.2 辽东半岛沿海经济区的开发与建设

辽东半岛沿海经济带的开发建设，就是要发挥沿海区域的区位和资源等独特优势，通过统筹规划，重点开发，整合资源，集聚优势，逐步建成体制机制新、开放程度高、牵动作用大、竞争实力强的沿海经济带。辽宁省作为辽东半岛唯一一个靠海省份，其海洋经济发展快速，海洋综合实力正逐年增强。2005年辽宁省海洋经济总产值实现1 206亿元，年递增19.3%；增加值实现700亿元，年递增23.2%，占全省生产总值的8.7%。目前已形成海洋渔业、交通运输业、旅游业、船舶修造业等六大海洋支柱产业。同时，海洋生物医药、海洋生物、海水利用等新兴海洋产业也得到初步发展。

13.2.1 辽东半岛海洋经济区域布局

实施海洋区域开发，是发挥地区综合优势，提高开发总体效益，加速海洋经济发展，实现海洋经济强省建设目标的重要保证。根据自然条件、资源开发利用现状、区域经济发展的辐射和带动作用，将辽宁省海岸及临近海域可以划分为3个海洋经济区。在发展过程中应各具特色，共同构建海陆互动沿海经济带。

1）辽东半岛海洋经济区

该区东起丹东市鸭绿江口，西至营口市盖州角，以基岩海岸为主，岸线长1 995.2千米，滩涂面积约912平方千米。优势海洋资源是港口、旅游和渔业资源。海洋开发基础好，是海洋经济较发达的地区之一。主要发展方向为：以大连港为枢纽，营口、丹东港为补充，建设多功能、区域性物流中心；加快大连东北亚国际航运中心建设；提高海洋船舶制造的自动化水平和产品层次；建设大连、旅顺、丹东滨海旅游带，积极开展陆—岛旅游；重点发展海珍品养殖和海洋药物研究基地；大力发展水产品养殖和深加工基地；大力发展海水养殖、增殖和放流，建设张子岛、海洋岛农牧化基地；稳定复州湾、金州湾盐业生产基地；培植海水综合利用和海洋能源开发等高新技术产业；加快发展先进装备制造业；大力培育长兴岛海洋经济开发区建设。

2）辽河三角洲海洋经济区

该区从营口市盖州角到锦州市小凌河口，为淤泥质海岸，岸线长194.8千米，滩涂面积约800平方千米。优势海洋资源是油气田、海水和湿地资源。海洋开发基础弱。主要发展方向为：重点建设辽河油田的临海油气田，勘探开发笔架山、太阳岛等油气区；构筑辽宁石油开采与石化工业基地；加强海水资源开发利用；稳定锦州盐业生产基地，加快盐化工基地建设；增殖和恢复渔业资源，保护养殖水域生态环境，建设滩涂贝类养殖基地，发展港湾养殖和水产品加工业；发展旅游业；加快营口港和锦州湾港建设；加快湿地资源的保护和开发，实施苇、鱼、蟹立体养殖和综合利用。

3）辽西海洋经济区

该区东起锦州市小凌河口，西到辽冀海域行政区域界线，主要为沙砾质海岸，岸线长315.4千米，滩涂面积约160平方千米。优势海洋资源为港口、旅游、养殖和油气。海洋经济发展基础薄弱。主要发展方向为：加快绥中海洋石油资源开发，大力发展石油化工工业；发展船舶机械工业，建成船舶机械制造基地；积极发展旅游业，打造"辽西走廊"黄金旅游线；加快锦州湾港口资源整合和建设；大力发展浅海、滩涂渔业养殖基地和水产品深加工；积极发展海水淡化和海水直接利用。

13.2.2 辽宁省5个沿海经济区的建设

建设辽宁沿海经济带，充分释放了东北产业基础雄厚和人力资源成本低的潜在优势，增强了对国际国内产业资本吸引力，带动东北地区在更大范围、更广领域、更高层次上参与国际产业分工与合作；建设辽宁沿海经济带，不仅将使辽宁成为我国新的开放热点和经济增长点，也可以与天津滨海新区发展优势互补、遥相呼应，提升环渤海地区整体竞争力，形成我国沿海地区全面开放的崭新格局。辽宁沿海经济带规划总面积482.9平方千米，起步区总面积195.3平方千米（表13.1）。

表13.1 辽宁沿海经济州5个重点发展区域规划面积　　　　　　　　　　单位：km²

区域名称		规划面积	起步区面积
大连长兴岛临港工业区		129.7	50
辽宁营口沿海产业基地	营口沿海产业基地	120	20
	盘锦船舶工业区	10	10
辽西锦州湾沿海经济区	锦州西海工业区	41.3	41.3
	葫芦岛北港工业区	34.9	20
丹东产业园区		97	39
大连庄河花园口工业园区		50	15
合计		482.9	195.3

资料来源：《辽宁省沿海经济带发展规划》（2008）。

1）大连长兴岛临港工业区

打造以造船产业为主导的产业集群，发展精密仪器仪表、重工起重、机床等装备制造业，能源及精细化工原材料产业。加快交通、能源、水利等港口基础设施建设，有序开发深水岸线，发展大型专业化深水港口，完善港口功能，逐步建成大连东北亚国际航运中心组合港区和世界最大的造船基地之一。到2010年，建成5个万吨级以上深水泊位，年通过能力800万吨。

2）营口沿海产业基地（包括营口沿海产业基地和盘锦船舶工业区）

营口沿海产业基地，打造以冶金产业为主导的产业集群，发展先进装备制造、精细化工和现代服务业。加快推进冶金重装备中试基地、高技术产业园区等项目建设，加快营口港建设，逐步建成大型临港生态产业区。到2010年，建立起较为完善的现代服务体系和集疏运体系，初步形成以高加工度的原材料工业、先进装备制造产业、高技术产业为特色的临港生态产业区的基本框架。盘锦船舶工业区，发展5万吨级以下中小型船舶和游艇、快艇制造业及相关配套产业集群。依托辽河油田，发展新型钻井机械等石油钻采设备和油田环保设备，逐步形成中小型船舶和配件特色产业基地。

3）辽西锦州湾沿海经济区（包括锦州西海工业区和葫芦岛北港工业区）

锦州西海工业区，打造以电子工业为主导的产业集群，发展石油化工、制造业、能源等临港产业，加快建设国家石油储备基地，打造带动力强、辐射面广的物流园区。葫芦岛北港工业区，打造以石化工业为主导的产业集群，发展船舶制造及配套、有色金属精深加工，逐步建成综合工业园区、船舶制造园区、物流园区。

4）丹东产业园区

打造以造纸产业为主导的产业集群，发展仪器仪表、物流、汽车、电子信息、纺织服装、农副产品深加工、旅游等临港产业，建设具有特色发展优势的综合工业园区。

5）大连花园口工业园区

打造以食品加工业为主导的产业集群，发展电动汽车零部件、新材料等产业，加快轮胎、农产品深加工、生物制药等重点项目建设，逐步建成产业加工园区。

同时继续建设黄海沿岸产业，构建辽宁沿海经济带。以建设新型工业为导向，壮大搞活临港经济，重点抓好交通运输业、装备制造业、原材料加工、电力工业、高新技术产业、水产品增养殖业、水产品加工业、滨海旅游业、金融保险和房地产业。建设锦州西海国际工业园区，葫芦岛北海工业园区，丹东临港经济区，庄河花园口工业园，盘锦新工、天河两个工业园区和石油新技术等一批工业园区。通过"承北接南"、"东拓西联"、"内集外引"、"强点壮线"，推进沿海地带的产业集聚、对外开放和经济发展。

13.2.3 辽宁省沿海港口布局与建设

以大连大窑湾保税港区建设为核心，打造大连东北亚国际航运中心。重点建设大连大窑湾保税港区，强化港区码头、物流、加工、展示四大功能，拓展港口作业、进出口货物存储、增值加工服务、转口贸易、国际采购、商品展示等多种业务。建设大窑湾超大型集装泊位和各港区大型专业化码头、深水航道、物流分拨中心和中转枢纽等现代化港口基础设施体系；建设集铁路、公路、港口、机场、管道等多种交通运输方式为一体的综合国际运输网络，形成现代化、专业化的集装箱、原油、粮食、矿石和汽车等大宗货物综合运输体系；建设口岸通关、航运代理、口岸信息、海运结算与保险、后勤补给、海事支持等航运中心综合服务体系；建设以石油深加工、精细化工、船舶和先进装备制造为重点，以商贸物流、金融保险、信息服务为主导的临港产业支撑体系。到2010年，沿海港口新建泊位约160个，新增集装箱泊位27个；港口总吞吐量超过5亿吨，集装箱吞吐能力达到1 400万标箱。初步建成基础设施比较完备，航运中心各项要素条件基本具备，经济管理体制和运作方式与国际惯例接轨，现代服务业比较发达，城市和口岸功能较强的腹地型国际航运中心。到2020年，建成腹地型与中转型相结合的东北亚国际航运中心。

围绕大连东北亚国际航运中心建设，在政府引导、企业自主的原则下整合全省港口资源，优化沿海港口资源配置，完善沿海港口布局，努力打造以大连港为中心，营口、丹东、锦州、葫芦岛等港口为两翼，布局合理、层次分明、结构优化、各港分工合作、优势互补的港口集群。大连港以集装箱干线运输为重点，全面发展石油、矿石、散粮、商品、汽车等大宗货物中转运输，加快拓展港口物流、保税、信息、商贸和国际海上旅游服务，积极推进长兴岛组合港区建设。营口港以集装箱、钢材、铁矿石运输为重点,全面发展原油、粮食、杂货等中转运输,大力拓展现代化的港口服务和临港产业功能。丹东港以杂货、大宗散货和集装箱运输为主,积极发展物流、商贸、临港工业等相关功能。锦州港和葫芦岛港是锦州湾重要港口,地区运输体系的重要枢纽。锦州港以石油、煤炭、粮食等大宗散货和集装箱运输为主,积极发展物流、商贸、临港工业等相关功能。葫芦岛港发展石油化工、散杂货和电厂、油田专业化运输,积极拓展商贸、物流等相关功能。

13.3 山东半岛蓝色经济区的开发与建设

本区优势海洋资源是渔业资源、旅游资源和港口资源,海洋开发基础好,海洋经济发达。主要发展方向为:以烟台、威海为重点,调整优化养殖结构,大力发展工厂化、深水网箱等集约化养殖模式,建设健康养殖带;搞好水产品精深加工;大力发展远洋捕捞业;加快以青岛港为核心的山东半岛港口群建设,强化青岛港集装箱干线港地位,提高烟台、日照等港口综合发展水平;以海洋科技为先导,大力发展海洋生物工程、海洋药物开发和海洋精细化工制品;按照"突出特色、优化布局、资源共享、错位发展"的原则,合理确定旅游形象主题,开发建设以青岛、烟台、威海为重点的滨海及海岛特色旅游带;积极发展青岛等缺水城市的海水利用;依托青岛、烟台、威海三大造修船中心,着力发展现代化总装造船,提高产业集中度,延长产品链,扩大规模效益。积极打造黄河三角洲高效生态经济区。黄河三角洲高效生态经济区内联山东半岛城市群,外接东北和中原经济区,融入环渤海经济圈,对接天津滨海新区,努力建设以化工、造纸、橡胶轮胎、纺织服装、装备制造、食品加工等为主导产业的加工制造业基地;以提高油气勘探开发水平为主导的石油工业基地;以超临界大型燃煤电厂为主导的电力供给基地;以高新区、大学科技园、科技孵化器、科技研发单位等为主导的科技转化中心;以铁路、高速公路等对外大通道为主导的区域性交通枢纽中心;以东营港和物流园区为主导的区域性物流中心。同时,突出发展生态旅游,建设休闲度假观光胜地;突出生态建设和环境保护,建设环境友好型城市。

13.3.1 以青岛港为核心,带动山东半岛港口群建设

13.3.1.1 青岛港现状及发展目标

青岛海岸线长730.64千米,海岛69个,近海海域1.38万平方千米,岸线绵延曲折,共有49处海湾。胶州湾、鳌山湾、董家口等都是优良天然港址,为青岛建设北方国际航运中心提供了坚实基础。青岛海域连接青岛-大连-石岛渔场,是进出海州湾渔场的必经通道,胶州湾及青岛近海自古就是各种经济鱼虾类的产卵、肥育场所,是多种经济海洋生物的繁衍栖息场所,生物多样性高,季节更替明显,渔业资源种类丰富。青岛风景秀丽,气候宜人,岬湾相间,海山城相依,旅游资源十分丰富。青岛近岸95%以上海域符合国家一、二类海水水质标准,环境质量状况良好,加之丰富的海水资源、矿产资源、海洋能源等,都为海洋经济的快速持续发展奠定了良好基础。青岛海洋开发有着悠久的历史,并引领了五次全国海洋大开发的浪潮。20世纪80年代以来,青岛通过发挥海洋科技优势,带动"海上山东"建设,明显增强了海洋经济综合实力,具备了建设全国海洋经济强市的良好基础。作为我国著名的海洋科技城和沿海开放城市,青岛市具有发展海洋经济得天独厚的优势。进入"九五"以

来，青岛市海洋经济保持年均20%的速度增长。2005年全市主要海洋产业总产值达到了769亿元，比上年增长21%，总产值构成中三次产业的结构比例为11∶54∶35；主要海洋产业增加值达到334亿元，占全市GDP的12.39%。

良好地资源环境与雄厚地海洋经济基础为青岛港的迅速崛起创造了的条件，在此基础上，青岛充分发挥自身的海洋优势，大力发展海洋经济，加快青岛港建设。目前，青岛港拥有目前国内最大的集装箱、铁矿石、原油码头和国际一流的煤炭、散粮码头，是中国大陆门类最齐全、具备装卸所有种类散杂货及大型成套设备能力的综合性亿吨大港，与世界上130多个国家和地区的450多个港口有贸易往来。2005年，全年港口吞吐量1.87亿吨，增长14.9%；外贸吞吐量1.4亿吨，增长14.8%，是中国第二大外贸口岸；集装箱吞吐量631万标准箱，增长22.8%，是国内排名第三位、世界排名第14位的集装箱枢纽港。全市共有客运船舶近60艘、8 000多客位，货运船舶80余艘、230多万载重吨。全市海运企业完成水路客运周转量1.1亿人公里，增长了11.44%；完成货运周转量3 155.4亿吨公里，增长了39.12%。海洋交通运输业总产值约为94.1亿元，增长了18.51%。青岛港的发展也带动了青岛船舶工业的发展壮大。青岛已成为海洋船舶工业的重要集聚地，北海船厂西迁及中船重工海西湾修造船基地和配套项目进展顺利，中海油海洋石油工程建设基地、韩国现代造船项目等一批大项目已经启动，船舶工业呈现良好发展势头。目前，全市共有修造船厂10余家，2005年完成造船产量6.18万载重吨，年产值18.11亿元，增长了15.68%。

在今后的发展中，青岛海洋经济应以建设区域性国际航运中心为目标，以港口总体规划为先导，以提高运力和优化船舶结构为中心，以推进大项目建设为重点，加快港口基础设施建设，尤其是深水泊位建设，缓解港口通过能力不足以及深水泊位偏少的矛盾，实现港口产业集群发展的新突破，并建成与国际航运中心相适应，与陆上交通相配套的地方水运体系。初步实现东北亚国际航运中心、区域国际物流中心的目标。到2010年港口吞吐量达到3.2亿吨，集装箱力争达到1 200万标准箱，进入世界港口前十位；地方港口水路客运量达1 200万人，客运周转量为1.5亿人公里，水路货运量达5 200万吨，货运周转量4 000亿吨公里。海洋交通运输业总产值达到150亿元，增加值达到75亿元。

在港口建设方面，全面推进以前湾港区为主体，形成以胶州湾港口群综合运输枢纽为核心，鳌山湾港区和董家口港区为两翼，地方小型港站、综合旅游港点为补充的多层次港口体系。在前湾港内重点建设集装箱深水泊位，完成前湾中部和南岸深水码头泊位建设。在黄岛港口群完成青岛港集团油码头三期工程、液体化工码头二期工程、丽星液体化工码头工程、益佳燃料油码头工程、大炼油大件码头工程。启动四方港区码头项目，完成董家口港通用泊位的建设，进一步提高港口吞吐能力。加快港区联动发展，带动港口中转业务增长。突出抓好港口主业，继续培育发展集装箱、煤炭、石油、矿石、粮食五大核心货种，兼顾发展钢铁、化肥、氧化铝、纸浆、纯碱、冻货、硫黄等小货种和滚装业务，实现装卸主业的规模化发展。加快建设物流中心，带动拓宽港口多元化产业发展。新建与扩建陆岛交通码头及海上旅游码头泊位，以市场为导向引导企业增加船舶运力，优化船舶运力结构。

在海洋运输与物流体系建设方面，建设以青岛港为核心，包括国际物流、区域物流、市域物流三个层次的现代物流体系。引进国内外大型船运公司和物流公司，培育青岛航运企业，依托前湾港的货种优势，发展前湾物流中心；按照公路和铁路主枢纽规划，以物流园区建设为依托，重点建设区港联动的保税物流园区、胶州铁路集装箱物流园区、空港物流园区、出口加工区物流园区和为城市生活配套的物流园区；培育以第三方物流企业为主体的物流市场，积极鼓励和引导社会化、专业化的第三方物流企业的发展；加快海港、空港、铁路和公路主枢纽等综合运输网络的体系建设，提高青岛现代物流的集疏运能力，构建现代物流基础设施和国际合作交流平台。

13.3.1.2 发挥青岛港龙头作用，带动山东半岛海洋经济的腾飞

近年来，我国海洋经济保持较快发展，海洋产业增加值在 GDP 中所占比例逐年上升。特别是"九五"以来，我国海洋经济进入了快速稳定发展期，主要海洋产业增加值增长速度为年均17%。2005年全国主要海洋产业总产值已达 16 987 亿元，海洋产业增加值为 7 202 亿元，相当于同期国内生产总值的40%。党的十六大将"实施海洋开发"作为新世纪中国经济和社会发展的一项重要战略部署。国务院为确保这一战略部署的实施，出台了《全国海洋经济发展规划纲要》，并提出了"建设海洋强国"的战略目标，到2010年，海洋产业增加值占国内生产总值达到5%以上。山东省是海洋大省，要认真贯彻省委、省政府《关于加快"海上山东"建设的决定》，"十五"期间全省海洋产业总产值年均增长约18%，2005年达到2 490亿元，海洋产业增加值占国内生产总值的62%。《山东省海洋经济发展"十一五"规划》提出，"十一五"期间，山东省海洋产业增加值年均增长率保持在20%以上，到2010年约占国内生产总值10%以上的比重。综上所述，国家和山东省对海洋开发的重视均达到了前所未有的程度，海洋开发方兴未艾，这为山东半岛海洋经济发展提供了良好的外部环境和重要机遇。

港口经济作为海洋经济发展的龙头产业已越来越被重视，而港口的特殊地理位置也使其依托的地区在提高服务能力、扩大域外需求方面相比内陆地区表现出明显的优势。港口的发展得到了港口所在城市政府乃至腹地省市的高度重视和支持，很多港口城市为此制订了港城相互促进、共同发展的战略。港口建设更是成为沿海、沿江地区发展的"触发点"。在港口建设方面突出表现为兴建大型泊位、集装箱泊位和推行港口改革，以采取开放型的灵活政策，充分发挥港口功能。同时，沿海、沿江以港口城市为核心的区域综合开发全面展开且方兴未艾。这一形势对山东半岛地区各类港口的建设和港口与城市、区域发展研究也提出了更新、更高的要求。

青岛作为我国东部沿海重要的经济中心城市、滨海旅游城市和港口贸易城市，其港口产业的发展使其成为山东半岛港口群建设当之无愧的核心。随着世界经济日趋全球化以及国与国之间的贸易更加频繁，对货物综合运输的要求日益增加。港口作为全球综合运输的枢纽，是一个国家或地区通向世界的重要桥梁，在国际贸易中起着非常重要的作用。现代港口的功能不断扩展，已经从单纯的货物中转集散中心成为国民经济的基础性和服务性产业之一，在经贸发展中发挥着日益重要的作用，一个港口的良好发展，常常能够有效地推动港口城市及周边地区的进步，港口为其所依托的城市及周边地区提供了发展商贸流通及加工的基础平台，在开放的条件下，港口城市凭借其区位优势从事生产和贸易活动，港口功能逐步向多元化发展，港城格局一体化的趋势日益明显。港口位于国际经济交流与合作的前沿，也是连接和辐射内地的重要结合部和枢纽。山东半岛港口群的建设，首先应该扩大各黄海港口城市间的合作，以港口连接国外，以港口连接和辐射内地，进而形成联动式合作、共同发展的格局。山东半岛各港口城市应选择"内外联合"模式和"西进东出"、"北进南出"战略，联合内地参与山东海洋经济合作。青岛港作为山东半岛港口群的核心，应继续发挥青岛港的区位优势和龙头作用，大规模推进"内地——港口——国外"双向联合发展，提高烟台、日照等港口综

合发展水平，一起联手参与国际竞争，力争在黄海区域海洋经济发展中担当更加重要的角色，带动山东半岛海洋经济的腾飞。

13.3.2 黄河三角洲高效生态经济区发展规划与建设

黄河三角洲是山东省区域经济发展"一体两翼"整体布局中北翼的主体，区位条件优越，自然资源丰富，开发前景广阔，是全省拓展发展空间、保持持续快速健康发展的潜力所在、优势所在，其开发建设一直得到国内外广泛关注和支持。党和国家领导人多次做出重要批示，发展黄河三角洲高效生态经济先后列入国家"十五"计划和"十一五"规划纲要。黄河三角洲作为我国最后一个待开发的大河三角洲，后发优势明显，开发潜力巨大。制定和实施黄河三角洲高效生态经济区发展规划，是山东省委、省政府深入贯彻党的十七大精神和山东省九次党代会精神的重大举措，是推进落实国家"十一五"规划和区域发展战略的重要体现，是抓住用好天津滨海新区开发开放历史机遇的战略选择。积极推进黄河三角洲开发，加快建设特色经济区，培育经济新亮点，成为全省对接天津滨海新区、发挥环渤海经济圈重要成员作用的桥头堡，对增强我省整体经济实力和综合竞争力，加快推进全面小康社会进程，在新起点上实现富民强省新跨越具有重要而深远的意义。

13.3.2.1 黄河三角洲高效生态经济区的发展定位与发展目标

黄河三角洲高效生态经济区将依托山东半岛城市群和济南城市圈，对接天津滨海新区，服务环渤海，面向东北亚，以建设高效生态经济区为目标，以改革开放和技术进步为动力，以完善基础设施为先导，以园区经济为载体，遵循循环经济理念，大力发展现代农业、现代加工制造业和现代服务业，加速构建现代产业体系，加快发展外向型经济，促进经济社会又好又快发展，建成全省重要的现代农业经济区、现代物流区、技术创新示范区和全国重要的高效生态经济区，成为促进全省科学发展、和谐发展、率先发展新的重要经济增长极。促进黄河三角洲发展与全省总体发展战略和"十一五"规划有机衔接，坚持区域统筹、经济社会生态统筹，打破行政区划界限，实行区域发展统一规划、重要资源统一管理、重大建设统一指导，科学高效一体化开发，促进生产要素合理配置，推动区域优势互补、良性互动、错位发展，打造特色区域品牌，共创发展新优势。

坚持可持续发展，建设生态文明。把建设资源节约型、环境友好型社会放在工业化、现代化发展战略的突出位置，把节能减排作为促进科学发展的重要抓手，坚持开发与保护并重，保护优先，以环境承载力为依据，科学确定区域功能定位和产业空间布局，提高资源利用效率，着力发展循环经济，严格限制高耗水、高耗能、高排放项目，推进节约发展、集约发展、生态发展、高效发展、可持续发展，维护渤海湾和黄河下游流域生态平衡。

坚持高起点开发，集约高效发展。以调整经济结构和转变经济发展方式为主线，顺应集群化、信息化、国际化和生态化发展趋势，充分发挥区位、资源禀赋、产业基础等综合优势，按规划合理布局，科学开发，大力发展园区经济、高附加值产业和高端产品，着力提高项目规模和质量，促进结构优化升级，走集约集群、互动互补、创新创优、高质高效的产业发展之路。

坚持突出重点，分步有序开发。积极借鉴深圳特区、浦东新区、滨海新区开发建设经验，在搞好总体规划布局的基础上，把握好开发建设的时序和规模，抓住重点，集中力量，先行突破。依托港口和开发基础较好的沿海地带，加大土地、开放、项目、税收、人才、生态等政策方面的扶持力度，促进要素、产业加速集聚，打造沿海产业带，带动整个区域有序快速开发。

坚持改革创新，增强发展活力。全面深化改革，着力构建充满活力、富有效率、更加开放、有利于科学发展的体制机制。强化市场经济观念，进一步解放思想，加快完善服务体系，推进行政管理、金融、土地、财税等综合配套改革，政府引导和充分发挥市场配置资源的基础性作用有机结合，营造招商引资、合作共赢的良好环境，调动各方面的积极性，拓展多元化融资渠道，努力提高市场化运作水平。

坚持全方位开放，推进经济国际化进程。把扩大开放贯穿于开发建设的全过程，在思想观念、管理体制、运行机制等各环节加快与国际通行规则接轨，加大招商引资力度，积极承接国内外产业集群式转移，扩大出口规模，拓展对外开放广度和深度，提高开放型经济水平，以开发促开放，以开放带开发。以交通接轨为先导、产业接轨为重点、企业接轨为主体，加强与周边地区特别是天津滨海新区的全面对接和交流合作，在高端制造业和服务业领域实行错位竞争，实现优势互补、共同发展。坚持科教兴区，提高自主创新能力。加强人力资源建设，全面提高劳动者素质，创新人才聚集机制，增强人才智力支持。积极推进科技进步，力争在重点领域和关键技术上取得突破，培育有自主知识产权的品牌和企业，努力引进消化吸收国外先进技术，提高产品科技含量和市场竞争实力。

坚持以人为本，共建共享和谐社会。实行产业布局、服务设施、居住社区和环境维护统筹规划，大力推进社会主义新农村建设，加快培育现代城镇体系，促进城乡协调发展。以解决人民群众最关心、最直接、最现实的利益问题为重点，加快发展社会事业，着力保障和改善民生，扩大公共服务，完善社会管理，促进社会公平正义，走共同富裕道路，促进人的全面发展，建设文明富足平安的和谐新区。

按照统筹规划、科学开发、优化提升、加快发展的要求，围绕把该区建成人与自然更加和谐、经济社会更加协调、经济效益与生态效益有机统一、城乡一体化发展的新型经济区的目标，综合考虑需要与可能，积极进取，量力而行，"十一五"期间，经济社会发展要努力实现以下主要目标：

综合实力和效益快速提升。在优化结构、提高效益、降低消耗的基础上，地区生产总值年均增长15%左右，到2010年达到5 300亿元左右，力争比2005年翻一番。地方三次产业结构调整为12∶58∶30。地方财政收入达到200亿元，年均增长15%。固定资产投资年均增长20%左右，社会消费品零售总额年均增长14%。生态环境特色更加突出。循环经济发展成效显著，资源利用率有效提高，环境质量进一步改善，单位GDP能耗累计降低24%左右，工业用水重复利用率提高到80%以上，主要污染物排放总量累计下降20%以上，森林覆盖率达到25%左右。生态系统多样化得到有效保护和提升，建设国际知名的湿地自然保护区。基础设施体系综合配套。基本建成高标准防潮体系，水资源保障能力明显提高，初步形成港口、铁路、公路、航空相互衔接、快速畅通的综合交通网络。2010年，港口吞吐量力争达到4 000万吨左右，增长3倍；铁路营业里程达到760千米，高速公路通车里程达到700千米，发电装机总容量达到1 000万千瓦左右，分别增长1倍以上。在此基础上，再经过10年的努力，到2020年，地区生产总值达到13 000亿元，人均生产总值15 000美元左右，成为经济全面繁荣、社会文明和谐、人民生活富裕、生态环境美好的地区。

13.3.2.2 黄河三角洲高效生态经济区的产业布局

按照产业集聚、城市辐射、园区带动、突出重点、率先突破的发展理念，着眼于现有资源、产业基础和开发潜力，充分考虑区域分工和联系，突出区域特色，按照"四点、四区、一带"布局，即加快东营、滨州、潍坊、莱州四个港口建设，重点规划建设四大临港产业区，形成北部沿海经济带，初步规划面积约4 400平方公里，建成全省的生态产业基地、新能源基地和全国的循环经济示范基地。四区，即东营、滨州、潍坊、莱州四大临港产业区。依托港口和铁路交通干线，加强基础设施建设，大力发展临港工业、临港物流和现代加工制造业，推动人才、物资、资金、信息等生产要素的高效流动和快速集聚，促进产业集群式发展，成为北部沿海经济带的关键支撑。遵循循环经济发展理念，突出高效生态的特点，依托港口和交通干线，以四大临港产业区为支撑，以"三类园区"为节点，加快打造"三大基地"，构筑北部沿海经济隆起带。

1）建设四大临港产业区

（1）东营临港产业区域。位于东营市东北部和东部临海、临港区内，主要为国有荒滩盐碱地，起步区超过1 000平方千米，重点建设化工、电力、临港产业、物流等产业集聚区，打造区域内重要的化工产业基地、电力供应基地、装备制造业基地、区域物流中心和产品集散中心。（2）滨州临港产业区域。位于滨州市北部无棣、沾化、滨城区界内，起步区超过700平方千米，建成油盐化工、船舶制造、建材冶金、生态电源、生物制药、现代物流于一体的产业聚集区，环渤海区域性物流中心，全国循环经济示范区。（3）潍坊沿海开发区域。位于潍坊城区北部与潍坊港之间，包括寒亭区北部、滨海经济开发区、寿光市北部、昌邑市北部，起步区约800平方千米，建成全国最大的海洋化工生产基地、出口创汇基地和农药化工生产基地，国家级循环经济示范区和生态工业示范区。（4）莱州临港产业区域。位于金城、三山岛至莱州银海化工园区之间，规划面积约500平方千米，建成电力、冶金、精细化工、石油化工、机械加工、滨海旅游、高技术生物育种、物流等产业聚集区。

2）建设"三类园区"

园区是产业聚集、企业集中的重要载体，带动区域经济发展的龙头，吸引外资的重要窗口。根据区位、资源、产业特色和发展潜力等条件，重点规划发展经济技术开发区、特色工业园区和高效生态农业示范区。经济技术开发区，主要指市县所属省级经济开发区，重点发展高新技术、高附加值产业和现代服务业，不断提升产业层次和产品档次，成为带动全区加快发展的主体园区。特色工业园区，以省级工业园区为主体，依托优势产业和骨干企业，强化产业分工和配套协作，形成一批重化工业、高新技术、装备制造、纺织服装、农产品加工等各具特色的工业园区。高效生态农业示范区，以集约化、规模化、机械化、标准化为方向，因地制宜，突出特色，大力发展优质商品粮棉、蔬菜、花卉、桑蚕生产、冬枣种植、农区饲养和农产品加工业，形成一批优质农产品品牌，建成集生态、观光、安全于一体的综合性高效生态示范区。

3）建设"三大基地"

即建成全省的生态产业基地、新能源基地和全国的循环经济示范基地。生态产业基地，按照资源节约、环境友好的要求，加快高新技术产业化，积极开发和引进先进实用技术，大力推行清洁生产，改造提升传统产业，统筹规划石油生产、加工和储备，扩大石油化工规模；延伸海洋化工产业链条，形成生态工业集群。发展具有突出优势和生态适应性的高效优质农产品，形成生态农业产业链。突出港口优势，发展临港物流；突出黄河入海口、湿地等生态特色，发展休闲度假观光生态旅游。新能源基地，充分发挥风能、生物质能、太阳能、地热等资源丰富的优势，实施新能源应用示范工程，积极推进产业化开发利用，搞好农村沼气推广工程。循环经济示范基地，针对该区域重化工产业比重较大的实际，按照减量化、再利用、资源化的原则，放大国家循环经济试点企业的示范效应，推广低消耗、零排放、可循环的生产模式，加快构筑循环经济体系。

13.3.3.3　黄河三角洲高效生态经济区的海洋产业基地建设

要充分发挥海洋资源优势，把发展海洋经济摆到带动黄河三角洲加快开发建设全局的战略地位，加快形成陆海联动发展的新局面。牢固树立生态海洋、和谐海洋发展理念，坚持陆海统筹、以港兴区、港区联动，深入实施"科技兴海"战略，突出港口建设、腹地开拓、结构调整和环境资源保护四个重点，强化临港经济的龙头地位，大力发展临海工业、港口物流业、海洋渔业、滨海旅游业，加速膨胀海洋高新技术产业，构筑规模大、素质高、竞争力强的现代海洋经济体系，使之成为高效生态经济区建设的主要支撑。到2010年，海洋产业增加值占地区生产总值的比重达到30%左右。

1）港口经济

强化港口经济的龙头地位，统筹规划港口建设，加快构建现代化港口运输体系。根据港口功能定位，规划建设一批临港临海工业园区和物流园区，集中培育一批主业突出、核心竞争力强的骨干企业，发展一批国内外市场占有率高的特色产业和产品，提高四大临港经济区的产业聚集度和带动能力，成为全省重要的临港工业基地，形成临港物流和临港工业相互促进、共同发展的格局。

2）海洋高新技术产业

要密切跟踪世界海洋高新技术产业发展新趋势，坚持原始创新、集成创新和引进消化吸收再创新相结合，强化企业技术创新主体地位，立足优势领域，充分发挥海洋科技综合优势，加快海洋生物医药、海洋功能食品、海洋化工、海洋工程材料、环保技术及装备、海水综合利用等领域的研究开发和成果转化，开发一批具有自主知识产权的核心产品，培育一批高成长的海洋高技术产业，带动海洋经济科技进步，促进发展方式转变。

3）海洋渔业

优化产业结构，重点发展水产增殖、健康养殖、水产加工制造、远洋渔业和休闲渔业，构建新型渔业产业体系。组织实施山东省渔业资源修复行动计划，加大水域环境管理与治理力度，有效恢复渔业生态。发挥区域资源优势，按照"生态、健康、循环、集约"的原则，加快浅海滩涂和沿黄盐碱涝洼地规模化生态型开发，培育对虾、卤虫、贝类、梭子蟹、毛蟹等优势特色水产品标准化生产基地，扩大海参、海水鱼等名优品种养殖规模。推进贝类、沙蚕、螺旋藻等养殖产品的精深加工，培育冯家虾皮、王尔庄海蜇等专业批发市场，建设环渤海地区最大的水产品物流贸易中心。建立完善水产品质量检测认证体系建设，大力培植龙头企业和中介组织，培育莱州湾梭子蟹、渤海文蛤、黄河口鳖等地域品牌产品，提升水产品核心竞争力。加快新品种选育、滩涂和盐碱涝地生态型养殖及渔业病害防治等关键技术研究与科技成果转化，提高渔业科技含量。积极推进中心渔港和国家一、二级重点渔港等基础设施建设，大力发展渔港经济区，带动渔区小城镇建设和渔业二、三产业发展。

4）海洋化工业

充分发挥海洋油气和盐卤资源丰富的优势，按照大型化、集约化的原则，依靠科技进步，依托龙头企业，加快发展海洋油气、盐卤资源深加工和盐精细化工，建设全国重要的海洋化工生产基地。东营重点发展石油化工，潍坊、滨州重点发展盐化工。

加快开发海水资源、海洋油气和矿产资源，发展海岛特色经济，拓展发展空间，增强资源保障能力。全面推行海域有偿使用制度，严格执行海洋功能区划，保护潮间带重要净化区，鱼、虾、蟹、参、鳖繁殖地和食用甲壳来源地，生物多样性栖息地的生态功能。加强基础设施和海洋生态建设，维护健康协调的海洋系统，促进海洋经济可持续发展。

13.4 江苏沿海经济区的开发与建设

沿海地区通常是经济最发达的地方，而江苏省经济不发达地区却在沿海。特别是在进入面向海洋的 21 世纪之后，如何改变江苏省海洋经济发展"洼地"现状，成为建设江苏省沿海经济带的重大任务。目前，江苏省政府已将实施沿海开发战略作为江苏省经济发展的新增长点，这个选择将关系今后江苏省社会经济全局发展的方向。作为人口和经济大省，资源紧缺是长期制约江苏发展的客观因素，从长远来看，要想保持经济的可持续发展和稳定性，就必须实施沿海开发，大力发展海洋经济。

13.4.1 连云港海洋经济发展规划与建设

连云港市是国家三大海洋特殊开发区之一、江苏省建设"海上苏东"重点地区之一。立足海洋资源优势和特殊的区位条件，大力发展海洋经济，是经济结构调整的重要内容和培育新的经济增长点的关键措施。连云港市地处我国沿海中部，江苏省东北端，是陇海－兰新铁路大动脉东端起点、新亚欧大陆桥的东方桥头堡；背靠陇海－兰新经济带，腹地广阔，是陇海－兰新地带最经济、最便捷的出海口岸。优越的区位优势，为连云港市发展海洋经济提供了良好的条件。连云港市大陆海岸线北起锈针河口，南至灌河口，全长 162 千米，岸线类型多样，其中西墅－烧香河北口 40.24 千米为江苏省仅有的基岩海岸。沿海滩涂 160 万亩[①]，可供开发浅海水域 400 万亩。海洋生物资源十分丰富，可利用的渔业资源达 50 万吨以上，海州湾渔场是全国八大渔场之一。滨海地区有国家级风景名胜区和 2 处自然保护区。淮北盐场是全国四大海盐产区之一。近海有岛屿 14 个，其中东西连岛 5.6 平方千米，是江苏省第一大岛。同时，连云港港还是江苏省唯一的大型海港，全国十大海港之一，设计年吞吐能力 2 265 万吨，拥有生产性泊位 30 个，其中万吨级以上泊位 25 个，集装箱泊位 2 个。沿海地区交通、通信、供水、供电等基础设施渐趋完善，海头、柘汪、罗阳、燕尾等沿海小城镇辐射功能不断增强。海洋生态环境得到有效保护，建成海堤 137 千米，沿海防护林 1.5 万亩，近岸海域海水基本达到一、二类水质标准，河流入海口海域水质控制在三、四类海水标准以内。全市已基本形成了全国科技兴海技术转移连云港中心、江苏省海洋化工工程技术研究中心、省级

---

① 1 公顷 = 15 亩。

赣榆科技兴海示范县、省级连云港海珍品养殖试验示范基地、江苏省金桥盐业有限公司贝类苗种基地、康缘海洋医药中试基地等科研单位和试验示范基地为主体的海洋科技创新开发体系。淮海工学院成立了海洋与水产学院。科技、人才对海洋经济发展的支撑作用不断增强。但是，连云港市海洋经济的发展也存在一些制约因素，主要有：一是全社会共同开发海洋的局面还没有形成，海域和滩涂管理尚未走上依法管理轨道，海洋环境监测体系不够完善。二是海洋产业结构不尽合理，海洋科技人才缺乏、技术水平不高。修造船业与港口发展不配套，新兴海洋产业起步较迟，制约了海洋经济的快速扩张。三是投入不足，增加海洋开发投入的渠道还不宽，投入机制还需要进一步创新。

今后，连云港市海洋经济发展的重点是：以港口建设为重点，促进海洋运输再上新台阶；以市场需求为导向，调整壮大海洋渔业；以创建旅游品牌为核心，推动滨海旅游上水平；以改革创新为动力，培育海洋工业发展新优势；以科技兴海为途径，推动海洋产业优化升级。

13.4.1.1　连云港市海洋交通运输业的开发与建设

加快以港口为中心的综合运输网建设。以连云港港口为中心，全面提高铁路、公路、水运等运输形式的等级和网化水平，提高港站枢纽装备水平，形成干支相连、四通八达的综合交通运输网络。适应国际航运船舶大型化、深水化的发展趋势，加快港口基础设施建设，兴建庙岭三期第三、四代集装箱泊位，完成10万吨级深水码头和航道改造工程。创造条件建设货主码头。积极开展外海深水港区建设前期工作。"十五"末，港口综合通过能力达到3 000万吨以上，其中集装箱吞吐能力达到40万标箱。建成连徐、汾灌高速公路和国家级公路主枢纽，建设连通高速公路连云港段，加快干线公路改造步伐，全面提高国道、省道的路面质量和通过能力。开展灌河口拦门沙整治研究，推进堆沟港、燕尾港等灌河诸港的开发。推进连云港向集装箱运输基本港和枢纽港转变。积极推进以集装箱运输为重点的陆桥运输，加快连云港港向集装箱运输基本港和枢纽港的转变。增加货运航线、航班，积极开辟连云港至欧洲、地中海、澳洲的集装箱干线班轮，增加国内支线班轮班次，月均班轮航线保持在70条以上。扩大集装箱运输和大陆桥过境运输。开辟海上客运航线，开通连云港至韩国木浦班轮，恢复连云港至大连的客货班轮。完善口岸服务功能。立足为苏北开发和西部大开发服务，加快区域性国际商务中心建设，努力营造良好的口岸环境，推进口岸信息化建设。用足用活国家给予的陇海铁路沿线的快速通关办法，提高通关效率。增开铁路"五定班列"，努力建立"直通式"港口。充分利用现有的仓储和各种运输条件，扩大煤炭交易市场规模，逐步建成进口化肥、氧化铝、硫黄、木材、粮食等交易市场，形成物流中心。

13.4.1.2　连云港市的海洋渔业发展规划

以市场需求为导向，按照以养为主，养、捕、加、贸并举的方针，坚持科技创新，狠抓规模化生产、产业化经营，培育和壮大海珍品养殖、海水育苗等特色产业，把连云港市建设成为全省海珍品养殖基地。按照统一规划、综合开发的思路，高标准建设海水养殖区基础设施，采取招投标承包租赁等多种方式，吸引境外投资，启动本地民间资金投入海水养殖。重点发展贝类，巩固提高藻类，恢复和稳步发展对虾，积极开拓鱼蟹及海珍品养殖。做好新品种引进开发和试验示范基地建设工作。在继续保持商品化育苗业现有的三大拳头产品——中国对虾、中华绒螯蟹和条斑紫菜育苗的同时，适应贝类养殖和海水网箱发展的需要，积极发展贝类育苗和名贵大规格鱼种培育，继续采用细胞工程等高新技术开展海水育苗，不断提高育苗水平。改进作业方式，采用先进的捕捞设备和鲜活贮运等技术，发展远洋捕捞，提高捕捞产量。加强渔港码头建设，完成连岛、青口、柘汪渔业码头建设，完善三洋港、燕尾港、海头渔业码头的基础设施，增强渔港的吞吐能力和服务功能，促进海洋捕捞业的发展。同时，为了适应我国加入WTO和市场运行新秩序的需要，建立健全水产品监测和检测体系，强化水产品标准化和检验检疫工作，发展无公害食品。

13.4.1.3 连云港市的滨海旅游业发展规划

把开发优美自然风光与发掘深厚文化底蕴结合起来，把发挥地方旅游资源优势与改善旅游服务结合起来，着力培育壮大旅游经济这一新的增长点，创建中国优秀旅游城市。以花果山景区、连岛旅游度假区、海州湾旅游度假区等旅游功能区为重点，继续加快景区景点深度开发和配套建设，建成一批品位高、吸引力强、效益好的旅游精品工程，进一步增强连云港市旅游对外吸引力和发展后劲。加强旅游综合配套建设。鼓励多种经济成分参与经营旅行社。发展适应不同层次游客需要的高、中、低档宾馆饭店，到2005年争取新增三星级以上宾馆4家，其中四星级以上1家。以创建中国优秀旅游城市为契机，提高旅游服务质量，创建滨海旅游品牌。拓宽旅游商品的领域，满足不同层次游客的购物需求，建设有规模、有特色的大中型旅游购物场所，规范旅游购物市场。增开至国内重点城市航线、航班，开辟更多的旅游专列。积极沟通与其他旅游城市的联系，形成网络，加强合作，优势互补。拓展旅游新领域。充分利用海岸线、海岛等旅游资源，有计划拓展滨海旅游的范围，推出海洋生态旅游、渔业观光旅游、海岛观光旅游等新的旅游项目。注重旅游产品包装，做到淡季有活动、旺季有高潮、年年有创新。

13.4.1.4 连云港市的海洋工业发展规划

通过不断加强体制创新和技术创新，优化海洋工业结构，积极发展新兴产业，培植海洋工业发展新优势，全面提高海洋工业的整体实力和竞争力，逐步把连云港市建成具有一定规模的重要海洋化工和临海工业基地。

1）盐业

立足现有盐业，因地制宜调整结构，积极发展多种经营，强化以盐为主、多业发展的生产格局。本着稳产优质的原则，优化生产布局，对单产低于60吨/公顷的低产盐田实施退盐转农。加大盐田基础设施建设，改造现有海盐生产设备，提高生产工艺水平，重点推广卤水全塑密封保护法、防渗法，提高产量、质量。深化企业经营制度改革，全面推行盐田国有民营。

2）海洋化工

根据国家产业政策，以现有苦卤化工企业为基础，瞄准国内外同行业先进水平，对苦卤化工进行技术改造，调整产品结构，改造生产工艺，重点推广实施控速结晶新工艺、氯化镁转氧化镁、氯化钾由细钾转粗钾等项目，提高钾、溴、镁等系列产品产量。纯碱生产在稳定现有年产90万吨能力的基础上，提高产品质量，建设氯化钙二期工程，逐步向上、下游产品延伸，延长产业链。实施盐碱联合，加快总投资3亿元输卤管道工程建设，降低生产成本。大力发展海洋精细化工业。

3) 海洋医药及海洋保健品

加快康缘海洋医药中试基地、市海洋生物工程技术研究中心建设，大力发展海洋药物、海洋保健品、海洋生物材料等系列产品，建成江苏省海洋药物开发中试基地。采用生物技术、先进的分离和提取技术，重点引进和开发在抗肿瘤、心血管疾病、抗感染、免疫调节等领域的海洋生物活性物质类新药物。

4) 临海工业

适应港口发展需要，积极发展海洋机械制造业，建设江河集团年产5万标准集装箱项目，发展远洋船舶修造业，研制、生产船用导航GPS定位系统和航道测量设备。

13.4.2　南通市海洋经济开发与建设

南通市位于长江入海口北岸，东临黄海，南依长江，毗邻上海，腹地辽阔，自然条件、经济技术依托条件十分优越。以上海为龙头的长江三角洲和沿江地区经济带的加快发展，及以上海港为中心的国际航运中心的组建，为南通市海洋经济的发展提供了更加有利的条件。南通的海洋生物种类繁多，近海鱼类有130多种，多获性鱼类75种，优势品种有7～8种。全市年海产品捕获量超过30多万吨，海水养殖产量11万吨，居全省之首。文蛤、四角蛤、青蛤、西施舌、竹蛏、泥蚶、泥螺等优势品种蕴藏量达8万吨左右。潮间带适宜藻类栽培的滩涂面积有30多万亩。海岸带内有较为充足的林业资源，林木蓄积量达10万立方米，防护林占28.8%，滩涂野生植物有14科48种。沿海的风能和潮汐能丰富；如东海滩踩文蛤、启东圆陀角观日出等特色旅游项目发展前景看好。南通沿海东灶港至蒿枝港30千米的岸线为侵蚀型岸段，蒿枝港至启东寅阳50千米为稳定型岸段，其余的126千米均是淤涨型岸段，平均每年以25～30米的淤涨速度向外延伸，每年淤积的滩涂面积约为5 000亩。南通海岸带面积13 240平方千米，为全市陆地面积的1.5倍，-15米以内的滩涂面积800万亩，沿江滩涂100万亩，是一个开发潜力很大的土地后备资源。全市江海岸线超过430多千米，其中海岸线206千米，沿海可建5万吨级以上深水泊位的海岸线超过40多千米，如东洋口港外黄沙洋水道和烂沙洋水道是江苏最大、全国为数不多可建（10～20）万吨深水泊位的宝贵水道，启东吕四港可建（5～10）万吨级深水泊位。全市可建万吨级码头的长江深水岸线30千米以上，水深10米以上的深水航道宽1 500米以上，20米以上的深水航道宽800米以上。

南通市积极实施海洋开发战略，全市各级各部门全面发动，切实加强组织领导，结合实际采取有效措施，掀起了海洋开发的热潮，推动了海洋经济的进一步发展。2000年全市海洋产业实现产值120亿元，比1995年翻一番多，年均增长20%，高于同期全市经济增长速度。全市海洋渔业已形成捕捞、养殖、水产品加工及渔船、渔机、渔网修造等相配套的产业体系。2000年全市完成海水产品总产量45.97万吨，实现产值48亿元，比1995年分别增长40.2%、81.6%。海洋捕捞业稳步增长，2000年全市完成海洋捕捞产量34.9万吨，比1995年增加了9万吨；海水养殖发展加快，2000年全市完成海水养殖产量11.06万吨，比1995年增长了116.9%，形成了鱼、虾、贝、藻等常规品种与名、特、优、新品种齐发展的格局；海洋水产品加工初具规模，形成了以水产冷冻加工和紫菜加工为主体，鱼、虾、贝、藻及饲料加工企业100多家，南通成为全国最大的条斑紫菜生产基地，2000年全市水产品加工量达到10.5万吨，加工产值13亿元。1996年以来，全市围垦滩涂12万亩，开发利用达到10万亩；滩涂开发效益明显增加，滩涂开发社会总产值年均增长约25%。滩涂外向型经济发展较快，到2000年沿海滩涂累计兴办三资企业202家，合同利用外资2亿多美元。南通远洋船务工程有限公司成为全国重要的远洋船舶修理中心，2000年完成各类远洋轮修理114艘，其中外轮97艘；南通中远川崎船舶工程有限公司建造了5艘4.7万吨散装货轮，并开工建造了5 250标准箱集装箱船，结束了我国没有能力建造大型集装箱船的历史。海洋医药作为新兴产业已经启动，全市开发生产了近10种海洋药物和保健品，2000年海洋医药和保健品实现产值近3亿元。海洋盐业大力实施结构调整工程，初步形成了以盐为主、多业并举的格局。远洋渔业从1991年起步，初步形成了西非、南亚等远洋渔业生产基地，境外渔船数达到40艘；南通、海安省级外向型农业综合开发区开发建设加快，到2000年累计进区企业324家，其中外商投资企业29家；沿海资源可持续发展项目利用世界银行贷款1 000万美元。狼山港2.5万吨级集装箱码头、新大港储两座2.5万吨级码头、粮食储运工程5万吨级码头相继竣工投产，增强了港口货运中转集散功能。南通港已发展成为长江中下游最大的成品油、液化气、粮油、食糖、棉麻等重要物资和进出口商品的仓储、中转、集散基地。2000年全市万吨级以上泊位28座，南通港货物吞吐量达到2 748万吨，完成集装箱运量18.24万标准箱。全市加快了特色旅游资源的开发和旅游基础设施的建设。濠河风景名胜区详细规划已正式出台，海门沿江旅游度假区开始启动，启东圆陀角风景区开发建设粗具规模。市区交通主骨架初步形成；建成了宁通高速公路、新长铁路南通段；苏通长江公路大桥、宁启铁路、港区铁路等项目前期工作进展顺利；江堤和海堤重点地段基本达标；沿海小城镇建设步伐明显加快。

南通发展海洋经济具有良好的基础和条件，也存在不可忽视的问题。海洋产业规模偏小，开发利用仍处起步阶段；海洋资源保护与开发不协调，渔业资源衰退，海域污染日趋严重；海洋产业结构不尽合理，科技含量较低，传统产业占比较大，临海工业发展不快，精深加工产品少；沿海港口建设尚未启动，交通等基础设施建设滞后；海洋开发管理体制尚未健全，开发组织程度不高；资金投入明显不足，海洋科技人才匮乏等。

今后南通市海洋经济的发展，要充分利用南通海洋资源和区位优势，依靠科技进步和全社会力量，加大投资力度，优化布局结构，坚持海陆并进、协调发展，以海洋渔业、滩涂综合开发、临海工业、港口海运、滨海旅游等海洋产业为重点，加快海洋开发建设步伐，努力构建沿海产业带，逐步形成以现代化海洋农牧业为基础，临海工业为主体，基础设施配套齐全，三次产业全面发展的新格局，实现海洋经济可持续发展和集约化增长，全面提高海洋经济发展的规模和效益，争取使海洋经济成为全市国民经济的重要支柱。

同时，充分发挥产业优势。积极挖掘、合理利用全市发展海洋经济的各类有利因素，消除资源闲置、低效利用和浪费现象，充分发挥南通海洋资源、区位条件和产业优势，尽快将资源优势转化为经济优势，形成以有效利用各类有利因素为基础的具有鲜明特色、良好经济效益和较强竞争力的海洋经济产业群。坚持可持续发展。采取切实有效措施加强海洋资源和环境的保护，改善海洋生态环境，保护海洋自然景观，形成资源培育、生态改善与海洋产业发展相协调的良性循环。积极贯彻"科技兴海"方针，采用高新技术、适用技术发展海洋产业，降本增效、培育特色、确立优势，推动海洋产业的长远发展。

第 14 章　黄海海洋经济发展战略与管理

14.1　黄海海洋经济区发展战略的基本思路

14.1.1　黄海海洋开发的特点和条件

14.1.1.1　独特的自然条件

黄海是一个半封闭海域，属于西太平洋边缘海，全部为大陆架所占的浅海，位于中国与朝鲜半岛之间，北面和西面濒中国，东邻朝鲜半岛。在黄海南部，东起韩国济州岛，西至中国长江口一线是黄海和东海的分界线。在黄海北部，山东蓬莱与大连连线为黄海与中国渤海的分界线。主要海湾有西朝鲜湾和中国的海州湾、胶州湾。并由济州海峡经朝鲜海峡、对马海峡与日本海相通，经渤海海峡与渤海相通。黄海东部和西部岸线曲折、岛屿众多。山东半岛为港湾式沙质海岸，江苏北部沿岸则为粉砂淤泥质海岸。主要岛屿有长山列岛以及朝鲜半岛西岸的一些岛屿。中国山东半岛深入黄海之中，其顶端成山角与朝鲜半岛长山串之间的连线，将黄海分为南、北两部分。北黄海是指山东半岛，辽东半岛和朝鲜半岛之间的半封闭海域。长江口至济州岛连线以北的椭圆形半封闭海域，称南黄海，总面积超过 30 万平方千米。黄海寒暖流交汇，水产丰富，特别是渤海和黄海沿岸地势平坦，面积宽广，适宜晒盐。例如，著名的长芦盐区，烟台以西的山东盐区以及辽东湾一带都是我国重要的盐产地。长江口北岸的启东角与韩国济州岛西南角的连线是黄海与东海的分界线。黄海生态区黄海海域和渤海海域，位于亚洲大陆与太平洋之间，南至中国长江口、韩国济州岛最南端和洛东江河口，北至黄海和渤海海岸线。其海岸线北起鸭绿江口，越辽宁、河北、天津、山东、江苏、上海市 6 省市，至长江口止，逶迤 6 500 千米。

14.1.1.2　黄海区域社会经济发达，具备充分开发利用海洋的有利条件

黄海地区拥有优越的区位优势，黄海是一个半封闭的水体，西临中国大陆，东临朝鲜半岛，南至长江口北岸与济州岛连线。在我国，地处黄海地区的包括北京、天津、辽宁、河北、山东、上海、江苏，这四省三市共同构成了泛黄海经济区。本区地处我国北方沿海，地跨环渤海和长江三角洲两大现代经济区，是我国社会经济技术最发达的地区，也是新世纪带动我国中西部发展的战略地区，在全国经济发展格局中占有举足轻重的地位。随着 21 世纪西部大开发和振兴东北老工业基地战略的实施，在经济、资源、环境等方面，该区域将面临国内外日益激烈的竞争。与以珠江三角洲为中心的我国南部沿海经济区域相对照，把泛黄海地区作为我国北部沿海的又一个高级复合经济区，探讨区内协调和发展问题，对于推动我国区域发展战略实施，加强区域经济合作，发挥整体优势，促进共同繁荣，具有重要意义。中、日、

韩依托黄海建立起了空间联系，并环绕黄海地区构成了一个合作圈层，即"环黄海经济圈"，中国在环黄海经济圈中具有重要的地位。其中山东海洋经济区和辽宁海洋经济区的海洋经济发展迅速，已经对周边经济区域起到了辐射和带动作用。

14.1.1.3　专属经济区纠纷是黄海海洋经济区开发面临的重要问题

黄海作为一个半封闭的浅海，面积和资源有限。黄海最宽处为378海里，最窄处仅100海里，我国同朝鲜、韩国都有主张管辖海域的重叠，都面临专属经济区和大陆架的划界问题。黄海对于中国安全利益是很重要的，中国的第一支现代海军被日本战败于黄海，日、俄、美、英、法、德等国的军事力量，多次经黄海，入渤海，侵略中国。在处理和调整关于黄海海域的权益问题上，我国面临的问题主要是与韩国、朝鲜关于200海里专属经济区划界和在重叠海域中非生物资源（主要是油气资源）的勘探、开发、利用，生物资源的开发、利用和养护以及对该海域的海洋环境的保护、保全。①

目前，中朝之间已就北黄海的共同开发问题达成协议，中韩之间也签订了渔业协定，中朝、中韩之间就海洋法问题保持着积极的接触。中国在黄海的经济利益主要是开发生物资源，发展海洋捕捞业。黄海的渔业资源量有多大，尚无准确估计。捕捞量或许可以作为参考。1994年148万吨，1995年170万吨，1996年275万吨。黄海也有沉积盆地，单位发现油气田，今后能否发现大油气田尚不可知。目前，尚未发现其他近期可以开发利用的海洋资源。黄海的渔业利益争端包括：中国的专属经济区渔业利益和传统捕鱼权；朝鲜认为。专属经济区渔业权应得到尊重和实施，这是解决渔业问题的前提和目的。韩国在考虑渔业利益时提出，黄海水域面积均分可保证各方的渔业利益。水域面积均分区域为：北线为连接中国山东高角与韩国白翎岛的一条直线，南线为济州岛西北的北纬33°20′线，东西两侧以两国海岸低潮线为基础。黄海是中国的重要渔区，也是中、日、韩三国共同的渔场。1997年11月11日，中日两国签订《中华人民共和国和日本国渔业协定》。该协定于2000年6月1日起正式生效。同日，两国政府1975年8月15日签订的《中华人民共和国和日本国渔业协定》失效。2000年8月3日，中韩两国签订《中华人民共和国和大韩民国政府渔业协定》，该协定于2001年6月30日正式生效。这些渔业协定对维护中日、中韩正常的渔业秩序，保护海洋渔业资源，开展渔业领域国际合作都具有重要意义。

14.1.2　黄海海洋经济发展战略思路

14.1.2.1　黄海海洋经济发展战略的总体指导思想

黄海海洋发展战略的总体指导思想是实现黄海环境与经济的协调发展。首先要有节制的开发海洋。国家要发展，民族要生存，沿海经济要繁荣，就要对管辖海域的自然资源深入了解和有节制的开发利用。黄海海区，沿岸人口众多，海洋资源开发历史悠久，因此对资源的合理开发利用显得尤为重要。不论对资源丰富的海区，还是资源资源缺乏的海区都要确立这一正确的战略思想，既要考虑当前的需要，又要考虑将来的持续发展。其次要进行海洋开发综合评价。目前，我国有些海洋资源开发活动效率较差，加之生产技术与设备落后，不仅海洋资源得不到综合利用，对海洋资源浪费很大，而且对海洋环境也带来很大的影响和破坏。

---

① 王琪等. 海洋管理从理念到制度. 北京：海洋出版社，2007，112.

这样的海洋资源开发活动，不仅效益低，而且还会引起一系列次生灾害和环境问题。因此，在黄海的开发中必须建立黄海海洋开发综合评价制度，保证海洋资源的合理开发利用。在此基础上，还应建立海洋资源的有偿使用制度。为了管好用好海洋资源，做到有序开发、合理利用，创造持续发展的资源条件，就需要对海洋资源进行经济调控，变海洋资源无偿使用为有偿使用。实行海洋资源有偿使用，需要恰当的给出资源定价，利用价格杠杆保护稀缺资源，减少资源浪费。

14.1.2.2　黄海海洋经济发展战略设想

1）经济的可持续发展

近年来环黄海地区许多情况的变化促进了地区国际化和地区经济合作的活跃，使黄海由原来隔离各国的障碍日益演化成各国之间扩大沟通、加深交往的媒介。我国黄海沿岸城市的发展战略正面向黄海、面向国际社会进行调整，振兴地方经济的迫切性正在日益增强。我国沿岸经济开发采取的是沿海岸线从南向北推移的方式：20世纪70年代末80年代初首先在珠江三角洲开始了中国改革开放、建立沿海经济区的第一步；随后在90年代初，又确立了开发与开放长江三角洲，迈出了我国沿海区域经济建设的第二步。这两大步直接带动了我国沿海南部和中部地区的经济大发展。进入21世纪后，环黄渤海地区也面临着加快发展的历史机遇，正在成为我国第三次开发开放的重点区域。根据环黄海地区的特殊地理位置，建立黄海地区的经济合作体，是充分发挥地缘优势，提升我国环海地区经济发展水平的一次良好的机会。中、日、韩三国学者根据环黄海地区，即由中国的辽东半岛、山东半岛地区，韩国西海岸及东南地区，日本北九州及山口地区，在经济上的互补性提出了"环黄海经济圈"经济合作体系的设想。"环黄海经济圈"实际上仅包括朝鲜半岛西部、西日本地区及中国山东半岛和辽东半岛的渤海湾地区，中国的辽宁省、山东省、江苏省的部分地区也在其内。但国内不少学者提出，"环黄海经济圈"的范围应扩大为整个朝鲜半岛和中国的江苏省、浙江省和上海市、日本的广岛、九州、山口地区及日本西南沿岸地区的范围内，其中既包括发达和较为发达的地区，也包括一些经济欠发达地区。"环黄海经济圈"的提出及扩大化，实际上是进一步强调和凸显了黄海地理环境的重要性。经过一段时间的努力，环黄海地区将成为一支重要的区域经济力量，并会以此带动中日韩经济合作体的建立。同时伴随着中国大陆经济高速增长以及世界经济重心由大西洋地区向太平洋地区的转移，东北亚地区经济相关性将日益增强。而中国依靠稳定的政治优势和庞大的内需市场，并且以和平崛起的姿态独立于美国及欧洲国家的特征，在某种程度上说，中国已经具有东亚经济增长"火车头"的态势，因此可以预见，环黄海经济合作圈一旦建立，将成为以中国为核心的经济一体化组织。我国在黄海地区的开发战略是将对外开放与对内联动相结合，希望通过发展环黄海经济合作促进地区经济。我国沿黄海地区城市多属于经济相对发达地区，因此我国沿黄海地区发展对外经济的一个主要目的是带动腹地经济的协同发展，实现黄海海洋经济区经济的可持续发展。

2）环境的可持续发展

黄海位于大陆架上的一个半封闭浅海。因古黄海在江苏北部入海时，携带大量泥沙而来，使水色呈黄褐色，从而得名。据统计，每年流入黄海的沉积物超过16亿吨，主要来自中国的黄河和长江。自20世纪70年代以来，由于降水量的减少，水利工程的建设，工农业用水的增加,流域植被的破坏、河床采沙等人类活动因素的影响,主要河流入海水量和输沙量都有不同程度的减少,其结果是黄海和渤海的沙泥质海岸普遍出现了侵蚀后退的现象。监测与统计结果显示,2007年黄海的入海排污口污水排海量约190亿吨,占全国排海污水总量的52.9%;排海污染物质约640万吨,占全国入海污染物质总量的53.5%,都比其他三个海区的总和还要多。黄海未达到清洁海域水质标准的面积约2.8万平方公里,严重污染海域主要集中在鸭绿江口、大连湾、胶州湾和苏北沿岸,主要污染物为无机氮、活性磷酸盐和石油类。海洋是一个统一的、流动的连续体。对人类而言,海洋具有功能性(海洋的物质功能、处置功能、娱乐功能),海洋的资源空间、环境共存在统一的自然海洋区域之中,不论海水水体、海洋生物、海底矿物、河口滩涂等,都是相互依存、相互制约、互为条件、互为因果的,这决定了海洋的统一性。在区域海洋内,受海洋的统一性和流动性的制约,对同一种功能的开发或多或少要影响到其他功能的开发,也就决定了海洋环境污染和生态破坏的无行政边界性。因此,黄海和开发管理与保护不能孤立进行,必须将其放在整个东部沿海区域乃至世界海域的范围内综合考虑,实行有秩序的、可持续的发展战略,最终实现黄海海洋环境的可持续发展。

3)社会的可持续发展

要实现黄海海洋经济区社会的可持续发展,最根本的评价指标是GDP的可持续增长和人们收入水平的持续增长。近年来黄海沿海省份海洋经济近年来发展迅速,辽宁和山东等省份纷纷提出了本省的海洋发展目标和规划,促进了黄海海洋经济区海洋经济总体的发展。

2005年辽宁省海洋经济总产值实现1 206亿元,年递增19.3%;增加值实现700亿元,年递增23.2%,占全省生产总值的8.7%,比"九五"高出2.7个百分点。辽宁省在其海洋经济发展"十一五"规划中确立了建设"海上辽宁"的总目标,力求实现以市场为导向,以机制、体制创新为动力,进一步优化海洋产业布局,实施科技兴海、外向牵动和结构调整战略,实现社会的可持续发展。90年代初,山东省委、省政府提出建设"海上山东"的战略构想,海洋经济成为带动山东经济发展的重要增长点。2009年4月23日,胡锦涛总书记在山东考察时指出:"要大力发展海洋经济,科学开发海洋资源,培育海洋优势产业,打造山东半岛蓝色经济区。""蓝色经济区"将被打造为黄河流域出海大通道经济引擎、环渤海经济圈南部隆起带、贯通东北老工业基地与长三角经济区的枢纽、中日韩自由贸易先行区。山东蓝色经济区将建设成为黄河流域的大港口、大交通、大钢铁、大能源、大电力、大石化、大造船基地,将带动环黄海经济圈社会经济迅猛崛起。渔业是沿海各省份的优势产业,应坚持生态渔业、高效渔业、品牌渔业发展理念,认真贯彻"以养为主"的方针,大力发展水产品健康养殖业;落实近海捕捞渔船报废和渔民转产转业制度,不断开拓远洋渔业,积极发展休闲渔业。积极推进渔业产业化、标准化、外向化,稳步提高水产品质量安全水平。实施渔业资源修复行动计划,修复渔业资源和生态环境,实现渔民增收和社会的稳定、可持续发展发展。

14.1.2.3 黄海海洋经济可持续发展战略的基本原则

1)适度利用原则

适度利用原则是黄海海洋经济可持续发展的所应遵循的基本原则。黄海海洋资源具有有限性,适度利用原则即资源利用规模和速度要有一个适当的数量界限,即适合度。这个度对于海洋生物等可再生资源来说,就是不超出资源自身再生能力的临界点;对于海洋金属和非金属矿产、海洋油气、地下卤水等不可再生资源,要坚持节约使用原则,以延长资源的使用年限。

2)持续发展和开源节流原则

持续发展和开源节流原则是实现黄海海洋经济、社会、环境持续发展都应遵循的原则。地球上某些资源,在超速度的开发利用下,其未来可能维持的时日已变得屈指可数。海洋成了人类最后的资源宝库,成为人类社会存在与发展的物质基础,成为世界各国可持续发展的最后空间。这就需要我们科学合理地利用海洋资源,保持生态平衡,防止和减少由于人为活动引发和加重海洋灾害,防止只顾眼前利益和局部利益而牺牲长远利益和全局利益的行为。海洋可持续发展在自然观方面主张人与自然的和谐相处,它强调生态平衡、经济持续增长,主要包括:①公平分享海洋利益;②各海洋行业公平配置海洋资源;③保证资源永续利用;④共同保护海洋,防止海洋资源退化。

3)综合管理利用的原则

综合利用原则是实现海洋经济和社会可持续发展的基本原则。对海洋的开发应进行综合考虑,要有科学的统一规划,协调一致的行动。对入海河流的沿岸、海岸带和岛屿的开发及产业发展必须综合规划,要避免顾此失彼,或一面建设一面破坏的现象以及由此导致经济效益不佳、环境与生态破坏的后果。同时,在对资源的利用上,要通过深加工达到多种目的应用,使单一的资源产生多种使用价值,提高资源的使用效率。由于黄海区域海洋资源的有限和高密度开发,为保证海洋综合价值的发挥,必须对海域各种开发进行统筹兼顾、综合平衡,通过区域、时序上的安排以及消除不利影响的措施,使各种资源的有关价值都能得到或保证利用的机会和条件。

海洋综合利用原则是实现海洋多目标开发、提高海洋开发利用效果的基本措施;是合理布局海洋生产力,建立正常海洋开发秩序的基本手段;是海洋管理部门实施海洋综合管理的基本方法。其重要性主要表现在三个方面:①提高海域的整体开发效益;②有利于海域生产力布局,建立合理的海洋开发利用结构;③综合利用是海洋综合管理的基础和方法。

4)协调发展原则

黄海海洋开发要遵循协调发展的原则,它既是海洋开发的原则也是开发的目标。协调发展原则主要是海洋经济发展要与陆域经济的发展相协调;各个产业发展要相互协调;各海区海洋经济发展相互协调;海洋与陆地经济发展的一体化;海洋重点开发区域与沿岸城市体系建设相结合;海洋资源开发规模与海洋资源、环境的容量相协调;海洋经济的发展目标与海洋环境保护相协调等。只有实现环境和经济、海域和陆域的协调发展,才能最终达到海洋经济、环境和社会的可持续发展。

14.1.3 黄海海洋经济发展战略的政策措施

1)应完善我国海洋环境法律制度

我国海洋环境保护工作开始于20世纪70年代,陆续颁布了一系列的保护海洋、防治污染的法律法规。尽管已经形成了较为完整的法律体系,但是海洋环境法律体系仍然不健全,使海洋权益主张没有充分的证据，缺乏法律的支持，必然导致环境的恶化，因此，需要需要及时修改、完善现行的海洋环境法律、法规，填补法律空白，真正建立起一套完善的海洋环境保护法律体系，做到有法可依。我国海洋立法一直是比较薄弱的环节，至今尚有许多立法空白。例如，在海洋资源的开发不拥方面还没有《海洋资源开发利用保护法》、在海岸管理方面没有《海岸使用管理法》，海洋环境保护方面尚缺少《倾倒法》、《海岸带管理法》、《油污法》等法规至今均属空白，完善创制这些法律将使海洋预防和防治更加专业化、具体化，形成科学、合理、体系完整的防治海洋污染法律体系，有效的保护海洋环境。

2）应坚持海洋执法管理体系的统一性

我国传统上的海洋污染管理体制是中央和地力相结合、综合管理和部门管理将结合的管理体制，其中部门和行业管理占据主导的地应。以海洋倾废执法为例，国家海洋管理部门管理海洋石油勘探开发和海洋倾废的环保工作；港务监督部门主管船坞排污港区水域的监督和环保工作；渔政部负责渔港的监督和环保工作；军队环保部负责军队船舶的排污监督和军港水域的环保工作。由于执法力量建立在各主管部门之下，无法集中，成分散状态，形成不了统一有效的管理机制，所以没有摆脱各自为政、分散执法的传统模式。在实际的管理中，应当根据实际情况，以集中管理为主，分散管理为辅的方式，要在法律法规中明确确定国家海洋局是监督海洋环境保护工作的最高行政机构，从而避免各部门职责交叉，或者相互推诿或相互争抢的局面，有能力的部门无职权，无能力部门乱指挥的现状。统一管理部门，同时明确各部门职责，划清权限，充分发挥国家海洋行政管理机构的职能，建立起完善的海洋环境管理体制。

3）要树立新的海洋价值观，保护海洋环境

法律固然是规范人们的行为准则，但是，要在根本土尊法、守法，使法律精神得到组大限度地体见，需要国民在意识深处具有法律观念。应该从国家战略高度和海洋可持续发展的角度出发，坚持一手抓经济发展，一手抓环境保护，面向全社会加大宣传力度，提高全民海洋环保意识和忧患意识，增强全民环境保护意识，激发民众对海洋环境保护工作的自觉性和主动性，增强全民环境保护意识，发挥群众的监督作用，争取社会各界对海洋环境保护工作的关注与支持。

4）注重加强国际科技合作，走海洋科技合作之路

海洋的科技合作是指科学和技术的合作。海洋的可持续发展和海洋领域的决策离不开科学地了解海洋和海洋生态系统。建议加强全球和区域的海洋科技合作，推动海洋科学技术转让，发展海洋观测能力，以便及时预报和评价海洋环境状况。同时，要加强海洋科研、信息和海洋管理的能力建设。近年来，国际地区间合作、交流的必要性和重要性日益为各国所认识。当前，我国的海洋利技合作仍然停留在相对落后的水平。我国作为海洋大国，多年来一直积极参与国际和地区海洋事务，推动海洋领域的合作与交流，为我国海洋事业的发展和国际海洋事业的发展作出了应有的贡献。但是，就海洋科技总体水平而言，我国同发达国家相比还存在一定的差距。加之海上调查研究花费巨大，我国还处于发展阶段，经费的问题也是影响海洋发展的一个负面因素。只有加强合作，才能促进我国区域海洋经济的发展。通过开展对外合作可以学习到国外先进的海洋管理经验，引进先进的海洋技术设备，获得大量宝贵的海洋资料和信息，丰富我国的海洋资料中心。同时，通过对外合作，扩大了我国在国际上的影响，是我国在国际海洋、气象界取得了丰硕的成果。

14.2 黄海海洋综合管理的任务和手段

14.2.1 黄海区域海洋管理的任务及特点

黄海海洋区域管理的任务包括：海洋发展规划的制定和落实，会同地方海洋管理机构制定黄海区域的海域使用和海洋环境保护管理规划，根据全国海洋开发规划，组织制订黄海区域的海洋开发规划，综合协调黄海区域海洋环境监测、海洋预测预报工作，及时发布区域海洋环境公报，黄海区域海洋管理根据国家海洋行政主管部门的授权做好国家海洋行政主管部门在该海域的海域使用、海洋环境保护，海域权益的监管工作，应对辖区内地方海域行政管理工作负有指导、协调、监督和服务的职责等。

从自然环境条件看，黄海海区是陆间海，属于半封闭的浅海，与东海和南海相比，渤黄海区域相对比较封闭。该区域有多条大河流入，注入大量丰富的营养物质，同时又有周边陆上工厂、农田、城市等的大量排污。这些状况自然环境条件密切相关又相对独立的管理区域。

黄海沿海地区形成了独特的区域经济格局，作为中国经济最发达的地区之一，黄海区域经济圈的形成要求必须从区域的角度看待黄海的海洋管理问题。从大区域来看，渤黄海区域这个"环"不仅连接了我国的"三北"及华中广大的内陆，而且面向广阔的太平洋沿岸地区，其发展潜力、战略意义和地位的重要性是不言而喻的。环太平洋的各个国家和地区都在追求怎样发挥自己的综合优势，使本地区的经济对世界经济运行的格局产生积极影响，并能不断增强自己的地位和作用。因此，在黄海区域进行区域海洋管理有利于发挥区域经济优势。同时，雄厚的海洋经济实力和广阔的发展前景也是黄海区域海洋管理形成的现实经济基础。

海洋环境的污染和损害是不受行政划界限制的，污染会扩散到其他任何地方；海洋生物资源的流动性，造成对海洋生态环境的养护保全管理，按行政区划分别管理难以奏效；生态的破坏不仅影响破坏行为产生的局部海域上，还会影响整个区域生态系统和环境。由此看出，按照行政区划划分的行政区域——省、市的海洋管理和依据资源的开发利用形成的行业管理都不能代替区域海洋综合管理，海洋区域的海洋属性呼唤区域海洋管理。从区域的角度，从生态系统的观念、从更大的范围和空间进行规划和治理更符合客观规律。如黄海区域陆源污染的治理、海洋石油平台的污染治理、赤潮灾害的防治，都必须考虑其海洋属性，从整个区域的全局出发，进行黄海区域海洋管理和区域合作才能达到治理目标。

14.2.2 黄海区域海洋管理的内容

14.2.2.1 海洋资源管理

海洋资源的管理及调控主要是通过政府调控来实现的，其主要手段有法律管控、行政管控和经济管控。

法律手段具有保护和制裁两种作用。国家通过立法制定各种管理法律，规定海洋资源开发利用活动的基本准则，调整海洋资源开发利用活动之间的关系，保证海洋资源可持续开发利用、维护开发秩序、保护海洋生态环境。黄海独特的地理环境赋予了其特殊的资源、环境特征。黄海的海洋资源管理除依据国家有关海洋资源管理的法律、法规实施以外，重要的是要根据其特点加强区域性资源管理立法。海洋资源具有种类的多样性、性质的规定性及其在自然环境中的特征。区别于路上资源的管理，各种不同的海洋资源需要相应的社会管理方式与方法。黄海区海洋资源和环境都具有相对独立的系统特征，其资源管理的方式与方法也应具有其特殊性。因此，从海洋资源和环境系统的特征出发，加强区域性立法，实行海洋资源区域性管理是黄海海洋资源管理的要求。

行政手段是国家海洋资源行政管理机关依靠法律赋予的行政权力和权威通过发布行政命令和采取行政措施的方法，直接指挥和影响海洋资源开发与保护行为的一种管理手段，是海洋资源宏观管理过程中必须运用的一种管理手段。行政管理按照不同的标准可划分为不同类型：按作用时间跨度可划分为事前调节、时候调节；按作用对象可划分为过程调节、条件调节；按作用范围可划分为具体调节、总体调节。事前调节是海洋资源行政管理机关采用行政调节手段首先为海洋资源开发利用活动规定一个大体的框架，并通过行政命令、行政措施体现和贯彻；事后调节是在海洋资源开发利用过程中出现紊乱后，海洋资源行政管理机关通过行政干预等行政调节手段纠正偏差的作为。过程体调节是行政调节手段直接进入海洋资源开发利用活动内部，对其活动过程进行调节。条件调节是指通过行政手段对海洋资源开发利用活动的外在条件，包括市场在内的侧重于经济方面的调节。

经济手段包括国家直接掌握的重要物资、资金，国家采取的经济措施以及国家运用的财政、信贷规模、利率、汇率等经济杠杆。它是宏观经济管控的最主要的调节手段，主要调节供给与需求的总量和结构，在宏观经济管理中起主导作用。运用经济手段对黄海海洋资源开发利用进行管控，是政府管控的又一重要手段。在行政手段的配合和补充下，运用经济杠杆作用对海洋资源开发利用进行引导和管控是我国宏观经济管理的需要。国家经济管控的主要内容包括：国民经济总量管控、经济增长管控、经济结构管控、国民收入管控、劳动力资源管理、资金管控、物资资源管控、科技信息管控、外贸管控，等等。涉及黄海海洋资源的开发利用的经济管控主要有国民经济总量管控、经济增长管控、经济结构、劳动力资源管理、资金管控、物资资源管控、科技信息管控等方面。

14.2.2.2 海域使用管理

1) 推行海域使用确权发证工作

海域使用审批、确权和发证的统一规范管理是海域使用管理制度的重要内容。全国沿海各级政府海洋行政主管部门大力推行海域使用确权发证工作，沿海各省、自治区、直辖市均按照国家的要求发放了由国家统一印制的海域使用证，部分地区持证用海比例已经达到了90%。目前，正按照《海域使用管理法》和相关规定的要求换发由国家统一印制的海域使用权证书。确权登记和收取海域使用金是海域使用管理工作的核心，是维护国家海域所有权和海域使用权人合法权益的集中体现，各级海洋行政主管部门都将这项工作作为海域使用管理工作的重中之重，加大了工作力度，巩固了原有管理对象，拓宽了管理领域，特别在大型港口、电场、海洋工程建设项目以及石油开发海域使用管理方面有了较大的突破。

2) 加强海洋功能区划制定工作

海洋功能区划是海域使用审查审批的科学依据。目前，《全国海洋功能区划》已经国务院审定同意发布实施。根据全国大比例尺海洋功能区划工作安排，沿海各省、市积极开展了大比例尺海洋功能区划工作。渤黄海区的天津市、河北省的大比例尺海洋功能区划已有省、市人民政府批准实施；山东省大比例尺海洋功能区划已通过专家评审；辽宁省海洋功能区划也已完成；青岛、大连两市的海洋功能区划也已经由当地人民政府批准实施。随着海域管理工作的进一步发展，海洋功能区划软件编制完成和有关数据的导入，整个黄海海区的大比例尺海洋功能区划工作的开展，将大大提高海域使用审批工作的规范化、科学化水平。

14.2.2.3 海洋环境管理

1）黄海区域海洋倾废管理

在黄海海域的管理中，依据法律所赋予的职能，按照法律规定对我国管辖海域的倾废活动以及在我国管辖海域以外海域进行的影响或可能影响我国海域环境的倾倒行为实施监督管理。通过建立健全倾废许可证制度，加强监督监视，对我国沿海（包括香港地区来内地海域倾倒）的倾倒活动实施有效的管理。

2）黄海区域海洋石油勘探开发海洋环境保护管理

目前，我国防止海洋石油勘探开发污染损害海洋环境的法律、条例、标准等法规，主要有：《中华人民共和国海洋环境保护法》、《海洋石油勘探开发环境保护管理条例实施办法》、《化学消油剂使用规定》、《海洋石油勘探开发溢油应急计划编报和审批程序》、《海洋石油工业含油污水排放标准》以及《船舶污染物排放标准》。现阶段，我国海洋石油勘探开发环境保护工作，基本上由上述法规进行调整。根据《中华人民共和国海洋环境保护法》的规定，海洋工程项目建设必须符合海洋功能区划、海洋环境保护规划和国家有关环境保护标准，在可行性研究阶段，编报海洋环境影响报告书，由海洋行政主管部门核准，并报环境保护行政主管部门备案，接受环境保护行政主管部门监督。

3）黄海区域污染物排放总量控制

2001年黄海中度污染和严重污染海域面积约为1 850平方千米。实施海域污染物排放总量控制的核心问题是总量如何确定，总量必须依据海域对污染物的承载能力的大小来确定。为了实施海域污染物总量控制，有关部门在黄海的一些主要河口，如黄河口、大辽河口等海域设立了一些固定的监测站点，定期开展海洋环境监测，及时了解河口区的环境质量状况，掌握河口区的陆源排放总量。在黄海的一些主要排污口如潍坊海化集团公司排污口、葫芦岛锌厂排污口等设立固定浮标，对排污口的排污情况进行连续监测，实时掌握排污口的排污情况，为实施陆源排污总量控制提供基础依据。

4）黄海区域生态保护管理

当前，黄海海区存在着诸多海洋生态问题，其中包括由于捕捞过度使海洋生物资源得不到再生机会，渔业资源逐渐衰退；过度开发造成海洋荒漠化的危险；沿岸超量开采地下水导致海水倒灌及地面下沉；围海造地、港湾淤积造成滩涂湿地的自然景观遭到严重破坏；建闸过多和淡水减少致使鱼类产卵场变化等。海洋生态环境是有区域性的，不同的区域有不同的生态特点，黄海海洋生态管理必须以区域自身的不同生态特点为基础，建立分区管理制度，进行有针对性的管理。我们可以把黄海划分为北部和南部两个海洋生态区域，统一规划，实行区域管理制度进行分区管理。在管理中应遵循海陆综合管理思想，研究各海区的环境容量。

应创造符合可持续发展原则的开发方式，如合理捕捞海洋生物资源、适度发展海水养殖业、开发海洋生物废弃物利用技术和产业、沿海地区发展废水利用产业等。

14.2.2.4 海洋监察管理

对于海上违法违规事件的发现，有海洋行政主管部门检查、有关部门移送、社会举报以及行政相对人报告等多种方式，其中海洋行政主管部门检查是主要方式。这种检查靠的是海上执法队伍的陆、海、空日常巡视监视活动，这也是体现一支执法队伍能力大小的重要标志。日常性的定期执法检查是最基本也是最重要的执法检查方式，可以形成对管辖海域时间和空间上的均匀覆盖，提高对海洋违法违规行为和海洋污染损害事件的发现率；可以通过对行政相对人连续定期的检查，督促作业者自觉遵守海洋法律法规，防止海洋污染损害事件的发生；可以通过定期的执法检查活动，树立中国海监队伍的执法地位，提高社会公众的海洋意识。

海洋行政检查是指海洋行政主管机关为达到执法监察的目的而采取的具体措施和手段。大体有检查、审查、调查、听取汇报、监测或监视、注册登记等方法。根据现行海洋法律、法规，海洋行政检查的内容涉及海洋权益维护、海域使用活动、海洋环境保护3个领域，包括海洋权益维护、涉外海洋科学研究、海域使用活动、海底电缆管道铺设、海洋工程建设项目环境保护、海洋倾废活动、海洋生态保护和海洋环境监督管理8个方面。行政处罚在整个行政行为中占有较大比重，它直接影响行政相对人的权利和义务，是行政机关实施管理的有力手段，也是最常用手段。国家海洋局制定了《海洋行政处罚实施办法》，其目的是规范行政机关的行政处罚行为，保障和监督行政主管部门有效实施行政管理。

14.2.3 黄海区域海洋管理存在的问题

14.2.3.1 资源盲目开发、过度开发现象依然存在

随着沿海经济的不断发展，黄海海洋资源的过度开发问题也日益显著。海洋生物资源的过度开发使得渔业资源的增殖与恢复能力下降，重要渔区的渔获物种类日趋单一，渔获物逐渐朝着低龄化、小型化、低质化的方向演变，多种传统优质鱼种资源大幅的下降，难以形成鱼汛。从20世纪50年代起，我国黄海区域从事渔业捕捞的劳动力、渔船、马力、网具都有了很大幅度地增长。由于捕捞能力急剧增加，捕捞量超过海洋生物资源的再生能力，且捕捞压力有增无减，海洋生物资源得不到再生机会，渔业资源逐渐衰退，黄海的鳕鱼、小黄鱼、鲅鱼、鲽鱼都已形不成鱼汛，真鲷和带鱼已基本消失，渔业资源已经演变为低层次和低营养级。以胶州湾海域为例，2002年与1984年同期相比，胶州湾海域的浮游动物生物量下降近50%，优势种发生了明显变化，海域底栖生物的生物量较1984年同期明显下降，生物量的构成也发生了较大的改变。一些海区水体富营养化严重，石油类含量超标。部分生物体内总汞、砷、镉、铅和石油烃含量偏高。生物多样性降低，重要经济生物产卵场萎缩，渔业生物资源衰退趋势未得到有效遏制。资源的盲目开发、陆源排污、围填海工程和不合理养殖活动等是导致莱州湾生态系统不健康的主要因素。

14.2.3.2 环境破坏严重，海陆不统一制约黄海海洋经济发展

近年来随着沿海工农业的迅猛发展，排入海洋中的污染物越来越多，陆源污染已经成为黄海污染最主要的污染源。污染的家具造成了海域富营养化，赤潮频发，规模加大，危害严

重。据统计，2007年黄海海域全年共发生赤潮5次，累计面积655平方千米，发生次数与累计面积较上年分别增加3次和235平方千米。7月份在江苏海州湾连续发生2次海链藻赤潮，累计面积约占黄海赤潮发生总面积的87%。从整体来看，黄海北部、胶州湾等海域为赤潮多发区。赤潮的频繁发生不仅导致直接的经济损失，更严重的是它已直接影响到人体健康以及海洋生态环境，这种间接的损失是难以估计的。黄海水质状况不佳，部分海域污染严重。在我国黄海、渤海沿岸的多条河流中，70%以上河流下游成了纳污河，据中国海洋环境质量公报统计，2007年，全国实施监测的入海排污口573个，其中，渤海沿岸100个、黄海沿岸185个、东海沿岸118个、南海沿岸170个，分别占总数的17.4%、32.3%、20.6%和29.7%。监测与统计结果显示，2007年黄海的入海排污口污水排海量约190亿吨，占全国排海污水总量的52.9%；排海污染物制约640万吨，占全国入海污染物质总量的53.5%，都比其他三个海区的总和还要多。胶州湾及其邻近海域的生物多样性面临危机，污染导致河口、城市近岸海域生物多样性丧失。例如，娄山河和板桥坊河河口附近的沧口滩，20世纪60年代有生物141种；70年代减为30种；80年代只有17种，而且中潮带上部已成为无生物区；90年代少于10种。由此可见，海陆不统一、海洋和陆地分开管理和相关管理部门沟通协调难等问题是制约黄海海洋经济可持续发展的一个主要的瓶颈。

14.2.3.3 监管部门众多，多头管理问题显著

我国海洋管理部门众多，海上执法单位多、人员多、条例多，俗称"五龙治海"。国家海上执法的相关部门及军队的职责关系难以理顺，协调行动十分滞缓，力度不够，存在问题长期得不到解决。在这方面，许多传统的海洋国家均有统一的领导体制和工作机制。例如，美国在2004年成立海洋委员会，形成统一的海洋维权体制，海上执法由联邦政府部门和海岸警备队联合进行，执行力量相当强大，其职责由法律规定的海事安全、海洋环境、海上应急、国防、缉私等。在"9·11"事件后，又把反恐等任务列入工作范围。我国的海洋管理和执法机构，除海军外，还有海洋系统的各级海监、农业部门的渔政管理部门、公安边防部门的海警、海关系统的海事等众多管理机构。虽然我国制定了相关的海洋环境保护法规，对我国海洋开发做出了战略规划，但是对于部门分工和协调却没有规定。例如，为了保护我国海洋合法权益，我国先后出台了《中华人民共和国领海及毗连区法》以及《中华人民共和国专属经济区和大陆架法》等几部法规，但这些法规并没有规定哪个具体的单位执法和哪个部门牵头，造成执法队伍职责交叉，相互制约，工作效率大大降低。如黄海海域发现外国渔船作业时，不知哪个部门有检查和处理权，而且一般的渔政船主要在沿海区域，在专属经济区巡视的是海监部门。因此，多部门执法、机构职能重叠、缺乏统一的海上执法机构，造成目前混乱的局面。

14.2.4 加强黄海区域海洋发展战略的政策建议

14.2.4.1 强化海陆综合管理，制止海洋资源过度开发

强化海陆综合管理是海洋可持续发展的重要前提。目前，我国的海洋开发涉及多个行业部门。但海洋是一个统一的自然系统，这一客观规律决定了海洋分类管理的局限性。因此，各行业，各部门要从全局的利益出发，协调配合管理好海洋，并站在21世纪海洋发展战略的高度，建立一个强有力的、有权威的、能真正行使综合管理职能的海洋管理机构，切实加强

对海洋开发的综合管理。要按照"合理布局，协调发展"的原则，加强宏观调控。要认真抓好海洋各产业的协调发展，海洋产业的内部也要做到合理布局协调发展。要推行海域使用许可和有偿使用制度，鼓励生态养殖，对乱围垦、乱填海及严重污染海洋环境的滨海工业和旅游项目，要严厉查处和治理，对不符合环保要求的项目，一律不批准上马。国家要从未来海洋经济发展战略的高度，制定全国海洋开发总体规划，沿海各省、市、县要根据全国规划的布局要求，制定地区性发展规划，选准本地区海洋产业发展的主攻方向。要在摸清海域资源状况的基础上，科学地选划海洋功能区，并充分发挥海洋功能区的作用，减少对海洋资源的浪费和海洋环境的破坏，努力实现海洋资源的永续利用。制定海洋产业政策，严格限制资源浪费大，污染严重和破坏生态平衡的海洋产业发展，新的产业政策既要能促进有利于海洋资源可持续利用的产业的发展，又要能限制破坏浪费海洋资源的产业比如近海捕捞业的膨胀，并引导他们退出或转产。

14.2.4.2 加强海洋生态环境的整治与保护，实现海洋经济可持续发展

良好的海洋生态环境，是实现海洋资源可持续利用的重要保证。针对我国海洋生态环境状况，应有计划、有步骤地开展海洋生态环境的整治保护工作。重点是长江、黄河等主要入海河流水污染的区域治理；重点海湾环境污染的综合治理和生态保护；建立与完善海洋环境与灾害监测与预报系统；应坚持预防为主的原则，对造成或可能造成海洋污染损害的行为，要采取防范措施。要提高资源的综合利用率和废物处理率，对必须向环境排放的污染物，要进行陆域、海域处置对比评价，选择环境影响最小的方案；禁止放射性废物及其他放射性物质向海洋倾倒，严格控制具有高度持久性和毒性合成有机化合物排放入海；对重点海域、河口、海湾实行达标排放和对污染物总量控制制度；进一步完善海洋环境保护法规，健全管理体制；强调经济建设与海洋环境保护协调发展，贯彻"谁污染、谁治理，谁破坏、谁恢复，谁使用、谁补偿"的原则；增加对海洋环境保护事业的投入；大力推进海洋环境保护的科技进步，积极发展海洋环保产业；要加快建设基础性的海洋观测系统及海洋预报、警报系统，制定防灾、抗灾、救灾应急计划，开展灾情调查分析和对策研究以及防灾工程建设等。

14.2.4.3 创新海洋管理体制，整合海洋管理力量

多头管理是海洋管理中反应滞后、协调难等众多问题的关键所在。世界各海洋大国的经验的经验值得借鉴。早年，日本涉及海洋管理的部门很多，运输省主管海运，建设省主管基础设施，农林水产省主管渔业，另有通产省、科技厅、环境厅等多个部门，每个部门各管一摊，条块分割较为严重。2006年7月日本提出了《海洋·沿岸海域政策大纲》的结论提出，在国土交通省设立"海洋·沿岸海域政策推进本部"，综合贯彻国家的海洋政策，使其海洋管理力量得到集中和加强。因此，应对目前我国多头管理与执法进行改革，实行统一规划，集中领导，组建多功能的海上武装警备队，作为在和平时期处于一线的对外维护海上权益的主体力量。将其统归一个部门管理，成为与海军相互配合、密切行动的准军事组织，这样既节约人力资源和设备，又能成为指挥集中、组织灵活、功能多样和高效一致的队伍，可以应付正常巡视和应急情况下处事能力，建成一支具有中国特色的维权组织。把目前分散的管理机构集中起来，重新组建一支准军事组织。在战时归中央军委指挥，在和平时期承担维护国家海洋权益，海上治安、海上救护、反恐任务和国家安全等任务，随着队伍不断完善和海洋管理的需要，可以进一步承担交通、环保、海事等执法。海上警备队设总队、支队、分支队；

支队的执法范围是领海至专属经济区或大陆架海域；各省市的分支队负责12海里领海以内的海域；总队负责统一指挥和协调，密切与海军合作与沟通。尝试建立"海洋政策委员会"，负责制定海洋发展战略，规划和政策，起草有关法律、法规，发表海洋政策白皮书等，该委员会由政府行政部门、立法部门，教育研究部门的人士和专家组成，隶属于国务院领导，该机构是具有权威性的制定海洋政策和管理海洋事务的部门。

参 考 文 献

2006年、2007年中国海洋统计年鉴

2006年辽宁省海洋经济统计公报

2006年山东省海洋环境质量公报

2008年辽宁省渔业经济统计分析

http：//www.mysteel.com/gc/cjzh/zchy/2007/03/28/000000，0，0503，1506550.html

http：//www.portdalian.com.cn/gkyw/lszy/2008/128/08128142339DEJKA0FAHJ59KCK76J9E.html

http：//www.portdalian.com.cn/gkyw/lszy/2008/128/08128142339DEJKA0FAHJ59KCK76J9E.html

http：//www.shandong.gov.cn/art/2006/07/20/art_8745_2447.html，2006-06-30

http：//www.sxcoal.com/news/861038/articlenew.html

"海上苏东"课题组．江苏海洋经济发展的条件、隐忧与出路．南通纺织职业技术学院学报（综合版），2004，4（1）

艾万铸，李桂香．海洋科学与技术［M］．北京：海洋出版社，2000

陈素青．山东省海洋资源的开发与利用［J］．资源开发与市场，2000.3：153-155

陈雄．加大宣传力度为构建海峡西岸经济区西部繁荣带作贡献．闽西日报，2004年7月13日

程家骅，林龙山．东海区鲐鱼生物学特征及其渔业现状的分析研究［J］．海洋渔业，2004，26（2）：73-78

程岩，赵凡．辽宁省滨海区域旅游资源特色与开发［J］．国土与自然资源研究，2002.1，64

邓波，洪绂曾，龙瑞军．区域生态承载力量化方法研究述评．甘肃农业大学学报，2003，38（3）

邓焕彬，朱善庆．全国沿海主要港口吞吐量与地区经济发展关系研究［J］．港口经济，2009.2

方瑞祥，史继才．山东半岛港口资源整合策略［J］．青岛远洋船员学院学报，2006.3：73-75

冯士筰，李凤岐，李少菁．海洋科学导论［M］．北京：高等教育出报社，1999

福建省委．海峡西岸经济区建设纲要（试行），中国新闻网2006年6月9日

国家海洋局．2004年中国海洋经济统计公报［R］．国家海洋局，2005

国家海洋局．2007年中国海洋环境质量公报

国家海洋局．中国海洋21世纪议程．北京：海洋出版社，1996

国家海洋局海洋发展战略研究所课题组．中国海洋发展报告（2009）．北京：海洋出版社，2009.4

国家海洋局海洋发展战略研究所课题组．中国海洋发展报告（2010）．北京：海洋出版社，2010.4

国务院《全国海洋经济发展规划纲要》，2003

海洋图集编委会．渤海、黄海、东海海洋图集，水文，北京：海洋出版社，1992

韩立民，孙永利，张鹏．"环黄海经济圈"与山东经济发展．经济管理，2002

韩曙平．江苏滨海旅游业发展分析［J］．江苏商论，2010（5）：95-97

何骏，韩增林．浅析辽宁省"五点一线"战略的作用和前景［J］．海洋开发与管理，2007.3，42-47

黄公勉，杨金森．中国历史海洋经济地理，北京：海洋出版社，1985

黄世成，等．江苏风能资源重新估算与分布研究［J］．气象科学，2007，(4)：407-412

蒋铁民．中国海洋区域经济研究．北京：海洋出版社，1990

交通部海洋运输管理局，内河运输管理局．中国对外开发港口，北京：人民交通出版社，1985

李廷栋，莫杰，许红．黄海地质构造与油气资源．中国海上油气，地质，2003（4）

凌申．对我国沿海风能资源开发利用的思考[J]．资源开发与市场，2008，24（7）：635

刘骥．江苏省海洋经济可持续发展的影响因素分析。市场周刊（理论研究），2008，5

马志华．我国黄海专属经济区渔业资源及开发利用现状．海洋信息，1996（4）

潘庆广，张耀光．江苏省海洋渔业经济可持续发展探究[J]．河北渔业，2009（10）：16-19

山东省人民政府．山东省人民政府关于印发山东省海洋经济"十一五"发展规划的通知

山东渔业统计年鉴

孙吉亭，等．海洋产业资源与经济研究．北京：海洋出版社，2010.12

孙湘平，姚静娴，黄易畅，等．中国沿岸水文气象概况，北京：科学出版社，1981

孙义福，苟成富，范作详．山东海洋经济．济南：山东人民出版社，1994

汤天滋，王文翰．辽宁海洋资源开发与海洋生态环境保护．海洋科学，2002，26（1）

陶永宏．加快发展江苏海洋工程装备业的战略思考与政策建议．第五届长三角地区船舶工业发展论坛论文集，2009，184-187

王丹．辽宁省海洋经济发展布局及沿海经济带构建．辽宁师范大学，2005年硕士论文

王赛时．唐代山东的沿海开发与海上交通．东岳论丛，2002，23（5）

王诗成．关于实施海洋可持续发展战略的思考[J]．海洋信息，200103

王文翰，王冬．辽宁海洋经济持续发展与海洋生态环境保护．环境保护科学，2002（28）

王元，成杰民．山东省海洋可持续发展研究[J]．中国环境管理干部学院学报，2006.3：22-25

王泽宇．辽宁省海洋产业结构优化升级及合理布局研究．2006年硕士研究生论文

王志远，蒋铁民．渤海环境经济研究[M]．北京：海洋出版社，2005

王志远，蒋铁民．渤黄海区域海洋管理[M]．北京：海洋出版社，2003

魏建国．江苏省海洋捕捞产业现状及管理工作的探讨[J]．现代渔业信息，2005，21（2）：83-85

许旭．基于"五点一线"的辽宁海洋经济发展战略分析[J]．国土与自然资源研究，2007：4，1

杨纪明．黄海西部渔业资源状况．海洋科学，1988，4

杨荫凯，韩增林．辽宁省沿海港址资源综合评价及其地域组合研究[J]．地理研究，2000（19）：1，70

杨云彦．区域经济的结构与变迁．郑州：河南人民出版社，2001，18.

张卫国，等．2007年山东经济蓝皮书．济南：山东人民出版社，137-142

张绪良．山东省海洋资源开发与海洋经济发展，高师理科学刊，2003（23）

张耀光，崔立军．辽宁区域海洋布局机理，地理研究，2001.20（3）

张耀光，崔立军．辽宁区域海洋经济布局机理与可持续发展研究[J]．地理研究，2001（20）：3，341

张震东，杨金森．中国海洋渔业简史，北京：海洋出版社，1983

郑贵斌，徐质斌，等．"海上山东"建设概论．北京：海洋出版社，1998，102-133

中国大百科全书编委会．中国大百科全书，大气科学、海洋科学、水文科学卷．北京：中国大百科全书出版社，1987

中国海洋年鉴．2008

中国海洋年鉴编纂委员会．中国海洋年鉴（2008），北京，海洋出版社，2008.12

中国海洋统计年鉴（2001—2008）[K]．北京：海洋出版社，2002—2009

朱斌．青岛港在东北亚港口中的竞争力分析，硕士学位论文，山东：中国海洋大学经贸系，2009.6

第4篇 东 海

引 言

东海，中国三大边缘海之一，是中国岛屿最多的海域。东海亦称东中国海，是指中国东部长江口外的大片海域，南接台湾海峡，北临黄海（以长江口北侧与韩国济州岛的连线为界），东临太平洋，以琉球群岛为界。濒临中国的沪、浙、闽和台湾地区。东海的面积大约 $77\times10^4\ km^2$，平均水深 370 m，多为水深 200 m 以内的大陆架。最深处位于台湾东北方的冲绳海槽中，约为 2 700 m。盐度 31~32，东部为 34。海水温度平均 9.2℃。冬季南部水温在 20℃ 以上。整个海区介于北纬 23°00′~33°10′，东经 117°11′~131°00′之间。

本书关于东海区域海洋经济的研究领域包括上海市、浙江省、福建省三个省市。

本部分首先论述了东海区域海洋经济发展的背景与条件，包括区域海洋经济发展的 SWOT 分析；并分别就海洋渔业、海洋油气业、海洋交通运输业、滨海旅游业、沿海造船业等海洋产业进行深入剖析，找出问题，提出对策；然后从区域经济的视角阐述了东海海洋经济区的发展现状与战略定位；论述了东海专属经济区的范围和资源现状；最后提出了东海区域海洋经济发展战略、规划与管理及政策建议，包括东海区域海洋经济规划体系、东海区域海洋经济战略选择与规划定位、东海区域海洋经济管理。

第 15 章　东海区域海洋经济发展的背景与条件

15.1　东海区域海洋经济发展的宏观背景

东海海洋经济按区域划分，大致可以分为：江苏沿海经济区、长江三角洲经济区、海峡西岸经济区三大区域。

（1）《江苏沿海地区发展规划》获国务院原则通过，标志着江苏沿海开发战略已上升到国家战略层面。

该《发展规划》将江苏沿海开发、发展重点确定为：充分利用江苏沿海滩涂资源丰富，储备大量土地资源的资源优势，促进海域滩涂资源合理开发利用；优化配置港口群功能，加快建设新亚欧大陆桥东方桥头堡；充分利用蕴藏着的巨大风力发电潜能，建设一大批风力发电、液化天然气发电、核电等新能源项目，将沿海地区建设成为江苏省重要的新能源基地；最终，将江苏沿海地区建设成为中国东部地区重要的经济增长极。江苏省海洋开发战略对于长江三角洲地区产业优化升级和整体实力提升，完善全国沿海地区生产力布局，促进中西部地区发展，加强中国与中亚、欧洲和东北亚国家的交流与合作，具有重要意义。

（2）长江三角洲经济区是东海海洋经济发展的重要支柱。

2007 年长江三角洲经济区海洋生产总值 7 748 亿元，占全国海洋生产总值的 31.1%；位居前列的主要海洋产业为滨海旅游业、海洋交通运输业、海洋渔业和海洋船舶工业，四项增加值之和占本区域海洋生产总值的 38.6%。

（3）支持海峡西岸经济区发展成为中央决策和国家战略的重要组成部分。

2006 年国家"两会"期间，支持"海峡西岸"经济发展的字样出现在《政府工作报告》和国家"十一五"规划纲要中，计划通过 10～15 年的努力，海峡西岸将形成规模产业群、港口群、城市群，成为中国经济发展的发达区域。2009 年国务院原则通过《关于支持福建省加快建设海峡西岸经济区的若干意见》，海峡西岸经济区受到广泛关注。这将预示着海峡西岸经济区有望成为继长江三角洲、珠江三角洲、环渤海区域之后中国区域经济的又一增长极。

（4）依港兴市，历史上港口经济大力带动了该区域的经济发展。

今天的大都市上海市在四百年前仅是一个以狩猎和渔牧为主的小渔村，隋唐时期，已成为浙西沿海的重要港口；南宋咸淳初年，上海正式建镇成为长江沿岸的主要港口，到清朝初年，上海镇已成为江、海至西北洋航线的运输枢纽和全国贸易大港，被人称为"江海之通津，东南之都会"。随着后来通商口岸的开辟，港口经济不断发展，上海城市职能也日趋多样化，金融业、商业、加工业迅速发展，促进上海成为全国最大的经济中心。

宁波是浙江省对外经济联系的门户，至今已有 1 100 多年的历史。在唐长庆年间今宁波老港区已成为明州的水运交通和贸易中心，集散南部山区的山货、平原区的农副产品和舟山群岛的海味。从唐宋到明代，宁波是我国南方通向日本、朝鲜等国的重要港口。宁波港对外贸易的发展对周围地区经济发展起了重要的促进作用。

温州是浙江省的第三大城市，早在唐武德五年，已可同潮州、泉州、明州（宁波）等港并列为我国沿海较重要的贸易港。到南宋定都临安之后，温州对外贸易活跃，经济发展迅速，相当接近京师，继广州、杭州、明州、泉州、密州之后，设置了海外贸易管理机构——市舶务，元时晋升为市舶司，成为我国主要的外贸港市。

福建省的福州和泉州，也都随着港口兴起而发展。南宋时期，福州的海上贸易空前活跃，以东至日本，西达阿拉伯地区。明初的郑和下西洋对福州经济产生了重要影响，大规模的修造船只促进了闽江流域森林的开发和造船业、金属冶炼业的发展，带动了手工业、农业和商业的发展，使得福州港成为我国与琉球互市的唯一港口。唐天佑年间，泉州已发展成为"车旅辐辏，商贾云集"的重要港城；南宋以后设置市舶司，成为与广州并驾齐驱的全国两大商港之一。中世纪旅行家马可波罗、伊本·拔图塔先后游历泉州，称之为"世界唯一之大都市"，可见当时的繁华程度。

（5）具有善于经商的人文特点。

宁波港自古以来就以商港著称，经商贸易经济不衰。一代代善于经营生意的宁波商人到各地跑码头，开商店，办企业，逐渐形成了"无宁不成市"的景象。五口通商后，商业规模扩大，金融信贷业有了较大的发展。当时，宁波100多家钱庄，放贷遍及上海、武汉、杭州、温州等地。后来金融业优势被上海取代，到1947年，上海共有外商银行14家，国内官僚资本及私营银行128家，信托公司13家，钱庄79家，控制着全国的经济命脉。温州人民贸易经商也久负盛名。对外贸易自南宋以来几乎没有间断过，国内商业也很发达。温州人民心灵手巧，制瓷、造纸、纺织、酿造、造船等手工行业历来发达。据不完全统计，温州手工业者外出从事弹棉、开山采石、养蜂、盖房、制作家具、打铁、搞粮食花色品种加工等已有20多万人，年劳务净收入可多达近6亿元。新中国成立后温州经济以小型与轻加工业为主，突出传统技艺与现代工业生产相结合的特点，迅速发展。温州主要传统产业有食品、文教艺术用品、陶瓷、皮革和其他一些产业，至今其地位仍相当突出。

（6）东海区域是我国著名的侨乡和台湾同胞祖籍地。

宁波籍华人遍布全世界50多个国家和地区，约7.3万多人。其中有工商巨头，也有高级经理人才和技术人才。福建是著名的侨乡，其中泉州市在海外的华侨、华人及港澳同胞占全省总人数的一半以上，为全国总人口的1/8左右。在台湾同胞中有40%左右祖籍泉州。充分利用这种历史渊源的社会关系的有利条件，引进技术、资金、设备、人才，外向型经济迅速发展，带动区域经济的增长。

15.2 东海区域的海洋资源

15.2.1 东海区域的港口资源

15.2.1.1 资源特点

（1）港口和岸线资源丰富

上海市港口岸线包括黄浦江、长江口南岸、杭州湾北岸以及崇明、长兴、横沙等岛屿，共有岸线594千米。随着上海国际航运中心洋山深水港区的开发建设，上海港的岸线将进一步增长。浙江省是海洋大省，沿海深水港湾和岸线资源丰富。2005年全省沿海生产性泊位长度61 055米，泊位958个，万吨级以上71个。福建省拥有大陆海岸线3 324千米，占全国海岸线总长18.3%，可利用建港岸线全长468.8千米，其中深水岸线长210.9千米，深水港口岸线资源居全国第一位，可用于建港的深水岸线长达190公里，沙埕湾、三都澳、罗源湾、福清湾、兴化湾、湄洲湾、泉州湾、厦门湾和东山湾都可建设10万吨级以上深水泊位，26处岸段可建20万吨级至50万吨级大型深水泊位100多个。

（2）港口众多，大中小港口协调合作，共同发展

2005年浙江沿海港口吞吐能力为2.93亿吨，万吨级以上深水泊位81个，沿海港口吞吐量为4.3亿吨，位居全国第三，仅次于广东和上海；集装箱吞吐量为555万TEU，位居全国第四。目前已基本形成以宁波-舟山港为中心，嘉兴港、台州港、温州港为骨干，其他中小港口为基础布局合理的沿海港口群。2005年温州港、台州港、嘉兴港分别完成货物吞吐量3 097万吨、2 820万吨和1 700万吨。2004年福建省整个港口体系的货物吞吐1.58亿吨，集装箱达425万标准箱。目前已形成以厦门湾港和福州港为主枢纽港，泉州港、莆田港和漳州港为地区性重要港口，宁德港等为一般港口的港口体系。

15.2.1.2 主要港口

东海沿岸的主要港口均靠近国际主航道，具有一定的区位优势。但决定港口规模的不仅仅是自然条件，更重要的是经济社会条件，港口腹地的经济实力是衡量港口规模和运力大小的重要指标。上海港和宁波—舟山港属于长三角港口群，其经济腹地长三角经济圈，经济要素集中，城市密集，区域经济一体化程度高。福州港和厦门港的腹地在闽台地区，与台湾港口共同组成海峡港口群，其外向型经济发达。

港口货物吞吐量是衡量港口功能的主要指标之一，从一定程度上反映了港口的规模。由图15.1看出，上海港无愧为我国第一大港，货物吞吐量远远高于其他港口，并一直保持强有力的发展势头。宁波港货物吞吐量具有显著优势，仅次于上海港，高于国内其他大港。2002年货物吞吐量超过广州港，并一直保持较快增长。2005年宁波港年货物吞吐量突破2.69亿吨，比上年增长17.3%，港口货物吞吐量居全国大陆第二位，年增长率排名第一；2006年宁波港货物吞吐量突破3亿吨，集装箱吞吐量突破700万标准箱，显示出强劲的发展势头。

宁波港与上海港虽同处于长三角，但却实现吞吐量的同步增长，主要得益于两港的互补效应。上海港在利用经济中心地位和优质服务争取长江中游出口转运货物的同时，宁波港则弥补上海港深水航道不足带来的缺陷。

"集装箱运输规模的大小是判断港口是否具有航运中心地位的主要标志，港口集装箱吞吐量是衡量港口是否是枢纽港的主要指标。"由表15.1可以看出，2006年宁波港和舟山港正式合并为"宁波-舟山港"，合并后的港口已显示出"1+1>2"的效应，以惊人的速度成长为内地第四大集装箱运输港。集装箱吞吐量直逼青岛港，增长速度已远远超过青岛港。2006年厦门港集装箱吞吐量居全国第7位，福州港集装箱吞吐量也突破100万标准箱，居全国第13位。

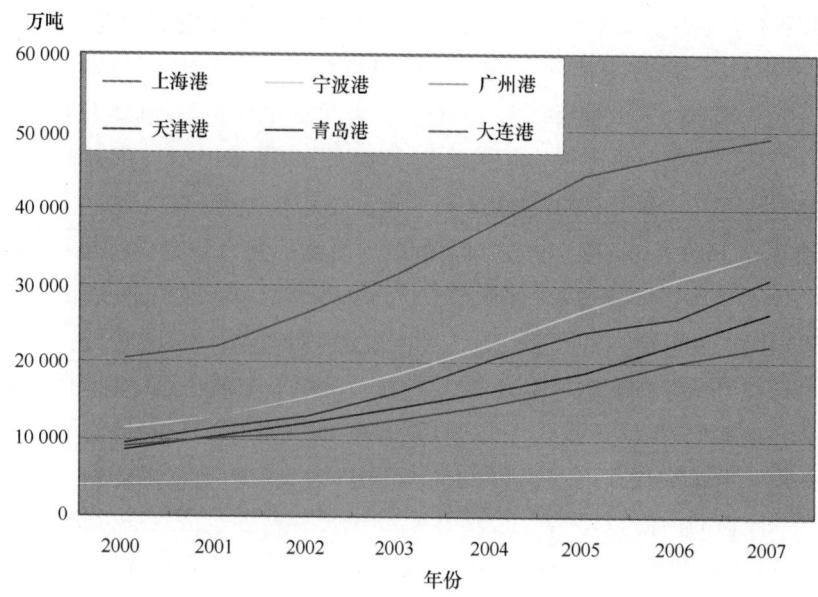

图 15.1　主要港口总吞吐量（2000—2007 年）变化

表 15.1　2006 年全国港口集装箱吞吐量前十名排序表

港名	集装箱吞吐量/×10⁴ TEU	增幅/%
上海港	2 171.00	20.10
深圳港	1 846.89	14.03
青岛港	770.20	22.11
宁波-舟山港	706.80	35.70
广州港	660.00	40.94
天津港	595.00	23.93
厦门港	401.87	20.22
大连港	321.20	21.20
连云港	130.23	30.00
中山港	117.34	9.06

资料来源：《中国港口》，2007.2。

上海港和宁波-舟山港的海运能力很强。上海港作为中心，以宁波-舟山港为南翼共同推动上海国际航运中心的发展。随着上海港中心地位突出；宁波-舟山港强势进一步发展，尤其是洋山深水港的开港，洋山港与宁波-舟山港呈现竞争态势，上海港与宁波-舟山港之间的发展态势将呈现出新的变化。

在洋山深水港建成之前，上海外高桥港区的经济腹地基本上由长江中上游流域、江苏省、上海市、浙江省的杭嘉湖地区组成，而宁波-舟山港的经济腹地主要是浙江省杭嘉湖以外的其他地区。两港口腹地重叠较少，两港的集装箱发展目标均可以通过各自货源腹地的新增箱量来完成。随着洋山保税区的建立使得上海港突破自身不足，对宁波-舟山港产生一定压力，加大了两港之间的竞争。

但同时应注意到洋山港与宁波-舟山港之间存在合作共赢的条件。首先，洋山港与宁波-舟山港的目标定位不同。前者定位与境外的国际集装箱中转业务，突出"水水转运"，将华北沿海诸港口以及韩国和我国台湾等转运的货物改由上海洋山港转运。后者定位于国际多式联运体系，进一步挖掘本省资源，尤其是台州、温州、金华方向的货源，大力争取江西、安徽、贵州等中西部地区的货源。再者，洋山港只能接纳第五、六代集装箱船，而宁波－舟山港能接纳第六代以上集装箱船，从而使得部分长江下游苏南地区的货物可以通过未来杭州湾大桥由宁波－舟山港转口出境。其次，洋山港的作业天数要比宁波－舟山港少1个月左右，如果洋山港遇上恶劣气候不能作业，50海里以外的宁波—舟山港将是一个很好的补充。因此，目前洋山港与宁波－舟山港之间的深水港之争实质上是市场经济条件下一次全新的港口分工，特别是杭州湾大桥的建成，缩短了上海与宁波的距离，大大有利于上海港与宁波港之间的联合与合作，通过合作达到双赢，共同支撑经济快速发展的长三角港口群；共同作为枢纽港，推进上海国际航运中心建设。

与上海港和宁波－舟山港相比，福州港和厦门港发展较慢，存在巨大的增长潜力。厦门港是闽东南地区货物集散中心和区域经济社会发展的重要依托资源，其集装箱运输的优势突显，全省67.46%的集装箱和78%的外贸集装箱吞吐量均由厦门港完成，是海峡西岸经济区航运中心和集装箱枢纽港。今后应进一步调整货流结构，集中发展外贸物资和集装箱运输。同时加速厦门湾港口（包括东渡、海沧、嵩屿、招银、后石、刘五店、石码、客运八大港区）一体化进程，形成功能齐全的组合型港口。福州港（包括闽江口内、松下、江阴、罗源湾港区）在福建港口群中处于核心地位，应进一步开发外海深水区，以能源、原材料、矿建材料等大宗干散货和集装箱中转运输为主，努力建设成闽江流域进出口大宗散货和部分集装箱的江海联运、江河中转、水陆中转枢纽港，成为海峡西岸经济区主枢纽港。

15.2.2　东海区域的滨海旅游资源

15.2.2.1　海洋旅游资源丰富

海岸自然景观是构成滨海旅游资源的主体，经过长期历史的沉淀与积累，又形成了滨海人文景观资源，从而共同构成了现代滨海旅游资源。据相关分析表明，长江口以南的景点远远多于以北沿海，占景点总数的88%，占景点岸线总长度的78.7%。

上海市沿海保存着多出具有特色的人文和自然景观。自然景观方面有世界最大的河口沙洲——崇明岛，该岛四季分明，民风淳朴。岛上有华东最大的人工平原森林——东平国家森林公园，以幽、静、野、秀为特色，是旅游休闲胜地。该岛东南部还有亚洲最大的湿地候鸟保护区。另外，金山三岛海洋生态自然保护区、浦东新区东部海滨的上海热带海宫、浦东国际机场空港地区、横沙岛东部海滨的"东方夏威夷"等均是极具开发利用价值的潜在旅游资源。人文景观的景点有中国共产党一大纪念馆、吴淞炮台、宝山烈士陵园、太平天国烈士墓、金山区查山古文化遗址、崇明岛上的学宫、寿安寺和寒山寺等。此外，还可充分利用沿江和沿海的广大海滩开展以水和滩涂为主的旅游资源开发，现已开辟有金山海滨浴场。

浙江省滨海旅游资源丰富。沿岸分布着普陀山、嵊泗列岛、雁荡山等国家级风景名胜区，又有岱山、洞口、滨海—玉苍山等省级风景名胜区，拥有宁波、临海等全国历史文化名城以及为数众多的国家级和省级重点文物保护单位，具有自然和人文、海域和陆域、古代和现代等多种旅游资源类型，组成了杭、绍、甬人文自然综合旅游资源岱、浙南沿海旅游资源区和舟山海岛旅游资源区。

福建省海岸带名山颇多，除了被列为全国重点风景区的清源山、太姥山、鼓浪屿—万石岩三大名山，福州鼓山、泉州九日山、漳浦海月岩、龙海南太武山和云洞岩也相当有名。东山岛、湄洲岛、海坛岛等海光岛色更是避暑消夏、度假休养的佳地。著名的厦门鼓浪屿港仔后、惠安崇武、东山金銮湾等沙滩，坦缓、浪平，为优良的海水浴场。滨海温泉数量多、类型丰富，主要集中分布于福州、漳州市中心和厦门市郊。福建省通商历史悠久，文化底蕴深厚，留存有大量文物古迹，如泉州洛阳桥、晋江安平桥、漳州江东桥、晋江石湖塔、石湖姑嫂塔、泉州清净寺、灵山圣墓。福州鼓山涌泉寺更是滨海地区气派非凡的建筑，有"进山不见寺，入寺不见山"的美誉，厦门南普陀寺背山面海，寺后五老峰，高耸凌空，有"五老凌霄"之称。

15.2.2.2 滨海旅游产业基础雄厚

东海沿岸滨海旅游发展迅速，在海洋经济和地方区域经济中占有重要地位。2005年上海市滨海旅游业总产值为1 604.26亿元，占海洋产业总产值的56.97%；滨海旅游业增加值为584.26亿元，占海洋产业总产值的63.74%。福建滨海旅游发展较快，沿海一线接待游客数和旅游收入均占全省八成以上。2005年福建省滨海旅游业收入达470.3亿元，增加值达182亿元，均比5年前翻一番以上；滨海旅游业增加值占海洋产业总增加值的比重达19.7%。浙江省海洋旅游在全省旅游经济总量中占有一半以上。37个沿海县市区接待国内旅游者人次与收入均占全省一半，入境旅游人次与收入为全省三分之一弱（图15.2）。目前，东海滨海旅游产业已初步形成以城市为核心，以国家级和省级旅游功能区为支撑的生产供给体系；海洋旅游的接待服务设施规模大、档次高；海洋旅游区内的旅行社、旅游汽车公司等服务体系不断完备，已形成了"吃、住、行、游、购、娱"全方位的服务系统。

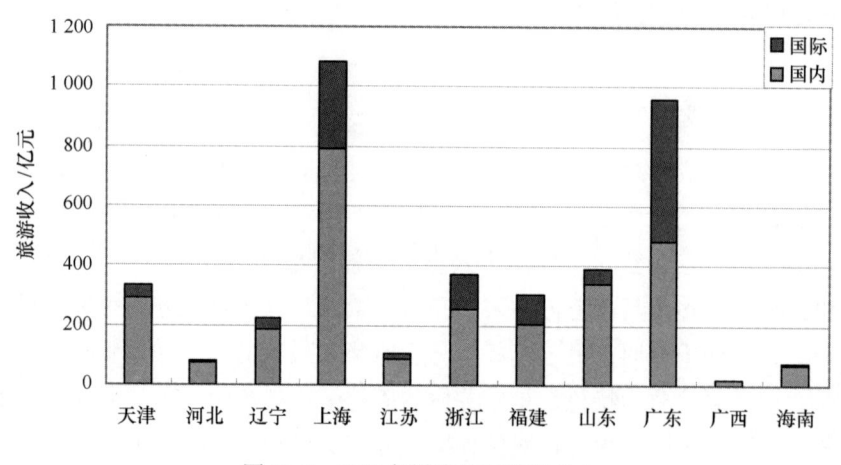

图15.2 2005年沿海地区旅游收入

2005年上海、浙江、福建旅游总收入达1 752.78亿元，占全国沿海地区旅游总收入的44.5%。上海国内旅游收入居沿海地区首位，国际旅游收入仅次于广东省。上海、浙江、福建的旅游业均以国内旅游为主，国际旅游发展空间广阔。

15.2.2.3 滨海旅游交通条件快捷

东海沿岸旅游交通体系发达。一是沿海陆路交通高速大通道已贯穿。二是半岛工程、连岛工程的实施，岛与岛之间联系更加方便。三是海上高速航运事业快速发展，船速和舒适度都有了大幅度的提高。随着甬台温高速公路的通车，温州到杭州驱车4个小时便可抵达；润扬大桥、苏通大桥、崇海大桥的修建，将"勾连"苏南和苏中的沿江高速公路形成南北并行互通的高速通道；杭州湾跨海大桥的建设，将沟通沪杭和沪甬高速公路，并连接乍嘉苏和甬台温高速公路，使整个长江三角洲与东海沿岸带形成一个交叉往复的交通网络，将推进东海滨海旅游业掀起新的旅游热潮。

15.2.2.4 发展滨海旅游业区位条件优越

东海沿岸地区北接江苏省，主要包括上海市、浙江省和福建省，分属"长三角"经济圈和闽台经济圈。以上海为龙头、苏浙为两翼的"长三角"，是我国经济、科技、文化最发达的地区之一；同时闽台经济圈又具有侨胞祖地、闽台同根的独特资源，从而使得东海区域的民间资金雄厚，投资开发旅游的热情很高，为沿岸海洋旅游项目建设的招商引资提供了巨大的空间。另外，本区域城乡居民收入高、生活富裕，对旅游的需求日益旺盛，形成了极大的客源市场。另外，长三角各个城市之间存在着紧密的经济联系，经济流量较大，人员来往多，商务旅游活动也很频繁。2003年出台的《长江三角洲旅游城市合作杭州宣言》进一步强化旅游一体化趋势，该宣言强调了旅游城市之间的合作，明确提出"互为市场，互为腹地，互送客源；发展长三角区域高速大巴旅游；把长三角旅游区建成中国首个跨省市的无障碍旅游区"，取消旅游壁垒与进入障碍，建成中国首个无障碍的跨省市旅游区，共同打造长三角黄金旅游圈。随着长三角经济一体化进程的推进，苏浙沪三地经济、社会发展将相互交融，这一客源市场无疑将为东海滨海旅游提供日趋强劲的需求支撑。

15.2.3 东海区域的水产资源

东海区渔业行政管辖江苏、上海、浙江、福建三省一市，其大陆架面积57.29万平方千米，约占渤海、黄海、东海和南海四海总面积的12.09%，约占我国陆架海域总面积的38.76%，占本海域面积（77万平方千米）的74% 其所属渔场有吕泗渔场、长江口渔场、舟山渔场等19个渔场。

东海区海域南北跨度大，兼有暖温带、亚热带、热带水域的性质，因此整个海区的渔业资源品种繁多，计有鱼类727种、虾蟹类13余种、头足类60余种及其他经济动物共900余种。其中软骨鱼类共有12个目30个科47个属82种，硬骨鱼类共有22个目145个科359属610种。据统计，目前被开发利用的主要渔业资源中，有鱼类19种、头足类2种、虾蟹类13种、水母类1种。但多数为资源量不大的种类，年最高产量曾在5万吨以上的只有带鱼、大黄鱼、小黄鱼、马面鲀、银鲳、蓝圆鲹、鲐、海鳗、马鲛、鳀、鹰爪虾、毛虾、梭子蟹、墨鱼等14种，超过30万吨的只有带鱼一种。世界上资源数量极高的如鲹科、鲭科、鲱科等种类虽有分布，但数量很少。因此，在东海区经济价值较高的资源种类不少，但产量却较低。

目前东海区渔业资源利用的总体情况是：沿岸和近海资源充分或过度利用，而外海资源尚有小部分潜力；底层和近底层资源，尤其是传统经济渔业资源充分利用或过度利用，有的甚至衰竭，而上层鱼类、头足类尚有部分开发潜力。尚有潜力的资源中，属于优质、高值种类的资源量相对有限，而由于渔获对象中营养级低的小型鱼、虾资源数量虽多，但利用价值却不高。因而，从总体看，东海区渔业资源开发利用的前景不容乐观，处在开发利用严重过度状态。

15.2.4 东海区域的海洋油气资源

东海陆架盆地是中国近海面积最大的中、新生代沉积盆地，有效勘探面积 24×10^4 平方千米，最大沉积厚度 15 000 米。东海陆架盆地中蕴藏着丰富的油气资源，并有着良好的开发前景。目前，已在东海陆架盆地发现了 8 个油气田和 5 个含油气构造（表 15.2），其中平湖油气田由放鹤亭、八角亭、望湖亭等 8 个构造组成，天然气储量数百亿立方米，石油储量数千万吨，已于 1998 年 11 月投入生产，并于 2003 年和 2006 年两次扩建。东海陆架盆地西湖凹陷中开发的另一个大型油气田——春晓油气田由春晓、残雪、断桥和天外天 4 个油气田组成，总面积达 2.2 万平方千米，探明的天然气储量达 700 亿立方米以上。于 2005 年 10 月建成，日处理天然气 910 立方米，现时主要供宁波市区使用，将来扩产后，该气田所产天然气将延伸至上海等地使用。目前东海陆架盆地的油气发现主要集中在台北凹陷的丽水凹陷和浙东凹陷的西湖凹陷。

表 15.2　东海陆架盆地已发现油气田和含油气构造统计表

油气田名称	含油气构造名称
黄 岩 7-1（残雪）	宁 波 6-1（龙井 2）
黄 岩 14-1（断桥）	宁 波 14-1（孔雀亭）
黄 岩 13-1（天外天）	宁 波 27-1（玉泉）
丽 水 36-1	南 平 5-2（石门潭）
宁 波 25-1（宝云亭）	天 台 12-1（孤山）
宁 波 19-1（武云亭）	
绍 兴 36-1（平湖）	
天 台 24-1（春晓）	

资料来源：姜亮．东海陆架盆地油气资源勘探现状及含油气远景．中国海上油气（地质），2003（17）：1。

15.2.4.1　西湖凹陷

东海西湖凹陷具有丰富的油气资源，面积约有 4.6 万平方千米，现已发现了平湖、春晓等 8 个油气田和 4 个含油气构造，获油气地质储量近 2 亿立方米油当量。在目前已钻 17 个构造中，已有 11 个构造获得工业性油气流，钻探成功率达 65%。据盆地数值模拟计算结果，西湖凹陷油气资源量总量达 42.1 亿吨，占盆地总资源的 56%，是最有利于形成大中型油气田的含油气凹陷。

可以将西湖凹陷划分为 2 个含油气系统，即平湖组自生自储含油气系统和花港组下生上储含油气系统。平湖组含油气系统的有利成藏区带主要分布西斜坡断阶带和弱反转构造带，而花港组含油气系统的有利成藏区带则主要分布在南部中央构造带。目前在西湖凹陷带已发现两个油气富集带。一油气富集带包括平湖、宝云亭、武云亭油气田以及孔雀亭含油气构造，油气层主要为平湖组，属于平湖组含油气系统，预测天然气地质储量将达到 800 亿～1 000 亿立方米；另一在油气富集带包括黄岩 7-1、黄岩 14-1、黄岩 13-1（天外天）和天台 24-1（春晓）油气田以及宁波 27-1（玉泉）含油气构造，油气层主要为花港组，属于花港组含油气系统，预计天然气地质储量约 1 000 亿立方米。

15.2.4.2 丽水凹陷

丽水凹陷呈 NE—SW 向展布，具有典型的东断西超半地堑结构特征。灵峰古潜山构造带将丽水凹陷分成东、西2个次凹，其中东次凹面积约为4 800平方千米，最大沉积厚度超过7 500米；西次凹面积约为9 800平方千米。最大沉积最厚达12 000米。目前，该凹陷地震测网密度已达1千米×1千米 或2千米×2千米，已钻探井9口，其中有5口见油气显示或获高产油气流。丽水（LS）36-1-1井在古新统明月峰组下部测试获高产油气流，已证实该凹陷具备了油气藏形成的基本石油地质条件。

综上所述，东海陆架盆地生油岩厚度大、分布广、有机质丰度高，不但有产生油、气的母岩，而且具有很好的储集环境。据东海陆架盆地的天然气资源前景评价结果表明，东海陆架盆地天然气资源非常丰富，按最保守的计算结果也有30 000亿立方米；目前已找到的天然气主要集中在西湖凹陷，总数大约1 000亿立方米，仅占西湖凹陷天然气资源量的8.4%，占东海陆架盆地天然气总资源量的3.3%。天然气勘探前景十分广阔。可见，尽管目前勘探程度很低，油气资源开发尚处在起步阶段，但具有良好的开发前景。

15.2.5 东海区域的海水资源

15.2.5.1 海洋盐业

东海的海盐生产主要集中于浙江和福建两省，原盐生产呈逐年递减趋势，但工业产值不断提高。同时，近年来海盐业采用了大量高新技术，以提高海盐质量。

我国产盐区主要集中于长江以北，长江以南沿海多为基岩海岸，雨日多，降水量多，盐田规模较小。无论从海盐产量还是海盐业工业总产值比较，长江以南产盐区均远远落后于长江以北产盐区；在长江以南，浙江和福建两省均高于广东、广西和海南三省区，说明东海的海盐业优于南海海盐业。

15.2.5.2 海水淡化

浙江省作为我国最早开展反渗透海水淡化研究和应用的省份，目前已建成嵊泗县泗礁岛等反渗透海水淡化装置6套，在建岱山本岛海水淡化等5个项目，拟建项目3个。已建海水淡化装置运行良好，所产淡水水质符合国家生活饮用水标准。计划到2010年，全省海水淡化规模将达日产25万吨至30万吨，浙江将成为国内重要的海水淡化产业基地。

浙江省是我国海水淡化人才、技术、产业最集中的省份之一。杭州水处理技术研究开发中心拥有一大批科研技术人才，承担了国家千吨级到万吨级的全部反渗透海水淡化示范工程，开发研制成了大批具有自主知识产权的重大科技成果，目前在国内海水淡化市场占有率达60%以上。"嵊山500吨/天反渗透海水淡化"项目，是国内第一个自行设计、自行施工的工程，开创了国内反渗透海水淡化应用的先例。技术上的不断改进，使每吨淡化水综合成本降到了5元左右。同时，浙江省还建立了国内最大的膜及膜组器生产线，膜的年生产能力达120万平方米，有近百家水处理工程公司和配套产品生产企业，年产值达20多亿元。

积极利用海水资源，是目前解决沿海地区水资源短缺的战略选择。浙江省在把《浙江省海水淡化产业发展规划》列入浙江省"十一五"专项规划的同时，还针对海水淡化出台一系列激励措施，如对经营海水利用的企业和用户给予扶持；将利用淡化水解决居民生活用水作为社会公共事业对待；对从事海水利用设备制造的企业给予技改资金支持；海水淡化与沿海和海岛引水工程相比较，同等条件下海水淡化优先等。高新技术与到位的保障政策措施共同推进海水资源的利用，加快了海水淡化产业的发展。

15.3 东海区域的海洋生态环境承载力

15.3.1 东海区域的海洋生态环境承载力现状

（1）海洋灾害严重，抗御灾害能力薄弱

东海海域海洋灾害频发，特别是台风灾害每年给地方经济发展造成重大经济损失。2004年上海、浙江和福建风暴潮灾害造成经济损失达 51.94 亿元，占到沿海地区风暴潮灾害经济损失的 99.6%。浙江省是海洋灾害最为频发、严重的省份之一。其中风暴潮、赤潮是危害性最大的海洋灾害。2004 年沿海地区赤潮受灾面积 12 050 平方千米，浙江省占到近 50%。

（2）海域污染严重，海域生态环境恶化

随着陆域污染源计入海污染物的增加，海域污染越来越严重。近岸海域污染最严重的是无机氮和活性磷酸盐的污染，污染程度均居四大海域之首。2001 年至 2004 年 COD、Pb、DO 的标准指数逐年增加；石油类的标准指数不见减小。说明石油类的污染较普遍，局部海域水质 COD 和重金属铅业有超标，严重影响了渔业资源的再生能力和海水养殖业的发展（图 15.4～图 15.6）。

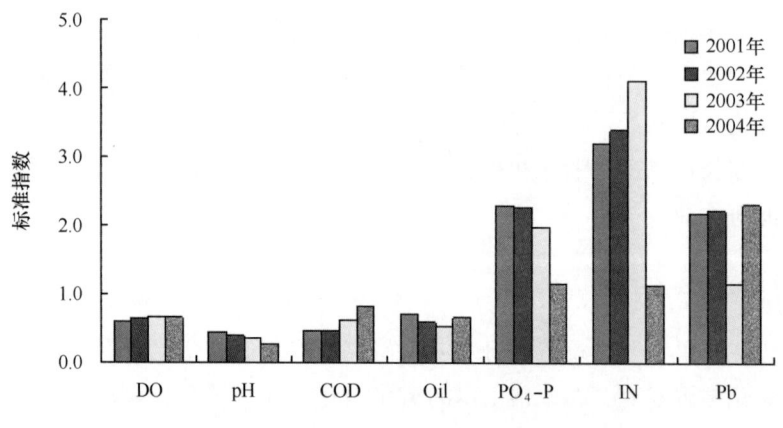

图 15.4　2001—2004 年东海海洋环境质量变化趋势

（3）海水水质状况较差

据 2007 年中国近岸海域水质监测数据显示，东海区属于重度污染区。2007 年一、二类海水比例为 28.4%，与 2006 年比较，下降 13.1 个百分点；四类、劣四类海水为 55.8%，上升 3.6 个百分点。上海市、浙江省近岸海域水质污染较严重。其中，上海市无一、二类海水，三类海水比例为 10.0%，四类和劣四类海水比例为 90.0%；无机氮和活性磷酸盐普遍超标。浙江省一、二类海水比例为 20.0%，三类海水比例为 14.0%，四类和劣四类海水比例为 66.0%；普遍受到无机氮、活性磷酸盐污染，部分海域化学需氧量超标率较高。福建省属于中度污染，一、二类海水比例为 48.6%，三类海水比例为 20.0%，四类和劣四类海水比例为 31.4%；部分海域受到无机氮、活性磷酸盐污染（图 15.7）。

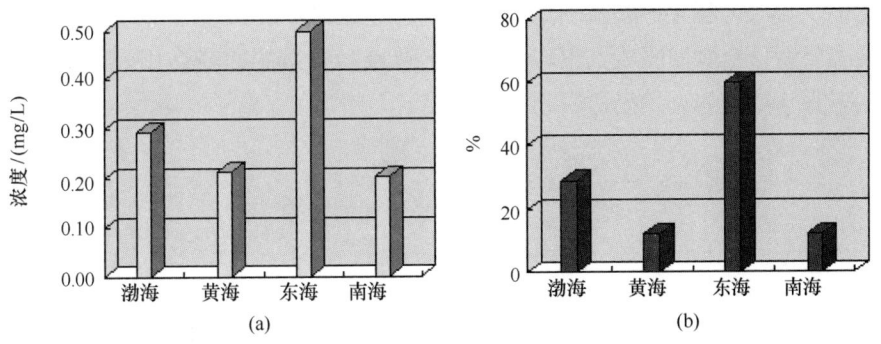

图 15.5　大海区无机氮平均浓度（a）和样品超标率（b）

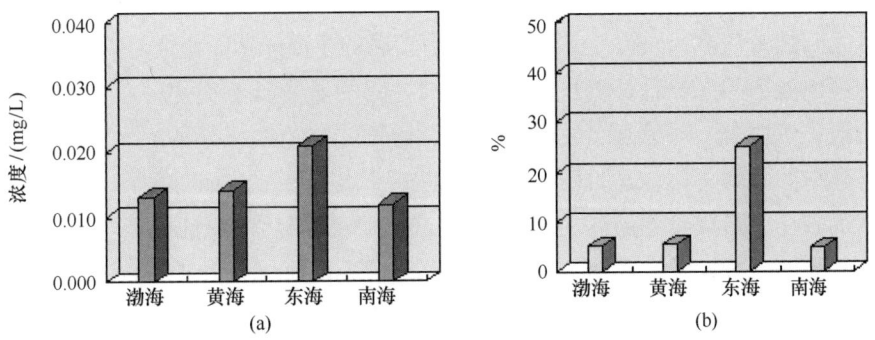

图 15.6　四大海区活性磷酸盐平均浓度（a）和样品超标率（b）

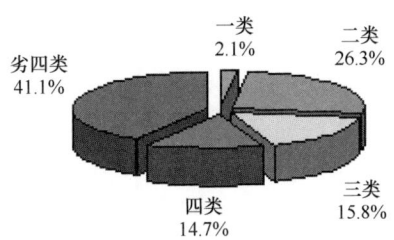

图 15.7　2006 年东海水质状况示意图

15.3.2　东海海洋生态系统服务价值总量[①]

总的海洋生态系统服务价值，浙江最高，福建次之，上海最低。服务价值组成中物质供给为主，文化功能次之，支持功能所占比重最小。同时需要指出的是，各类服务功能是相互影响的，如支持功能对其他类服务功能价值的实现具有基础的支持作用，因此各类功能也是同等重要的。

从海洋生态系统服务价值区域平均值来看，上海最高，福建次之，浙江稍低。从区域服务价值平均值组成来看，上海以文化功能为主，福建以物质供给功能为主，浙江物质供给和文化功能同为主导服务功能，这体现了海洋生态系统服务功能在各地不同的实现方式。

东海区生态系统服务价值密度整体上较高，在 300 万元～400 万元/平方千米左右，部分发达城市近海服务价值较高，与该区域社会经济条件相互支撑有关，促进了海洋生态系统服

---

① 引自《东海近海生态系统服务评估研究报告》，项目编号：908-02-04-03。

务功能的发挥。当然，服务价值高的地区也包含了邻近海域的服务价值增溢。比如废弃物处理功能不能完全由一个海域完成，也包含了邻近海域和外海的稀释作用。因此，海洋生态系统服务是生态系统功能的总体表达，不可分割。

15.3.3 东海生态环境与经济发展的主要矛盾

1）矛盾突出，生态环境十分敏感

长江三角洲经济密集，是东海区域污染的主要源头，同时，海洋经济超负荷开发导致海洋生态环境进一步恶化，部分地区已超过了资源与环境的承载力，经济生物资源退化、河口淤积、海岸侵蚀等现象已非常严重。经济增长对资源和环境需求的无限性与资源环境供给能力的有限性之间的矛盾成为东海生态环境与经济发展的主要矛盾。随着社会经济的快速发展，资源环境的再生能力与人类日益增长的各种需求之间的矛盾日益突出。一方面，海洋经济发展的初级阶段，资源观、环境观、发展观落后，增长方式粗放，导致生态环境的破坏；另一方面，生态环境的日益恶化，又阻碍海洋经济的进一步发展，从而导致海洋生态环境资源经济系统平衡的破坏，形成资源破坏、环境恶化、经济发展滞后的恶性循环。

随着东海海岸带开发强度的加大及开发规模的扩大，海岸带及近岸海域生态系统已经出现了不同程度的脆弱区。东海近岸以中度脆弱区为主，尤其是上海市沿海地区属重度生态脆弱区；轻度生态脆弱区在福建省零星分布。上海、浙江沿海地区已经处于高强度开发状态。可见，东海区生态环境已十分敏感，受人类活动影响严重。

2）矛盾的必然性

环境经济学家根据经济学上的库兹涅茨曲线提出了存在环境库兹涅茨曲线的假说（图15.8）。在经济发展的较低阶段，由于经济活动水平低，环境污染程度较轻；在经济快速发展的阶段，工业尤其是制造业大发展，对资源的需求超过了资源的再生能力，导致环境污染不断恶化；在经济发展的高级阶段，即到达C点之后，由于转变了经济增长方式，经济结构不断升级，产业结构日趋合理，人类资源环境观念不断增强，环境污染得到了有效治理，环境状况开始改善。这样就形成了一条倒"U"形曲线。

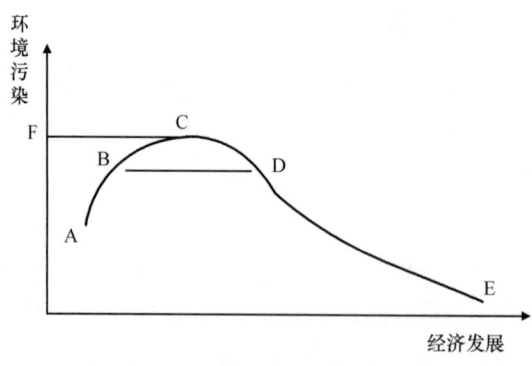

图15.8 环境库兹涅茨曲线

东海海洋经济与资源环境的关系大体上也符合环境库兹涅茨曲线的规律。从库兹涅茨曲线上看处于倒"U"形的AC曲线段，总体上环境污染处于上升阶段。现阶段，东海海洋经济发展尚处于初级阶段，经济结构不尽合理，增长方式仍是粗放型，主要依靠消耗资源环境实现海洋经济的发展。同时，人们的资源环境观念不强，环境保护观念薄弱，必然导致资源环境与经济发展之间产生矛盾，并日益突出。

15.3.4 东海环境与经济协调发展的出路

海洋资源和环境与海洋经济的发展要求是一对对立统一的矛盾体，只有在加快海洋经济发展的同时采取一切措施尽可能改善海洋环境，降低海洋生态环境的污染，才能真正实现海洋环境和经济的双赢。因此，实现生态环境与区域经济的可持续发展是东海环境与经济发展的必由之路。

区域可持续发展宏观层面要求经济、社会、生态三系统均衡综合发展；同时三个子系统内部要建立合理的经济结构如经济系统中的生产、流通和消费间合适的比例，生态系统中资源的开发与环境的生态自净能力之间的平衡关系，社会子系统中人力资源开发利用和社会系统的匹配。与传统的区域发展相比较，更强调人口、资源、环境与发展关系的协调和社会、经济、生态目标的均衡；更强调发展过程的整体性、长期性、复杂性和艰巨性。

15.3.4.1 资源的持续利用

目前，资源的价格低导致的资源滥用与资源价值的不明确有很大的关系。要实现资源的持续利用必须树立正确的资源价值观，认识到未经人类劳动参与或尚未参与的交易、天然的自然资源都是有价值的；必须正视资源的区际差异和资源的代内公平，重新调整和建立资源流转机制，增加新的原则（补偿原则、资源市场原则）；同时建立约束机制实现资源利用的效益最大化与资源的代际公平。

15.3.4.2 实现环境成本内化，增强环境保护意识

要充分认识生态破坏的不可逆性和造成危害的持久性，认识到人类自身导致环境破坏后环境的滞后性，要加强对环境保护的预警研究。实现环境成本内化主要有以下手段：一是政府的环境管理与监测手段，界定环境资源的产权，对环境资源进行价值评价和核算，建立环境监测系统，制定环境收费手段。二是企业建立生态化管理（清洁生产，开发运用环境技术，生产绿色产品加强绿色营销）。三是公众的环境知情权，普及环境教育。政府是影响环境质量的主体，通过管理机制、环境政策体系、环境信息公开化机构、保证环境质量。公众则树立环境意识、环境参与意识、环境监督意识。

15.3.4.3 建立循环经济模式

循环经济遵循"减量化、再使用、再循环"3R原则，是环境友好型经济，充分体现了自然资源和环境财产的价值，确立了新型的资源供应渠道。建立循环经济模式的主攻方向有：企业内部通过清洁生产、环境管理标准体系认证等措施实现资源的高效循环利用；企业间的资源循环利用与耦合，实现资源的高效循环利用和废弃物减量化；一、二、三次产业内部及产业间的资源高效利用与耦合，实现区域资源的高效配置和废弃物的减量化。当前，循环经济的发展重点是发展生态工业，推行清洁生产和环境管理，培育再生资源回收利用业。

15.3.4.4 进一步优化海洋产业结构

一个区域的产业结构可反映该区域的资源开发利用能力、前景和所在区的环境承载力，

代表区域可持续发展的方向和能力；其标志主要是对可再生资源的维护和抚育，对不可再生资源的替代能力。海洋产业结构优化的方向是：产业绿色化，更关注生态和社会效益，如无污染环保型、环境友好型等；产业柔性化，即产业结构的组合关联性强，产品多样、产品周期较短、市场多元化，是具有弹性的产业结构；产业高科技化，利用高新技术改造传统产业，创建科技含量高的产业。

综上所述，在目前状况下，必须全面深入地研究海洋资源与周围环境的关系，遵循生态环境规律和经济发展规律，制定科学合理的东海海洋开发利用规划，使海洋资源的开发利用和海洋经济发展符合区域可持续发展原则，才能实现海洋经济的快速持续发展。

15.4 东海区域海洋经济发展的 SWOT 分析

运用 SWOT 分析理论，简要分析东海海洋开发利用的优势和劣势及机遇和威胁（表 15.4）。

表 15.4 东海海洋经济 SWOT 分析

	内部条件		外部条件
优势	1. 海洋自然资源丰富 2. 港口经济发达，保税港区的建立凸显区位优势和政策优势 3. 旅游资源丰富，滨海旅游业发展空间广阔 4. 发达的基础设施和网络型区域交通条件 5. 区域经济总量大，增长速度快 6. 区域发展水平均质化，具有发达的城市群落	机会	1. 海洋事业的发展受到国家的高度重视 2. 海洋科技步入创新发展期，加速海洋产业的提升 3. 区域海洋经济发展格局不断优化。江苏省海洋开发战略上升为国家战略层面、海峡西岸经济区不断完善
劣势	1. 环境保护与海洋经济发展矛盾突出 2. 区域内耗依然存在，各省市地方保护行为和重复建设现象普遍存在	威胁	1. 区域间竞争日益加剧，面临环渤海经济圈、天津滨海新区和珠三角地区的竞争压力 2. 由于台湾问题没有得到解决，海峡西岸经济发展空间仍受到一定制约 3. 东海沿岸主要港口周边存在众多强港，竞争力强，集装箱货源存在分流的威胁

东海区域丰富多样的海洋自然资源是发展海洋经济的基础，港口产业和旅游业的优势是东海海洋经济快速发展的增长点，区域经济发展优势是东海海洋经济发展的坚强后盾。国家重视海洋事业发展的大背景又为东海海洋经济的发展提供了更广阔的空间。东海海洋经济只有抓住机遇，发挥优势，克服劣势，规避威胁，才能实现海洋经济又快又好的发展。

15.4.1 大力调整和优化海洋产业结构

东海区域实现经济聚合，必然要求改变原有的限制生产要素流动的制度性因素，逐步淘汰低层次的产业结构和技术水平。因此为了更好地迎接新机遇与新挑战，应充分发挥本区域海洋资源与科技资源方面的两大优势，按照有限目标、重点突破的原则，主要扶持发展潜力大、前景好的行业、企业、产品，尽快形成规模优势和竞争优势，促进海洋产业结构的优化和升级。

大力发展海洋第三产业。建立包括海水浴场、冲浪、滑水、海上观光、游艇、水下公园、海洋公园、钓鱼和海洋博物馆等具有海洋特色的多功能的旅游区，滨海旅游的范围从海滨扩大到海上和海岛，构建海洋旅游网络。进一步完善港口功能、加快海洋运输业发展，海洋交通运输业的发展不仅对海洋产业结构和交通运输结构优化产生重要影响，而且还将带动和促进造船、钢铁、机械、电子等相关工业的发展。积极调整并发展海洋第二产业，特别是加快海洋化工、海盐业、海洋油气业发展。稳定提高海洋第一产业。应坚持科学布局、重点突破、协调并进、稳步发展的原则，树立品牌渔业、高效渔业和生态渔业三个发展理念，搞好渔业结构的战略性调整；加快休闲渔业的发展，把培植景观渔业、都市渔业等作为新的经济增长点；实现渔业经济的健康持续发展。

15.4.2 加大海洋科技创新力度，转变海洋经济增长方式

多年来高消耗、高污染、低效益的粗放扩张型海洋经济增长方式，使得海洋资源和环境问题日益凸显。例如，海洋渔业资源的衰退甚至枯竭，海洋环境严重污染，海洋灾害频发等，这都严重阻碍了海洋经济又好又快发展。要从根本上转变海洋经济增长方式，首先，加强海洋意识，树立海洋经济可持续发展观念。意识指导行为，只有改变公众对海洋资源环境的道德观念，才能形成新型海洋价值观和理性的行为习惯。其次，推进科技兴海战略，整合海洋科研力量，培养海洋科技人才，推进海洋科技创新体系建设，大力发展海洋高新技术产业、海洋新兴产业。加快高新技术向传统产业的渗透，引导与扶持海洋与渔业企业开发新产品、新技术和标准化，推动海洋科技产业化进程。最后，健全综合管理体制，建立协调发展机制也是实现海洋经济增长方式转变的重要保障。

15.4.3 大力发展港口经济，获得乘数效应

"乘数效应"——投资的增加将会引起更大的乃至数倍的 GDP 的增加。港口经济是指由港口运输业及依托港口发展起来的相关产业有机组合而成的一种区域经济，具有极强的综合性和关联性。港口的发展既需要仓储、运输、物流、加工、贸易、金融、保险、代理、信息、口岸相关服务的支持，也会极大带动这些产业的发展。因此港口经济具有较大的乘数效应。例如，一只标准集装箱重箱的港口包干费，即港口企业直接收益部分，为 800~1 200 元，而由此带来的拖轮、引航、口岸以及港口配套服务，包括修箱、堆存、船舶代理、航运、金融结算、拖车运输等，其经济收益则是港口直接收益的 6 倍，也就是 4 800~7 200 元。有数据显示，港口生产经营与其他相关产业及间接诱发的经济贡献为 1:5，提供就业比值为 1:9。如德国汉堡港每 10 万吨吞吐量（件杂货）所创造的就业岗位为 428.8 个，天津港每万吨吞吐量创造 GDP 的贡献约为 120 万元，对地区就业的贡献为 26 人，宁波港每增加 1 元产值，就能为宁波市带来 89.6 元的社会效益。

15.4.4 形成产业集群，取得规模经济效益

现代港口的临港产业大都呈现产业集聚态势。比如，法国的福斯港在进口原油、铁矿石、煤炭的基础上，形成了炼油—石油化工、钢铁—金属加工为主体的工业体系，其产量占到全国的 1/4。产业集群作为港口经济发展的强大载体，已成为驱动港口经济及区域经济快速发展的"核动力"，区域港口城市之间已呈现密切合作、整体发展的大趋势。除了海洋港口群的整合外，沿海区域海洋产业也呈现集聚格局，城市间分工日趋合理。美国大西洋沿岸纽约

的崛起，使得周边的新英格兰诸沿海州发展了以临港建筑和工程服务、海洋生物医药、滨海旅游与海洋休闲、海洋教育与研发等相关或者互补的产业。芬兰、丹麦、瑞典、挪威、荷兰、澳大利亚、新西兰等国家，也都有近邻港口城市群和沿海区域海洋产业集群创新和发展的良好经验。

目前，宁波市已初步形成了一条绵延超过 20 千米的以能源、石化、钢铁、造纸、修造船为主体的沿海临港工业带，成为华东地区重要的能源基地和浙江省临港重化工业集聚区。临港工业增加值已占全市规模以上工业企业的 20% 以上。在上海港区，一批以培育石化、机械、国际贸易仓储物流加工、新材料、高新技术产业为特征的港口产业集群也正在形成。

15.4.5 加强区际联系，促进区域经济一体化

在长三角区域经济结构中，可以从上海的经济实力和国际化发展水平奠定上海的区域经济中心地位。所谓经济中心城市，其主要特征表现为一种集中：人口的集中；金融活动的集中；商品流动的集中；生产的集中；中枢管理职能的集中。根据法国经济学家佩鲁（F. Perroux）的增长极理论以及由此而发展起来的美国的弗里德曼（J. Friedman）的"中心—边缘"理论和瑞典经济学家缪尔达尔（G. Myrdal）的"极化—扩散"理论，中心与腹地之间经济要素存在集聚与扩散的关系，由于经济要素的集聚形成经济中心，随着经济中心的发展，又出现要素的梯级扩散。历史上上海与长三角其他城市存在集聚为主、扩散为辅的中心与腹地区域经济关系。但是随着全球经济一体化的发展，上海与长三角其他城市之间已不是简单的中心与腹地的关系，因为上海在吸引资金、人才流的同时，也给江苏、浙江带来了新的发展机遇。上海实行对外开放后使得大量的国际资本流入上海，并对周边地区产生了"溢出效应"，苏南地区受益更大。长三角各城市之间互动发展，共同实现资源的整合与共享，一体化程度不断提高。

第 16 章 东海区域的海洋产业经济

一切事物的发生、发展、变化都取决于特定的时间、地点和条件。东海海洋资源的开发利用，海洋经济活动的生产分布和发展，也是在特定的时间、地点和条件下形成的。从时间的角度看，生产力的发展水平是制约海洋经济发展的最主要因素，但不同时期的政策措施则影响了发展进程的速度；从空间的角度看，地理环境的差异决定了海洋经济活动方式的差异，也是后来的东海海洋产业发展的基础，从另一个侧面影响了东海海洋经济发展的历史。

16.1 东海区域的海洋渔业

海洋渔业的发展由来已久，最早可以追溯到战国以前封建社会的萌芽阶段，东海地区的海洋渔业活动集中在福建和浙江两大渔区。福建的沿海渔场在新石器时期开始开发，主要以贝类采拾和初级的海洋捕捞为主，使用的工具也十分简单或徒手捕捉。秦代至清代时期是我国海洋渔业发展史上的一个重要时期。虽然海洋渔业在封建王朝经济体系中的地位下降了，但经过广大劳动渔民的世代努力，海洋渔业的生产技术和知识、渔场开发、生产规模还是向前发展了。在明代的《闽中海错疏》中记录了 80 多种鱼类，可见当时渔场的发展已具备一定规模。

2000 年东海海水养殖面积超过 120 万公顷，海洋水产品产量稳定在 900 万吨左右，其中捕捞量 50 万吨，养殖产量 350 万吨左右。海产品人均占有量为 100 千克/年（图 16.1）。

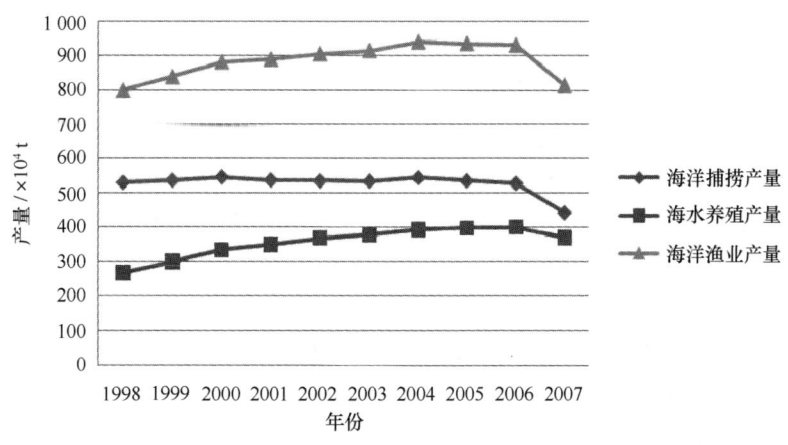

图 16.1 东海海洋渔业生产情况

资料来源：中国海洋统计年鉴，1999—2008

东海海洋水产品产量从 1997 年的 730.7 万吨，增加到 2005 年的 9 492 796 吨。快速增长的原因是海洋渔业捕捞能力的提高、海水养殖及远洋渔业的发展。但是，渔业的迅速增长的背后潜伏着巨大的隐患，具体表现为优质渔业品种数量的直线下降。通过研究水产业的发展历程可以发现，东海渔业在20世纪80年代经历了一个飞速发展的时期，但同时渔业资源却在以更大的幅度下降，渔获物的质量、品种数量受到了严重的影响。粗放的经营模式使得渔业生产能力过度膨胀，以致在90年代出现了严重的劳动力过剩，而过度的捕捞使得渔获物的食物链等级降低、低龄化现象严重，个体重量、生物多样性、抗疫病能力都有明显下降。

16.1.1 浙江省海洋渔业

浙江作为一个海洋大省，自20世纪90年代以来在海产品消费需求拉动等多种因素的作用下，其海洋渔业资源逐年得到了开发和利用。特别是近年来，海洋经济成为浙江经济发展的新增长点，海洋渔业是经济社会的重要组成部分。

2008年，浙江省年产水产品约500万吨，占全国总产量的9.5%，其中海水鱼产量占全国的1/5；渔业综合生产能力位居全国第四位，其中海洋捕捞居全国第一位。浙江省现有海洋捕捞渔船3.41万艘、423万千瓦。除了有一支精干的国内捕捞船队，近10年来，远洋渔业也有长足发展，300余艘远洋捕捞渔船航迹遍及全球五大洲三大洋，生产规模和经济效益均居各省市之首。同时，充分利用浅海、滩涂资源，大力发展海水养殖业。

以海洋捕捞和海水养殖为基础，浙江省渔业二、三产业基础良好、门类齐全。2007年全省有水产品加工企业2 439个，水产品加工品总量204万吨，加工产值450.3亿元，加工综合能力居全国第二。水产品流通繁荣通达，年交易量300万吨、交易额350亿元，交易规模居全国第一。水产品国际贸易活跃，2007年全省出口水产品45万吨、出口值16亿美元，居全国第三，并连续多年位居全省农产品出口第一位（图16.2）。海洋渔业的发展，促进了渔区经济社会的繁荣兴盛。伴随海洋渔业的发展，在沿海渔区形成了渔需物资供应、水产品加工、市场流通、渔船修造、特色餐饮等一大批为服务于渔业生产以及由渔业延伸出来的二、三产业，为数十万人提供了就业的岗位。

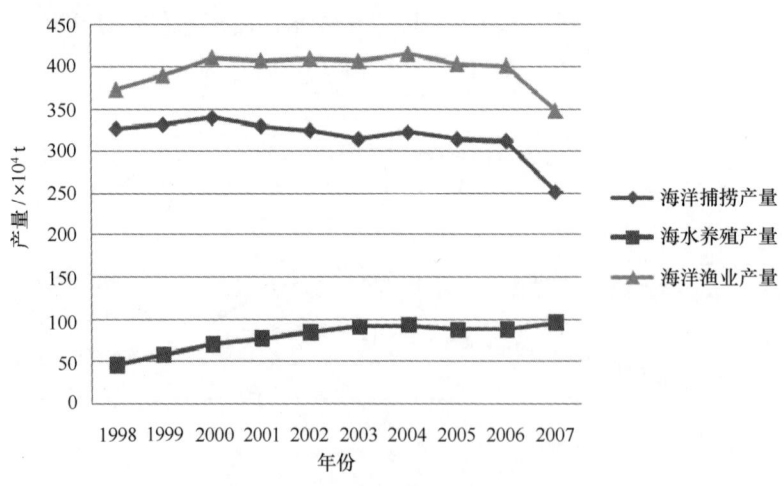

图16.2　浙江省海洋渔业生产情况

资料来源：中国海洋统计年鉴，1999—2008

海洋渔业资源除受到其自身生物特性决定以外现在越来越多地受到人口、经济、社会等各种因素的影响。其中人口的消费需求是人口作用于海洋渔业生态系统的主要内在动力。未来我国人口变化对我国渔业资源的影响，主要是通过城乡人口消费方式的转换而带来的。因而，在分析渔业资源问题时，应该充分考虑到消费特别是消费结构转换对它带来的影响。

随着实际收入的增长，生活水平的提高，浙江城乡居民的消费观发生了重大的转变，水产品消费得到了长足的增长，越来越将成为人们食品消费的主流。浙江经济经过90年代的高速增长后，目前已进入稳定地增长，而且这种势头还将保持一段时间，甚至很长一段时间。再加上城市化的推进，正如上述分析显示，城镇居民水产品消费量明显高于农村居民，总之，这些因素都将使水产品的消费需求进一步增长，给海洋渔业开发带来更强大的驱动。

海洋渔业资源作为一种可再生的自然资源，自身必须经历成长、繁殖和死亡的调节过程，因而其开发利用并不是无止境的。90年代，水产品需求的日益增长，使浙江海洋渔业得到了快速增长，捕捞强度与日俱增，捕捞量也迅速增长。1985年，浙江的渔船量只有2.62万艘，到了2004年增加到4.97万艘，增长了近一倍，最高时达到6.05万艘（1998年），同时，高马达、高功率的渔船越来越多；与此相对应的海洋捕捞渔获物也从1985年的79.44万吨，增长到2004年的322.04万吨，20年间增加了242.6万吨，年均增长7.65%，特别是在1992—2000年，增长速度达到13.55%。持续高强度的捕捞对浙江海洋渔业资源带来了巨大的影响。目前，从捕捞物可知，浙江海洋渔业资源正面临着不断枯竭的困境：水产品绝对总量在下降，单位获鱼量不断下降。渔获群体组成小型化、低龄化，渔获种类组成低龄化、低质化现象日趋严重。因此，海洋渔业资源要走可持续发展之道，就必须使人们的消费需求与海洋渔业资源之间保持均衡和协调。

在政策方面，为深入贯彻落实科学发展观和党的十七届三中全会精神，根据浙江省委、省政府"创业富民、创新强省"总战略要求，围绕现代渔业的建设，浙江省明确提出了要大力发展生态渔业。具体包括以下"三个计划"：

（1）渔业资源养护和生态环境修复行动计划。以涵养资源、修复生态、改善环境为目标，以浙江省8大水系和重要渔业水域为重点，实施渔业资源增殖和生态环境修复行动计划，进一步加大渔业资源增殖放流力度。同时，加强重要渔业水域划型和保护，推行负责任捕捞模式，强化许可管理和伏季休渔制度，控制捕捞强度。2009年起，计划先在钱塘江流域举行大规模的增殖放流活动。

（2）生态强渔富民行动计划。坚持"生态立渔、生态强渔"的发展理念，以生态、安全、高效渔业建设为目标，以做大水产养殖主导产业、发展设施渔业和培育休闲观赏渔业为重点，实施生态强渔富民行动计划。以标准鱼塘改造为主要载体，实施符合"四个一"（一个优势品种、一个知名品牌、一个健康养殖模式、一套完善的经济运行机制）要求的现代水产养殖示范基地建设，加强主导品种良种选育推广，推进规模化经营和标准化生产，发展区域优势特色产业，优化提升水产养殖主导产业。实施现代生态渔业示范区建设工程，推行池塘环境友好型、浅海鱼贝藻类等生态养殖模式，加快设施渔业建设，加强休闲渔业培育。深化渔业经营体制改革，加强质量安全管理，加快技术推广体系建设，保障生态渔业建设。

（3）渔业洁水保水行动计划。以洁水与渔业协调发展为目标，以水库等大中型水域为重点，实施"以鱼养水""、"以鱼洁水"的渔业洁水保水行动计划，充分发挥渔业在改善水质、保护水环境和打造生态品牌等方面的突出作用。通过放养滤食性鱼类，增殖放流土著鱼类，大力发展水库有机鱼生产，打造生态渔业品牌，引导、推动全省洁水渔业建设。

16.1.2 福建省海洋渔业

福建地处亚热带，水质良好，气候温和，发展海洋与渔业经济的条件得天独厚。全省可供养殖的内陆水域面积超过陆域耕地面积。拥有闽东、闽中、闽南、闽外和台湾浅滩5大渔场，海洋生物 2 000 多种，鱼类 700 多种，其中经济鱼类 100 多种，贝、藻、鱼、虾种类居全国前列。2008 年海水捕捞养殖总产量 466.3 万吨，同比下降 11.22%。渔业经济总产值 2 865.66 亿元，同比增 105.6%，渔业经济增加值 1 910.84 亿元，同比增长 9.66%；渔民人均收入 5 951 元，同比增 14.8%；水产品创汇 18.5 亿美元，同比增 57.7%。海洋经济日益成为福建国民经济的重要组成部分。按照福建省委、省政府的总体部署，福建省确定了 2010 年海洋与渔业经济发展主要经济新目标：海洋经济总产值 4 550.7 亿元，海洋经济增加值 1 900.2 亿元；水产品总产量 725 万吨；水产品总产值 1 585 亿元；渔业经济增加值 822 亿元。

福建海区 1990—1999 年从事海洋捕捞的作业船数为（3.97～4.23）×10^4 艘，年平均增长 0.7%。1999—2003 年，则由 4.23×10^4 艘减至为 3.36×10^4 艘，年平均下降 5.6%。但渔船的总功率则逐年不断增加，由 1990 年的 90.92×10^4 千瓦增至 2003 年的 149.73×10^4 千瓦，增长了 64.7%，年平均增长 3.9%。1990—2003 年福建海区捕捞产量为（82.18～221.2）×10^4 吨，年平均增长 12.8%。其中鱼类从 71.34×10^4 吨增至 167.9×10^4 吨，年平均增长 6.8%；虾蟹类从 8.19×10^4 吨增至 16.04×10^4 吨，年平均增长 5.3%；头足类从 2.65×10^4 吨增至 8.39×10^4 吨，年平均增长 9.3%。福建海洋捕捞作业包括拖网、张网、刺网、围网、钓具、笼壶、敷网、抄网、地拉网、耙刺、掩罩和陷阱 12 个类型。其中拖网、张网、刺网和围网四种作业类型捕捞强度最大、产量最高。根据 2000 年渔船普查表明，上述四种作业渔船功率分别占海洋捕捞总功率的百分比为：53.3%、10.5%、19.2% 和 3.4%，其相应作业产量占海洋捕捞总产量的比例分别为：39.3%、30.2%、11.4% 和 5.8%。钓具、笼壶和敷网等 8 种作业类型捕捞强度均不大、产量亦较低，仅合占海洋捕捞总产量的 15.7%（图 16.3）。

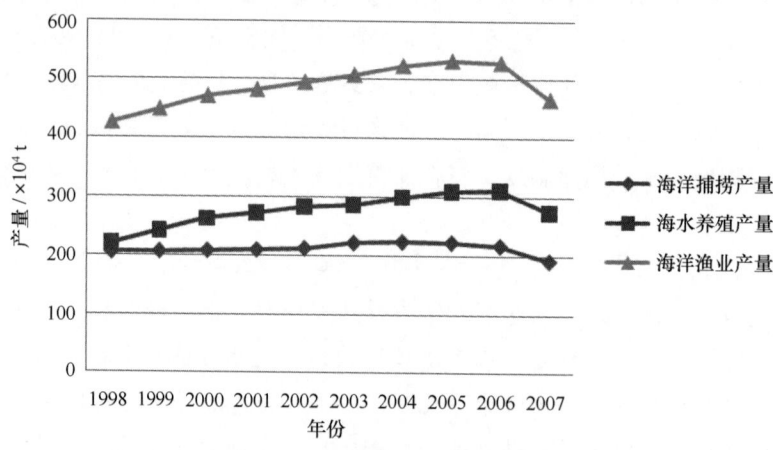

图 16.3　浙江省海洋渔业生产情况

资料来源：中国海洋统计年鉴，1999—2008

近年来，福建加快渔业结构战略性调整，稳步推进渔业增长方式转变，有力地推动了渔业经济持续、健康、协调发展。

（1）渔业产业结构不断优化。第一、二、三产业产值的比例从 2000 年的 57∶28∶15 优化调整为 50∶27∶23。外向型渔业蓬勃发展，2007 年全省水产品出口创汇达 10.44 亿美元，比 2000 年增长 66.24%。引进利用外资取得成效，全省累计兴办海洋与渔业三资企业 98 家，合同利用外资 16.7 亿美元，直接利用外资 13.96 亿美元。

（2）渔业开发领域不断拓展。依靠科技进步和发展大马力渔船，将海洋捕捞大大推向外海远洋。2007 年全省外海捕捞产量达 111.19 万吨，占海洋捕捞总产量的 50.59%，比 2000

年提高了1 273个百分点。浅海养殖进一步推向20~30米等深线。至2007年，全省共新发展了大型抗风浪深水网箱474个。休闲渔业开始起步，全省已建成12个"水乡渔村"休闲渔业示范基地。

（3）渔业管理水平不断提升。积极开展无公害水产品产地认定和产品认证工作，已完成产地认定面积6.54公顷，252个产品通过无公害水产品标志认证，产量达22.7万吨。开展以养殖证为核心的水产养殖管理制度建设，目前全省发证面积10.5万公顷，占应发面积的75%。重视治理水产品"餐桌污染"和建设"食品放心工程"，加大对渔药监督管理力度。

（4）渔业支撑体系建设不断完善。至2007年，全省建设国家级原良种场10个，省级良种场14个。建成、在建的中心渔港达6个，一级渔港8个，二级渔港42个。水产推广机构不断得到加强和完善，全省已初步形成省、市、县（区）、乡（镇）四级推广机构和网络，到2007年，推广机构达到244个，推广人员880人，渔业服务体系和保障能力得到健全和提高。

但是，随着我国渔业经济发展进入产品供求关系由长期短缺到供求关系基本平衡、总量略有过剩、市场供给充裕的转变。福建渔业因近海渔业资源衰退，捕捞业萎缩，海水养殖产业内部趋同性与单调性明显，造成水产品市场出现区域性、结构性的供大于求，价格持续下降，而生产成本不断上升，渔业比较效益下降，渔民增收困难。在这种条件下，进行海洋渔业产业结构调整，不仅是为适应当前宏观经济环境和市场供求关系变化的客观要求，也是实现福建海洋渔业现代化，促进增长方式转变，提高渔业产业整体素质和渔业可持续发展的内在需要。

16.2 东海区域的海洋油气业

中国油气资源开发方针是"强化东部，开发南部，勘察西部"，海上和滩涂地区的油气田的勘探与开发正在积极进行。这方面，东海沿岸各省市的地方政府很有积极性。福建省福州市就已和中国科学院合作在罗源湾开展石油和天然气的普查工作，中国科学院出技术，地方出资金，共担风险，共享利益。目前，东海迎来油气开发新热潮，距浙江宁波三山350千米、总投资90亿元的春晓气田群首先投入开发，2003年8月，中国"海油"与"壳牌"、"优尼科"两家石油公司签订了中国东海春晓合同区石油合同。于2005年上半年投产。2007年产气24.96亿立方米，主要供钱塘江以南地区工业用户和民用，部分作上海的备用气源，气价将略低于西气东输天然气价格。经过5~10年的勘探开发，该区域的探明和控制储量将再翻一番，年产天然气达40亿~50亿立方米。中国海洋石油总公司负责人还透露，为满足上海对天然气的急需，由中国海洋石油总公司、中国石油化工集团公司和上海市三方共同开发的平湖油气田二期工程目前正在进行，在2003年9月竣工后，向上海送气增加到了7.5亿立方米。但中国在东海开发的"春晓"、"平湖"等油气田的高产，也刺激了日本介入其中的念头。2007年6月18日，根据双方同时发表的《中日关于东海共同开发的谅解》，中日双方达成三项共识：一是要使东海成为和平、合作、友好之海。二是在不损害各自法律立场的情况下，在东海选择一个区块进行共同开发。三是日本企业按照中国法律，即《中华人民共和国对外合作开采海洋石油资源条例》，参加春晓油气田的合作开发。

20世纪80年代以来随着国外资金和技术的引入、合作勘探开发油气资源范围扩大，才开始了东海的油气开发。所以，东海海洋油气资源的开发在国内起步较晚，到目前为止，东海海域的勘探程度在中国几个海区中仍然是最低的。主要力量是中国海洋石油总公司东海公司。"八五"期间，地矿部在东海完成油气钻井9口，其中有6口获得高产工业油气流，钻探成功率为66.7%，从而新增加了一批可观的基本探明储量加控制的地质储量（图16.4）。

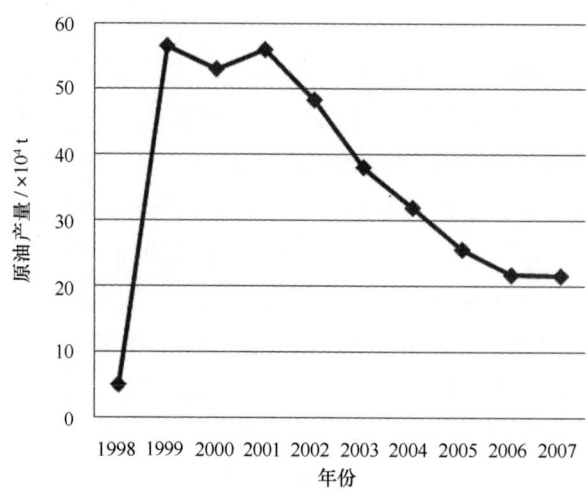

图16.4 东海原油生产情况
资料来源：中国海洋统计年鉴，1999—2008

在天然气方面，中海油在东海建设了两个大型项目，中海油浙江液化天然气（LNG）接收站项目工程2009年12月18日开工。根据规划，该项目一期总投资69.7亿元，计划于2012年投产，年处理300万吨液化天然气；二期工程设计规模将达到600万吨/年。该项目的气源来自中海油2008年与卡塔尔签署的为期25年、每年200万吨的液化天然气长期购销协议。2009年10月19日，该协议下的首船卡塔尔液化天然气已经抵达深圳大鹏湾，在浙江液化天然气接收站投产之前，该气源将由大鹏液化天然气接收站接收并消化。另外，卡塔尔与中海油2009年11月13日又签订增供协议，每年向中国增加500万吨液化天然气供应，每年总供应量将达700万吨（见图16.5）。福建液化天然气项目一期工程总投资达240亿元，一期工程包括接收站和输气干线项目，运输项目，莆田、晋江和厦门3个燃气电厂以及福州、莆田、泉州、厦门和漳州5个城市燃气利用工程等10个分项目，其建设规模为260万吨/年液化天然气。其中3个燃气电厂总装机容量350万千瓦，年发电量140亿千瓦时。气源来自印尼东固气田。东固气田是印度尼西亚第三大液化天然气生产中心。2009年7月26日，福建液化天然气项目接收了首船来自印度尼西亚东固气田的液化天然气。首船液化天然气经汽化后，将由输气干线将一部分输送至莆田、晋江和厦门3个燃气电厂用于发电，另一部分箱送至福州、莆田、泉州、厦门和漳州5个城市供居民使用。根据合同，第一年福建液化天然气项目还将陆续接卸15船液化天然气，累计年供气260万吨，为期25年。

16.3 东海区域的海洋交通运输业

海洋交通运输业是交通运输业的重要组成部分，是国民经济发展的基础。2000年，东海区域的货运量达1亿吨以上，货物周转量1 000亿吨公里。由于海洋交通运输业的投入产出比为1:1.7，所以，东海的海洋交通运输的未来发展前景良好，效益显著。

海洋交通运输量从1997年的6 946万吨猛增到2005年的56 302万吨，占全国海洋货运量的49.40%（见图16.6~图16.7）。海洋交通运输业发展的根本原因得益于改革开放，这

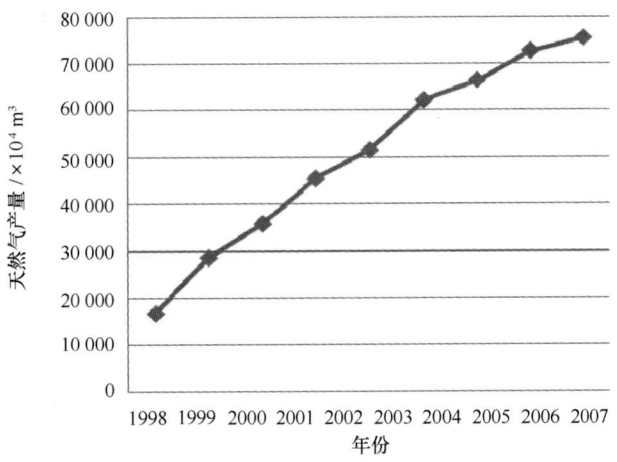

图 16.5　东海天然气生产情况

资料来源：中国海洋统计年鉴，1999—2008

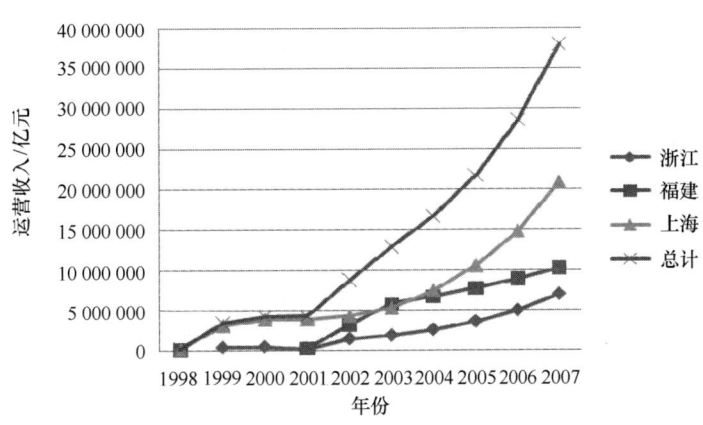

图 16.6　东海区域海洋交通运输营运收入

资料来源：中国海洋统计年鉴，1999—2008

一时期，对大型老港（如上海）进行了深度开发，扩大了吞吐能力，同时开发了一些深水港，如北仑、舟山等港口。但港口布局有过于集中的趋势，尤其在福建，问题更突出，直接影响了港口经济效益的发挥。这里面既有港口布局问题，也有港口的科学管理问题。

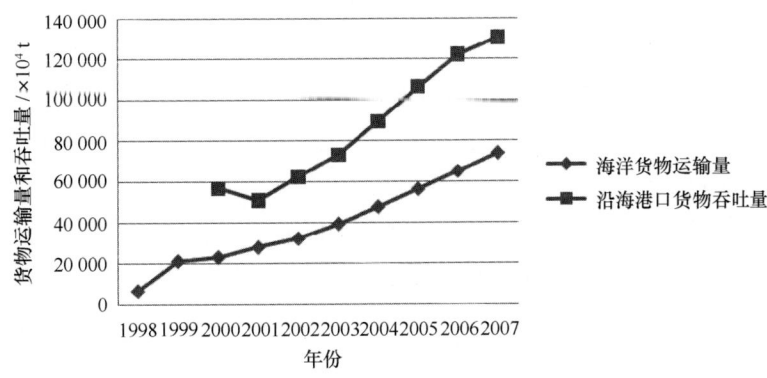

图 16.7　海洋运输业发展情况

资料来源：中国海洋统计年鉴，1999—2008

16.3.1 浙江省海洋交通运输业

浙江的港航资源得天独厚,拥有建设世界一流港口的潜力。浙江省虽然是陆域面积小省,只有10万平方千米面积,排名全国第27位,却是海洋大省,海域面积是陆地面积的2.6倍,海岸线6 646千米,占全国海岸线总长度的21%,居全国第一位,水深大于10米的深水岸线达471千米,沿海港口拥有万吨级以上泊位115个,并处于连接国际航道和国内支线的良好位置,在中国乃至世界都是罕见的。浙江省水网密布,内河航道里程超过1万千米。"丰富的深水港口、航道资源和地处长江经济带与东部沿海经济带的'T'形交汇点,是浙江省最突出的资源优势和区位优势。"

浙江港航发展的经济需求旺盛,腹地广阔,动力充沛。浙江地处中国经济最具活力的长江三角洲地区,经济发展已经具备一定的规模,总体水平居全国前列,国内生产总值、人均产值、外贸进出口总额均居全国第四位,拥有皖、赣、闽、苏等广阔的经济腹地。浙江是经济强省,但又是能源小省,经济具有"两头在外"、"大进大出"的特征,大宗物资运输和外贸运输需求强烈,港口和航运发展正逢其时。水运不仅具有运能大、投资省、占地少、污染小的优势,而且成本是最低廉的。而水路运输的平均成本还不到公路运输的1/6,特别适合建材、煤炭、石油、粮食等大宗物资的运输。目前浙江省95%的外贸物资都是由水运来承载的。截至2006年年底,海运运力达到854万吨,其中特种运输船舶运力139万载重吨,万吨级以上运输船舶运力385万载重吨。而据统计,2006年浙江水路完成货运量4.7亿吨、周转量3 648.8亿吨公里;完成客运量2 799万人次、周转量6.7亿人公里。海运在促进浙江经济社会协调发展,推动产业沿江、沿海布局,发展外向型经济等方面发挥了非常重要的作用。

至2007年年底,全省拥有运输船舶24 874艘,运力规模达1 203.8万载重吨,其中,特种运输船舶达到153万载重吨,万吨级运输船舶达到427万载重吨。运力总量居12个省市第三位,其中海上运力总量位居第一。运输船舶继续向大型化专业化发展,通过淘汰内河水泥船舶4.2万艘以上,钢质挂桨机船61.4万艘,内河船舶结构调整取得突破性进展,内河船型已逐步实现标准化。

2001年,温州港完成货物吞吐量1 314.3万吨,比2000年增长52.8%,继宁波港、舟山港之后,成为第三个跨入千万吨级行列的港口。2003—2007年,温州港先后有七里港区一期工程1.5万吨和2.5万吨码头、小门岛5万吨油气码头、石化仓储码头、磐石电厂二期码头等建成投产,新增1万至5万吨级码头5个。温州港呈现出由瓯江南岸向北岸发展、从口内向口外发展的新态势,仅2001年新增的吞吐能力就超过100万吨。同年,乍浦港完成货物吞吐量1 019万吨,首次突破1 000万吨大关,进入全国中型港口行列。乍浦港自"七五"期间开工建设以来,港口建设和各项事业快速发展,已建成千吨级以上泊位10个,其中万吨以上泊位6个,设计年吞吐能力1 000万吨以上。

2004年12月28日,宁波港2004年第400万个标准箱起吊成功。宁波港集装箱吞吐量一年内连跨300万、400万标准箱两个台阶,增幅连续6年蝉联我国大陆主要港口之首,成为大陆第四大集装箱运输干线港。宁波港集装箱进提箱时间平均为16分钟,达到国际先进港口水平。

2006年1月1日,宁波-舟山港正式投入运进。作为中国港口优化组合的第一个例,宁波-舟山港成为中国港口发展模式的重大创新,代表着港口发展的新趋势。2007年宁波-舟山港货物吞吐量达到4.73亿吨,完成集装箱吞吐量943万标准箱,宁波-舟山港整合优势逐步显现，港口货物吞吐量位居世界港口第四，集装箱吞吐量居全国前例。宁波-舟山港航线总数超过 200 条。其中，国际远洋干线达 100 多条，连接全球 100 多个国家和地区的 600 多个港口，吸引了近 300 家国际海运和中介服务机构落户，排名世界前 20 位的集装箱航运企业都在宁波设立了分支机构。宁波-舟山港共拥有万吨级以上深水泊位 84 个，其中宁波港域 65 个，舟山港域 19 个。根据预测，2010 年宁波-舟山港货物吞吐量为 5.8 亿吨，其中集装箱 1 300 万标准箱；2020 年货物吞吐量为 8.4 亿吨，其中集装箱 2 600 万标准箱。

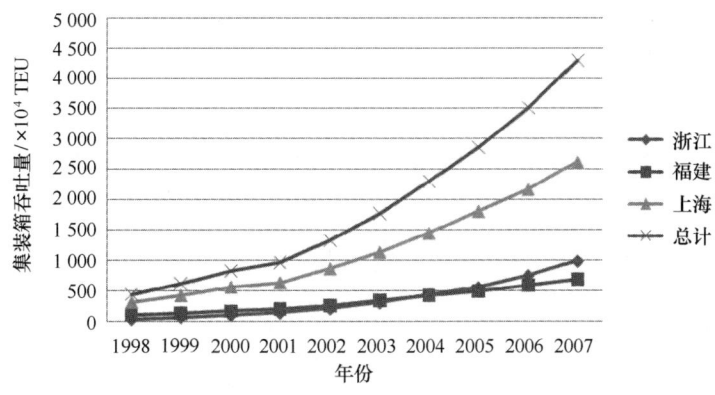

图 16.8　东海主要港口国际标准集装箱吞吐量

资料来源：中国海洋统计年鉴，1999—2008

2007 年 10 月 26 日，交通部综合地理位置重要、吞吐量较大、对经济发展影响较广等因素，发布第 29 号公告，宁波港、温州港、舟山港被列入全国沿海主要港口名录，杭州港、湖州港、嘉兴（内河）港被列入全国内河主要港口名录。2007 年，沿海港口全年完成货物吞吐量 5.74 亿吨，居全国第二位，次于广东省。内河港口完成货物吞吐量 3.12 亿吨，居全国第 2 位，仅次于江苏省。其中集装箱吞吐量为 987 万标准箱，居全国第 4 位。

2008 年 1—4 月，宁波-舟山港完成货物吞吐量 16 945 万吨，国际集装箱 338.78 万标准箱，居全国沿海港口货物吞吐量的第 2 位和第 4 位。嘉兴内河港货物吞吐量完成 2 467 万吨，杭州港货物吞吐量完成 1 581 万吨，居全国内河货物吞吐量的第 6 位和第 9 位。

16.3.2　福建省海洋交通运输业

福建地处长江三角洲和珠江三角洲两个经济区之间，东邻台湾，西接湘赣等内陆腹地，具有独特的区位优势和重要的战略地位。福建大陆海岸线长 3 324 千米，约占全国 1/6，拥有岛屿海岸线 2 120 千米，有着众多的优良深水港湾。按照空间分布状况，大致可以分为六大港口群，即福州港、厦门港、泉州港、宁德港、漳州港和莆田港，在六大港口群中，三都澳、罗源湾、湄洲湾等 7 大海湾可建成 10 万吨级以上深水泊位，可以说港口资源丰富，但是除了厦门湾、湄洲湾等港口得到初步开发外，福建其他海湾由于依托城镇经济规模有限，潜力远未得到充分的发挥，甚至有些港湾还仅限于搞水产养殖或作为渔船避风港的初级阶段。港口发展已严重滞后，面临着港口基础设施总量不足、深水泊位严重缺乏等问题，因此，加快港口开发，成为福建省港口发展的当务之急。

20 世纪 80—90 年代，区域经济差异明显，只有少数港口（如福州港、厦门港）因其依托的城市经济发展水平较高而拥有相对便捷的集疏运系统、相对先进的技术装备等，因而货物自然流向少数几个港口，而其他港口由于其依托城镇经济规模有限，发展有所趋缓，这一阶段港口体系空间结构趋于集中。90年代以后，沿海各地区经济普遍发展，尤其以泉州为代表的中部沿海地区经济的崛起，各港口因其直接腹地经济水平提高、基础设施完善等而得到了较好的发展，这时货物的空间流动趋于均衡，出现了分散现象。

港口群开发建设在交通运输、扩大开放和区域经济发展中起了重要作用。现全省共建成生产性泊位507个，其中1万吨以上深水泊位58个。除厦门湾深水岸线已得到较好的开发外，其他地区港口岸线还有很大的开发潜力。2004年，福建整个港口体系的货物吞吐量15 835万吨，集装箱达425万标准箱。其中厦门、福州两港已成为全国沿海主要港口，厦门港集装箱吞吐量居全国第7位，福州港集装箱吞吐量居全国第10位。厦门港是闽东南地区货物集散中心和区域经济社会发展的重要依托资源，其集装箱运输的优势突显，全省67.46%的集装箱和78%的外贸集装箱吞吐量均由厦门港完成。福州港（包括闽江口内、松下、江阴、罗源湾港区）在福建港口群中处于核心地位，应进一步开发外海深水区，依托能源、冶金临海产业链等项目带动开发，大力发展集装箱干线运输。有学者预测，福建省沿海将形成以厦门湾港和福州港为主枢纽港，泉州港、莆田港和漳州港为地区性重要港口，宁德港等为一般港口的港口体系。这将为福建省参与国际经济技术合作与竞争、建设海峡西岸经济区、发展综合物流和开展对台"三通"提供保障。今后福建港口发展应以优化港口布局和调整泊位结构为主线，通过改造和新建，完善沿海港口集装箱运输系统和大宗散货运输系统，建立大中小港口相结合、层次分明、功能完善、分工协作的全方位福建港口群，并与台湾港口共同组成海峡港口群，与长三角、珠三角和环渤海等港口群协调发展。

16.4 东海区域的滨海旅游业

东海沿岸气候温和，背山面海，岛屿众多，风景宜人；沿海地区开发历史悠久，历史文化遗迹众多，旅游资源丰富。但是，东海旅游资源的开发，主要是在改革开放以后，一方面对老的海洋景观进行改造与扩建；另一方面通过科学考察、调查、规划、设计，开发出一批新的旅游景区。2005年，东海沿岸旅游区共接待海外游客9 235 826人次，创汇622 946万美元（图16.9）。

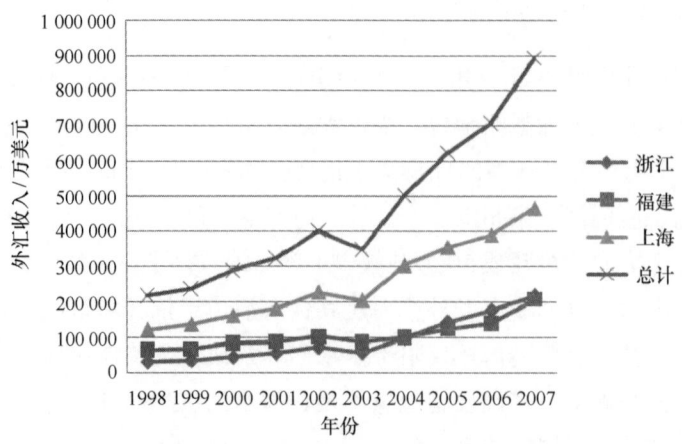

图16.9 东海地区国际旅游外汇收入

资料来源：中国海洋统计年鉴，1999—2008

滨海旅游业是蓝色的朝阳工业，国内与国外旅游收入将同步增长。2000年中国东海沿海城市的外国游客达400万人次。外汇收入约25亿美元。今后，东海旅游业发展应在重点发展国际旅游的同时，积极发展国内旅游，内外并举，双向服务，以满足人民文化生活水平日益提高的要求。要开发与保护海洋旅游资源，加强重点滨海旅游区的建设，突出海洋旅游特色，建成若干点、线、面相结合的海洋旅游网络。以上四大产业为东海海洋产业的支柱产业，其中海洋运输和海洋大渔业为主导产业。随着沿海经济实力的持续增长及科技兴海战略的实施，21世纪海洋油气业也将成为东海的主导产业。未来东海石油工业的兴起，会影响和推动钢铁、冶金、土木建筑、造船、运输、化工、机械、仪表、电子、深海工程、海洋调查、盐业、海水淡化、海洋能发电等产业的兴起。大批海洋产业的兴起，势必会影响东海的工业布局和优化东海沿岸地区的产业结构。另外，开发海洋还可以增加就业机会，有效缓解东海沿岸劳动力过剩带来的就业压力。根据世界海洋产业发展规律及中国海洋产业发展的实际，我们将东海海洋产业发展划分出四个层次。其中第四个层次是人类集中在陆地上所获取的知识与财富后又回归海洋生活的宏伟大业，它是最高层次的产业，标志着人类真正回归海洋（表16.1）。

表16.1 东海海洋产业发展顺序

第一层次（2000年前）	第二层次（2010年）	第三层次（2020年）	第四层次（2050年）
海洋渔业	海洋盐业	海洋砂矿业	海底隧道
海洋交通运输业	海洋食品业	海水化学业	跨海桥梁
海洋油气业	海洋药品业	滩涂种养业	海上人工岛
海洋旅游业	海洋服务业	海水淡化业	海上城市
	海水直接利用业	海洋电冶	海底城市
		海底采矿业	

16.4.1 浙江省滨海旅游业

浙江是海洋大省，浙江省拥有海域面积约260 000平方千米，相当于陆域面积的2.56倍；海岸线总长6 486平方千米，占全国海岸线总长的20.3%居全国首位；面积500平方米以上的岛屿3 061个，占全国岛屿总数的40%。辽阔的海域，浙江具有发展海洋旅游的一系列优势。

首先是丰富的海洋旅游资源。浙江省的海洋旅游资源涵盖了旅游资源国家标准中8个主类。在海洋旅游区内，拥有1个世界地质公园和国家级海洋自然保护区，4个国家级风景名胜区、2个国家地质公园、10个国家森林公园、6个省级旅游度假区、18个省级旅游区、17个省级森林公园，国家4A级旅游区20个、3A级11个。丰富的旅游资源，为浙江发展海洋旅游奠定了坚实的基础。

浙江的5个沿海地区，拥有特色各异的海洋旅游资源，在海洋旅游发展上亦各具特点。舟山以普陀山、朱家尖、沈家门"金三角"为核心，以"海天佛国，海岛风光"为特色发展海岛宗教旅游和海岛休闲旅游，以嵊泗列岛为主体，发展海上运动旅游。宁波以象山、松兰山和韭山列岛的自然保护区为主体，发展海洋垂钓和海洋生态旅游。嘉兴以九龙山国家森林为主体，发展海滨浴场和海洋康乐保健旅游。台州以大陈岛为核心，发展红色教育旅游。温州以南麂列岛、洞头列岛为主体，发展休闲度假旅游。可见各地在海洋旅游发展中资源差异明显，特色发展是浙江海洋旅游的发展趋势。

其次是厚实的海洋旅游产业基础。目前，浙江海洋旅游在全省旅游经济总量中占有近半壁江山。37个沿海县市区接待国内旅游者人次与收入均占全省一半，入境旅游人次与收入近1/3。同时，海洋旅游区内已初步形成以城市为核心，以国家级和省级旅游功能区为支撑的生产供给体系。此外，海洋旅游的接待服务设施也具有较大的总量规模。全省海洋旅游区已拥有星级饭店749家，标准床位超过130 000个，还有大批社会饭店、家庭旅馆等接待设施。海洋旅游区内的旅行社、旅游汽车公司、航运游船公司、旅游票务中心等服务体系也不断完备，已形成了"吃、住、行、游、购、娱"全方位的服务系统。

第三是快捷的海洋旅游交通条件。一是沿海陆路交通高速大通道已贯穿。二是半岛工程、连岛工程的实施，岛与岛之间联系更加方便。三是海上高速航运事业快速发展，船速和舒适度都有了大幅度的提高。并且，随着杭州湾跨海大桥、绍嘉大桥、舟山连岛工程、洞头连岛工程等的相继完成，甬台温沿海高速铁路、杭甬城际高速铁路和沪杭磁悬浮等交通网络的完善，浙江沿海的交通发生了巨大的变化，旅游出行更加便捷。

除此以外，浙江还具有优越的区位条件。浙江海洋旅游区位于我国南北海岸线的中部，处在我国经济、科技、文化最发达的长三角地区。发展海洋旅游的区位优势明显：一是本区域民间资金雄厚，投资开发旅游融资渠道多；二是本区域居民收入水平高，对旅游的需求日益旺盛，浙江海洋旅游对区域内居民有很大的吸引力，在周边形成了极大的客源市场。随着长三角经济一体化进程的推进，苏浙沪三地经济、社会发展将相互交融，相信这一客源市场将为浙江海洋旅游提供日趋强劲的需求支撑。

16.4.2　福建省滨海旅游业

福建沿海地区不同于其他类型的旅游地。本属多山的沿海地区，西北部由北到南接连太姥山山脉、鹫峰山脉、戴云山脉和博平岭，地势西高东低，由西向东地形依次为中低山－丘陵－岗台地－滨海平原－大陆架。全区地形以山地丘陵居多，海拔达80米以上的低丘、高丘、低山、高山面积约360 000平方千米，占全区土地总面积的74.1%，境内有海拔1 000米以上的中高山近400座，其中不少山岳风景秀丽，山清水秀，具有极高的观赏价值。另外本区海域辽阔，面积达1 360 000平方千米，比全省陆域总面积还要大，是沿海地区陆域总面积的2.8倍。大陆岸线曲折绵长，北起福鼎市的虎头鼻，南至诏安县的铁炉岗，总长达3 051千米，占全国海岸线总长的18.1%，居全国第二位。海岸线曲折率达1∶6.28，居全国首位，曲折的岸线形成了许多良好的港湾和沙滩。本区拥有大小岛屿1 204个。沙滩、岛屿、港湾以及沿岸海蚀景观构成了本区以海为特色的旅游资源。由于本区岸线是基岩海岸，不少山脉直逼海岸，直插入海，形成了山海大观的独特景观，是一个兼居山岳型和海洋型两种特色的旅游地。同时，福建是我国近代化的发祥地，也是台湾近代化之源地。作为台湾文化源头的福建文化是通过福建海洋文化传播到台湾的，因此对台开发海洋文化旅游对于还原闽台文化通道，揭示闽台文化统一源流将起到重大意义。主要开发内容包括信仰文化、开拓文化、移民文化、女神文化在内的多元海洋文化旅游，并努力调动两岸社会各界力量开展各个层次的闽台旅游合作，以期从旅游业的角度为三通奠定文化基础。

福建沿海地区旅游资源数量众多，类型较齐全，人文旅游资源略超过自然旅游资源，旅游资源的品质较好，不少旅游资源在国内和国外都具有独特性。福建沿海地区客源市场结构以国内市场为主，入境市场为辅。各市场分为三个等级：核心市场、基本市场和机会市场。

国内市场以省内、长江三角洲和珠江三角洲为核心市场；江西、湖南、湖北、安徽、山东、北京、四川等省为基本市场；其他省份为机会市场。入境旅游市场中以港澳台、东南亚、日本、韩国、美国等为核心市场；英国、法国、德国、意大利等欧洲国家为基本市场；加拿大和大洋洲等地区为机会目标市场。

福建沿海地区旅游产品结构体系可以分为国外市场和国内市场两个部分。国外市场以观光旅游产品、休学旅游产品、商务旅游产品、宗教旅游产品和文化休学旅游产品为主；国内市场以观光旅游产品、休闲度假旅游产品、生态旅游产品、商务旅游产品和娱乐购物旅游产品为主。旅游产品体系结构中支撑重点产品为：山林生态旅游产品、蓝色海洋旅游产品、绿色农业旅游产品、文化宗教旅游产品和城市旅游产品。福建沿海地区旅游空间结构必须优化，其优化的框架可归结为一轴二极三大旅游功能组团，各空间结构要素应当突出自身在整个沿海区域旅游系统中的功能，发挥各自的优势。旅游中心城市体系分为三个等级，其中福州和厦门为一级旅游中心城市。对应一条旅游发展轴线和两个一级旅游中心城市，福建沿海地区应当构建一个以福州和厦门为核心的双核型沿海大旅游圈，通过三大旅游功能组团，来强化旅游空间结构的优化。

16.5 东海区域的造船业

近年来，国际船舶市场呈现出空前兴旺的态势，东海地区造船工业也展示出强劲的增长势头（表16.2）。手持新船订单、新船完工数均创造了新的历史纪录，出口船舶已进入各大洲102个国家和地区，并且船舶出口订单是在国际市场公开招标中与发达国家竞争取得的。近年来，沪东中华等造船厂和研究所自主开发了船体建造软件三维舾装管系设计系统，已在国内数十家船厂应用；沪东中华已把"数字造船、绿色造船"作为企业发展的基本方针；江南造船厂正在建设"e江南"，外高桥造船公司引进了体现先进造船观念和模式的韩国HANA/CIMS，并正在调试。目前，东海造船业开始向大型化、高技术方向发展。继一般货轮、油轮、化学品、成品油轮、冷藏集装箱船等一批具有国际先进水平的船舶之后，增加了一批结构复杂、技术难度大、自动化程度高的大舱口集装箱货轮、液化石油气船、液化天然气船、全铝合金高速水翼船、15万吨级散货船、油轮以及30万吨级超级油轮（VLCC）等。

表16.2　2005—2008年东海地区造船完工量和出口船舶完工量一览表

指标	造船完工量/万载重吨				出口船舶完工量/万载重吨			
地区	2005	2006	2007	2008	2005	2006	2007	2008
上海	432.7	541.9	617.3	690.7	321.9	437.6	572.2	556.3
浙江	189.6	210.7	317.3	536.8	38.9	83	234.2	225.4
全国	1 356.4	1 587.1	2 164.1	3 040.9	768.5	1 172.8	1 763.1	2 176.1
上海占比重	31.90%	34.14%	28.52%	22.71%	41.89%	37.31%	32.45%	25.56%
浙江占比重	13.98%	13.28%	14.66%	17.65%	5.06%	7.08%	13.28%	10.36%

资料来源：根据中国海事网相关统计数据整理得到。

16.5.1　浙江省的沿海造船业

船舶工业是浙江海洋经济和先进制造业的重要组成部分，加快船舶工业发展是推进浙江省产业结构战略性调整与经济发展的重要举措。船舶工业是大型装备制造业，也是航运业、渔业、海洋工程的基础，具有技术先导性强，产业关联度大，资本与劳动密集结合等特点。因而，发展船舶工业对于加快建设先进的制造业基地，发展海洋经济，融入长江口造船基地建设，推进浙江省国民经济和社会发展，具有十分重要的意义。

16.5.1.1 浙江省造船业发展现状

据浙江省经贸委统计：2004年，浙江规模以上（即企业资产500万元以上）船舶工业企业全年造船完工量214艘，共计61.43万载重吨，占全国7.2%，实现总产值84.41亿元，出口交货值21.86亿元，产品销售收入76.45亿元，利润总额3.19亿元，主要经济指标均列全国前四位，其中利润列全国第二位，总资产贡献率列全国第一位。2005年的最新国防科工委的统计数字表明：2005年浙江省纳入统计的规模以上127家船舶工业企业完成工业总产值154.55亿元，同比增长74.79%，占全国总量（下同）12.30%；出口交货值45.70亿元，同比增长111.08%；产品销售收入130.73亿元，同比增长70.93%；利润8.97亿元，在全国同行排位中列第二位，产值、销售收入及出口列第四位；全年造船完工量为335艘，计107.24万载重吨，占全国8.8%，其中出口17艘，计25.30万载重吨，占全国3.4%；全年新承接订单430艘，计116.53万载重吨，占全国6.9%，总资产贡献率11.2%，列全国第一位等。这些数据表明，浙江省船舶工业经营状况已走在了全国各省市的前列。

2003年后，浙江船舶工业发展进入快车道，船舶工业技术水平显著提升。随着一批国内外业内大集团、大公司投资落户浙江，骨干船厂扩建与改造工程的实施，修造船技术装备明显改善，制造能力与水平大幅提高。据浙江省船舶行业协会提供的数据：至2005年年底，已建成30万吨、15万吨级修船坞与8万吨级造船船台多座，并且配备了最大达300吨的龙门吊等一批起重设备以及钢板预处理线、等离子数控切割机等现代化设备。此外，浙江省已建造了5.35万吨新型散货船，批量生产超低温金枪鱼钓船、海洋平台供应船和900标准箱集装箱船等。浙江船厂的分段预舾装率和下水的完整性已在80%以上，建造灵便型散货船的船台周期也从120多天缩短到90天。浙江省内主要船厂分别承接了2 750标准箱和4 250标准箱的集装箱船订单，现代造船模式的应用在骨干船厂取得了一定成效，船舶工业技术水平显著提高。

16.5.1.2 浙江省造船业存在的问题

船舶科技水平不足。随着国际船舶市场需求的大型化、专用化、高速化、高度自动化和系列化，造船竞争的核心从资源比较转向了科技实力的竞争。日本、韩国等发达国家依靠强大的科技实力，近年来几乎包揽了高技术、高附加值的船舶市场。浙江的造船企业大多采用整体制造模式，骨干船厂也基本处于分段制造模式阶段，在高技术、高附加值船舶和海洋石油工程装备核心技术等方面缺乏全面、系统、前瞻性的理论和实践研究，面对新世纪船舶建造大型化趋势，船舶工业科技能力发展滞后成为突出的问题。浙江船舶工业近年大力推进技术创新，主要造船企业技改投入不断增长，但在造船技术水平、信息技术、造船管理模式等方面远落后于世界综合水平。从目前船舶市场竞争态势看，劳动力资源丰富、价格相对便宜的比较优势将被技术和管理的落后所抵消。因此，迫切需要对浙江造船业的技术现状进行分析，制定提升策略，以推动浙江船舶工业的产业技术升级，实现向现代化造船模式的转换。

船舶配套业发展滞后。船舶配套业是船舶工业的基础和核心力量，配套工业技术水平高低、产品质量优劣直接关系到一国、一地船舶工业综合实力和国际竞争力的强弱。"十一五"以来，浙江省船舶工业持续高速发展，已成为临港工业的重要支柱产业之一。同时，在高速发展中一些结构性不平衡所引发的矛盾也日益突出，其中为各方特别关注的问题之一是跨越式发展的造船产能与发展相对滞缓的船舶配套业的矛盾，配套业的严重滞后已成为制约浙江船舶工业竞争优势培育的瓶颈之一。目前浙江省船舶配套企业"低、小、弱"状况没有根本变化；配套产品技术含量低、型号规格小，关键设备、高附加值设备储备不足；吸收外资、引进先进产品、技术跟不上国际发展的步伐。因此，要提升浙江船舶产业的国际竞争力，必须改变当前浙江船舶配套业滞后的现状。

船舶专业人才短缺。船舶工业集劳动密集、资金密集、技术密集于一体的产业，船舶工业的快速发展不但需要大量能力强、素质高的设计建造技术人才，还需要大量技术人员。随着国内外一批船舶工业项目落户浙江，船厂改扩建加速，现代化造船设施大量装备，使得船舶类专业人才短缺的矛盾日显突出。现代化的设施和装备只有与现代造船模式相结合才能充分发挥其效能，而这必须依赖于专业技术人员。浙江目前仅有浙江海洋学院开设了船舶与海洋工程本科专业，浙江交通职业技术学院从2005年开始招收船舶修造高职生，无论是人才的层次（没有中职教育和研究生教育）还是专业门类配套上都不完整，这显然已经不能适应浙江船舶工业发展的需要。

16.5.1.3　浙江船舶工业发展的策略和措施

浙江船舶工业在"十一五"时期应坚持走新型工业化道路，顺应国际国内船舶工业发展趋势，抓住发展机遇期，围绕长江三角洲经济新一轮发展和浙江省建设先进制造业基地的战略任务，依托区位和资源优势，以省船舶工业结构升级为主题，科技进步和体制创新为动力，提高全省船舶工业竞争力为核心，充分发挥浙江造船业已形成的以民营经济为主体的机制优势，块状经济为代表的集聚优势，专业市场为依托的营销优势，努力开拓国际国内两个市场，坚持服务国内、出口主导，修造并举、以造为主，加强配套、培育特色以及生态环保的方针，大力招商引资，实现在全面协调可持续发展轨道上的跨越式发展。并实现从具有区域比较优势向国际竞争优势转变；从对地方经济发展粘连度低向对经济带动作用强的方向转变；从传统的船舶制造模式向现代造船模式转变，实现浙江船舶工业的跨越式发展。

1）建立船舶出口担保及融资机制，加强对出口船舶的信贷支持

船舶修造业集中的地区，各级政府应出台相应政策，引导企业及社会其他力量参与，建立船舶专业融资担保机构，扩大船舶企业的融资渠道。鼓励企业利用出口信用保险来提高船舶的出口竞争力；鼓励银行拓展船舶企业的履约保函和融资保函业务。鼓励银行积极进行金融创新，向船舶企业提供多种形式的金融服务。引导银行按照国际通行做法和相应条件，向船厂提供卖方信贷或为船东提供买方信贷，并根据政策条件、船舶企业的信用状况、生产特点等合理确定贷款期限、金额和利率。积极支持船舶企业利用外汇贷款解决资金需求。鼓励政策性银行按规定对船舶企业予以信贷倾斜和政策优惠。对于进口设备、原材料较多的大型船舶企业或大型造船项目，可以安排一定的外债专项指标，增加其资金来源渠道。

2）优化利用内外资源

浙江省船舶工业要进一步加大开放力度，主动接受以上海为龙头的"长三角"经济的辐

射,并积极创造良好投资环境,吸引国内外航运业与船舶工业大企业、大集团,来浙江投资发展船舶工业。浙江船舶科技力量薄弱,船舶专业人才教育起步也晚,系列、层次不全,由于船舶工业在省内的总规模并不很大,无论是船舶科技还是船舶教育都没有自成完整系列的必要性和可能性,应争取通过建立长三角地区船舶科技和专业教育协作体系,建立船舶科技协作机制和统筹安排浙江需要补充的各级、各类专业教育任务。抓好现有企业的资源整合,通过兼并、联合、改造、迁建等途径,对现有中小企业的生产能力进行整合;鼓励企业对现有的生产设备进行更新改造,并大力引进先进技术和先进工艺,努力提高科技含量,提升产业层次;逐步淘汰生产设施设备简陋、技术水平落后的企业;通过积极努力,促使浙江的船舶工业不断上档次、上水平,逐步形成结构优化、布局科学合理、产业链延长、带动作用明显、各个门类协调发展的产业体系。

3) 重视人才培养与引进,加大科技投入

充分发挥高等院校培养船舶相关专业人才的作用,为船舶设计、生产与科研提供各类专业人员,重视船舶工业职业技术工人培训。大力引进造船业技术人才和管理人才,对于重点骨干船舶企业引进紧缺人才和高新技术人才,当地政府应放宽限制,优先为其办理手续。加大科研投入,有步骤地组织"产学研"攻关,提高船用设备技术创新能力。鼓励高科技人才以其科技成果入股。

16.5.2 福建省的沿海造船业

福建省岸线长、良港多,拥有全国第四位的海岸线,长达3 340千米以及众多良港(三都澳、福州江阴、湄洲湾、厦门港等),适宜发展海洋经济中的临海工业。同时,福建地处东南沿海上海至广州的中心,区间无大型修造船设施,需要填补空白;福建省面对台湾省,发展船舶工业对加强国防和促进两岸"三通",实现台湾修船业转移有特殊意义。国际航运市场向东南亚转移的趋势也为福建省船舶工业发展增添区位优势。福建省船舶工业分布于全省沿海各地市,2003年末已拥有大小造船工业企业108家,职工15 000人,已建成大小船坞和船台共37座,合计船台单船造船能力约11.5万吨,修船坞容量约21.32万吨,初步形成以福州、厦门建造出口船为中心,宁德、漳州、泉州等修造3万吨级以下船舶的修造船生产格局(表16.3)。

表16.3 2003年福建省修造船基础设施分布

	福州	厦门	宁德	漳州	小计
1万吨至3.5万吨级船台	2*	1*	1*	0	4
万吨级以下船台	4*	0	2	0	6
1万吨至3.5万吨级船坞	2*	1*	3*	1*	7
万吨级以下船坞	3	0	8	9	20
小计	11	2	14	10	37

注:带*号表示配有起重能力。
资料来源:《加快结构调整提高福建船舶工业竞争力》。

"九五"开始福建省船舶工业逐步持续高速增长,初具规模。"九五"期间福建省船舶出口75艘,创汇2.27亿美元,全行业商品产值年均增长25%,属发展较快的沿海省份。据中国机电进出口商会船舶分会公布的统计数据,2002年福建省船舶工业集团公司出口11艘船舶，创汇1.04亿美元，列全国船舶出口企业第六位，出口创汇额占全国5.4%，为全国创汇亿美元的六家船舶企业之一，是地方船舶企业中唯一船舶出口超亿美元的企业。

"九五"期间，福船集团公司借助厦门市、福州市城市规划改造的机遇，盘活土地资产，以土地级差及搬迁补贴的4.5亿元为资本金，投入7亿元进行修造船基础设施建设。实施了厦门造船厂、东南造船厂易地搬迁改造及马尾造船厂造船部分"双加"技改。全省新增3.5万吨级船台2座，2万吨级以下船坞8座，浮船坞2座，新增坞容14万吨，车间5万平方米，3.5万吨舾装码头375米，起重能力800吨，平台8万平方米，使福建省船舶工业初具规模：单船建造能力从2万吨提高到5万吨（兼吨），年造船能力达30万吨，已形成小批量生产欧洲型高技术性能的多用途集装箱货轮和东南亚大功率拖轮等系列特色产品。在实施技改投入的同时，厦门造船厂学习广船国际，从实施转换造船模式入手推行现代管理制度，实现易地改造三年达产的预定目标，成为极具竞争力的地方船厂之一。

"十五"初期，福船集团相继对马尾造船厂和厦门造船厂进行改制，初步建立了多元化投资主体的股份制企业，企业更具活力。

近几年，随着世界造船向中国转移以及百年一遇的船舶市场行情，福建船舶工业也得到了迅猛发展。据统计，截至2008年年底，福建省船舶企业完成工业总产值151.2亿元，同比增长48%；出口产值77.9亿元，同比增长70%；全年造船完工量244艘，110万载重吨，同比增长19%、102%，实现利税5.99亿元，手持订单近300艘。同时，通过积极实施"错位竞争，系列、批量造船"的经营策略，充分发挥福建船舶企业"小而专"的优势，使得福建船舶企业在全国，乃至世界船舶市场中取得了不俗的业绩，厦船重工公司核心产品4900CAR汽车滚装船被国际航运界命名为"厦门型"；马尾造船公司700箱集装箱船成为全球同类船型定价的风向标；东南造船厂的主导产品——海洋多用途工作船，手持订单已超过100艘；民营企业福建闽东丛贸船舶实业公司、福建冠海造船厂等均任务饱满。

16.5.3 上海市的造船业

在中国船舶工业蓬勃发展的30多年中，上海船舶工业占有十分重要的地位，具有坚实的基础和雄厚的技术实力，已经成为中国船舶工业的领头羊。2010年，上海拥有主要造修船以及船舶配套工业企业100多家，相关从业人员5万余人，重点研究院所13家，相关院校2所。

2004年是上海船舶工业完成"十五"重大技术改造的重要一年，随着新一轮技术改造和重大工程建设项目的相继竣工、投入使用，造船能力有大幅度地提高。依靠科技创新和科技进步，造船新工艺的推广使用，造船三大指标继续处于历史高位，多种船舶实现批量生产。2004年公司造船产量为299万载重吨，同比增长80%；完成工业总产值208亿元，同比增长28.2%，交船48艘。其中船舶新产品有16 500吨化学品船、18 000吨化学品船、13 658吨化学品船、15 999吨化学品船、5 000立方米自航耙吸式挖泥船、7.2万吨原油船、17万吨浮式生产储油船等。制成的船用低速柴油机共62台，计70.38万千瓦，同比增长26.3%。其中国内首台船用智能型柴油机7RT-flex60C，国内首批超大功率柴油机7K90MC-C、7S60MC MarkⅧ型、6K80ME-C等都是具有国际先进水平、达到当代环保要求且高效节能的新型船用低速柴油机。

近年来，上海船舶企业进行了一系列有效的资产重组和资源再分配，形成了新的发展格局。由沪东造船厂与中华造船厂强强联合重组为沪东中华造船集团有限公司，江南造船厂与求新造船厂联合重组为新的江南造船集团,另外已有140余年修造船历史的上海船厂与江苏澄西船舶修造厂合并组建了上船澄西船舶有限公司,外高桥造船有限公司也于2002年建成投产。2008年这四大船舶制造公司共计完成工业总产值370.1亿元,占整个上海船舶制造业的66.8%。转制重组后的四大造船公司带动了整个上海船舶制造业的蓬勃发展,也代表了整个行业的发展趋势。

2008年,上海船舶工业系统造船完工量690.7万载重吨,各项经济指标均有较大幅度增长(表16.4)。另外,"十一五"期间上海船舶制造业开发和建造了一批高技术和高附加值的液化天然气(LNG)船、化学品船、成品油轮、大型和高速集装箱船、火车渡轮等,消化吸收了LNG船、5万大功率柴油机等高技术船舶和重点配套产品技术,使得产品档次得到了大幅度提升。

表16.4　2008年上海船舶工业主要经济指标一览表

项目名称	单位	数额	同比增长/%
完工船舶	艘	72	38
造船产量	万载重吨	690.7	32
工业总产值	亿元	554.2	46.2
营业收入	亿元	542.9	44
出口交货值	亿元	388.8	49
制造柴油机	台	133	90
总功率	万千瓦	226	90
新承接订单	万载重吨	774.6	37
手持订单	万载重吨	3 975.1	54

数据来源:《中国船舶工业统计年鉴》。

上海是中国船舶配套业发祥地,是我国目前船舶核心配套设备的主要生产地之一。其中最大的船舶配套企业为沪东重机公司,该公司目前在国内船用柴油机市场的占有率在65%以上,是我国生产规模最大、技术开发能力最强的大功率中低速船用柴油机生产基地,船用柴油机年产能力目前已接近250万马力,主要为国内外著名造船企业提供世界上先进的船用柴油机产品。2008年,沪东重机股份有限公司全年船用柴油机完工突破226万马力;销售收入突破53亿元。

按照到2015年我国成为世界第一造船大国的战略规划,上海船舶工业将抓住城市新一轮发展的重大机遇,瞄准国际一流水平,按照科学规划、统一部署、一次规划、分步实施、精心建设的原则,高标准地规划和建设好现代化造船基地。按照新的发展规划,上海船舶工业以中船集团为主体、地方企业配合,以建设世界最大造船基地为目标,实施从黄浦江向长江口转移的整体战略,在长江口形成由长兴岛造船基地、崇明造船基地、外高桥造船基地组成的上海船舶制造基地。到2015年,上海造船能力将达到1 200万吨,产值600亿元,出口创汇60多亿美元,加上海洋工程、钢结构及船舶配套等业务,产值达到800亿元,出口创汇80多亿美元。

人力资源方面,上海船舶工业系统现已拥有一支熟悉市场、善于管理的经营管理者骨干队伍、技术业务素质较全面的开发设计骨干队伍和具有过硬技能的工人技能骨干队伍,年龄结构逐渐趋于合理,学历层次不断提升,大专以上学历人员的比例已接近20%,并每年以

1%比例上升；研究生以上达5%以上；既懂技术又懂管理的复合型人才数量明显增加；技能工人的素质得到较大改善，技师、高级技师占技能工人的比例达到3.5%；外来务工人员的文化程度和专业技能整体上也有较大提高。与建立现代企业制度相适应，上海船舶工业各企业都基本建立了现代人力资源管理体制。一是开展人力资源的战略管理，围绕企业发展战略制定了人力资源管理长远规划。二是根据企业的经营和生产任务，通过自主招聘，不断改进用工方式，人力资源的活力得到了激发。三是开展员工绩效考评，建立绩效考评体系。四是拉开薪酬分配差距，不断增强激励力度。五是重视员工的岗位培训和职业教育，并不同程度地开展以人为本的企业文化建设。

第17章 东海海洋区域经济

17.1 海洋经济分区

17.1.1 海洋经济分区的原则

东海海岸带陆地地区包括浙江省、福建省和上海市以及台湾省，位于中国大陆和琉球群岛之间。东海海岸线长度为5 745千米，仅次于南海，约占全国海岸线总长度的1/3。东海的海底地形总趋势是由西北向东南倾斜。自浙江和福建沿海分为大陆架平原、大陆坡、冲绳海槽、琉球西侧岛坡等部分，拥有滩涂面积740万亩，10米水深浅海面积3 179万亩。东海四周共有岛屿4 000多个。东海沿岸地区都是经济发展水平较高、社会经济力量较强地区，这都得益于东海丰富的自然资源条件与便利的区域地理条件，同时也为充分开发利用海洋奠定了坚实基础（图17.1，图17.2）。

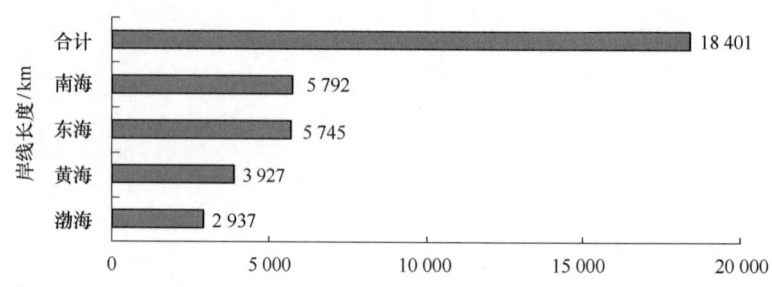

图17.1 全国及各海区海岸线长度

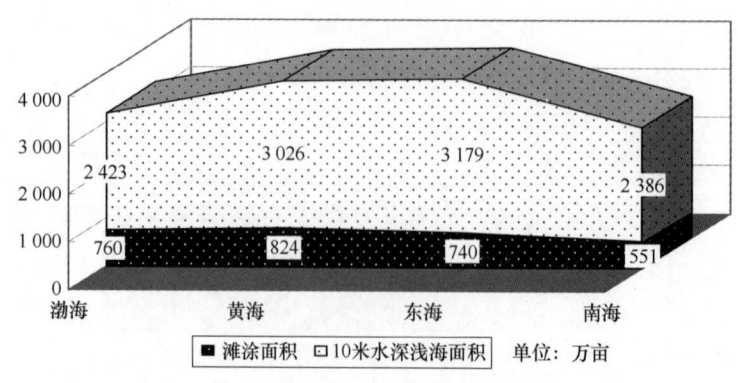

图17.2 各海区滩涂面积与10米水深浅海面积

一般来说，海岸带区域范围的划分因不同的需要，差异甚大。比如从资源开发利用和管理需要，海岸带向陆地延伸范围不宜过大；但从经济发展及社会需求方面，则需要在陆地具有一定的宽度，并与行政区域划分相一致。因此，海岸带区域范围划分，采用单一标准并不能满足有效划分海岸带区域所需要的全部条件。由于海岸带自然环境特殊，资源丰富，社会经济发达，其开发利用所涉及的面广，问题错综复杂，特别是随着我国经济的不断发展，各部门、各地区对海岸带的要求越来越多，在开发强度比较大的东海海岸带地区问题尤为突出，这就要求对海岸带经济区域的划分必须要进行全面安排、统筹兼顾，将经济效益、社会效益和环境效益统一起来，综合考虑地理、经济、资源及环境等因素，遵循利益最大的原则，具体来说，又可以归纳为以下原则。

17.1.1.1　局部与全局相结合，实现多目标多层次的系统开发的原则

海岸带具有海陆兼备的特点，地处海陆两大地理单元的结合部。海岸带区域划分及资源开发利用，要从整体出发，建立多目标、多层次的系统开发体系，从大局着眼，除了看到海岸带内，还要看到海岸带外更大的地理单元；除了看到本地区和本部门的需要，也要看到国家全局的需要，统一考虑，适地安排。各省市的海岸带不同岸段，既是各省、市海岸带的一部分，也属于全国海岸带中的一环。在海岸带区域范围划分时，既要从地区角度分析，有利于各省、市海岸带资源开发利用和海洋经济发展，又要从全国海岸带资源整体出发，以国民经济发展的全局进行考虑。而当地方需要与全局需要发生矛盾时，要首先保证全局的利益。只有把握全局，根据海岸带整体的经济发展特点和需求，才能保证有重点、有步骤的开发利用，才能使海岸带的开发利用与整个地区经济结合起来。但是，全局统一考虑，并不是搞一刀切。

东海地区滩涂面积不算多，在全国四大海区中仅排名第三位，但是10米水深面积最大，拥有丰富的渔业资源和较多优良深水港址。因此，在划分海岸带区域范围时，不能为了发展渔业而放弃开发港口，也不能为了港口的发展而舍弃渔业，而要根据各海岸带不同地段的自然和资源以及社会经济技术等条件，顾全大局，考虑局部，对不同地段甚至同一地段的不同部位，进行因地制宜、多种经营的综合开发利用。

17.1.1.2　综合考虑经济、产业需求，使海陆各产业经济有机关联共同发展的原则

海岸带的区域性特征决定了其与陆地经济具有千丝万缕的联系。海岸带的复杂性、多变性和空间利用的多样性是任何地区所无法比拟的。在现有经济技术条件下，海岸带空间在其构成要素上，无论节点、域面、网络都必须在海陆兼备、立体开发的模式下才能满足人类经济活动空间载体的要求。

海岸带区域范围划分，既是区域地段的划分，也是产业部门的划分，海岸带经济与区域经济的关系更为直接、具体和深刻地体现在海陆产业关联方面。海岸带经济是多部门、多行业的经济，但这些部门、行业之间多缺乏内在的有机联系，不可能形成独立的实体。事实上，这些海洋开发部门、行业是陆地经济的某些部门向海洋空间上的延展，多与陆地的经济活动密不可分，具有内在的联系，形成陆海经济生产与再生产的综合经济系统。一方面，海岸带产业的发展必须依托于陆地产业。陆上产业是海洋产业发展的基础，可以为海洋产业提供配套设施和经济技术保障。例如，海洋运输业的发展离不开沿海港口及陆上集输运体系的建设，也离不开陆上钢铁、机械、电子、造船等产业的发展。另一方面，陆上产业的发展也同样依赖于海岸带产业的发展。陆地产业发展越来越面临资源的全面枯竭和生态环境容量迅速减小的制约，而海洋中丰富的海底矿物、能源储备和生物资源为陆上产业发展提供了强大的物质

保障和广阔的拓展空间。在海洋产业与陆上产业发展过程中,无论是发展空间还是技术经济等方面,它们的相互依赖是逐渐增强的。海陆产业间客观上存在的这种必然联系,也决定了海洋经济与陆地经济发展互为基础和条件,相互间具有重要影响。

在东海地区,沿长江的港口航运业带动了长江沿岸及长江口两侧"T"字形地区经济的飞速发展,而这些地区经济的发展又不断促进地区航运业的发展,港口经济与地区经济相互交织、相互促进,形成了以港口业为龙头,带动地区经济飞速发展的优良模式。因此,东海海岸带区域范围的划分,也必须综合考虑海陆各产业间的联系,同时还应根据各地经济政策、经济形态、经济发展态势以及经济技术发展水平等状况,促使海岸带区域各产业经济有机关联、共同发展,实现区域经济共同进步。

17.1.1.3 资源的开发与保护相结合,实现区域经济的可持续发展的原则

海岸带资源和环境是一个独特的生态系统,海岸带区域范围的合理划分,就要保证其环境与资源的统一开发。结合海岸带资源环境现状,我国海岸带资源环境保护要坚持贯彻污染防治与生态保护并重、陆海兼顾、河海统筹的工作方针,切实管好、用好、保护好我国海洋环境和资源,为我国社会经济的可持续发展提供重要的物质基础。

实现海岸带区域经济的可持续发展,就要做好资源开发利用和保护环境之间的协调发展。可持续发展定义为"既满足当代人的需要,又不对后代人满足其需要的能力构成危害的发展",这个定义明确指出可持续发展的核心是发展,但要求是在保护环境、资源永续利用的前提下进行经济和社会的发展。因此一方面要坚决反对"涸泽而渔"的开发方式,防止环境恶化,保护生态平衡;另一方面也不能因保护整治而放弃开发。海岸带资源的开发与利用,应建立在开发利用与保护整治相结合的基础上,严格遵循自然规律,根据资源再生能力和自然环境的适应能力,科学地处理好开发利用与保护之间的关系,保护和改善生态环境,保障海岸带可持续利用,促进海岸带经济的发展。

东海地区已成为我国污染最严重的海域之一,环境污染问题成为经济发展首要解决的问题之一。在继续加大环境保护治理工作实施力度的同时,在区域范围的划分上,也必须实现海洋资源开发与保护的有机结合,该设立自然保护区的绝不挪作他用,真正实现东海地区海洋经济的可持续发展。

17.1.1.4 注重海岸带功能区划,体现统筹兼顾、突出重点的原则

海岸带区域范围划分,还应注重海岸带的功能区划,既要考虑开发利用,又要考虑治理保护和保留等多方面关系;既要考虑主导功能,又要兼顾一般功能;既要考虑当前的需要,又要考虑长远的发展;既要考虑全部利益,又要兼顾局部利益。因此,在区别不同地区、不同情况,确定区域范围时,要因地制宜考虑问题,确定不同重点,并突出这些重点,实现效益最大化。

在确定海岸带功能中,主要从四个方面体现统筹兼顾、突出重点的原则:第一,在统筹兼顾资源效益、经济效益、社会效益和生态效益的同时,要突出重点。比如在渔业资源衰退的沿岸区域,要注重生态环境的保护和恢复,重点突出生态效益;通过划定保留区,把长远利益与近期利益紧密结合,并且通过生产力合理布局,突出社会利益。第二,海岸带区域划分以及确定功能区要综合考虑区域的自然属性和社会属性。第三,在多种功能重叠的区域,要突出主导功能,允许互不冲突或相互影响小的功能区划并存。第四,实现近期开发、未来

开发、整治利用和保留区的合理配置，统筹兼顾、突出重点。近期利益兼顾长远利益，高瞻远瞩，制定长远目标，不能急功近利。

17.1.1.5 军用与民用相结合，处理好经济建设与国防建设的关系的原则

海岸带除了经济建设的作用，也是国防的前哨和对外开放的前沿。国防建设的地位，不能因经济建设而削弱，同时经济建设和对外开放也不能因军事和国防而被束手束脚。海岸带区域范围的划分，也要正确处理两者的关系，使经济建设和国防建设有机结合起来。

17.1.2 东海海洋经济区的划分及特征

17.1.2.1 东海海岸带区域划分概况

在我国海洋经济发展规划中，根据自然和资源条件、经济发展水平和行政区域划分，把我国海岸带及邻近海域划分为11个综合经济区，通过发挥区域比较优势，形成各具特色的海洋经济区域。其中，属于东海海洋区域的为长江口及浙江沿岸经济区和闽东南海洋经济区。

1）长江口及浙江沿岸海洋经济区

本区北起长江口，南抵浙闽交界的沙埕湾，绝大部分为淤泥质海岸，岸线长2 012千米，滩涂面积约3 300平方千米。是位于我国南北海运航线和长江内河航道的结合部，以上海为中心的经济区。地处亚热带湿润气候区，自然条件优越，农业与海洋资源丰富，经济发达，城镇化水平较高，拥有以上海港为中心的港口经济区和海洋渔业生产基地——舟山群岛为主的渔业经济区。其优势海洋资源是港口资源、旅游资源和渔业资源。长江口及杭州湾地区海洋开发基础好、程度高，是我国海洋经济发展最具潜力的地区之一。主要发展方向为：建设上海国际航运中心，加强宁波北仑深水港和杭州湾外港区建设；发展海洋油气和海洋化工深加工；优化资源配置、调整布局结构，发展海洋船舶工业，提高国际竞争力；完善杭州、宁波和舟山群岛旅游景区，建设浙北——上海海滨海岛旅游带；调整渔区经济结构，发展远洋捕捞，搞好浙南海水养殖基地建设；加强海水资源综合利用技术的研究与开发。

2）闽东南海洋经济区

本区北起沙埕湾，南至漳州市诏安湾，主要为基岩海岸，岸线长3 324千米，滩涂面积约1 500平方千米。地处热带和南亚热带季风气候区，光热水分条件组合良好，生物资源丰富多样。热带南亚热带浅海滩涂特有的珍稀海洋生物和本区岸线曲折，岛屿众多，奇特的热带风光以及冬季避寒和沿岸的奇特自然景观，人文景观，构成了具有南国特色的旅游资源。主要发展方向为：调整海洋渔业结构，抓好海水养殖基地建设；强化厦门港集装箱干线港的建设，相应发展福州、泉州、漳州等港口；搞好厦门港、福州港的对台海运直航试点，为恢复对台直接通航做好准备；构筑海峡西岸有特色的滨海、海岛旅游带；加强海洋可再生能源、海洋生物工程技术的研究与发展。

3）东海海岛经济区

中国海岛资源是中国国土资源的重要组成部分，并兼备海陆资源的特点，在沿海经济发

展中具有重要作用。中国海岛分布很不均匀，主要集中在浙江、福建、广东三省，其次是辽宁、山东、台湾、海南四省。上述各省岛屿之和，占全部岛屿的90%以上。除南海诸岛离大陆较远外，绝大部分岛屿环绕在中国海岸线东南边缘。岛屿的开发，主要有三种组合类型，即中心发展型岛屿：以建设高密度的中心城市空间为核心，通过城市的中心性功能达到组织群岛发展的目的；大陆近岸发展型岛屿：依托大陆发展，自身不具备形成中心发展的条件，在发展中纳入沿海地区的发展体系；组群发展型岛屿：主要是一些离大陆、中心岛较远，岛屿规模小，难以建成社会文化和基础设施配套的发展中心，以海洋渔业开发和海岛特色资源的适度开发为主要发展内容。

分布在东海的岛屿有中国最大的岛屿是台湾岛，面积35 774.6平方千米，属大陆岛；崇明岛是世界上最大的河口冲积岛，也是我国第三大岛，面积1 267平方千米；此外还有中国最大的群岛舟山群岛以及福建平潭岛群等。东海的岛屿分布，绝大多数有一个或几个海岛形成岛群，已经有了初步的开发。由于海岛的特殊地理位置，其经济不是大陆经济的自然延伸。

17.1.2.2 东海海洋经济区优势、发展重点及产业布局

1）东海海洋经济区资源优势

(1) 丰富的自然资源。海岸带沿岸地势平坦，滩涂辽阔，淤涨速度快，海水资源丰富，开发潜力大。与其他海域相比，东海海域广阔，东海浅海海域面积占全国海岸的31.5%；渤海次之，占25.1%；南海和黄海分别占24.5%和18.9%。渔业资源中生物种类密度最高，为11.84个/万平方千米。黄海和南海分别为、11.69、3.78个/万平方千米。杭州湾以南沿岸岬湾众多，是浅海养殖的良好场所；以舟山群岛为中心的舟山渔场是我国最大的海洋渔场和水产资源最丰富的海区。

(2) 多彩多样的旅游资源。如舟山群岛的普陀山佛教圣地，湄洲岛的妈祖庙，福州的林则徐祠，海上丝绸之路起点的历史港口城市泉州，厦门的胡里山炮台，广州黄花岗七十二烈士墓，虎门炮台等；闽东南海域处于热带和亚热带，具有许多特有的珍稀海洋生物以及得天独厚的热带、亚热带自然风光和奇特的海底世界以及冬季避寒和沿岸的其他自然景观，人文景观，构成了具有南国特色的旅游资源。

(3) 众多的深水港址。除了丰富的生物资源和独具特色的旅游资源，东海沿岸还具有多处建设大型深水港的优良港址。上海市港口岸线包括黄浦江、长江口南岸、杭州湾北岸以及崇明、长兴、横沙等岛屿，共有岸线594千米。浙江省是海洋大省，沿海深水港湾和岸线资源丰富。2005年全省沿海生产性泊位长度61 055米，泊位958个，万吨级以上71个。福建省拥有大陆海岸线3 324千米，占全国总长18.3%，可利用建港岸线全长468.8千米，其中深水岸线长210.9千米，深水港口岸线资源居全国第一位，可用于建港的深水岸线长达190千米，沙埕湾、三都澳、罗源湾、福清湾、兴化湾、湄洲湾、泉州湾、厦门湾和东山湾都可建设10万吨级以上深水泊位，26处岸段可建20万吨级至50万吨级大型深水泊位100多个。这些都为东海区域发展港口工业、港口城市和农林牧渔提供了良好的条件。

(4) 前景广阔的油气资源。经过多年勘探发现，东海的石油天然气资源也十分丰富，据"九五"期间油气资源评价成果，陆架盆地油气资源量为(71.3~75.1)亿吨。其中，东部坳陷油气资源量达65.9亿吨，占盆地总资源的87.7%，是油气主要分布区。尤其是东部坳陷

次级构造单元之一的西湖坳陷,油气资源量为42.1亿吨,占盆地总资源的56%,是最有利于形成大中型油气田的含油气坳陷。东海油气资源的开发,必将缓解能源紧张,同时也能带动石油化工业的快速发展,为海洋产业技术群体发展创造良好条件。

2) 东海海洋经济区产业布局

(1) 持续发展中的东海渔业经济。东海渔场面积 50×10^4 平方千米,占全国大陆架渔场面积35%,年捕获量超过 400×10^4 吨。东海海岛多分布热带和亚热带,附近海域宽广,多种水系交汇,营养盐丰富,形成上中下水层多种鱼虾蟹的索饵、产卵、繁衍、栖息、生长的良好条件,生物密度和生物量处于其他各海区的前列,资源种类繁多、数量大、生殖周期短,有比较强的种群恢复能力,为渔业生产活动提供了雄厚的资源基础。

由于近年来渔场渔船数量多,捕捞强度大,传统经济鱼类中大、小黄鱼、乌贼等生物资源遭到破坏,使得渔业经济发展很不稳定,亟须根据资源状况合理配置渔船,调整作业布局,使渔业资源能保持稳定,合理开发。目前,东海各海岛渔区根据自身渔业发展环境和资源条件以及渔业可持续发展的要求,大多提出了主攻养殖,拓展捕捞,深化加工,搞活流通的渔业发展基本思路,大力开拓外海远洋渔业,保护和合理利用沿岸近海资源,积极发展和提高浅海滩涂养殖,深化水产品加工和综合利用,扩大外向型渔业经济,捕捞、养殖、加工、流通和内外贸易相协调,实现渔业经济的可持续发展。

海岛渔港建设也是东海海岛渔业经济可持续发展的重要环节。渔港是渔业生产、供应和安全保障的基地,提供渔船避风、锚泊、补给、水产品加工和鱼货集散等功能。在浙江省就有94处渔港在海岛,其中7个一级渔港除石浦、石塘外都分布在岛区。

(2) 稳步发展中的东海旅游经济。东海海岛山海秀丽,名胜古迹众多,旅游业发展迅速。仅浙江省海岛旅游区面积就达168平方千米,景区400多处,平均每平方千米海岛面积约5处景点,是浙江省旅游点分布密度最高的地区。东海海岛的多种旅游资源类型涵盖了自然和人文、古代和现代、观赏和品尝、静态和动态、海洋和陆地等多种内容和特性,能满足不同年龄、不同文化水平、不同知识结构、不同信仰旅游者的多方面需要。

东海海岛旅游业已成为海岛区海洋经济的战略产业之一。以舟山群岛为例,2004年被正式命名为"全国优秀旅游城市",当年共接待国内外游客837.07万人次,同比增长29.8%;实现旅游收入51.18亿元,同比增长43.2%。在最新制定的2008年舟山市经济社会发展主要预期目标中,旅游接待人数1 450万人次,增长12%;旅游总收入94亿元,增长13%,旅游总收入约占地区生产总值的1/5。

(3) 飞速发展中的港口、海运经济。东海具有突出的区位优势和港口资源优势,特别是浙江省海岛,在华东沿海和长江沿线地区的石油、矿石、煤炭和集装箱的中转运输中担任重要角色,在粮食和木材的中转运输中也占有一席之地。滚装运输和海上客运则是海岛地区自身必须解决的问题,东海海岛在港口建设中,把握南北运输主要通道建设的机遇,大力扩建海岛港口码头的基础设施,积极开发海岛港口资源,加强陆岛交通建设,确立海岛港口在华东南沿海和长江沿线地区国际深水枢纽港的地位。

在海洋生物资源衰退、海洋环境日益恶化、渔业经济萎缩的状况下,东海区域港口的建设,既满足了建设和改善海岛自身交通条件的必要,为海岛开发旅游业打下坚实基础,又拓宽了海岛经济发展的层面,成为海洋经济发展的新的增长点。

17.2 东海区域海洋经济总体状况

17.2.1 东海海洋产业的经济总量及发展速度

2005年，东海沿岸海洋总产值为16 755.13亿元（不包括台湾省），占GDP的比重为7.6%，增加值7 185.05亿元，比2004年增长12.0%。但应该看到，东海海洋产业的发展基本是建立在对资源和环境的严重消耗和破坏性开发的基础上的。海洋生物资源开发强度过大，阻碍和损害了资源的再生能力与过程，破坏了海洋生物自然繁衍结构，资源总量迅速衰减，优势渔业资源频繁更替，珍稀生物物种几近濒危，资源浪费极为严重。另外，海岸带开发引起了生态环境的恶化。陆源污水排放入海，围海造田、河口拦坝等都引起生态环境及自然景观的变迁。由于海洋产业在失衡状态高速发展，结果造成海洋资源开发秩序混乱，一些海域使用不合理，降低了海洋资源的综合利用效益，影响了东海海洋资源的可持续利用以及海洋产业的可持续发展。

2005年，东海沿岸海洋三次产业结构比为1.9：60：38.1；传统产业：新兴产业为2.31：1。可以看出，目前该地区海洋第二产业发展很慢，究其原因，主要受国家的经济、技术条件的制约，即我国整体工业化水平低制约着海洋第二产业的发展。第一产业依赖海洋自然资源，第三产业依赖社会资源，而由于连接自然资源与社会资源的海洋科技水平的低下，结果造成了东海海洋产业结构的"V"形结构特征。基于以上分析可以得出结论：中国东海海洋产业发展仍处于低水平的传统发展阶段，海洋渔业、海洋种养业、海洋运输业、海盐业和滨海砂矿业加起来占该地区海洋总产值的51.15%左右，新兴的海洋产业即海洋油气业、滨海旅游业、海洋生物医药、海水利用、海洋工程建筑占39.8%，与世界上海洋经济发达地区已经明显拉近了距离，它们新兴的海洋产业产值占90%左右，而传统海洋产业只占10%。东海海洋渔业占海洋总产值的23.6%。可见，该地区第一产业的比重还相对过高，而新兴产业规模虽然较小，但发展势头强劲，整个产业结构的调整正在有序进行。

通过对产业的微观特点进行总结和归纳可以看出，东海海洋产业的特点主要有以下几个方面：

（1）开放性。由于我国海洋经济起步较晚，因此专业化的分工体系还不十分成熟，企业之间存在许多隐性的关联。从循环经济的角度讲，企业内部存在多条可以循环的价值链，并且有些尚未开发，企业具有较强的开放性。

（2）边界模糊。企业自身的竞争优势导致其有多种可能的发展方向，即由于企业核心竞争力的内涵较少，因而企业的产品外延较多。

（3）对环境依赖性较强。从事海洋相关方面活动的企业大都对基础环境的要求很高。如海洋运输业要求有良好的港口条件、海洋渔业要求有良好的生态环境等，环境的保护对于海洋经济来说具有更为重要的意义。

（4）易受干扰。企业之间相互的关联性加强也导致其更容易受到外界的干扰，这种干扰有来自产业外的，如滨海旅游也会受到腹地经济发展的影响；也有来自产业内部的，如产业中核心企业对其他中小企业的带动作用。此外，海洋产业地理位置上的聚集有利于资源的共享，但也造成了使用上的冲突。海洋产业间直接性的干扰，如港口与养殖业的用海矛盾，通过基础环境的间接干扰如海洋化工的污染排放对其他企业的影响等。形成这种现象的根本原因除海洋区划不当，海洋产权不明晰外，与海洋产业易受干扰的特点也有重要的关系。

17.2.2 东海海洋产业结构

从东海主要海洋产业总产值趋势变化图可看出（图17.3），东海海洋产业近十年来持续保持快速增长，从发展势头和发展基础与条件来看，"十一五"期间东海主要海洋产业将继续保持快速增长。

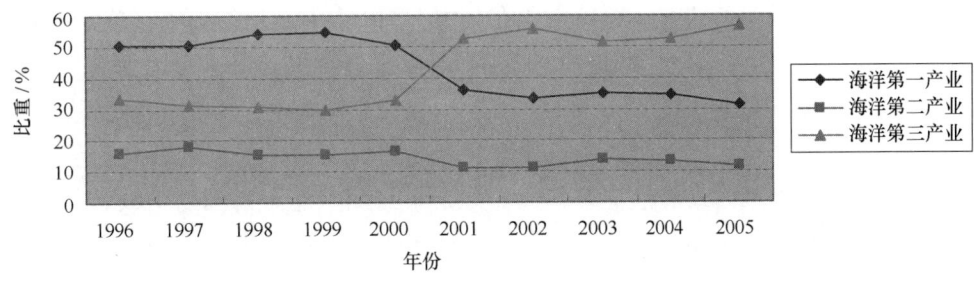

图17.3　东海区域1996—2005年海洋三次产业总产值结构变化趋势

2000—2001年是东海海洋产业一个明显的转型过渡期，海洋第一产业的产值比重开始下降，而第三产业的产值比重上升到了第一的位置，这主要是由于以下原因造成的：一是海洋渔业的产值出现萎缩。由于过度开发，海洋生态环境日益受到破坏，部分渔业资源相继枯竭，导致渔业减产，而海洋渔业是海洋第一产业中的"重量级"行业。产值权重占到了70%以上，这是第一产业比重下降的主要原因。二是海洋旅游业发展迅猛，近几年随着对外开放度的不断加大，社会文化方面的交流也进入了一个新的阶段。东海的海洋旅游资源丰富，同时腹地的经济发展水平也为旅游业的发展提供了有力支持。三是海洋运输业持续保持增长势头。目前，东海地区已经拥有数个大型国际化港口，形成了以上海港为中心，洋山港、宁波港为支线的港口群，尤其是上海港，已经成为我国目前最大的物流集散中心，是国际化的物资调配基地。

从东海海洋产业结构趋势变化图的海洋产业内部的发展和变动中（图17.4），可以看出东海海洋产业结构正处于调整变化和结构更替之中，海洋第一产业比重大幅下降，海洋第三产业比重上升较快并趋于稳定，海洋第二产业增长缓慢。总而言之，东海海洋经济正处于成长期，并将继续持续快速增长，随着海洋经济增长方式的转变与海洋科技创新能力的增强，东海海洋产业将进入一个调整、转型和提升的阶段，进而实现东海海洋经济总体质量的跨越。但需要注意的是尽管海洋产业的总产值连年攀升，但产业增加值的增长幅度并不明显。说明海洋产业的产品没有提供相应的附加值，海洋产业科学技术的总体水平仍然不高。

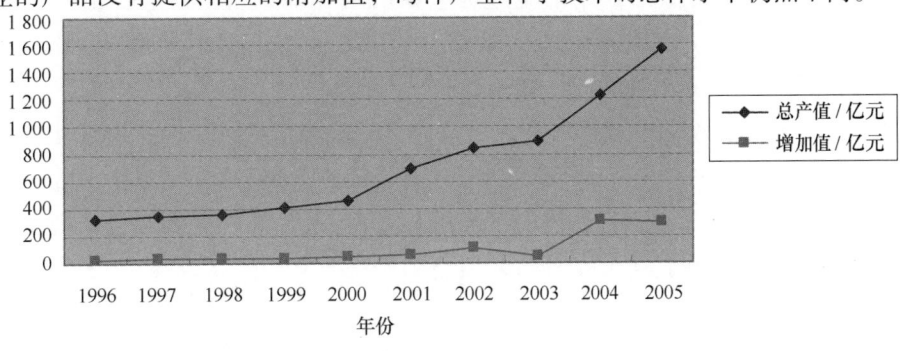

图17.4　东海区域1996—2005年海洋产业中产值趋势变化

17.3 东海海洋经济区的发展现状与战略定位

17.3.1 舟山群岛综合发展示范区的发展现状与战略定位

1) 舟山群岛综合发展示范区的发展现状

舟山群岛是浙江省海岛的唯一地级市所在,由1 349个大小岛屿组成,总面积1 291平方千米,地处长江口以下,杭州湾口外,东临中国近海最大渔场——舟山渔场,西与大陆经济最发达的沪杭地区隔海相望,历来是中国渔业的重要基地,也是沿海岛屿中以渔为主,渔、农、工、商、盐、旅多种经营,综合发展的比较发达的海岛经济区。但舟山群岛在开放政策以前,除沈家门发展渔港外,大部分处于封闭状态下的国防前线,经济十分落后,20世纪80年代后,舟山才得到全面发展。近年来,舟山岛区以定海、普陀、老塘山为城市组团,通过环岛公路和"T"字形("329国道"和定海区码头)的点轴开发,组合册子、大猫、小干、登步、桃花、朱家尖、普陀山、梁横山、长白岛登岛屿,发展成为具有市域中心意义的中心发展型岛区。重点开发以老塘山、鸭蛋山港口为主体的滨海工业区;定海、沈家门为主体的金融贸易区;以临城为主体的海洋开发技术及产业开发区;以白泉为主体的中北部乡镇工业和港口发展区;以普陀山——朱家尖——桃花岛为主体的风景旅游区以及册子、大猫等小岛为主体的专项功能开发区。重点发展以中转储运为核心的港口海运业、渔业和新兴海洋工业、金融、贸易和旅游业,使舟山成为中国海洋开发的实验基地和上海经济区的前哨。

在港口建设方面,舟山群岛已建有各种生产性大小泊位352个。舟山港2003年完成货物吞吐量5 700万吨,居全国沿海港口第九位,已初步建设成为以水运中转为主,集大宗货物中转储备和大型船舶服务基地于一体的深水良港雏形。计划在2008年建成并投入使用2个大型集装箱泊位,10年内将建成7个大型集装箱泊位,设计集装箱年吞吐量可达1 215万标准箱,与宁波港北仑港区、大榭港区构成国际远洋集装箱中转基地。渔业经济方面,舟山水产约占全国的10%,是重要的支柱产业。2002年渔业总产量124万吨,产值62.3亿元,而水产品加工产值达55亿元,占全市工业产值的29%,约有全市一半的人口,直接、间接从事海洋渔业工作,这可见海洋渔业在舟山的重要性。舟山旅游业的发展,也为舟山的海洋经济发展作出了重大贡献。2002年舟山市接待旅游入境人数达到85 171人,比前一年增长了18.17,而旅游外汇收入则达到了3 850万美元,比2001年增加了486万美元。从1998年开始,舟山地区无论是入境人数还是外汇收入,都呈现出明显的上升趋势,旅游业迅速发展,在增加国民收入的基础上还带动了舟山市的交通、餐饮、建筑、商业、通信、文化等相关产业的发展。

改革开放给舟山的经济、社会发展注入了活力,经济稳步持续增长。2002年国内生产总值101.15亿元,比2001年增长了16.33%,第三产业迅速发展,在全市经济中的重要地位进一步凸显。1997—2002年国民生产总值的年均增长率为10.57%,在浙江省沿海城市中也占有一定的比重,经济优势明显(见表17.1)。

表17.1 舟山市区域经济发展状况

年份	国内生产总值/亿元	占浙江省沿海城市的比重/%	年增长率/%
1999	69.11	4.19	8.63
2000	80.59	4.24	16.61
2001	86.95	3.64	7.89
2002	101.15	3.30	16.33

注：据《中国海洋统计年鉴》（2000—2003）。

2）舟山群岛经济发展的战略定位

随着经济建设的快速发展，舟山群岛的资源环境系统正承受着巨大的压力，其服务功能显著下降，可持续利用能力逐渐丧失，限制了舟山的可持续发展。因此，舟山群岛海洋经济的进一步发展，则必须将方向定在旅游业和港口经济的发展上。

在旅游业方面，应大力加强海岛地区旅游资源的开发，配套旅游服务设施，加大对外宣传力度，提高旅游服务质量，进一步增强对外吸引力，并且要以旅游业为龙头，充分发挥海岛优势，辐射带动其他各业，实现海岛经济的全面振兴，实现可持续发展。比如：在生物资源丰富，生物多样性好的海岛，积极申请海岛自然保护区，建立自然保护区等。制定海岛开发规划，规划要充分考虑地区的自然生态特征、区位优势、资源优势、开发现状和社会经济基础以及该地区的发展需求等因素，再结合地区的特殊功能进行合理规划。其次要加大宣传力度，通过各种方式，带动公众的广泛参与，提高公众的海岛意识和海岛知识水平。

在港口海运方面，舟山群岛有深水岸线资源183千米，已利用深水岸线3.4千米，占可利用深水岸线约1.9%，可见，舟山群岛地区有待开发深水港口岸线资源的潜力巨大。而与舟山群岛一水相连的上海港，凭借其水陆中转的优势和上海市雄厚的工业基础，无可争议地成为沿海、沿江客运、货运的主枢纽，并在长江三角洲和我国东南沿海经济区开发中起着举足轻重的作用。但是，上海港要真正形成国际枢纽港，还必须有一个深水港域与之配套，然而受到长江口和杭州湾航道水深的限制，上海在其辖区内始终无法找到合适的深水港址。一方面，深水岸线拥有量与开发量之间的巨大不平衡，深水港口资源长期未得到开发利用，另一方面，上海港却因为缺乏深水港区而越来越难适应国际远洋船舶的大型化发展趋势。这种局面就促使人们跳出行政区划的束缚，以合作发展的视野来看问题。无论是从资源合理配置角度，还是经济发展的角度，舟山群岛都应当与上海、宁波共同构筑起我国东部沿海的"东方大港"。这不仅可以使舟山的区位优势和港口资源优势具体转化为经济优势，对舟山的经济腾飞具有至关重要的作用，而且对长江三角洲和长江沿线地区的经济振兴具有重要的战略意义。

17.3.2 长江三角洲经济区的发展现状与战略定位

长江三角洲地区是长江口及浙江沿岸海洋经济区的重要组成部分和主要经济增长点，也是正在崛起的世界第六大城市群，是我国社会经济高度发达、率先全面建设小康社会和率先基本实现现代化的东部沿海三大重点区域之一。在中国经济发展的梯度中，长江三角洲是继珠江三角洲后第二波经济发展开发区域，从区位、规模到速度，也是东部区域经济中最具活力和人口密集的地区。按照东海区域布局的特点，以上海为中心的港口经济带动长江流域经济带的全面振兴；以浙江港口群与岛屿优势，也为实现上海国际枢纽港的地位作了补充基地；

以闽东南经济区的发展,为海峡两岸经济合作取得双赢营造了良好条件。

长江三角洲区域经济的快速发展,一方面是由于在位置上处于中国东西主航道和南北沿海航道"T"字型的交汇区;另一方面则是由于在发展过程中,以上海为中心的港口经济区以及浙江沿海港口经济区的带动作用。

1) 以上海为中心的港口经济带动海洋开发

当今,世界经济日趋全球化,各国资源力求在全球范围内进行合理、高效的配置,这使得国与国之间的贸易更加频繁,因此大大增加了对货物综合运输的要求。港口作为全球综合运输的枢纽,是一个国家或地区通向世界的重要桥梁,在国际贸易中起着非常重要的作用。现代港口的功能不断扩展,特别是其作为物流重要节点的作用日益突出,成为国民经济的基础性和服务性产业之一,在经贸发展中发挥着日益重要的作用,为国家和地区经济的发展和繁荣创造了得天独厚的有利条件。港口的发展也推动了港口城市及周边地区的进步,港口的特殊地理位置使其依托的地区在提高服务能力、扩大域外需求方面相比内陆地区表现出明显的优势。上海作为我国最大的港口,带动区域海洋经济发展,形成以上海为中心的港口经济区。

以上海为中心的长江三角洲港口群建设。上海市港口岸线包括黄浦江、长江口南岸、杭州湾北岸以及崇明、长兴、横沙等岛屿,共有岸线 594 千米。岸线的具体分布为黄浦江自吴淞口至闵行发电厂 133 千米;杭州湾北岸金丝娘桥至南汇嘴 63 千米;崇明、长兴、横沙、大金山、小金山和乌龟山等岛屿周边长度为 283 千米,其中已经利用的岸线为 186 千米。岸线的利用率为 25.47%。黄浦江的岸线利用率最高为 89.5%,已利用的岸线长度为 96 千米。长江口南岸岸线的利用率由内向外呈递减状态,已利用岸线 48 千米,利用率为 43.2%。随着上海国际航运中心洋山深水港区的开发建设,上海港的岸线将大幅增长。目前,在建洋山港区一期及后续工程的岸线为 3 千米,根据至 2020 年远期发展规划,洋山深水港区将形成可用岸线 10 千米左右。2005 年 1 月,国务院发展与改革委员会制定和颁布了《长江三角洲地区港口建设规划(2004—2010)》,提出建设"以上海和宁波刚两港为主干线港、支线港和喂给港层次清楚、分工合理的集装箱运输系统"。根据该规划,上海国际航运中心国际集装箱运输体系的核心是上海港和宁波北仑港区、大榭港区。上海港还担任着我国长江流域各省市与世界各国贸易往来的海运枢纽。因此,随着洋山深水港区的建成,上海国际航运中心建设的各类资源将进一步整合,各方面力量将进一步凝聚,形成以上海港为龙头,带动长江三角洲乃至长江流域航运与经济发展的新格局。

2) 以上海为龙头建设外向型经济发展区

20 世纪 90 年代,以上海为龙头的长江三角洲地区外向型经济发展经受了亚洲金融危机的严重冲击,保持了有效益的增长,基本形成了全方位、多层次、宽领域的对外开放格局,为地区国民经济的稳定发展和综合实力的提高作出了贡献。但与先进国家、先进地区相比,长江三角洲地区的开放性经济还存在一些结构性的矛盾,比如:商品贸易市场占有率仍较低,出口商品技术含量不高,缺少有一定规模和较强竞争力的拳头产品;出口市场集中度仍然偏高,致使区域经济发展受国际经济波动影响较大;利用外资规模仍然偏小;各类开发区布局过于分散、起点不高、结构雷同、与周边地区关联度不强等,成为制约开放型经济与区域经济协调发展的障碍因素。

从国内比较看,我国目前对外开放度的前沿阵地仍在珠江三角洲地区。上海作为全国的经济中心城市，以上海为龙头的长江三角洲经济区的经济水平和经济开放度虽高于全国平均水平，但与珠江三角洲相比差距甚大。20世纪90年代以来，尤其是上海浦东及长江沿岸港口城市的开发、开放以来，我国对外开放的战略重心正从东南沿海向长江流域转移。地处沿海与沿江开放带结合部的长江三角洲以其区位、历史与人才的独特优势，正成为我国的经济、信息、金融与科技中心，在长江流域及西部大开发战略中发挥着对外开放的窗口及增长产生巨大作用。显然，本区目前的经济开放程度与水平远不能适应社会经济发展的需要。尽快提升长江三角洲经济开放水平与质量，不仅是长江三角洲本身发展的需要，也是全国经济和社会发展的需要，其紧迫性与重要性毋需赘言。

加入WTO，标志着我国对外开放已进入一个新的阶段，将在更大范围内和更深程度上参与经济全球化进程。上海作为国际大都市，在今后的发展中，利用长江三角洲地区人力资源丰富，开放程度高，综合经济实力强的优势，根据加入WTO的新形势与新特点，带动整个长江三角洲外向型经济发展区，进一步实施经济国际化战略，加快经济体制与运行机制同国际惯例接轨，全面提升国际竞争力，在实现经济国际化的过程中不断抢抓新机遇，增创新优势，促进大发展，最终使整个长江三角洲地区实现现代化。

3) 长江三角洲区域经济一体化的发展战略

长江三角洲地区两省一市作为地域相连、文化相近、结构互补的较为完整的城市经济区域，必须在多层次内部合作的基础上，实施经济一体化发展战略，才能避免内耗，实现开放型经济的协同发展。所谓的区域经济一体化，是指在区域经济发展中为了达成社会经济资源的优化配置，实现资源共享、功能互补、联动发展、利益共享。这就必须推动社会经济资源的区间循环，形成一种区际分工与协作的区域经济发展格局。换一句话来说，就是在一个特定区域中，各种生产要素有机的、关联的、有序的、合理的流动，从而使区域经济得到共同的、协调的、有效率的发展。当然，区域经济一体化不仅是一种新的理念和新的目标，也需要经过长期不懈的持续努力和持续推进。长江三角洲区域经济一体化的战略目标，就是要把长江三角洲建设成为区域功能完善的、城市分工及产业布局合理的、区内要素流动自由的、生态环境优良的、人民生活舒适的可持续发展地区，成为产业结构高度化、区域经济外向化、运行机制市场化、国内率先实现现代化的示范区，成为我国及亚太地区最具活力的经济增长极、中国有实力参与世界经济竞争的中心区域。

为此，需要打破行政封锁，按照经济规律的要求，探索上海与苏浙两省间基础设施衔接、支柱产业配套、新兴产业共建、一般产业互补的梯度开发模式与分工协作体系。要强化上海的金融中心、信息中心、创新中心与营销中心的功能，强化腹地企业与上海之间的互动与联系。以南京、苏州、无锡、徐州、杭州、宁波等二级中心城市为节点，以运输干线为依托，开展跨地区的产业整合与资产重组，培育一批能有效参与国际竞争的大型企业集团，全方位参与国际竞争。要在统一规划的基础上对长江三角洲内的口岸资源进行整合，做到合理分工，功能互补，形成合力，避免不合理的重复建设。要建立在国际惯例指导下的由各类企业广泛参加，各项经贸业务相互融合，抵御风险能力强的开放型外经贸体系。

总之，长江三角洲区域经济在东海海洋经济中，乃至全国海洋经济发展中都处于龙头地位，具有举足轻重的作用。更好更快地发展长江三角洲区域经济，必须坚持贯彻党的十七大提出的科学发展观，运用海洋区域经济的理论为基础，走可持续发展道路。

17.3.3 闽东南海洋经济区的发展现状与战略定位

1) 闽东南海洋经济区发展概况

闽东南区虽处沿海，但土地贫瘠。这里地瘠人稠，可耕作土地生产的粮食难以果腹，但正是这种贫穷，让闽东南人在改革之风吹来之时，在逆境之中，发扬"爱拼敢赢"的奋斗精神，抓住了机遇，充分利用沿海优势，率先崛起。泉州市下辖的晋江市便是率先崛起的典型。党的十一届三中全会以后，当理论界还在探讨农村发展道路该怎么走的时候，因无地可耕，而逼上经商办企之路的晋江人，便唱着"三分天注定，七分靠打拼，爱拼才会赢"这首在闽东南广为传唱的歌曲干开了。30多年下来，遍布城乡的工厂一家挨着一家，数以万计的专卖店开遍了世界，安尔乐、安踏、七匹狼、九牧王、贵人鸟、爱乐、利郎等名企、名牌如雷贯耳，晋江人创造的"晋江速度"、"晋江模式"成了全国学习的典型。2010年，人口只有102万的晋江财政收入可达27亿元，国内生产总值可达400亿元，晋江市委宣传部新闻科科长黄继聪分析晋江崛起的原因时说，晋江人有不甘落后、善打敢拼的精神，他们有10万元的积累后，不是存起来吃利息，而是再贷10万元办更大的企业。正是这种敢冒险的打拼精神，让晋江走向辉煌。经济发展在闽东南地区相对落后的莆田市也一样，他们正视差距，发扬"宁当鸡头、不做凤尾"的敢于挑战精神，将2万多家企业办遍了中华大地、办遍了五大洲。而莆田市本身也在"回归工程"的召唤下，吸引了一批在外的莆田人回家创业，正与发达地区在缩小着差距，潜力已开始显现。莆仙大地在招商引资的推动下，热火朝天。我们所到之处，无不为一种激情所感染，这种激情便是"爱拼敢赢"的理念所激发出来的。漳州引进台资1.2亿美元创办的"灿坤电器"企业，从看场地到企业投产仅用了8个月时间，创造了闻名八闽大地的"灿坤速度"。厦门市则和长江三角洲、珠江三角洲等发达地区比速度，比环境，把发展目标定得更高远。"引导相关产业向周边地区延伸产业链，推动城市联盟取得实质性进展，带动闽南金三角城市群发展，壮大闽西南一翼，推动与珠三角、长三角的合作；积极创建首批'全国文明城市'"，厦门还承接着福厦铁路、厦漳大桥等重点建设的建设。厦门的不断扩张将逐渐拉动闽南特别是漳州的快速发展，也在交通上便利为其能够在国内的辐射作用奠定了基础。

2) 闽东南海洋经济区的发展战略

首先，港口是海峡西岸的最重要经济窗口。因此，闽南的三大城市：泉州、厦门和漳州只有加快港口建设，发展航海航运，扩大内地对外交流的通道；加快高速公路、铁路、省级干线和公路网建设，才能进一步发挥福建地区作为出海口的重要功能，促进区域间要素的自由流动和优化，才能发展壮大闽东北一翼和闽西南一翼，加快对接长江三角洲和珠江三角洲，寻求经济区战略崛起。闽东北一翼要发挥福州省会城市服务全省的重心和辐射作用，形成以福州为中心，周边卫星城紧密连接、分工有序、规模协调的城市体系，促进闽东北地区加快发展，推动与长江三角洲对接。闽西南一翼要发挥厦门经济特区先行先试的龙头和示范作用，发挥泉州创业型城市经济快速发展的支撑和带动作用，加强产业分工协作和市场融合，推动与珠江三角洲的对接。通过延伸南北两翼，使海峡西岸经济区与两个三角洲优势互补、联动发展。

其次，闽南地区的各级政府应该放手让地方的政策去落实与实施，适时进行引导和控制，在拥有其独立的经济实力同时也不要忘记在经济合作中要注意环境保护条款的制定。发挥三明、南平、龙岩纵深推进的前锋作用，借助生态、资源、对内连接等优势，依托出省快速铁路和高速公路，山海互动，东西贯通，不断向纵深发展。积极探索跨省区域协作的新途径、新机制，密切与内陆地区的联系，建立统一有序市场体系，促进生产要素流动集聚，实现共同发展。同时坚持以人为本，把不断实现好、维护好、发展好最广大人民的根本利益作为一切工作的出发点和落脚点，作为正确处理改革发展稳定关系的结合点，加快推进社会主义和谐社会建设。积极配合国家区域发展战略的实施，落实中央对台方针政策，强化福建对台独特地位作用，促进西部开发、中部崛起，服务全国发展大局和祖国统一大业。

最后，海峡西岸的发展离不开海峡东岸。充分挖掘沿海港口、外向带动和对台合作优势，强化福州、厦门、泉州的辐射带动功能，发挥漳州、莆田、宁德拓展一线的骨干作用，突出特色、累积实力，促进全省沿海的全面繁荣。依托台商投资区、海峡两岸（福建）农业合作试验区、两岸直航试点口岸等闽台合作载体平台，不断拓展闽台经济、文化、科技、教育等领域合作。闽商的作用，全国没有任何人可以取代。我们可以在"小三通"、"大三通"的良好政治下发展强有力的经济，发挥闽商和台商的桥梁和纽带作用，在目前的台商投资区、保税区、经济特区、加工出口区的基础上建立带有自由港性质的两岸自由贸易区，并与台湾省的加工出口区、科学园区等进行对接，赋予更加多样、灵活，更加适用的功能；以特定行业作为突破口，加强行业交流合作。闽南的三大城市应该对特定行业进行可行性分析，对特定行业注册互惠安排，大幅度减免关税，以相互利益为努力点，共同促进两岸行业之间发展，再慢慢推向更多方面，实现人员和资金自由流动。依托闽港合作八大平台和闽澳四项合作，全面提升闽港闽澳合作水平。

第18章 东海区域海洋经济发展战略、规划与管理

18.1 东海区域海洋经济规划体系

东海区域经济和海洋经济都比较发达，地理区位好，辐射面广。以上海为中心的国际枢纽港的形成，使长江三角洲的经济成为我国最发达的地区之一。但是，目前东海沿海却面临着严重的人口超载、粮食不足、资源枯竭、能源危机和环境恶化等问题。解决这些问题的重要途径就是开发东海的海洋资源，发展海洋经济。

18.1.1 东海区域已编制完成的省级规划

1）上海市海洋经济发展规划

2003年由上海市计委、上海市海洋局牵头，成立了由上海市政府17个委办局和相关单位参加的海洋规划编制工作领导小组和规划编制组，编制完成《上海市海洋经济发展规则》。规划提出，至2010年要把上海建成中国外向型、高层次海洋经济基地，成为国际上具有重要影响的船舶及海洋工程技术装备研发制造中心、国际海洋服务中心、海洋科技与人才中心以及海洋环境保护示范区；还提出要优先发展海洋高科技产业、培育发展海洋新兴服务业、调整提高海洋传统产业、优化海洋经济空间布局等主要任务以及加快上海海洋经济发展的若干政策举措。

2）福建省建设海洋经济强省暨"十一五"海洋经济发展专项规划

2004年由福建省海洋与渔业局牵头会同省政府发展研究中心和各涉海部门联合编制。《规划》以党的十六届五中全会精神为指导，以《全国海洋经济发展规划纲要》、《福建省国民经济和社会发展第十一个五年规划纲要》和国家发展和改革委员会、国家海洋局《关于印发编制省级海洋经济发展规划的意见》为依据，主要阐述规划期内政府对海洋经济发展的战略意图和工作重点，明确海洋经济发展的指导思想和主要任务，是政府引导和推进海洋经济开发的行动纲领，是制定海洋经济发展相关政策和安排重点项目投资建设的重要依据。

3）浙江省海洋经济强省建设规划纲要

浙江省海洋资源丰富，区位条件良好，发展海洋经济具有得天独厚的条件。建设海洋经济强省，对全面建设小康社会、提前基本实现现代化具有重要意义。为了加快浙江省海洋经济发展，保证海洋经济强省建设的顺利实施，根据《全国海洋经济发展规划纲要》，结合浙江省实际，2005年制定了《浙江海洋经济强省建设规划纲要》（以下简称《纲要》），作为建

设海洋经济强省的指导性文件以及编制相关部门、行业规划和沿海地区发展规划的重要依据。《纲要》的规划期限为 2005 年至 2010 年，重大问题展望到 2020 年。

18.1.2　东海区域已编制完成的地市级规划

1）温州市海洋经济发展规划

2003 年温州市出台《温州市海洋经济发展规划》，紧紧围绕"一港三城"发展战略，全力打造"海上温州"。

2）连云港市"十一五"海洋经济发展规划

提出"十一五"期间，将重点发展新型临港工业、现代海运物流业、滨海旅游业、现代海洋渔业、新兴海洋产业五大产业，基本形成以五大产业为重点的海洋产业体系，确保海洋产业增加值年均增长 20% 以上，2010 年超过 200 亿元，到 2015 年建成海洋经济强市。

3）南通市"十一五"海洋经济发展规划

规划中，将海洋资源、海洋经济与环境保护摆上了重要位置。在南通市海洋功能区划中，对沿海工业集中布局，使临海工业排水做到集中、达标排放。将"环保优先"融入沿海开发的全过程，很好地促进了南通市沿海经济可持续发展。

18.2　东海区域海洋经济战略选择与规划定位

18.2.1　东海区域海洋经济发展战略的基本思路

1）充分认识东海区域海洋开发的特点和条件

制定合理的海洋开发战略和海洋管理方法，首先要认清东海自身的特点和条件，明确东海海洋开发的优势和劣势，从东海海洋经济的发展现状和存在问题入手。结合东海社会经济条件、区位地理、自然资源和海洋经济发展现状，东海海洋开发的特点和条件如下：①东海地区社会经济发达，既需要在比较大的规模上开发利用海洋，又具备充分开发利用海洋的有利条件。②东海地区是连接海峡两岸的桥梁，地理位置具有特殊的战略意义。由于东海的特殊地理位置和在祖国统一大业中举足轻重的作用，国家"十一五"规划纲要中，特别提出了要建设海峡西岸经济区的战略，计划通过 10~15 年的努力，海峡西岸将形成规模产业群、港口群、城市群，成为中国经济发展的发达区域，成为服务祖国统一大业的前沿平台。③东海丰富的油气资源，是东海地区经济乃至全国经济腾飞的能源储备。中国早在 20 世纪 70 年代就已开始了对东海油气资源的勘探开发。中国地质学界泰斗李四光生前预言，中国油气资源的未来在东海。据了解，东海的油气储藏量达 77 亿吨。其中，2010 年完成了一期工程的平湖油气田每天为上海的 80 万户居民供气，在华东电力空前紧张的今日更显珍贵。④以渔业产业、港口城市群、旅游经济为增长点，稳步发展中的东海海洋经济。东海具有丰富的海洋生物资源，渔业经济一度成为东海海洋经济的支柱产业。但由于捕捞作业强度的盲目扩大，渔业资源开发利用严重过度，再加上海洋污染日益加重，渔业日益衰退。近年来，随着保护海洋资源和环境意识的提高，国家控制捕捞的种种措施和政策的出台以及水产养殖和水产品加工业的快速发展，东海渔业经济正逐渐走向可持续发展的道路，仍然是东海地区海洋经济的支柱产业之一。⑤除了丰富的生物资源，东海沿岸还具有多处可建设大型深水港的优良港址和独具特色的旅游资源。以上海为中心的港口经济的发展已经成为带动海洋开发的港口经济带，浙江宁波港利用自身深水港的优势和上海国际港口的影响力，两者互为补充，协同发展，已发展成为港口城市群，带动长江河口及东海沿岸地区的经济飞速发展。在发展渔业经济和港口经济的同时，东海沿岸滨海旅游业也发展迅速，各地纷纷积极开发旅游资源，利用自身奇特的自然景观和人文景观等，已初步形成以城市为核心，以国家级和省级旅游功能区为支撑的生产供给体系和全方位的服务系统。

2）东海区域海洋经济发展战略的思路和政策措施

从东海海洋开发的特点和条件分析，初步可以确定东海海洋发展战略的思路和战略措施：①坚持改革开放、解放思想，挖掘自身潜力的同时，采取"走出去"的战略，跨越地区、行政区限制，实现海陆一体化、共同开发、协同发展。②加快东海海洋开发，建设东海发达经济区，发挥连接海峡两岸的桥梁作用，使其成为服务祖国统一大业的前沿平台。③合理开发东海油气资源，妥善处理国际关系，保障海洋开发、经济发展的能源供应。④将海洋交通运输业、滨海旅游业、海洋渔业作为"支架"，调整三大产业结构，全面开发海洋，共同支撑东海海洋经济的和谐发展。

3）正确处理东海区域海洋开发与环境保护的关系

海洋环境问题的产生和发展，起源于经济，发展于经济。发达国家100年来工业化分阶段出现，分阶段来解决环境问题，在我国短短20年的发展中就集中出现了。2003年环境污染和生态破坏所造成的损失占GDP的15%。据世界银行统计，仅中国水污染和空气造成的经济损失相当于国民生产总值（GDP）的6%。这个分析虽然针对全国而言，东海也不例外。环境问题对经济增长的影响已经到了临界状态，如何正确处理好海洋开发与环境保护的关系，成为目前东海海洋开发面临的主要问题之一。今后要重点解决以长江三角洲、上海为中心的环保问题，妥善解决好上游对下游的影响，使东海生态环境得到逐步恢复。

正确处理东海海洋开发与环境保护的关系，要把握以下三点：

一是不能以牺牲环境和破化环境为代价进行海洋开发，换取一时的经济发展。改革开放以来，东海地区经济迅速发展，但由于人们环境保护意识淡薄，对东海资源的开发多数采取粗放型开发，海洋污染严重，仅仅经过30年的时间，一度渔产丰富的东海如今有81%的海域污染程度达到四级，仅次于五级制度中污染最严重的级别。

二是保护环境并不意味着放弃开发，也不能以保护环境为借口来阻挠对海洋资源的开发和利用。经济发展是人类赖以生存、生活水平提高的基础。没有人为了保护环境而回到茹毛饮血的年代。保护环境，说到底是为了更好地开发海洋资源，是为了人类自身及子孙后代的利益着想。

三是环境保护是海洋开发不可分割的一部分，两者是统一的。结合东海目前的环境和经济发展现状，处理海洋开发和环境保护的正确态度应该是，先保护后开发或边保护边开发，要把环保放在开发的前头，优先考虑、优先安排、统筹规划、确保落实。发展海洋经济首先要高度重视海洋环境保护问题，强化海洋环境监督与管理，开展赤潮防灾减灾及预警预报工作，同时加强近岸海域生态环境的建设与保护，采取有效措施，控制近岸海域环境污染趋势发展，减轻赤潮等海洋灾害的影响与损失，保障东海区海洋经济的健康稳定与可持续发展。

4）保护东海海洋环境的方法和措施

要切实可行地保护东海海洋环境，就要统筹东海环境与经济的协调发展，探索东海环境经济规律性，以寻求东海在处理环境问题和经济发展问题上的正确途径和方法。

一是树立新观念，充分认识环境保护与海洋开发的对立统一关系，正确处理两者关系，使两者协调统筹发展。政府部门或企业单位在制订规划和计划时，要把经济增长与环境保护结合起来，不能单纯为本地区的GDP奋斗，要为社会发展而努力。应该看到：经济增长与社会发展是不同的概念，GDP增长不等于社会发展，因为人们追求的社会发展，除了物质生活的提高，还需良好的环境条件以及健康，安全等社会因素。特别在现代文明条件下，环境已成为产品的重要条件，在全球一体化过程中，关税壁垒的作用已经削弱，而"绿色壁垒"日益凸显，很多国家为了本国利益，在产品的环境等方面设置了不少自己容易达到，而我们发展中国家目前难以达到的技术标准，如欧盟规定包装物的95%必须可回收的环保产品，在欧盟销售的十大类100多种电子设备中，限制使用铅、汞、镉等六种有害物质，我国输欧盟的电子产品由于环保条件达不到标准每年损失数百万欧元。因此，无论政府发展地方经济或企业制造产品，都必须站在环境角度研究经济发展和经济效益，只有把环境经济统一起来，改变观念，才能建立环境经济协调发展的机制和政策。

二是建立东海地区"绿色GDP"核算指标体系，使经济指标与环境指标相结合。一个国家或一个区域，经济发展必然消耗资源，往往对环境产生负面影响。排放废弃物和污水，造成对土地、河流、海洋、空气的污染，导致环境质量的下降。GDP虽反映国家、地区经济增长的重要指标，但是，它没有反映对资源和环境所产生的负面影响。绿色GDP就是在GDP的基础上，扣除经济发展引起的资源耗减成本和环境损失的代价。如果东海地区制定了绿色GDP指标，我们就可以了解东海陆源污染的代价是如何形成和海洋产业本身的真正产值，还可以相应提出改善环境与发展经济的政策。

三是加大环境保护投入力度，建立环境经济管理体制和措施。经济增长不会自动导致环境改善，必须有良好的管理体制和措施以及大量财力的投入。发达资本主义国家的环境问题从破坏到修复的过程，经历了数十年甚至上百年的历史，除了复杂的技术问题、政策和立法问题，从根本上说，经济不发展就无力支持环境保护。再加大环境保护投入力度的同时，还应利用法律手段推进治理海洋环境，建立环境经济管理体制和措施，明确环境保护的责任和义务，确保海洋环境经济的可持续发展。具体的内容和措施：①海域使用必须根据《海域使用管理法》的规定，不能随意填海、围海、筑堤、挖沙等违法破坏行为。②制定行业环境标准，企业在设计海岸工程和海洋工程时，要按照环境评估进行，从产品原料投入到废物废水排放要符合循环经济和环境经济的要求。③群体性建立的专业化生产，要集中进行环境治理，分摊单个企业的治污成本。④企业在控制污染方面的技术改造，应得到政府和银行的支持。⑤将污染控制行为作为考核地方政府政绩的重要指标。

四是转变经济增长方式，发展循环经济。科学发展观为我们提供了正确发展经济的唯一方向。发展循环经济，建设循环型社会，使当前经济发展与环境保护有机结合，转变经济增长方式，实现海洋经济可持续发展，是解决保护环境和海洋开发矛盾的重要途径。所谓循环经济是运用生态学和环境经济学的原理指导经济活动，把经济活动组织成资源利用——绿色产品——资源再生的封闭式流程，所有的原料和能源在经济循环中得到合理利用，从而把经济活动对自然环境的影响降低到最小的程度，实现经济与环境"双赢"的局面。循环经济依靠生态型资源循环来发展经济，不同于传统的依赖资源消耗型的发展经济。它不仅要考虑经济总量的提高，还要考虑环境承载的能力和资源消耗量，把经济效益、环境效益和社会效益结合起来，取得经济发展和环境保护协调发展。目前，东海海域污染是我国近海污染最严重的海域，改变传统的经济增长方式，按照科学发展观的要求，大力发展循环经济，加快建设节约型社会，解决环境恶化和资源浪费的难题，已经到了十分紧迫的时候了，只有这样，才能使东海海洋经济步入可持续发展的良性循环。

18.2.2 东海区域海洋经济的发展目标和任务

18.2.2.1 上海市海洋经济规划的目标和任务

上海位于我国大陆海岸线中部，北接江苏、南临浙江，处于长江入海口和东海的交汇处，区位优势明显。全市海域面积超过8 000平方千米；江海岸线总长763千米，其中大陆岸线186千米，岛屿岸线577千米；岛屿16个，其中崇明岛是我国的第三大岛；拥有港口航道、湿地滩涂、渔业、滨海旅游、风能潮汐能等海洋资源，为发展海洋经济提供了良好的基础条件。

1）发展目标

《上海市海洋经济发展"十一五"规划》指出上海海洋经济规划目标为：实现海洋经济持续快速协调发展，海洋经济布局进一步优化，海洋科技对海洋经济增长的贡献率持续增加，海洋生态环境得到恢复和改善，形成外向型、市场化、高层次海洋经济发展格局。到2010年，基本确立上海国际航运中心地位，初步建成国际上具有重要影响的船舶研发制造基地和我国海洋工程技术装备研发制造基地，使海洋产业成为上海国民经济的重要支柱。

（1）海洋产业发展目标。继续保持海洋交通运输业和海洋船舶制造业在全国的领先地位，实现海洋高科技产业的重大突破，形成较为合理的海洋产业结构，海洋产业增长速度高于全市经济平均增长速度。到2010年，全市主要海洋产业总产值预计达到5 500亿元，继续保持全国领先地位。

（2）海洋事业发展目标。海洋资源调查、海域管理和海上执法等工作迈上新台阶，海洋科技和海洋信息化水平达到国内领先水平，成为全国海洋科技、海洋教育、海洋人才和海事服务的重要基地。

（3）海洋生态环境建设目标。上海海域和海岸带的生态环境得到改善，海域陆源污染物排放总量得到有效控制。到2010年，陆源主要污染物排海量比2005年减少15%。海洋生态系统修复初见成效，海洋灾害应急管理机制得到完善。海洋生态敏感区和自然保护区的生态环境得到有效保护。

2）主要任务

（1）优先发展海洋高科技产业。增强海洋工程装备制造能力，优化海洋工程装备产业布局，形成北部以长兴岛为依托、南部以临港新城为依托的海洋工程装备产业集聚区；开发平湖油气田；增强海洋生物医药产业研发能力，重点研究开发一批具有自主知识产权的海洋药物,加大投入和扶持力度。

(2) 培育扶持新兴海洋产业。着力发展崇明三岛生态旅游度假区、浦东华夏文化旅游区、南汇滨海旅游度假区、杭州湾北岸旅游区等滨海旅游区；积极推进海洋新能源业建设，开展海洋风力发电的技术研发，加强对潮汐能等海洋新型能源的研究；推进电子、计算机网络、导航定位和制图、遥感遥测等技术在海洋经济发展中的研发应用和推广。

(3) 调整提高传统海洋产业。科学建设港口基础设施，调整新老港区功能和布局，统筹规划港口集疏运体系，衔接和协调多种运输方式，形成顺畅通达的港口集疏运网络；提高船舶自主设计创新能力，提高船舶工业企业的管理水平，提升船舶设计和制造水平，缩短造船周期，提高船舶装备产业的智能化水平和附加值；有重点地发展多品种水产养殖业，在保护海域环境的同时，提高养殖技术。发展海洋水产品精深加工，提高海洋产业的附加值。

(4) 加强海洋生态环境建设。实施以海定陆污染控制原则，开展海域环境现状和污染物入海总量调查，强化海岸带和近岸海域建设项目环境影响评价制度，严格控制新增污染负荷，制定污染物入海总量控制计划；加大崇明东滩鸟类、九段沙湿地、长江口中华鲟、金山三岛海洋自然保护区管护设施的建设力度，加强对保护区海洋环境和生态系统的保护和有效监控；统筹兼顾湿地保护、土地资源、水源地建设等对滩涂的综合需要，加快促淤，对滩涂进行有效保护和适度开发；坚持"规划先行、加强管理，保护为主、适度开发"的原则，研究制定无居民海岛保护与利用规划，规范开发利用行为。

18.2.2.2 浙江省海洋经济规划的目标和任务

浙江省海洋资源十分丰富，拥有海域面积约 26 万平方千米，相当于陆域面积的 2.56 倍；大陆海岸线和海岛岸线长达 6 500 千米，占全国海岸线总长的 20.3%；大于 500 平方米的海岛有 3 061 个，占全国岛屿总数的 40%；港口、渔业、旅游、油气、滩涂五大主要资源得天独厚，组合优势显著，为加快海洋经济发展提供了优越的区位条件、丰富的资源保障和良好的产业基础。

1) 发展目标

2005 年，浙江省根据《全国海洋经济发展规划纲要》，结合当地实际，制定了《浙江省海洋经济强省建设规划纲要》，确定了建设海洋强省的目标。

(1) 总体目标。海洋经济在国民经济中所占比重进一步提高，海洋经济结构和产业布局得到优化，新兴产业快速发展，优势产业竞争力显著增强，海洋生态环境质量明显改善，走出一条海洋经济与陆域经济联动发展的新路子。到 2010 年，基本达到海洋经济强省建设目标。到 2020 年，争取全面建成海洋经济强省。

(2) 2010 年具体目标。①进一步扩大海洋经济总量。海洋经济总产出超过 5 400 亿元，海洋经济增加值占全省 GDP 的比重达到 10%。②优化海洋产业结构和布局。调整海洋捕养结构，大力发展临港工业等海洋第二产业，积极拓展海洋服务业，重要海洋产业主要经济技术指标高于全国平均水平。突出重点地区、重点领域和重点项目，努力营造功能分工明确、特色优势显著的海洋经济区域发展新格局。③基础设施进一步完善。"三大对接工程"建成，陆海基础设施互通共享，宁波、温州等中心城市对海岛的经济辐射能力显著提高，陆海经济联动初显成效。④形成一批海洋经济强市、强县（市、区）。到 2010 年，全省形成若干个海洋经济总产出 1 000 亿元以上的海洋经济强市和一批海洋经济总产出 100 亿元以上的海洋经济强县（市、区）。⑤海洋生态环境明显改善。海洋生态环境保护工作得到加强，海洋污染得到有效治理。按照海洋功能区划要求，力争近岸海域水质达标率达到55%，主要河口、重点港湾、滨海旅游区等重要海域的生态环境质量明显提高，沿海地区建成有效的海洋防灾减灾体系。

2）主要任务

《纲要》确定了浙江省海洋产业发展的重点，即充分发挥"港、渔、景、油、涂"五大资源的组合优势，大力发展港口运输、临港工业、海洋渔业、滨海旅游业和海洋新兴产业五大优势产业，着力建设战略物资储运、沿海重化工、现代海洋渔业、海洋生态旅游、海洋新兴产业五大产业基地。

（1）港口海运业。着眼于开发大港口、建设大通道、发展大物流，加快建设战略物资储运基地，形成以宁波－舟山深水港为枢纽，温州、嘉兴、台州港为骨干，各类中小港口相配套的沿海港口体系和现代物流系统。沿海港口要通过联合增优势，竞争促提高，创新求发展，以形成我省港口的整体优势，更好地发挥在上海国际航运中心中的作用。

（2）临港工业。抓好重化工业、船舶修造业和能源工业的规划建设；以一批重大石油化工企业和项目为依托，加快把杭州湾地区建设成为我国重化工业基地之一；船舶工业要抓住国际船舶工业重组转移、上海国际航运中心建设有利机遇，加快发展成为我省有特色有实力的重要海洋产业；能源工业要逐步建立起能够基本适应全省经济社会可持续发展的能源保障体系。

（3）海洋渔业。继续推进渔业结构的战略性调整；重点实施"百万亩标准养殖塘建设工程"，建设若干海水产品精深加工、出口基地，大力拓展远洋渔业，建设一批高标准、配套设施完善的中心渔港和渔港经济特色区块，积极培育休闲渔业，增强综合竞争力；继续拓宽捕捞渔民转产转业渠道，加大渔乡渔村改造整治力度，促进渔区经济全面发展。

（4）滨海旅游业。浙江省海洋旅游资源十分丰富，具有类别多、分布广、景观美、容量大等特点，海洋旅游业是最具特色和开发潜力的海洋产业之一。海洋旅游业要着力抓好旅游资源的整合、旅游功能的拓展和旅游网络的完善。

（5）海洋新兴产业。重点加强海洋生物医药、海洋功能食品、海洋化工和工程材料、海洋环保技术及设备等新兴领域的深度研发和成果转换，努力开发一批具有自主知识产权的核心产品，集中培育一批具有高成长性的海洋产业；大力开展海水淡化技术和设备的开发研制，推进海水淡化产业化步伐，通过"向海水要淡水"，缓解沿海和海岛水资源短缺矛盾。

18.2.2.3 福建省海洋经济规划的目标和任务

福建陆地面积12.14万平方千米，海域面积13.63万平方千米。全省海岸线总长6 128千米，其中大陆线3 324千米，居全国第二位。大小岛屿1 546个，占全国1/6，拥有厦门湾、福州湾、兴化湾、湄洲湾、沙埕港、三都澳等众多天然港湾。东隔台湾海峡，与台湾省隔海相望。福建与台湾源远流长，关系最为密切，台湾同胞中80%祖籍福建。福建是中国著名侨乡，旅居世界各地的闽籍华人华侨1 088万人。

1）发展目标

2006年福建省制定了《福建省国民经济和社会发展第十一个五年规划纲要》，提出紧紧围绕海峡西岸经济区建设，加快推进经济社会全面协调可持续发展，推进全面建设小康社会。其中海洋经济规划目标为：到2010年海峡西岸经济区九大支撑体系基本形成，经济竞争力和综合实力显著增强；闽台合作实现新突破，区域经济联系进一步扩大；围绕海峡西岸经济区"延伸两翼、对接两洲，拓展一线、两岸三地，纵深推进、连片发展，和谐平安、服务全局"的基本态势，按照"准确定位、主动融入，整合优势、合理布局，外延拓展、内涵深化，互动联动、统筹协调"的基本格局，发挥区域优势，完善整体功能，促进海峡西岸经济区一体化发展；发挥厦门经济特区的龙头作用，增强先行先试的辐射带动效应；以福州、三明、莆田、南平、宁德的发展壮大闽东北一翼，以厦门、漳州、泉州、龙岩的发展壮大闽西南一翼，推进海峡西岸经济区与长江三角洲、珠江三角洲紧密对接、联动发展。加强两岸三地联系，促进闽台经济技术交流与合作，推动闽港、闽澳经济的紧密合作，进一步形成外资密集、内外结合、带动力强的经济区域。依托大型港湾，壮大临海产业集群，推动以港兴城，发展新型港口工业城市；依托日益完善的基础设施，加强与周边省份和内陆地区的经济联系，加快发展区域中心城市，培育重要经济增长极，促进海峡西岸城市群加快崛起。

2）主要任务

（1）建设现代化海洋产业体系。加快海洋渔业从产量型向效益型转变；发展国际集装箱运输船队；加强滨海旅游与文化的结合；建设发展高附加值、高技术含量的出口船舶、游艇和各种大中型船舶修造，带动形成船用机械、机电设备等配套产业链，打造现代船舶修造业；积极培育海洋药品和保健食品、海水综合利用、海洋能源资源开发利用、海洋科技推广与信息服务等产业。

（2）有效利用和保护海洋资源。加强对现有11个海洋自然保护区和3个海洋生态特别保护区的建设、监督与管理，初步形成开发与保护相结合的海洋生态保护区网络；提高海洋生物物种多样性指数，养护和恢复渔业资源；继续实行伏季休渔制度，减少捕捞强度；合理开发滩涂资源；分类推进岛屿资源开发利用，在保护的前提下适度开发利用无居民海岛；健全和完善海洋环境监测和海洋灾害预警系统，严格入海污染物排放，治理和改善海域生态环境。

（3）积极发展海洋科技。坚持科技兴海，强化科技对海洋产业现代化的支撑作用；优化海洋科技资源配置，争取建立国家南方海洋科研中心，构建海洋高新技术研发基础平台；促进海洋科研成果的产业化，提高先进适用科技在海洋开发主要领域的应用推广率；加强海洋科技人才队伍建设，加强对海洋高层次人才的培养。

（4）优化海洋开发格局。围绕构建海岸、海岛、近海、远洋等多层次的海洋开发格局，紧密结合临港工业发展和沿海城镇体系建设，加快推进海岸开发。实施中心区域带动战略，培育一批海洋经济总产值超100亿元的海洋经济强县（市）以及一批海洋产业产值超过10亿元的海洋龙头企业，形成厦门、福州、泉州、莆田、宁德等海洋产业集聚区，加快开发诏安湾、东山湾、同安湾、兴化湾、罗源湾、福宁湾、福清湾、三都澳等海湾及平潭岛近岸海域海洋牧场，积极利用湾外浅海资源，带动海洋经济发展。

18.3 东海区域海洋经济管理

18.3.1 东海区域海洋综合管理的任务

区域海洋管理学本身是海洋科学体系中的重要分支学科，是一门为区域海洋管理提供理论依据、方法依据甚至是技术依据的科学,更是一门新兴的、正在发展的科学。区域海洋管理包含海洋管理和区域管理两部分,因此具有两者的共同特征,同时还具有三个特征:一是边缘性。区域海洋管理学是一门边缘学科,与其他社会科学和自然科学有着相互渗透、相互依赖、相互促进的关系,是多学科交叉渗透的产物,因此具有明显的"边缘性"特征。二是综合性。区域海洋管理学既是学科交叉、综合的基础上形成的一门新学科,同时在研究对象、内容、方法和手段上又是多门科学技术高度综合的学科体系。三是复杂性。由于其本身的流动性、三维性、自然和社会环境多变性等方面原因使区域管理对象形成一个"自然—经济—社会"的复杂系统,该系统的复杂性也使得区域海洋管理学的发展将面临不少困难。

结合区域海洋管理学的特点以及东海地区的区位地理、自然环境、社会经济发展状况等特征,可以从海洋权益、海洋资源、海洋环境三大方面来概括东海区域海洋管理的特点和任务。

1)东海海洋权益管理

所谓海洋权益,简单来说就是这个国家海洋权利和海洋利益的总称。目前,东海海区在维护海洋权益的管理工作中尚缺乏完备的法律制度,因而在海洋权益管理工作中存在着很多问题。突出表现在部门设置上缺乏统一管理,各部门各自为政,重复工作较多,浪费严重;海洋权益保护宣传不到位,海洋法律意识淡薄,一些单位和个人受经济利用驱使,为非法从事活动的外方提供帮助,损害了国家利益。

随着海洋战略地位的提升和《联合国海洋法公约》的生效,围绕着国际海洋权益的斗争也由过去军事目的为主转为经济利益为主。由于东海特殊的地理位置,特别是东海发现大规模油气资源之后,中日石油开发问题以及中日、中韩渔业协定问题等海洋权益纠纷日益增多,这些问题和纠纷的解决成为东海海洋管理的重要任务。

2)东海海洋资源管理

东海属于亚热带海域,自然资源条件比较优越,海域生物种类繁多,生物多样性高;沿海优良深水港址众多;海域油气资源储量丰富,具有交好的开发利用价值。东海是我国海洋水产品重要产区、油气资源重要储备区和海洋运输的重要中转区。海洋经济成为东海地区经济的重要组成部分,其主体和基础是海洋资源的开发利用。因此,随着海洋经济的不断发展和海洋资源开发利用的不断深化,海洋资源的综合管理水平已成为海洋经济发展的决定因素之一。

由于海洋资源开发活动分散在各个行业之中,对海洋资源的管理工作主要集中在对海洋功能区划的合理划分和参照《海域使用管理法》规范海洋开发行为两个方面。海洋经济是东海地区国民经济可持续发展的重要组成部分,根据海洋自身的属性和资源分布状况,对海洋资源进行合理调配,改善海洋产业结构,积极推行海洋资源的合理开发和可持续利用,是东海海洋资源管理的主要任务。

3)东海海洋环境管理

东海近年来海洋环境压力日益增大,已成为制约海洋经济发展的一大因素,主要表现为:近海海域污染严重,生态环境急剧恶化,导致近海渔业不断衰退;赤潮频发,溢油、违章排污、海洋工程的违章建设等事件频繁发生,对海洋环境和人民生活带来了巨大危害。海洋资源开发和环境利用长期处于无序、无度状态，海洋环境管理亟待加强。

海洋环境是一个非常复杂的体系，是人类消费和生产中不可缺少的物质和能量源泉，加强海洋环境管理，维护生态环境是海洋管理的重要责任。东海海洋环境管理主要包括污染防治和生态保护两个方面，面临的主要任务为：尽快改变和恢复东海的海洋环境状况，加强国家和各级地方政府污染防治规划，积极开展海洋环境保护和污染治理工作；建立各海洋部门之间的协调机制，加强海洋环境的综合管理。近年来，上海与浙江之间推行环境造成损失的补偿机制就是一种解决纠纷的好办法，也是环境综合管理的范例。

18.3.2 东海区域海洋管理体制、模式和手段

1）东海区域海洋管理体制和模式

国家海洋管理体制既是国家政治体制、行政体制的一部分，也是国家经济体制的一部分。海洋管理体制是建立在国家行政体制之上的海洋管理的组织制度，它决定国家海洋行政管理机构设置、职权划分和活动方式、方法。

我国东海区域海洋管理体制的设置，目前有中央海洋管理和地方海洋管理体制。中央海洋管理即由国家海洋局东海分局作为设在东海海区负责监督管理海域使用和海洋环境保护、依法维护海洋权益、管理东海海监队伍的国家海洋行政主管部门，代表国家海洋局在东海区行使海洋行政管理职能。管辖北起江苏连云港南至福建东山的南黄海和东海海域。东海分局下设东海环境监测中心，东海海洋预报中心，东海信息中心，厦门、闽东、宁波、温州海洋环境监测中心站及中国海监第四、第五、第六支队以及东海航空支队、东海总队通信站等单位，技术力量雄厚。现有职工1 719人，专业技术人员656人，拥有专业的海洋执法队伍和海洋技术队伍，拥有执法调查专用船13艘，海监飞机2架；有海洋勘探、调查、测试分析、观测预报等方面的先进仪器设备。具有海洋地质勘探、水下地形测量、海洋环境监测、水动力要素观测、气象要素观测、生物种类鉴定、放化残毒分析、海洋环境要素预报、海洋灾害预测预报的能力。地方海洋管理体制的建立，则是随着海洋事业的不断发展，海洋开发效益日益明显，沿海地方省市对海洋管理工作也日益重视，并先后成立海洋管理机构而逐渐形成的。为了充分调动沿海地方省市对海洋管理工作的积极性，国家海洋局代表国务院依次对新成立的沿海海洋管理机构授权，极大地推动了沿海省市的海洋管理工作的发展。

东海区域中央海洋管理和地方海洋管理体制，也决定了其职能式、矩阵式的管理模式。即在中央海洋管理部门设置上以职能为主，地方海洋管理机构设置上，除了结合当地实际设置职能部门外，还要兼顾中央统筹管理、地方协调管理的需要。

2）东海区域海洋管理的手段

海洋管理的手段，主要有行政手段、经济手段、法律手段等。它们有各自的特点，起着不同的作用，互相补充，相辅相成，是东海区域海洋管理以及我国整个海洋事业实行科学管理不可缺少的手段。

（1）行政手段。行政手段是指依靠国家海洋管理机关，以行政方式和命令，通过行政程序进行管理。其特点是依靠行政权威，采用直接指挥海洋管理部门或涉海行业部门的方式，行驶海洋管理职能，具有直接性、单一性和强制性。行政手段要求各地的海洋综合管理应加快由集中协调管理向集中管理过渡的步伐，从根本上解决海洋行政管理机构综合管理能力不强、执法

力量分散等突出问题，同时加强各部门海上执法力量之间的协作，提高执法人员素质。

(2) 经济手段。经济手段是指国家海洋行政管理机关运用税收、财政援助、奖励、补贴、罚款等经济手段实施海洋管理的办法。其实质是贯彻物质利益原则，通过经济手段和措施，实现社会经济利益的重新分配，从而调节海洋经济活动中的各种经济关系，使海洋活动中各种经济组织的活动方向、活动规模和发展速度等沿着有利于保护海洋环境、资源可持续开发利用的方向发展好变化，达到海洋管理的目的。

(3) 法律手段。法律手段是指国家行政机关运用法律管理海洋、依法行政。法律手段比行政手段具有更大的权威性、强制性、规范性和稳定性，将符合国情发展的海洋事业的方针、规划、政策及行之有效的重大管理措施用法律的形式固定下来，为科学、合理地开发利用海洋提供重要的法律依据。在海洋管理过程中，不论使用行政手段还是经济手段，从始至终都要落实到法律手段上，因为任何海洋管理机关运用行政手段或经济手段管理海洋的权限和职权范围，都是通过颁布行政法规所赋予的。实施行政手段、经济手段管理，都是以行政法规、经济法规和法律为保障同时解决国际海洋争端最常用、最有效的就是法律手段。因此，结合国际海洋法律法规制定和完善我国海洋管理法律，也是实现我国海洋经济与世界接轨的必要。

18.3.3 正确处理东海区域海洋综合管理中存在的矛盾和问题

海洋综合管理是指从国家海洋整天利益出发，以海洋的可持续发展为最高目标，通过战略、法规、政策、规划、执法等手段，保护海洋生态环境，保障海洋资源的持续利用，达到社会、经济、环境效益的最近统一。

在东海实施区域海洋综合管理，要注意处理好以下问题。

1) 树立区域海洋综合管理观念

在管理思想认识上以区域海洋事务管理为出发点和归宿，通过国家的海洋法规、战略方针、政策、规划或通过东海区的发展战略、规划、区划、政策对海洋资源开发、海洋环境治理、海域使用和海洋权益维护提出对策和安排，以期形成区域海洋管理的统一目标和要求。

2) 处理好东海区域海洋综合管理机构和国家、地方省市海洋行政部门的关系

国家在设立海洋行政机构以及在鼓励、支持地方政府参与海洋管理的同时，在区域海洋管理机构的职能设定上要从整个区域的海洋综合管理角度给予授权，形成纵横结合的管理体制，使区域海洋综合管理呈现纵向横向管理互相结合又互相制约的工作格局。同时还要处理好区域海洋管理机构和地方省市海洋行政主管部门的关系。

3) 设立东海区域海洋管理信息系统

综合运用计算机技术、信息技术、管理技术和决策技术，将东海环境、资源、海洋产业、部门信息与现代化的管理思想、方法和手段结合起来，建立管理信息系统。通过建立该系统，区域海洋管理便可以依据大量的管理信息，宏观分析区域的管理形势动态，以便及时与省市海洋行政主管部门相沟通，加强指导、协调、监督和服务，全面推进区域海洋综合管理工作，更好地为东海区域海洋开发、经济建设和国防建设服务。

4) 建立和发展东海区域海洋管理技术支撑系统

东海区域海洋综合管理过程中，决策、执行、监督构成的宏观管理不可分割的组成部分，

每一部分及每一环节都必须有技术支撑系统。科学技术也是检验和保证管理效果、提高管理效率的依据。科技的进步推动着海洋管理的发展，海洋管理工作的深入，对技术支撑的要求也不断的提高。

5）完善东海区域海洋立法

目前我国海洋立法正逐步趋于完善，但还没有制定东海区域性的法律和法规。建立完善海洋法规体系，要加强三个方面的法规建设：一是海洋权益法规，即维护我国国家海洋权益建立合理的全球海洋资源开发秩序的法规。根据东海海洋开发中遇到的国际纠纷问题，亟须在已有的领海及毗连区法和专属经济区和大陆架法基础上制定一系列配套法规。二是建立海洋资源开发利用法规，即保障海洋资源可持续开发利用方面的法规。三是建立海洋环境保护法规，即保护海洋生态环境方面的法规。

18.4 加强东海区域海洋经济发展战略的政策建议

18.4.1 提升东海区域战略地位

东海地区具有优越的区位优势，是我国经济、社会和文化最发达，人口最密集的地区之一。沿海港口和城市是带动东海地区繁荣和发展的龙头，海洋经济的进一步发展必然带动整个东海地区的城市化进程。因此，要不断加强东海区域的战略地位，从政策到经济、金融以及文化等方面不断提高东海地区重要性。充分发挥以长江流域为依托、上海为中心的"T"形港口经济群的带动作用；建设上海国际枢纽港地位的同时，激发上海作为国际金融中心对东海地区经济的带动作用；在海洋开发过程中，提升海洋文化的地位，发展东海地区文化的带动作用。

18.4.2 转变经济发展方式，处理好经济发展与环境的关系

东海环境污染已成为东海海洋经济发展的瓶颈。要处理好经济发展与环境的关系，关键是要转变经济发展方式，党的十七大报告中明确指出："实现未来经济发展目标，关键要在加快转变经济发展方式，完善社会主义市场经济体制方面取得重大进展。要大力推进经济结构战略性调整，更加注重提高自主创新能力、提高节能环保水平、提高经济整体素质和国际竞争力。要深化对社会主义市场经济规律的认识，从制度上发挥市场在资源配置中的基础性作用，形成有利于科学发展的宏观调控体系。"其中提高自主创新能力、加快转变经济发展方式，推动产业结构优化升级，加强能源资源节约和生态环境保护等内容对东海地区海洋经济的进一步发展具有重要的指导意义。具体执行要做到经济发展从粗放型到集约型转变，开展循环经济试点，引入绿色 GDP 等先进理念，使东海地区经济走向可持续发展的道路。

18.4.3 改革管理体制，提高管理效率

管理体制的改革，首先要从海陆一体化入手。海洋经济发展至今，已不单单是"海面"上的经济，与陆地有着千丝万缕的联系。同样，陆地经济的进一步发展，也与海洋经济相互绞合，形成立体式产业集群的发展模式。海陆一体化即在海洋开发、管理和规划过程中，跳出就海论海的圈子，将海洋开发与沿岸的陆域开发进行统一规划，其最终目标是使海洋及其邻近陆域（海岸带）形成互为条件和优势互补的经济发展统一体。如上海市采取区域管理与地方综合管理

一体化的模式,即东海分局与上海市海洋局实现一套班子、两个单位的体制改革,使管理机制直接为地方海洋经济服务,大大提高了管理效率。其次要实现地区间的协调与联合。随着全球经济一体化的来临,地区经济的发展不再是某个地区能够单独进行的事务,封闭必然导致落后。在东海地区可以采取市长联合会、县市联合会等手段,促进地区间的协调和联合。

参 考 文 献

陈斓,伍世代,陈培健. 福建港口体系结构研究 [J]. 热带地理, 2007, 3: 35 – 38
陈新军. 海洋渔业资源可持续利用评价. 博士论文
陈雄. 加大宣传力度为构建海峡西岸经济区西部繁荣带作贡献. 闽西日报 2004 年 7 月 13 日
戴丽芳. 福建滨海生态旅游产品开发研究. 福建师范大学硕士学位论文. 2006, 21 – 28
费尊乐,李宝华,黑田一纪. 东海北部初级生产力. 黑潮调查研究论文选(五), 1993, 147 – 159
福建省人民政府. 福建省国民经济和社会发展第十一个五年规划纲要. 2006
福建省委. 海峡西岸经济区建设纲要(试行),中国新闻网 2006 年 6 月 9 日
高厚根. 福建海洋渔业产业结构调整对策的探讨 [J]. 福建水产, 2006, 3: 11 – 15
国家海洋局. 2004 年中国海洋经济统计公报 [R]. 2005
韩凌芬,陈延艺. 福建主要港口竞争力的比较与整合 [J]. 中国港口, 2010, 1: 29 – 31
胡序威,杨冠雄. 中国沿海港口城市. 北京:科学出版社, 1990, 106
黄永锡. 上海船舶工业人力资源能力建设 [J]. 上海造船, 2007, 2: 31 – 34
纪志康. 充满活力的浙江海洋渔业 [J]. 浙江画报, 2008, 11: 9 – 11
姜亮. 东海陆架盆地油气资源勘探现状及含油气远景. 中国海上油气(地质), 2003 (17): 1
蒋铁民. 中国海洋区域经济研究. 北京:海洋出版社, 1990
交通部海洋运输管理局,内河运输管理局. 中国对外开发港口. 北京:人民交通出版社, 1985
林旭东. 福建构建和谐渔业的思路 [J]. 发展研究, 2008, 6: 19 – 22
凌建忠,李圣法,严利平. 东海区主要渔业资源利用状况的分析. 2006 (5)
宁修仁,等. 渤黄东海初级生产力和潜在渔业生产量的评估. 海洋学报, 1995, 17 (3): 72 – 84
农业部东海区渔政渔港监督管理局,东海区渔业指挥部. 东海区渔业资源动态监测网、东海区渔业资源管理咨询委员会十周年专辑(1987—1997 年)(内部资料). 1997, 16
农业部东海区渔政渔港监督管理局,东海区渔业指挥部. 东海区渔业资源动态监测网、东海区渔业资源管理咨询委员会十周年专辑(1987—1997 年)(内部资料). 1997, 27 – 41
农业部东海区渔政渔港监督管理局,东海区渔业指挥部编. 东海区渔业资源动态监测网、东海区渔业资源管理咨询委员会十周年专辑(1987—1997 年)(内部资料). 1997
丘书院. 论东海鱼类资源量的估算. 海洋渔业, 1997 (2)
上海市人民政府. 上海海洋经济发展"十一五"规划. 2006
苏勇军. "海上浙江"建设背景下浙江海洋旅游发展思考 [J]. 宁波经济, 2010, 3: 12 – 15
王春佟,冯晓杰,文林清,等. 东海陆架盆地天然气资源前景评价. 2000
王磊. 长三角船舶产业集群的形成与发展研究. 山东大学产业经济学硕士论文. 2010, 19 – 35
王志远,蒋铁民. 渤黄海区域海洋管理. 北京:海洋出版社, 2003
谢明礼. 福建沿海地区旅游空间结构分析. 福建师范大学硕士学位论文. 2004, 9 – 25
徐汉祥,周永东,贺舟挺. 用营养动态模式估算东海区大陆架渔场渔业资源蕴藏量. 浙江海洋学院学报(自然科学版), 2007.4
杨纪明. 海洋渔业资源开发潜力估计. 我国海洋开发战略研究论文集. 1985, 107 – 113
杨云彦. 区域经济的结构与变迁,郑州:河南人民出版社, 2001, 18

依凡. 福建海洋与渔业 [J]. 今日中国, 2005, 8: 19-22
张宏声. 全国海洋功能区划. 北京: 海洋出版社, 2003
张一青, 刘莉娟. 浙江船舶工业国际竞争力提升策略研究 [J]. 新西部, 2010, 4: 22-25
张一青, 刘莉娟. 浙江船舶工业自主创新现状与对策分析 [J]. 现代物业, 2009, 12: 27-30
张一青, 马剑, 方新康. "十一五"浙江省船舶工业发展的思考 [J]. 船舶工程, 2006, 6: 34-27
张壮丽, 叶孙忠, 张澄茂, 方水美. 福建海区渔业资源利用现状浅析 [J]. 福建水产, 2006, 2: 41-45
浙江省海岛资源综合调查领导小组. 浙江省海岛资源综合调查与研究. 杭州: 浙江科学技术出版社, 1995
浙江省人民政府. 浙江海洋经济强省建设规划纲要. 2005
中国海洋统计年鉴. 2005年, 2006年。

第5篇 南 海

引 言

  南海南北纵长约 2 900 千米，东西稍窄，约 1 600 千米，面积约 350 多万平方千米。范围北临广西壮族自治区、广东省、海南省和台湾省；东至菲律宾；南接印度尼西亚和马来西亚；西临中南半岛和马来半岛。我国主张管辖南海海域面积约 200 多万平方千米。在我国现行行政区划中，南海海域分属广东省、海南省和广西壮族自治区以及香港特别行政区管辖。

  南海是东南亚海上交通要冲，东有巴士海峡、巴林塘海峡、巴布延海峡、民都洛海峡以及巴拉巴克海峡等沟通太平洋和苏禄海；南面有马六甲海峡、加斯帕海峡、卡里马塔海峡与安达曼、爪哇海相通。这些海峡使南海成为我国与南亚、西亚、非洲、欧洲等取得海上联系的最近通道。

  南海北部海岸带地区地理区位独特，从闽粤交界大煋湾到广西北仑河口的岭南海岸带，大陆海岸线长达 5 709 千米，面向浩瀚的南海，连接太平洋，历来就是岭南地区对外联系、发展海洋经济的依托。改革开放以来，已成为我国对外往来的南大门，是对外开放、经济繁荣、产业集中的地带。在这个地带，有汕头、深圳、珠海和海南经济特区，有珠江三角洲经济区，有广州、湛江、海口、北海等开放城市，有香港、澳门两个特别行政区。这种特殊的地理、政治、经济地位，说明南海北部海岸带地区是外引内联和兴沿海、旺内地的纽带，是名副其实的"黄金海岸"。

第 19 章 南海区域海洋经济发展的宏观背景与基础条件

19.1 适用南海的海洋法律法规

19.1.1 国际法律制度

《联合国海洋法公约》（以下简称《公约》）是全球性海洋事务的"宪章"，中国自始至终参加了《公约》的各届会议，在《公约》开放签字的第一天就率先签署，并在 1996 年批准了《公约》，开始全面享有和承担《公约》赋予沿海国的权利和义务。《公约》的基本原则和内容在宏观上构成中国海洋法律制度的组成部分。

19.1.2 国内法律制度

中国海洋法律制度是所有涉海法律、法规、规章等规范性文件所建立的关于海洋事务的法律制度的总称，是中国社会主义法律体系的重要组成部分，包括所有关于海洋权益维护、海洋资源开发利用、海洋环境保护、海洋科学研究、海上交通运输等法律、法规和规范性法律文件，设计多个法律门类，体系与分类。现有涉海法律、法规，覆盖了中国领海、毗连区、专属经济区、大陆架等管辖海域。

1）海洋权益类法律制度

《领海及毗连区法》、《专属经济区和大陆架法》规定了管辖海域（内水、领海、毗连区、专属经济区和大陆架等）的范围以及中国在各海域内的主权、主权权利和管辖权等，是中国维护海洋权益的基本制度。

1992 年 2 月 25 日，第七届全国人民代表大会常务委员会第 24 次会议审议通过了《中华人民共和国领海及毗连区法》，该法规定"中华人民共和国领海的宽度从领海基线量起为 12 海里"、"中华人民共和国毗连区为领海以外邻接领海的一带海域。毗连区的宽度为 12 海里。中华人民共和国毗连区的外部界限为一条其每一点与领海基线的最近点距离等于 24 海里的线"。

1996 年 5 月 15 日发布的《中华人民共和国政府关于中华人民共和国领海基线的声明》，公布了中国大陆领海的部分基线和西沙群岛的领海基线，由 77 个基点组成。大陆部分的领海基点北起山东高角，南至海南岛峻壁角，共 49 个，西沙群岛的领海基点 28 个，其他海域的领海基点尚待公布。

1998 年 6 月 26 日，第九届全国人民代表大会常务委员会第三次会议通过了《中华人民共和国专属经济区和大陆架法》，根据该法，中国的专属经济区为领海以外并邻接领海的区域，从领海基线起延至200海里。中国的大陆架为领海以外依陆地领土的全部自然延伸，扩展到大陆边外缘的海地区与的海床和底土；从领海基线至大陆边外缘的距离不够200海里的，则延至200海里的距离。

2）海域使用管理类法律制度

20世纪80—90年代初，一些海洋开发活动开始长期使用较大面积的海域，但海域使用的法律法规还属空白。1993年5月，财政部、国家海洋局联合印发了《国家海域使用管理暂行规定》，明确提出建立"海域使用权"制度和海域有偿使用制度，中国的海域管理制度初步形成。2002年1月1日《中华人民共和国海域使用管理法》（以下简称《海域法》）开始施行，《海域法》建立了"海域权属"、"有偿使用"、"功能区划"三项制度，2007年又先后出台了《海域使用权管理规定》、《海洋功能区划管理规定》等配套的法规。此外，2007年10月颁布的《中华人民共和国物权法》中规定："依法取得的海域使用权受法律的保护"，这一规定明确了海域使用权是独立的物权种类，是重要的用益物权。这些法律法规的出台对规范海域使用秩序，保护用海人的合法权益，促进海洋的综合管理提供了必要的法律手段。

3）海洋环境保护类法律制度

1982年颁布的《中华人民共和国海洋环境保护法》是中国第一步保护海洋环境的综合性法律，也是海洋环境保护的基本法。1999年修订后的《海洋环境保护法》增加了海洋环境监督管理、海洋生态保护和防治海洋工程建设项目对海洋环境的污染损害等内容。该法确立了保护和改善海洋环境、保护海洋资源、防治污染损害、维护生态平衡、保障人体健康、促进经济和社会的可持续发展的基本方针。2003年9月出台了《中华人民共和国环境影响评价法》，对预防因规划和建设项目实施而对环境造成不良影响起到了很好的作用。国家有关部门还制定了全国或部分海区的海洋环境保护规划和计划以及湿地保护、生物多样性保护等专门计划。地方人民代表大会和地方人民政府结合本地区的具体情况，也制定和颁布了一些海洋环境保护的地方性法规，对海洋环境保护起到了重要的作用。

4）海洋资源开发类法律制度

海洋蕴藏着丰富的自然资源。随着陆上资源的日益紧张和海洋开发技术的不断提高，海洋资源开发的深度和广度也在不断提高，海洋资源开发的法律制度也在不断建立和完善，其中最为重要的是关于渔业资源、油气资源和矿产资源开发制度。

《中华人民共和国渔业法》是中国管理包括海洋渔业在内的渔业活动的法律。该法于1986年通过，2000年、2004年进行了两次修改，配套法规有《渔业法实施细则》。《中华人民共和国渔业法》及《渔业法实施细则》规定了对渔业资源的开发、利用的管理机关及其权限，并主要对"养殖业"、"捕捞业"、"渔业资源的增殖和保护"等问题做了较为详细的规定。

《中华人民共和国矿产资源法》是规范中国矿产资源勘察、开发利用和保护工作的基本法律，适用于中国"领海和管辖海域"的矿产资源勘察、开采活动。配套法规有《矿产资源法实施细则》。对于海洋矿产资源的勘探开发而言，最为直接的是关于海洋油气资源和海砂资源开发的有关规定。早在1982年，中国政府就发布了《中华人民共和国对外合作开采海洋石油资源条例》，规定中国石油公司和外国石油公司合作开发中国管辖海域内油气资源的有关事项。

5）海上交通安全类法律制度

中国早期的海洋立法多集中在海上航运、港口管理等方面。《中华人民共和国海上交通安全法》是关于海上交通安全的专门法律，其立法宗旨为加强海上交通安全、保障船舶、设施和人命财产的安全，维护国家海洋权益。该法专门规定了保障海上交通安全的各项制度，主要包括：船舶检验、登记及船舶、设施上人员合格制度、航行、停泊和作业制度、安全保障制度、危险货物运输制度、海难救助制度、打捞制度、打捞清除及交通事故的调查处理制度。

为加强通航设施的保护和管理，保障海上交通安全，中国还就港口、航标、航道管理、海上交通事故等制定了法律法规和规章。

6）海洋科学研究类法律制度

《中华人民共和国涉外海洋科学研究管理规定》对在中国管辖海域内进行涉外海洋科学研究活动、海洋科学研究的国际交流与合作做出了规定。在中国专属经济区和大陆架上，外方可以单独或者与中方合作进行海洋科学研究活动；外方单独进行海洋科学研究活动的，应当提交书面申请和相关材料。《中华人民共和国测绘法》明确规定该法也适用于包括专属经济区和大陆架在内的中国海域。该法还规定了测绘基准和测绘系统、测绘规划及其实施、界线测绘、测绘成果管理、测量标志保护等。

7）其他相关法律制度

1989年公布了专门规定电缆管道铺设的法规《中华人民共和国铺设海底电缆管道管理规定》。此外《水下文物保护条例》、《关于外商参与打捞中国沿海水域沉船沉物管理办法》等，就水下文物的保护和打捞等相关事宜做了规定。

中国与海上军事活动有关的法律制度大多采取特别法的形式，通常在一般立法中授权军队单独或联合其他有关部门制定，如军事用海、军港或海上军事区的海洋环境保护等。

19.2 南海区域海洋资源环境现状与形势

在南海地区，发展海洋经济的资源基础优良，但面临的权益争端、自然灾害等问题突出，面临的海洋资源和生态环境问题也比较严峻。

我国南海沿岸三省区的海洋资源开发虽然取得了一定的成绩，但是在开发利用海洋资源过程中，由于对自然规律认识不足，对海洋开发存在一定程度的盲目性，造成某些资源开发利用不合理，从而出现了海洋污染，沿岸水域环境质量下降，赤潮频发，局部海域自然生态环境遭受严重破坏，海洋生物多样性不断下降。

19.2.1 南海区域海洋资源优势突出

南海海洋资源优势突出，海洋空间资源、油气资源、生物资源、滨海旅游资源、海洋能源、盐业资源、滨海砂矿资源十分丰富，具有支撑海洋经济发展的重要物质基础。

辽阔的海域提供了广阔的发展空间。南海是我国最大的海洋国土，基本上位于北回归线以南，直到赤道附近，是全国唯一具有热带海洋特色的海洋国土。范围北临广西壮族自治区、广东省、海南省和台湾省；东至菲律宾；南接印度尼西亚和马来西亚；西临中南半岛和马来半岛。辽阔的海域蕴藏着远比陆地丰富得多的资源，具有发展海洋经济得天独厚的条件。海洋不仅是人类生存与发展重要空间，而且开发和利用海洋为发展广东经济提供了广阔的发展空间。

南海南部蕴藏有丰富的石油、天然气资源。南海南部全部或部分在中国传统疆界线以内的新生代含油盆地有8个，即曾母盆地、文莱－沙巴盆地、笔架南盆地、礼乐滩盆地、南薇盆地、北康盆地、万安盆地、中建及中建南盆地、巴拉望盆地，总面积约41万平方千米。据估计，在中国传统疆界线内的油气储量约为138亿～165亿吨油当量。在南海北部大陆架，已发现珠江口盆地、北部湾盆地、莺歌海盆地、琼东南盆地和台西南盆地等都是油气田或油气富集区，好些油田已经投产。这些油气田开采所带来的巨大经济利益和与之相关的各项产业的发展，将成为岭南地区经济崛起东方的一根擎天柱。

南海具有重要经济价值的生物资源主要是渔业资源。南海渔业资源种类比东海、黄海多。据统计，南海北部海域的鱼类超过1 000种，南部海域也有约800种，此外还有虾、蟹、贝、藻、海参等。南海主要的底层经济鱼类有蛇鲻、带鱼、金线鱼、鲱鲤、鲷、大黄鱼、白姑鱼、石鲈、石斑鱼、海鳗、鲨、鳐等；主要的中上层经济鱼类有蓝圆鲹、金色小沙丁、小公鱼、马鲛、鲳等；此外，还有比较丰富的虾、蟹和头足类等，一些大洋性鱼类，如金枪鱼、鲣鱼、旗鱼等以及海参、海龟和玳瑁等。

南海也拥有丰富的旅游资源。除了广东、广西、海南沿海的旅游资源外，南海诸岛还拥有赏心悦目的热带珊瑚礁丛林和海洋自然景观，宜人的环境条件，极少酷暑，常年有海风吹拂，可供畅游的平静和险象俱存的水中世界，可采集留作永久纪念的各种生物标本，还有古建筑和出土文物可供鉴赏，从中可以了解中国祖先发现和开发宝岛，艰苦创业的光荣史，也可看到被殖民主义和帝国主义侵略的血泪史。

此外，广阔的南海海域还拥有丰富的海洋新能源资源，包括丰富的太阳能、波浪能、风能以及温差能等。南海诸岛每年受太阳直射两次，总辐射量较高，其太阳能资源的丰富程度超过中国绝大多数内陆地区，可与青藏高原相比，是中国太阳能资源的高值区之一。南海区域也是中国风能资源非常丰富的地区，在中国海区中是仅次于台湾海峡和巴士海峡的风能高值区。南海海域的波浪受季风和热带气旋的影响，一年之中除4月和5月波浪略少外，其他月份的风浪和涌浪出现频率很高。

19.2.2 南海区域的区位优势明显

南海区域位于祖国的最南部，位于环太平洋经济圈内的重要部位，发展环境非常有利。20世纪80年代以来，环太平洋沿岸国家和地区的经济迅速发展，亚太地区成为世界经济增长最有活力的地区。特别是广东，毗邻港澳，是我国对外开放的重要窗口和前沿，是连接国际和国内市场的重要桥梁，也是物流、人流、技术流、资金流和信息流的大通道，具有优越的区位优势。

南海海洋国土位于东南亚海上交通要冲，东有巴士海峡、巴林塘海峡、巴布延海峡、民都洛海峡以及巴拉巴克海峡等沟通太平洋和苏禄海；南面有马六甲海峡、加斯帕海峡、卡里马塔海峡与安达曼、爪哇海相通。这些海峡使南海成为我国与南亚、西亚、非洲、欧洲等取得海上联系的最近通道,区位优势非常显著。南海市印度洋和太平洋之间的海上交通枢纽,占有相当重要的战略位置,是世界主要海运通道之一。据估计,目前约有1/4的世界航运量经过南海,平均每天约有200余艘船只通过此海域。可以说,南海是东亚国家和地区的海上经济命脉,与其经济安全息息相关。而且,亚太国家也都认为其经贸关系的发展与南海国际航线是否自由开放密切相关。

南海上空也是世界重要的航空通道。中国、韩国、日本与东南亚各地的航线,菲律宾与中南半岛各地来往的航线都要经过南海上空。西欧—中东—远东航线是世界最繁忙的航空线之一,它连接巴黎、伦敦、法兰克福等西欧主要机场和远东的新加坡、香港、北京、东京等机场,南海空域也是这条航线的重要通道;另外,西欧—东南亚—澳新、远东—澳新的部分航线也要经过这里。

海洋不仅在维护国家海洋权益和保卫祖国领土完整,保护海上交通和各种海洋开发活动的安全具有重要的作用,而且在信息交流方面也有着独特的优势和作用。在经济全球化和区域一体化的背景下,开发海洋有利于进一步加强和发展南海与世界的经济联系。

19.2.3 南海海域海洋权益争议影响经济发展

南海海域与周边国家之间存在复杂的海洋权益争议。近年来,我国在南海海域的合法权益遭到严重损害,呈现海域被分割,岛礁被占领,资源被掠夺,开发被阻挠,南海争端正朝着对我国不利的方向发展,我国在南海的合法权益遭到了损害。南海问题对我国的国防安全、石油安全、地缘战略安全将产生重要的影响。随着中国的进一步发展,整个南海地区在中国总体战略中的地位会更加重要,特别是南海海域丰富的油气资源对中国的可持续发展具有重要意义。我国要处理好与周边国家的关系,制定和完善相应的南海资源开发战略,以维护国家安全,发展海洋经济。

19.2.4 南海区域是海洋灾害多发区域

海洋灾害是指发生在海洋和海滨区内,由于大气圈和水圈变异活动引起造成海洋自然环境激烈变化且超过人类适应能力而发生的灾害。主要包括风暴潮、巨浪、海啸等。

南海地处热带和亚热带,生物多样性程度高,是我国海洋高生产力地区之一;同时南海的地理位置也决定了其不可避免的脆弱一面——极易受海洋灾害的影响。海洋产业开发具有高投入、高风险、高效益等特点。人们在向海洋要食品、能源、空间等生产的同时,多了一份对安全和保险的期望。2000—2008年的8年中,我国南海三省区由于风暴潮(含近岸浪)灾害直接造成的经济损失达518.01亿元,灾害造成的伤亡人数为131人。广东省是2008年全国海洋灾害灾情最严重的省份,直接经济损失达154.29亿元,占全国的75%,风暴潮灾害以粤西岸段为重,其次为粤东岸段和珠江口岸段,影响时间主要集中在7—9月份。此外,灾害性海浪也是威胁南海地区人民生命和财产安全的因素之一,南海灾害性海浪主要发生在台湾海峡、南海北部及中南部海域。

19.2.5 对南海区域缺乏全面有效的综合管理

目前,国务院涉海部门虽多,但职能交叉,造成政出多门,管理分散。尽管2008年7月国务院批准的国家海洋局"三定"方案规定该局的职责中包括"对海洋事务的综合协调",但目前仍未实现对我国300万平方千米管辖海域实施全面有效的综合管理,特别是在南海等一些有争议的海域。此外，地方各级海洋管理机构归属不同，职责不一。目前，仅海上执法就有海监、渔政、港监、海警、缉私等，分别属于国家海洋局、农业部、交通运输部、公安部、海关等部门，未形成一支统一的海上执法力量。

19.2.6 南海区域合作形成发展机遇

近年来，有关部门、专家对北部湾经济圈与两广（广西与广东）经济之间的合作进行了越来越多的探讨与实践，南海区域内的合作将会给南海的经济带来很大的发展机遇。北部湾经济圈是两广对接东盟的重要区域，而两广在北部湾经济圈建设中有着共同的利益，北部湾经济圈是广东突破经济发展不平衡的有利区域，而两广在北部湾经济圈的基础设施建设与对接、旅游、海洋渔业、海洋环境保护、产业转移对接、区域经济政策等有着广泛的合作领域。北部湾经济圈可以成为珠三角产业转移的重点地区，两广在"两廊一圈"的合作框架下共同开拓越南市场。两广还可合作协调推进北部湾经济圈的建设，同时合作研究向中央提出建设北部湾经济圈的有利政策，而两广高层也可加强沟通，为两地合作建立良好的沟通渠道。

只要发挥区域合作的优势，整合资源、包装产品、联合营销，同时利用好区域内海口、湛江两大海陆空交通枢纽的优势，区域合作的市场将非常广阔。在旅游方面，跨越琼州海峡的琼北湛江区域旅游合作区，尽管有琼州海峡的天然阻隔，但是该区域"四脉（天脉、地脉、人脉、文脉）相承"，处于广东、海南、广西三省区的结合部位，又处于中国－东盟自由贸易区的中心位置、泛"珠三角9+2"的重要位置，更是新一轮国家开放战略、国家区域发展战略和国家旅游战略的重要载体和结合部位，在这样的新坐标下将会获得千载难逢的发展机遇。在港区方面，海南洋浦和广西钦州保税港区的联结将为泛北部湾带来很大发展，两个保税港区均在各自的规划中将自身定位为"中国面向东南亚的航运中心"，在发展方向上，洋浦港和钦州港均不约而同的将石化产业定位于发展的重头，同时，两个保税港的共同机遇在于，都面对着由中国、越南、马来西亚、新加坡、印度尼西亚、菲律宾和文莱共同构建的泛北部湾区域经济合作区，因此在12.8万平方千米的泛北部湾区域内，两个保税港之间的联合，能形成一个合力，进一步增强南海区域竞争力。

19.2.7 国家政策支持增加发展动力

近期，党中央、国务院为应对国内外复杂多变的经济形势，及时做出了关于进一步扩大内需，促进经济平稳较快发展的重大决策，出台了一系列强有力的政策措施。按照"出手要快、出拳要重、措施要准、工作要实"的总体要求，国家海洋局下发了《关于为扩大内需促进经济平稳较快发展做好服务保障工作得通知》，出台十大政策措施，确保海洋工作为国家扩大内需、促进经济平稳较快发展提供最直接、最快捷、最现实的服务保障。此外，随着《珠江三角洲地区改革发展规划纲要》的颁布实施，给广东的发展带来了重大的机遇和新的发展动力。这些扩内需、保增长的战略举措，给海洋经济带来了大好机遇。

海峡西岸经济区的建设也给南海区域特别是广东发展带来了发展机遇。建设海峡西岸经济区战略构想成果来之不易，是中央战略决策的重要组成部分。目前海峡西岸经济区的范围已由福建沿海扩张到了福建周边省市，广东的梅州、潮州、汕头、汕尾也列入了海峡西岸经济区的范围内，国家和相关省市出台的一系列文件对海峡西岸经济区的建设指明了方向，提供了保障。海峡西岸经济区的建设有利推进了区域协作与区域间良性互动，给粤东带来了很大的发展机遇。

广西北部湾经济区是西部唯一沿海的地区，处于中国－东盟自贸区、泛北部湾经济合作区、大湄公河次区域、中越"两廊一圈"、泛珠三角经济区、西南六省（区、市）协作等多个区域合作交汇点，南拥北部湾，背靠大西南，东连珠三角，面向东南亚，西南与越南接壤，是中国沿海与东盟国家进行陆上交往的枢纽，是促进中国与东盟全面合作的重要桥梁和基地，区位优越，战略地位突出，发展潜力巨大。国家深入实施西部大开发战略和推进兴边富民行动，鼓励东部产业和外资向中西部地区转移，重大项目布局将充分考虑支持中西部发展，加大力度扶持民族地区、边疆地区发展，支持西南地区经济协作、泛珠三角区域合作以及国内其他区域合作，为北部湾经济区加快发展注入了新的活力和动力。

19.2.8 南海局部海域海洋环境状况恶化

南海海域总的生态环境是好的，但近岸海域受陆上活动影响，一般均有不同程度的污染，整个南海近岸的海水大多受到无机氮、活性磷酸盐和油类的污染，其年均超标率分别在70.3%、46.5%和21.4%。尤其是近年来海上开发活动对该海域海洋环境的污染损害日益突出，其中珠江出海口附近海域污染现象特别严重。此外，随着广西北部湾经济区的开放开发，"十一五"期间广西沿海将会呈现出一个大港口、大工业、大物流的发展局面，也将给环境保护带来更大压力。

据统计近年来南海地区赤潮灾害呈现越来越严重的态势，华南沿海赤潮的发生次数每年都有11~14次，多发区主要在粤东沿海和珠江口附近海区，多发期在春夏和夏秋交替时节。此外，雾霾的发生频率和强度在最近几年趋于增加，华南沿海视程小于1千米的海雾和灰霾天数持续呈上升趋势。大雾多发时间在2、3、4月份，多发区主要集中在珠江口近岸、汕头近岸和粤西的湛江、雷州半岛附近沿海地区。灰霾多发于每年10~12月和次年1~2月。日益恶化的海洋环境状况给南海区域的发展带来了极大的挑战，也使人们重新审视自己目前的发展模式，加强了对人与环境和谐发展的可持续发展之路的探索。

19.2.9 南海区域部分海洋资源退化

丰富的海洋自然资源是海洋经济实现可持续发展的物质基础。尽管南海拥有丰富的海洋资源，但由于沿海地区快速的经济发展和人口增长，给海岸带和海洋造成巨大的环境压力，再加上由于片面追求经济利益，使部分海洋资源过度利用，造成资源衰退，从而削弱了海洋经济可持续发展能力。海洋渔业资源退化是当前最突出的问题之一。由于渔业资源过度捕捞、海洋污染、海滩围垦破坏，水利和海洋工程对生境的破坏等因素，致使南海区域近海渔业捕捞资源衰退，许多渔场消失或接近消失，传统优质渔获物趋向低龄化及低值化，南海沿岸传统的甲子、万山、汕尾、昌化、北部湾等六大鱼讯在1990年代就不复存在。据统计数据显示，近年来北部湾近岸海洋污染持续加剧，部分生物资源衰退、沿海湿地减少、生物多样性下降、整体生态功能正在减弱。资源的退化给南海区域经济的发展带来了很大的挑战。

19.3 南海区域海洋经济发展简史

19.3.1 南海区域海洋经济发展历程

南中国海水域面积350万平方千米,其中中国主张管辖面积约200万平方千米。处在东南亚海上交通要冲,是我国与南亚、西亚、非洲、欧洲等取得海上联系的最近通道。历史经验表明:南海区域的经济发展离不开海洋,南海区域的经济发展史就是一部海洋经济开发史。

自古以来,南海区域利用临海区位和海洋资源优势,建立和发展了有别于内地的依靠海洋的海洋经济模式。远在秦汉时期,南海就是我国海上丝绸之路经过的海区,徐闻、合浦港称盛一时,番禺(广州)已成为南海沿岸土特产犀角、象牙、珠玑、玳瑁等集散地,是全国性经济都会;并先后开辟了至今越南、柬埔寨、爪哇、苏门答腊、印度、斯里兰卡以及至波斯湾转罗马帝国的航线。唐代开辟的航程长达1.4万千米的"广州通海夷道",经由南海抵达西亚、东非乃至欧洲各地。那时岭南地区还属很"荒蛮"之地,但广州依靠发达的海上交通和贸易,发展为一个世界性商港。侨居广州的外商达13万人,开元年间平均一年之中往来广州的客商达80万人次。宋代,海上贸易更成为沿海地区经济的重要支柱。宋代广州城垣修缮达10多次,所耗费的巨资相当一部分来源于外贸收入。海南岛依靠海上贸易,促使槟榔、椰子种植面积大增,全岛踏上真正开发的轨道。明清时期,南海丝绸之路已延伸到拉丁美洲、北美洲、大洋洲和俄罗斯,形成全球性大循环格局。舟楫和渔盐之利以及大量白银的流入,极大地刺激了沿海经济的发展。主要在珠江三角洲出现专业性经济作物集中种植区,兴起主要为出口而生产的丝绸、陶瓷、冶铁、制茶、蔗糖、食品等手工业以及形成广(州)、佛(山)、陈(村)、(石)龙等一大批工商业城镇。大量人口向城镇集中,工商贸易成为沿海地区主要经济来源。鸦片战争以后,岭南沿海,特别是珠江三角洲地区,先后卷入资本主义世界体系,并成为这个体系边缘地带的一部分,开始了地方经济与这个世界体系的一体化过程,掀起以经济作物高度发展、集中配置以及淘汰传统手工业、建立近代工业为特征的所谓农业商业化和工业化高潮。这是岭南沿海在历史上建立的海洋经济模式在战后新条件下的延续和发展,只不过被涂上更多的资本主义近现代经济的色彩。但其动力仍然是为海外市场服务,并借助于海上交通和贸易走上和保持与世界交往的道路。

新中国成立后,南海区域与全国一样,海洋经济发展走过许多曲折道路。虽然在海洋捕捞、海洋运输、海水制盐等方面取得不少成就,但并没有超过海洋传统开发的范畴,而新兴产业几乎空白,与海外市场相关联的各项事业也囿于一个狭小范围之内。其根本原因是封闭式战略思想支配了全部经济活动。1978年以后贯彻执行改革开放政策,外向型经济逐渐在南海区域立足,在某些地区取得主导地位,并成为海洋经济的主要内容。

19.3.2 南海区域主要海洋产业发展沿革

19.3.2.1 南海区域海洋渔业的发展沿革

(1) 南海区域海洋渔业发展大致可分为以下两个阶段。

第一阶段(1949—1978年):这一阶段海洋渔业的表现形式基本是海洋捕捞。

中华人民共和国成立后到1958年的10年，通过民主改革渔民获得生产工具，渔业捕捞逐渐恢复，产量不断增加。但是总体来说还是处于一个自给自足的捕捞方式，渔业资源开发利用程度很低。1958—1978年，南海区域海洋渔业总产量呈现出在波动中增长的态势，1957—1961年出现下降趋势，但在三年自然灾害期间，因粮食缺乏，沿海居民为填饱肚子增加了对海水产品的需求，之后，经历了国民经济调整时期到1967年间一直呈现增长态势，其后受文革的影响，小幅度下降后，开始稳定增长。此间尽管机帆渔船的推广大幅提高了生产效率，但企业的组织管理和分配方式以国家统一管理和平均主义为主，损害了劳动者的积极性，渔业贷款使用效率不高，积欠不断增加，海洋渔业整体逐步呈现亏损，过度捕捞也使渔业资源由相对丰富转向衰竭。

第二阶段（1979年至今）：海洋渔业高速发展期。

在海洋捕捞和养殖方面，1979—2005年，南海区域海洋渔业总产量一直在稳步提升，而捕捞量则在2001年开始负增长，养殖量在1996年以前稳步提高，其后开始大幅增长。出现这一局面的原因是80年代初期的生产责任制和水产品价格放开，导致捕捞量的不断增加，虽然近海资源已经破坏严重，但由于技术装备的提高，远海渔业资源得以大量开发，养殖业也开始发展，但主要是以海带等藻类为主，鱼虾类养殖技术不高，其成本无法和捕捞相竞争，但随着《联合国海洋法公约》的生效，中国加大了对海洋捕捞的管理，同时积极鼓励海洋养殖，使养殖发展很快，以海带等藻类为主，产量很大，因此海产品产量大幅增加。1999年国家提出并基本实现了海洋捕捞计划产量"零增长"目标以及之后不断加大对海洋捕捞的严格管理，海洋捕捞出现负增长。

在水产品流通方面，1979年后，南海区域逐年降低水产品派购比例，至1985年广东已率先取消派购和国家定价，全面放开水产品市场，政策创新激活了水产品流通和市场价格，丰富鱼市场供应，鱼价大幅度提高，渔农收入明显增加。从根本上解决了长期以来鱼价偏低、生产亏损问题，丰富群众的菜篮子，涨满渔民的钱袋子，壮大渔业总盘子，为推动南海甚至全国水产品流通领域改革提供了宝贵经验。20世纪90年代，南海三省区分别建设了多处水产品批发市场，为新型水产品流通体系提供了良好的经营平台，激活了水产品流通，有效提高水产品价格和生产效益。

在水产品加工方面，南海区域为发展水产品加工业，采取了一系列的措施。20世纪80年代，引导渔区集体或个人开办水产品、渔需品等加工企业；吸引国内外有实力、有技术、有订单的商家发展外向型水产品加工企业；引导国营加工企业转制，更新设备、革新技术，增强加工能力和竞争力。逐步形成国营、集体、民营、外资多种经济成分、多层次的水产品加工体系；90年代，引导水产品加工业更新设备、改革工艺、革新技术，开发加工新领域，创品牌、名牌，调整产业结构；致力培育加工龙头企业，提升企业素质，带动渔业产业化经营。另外，加强质量安全管理，提升质量指标，与国际接轨，建立外向型加工基地。2000年以后拥有了汕头大洋、潮阳侨丰、湛江恒星、国联等多家年产值上亿元的渔工技贸一体化的渔业龙头企业。随着多种经济成分、多层次的水产品加工体系的建立，有效提高了水产品附加值，壮大南海区域海洋渔业经济，致富大批渔农民。

19.3.2.2 南海区域海洋运输业的发展沿革

海洋运输业属于第三产业，是一个特殊的物质生产部门，其投入变现为一定数量的船舶、港口、装卸、航道设施以及燃料等生产资料的消耗和劳动能力的消耗，其产出不是物质产品，而是运输劳务。

包括南海区域在内的中国海洋运输业在新中国成立后,通过政策的扶持以及积极有效的计划管理措施的实施,中国海运业快速恢复。但是,随着大跃进、三年自然灾害以及"文化大革命"的一波三折使得海运业震荡剧烈。改革开放的实施终于结束了这种政治社会经济的动荡,海运业也迎来了其发展的契机,伴随经济全球化的进程,地处改革开放前沿的南海区域的远洋运输更是发展迅猛。

(2)南海区域海洋运输业的发展大致可分为三个阶段。

第一阶段(1949—1957年):这一阶段为海洋运输业恢复发展期。

新中国成立初期,包括南海区域在内的中国海洋运输业所用船只大都是接收国民党政府以及争取在海外的部分爱国轮船起义和民营私营船只北归得来的。随着国民经济的回暖,大大推动了海洋运输业的发展。当时,主要海运任务是保证城市粮煤运输,支援解放沿海岛屿,活跃城乡经济,促进国民经济早日恢复。"一五"期间,全国进入有计划的大规模的经济建设后,随着东北的钢铁、煤炭、机械、石化等重工业基地的兴建以及长江、珠江流域工农业生产的蓬勃发展,南北物资的相互需求和交流急速增长,铁路运输已不堪重负,必须从海上分流,又因海运具有量大、价廉的优点,所以在该时期南海区域甚至全国海运量逐年成倍地上升。

第二阶段(1958—1978年):这一阶段为海洋运输业曲折发展期。

这一时期,由于国民经济政策和方向上的失误,造成了海运业出现了一系列的问题,影响了其正常的发展进程。从1958年开始的"大跃进"使货运量连年高增长,随后的三年自然灾害又使得货运量大幅度下降,特别是1961年下降幅度最大,在全国实行"调整、巩固、充实、提高"八字方针以后跟随需求的上升,货运量也逐年升高。在"文化大革命"时期,尽管世界海运业因为西方世界经济大发展以及集装箱和计算机技术在海运业的广泛应用而蓬勃发展,而被隔绝于世界经济之外的中国海上运输却饱受持续十多年之久的冲击。几乎全无的沿海港航生产管理、混乱的交通运输指挥和遭到严重破坏的生产秩序给南海区域的海运事业带来了巨大的灾难,特别是沿海运输在"文化大革命"初期增长缓慢,好在随后在周恩来等的保护和支持下,海洋运输逐渐恢复发展。70年代,远洋运输因为中美关系解冻而遇到了发展机遇,增长也较为迅速,远洋增长幅度远大于沿海运输。港口方面,湛江港是新中国自行设计、自行建设的第一个新港口,在当时乃至现在都是对外交流的一个窗口。

第三阶段(1979年至今):这一阶段为海洋运输业高速发展期。

这一时期对海运业进行了一系列政策调整,包括改革独家垄断经营航运市场的局面,实施由计划经济向市场经济的变革,对内积极鼓励社会各界兴办水运,对外全方位开放国际国内海运市场,促进和发展运输集装箱化合联运航线,针对港口双压问题,大力建设新港、改造已有港口,改革港口管理体制。这些政策推动了南海区域海运业的发展,货运量和货运吞吐量均大幅提高。

在80年代,南北通航既恢复了中断30多年的上海—香港、上海—福州、大连—青岛—石岛的客货班轮航线,又开辟了汉口—香港、上海—广州、广州—青岛—大连的客货航线。此外,80年代也开始发展集装箱运输。1977年在广州试行非标准集装箱,后经不断改善,为南海地区乃至我国集装箱发展奠定了基础。1984年国务院批准了包括广州、湛江、北海在内的14个沿海开放城市,使得我国特别是南海海域对外贸易有了很大发展,海上运输相当繁忙,海港建设也进入了高速发展期。

在港口方面,广东省14个沿海市已有10个市有深水港,港口区主要分布在珠江三角洲地区，东西两翼则以汕头港、湛江港为龙头。珠江三角洲区域经济发达，交通便利，港口资源丰富，港口开发自改革开放以来已形成一定的规模，临港工业高速发展，港口用海面积大，是广东省港口开发最密集的地区。广西目前港口总吞吐能力超过1 500万吨，与世界80多个国家和地区的180个港口有贸易来往，实施西部大开发战略后，广西沿海地区作为西南地区出海大通道的桥头堡作用进一步强化。目前，海南省已建成沿海港口码头总泊位153个，其中万吨级以上深水泊位30个。主要港口2008年货运吞吐能力超过7 000多万吨，旅客吞吐量2 000多万人。国内航线已覆盖所有沿海港口，形成了北有海口港、南有三亚港、西有洋浦港和八所港、东有龙湾港、清澜港的"四方五港"格局。

19.3.2.3 南海区域海洋油气业的发展沿革

南海区域海洋油气业的发展大致可分为两个阶段。

第一阶段（1959—1978年）：这一阶段为海洋油气调查勘探期。

这段时期中国石油基本保证自给自足，因此对于海上石油的需求并不迫切，但石油资源本身具有极高的战略价值，因此中国政府进行了前瞻性的调查国家的海上石油资源是必要的。20世纪60—70年代，中国在海洋资源调查过程中开展了近海大陆架石油普查勘探工作。在设备和技术条件都很差的情况下，通过海上信息采集与研究，经勘探发现渤海、黄海、东海、南海珠江口、莺歌海、北部湾等六个大型沉积盆地。其中，南海地区是世界上油气资源比较丰富的海区之一，在对南海地区进行的物探和勘探中，早期主要在南海北部地区做地质和油气调查，用冲击钻、轻便钻在近岸或岛上钻浅井，曾捞获若干千克低凝固点原油；后期（主要是70年代）开始了大规模的油气勘探，进行了地震、重磁力综合调查，并经区域性钻探发现了涠11-4、涠11-1、乌16-1、松32-2油田和含油构造。

70年代末期，中国还在南海近海大陆架以外的深海区域进行了勘探工作，发现了曾母暗沙盆地、巴拉望西北盆地、万安滩西北盆地等。这些区域由于距离陆地较远，且距离海面较深，不易开发，但储量较大，初步估计石油资源量约243亿吨、天然气资源量8.3万亿立方米。

南海尤其是南沙海域的油气资源由于其特殊的地理位置以及丰富的蕴藏量，成为周边各国争夺的焦点。南沙海域从新中国成立初期中国政府就曾多次声明，南沙群岛历来是中国的领土，南沙群岛近海域的资源完全属于中国所有，而且在20世纪50—60年代并没有引起他国争议，但70年代以来，因南沙海域发现蕴藏着丰富的石油资源，同时，随着石油需求不断提升以及海洋石油开发技术的成熟，南沙海域周边一些国家为了利益纷纷声称对南沙群岛的全部或部分海域拥有主权，并开始石油资源勘探甚至与国际石油巨头合作开发，使南沙群岛的主权争端不断激化升级。

第二阶段（1979年至今）：这一阶段为海洋油气业发展期。

开放初期，为了学习和交流海洋油气勘探开发技术以及及早获得开发所需的资金设备，中国积极与国际海洋石油气业展开合作，而西方发达国家的海洋石油气开发商也受到两次石油危机的冲击，急需寻找开发成本较低的沿海石油气田。1980年中国与法国石油公司签订了南海北部湾海域的是有勘探开发合作合同，1986年，北部湾中法合作的涠10-3油田投入试生产。

东方1-1气田是国家重点建设项目，由中海石油（中国）有限公司自主投资开发费，投资总额32.7亿元，是我国独立开发和作业的第一座海上天然气气田，也是目前为止我国开采的第二大海上气田。该气田位于南海北部湾莺歌海海域，距东方市113千米，水深75米。其天然气储量为996.8亿立方米，含气面积287.7平方千米，年开采量为24亿立方米。2000

年6月，中海石油化学有限公司董事会宣布启动海南海洋石油天然气化肥项目，中海石油（中国）有限公司同时启动东方1-1气田的开发。2002年6月7日海上平台开始钻井，同年10月6日中心平台钢结构吊装工作全部安全完成。2003年7月31日上午8时，随着一声指令，操作人员打开下海关断管阀门，我国第一个自主开发的海上天然气气田——东方1-1气田，开始正式向国内送气。

19.3.2.4 南海区域滨海旅游业的发展沿革

南海区域海岸线绵长，景色优美，岛屿星罗棋布。沿大陆海岸线自北而南分布着汕头、深圳、广州、珠海、湛江、北海等优良港湾和城市，其中许多是驰名中外的旅游胜地，具有发展海洋旅游的优越条件，此外，海岛旅游也是这些地区经济发展的重要方向，其中以海南岛最为出名。南海区域主要的旅游区有以下三个。

一个是珠江三角洲海洋旅游区。珠江三角洲滨海旅游区以广州、深圳、珠海为中心，辐射汕头、湛江等。该区沿岸有许多名川名山，名胜古迹。除此之外，这里气候宜人、四季如春，较其他区域有更长的时间发挥滨海优势，而不会出现特别强的季节性旅游特点，适宜避寒度假旅游娱乐活动。这里接近中国香港和澳门地区，与东南亚和大洋洲相距不远，有着有利的区位条件，一方面可以利用港澳和东南亚的旅游资源、相互促进；另一方面可以吸引更多的港澳游客，同时可以面向大洋洲的游客，作为旅游度假胜地。在改革开放之初，本区的海洋旅游业曾得到了较快的发展，但近年来发展速度明显放缓。1986—1995年，本区主要城市接待来华旅游者人数由438.27万人次增加至512.84万人次，年平均增长速度仅1.98%。

一个是海南岛旅游区。海南岛旅游区主要指的是海南岛及其周围岛屿地区，它与美国的夏威夷处于同一纬度，处于我国热带气候区，是一块保持着热带自然风貌的处女地，旅游资源有各种天然热带动植物、珊瑚礁海岸、古代火山遗迹、温泉、三亚天涯海角，是冬季避寒的理想场所。此外，海南岛也是我国少数民族集中居住地，各民族的风土人情也是重要的旅游资源。海南岛及其周围岛屿旅游资源开发的历史较短。这一方面是由于海南岛及其周围岛屿地处祖国边陲，与内陆地区相距较远；另一方面也由于过去长期把海南岛置于海防前哨的战略地位，同时也由于海南经济和社会发展水平较低的缘故。所以在海南建省和成立经济特区以前，海南的旅游业不仅规模小，而且发展速度也极为缓慢。海南省的成立和海南经济特区的建立，不仅为海南的改革和开放注入了活力，而且也为海南岛及其周围岛屿的旅游业插上了腾飞的翅膀。短短几年，海南岛及其周围岛屿旅游业发生了巨大的变化，成为国内外旅游热点。随着国际旅游岛建设的不断推进，海南省滨海旅游业得到了较好发展。尽管受国际金融危机影响，2008年海南省滨海旅游业仍稳步发展，全省滨海旅游业总收入170多亿元，增加值96亿多元，分别较上年增长10%以上。

另外一个是广西沿海旅游区，也叫环北部湾旅游区。广西沿海地区是广西重要的旅游资源分布区，对外开放的旅游景点有17处，占广西全部对外开放旅游景点的12.2%。该区域还有9处自治区重点文物保护单位，占广西同类总数的10.5%。北海有列入国家级旅游度假区的"银滩"，全长24公里，东兴万尾岛有风景诱人的"金滩"；还有以独特的火山岩地质地貌、风景奇特而著称的涠洲岛、斜阳岛；此外，山口国家级红树林生态自然保护区的海上森林胜景以及千岛点缀的合浦岛湖、钦州的钦州湾"七十二泾"和龙门诸岛等景观都是国内少见的旅游资源；广西还具有与越南接壤的区位特点，出国旅游条件优势明显。自改革开放以来，广西的滨海旅游业发展迅速，仅2001年，滨海国际旅游业营业收入就达到了1 410万美元。

南海区域滨海旅游业发展的整体情况跟全国其他地方相近。20世纪80年代以前,限于国内当时的经济和社会发展水平,来滨海地区旅游的国内旅游者多是来滨海地区从事商务、公务及探亲访友者,且以公费旅游者为多。改革开放不久,沿海地区受惠于改革先锋地区,经济发展很快,沿海及其周边地区人民物质、文化生活水平的提高,收入提高也较快,周边地区到沿海旅游区的国内游客数量增多。改革深化以后,带动内陆地区高速发展,整个国家收入水平的提高以及经济基础设施的建设的发展,滨海地区的国内旅游者中以观光、游览为目的的旅游者逐渐减少,而以休闲、度假为目的的旅游者越来越多,并成为我国滨海地区国内旅游的主体。

19.3.2.5 南海区域海洋盐业的发展沿革

南海区域虽然高温但多雨,加上众多河流入海,故盐田规模和产量一般都不及北方省区,根据盐业生产资源条件历史积累,南海三省区的盐业有着不同布局特色。

广东海岸线漫长,海盐资源较丰富,生产历史悠久。1990年盐田总面积1.14万公顷(其中生产面积0.87万公顷),生产能力40万吨,省属盐场4个,面积0.404万公顷;地方国营盐场7个,面积0.26万公顷;乡镇集体盐场225个,面积0.47万公顷,全省单产(40~50)吨/公顷。1991年产盐51.42万吨。

近年来,工业用盐增加,广东盐的产销缺口不断扩大,每年需从外省调入30万吨以上,这是广东盐业面临的突出问题。

海南省属热带,气温高,日照时间长,风力大,蒸发力强,海水浓度高,这为海盐生产提供了良好的客观条件。从20世纪50年代后期至1990年,国家给海南发展盐业生产基本建设投资共计4 819万元,新建和扩建了4 204公顷盐田,特别是开发建设了793公顷的莺歌海盐场,是海南原盐产量高速增长的决定因素。至1970年,年均实际产量已达25.69万吨。这一阶段,盐业产量年均递增12.6%。1971年至1988年,仅靠一点设备更新改造资金维持5011公顷盐田简单再生产,这一历史阶段产量年均递增仅0.4%。现在全省有大小盐场19家,分布于三亚、乐东、东方、文昌、琼山、陵水等沿海市县,现有盐田生产面积5 000多公顷,从事制盐的全民所有制企业职工4 800余人,集体所有制职工、盐民26 000余人。1991年产盐为25.44万吨,1993年产盐34.03万吨。平均单产(50~60)吨/公顷。莺歌海、榆亚、东方三个直属国营盐场是海南省主要产盐场,其中莺歌海盐场年产盐16万~17万吨,是我国南方最大的盐场。党的十一届三中全会后,海南贯彻"以盐为基础,盐化轻养结合,发展多种经营"的盐业生产方针,企业为提高效益,研制和生产近10万吨日晒优质盐、日晒细盐、粉洗精制盐等新产品。同时开展盐业海水养殖,近年养殖面积已达100公顷。

广西除中部岸段受河流淡水影响外,东、西部岸段都适宜晒盐。广西沿海主要盐场有12个,多属拥有数百公顷生产面积和数百名工人的中小盐场,且多数是20世纪50年代和60年代建场的。长期以来,国家对盐场投入少,加上台风灾害多,盐价低,税收重,使广西沿海盐田严重失修,海堤危险地段多,盐场的抗灾能力弱,单产低。企业连年亏损,盐工生活十分艰苦。只是近年国家增加对盐业的投入,提高盐价,建立盐业生产发展的基金以后,广西沿海盐业才有转机。1990年沿海各盐场面积和产量达到20世纪80年代水平。在开发盐产品的精深加工、恢复盐化工生产的同时,各地利用盐田广阔的水面优势和剩余劳动力养殖鱼、虾、蟹等水产，为盐场的综合利用开创了一条新的途径，也是广西沿海盐场今后发展的一个主要方向。

19.4 南海近岸海域生态系统服务功能与价值评估[①]

19.4.1 评估范围

本报告所指南海近海的范围是从大陆海岸线到 12 海里的海域，包括广东省近海、广西壮族自治区近海和海南省近海。评价的南海海域面积为 58 498.87 平方千米。分省评估时，评估范围包括各省行政区所属的全部近海海域。评估海域包括潮间带滩涂和水域（表 19.1）。

评估空间范围的划定遵循按照三条原则：一是近海评估海域，原则上从大陆海岸线起算的 12 海里以内的海域；二是如果有海岛没有被覆盖，则扩展到从未覆盖海岛的最突出海岸起算 12 海里；三是如果评估范围在两个行政区的近海交叉重叠，则沿行政边界线划分。

表 19.1 南海三省评估海域面积

省份	地区	评估面积/km²
广东省	潮州	690.40
	汕头	1 252.10
	揭阳	1 588.45
	汕尾	3 638.85
	惠州	1 839.46
	深圳	2 921.03
	广州	344.17
	东莞	92.12
	中山	140.89
	珠海	4 994.18
	江门	2 592.26
	阳江	2 409.03
	茂名	1 283.83
	湛江	8 723.58
	合计	32 510.36
广西壮族自治区	北海市	2 728.90
	钦州市	1 063.09
	防城港市	2 418.72
	合计	6 210.71

[①] 引用 908-02-04-03 成果报告"南海部分"。

续表 19.1

省份	地区	评估面积/km²
海南省	文昌市	4 089.47
	琼海市	706.09
	万宁市	1 969.04
	陵水黎族自治县	1 790.87
	三亚市	2 699.10
	乐东黎族自治县	1 539.87
	东方市	1 855.69
	昌江黎族自治县	867.51
	儋州市	2 270.07
	临高县	790.91
	澄迈县	533.55
	海口市	665.63
	合计	19 777.80
	总计	58 498.87

19.4.2 评估数据

19.4.2.1 养殖生产数据

广东省养殖生产数据来自 2006—2010 年《中国渔业统计年鉴》和《广东统计年鉴》，养殖用海面积与分布数据来自《广东省海域使用基础调查报告》与广东省海域使用现状图。

广西壮族自治区养殖生产数据来自 2006—2010 年《山东渔业统计年鉴》，养殖用海面积与分布数据来自《广西海域使用基础调查报告》与广西海域使用现状图。

海南省养殖生产数据来自 2006—2010 年《中国渔业统计年鉴》和《海南统计年鉴》，养殖用海面积与分布数据来自《海南省海域使用基础调查报告》与海南省海域使用现状图。

南海海水养殖的水产品价格参照《福建省"908 专项"福建典型海湾生态资本评估项目研究报告》。

19.4.2.2 捕捞生产数据

广东省近海捕捞量数据来自 2006—2010 年《中国渔业统计年鉴》和《广东统计年鉴》。

广西壮族自治区近海捕捞量数据来自 2006—2010 年《广西渔业统计年鉴》。

海南省近海捕捞量数据来自 2006—2010 年《中国渔业统计年鉴》和《海南统计年鉴》。

南海近海捕捞水产品价格参照捕捞水产品价格参考自福州鳌峰洲水产品批发市场，并用消费价格指数（CPI）进行了单位价格调整。

19.4.2.3 氧气生产数据

广东省、广西壮族自治区和海南省氧气生产产量根据初级生产力实测值，基于光合作用方程计算获得。浮游植物初级生产力根据国家近海海域生物资源调查项目提供的 ST08 和 ST09 区块浮游植物叶绿素浓度、同化系数及水层透光度，应用克里金空间插值法计算得到。

广东省、广西壮族自治区和海南省大型藻类氧气产量根据大型藻类干重实测值，基于光合作用方程计算获得。大型海藻的干重因缺乏调查数据，以近海养殖及捕捞的大型海藻的总量去除含水量计算得到。

氧气价格根据王松坚和阳小琴（2006）及杨玉平等（2000）对两种主要工业制氧方法——深冷法和真空变压吸附制氧法的分析，得到制造氧气的平均成本为567元/吨。

19.4.2.4　气候调节数据

广东省、广西壮族自治区和海南省气候调节的物质量固定二氧化碳的量分浮游植物和大型藻类计算。浮游植物固定量根据初级生产力实测值，基于光合作用方程计算获得。浮游植物的初级生产力根据广西近海海域生物资源调查提供的浮游植物叶绿素浓度、同化系数及水层透光度，应用空间差值法计算得到。

广东省、广西壮族自治区和海南省大型藻类二氧化碳产量根据大型藻类干重实测值，基于光合作用方程计算获得。大型海藻的干重以近海养殖及捕捞的大型海藻的总量去除含水量计算得到。

二氧化碳价格根据2008年北京环境交易所的交易记录确定，二氧化碳排放权的平均交易价格为106.2元/吨，将此价格利用2007年和2008年的生产价格指数进行修正，得到2007年的二氧化碳排放权价格为101.0元/吨。

19.4.2.5　废弃物处理数据

广东省及沿海各地市废水排放量数据来自2006—2010年《中国环境统计年鉴》和《广东统计年鉴》。

广西壮族自治区及沿海各地市废水排放量数据来自2006—2010年《广西壮族自治区统计年鉴》。

海南省及沿海各地市废水排放量数据来自2006—2010年《中国环境统计年鉴》、《海南统计年鉴》。

广东省、广西壮族自治区和海南省废水处理单价由废水处理设施年运程成本除以废水处理设施处理能力计算得到，各省废水处理设施与废水处理设施年运行成本来自2006—2010《中国环境统计年鉴》。

19.4.2.6　休闲娱乐评估数据

广东省、广西壮族自治区及海南近海海洋旅游景区的年旅游人数、旅游收入及其他数据来源于广东省及其沿海各地市的统计年鉴或国民经济发展统计公报。海岸线数据来源于广东省、广西壮族自治区和海南近海海岸线调查结果。旅游景区级别依据国家和地方旅游局网站。

19.4.2.7　科研服务评估数据

广东省、广西壮族自治区和海南省各省区以近海海域为研究区的海洋类科技论文数量通过查询维普中文科技文献搜索引擎获得。科技论文的单位成本根据国家海洋局2005年发布的海洋科技统计公报数据计算得到。

19.4.2.8　物种多样性和生态系统多样性维持评估数据

海洋保护区的名称、分布区、主要保护对象等资料来自国家海洋局网站和有关保护区和保护物种的报告。广东省被访居民的性别、年龄、受教育程度、年收入、家庭人口数、认捐数额等数据通过在广州进行的的问卷调查获得，广西和海南参考广东省建立的回归模型。调访地区的人口总数、平均家庭人口数、人均年收入等资料来自各省区统计年鉴。

19.4.3 评估结果

19.4.3.1 总服务价值

南海近海生态系统服务价值主要包括广东省、广西壮族自治区和海南省近海地市的生态系统服务价值。

2008年，南海近海生态系统四大类（共9项）生态系统服务总价值为2 986.02亿元。其中，供给服务的价值量最高，为1 670.36亿元，占南海近海总生态系统服务总价值的55.94%；文化服务价值为1 183.5亿元，占总价值的39.64%，仅次于供给服务；调节服务和支持服务的价值总占总生态服务价值的比例不到和所占比例，其中调节服务价值为127.24亿元，支持服务价值仅为4.87亿元（表19.2）。

表19.2 2008年南海近海生态系统服务价值及其组成

一级指标	一级指标价值量/万元	一级指标比例/%	二级指标	二级指标价值量/万元	二级指标比例/%
供给服务	16 703 609	55.94	养殖生产	9 014 812	30.19
			捕捞生产	5 529 537	18.52
			氧气生产	2 159 260	7.23
调节服务	1 272 411	4.26	气候调节	606 521	2.03
			废弃物处理	665 890	2.23
文化服务	11 835 433	39.64	休闲娱乐	11 825 626	39.60
			科研服务	9 807	0.03
支持服务	48 745	0.16	物种多样性维持	18 675	0.06
			生态系统多样性维持	30 070	0.10
总计	29 860 199	100		29 860 199	100

9项评估指标中，休闲娱乐的价值最高，为1 182.56亿元，占南海总服务价值的39.60%；养殖生产的价值量仅次于休闲娱乐，为901.48亿元，占总服务价值的30.19%；捕捞生产的价值量为552.93亿元，位居第三位，占南海总服务价值的18.52%；以上三个指标的价值量占总服务价值量的88.31%。氧气生产的价值量为215.93亿元，占总服务价值的7.23%；气候调节和废弃物处理的价值量都在60亿元左右；生态系统多样性维持、物种多样性维持和科研服务的价值量较小，所占比例分别为0.10%、0.06%和0.03%。

2008年南海三省区四类生态服务和9项评价指标的价值的评价结果显示，广东省近海的生态系统服务价值为1 944.79亿元，远高于广西和海南的478.51亿元和562.81亿元，其四大类生态系统服务价值均高于广西和海南。

在产品供给中，广东省主要依赖于养殖生产，其养殖生产价值量为583.88亿元，远高于广西和海南省的养殖生产价值量211.10亿元和106.50亿元。而海南省主要依赖于捕捞生产，海南省的捕捞生产价值不仅高于本省的养殖生产价值，也高于广西和广东的捕捞生产价值，在南海近海生态系统中,广东省的养殖生产价值量占总养殖生产价值量的比例高达64.8%,而海南省的捕捞生产量占总捕捞生产量的比例也超过一半。广东、广西和海南的氧气生产在提供产品服务中都最小,广西的氧气生产价值量最低。

除产品提供以外,广东的其他三项生态服务的各项指标价值均远高于广西和海南(表19.3,表19.4)。

表19.3 2008年南海近海9项生态系统服务价值及其组成　　　　　　　　　　单位:万元

二级指标	广东省	广西壮族自治区	海南省	合计
养殖生产	5 838 835	2 110 976	1 065 001	9 014 812
捕捞生产	819 198	1 882 041	2 828 298	5 529 537
氧气生产	987 290	237 990	933 980	2 159 260
气候调节	319 569	58 271	228 681	606 521
废弃物处理	584 000	7 283	74 607	665 890
休闲娱乐	10 843 900	486 256	495 470	11 825 626
科研服务	7 093	1 451	1 263	9 807
物种多样性维持	17 410	705	560	18 675
生态系统多样性维持	29 664	143	263	30 070
总计	19 446 959	4 785 115	5 628 124	29 860 199

表19.4 2008年南海三省近海四类生态系统服务价值及其组成　　　　　　　单位:万元

一级指标	广东省	广西壮族自治区	海南省	合计
供给服务	7 645 323	4 231 007	4 827 279	16 703 609
调节服务	903 569	65 554	303 288	1 272 411
文化服务	10 850 993	487 707	496 733	11 835 433
支持服务	47 074	848	824	48 746
总计	19 446 959	4 785 115	5 628 125	29 860 199

19.4.3.2　区域平均值

2008年南海生态系统服务价值的区域平均值如表7.4所示。南海生态系统服务价值平均为510.44万元/平方千米,其中供给服务价值的区域平均值最高,为285.54万元/平方千米,占总价值区域平均值的56%;其次为文化服务价值,为202.32万元/平方千米,占总价值区域平均值的40%;调节服务和支持服务价值的区域平均值较低,分别为21.75万元/平方千米和0.83万元/平方千米。

各省区中,广西的生态系统服务价值的区域平均值最高,为770.46万元/平方千米;其次为广东,为598.18万元/平方千米;海南的区域平均值最低,为284.57万元/平方千米(表19.5)。

表19.5 2008年南海生态系统服务价值的区域平均值　　　　　　　　　　单位:万元/km^2

省区	供给服务	调节服务	文化服务	支持服务	总计
广东省	235.17	27.79	333.77	1.45	598.18
广西壮族自治区	681.24	10.55	78.53	0.14	770.46
海南省	244.08	15.33	25.12	0.04	284.57
南海	285.54	21.75	202.32	0.83	510.44

19.4.3.3 空间分布

1) 总服务价值空间分布

2008 年,南海近海生态系统服务总价值的空间分布密度平均为 475.93 万元/(平方千米·年),最大为 1.66 亿元/(平方千米·年),最小为 43.36 万元/(平方千米·年);大部分海域的分布密度处于(100~500)万元/(平方千米·年)之间。

从整个南海来看,生态系统服务总价值分布的高值区集中分布于珠江口、惠州、钦州、北海、临高县的近海海域;中值区主要集中分布于汕头、汕尾、江门、茂名、湛江、儋州、三亚等地市的近海;低值区主要分布于阳江、防城港、海口、东方、文昌等地市的近海海域。

同其他三大海区一样,南海近海生态系统服务总价值的空间分布格局也主要取决于养殖区的分布。养殖生产价值高的海域,服务价值分布密度较高。但是,在有旅游区分布的局部海域,其服务价值分布密度显著高于其他海域。

2) 供给服务价值空间分布

2008 年,南海海生态系统供给服务价值的空间分布密度平均 234.11 万元/(平方千米·年),最小 32.47 万元/(平方千米·年),最大 1.62 亿元/(平方千米·年),大部分海域的分布密度处于 50 万元/(平方千米·年)到 100 万元/(平方千米·年)的范围。

南海近海生态系统服务价值分布的高值区集中分布于北海、钦州、临高、儋州的近海海域,珠江口附近也有零星高值区分布。中值区主要分布于汕头、防城港、三亚、等地市的近海。其他大部分海域属于低值区。

南海生态系统供给服务价值的空间分布格局主要取决于养殖区的分布。养殖生产的价值量值高的海域,服务价值分布密度较高。

3) 调节服务价值空间分布

2008 年,南海生态系统调节服务价值的空间分布密度平均 21.00 万元/(平方千米·年),最小 8.84 万元/(平方千米·年),最大 415.86 万元/(平方千米·年),大部分海域的分布密度处于 10 万元/(平方千米·年)到 25 万元/(平方千米·年)的范围。

南海近海生态系统调节服务价值分布的高值区主要分布在珠江口、深圳、惠州、汕头和茂名的近海海域。中值区主要分布于汕尾、江门、阳江、湛江、海口、儋州、琼海等地市的近海。低值区主要分布于珠海、北海、钦州、防城港、三亚等地市的近海海域。

南海近海生态系统调节服务价值空间分布格局规律是靠岸海域分布密度较高,离岸较远海域分布密度较低,河流入海口较高。

4) 文化服务价值空间分布

2008 年,南海生态系统文化服务价值的空间分布密度平均 219.95 万元/(平方千米·年),最小 0.01 万元/(平方千米·年),最大 1 773.05 万元/(平方千米·年),大部分海域的分布密度处于 50 万元/(平方千米·年)到 200 万元/(平方千米·年)的范围。

南海近海生态系统提供的文化服务高值区主要集中分布于那些海洋旅游区集中的地市,如深圳、惠州、汕头、珠海、江门、茂名、钦州等地市的近海。中值区主要分布于阳江、北海、三亚等地市的近海；其他地市的近海文化服务价值分布密度较低。总体来看，广东近海的文件服务价值比广西高，海南近海最低。

5）支持服务价值空间分布

2008年，南海生态系统支持服务价值的空间分布密度平均0.86万元／（平方千米·年），最小0.03万元／（平方千米·年），最大万元／（平方千米·年），大部分海域的分布密度处于5 000元／（平方千米·年）。

南海近海支持服务分布密度高值区主要分布于深圳、惠州、湛江的近海海域，中值区主要分布汕头、汕尾、珠海、阳江、茂名、北海、防城港等地市的近海海域，低值区主要分布于海南全岛的近海海域。在有国家级保护区分布的海域其支持服务的分布密度比其他海域较高。

19.5　小结

南海岛礁附近海域拥有丰富的海洋资源，渔业资源、航道资源，特别是石油、天然气资源。此外，南海深海的海底资源蕴藏量很大，随着科技的进步和海洋开发的深入，西南中沙群岛海底资源有着非常广阔的开发前景和巨大的利用价值。西南中沙群岛岛礁上绩丽的热带海岛环境和海域中波澜壮阔的自然景色开发海洋旅游的潜在资源。现代科学还发现海洋蕴藏巨大的潮汐能、波能、温差能、密度差能、压力差能等海洋动力资源，若能科学地加以利用，其社会和经济效益将不可估量。

南海是联系中国与世界各地非常重要的海上通道，同时也是太平洋和印度洋之间的海上走廊。在军事战略上，控制了南海岛礁，就意味着直接或间接控制了从马六甲海峡到日本、从新加坡到香港、从我国广东到菲律宾马尼拉，甚至从东亚到西亚、非洲和欧洲的多数海上通道。在航道上，每年大约有4万多艘船只经过南海海域。日本、韩国和我国台湾省，90%以上的石油输入要依赖南海这个航道；经过南海航道运输的液化天然气，占世界总贸易额的2/3。对于我国来讲，通往国外的近40条航线中，超过一半以上的航线经过南海海域。

因此，南海丰富的海洋资源和优越的区位条件为发展南海海洋经济创造了极为丰厚的物质基础和发展环境。

第 20 章 南海区域海洋产业经济

南海海岸线长 6 000 千米以上，管辖海域面积约为 200 万平方千米，分别占了全国的 1/3 和 2/3。经历 2000 多年时至今日，辛勤的中国人民用血汗造就了广州、香港、澳门、三亚、海口以及改革开放以来建成的深圳、珠海等滨海城市的辉煌。南海海洋经济作为中国海洋经济的一个核心，是中国经济的重要组成部分，它是中国经济可持续发展的坚实保证。

发展海洋产业经济受制于区位、海洋环境、资源、资金、技术等多种因素。根据岭南开发海洋传统、现有基础及未来趋势，以下主要海洋产业构成了南海区域海洋产业体系的主体。

一是海洋石油开采和后勤服务业。目前和今后几十年内，石油和天然气仍是一种主要能源。南海北部大陆架的油气资源，即使按已探明的储量也足够支持开采很长时期。目前勘探、投产的有珠江盆地惠州 21 - 1 号、西江 24 - 3 号、惠州 26 - 1 号；陆丰 13 - 1 号油田；北部湾盆地涠 10 - 3 号、涠 10 - 3N 号油田；莺歌海盆地崖 13 - 1 气田等，产量都很大。以海洋油气为中心的石油化工业也接踵而起。海南八所港区曾筹建一座年产 30 万吨合成氨和 52 万吨尿素化肥厂，由此又带动了油气运输、仓储、通信、救助以及其他一系列后勤服务业兴起和发展。目前，湛江、深圳、广州等已成为海洋石油产业基地。随着南海石油资源优势日益转变为经济优势，石油产业必将成为岭南沿海的支柱产业。

二是海洋运输和港湾资源开发。海洋运输是海洋空间开发的一种重要方式，也是改善投资环境，吸引外资的保障条件之一。自 1979 年我国南北通航，结束南海与东海、黄海、渤海长期分隔局面，形成新的海运网络，海运已成为岭南经济运行的一个重要条件。到 1990 年，广东已拥有 71 个港口，完成吞吐量 11 137 万吨，远洋航线抵达 130 个国家和 992 个港口；据 1998 年海洋年鉴数据，广东海洋交通运输营运收入达 13.13 亿元，占全国 24.8%，仅次于上海（未算香港）。而广东、广西、海南三省区则占全国 27%，表明南海海洋交通在全国具有重要地位。海南建省后，国内航线北至大连，国际航线延及日本、东南亚、非洲和欧洲，新建和扩建改造洋浦、八所等港，海上运输初具规模。临港工业也相继兴起，极大地加强海南经济吸引和辐射能力。近年广西建成防城港、涠洲岛南湾港，改造钦州港、北海港，且与西南铁路网连接，不但保障沿海经济发展，也促进大西南开发建设。

海洋运输有赖于港湾开发建设。岭南沿岸较大的港湾有 200 多个，资源类型丰富，目前已开辟为商港的有 75 个，渔港 73 个，另有若干个军港。但大多数为小港，不少港口尚处于自然状态，大型深水港不足，泊位少，分布不均匀等，都影响港口效能和腹地发展。近年岭南沿海兴起建港热潮，但一些港口对腹地、货源估量过大过多，重复计算，布局也不尽合理。港口建成后，或货源不足难以按设计营运；或设备欠缺及与道路网不配套而不能形成正常生产能力。这反过来又牵制了海洋运输。故应打破条块分割和各自为政的管理模式，统筹协商解决。特别是建设外向型经济，港口更应具体切实地分析估算海向腹地范围和货源，避免用笼统总趋势代替具体调查分析。

三是海洋旅游业。南海热带海洋旅游资源甚为丰富多彩，且大部分景点集中分布在海岸带和岛屿，过去虽有少量开发利用，但未能形成一项产业。改革开放以来，海洋旅游开始兴起，成为海内外投资热点。例如1991年国内外投资海南的旅游项目有59个，资金达1.6亿美元；其中外资占33项，资金9 177万美元，分别占60%和57%。另据有关统计，海南旅游业发展速度已超过工农业生产发展速度，成为海南重要支柱产业之一，并形成诸如牙笼湾、小东海、秀水湾、西沙群岛等一大批旅游开发区。广东海洋旅游业更是后来居上，1990年广东沿海地区旅游收入达79.18亿元，其中广州市为32.21亿元，深圳、珠海、汕头三个经济特区为29.89亿元。同年广东全省沿海旅游外汇收入达6.9亿美元，其中广州市为3.1亿美元，三个经济特区为3.4亿美元。据广东"908"沿海地区社会经济专项调查，2006年广东滨海旅游项目年接待游客近6 000万人次，占地区旅游收入的50%左右。这些可观的数字，显示南海海洋旅游业作为一项开发海洋的新兴产业，已经产生巨大经济效益和社会效益，发展势头迅猛。

  四是海水养殖、捕捞和海产品加工业。海洋农牧化的前景非常诱人。近年岭南各省区在这方面成绩斐然。1991年广东全省利用滩涂进行养殖的面积达92 746公顷，产量15.9万吨，比1980年分别增长3.3倍和20倍，包括牡蛎、珍珠、对虾、网箱养鱼、咸淡水鱼类、贝类等。湛江、阳江等沿海形成集中成片网箱养殖区，蔚为壮观。根据1998年《中国统计年鉴》和2001年《中国海洋统计年鉴》，到2000年，广东海水可养殖面积利用率达23.32%，广西达10%，海南达16.23%，三省区达15.1%，尚大有潜力可挖。南海渔区范围也不断拓展，1991年广东省中深海及外海渔业总产量达99.2万吨，占全省海洋捕捞总产量的66.4%。南海中沙、西沙、东沙、南沙渔场也先后被进一步开发，仅琼海县1990年就有184艘渔船进入这些渔场，捕获名优海产4 644吨，产值1 655万元，分别比1989年增长42%和20%。远洋渔业虽然刚刚起步，但随着捕鱼技术的提高和南海安定因素的增多，其在南海渔业中比重必将逐步加大。

  海产品加工现已渐渐改变以往以晒干、腌制、打鱼粉为主的传统方式，正朝着深、精、高方向发展，形成多个系列产品，如罐头、鱼肝油、海味调料、海洋药品、海味食品、补品、海珍化妆品、珍珠首饰等，备受市场欢迎。海产品加工业将朝着以深度加工为主的综合利用方向发展。

  此外，滨海砂矿开采、原盐生产与多种经营并举以及试验性质的海洋动力资源开发利用等，都是南海现代海洋开发重要组成部分，宜根据各自特点，走深入内涵和扩大外延开发道路，为南海开发增添异彩。

20.1 海南区域的海洋渔业

20.1.1 南海区海洋渔业总体发展状况

  海洋渔业包括海水养殖、海洋捕捞、海洋渔业服务业和海洋水产品加工等活动。

  南海海域辽阔，海底地形复杂，生态环境多样，深受季风、暖流的影响，加上水温高，季节变化小，浮游生物特别丰富，适于各种鱼类、甲壳类、软体类、爬行类、藻类等栖息、生长、觅食和繁殖，是名副其实的水族乐园。他们彼此之间以及本身与环境之间存在这极为错综复杂的关系，相互依赖、相互制约、互为生存的条件，构成了一个完整复杂的海洋生态系统。

南海的鱼类约有 2 000 种，主要属于印度洋-西太平洋热带动物区系。而在南海北部大陆架却有一部分鱼类属于亚热带动物区系，与东海和日本南部动物区系的关系密切，是我国海洋鱼类区系的重要组成部分。南海缺乏高纬度海域那些产量特别高的种类，在鱼类资源和实际捕捞到的鱼类中，种类组成较多且复杂。这个特点在南海南部更为突出，主要渔获种类的比重，越往南部越低。就地理分布而言，广泛分布与印度洋和太平洋热带海域的鱼类种类，约占南海全部种类的 69.5%；仅分布于太平洋一带的种类，只占 5.5%。所以南海鱼类与其他海洋相比，既有其共性为主的一面，又有其特殊性，也由此决定它重要的资源和渔业价值。

根据鱼类栖息的生态习性，南海鱼类可以分为：①主要栖息在水深 200 米之内的近海沿岸性或陆架性鱼类，其中又可分为中上层鱼类和底层鱼类；②主要栖息在大陆坡上深海鱼类。深海鱼类按其栖息水层还可分为中下层、深海鱼类和深海底栖鱼类；按其起源又可分为起源于大洋的大洋性鱼类和起源与大陆架的陆架性深海鱼类。根据多年的统计资料，南海海域中上层鱼类和底层鱼类的年渔获量约为 500 万吨，90% 渔获量是在大陆架海域捕获的，特别是在 60 米以内的近海，包括潮间带。

近 10 余年来，华南三省区的海洋捕捞年年增长，由 1988 年的 117 万吨增加到 2002 年的 338 万吨。其中，尤以广东省增产最多，由 1988 年的 89.9 万吨增加到 2002 年的 173 万吨，增长 48.1%（图 20.1）。

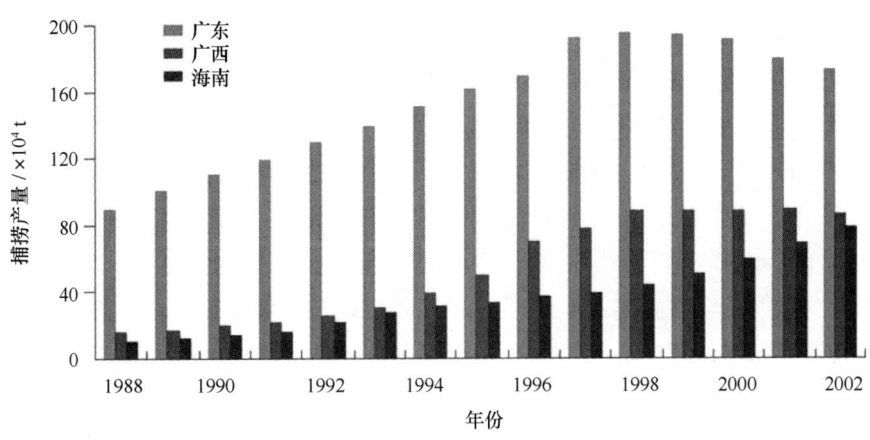

图 20.1　1998—2002 年华南三省区在南海的捕捞产量

数据来源：中国海洋经济学（陈可文，2003）

20.1.2　广东海洋渔业发展状况

20.1.2.1　资源状况

广东渔场资源丰富，主要分为粤东渔场、东沙渔场、珠江口渔产和粤西渔场三个主要部分。其中粤东渔场面积约 4.9 万平方千米，东沙渔场面积约为 11.5 万平方千米，珠江口渔场面积约为 7.4 万平方千米，粤西渔场面积近 10 万平方千米。丰富的近海渔业资源为广东开展海洋渔业捕捞生产提供了有利的条件。此外，粤东渔场所在海域受河水影响，水质肥沃，饵料生物充足。海岸线蜿蜒曲折，港湾众多，中上层鱼类和底层鱼类资源十分丰富，主要渔业资源为白姑鱼、蓝圆鲹、鲱鲤、海鳗、刺鲳、蟹类和头足类等。东沙渔场在东沙群岛四周海域，水域海底地形平坦，大部分水域适于拖网作业，主要有竹䇲鱼、蓝圆鲹、深水金线鱼、枪乌贼、胁谷软鱼、虾类等。珠江口渔场所在海域受珠江、粤东沿岸淡水和外海水所控制。

每年由珠江带入大量有机物和营养盐，水质肥沃，饵料生物繁盛，加上海岸曲折、岛屿众多，是多种经济鱼虾类产卵及其幼体育肥的产所，历来为南海北部最重要的渔场。粤西渔场所在海域受谭江、漠阳江、鉴江、南渡江等河水影响，水质较肥沃，饵料生物丰富，岸线曲折，港湾众多，环境条件优越，为大黄鱼及其他多种优质鱼虾类提供产卵和幼体育肥天然场所。

20.1.2.2 发展现状

广东是海洋渔业大省，在全国11个沿海省、自治区、直辖市中，广东的海洋渔业一直名列前茅。海洋渔业在广东海洋经济中占有比较大的优势，是海洋经济的支柱产业。从大渔业的角度，海洋渔业包括海洋捕捞、海水养殖、海洋水产苗种以及海洋水产品加工四部分。其中海洋捕捞又包括近海捕捞和远洋渔业两部分。据统计，广东海洋渔业总产值2000年约340亿元，2006年超过1 130亿元（表20.1）。

表20.1 广东省2000—2006年海洋渔业分类总产值　　　　　　　　　　单位：万元

年份	海洋渔业总产值	海水养殖	海洋捕捞	海洋渔业服务	海洋水产品加工
2000	3 356 240.00	811 559.69	1 002 906.15		524 515.00
2001	4 021 091.00	882 700.00	921 300.00		651 134.00
2002	4 418 921.80	946 100.00	909 053.05		956 782.85
2003	8 072 981.58	1 077 185.14	982 909.88	33 438.00	1 034 438.63
2004	8 662 741.64	1 175 845.49	1 154 394.32	42 187.00	1 175 395.79
2005	10 185 612.49	1 491 501.46	803 116.16	18 632.00	1 390 314.00
2006	11 314 105.84	1 410 743.00	1 039 974.00	33 678.00	1 662 239.00

资料来源：广东沿海地区"908"项目数据。

广东的海洋渔业发展并不均衡，主要集中在广州、湛江、茂名等地区，2006年以上三个地区海洋渔业总产值占全省海洋渔业总产值的52%，超过了广东其他沿海地区的总和。

1）海洋捕捞发展状况

海洋捕捞是海洋传统产业，几千年前的祖先就掌握了捕捞技巧，但是真正把海洋捕捞产业发挥到"极致"还是近半个世纪的事，因为我们不仅可以捕近海的鱼虾，还可以捕几千千米以外大洋里的海产品。但随着捕捞能力的提高，近海渔业资源日渐衰竭，国家先后出台各种"限捕"政策，随着这些政策的有效实施，近海渔业资源得到了有效保护，海洋捕捞产量实现了"负增长"。广东作为海洋渔业大省，认真履行国家保护近海渔业资源的政策，海洋捕捞产量由2000年的191.48万吨，下降到2006年的168.56万吨，6年间降低了近23万吨（见图20.2）。

广东海洋捕捞产业主要集中于阳西、电白、陆丰、遂溪、台山等县市区，2003年以上5地区的海洋捕捞产量均超过13万吨，5地区合计捕捞产量占全省海洋捕捞产量的41.7%。

广东沿海有各类渔港80余个，其中中心渔港9个，码头总长度超过了2 700米，可容纳50吨及以上船舶1 200余艘，可容纳50吨以下船舶3 400余艘。丰富的渔港资源为开展近海渔业捕捞及水产品交易提供了有力的支持。

近海渔业资源的日益衰竭，促使人们造更大的船，配备更高级的远洋捕捞装备。广东的远洋渔业从2000年开始迅速发展起来，远洋捕捞产量由2000年的22 676吨，增长到2006年的111 170吨，6年间增长了近4倍。广东远洋渔业国外经营总收入由2000年的2 997万美元，到2005年增长到51 885万美元，5年间增长了16倍，其中盈利增长了近2倍（见表20.2）。

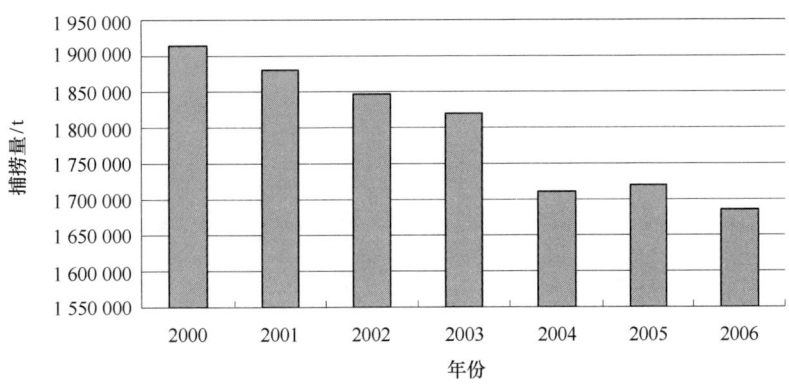

图 20.2　广东 2000—2006 年海洋捕捞产量变化情况

资料来源：广东沿海地区"908"项目数据

表 20.2　广东 2000—2006 年远洋渔业生产情况

年份	远洋捕捞 总产量/t	境外出售水产品 数量/t	国外经营 总收入/万美元	国外经营盈亏 /万美元	从业人员 /人
2000	22 676.00	12 010.00	2 997.00	120.00	1 245
2001	51 140.00	38 794.00	4 648.00	786.00	1 388
2002	115 447.00	46 397.00	6 927.00	269.00	1 806
2003	87 523.00	48 157.00	4 797.85	221.24	2 028
2004	103 783.10	38 064.21	5 226.29	226.48	2 405
2005	125 529.00	27 672.00	51 885.36	347.22	2 094
2006	111 170.00				

2）海水养殖发展状况

海水养殖业是海洋渔业的支柱产业之一，在国家限捕政策下，国家鼓励大力发展海水养殖产业，海水养殖方式也不断变化升级，立体养殖、生态养殖应运而生，海洋高新技术逐步注入海洋渔业这个传统产业中来。广东的海水养殖业一步一个台阶，海水养殖产量由 2000 年的 168.97 万吨，增长到 2006 年的 241.95 万吨。海洋水产品养捕比例由 2000 年的 0.88 增长到 2006 年的 1.44，海水养殖业贡献已经超过了海洋捕捞业。海水养殖面积由 2000 年 19.49 万公顷，增长到 2006 年 23.46 万公顷（见图 20.3，图 20.4）。

广东海水养殖产业主要集中于电白、台山、阳西、遂溪、阳东等县市区，2003 年以上 5 地区的海水产量均超过 10 万吨，5 地区合计海水养殖产量占全省海水养殖产量的 49.3%。

3）海洋渔业服务业发展状况

根据国家标准《海洋及相关产业分类》规定，海洋渔业服务业主要包括海洋水产苗种的培育。广东省海洋水产苗种重点培育的是对虾、鱼类、贝类、紫菜等苗种，其中对虾苗种培育占主要位置，2000 年全省培育对虾苗种 126.67 亿尾，2006 年为 377.33 亿尾，6 年间增长近 2 倍，主要包括南美白对虾、斑节对虾等品种。海洋渔业服务业的迅速发展，给予了海水养殖产业有力的支持。茂名、电白、徐闻、雷州是海洋水产苗种的主要培育地区。

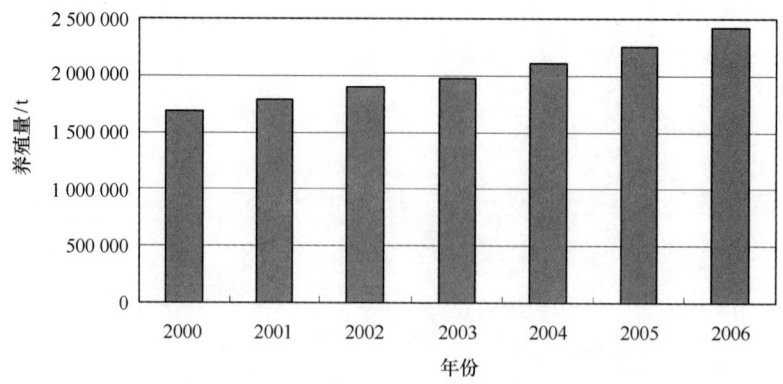

图20.3　广东2000—2006年海水养殖产量变化情况

资料来源：广东沿海地区"908"项目数据

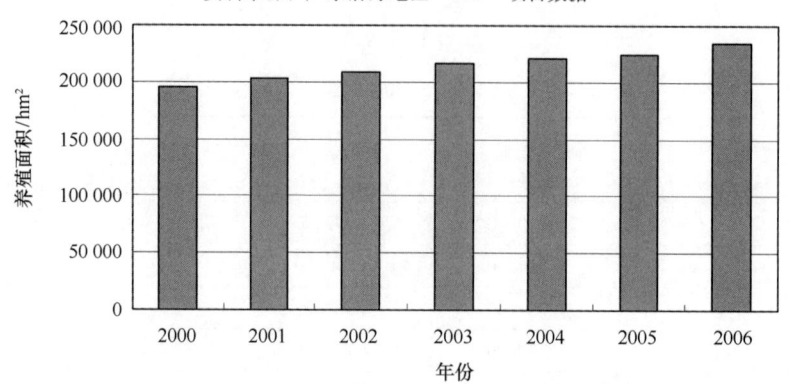

图2.4　广东2000—2006年海水养殖面积变化情况

资料来源：广东沿海地区"908"项目数据

4）海洋水产品加工业发展状况

广东省海洋捕捞、海水养殖产业的快速发展，促进了产业链下游的海洋水产品加工产业。近年来海洋水产品加工已经走出过去简单的初级加工模式，走上海洋水产品精深加工的道路，通过水产品加工过程提升海洋水产品的附加价值。2006年全省海洋水产品加工企业1 142家，比2000年增加342家；海洋水产品加工能力218.24万吨/年，是2000年生产能力的2倍，2006年加工海洋水产品131万吨，是2000年的1.8倍（图20.5）。

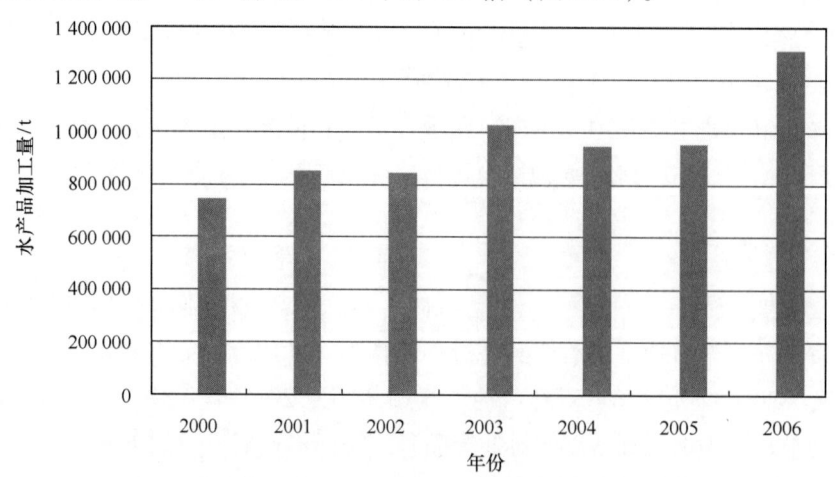

图20.5　广东2000—2006年海洋水产品加工产量变化情况

资料来源：广东沿海地区"908"项目数据

广东海洋水产品加工主要集中在湛江、茂名、汕尾、汕头等市，2006年以上5个地区加工海洋水产品102.4万吨，占全省产量的78.2%。

20.1.2.3 发展趋势

广东的海洋渔业具有良好的资源优势，合理的产业布局，在海洋高技术的强有力支持下，充分发挥区域人才优势的情况下，海洋渔业将继续保持平稳增长态势。海洋捕捞产业继续做强远洋渔业，建设50万吨级以上的远洋渔业作业船舶；海水养殖产业大力发展立体化养殖、海洋牧场等生态、高效养殖方式，确保海洋水产品的品质与安全；海洋渔业服务业通过基因工程、生物技术培育高质量的养殖苗种；海洋水产品加工继续推进水产品精深加工技术，提高水产品加工质量，在稳定国内市场的前提下，积极拓展国际市场，把水产品加工产业做大、做强。

20.1.3 广西壮族自治区海洋渔业发展状况

20.1.3.1 资源状况

广西南部濒临的北部湾，不仅是中国著名的渔场，也是世界海洋生物物种资源的宝库。北部湾面积为12.93万平方千米，平均水深38米，最大水深100米。北部湾海域属热带海洋，适于各种鱼类繁殖生产，加上陆上河流携带而来的大量有机物及营养盐类，是北部湾成为高生物量的海区之一。出产的鱼贝类有500多种，其中具有捕捞价值的50多种，以红鱼、石斑、马鲛鱼、鲳鱼、立鱼、金钱鱼等10多种最为著名，其他海产中的鱿鱼、墨鱼、青蟹、对虾、文蛤、扇贝等品种，以优质、无污染而在国内外市场享有盛誉。鱼类总资源为140万吨，其中底栖鱼类资源量为35吨，约占总资源量的47%，总可捕约为70万吨。广西沿海滩涂生物资源丰富，共有47科、140多种，以贝类为主。其中，牡蛎资源量4 000吨，文蛤资源量8 500吨，毛蚶资源量22 000吨，方格星虫资源量4 000吨，锯缘青蟹资源量140吨，江蓠资源量190吨。浅海区有浮游植物104种，浮游动物132种，年均总量分别为每立方米1 850万个细胞和137毫克。另外，北部湾有昂贵药用价值的海洋生物资源也较为丰富。其中，鲨4种，资源量数万吨，年产量约为20万对；河豚8种，仅棕斑兔头每年可捕量就达1.1万吨；海蛇9种，沿海的活海蛇年产量约75吨。

在竞争日趋激烈的国际市场上，南珠及其系列产品已成为广西参与国际竞争的拳头产品。珍珠插核技术、珍珠养殖技术在国际上具有领先地位，已成广西渔业技术输出的重要项目。对虾、墨鱼、鱿鱼、梭子蟹等优质鱼虾加工的冷冻品，因其鲜度好、无污染而畅销。

近十年来，广西海水产品的出口量一直保持在万吨以上，为大农业出口创汇之首。同时，优越的地理位置、便捷的交通条件为广西海洋渔业拓展国内市场，有其实进军大西南市场提供了竞争优势。

20.1.3.2 发展现状

自从我国加入世界贸易组织以来，尽管中越北部湾划界，传统渔场大幅度减少，捕捞业出现负增长，但广西海洋渔业经济仍保持了良好的发展势头。根据"908"调查数据，广西2006年远洋渔业从业人员5 838人，远洋捕捞总产量46 907吨；海洋水产苗种主要为对虾，海洋水产苗种数量178.6亿尾；海洋水产品加工生产企业213个，年加工能力332 550吨，实际水产加工量446 609吨,超过加工能力34.3%;海洋渔业总产值110亿元,增加值506 097万元,海洋渔业相关产业总产值4.35亿元,增加值0.65亿元。广西远洋渔业从1980年450人员、远洋捕捞总产量7 442吨到2006年5 838名从业人员、远洋捕捞总产量46 907吨,26年来从业人员增长了11.97倍,远洋捕捞总常量增长了5.3倍。对比历史调查数据,广西2001年水产品产量为248.4万吨,2006年达到296.4万吨,5年大约增加了48万吨,年均增长率3.9%;水产品出口贸易由2001年的0.034 6亿美元,增加到2006年的0.718 7亿美元,增长了将近20倍;渔民人均纯收入也由2001年的5 431元,增加到2006年的6 580元,净增1 149元。加工、流通和出口贸易得到了快速发展。按照"出口1万美元劳动密集型农产品可带动40个就业岗位"的标准推算,广西出口0.718 7亿美元,也可增加28.75万个就业岗位(图20.6)。

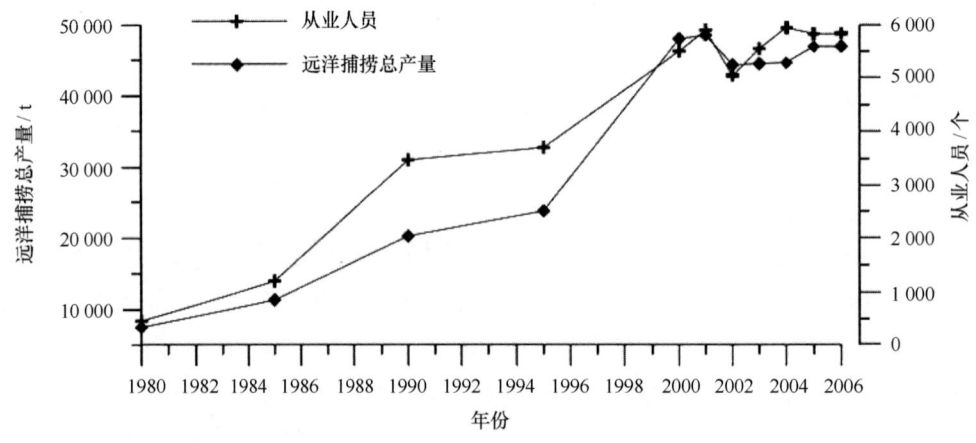

图20.6 广西壮族自治区1980—2006年远洋渔业捕捞量和从业人员数变化情况
资料来源:广西沿海地区"908"项目数据

同时,在市场经济规律和政府积极引导下,广西渔业产业素质迅速提高。一是加快了产业结构调整的步伐。一方面是加工工业迅速崛起,符合没过HACCP和欧盟ISO资质认证要求的出口水产品加工厂从零起步,发展到现在已经正常生产运行的13座,在建6座,原料水产品加工能力达到30万吨。另一方面是出口优势水产品种的养殖迅速发展,2001年广西对虾、罗非鱼、斑点叉尾鲖的养殖面积分别是25.76万亩、21.3万亩、0.1万亩,2006年的养殖面积发展为30.59万亩、30.5万亩、3.13万亩,分别增长了18.75%、43.19%、3030%(见图20.7)。2001年对虾、罗非鱼、斑点叉尾鲖的产量为4.89万吨、10.65万吨和0.05万吨,2006年分别为13.12万吨、17.97万吨和1.2万吨,分别增长了168.3%、68.7%和2299%。

二是产业化生产的格局基本形成。广西以加工出口龙头企业为核心,分别成立了区、市对虾产业协会、市级罗非鱼产业协会、国家级斑点叉尾鲖协会等行业协会,开始出现了组织化生产及产业内部的协调活动。

三是产业基础有所加强。围绕水产品的质量安全,广西初步形成了水产品质量监测网,农业部在该区扶持建设了一个获得部级资质认证的水产品检测中心、一个市级水产品检测中心,加上广西出入境检验检疫局的产品检测中心,广西已经有3个机构对油沙投入品、渔业环境和水产品进行检测监控。此外,为了从生产源头确保水产品安全,管理上与国际接轨,到目前已有78个养殖场按照HACCP规定要求进行了出口养殖备案登记。

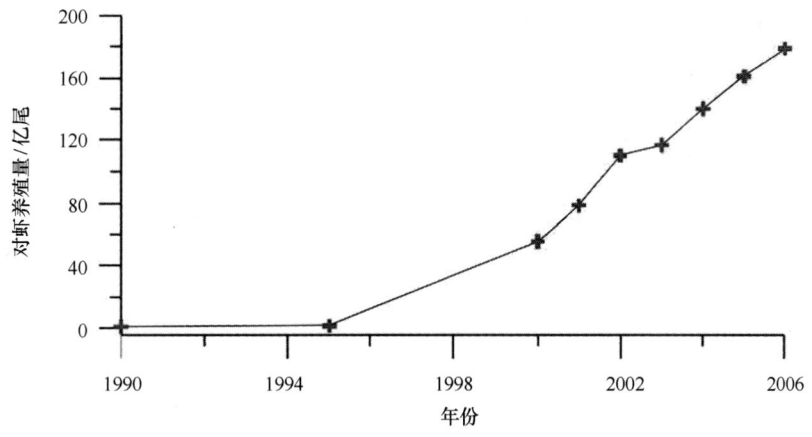

图 20.7　广西壮族自治区 1990—2006 年对虾养殖量变化情况

资料来源：广西沿海地区"908"项目数据

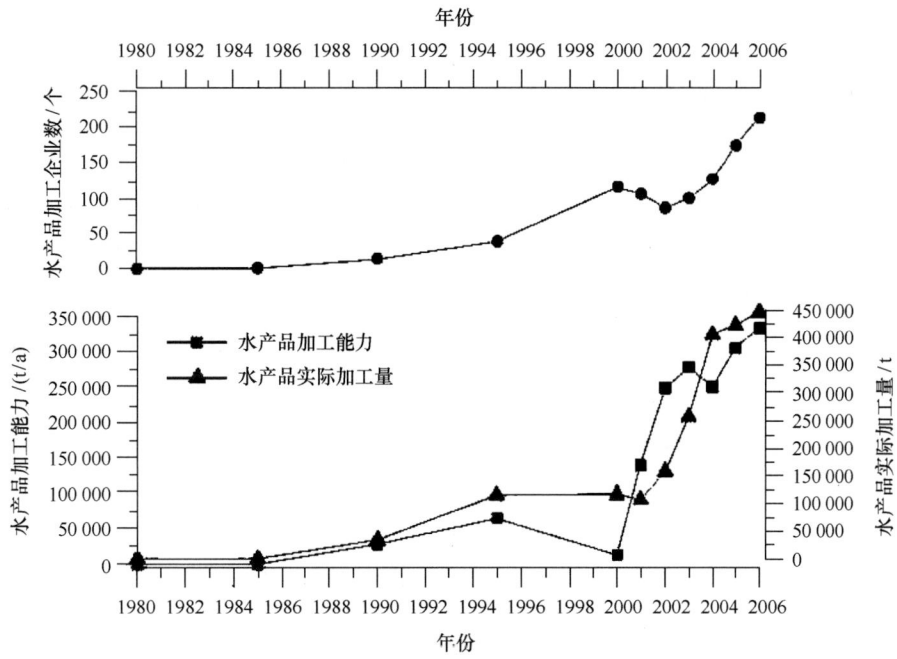

图 20.8　广西壮族自治区海洋水产品企业数、实际加工能力及实际加工量变化情况

资料来源：广西"908"项目数据

20.1.3.3　发展趋势

根据北部湾经济区发展相关规划，海洋水产品加工工业将重点发展海产保鲜、保活和低值海产品精深加工、加工废弃物的综合利用，大幅度提高产品的加工量比例；扩建和完善以重点渔港为主的集交易、仓储、配送、运输为一体的海产品物流中心；建立全区海产品的冷藏链系统，重点发展有特色的净鱼、净虾、净蟹、净贝等冷冻小包装和冷冻调理食品小包装海产品；建设海产品流通信息网络。至 2010 年末，将南宁和沿海三市初步建成为广西乃至西南重要的海洋水产加工基地和批发集散中心，将海产品加工量达到 90 万吨（占海产品总量的 30%），海产品冷冻加工量达到 63 万吨（占加工量的 70%）。

20.1.4 海南省渔业发展状况

20.1.4.1 资源条件

海南渔产主要分为两大块，海南岛东北部渔场和东南部渔场。其中，海南岛东北部渔产所在海洋海域受谭江、漠阳江、鉴江、南渡江等河水影响，水质较肥沃，饵料生物丰富，岸线曲折，港湾众多，环境条件优越，为大黄鱼及其他多种优质鱼虾类提供产卵和幼体育肥天然场所。

20.1.4.2 发展现状

海洋渔业是海南省海洋经济的主要产业，近几年海南海洋渔业发展速度比较快，2006年海南共实现渔业增加值94.80亿元，对总体海洋经济贡献了26.18%。目前，海南渔业产业结构已突破了传统发展格局，实现了三大转变：海洋捕捞实现由浅入深、水产养殖实现由港内向近海发展、水产加工实现由初级加工向精深加工转变。发展海洋渔业，就是要大力发展海洋捕捞业、海水养殖业、水产品出口加工业。海洋捕捞业的发展要靠两个方面：造大船、建渔港；海水养殖业的亮点就是深水抗风浪网箱在海南全省范围的推广；水产品加工业的产值去年首次取代江苏省，在沿海城市中全国排列第六位。

（1）海洋捕捞业

海洋捕捞业作为海南省渔业的支柱产业，2006年的捕捞产量达116.51万吨，创造经济产值48.73亿元，对渔业经济贡献51.40%，超过半成。2006年，全省拥有海洋捕捞劳动力25.88万人，海洋捕捞渔船1.50万艘，吨位26.85万吨，总功率达72.39千瓦，捕捞作业方式主要以刺网和钓业为主。2006年，海洋捕捞流刺网改三重刺网作业取得显著成效，全省近有300艘渔船成功由流刺网改为三重刺网作业，促进产量增长普遍在40.0%以上。近年来，随着海洋捕捞逐渐由近海向远海发展，政府鼓励渔民多方筹集资金造大船、闯深海、闯外海，整体捕捞效益得到了明显的提高。

（2）海洋养殖业

水产养殖业是海南发展潜力较大的产业。近几年，海南的海水养殖业由滩涂和港湾养殖向近海养殖推进，在保持和提高海湾网箱养鱼、海藻养殖、对虾养殖、滩涂贝类养殖水平的同时，积极发展近海深水网箱养殖、筏式养殖、浮绳式网箱养殖，使得近海养殖业逐渐成为海南持续发展的新兴渔业产业。据"908专项"调查登记结果显示，2006年海南的海水养殖面积为1.92万公顷，海洋水产苗种226.0亿尾，海水养殖产量21.53万吨，产值41.87亿元，占渔业总产值的28.23%。养殖产品重点倾斜于名贵的海水鱼类养殖、特产虾蟹养殖、贝类养殖、海藻养殖。名贵海水鱼类养殖主要分布在陵水县新村港、三亚市榆林港、文昌市清澜港和万宁市小海、老爷海等养殖基地，主要养殖种类有石斑鱼、军曹鱼等；特产虾蟹养殖主要分布在小海周边万宁市和乐镇和港北镇内的万亩连片池塘，以"和乐蟹"和"港北虾"为主；贝类养殖主要分布在儋州、临高、东方、三亚、万宁、陵水等地沿海一带，主要是文蛤、牡蛎、鲍鱼等；已开发利用的海藻主要有江蓠、麒麟菜和马尾藻等；此外，螺旋藻、盐藻等海水浮游植物的养殖和开发，前景也十分可观。

（3）水产品加工与贸易业

水产品出口加工业是海南省的新兴高附加值产业，近几年，海南的对虾、罗非鱼及海洋捕捞产品在国际市场上具有较好的声誉，主要出口美国、日本、韩国和欧盟等国家和地区。目前全省拥有海洋水产品加工企业244家，加工能力71.45万吨/年，实际加工34.00万吨/

年，水产品加工产值23.5亿元。其中出口加工企业32家（获得HACCP认证的有23家，获得欧盟注册的有10家），2006年共完成水产品出口量7.35万吨、出口额2.57亿美元，坐上了全省农产品出口的第一把交椅。水产出口品种中，对虾、罗非鱼和带鱼最具盛名。2006年对全省水产品出口总额的贡献高达87.85%，其中对虾总出口1.75万吨，创外汇收入1.02亿美元，对全省水产品出口总领贡献率为39.69%；罗非鱼总出口3.28万吨，出口额9 300万元，贡献率为36.19%；带鱼总出口1.40万吨，出口额3 600万美元，贡献率为14.01%。

(4) 渔港建设

据本次调查登记结果显示，2006年海南共拥有中心渔港4个，码头全长总和2 250米，可容纳50吨及以上的船舶5 400艘，50吨以下船舶4 100艘；一级渔港8个，码头全长总和2 611米，可容纳50吨及以上的船舶3 400艘，50吨以下船舶4 600艘；二级渔港10个，码头全长总和2 182.5米，可容纳50吨及以上的船舶1 790艘，50吨以下船舶4 200艘；三级渔港15个，码头全长总和1 130米，可容纳50吨及以上的船舶2 200艘，50吨以下船舶5 470艘。按照《海南省海洋经济发展规划》，"十一五"期间，海南将建成渔船安全避风、渔货集散、生产整修、加工贸易、质量安全监督、生产补给、滨海旅游和休闲渔业为一体的产业基地，改扩建东方八所、儋州白马井、三亚六道湾、临高新盈、琼海潭门、陵水新村等6处国家级中心渔港以及海口、文昌清澜、乐东岭头、昌江海尾、万宁港北、澄迈玉抱等6处国家一级群众性渔港，逐步形成以中心渔港为中心，一级渔港为骨干，二级、三级渔港协调配套的渔港体系，进一步推进西沙渔业补给基地建设的基础，不断扩张外海渔业。

20.1.4.3 发展策略

在分析海南省渔业自然资源环境、生产现状、存在主要问题和发展潜力的基础上，在渔业养殖、捕捞上增值增长之外，提出并制定海南渔业产业化发展的近中期战略目标，推进渔业产业化发展战略、优势水产品发展战略、可持续发展战略和科教兴渔战略等四大战略方针的具体对策措施。

20.2 南海区域的海洋盐业

20.2.1 南海区海洋盐业总体发展状况

海洋盐业指利用海水生产以氯化钠为主要成分的盐产品的活动，包括采盐和盐加工。

食盐不仅是人类生活必需品，而且是重要的化工原料。海盐产量约占我国盐总产量的80%左右。岭南虽高温但多雨，加上众多河流入海，故盐田规模和产量一般都不及北方省区。但岭南海岸线长度为全国之冠，除部分岸段，如珠江、韩江、漠阳江、南渡江等河口地区，淡水径流影响较大，海水含盐度较低不宜晒盐；一些基岩港湾，滩涂缺失或极度发育，无法平整出盐场以及有些沙质滩涂地下水渗出不利于盐结晶，从而影响盐业生产，除此以外，仍有很长海岸可开发利用于晒盐。尤以琼西南、粤西沿海、广西北部湾东部岸段，河流少、气温高，蒸发量大于降水量，盐度高，是晒盐较理想场所。据1984年统计，广东和海南岛沿岸计有28个县市分布有盐田，其中粤东岸段约占30%，粤西岸段约占40%，海南岛岸段约占30%，与盐业资源自然条件分布状况相符。

新中国成立后，岭南盐产量成倍增长。1949年，广东（含海南）盐田面积6 878公顷，原盐产量 124 769 吨，到 1984 年分别上升到 15 202 公顷和 603 839 吨，分别增加了 1.2 倍和 3.8 倍。广西原盐产量也从 1949 年不足 6 000 吨提高到 1978 年 125 338 吨，增长近 20 倍。岭南盐场主要集中在海南岛和粤西、桂东沿海（表 20.3），大型盐场都分布在这一带。1982 年广东省（含海南）有盐场 33 处，即饶平柘林、海山、洪洲场、南澳深澳、后宅场、汕头达壕场、海丰田墘、东涌场、惠东大洲、港尾、范和港场、阳江沙扒场、电白陈村、电白场、湛江东海岛场、徐闻场、海康望楼、乌石、海康场、琼山塔市场、文昌清澜场、万宁港北场、三亚铁炉、榆亚场、乐东莺歌海场、东方感城、八所、新街、四必、南罗场、儋县新英场、临高新盈、马袅场；1978 年广西有盐场 13 处，即合浦北暮、榄子根、竹林、合浦场、北海大冠沙、北海场、钦州犀牛角、钦州场 2 处、防城企沙 2 处、平江场 2 处。其中以莺歌海盐场规模最大，1983 年占广东（含海南）盐田生产总面积的 18.2%，产量占全省的 26.4%（表 20.4）。莺歌海盐场占地面积 28.24 平方千米，常年产盐 50 万吨，化工原料 15 万吨，是华南地区上亿人口食盐的主要来源，也是全国最大的盐场之一，与天津塘沽盐场、江苏淮北盐场齐名。这里原是一片荒凉寂寞的沙荒草原，民国时期宋子文视察这一带时，斥之为"尚在原始时代"的"蛮荒之区"，并断言："没有重赏，无人愿去。"新中国成立后即重开勘察工作，1958 年开始大规模建场，全部工程使用沙石 1 000 万立方米，若按 1 立方米体积排列起来，可从莺歌海延伸到欧洲，仅盐田与大海之间的沙堤就长达 100 千米。莺歌海盐场的建成，是海南人民在开发海洋方面的一项壮举。1959 年 2 月，郭沫若到此视察，热情地赞美："盐田万顷莺歌海，四季常青极乐园。驱使阳光充炭火，烧干海水变银山。"此外，规模比较大的还有电白、海康、阳江、海丰、徐闻等盐场。

表 20.3 1982 年广东（含海南）各盐区盐田面积和产量

项目	全省	海南	粤西	粤中	粤东
盐田面积/hm²	15 602.28	4 711.27	6 294.55	1 102.49	3 493.97
占全省/%	100.00	30.20	40.34	7.07	22.39
原盐产量/t	512 500	194 243	185 183	24 849	108 225
占全省/%	100.00	37.90	36.13	4.85	21.12

资料来源：广西壮族自治区海岸带和海洋资源综合调查报告，1986。

表 20.4 1983 年广东（含海南）主要盐场生产规模

单位名称	生产面积/hm²	占全省/%	产量/t	占全省/%
全省	15 493.66	100.00	563 613	100.00
莺歌海盐场	2 823.65	18.2	149 059	26.4
电白盐场	1 500.64	9.7	72 509	12.9
海康盐场	864.85	5.6	51 523	9.1
阳江盐场	776.11	5.0	19 572	3.5
海丰盐场	640.41	4.1	19 689	3.5
徐闻盐场	550.66	3.6	40 737	7.2
榆亚盐场	516.56	3.3	27 632	4.9
东方盐场	431.10	2.8	33 469	5.9
青州盐场	170.64	1.1	13 104	2.3
九盐场合计	8 274.62	53.4	427 294	75.8

资料来源：我国海洋经济可持续发展的对策研究，2004。

其他约占广东盐田生产面积一半以下和产量 1/4 左右的 24 个盐场，主要是集体性质或中小型盐场，但同样是广东原盐生产的一支重要力量。

根据盐业生产资源条件和历史积累，岭南三省区的海洋盐业发展有着不同的特色。

20.2.2 广东省海洋盐业发展状况

20.2.2.1 盐场分布

海洋盐业是广东省的传统海洋产业，广东省海洋盐业在全国海洋盐业中也占有重要位置。广东省的盐区主要分为粤东、粤西及粤中三大盐区，截至 2006 年广东省有各类盐场 35 家，分布于湛江、汕头、汕尾、揭阳、江门、潮州、惠来等市县。

（1）粤东盐区。除澄海以外，其他县市都有盐田分布；1982 年盐田面积 3 494 公顷，占广东（含海南）的 22.4%，1969—1978 年平均原盐年产量 20.93 万吨，占广东（含海南）的 26.2%。盐田主要集中分布在海丰、陆丰、饶平和汕头市郊等岸段，生产历史悠久，但多属集体性质、小本经营，小片分散，管理、集运都不方便，加上投资不足，设备陈旧落后以及近年受围海造田、兴修水利等影响，盐田生产不甚景气，有些盐田甚至被废弃，严重影响了原盐产量。有关行政管理部门指出，对地处外海、盐度高的粤东晒盐条件最好的南澳县以及海盐生产基础好，又是历史上广东原盐出口基地的海丰县，应进一步改良设备，提高单产和质量，向产品多元化方向转变，还要适当扩大盐田面积；而对因海水盐度降低而深受影响的饶平、潮阳、惠来、陆丰等地盐田，宜组织转产，发展海水养殖和增殖业，形成新的产业结构。

（2）珠三角地区。1982 年盐田面积 1 102 公顷，占广东（含海南）的 7%。正常年景原盐产量（5~6）万吨。盐田主要集中在珠江口以东的范和港东岸、考洲洋、大洲岛和稔平半岛南端。原盐单产可达 60 吨/公顷，不亚于干热的粤西盐区。本盐区拥有方便的水运条件，岸段其他社会经济条件也较好，是粤中发展盐业的重点地区。

（3）粤西盐区。1982 年盐田面积 6 295 公顷，占广东的 40.3%，居全省之首。盐田主要分布在雷州半岛西南岸段、水东港、博贺港和阳江儒洞等地。粤西地区入海河流较少，盐度高，气温高，日照长；风力大，蒸发强，盐业生产条件比广东大陆沿岸其他盐区要优。上列主要盐田的生产历史悠久，是粤西海盐生产基地，已形成盐业生产专业化，单产可达 60 吨/公顷，在许多盐场之上。海康、电白、阳江、徐闻四个地区的盐场不但在粤西，而且在全省有举足轻重的意义。它们的盐田面积占了粤西盐田总面积的 59%。此外，沿海还零星分布不少小盐场，但多属集体性质经营，产量低，设备落后，目前受到来自多方面的冲击，许多盐场处于停产或半停产状态。如何巩固和提高这部分盐场的生产，是个值得认真对待的问题。

20.2.2.2 海洋盐业生产状况

受生产条件限制及其他行业用海的影响，广东海洋盐业盐田面积呈逐年递减态势，盐田总面积由 2001 年的 11 361 公顷，下降到 2006 年的 10 484 公顷，盐田面积减少 877 公顷；盐田生产面积由 2001 年的 7 102 公顷，下降到 2006 年的 6 603 公顷，盐田生产面积减少近 500 公顷；年末海盐生产能力 5 年间下降了 16%；海盐产量由 2003 年的 25.99 万吨，下降到 2006 年的 18.59 万吨，3 年间下降了近 30%（见图 20.9）。

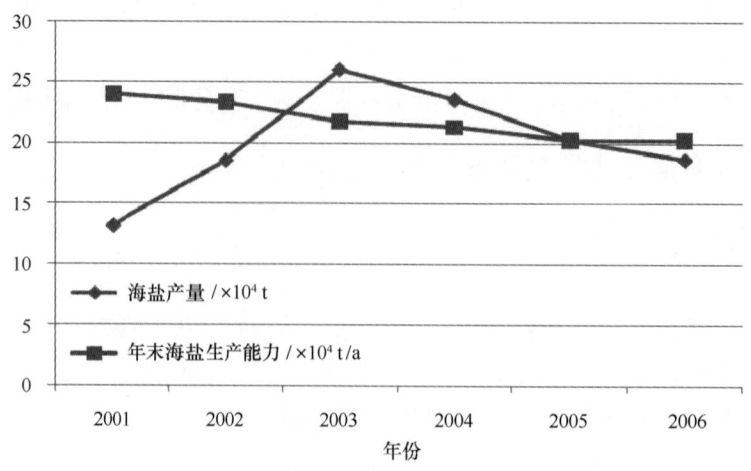

图 20.9　广东省 2001—2006 年海盐产量与生产能力变化情况

20.2.2.3　海洋盐业发展趋势

鉴于广东现今的海盐业发展状况，广东海盐业与下游的海洋化工业加强联系，积极开拓市场，充分利用海水综合利用技术，结合海洋循环经济发展模式，从海水中提取更多的元素；同时拓展制盐卤水的利用方式，发展盐田养殖，全面利用盐场资源。此外，要注重海洋盐业发展和周边生态环境保护向和谐统一，加大海洋盐业的统筹管理和科技投入，提高盐业产业的附加值。

20.2.3　广西壮族自治区海洋盐业发展状况

20.2.3.1　资源条件

盐业资源是气候、海水、土壤、空间、卤水富存等众多要素综合作用而成的复合资源。广西壮族自治区是我国海盐产区之一。从地理位置来看，广西壮族自治区位于祖国南部国疆，南临北部湾，大陆海岸线东起英罗港，西至北仑河口，总长 1 595 千米，海水化学资源丰富，海水平均盐度为30%～32%，平均海水温度23℃，滩涂平坦广阔，日照时间长，是发展盐业和海水化工的良好场所。广西的海盐产区主要集中在沿海地区，分布在沿海的北海市郊、合浦县、钦州县、防城港市。在中国海盐产区中，广西盐场开发较晚，但也有悠久的历史。汉武帝实行盐铁官营，于公元前 110 年就置官管理广西盐务。899 年前，宋朝皇帝曾下达诏书规定当时广西的白石、石康两个盐场每年煮海盐 150 万吨。

20.2.3.2　产业发展情况

广西壮族自治区的海洋盐业基本是海水晒盐，大部分盐场仍然采用传统的平晒方法生产，规模化采用全塑占结晶新工艺仍不普遍，"蒸发罐"、"真空制盐"等制盐新技术应用更少。此外，由于大部分盐场自动化、机械化水平不高，且有相当部分的村办、乡办小盐场，盐田规模小，资源占用量大，造成盐业生产总体效率比较低。沿海三市共有 7 座盐场，盐田总面积 4 634 公顷，其中生产面积 2 657 公顷。7 座盐场年生产能力 162 216 吨，年产量 114 714 吨。2006 年人均原盐年产量 0.002 吨，远低于山东 400～450 吨/（人·年）的平均水平，与天津塘沽盐场生产效率差距更大，较国际水平相去更远（表20.5）。

表20.5　广西沿海地区盐田情况表

地区名称	盐场名称	盐田总面积 /hm²	盐田生产面积 /hm²	年产量 /t	年生产能力 /t
海城区	竹林盐场	957	628	45 806	80 000
合浦县	榄子跟盐场	527	305	12 129	15 000
铁山港区	北暮盐场	541	369	22 319	17 000
防城港市	江平盐场	538	254	3 072	7 500
防城港市	企沙盐场	808	489	20 216	20 216
钦州市	犀牛脚	725	358	8 100	15 000
东兴市	江平盐场	538	254	3 072	7 500

另外，由于缺乏技术支撑，海盐产品比较单一，以原盐为原料的盐化工产品产业链延伸较短，造成产品附加值不高。盐业生产工艺落后，盐场缺乏高标准规划，小摊田、小结晶池、小盐场已经难以适应现代化、高机械化生产的需要，造成广西区盐业生产效能、效益低下。

20.2.3.3　发展潜力与趋势

发达国家的经验证明，工业越发达，用盐量越大。例如，美国1974年人均占有原盐200千克，工业用盐3 000万吨。我国人均占有原盐16千克，工业用盐也只有900万吨多些，与美国差距甚大。因此，海洋盐业的发展有着巨大的潜力。结合广西沿海的实际，今后广西海洋盐业将向着以下方向发展。

（1）海盐资源利用科技化，盐田生产集约化。目前，广西海盐资源综合开发利用水平仍比较低，突出表现在烟叶资源利用科技化水平和盐田利用粗放两个方面。广西盐场多建于20世纪50—60年代，甚至更早，主要靠围滩晒盐而获得单一资源，生产效率低下且生产成本较高。因此，要加快发展海洋盐业，必须改变"靠盐吃盐"的传统观念，提高单位面积盐田产值，由单一型盐场向化工型和海水综合利用型盐场转变。

（2）控制盐田面积，构建现代化海洋经济产业结构。关系沿海应严格控制盐田面积扩张，通过挖掘内部潜力实现盐田增产增效。盐场应该在加强盐田统一规划的基础上，形成集团化、机械化、自动化、规模化的现代企业的生产方式，并通过建立高标准的制卤区、结晶区，淘汰老的生产工艺，加强企业内部的条件改造，才能够形成与大港口、大物流相称的现代化海洋经济产业结构。这一方面推动了盐业资源集约化利用，另一方面也缓解了当前广西进行大规模临港工业区建设所产生的用地矛盾。

（3）对地下卤水资源进行地质普查，开辟盐业发展新空间。广西地下卤水资源比较丰富，但目前的勘探工作远不能满足实际生产需要，调研发现，广西地下卤水资源利用目前存在三方面问题：一是地下卤水的实际蕴藏量到底有多少、浓度有多高、怎样开发利用目前都没有统一的规划。二是从资源开发的比较优势而言，广西地下卤水资源无论是储藏面积、蕴藏量、卤水浓度等指标，还是当前区内卤水加工的生产工艺等方面，与国内山东、河北等海盐生产大省相比都相差较大。三是出于行业竞争的原因，大型盐化工企业在卤水资源利用过剩的情况下，宁可将卤水排放回海洋，也不愿卖给下游卤水加工企业。因此，广西应该进一步加大地下卤水资源的勘探调查工作，为盐及盐化工发展开辟新的资源利用空间。

20.2.4 海南省海洋盐业发展状况

20.2.4.1 资源条件与现状

海南省四面环海，日照强烈，海水清澈，绝无工业污染，生产日晒盐得天独厚。1982年，海南盐田面积4 711公顷，占广东省（含海南）的30.2%，原盐生产能力29万吨，占广东（含海南）总生产能力的35%。每年有（10~20）万吨原盐外调。盐田集中于琼西南，乐东莺歌海、东方感城和榆亚三大盐场分布在这里，是我国南方盐田生产条件最好、发展潜力较大的地区。因为在东方、乐东莺歌海场等地，尚有大面积的泥质、沙质滩地，现由于水利条件差，多未农用，是扩大盐田的后备资源。生产条件较好的莺歌海场、东方感城和陵水三个盐场，也仍有扩大生产面积余地；同时挖掘潜力，改革技术条件，还可提高原盐单产。紧靠三亚河口的榆亚场，近年部分生产场地被划为工业区，影响盐业生产，但仍可通过改善设备、扩大品种、提高产量来弥补盐场生产面积缩小所带来影响。

琼北岸段的盐场规模小，布局分散，集中在新英湾、八门湾、东寨港等港湾内。近年因受农田水利事业影响，盐田附近水域盐度降低，使生产条件变坏，影响盐产量。当地群众根据这种新情况开展多种经营，提高经济效益，仍弥补了由此带来的损失。如琼山一些盐场同时在滩涂上养殖螃蟹、牡蛎和福寿鱼等，收入也很可观。另外，澹县峨鳗等地晒盐条件较好地区则扩大生产门路，晒取优质海盐，也取得增加收入的效果。

凭借其优良的自然条件，海南省海洋盐业发展迅速。2006年，海南省海盐生产面积2 892.28公顷，年产量18.28万吨，盐的质量上乘，除供应本省及广东、香港外，还远销日本、韩国等东南亚地区。目前，海南已建成的大型盐场有莺歌海、东方、榆亚等，其中莺歌海盐场是全国的大盐场之一，拥有盐田总面积3 732.87公顷。盐田产量14.73万吨，占全国海盐总产量的80.6%。

20.2.4.2 发展潜力与趋势

在全国范围内，海南被称为是最理想的天然盐场，沿海港湾滩涂资源丰富，许多地方都可以晒盐，目前已建成的大型盐场有莺歌海、东方、榆亚等，其中莺歌海盐场是全国大盐厂之一。优越的地理位置和盐资源条件、雄厚的盐业产业发展基础都是海南发展海洋盐业的优势，也突出了海南海洋盐化产业强劲的发展势头。此外，还应加大对海洋盐化业的科技投入，在技术和管理上不断进行革新，改变产品结构单一化的生产模式，增加附加产品，提高产业附加值，拓宽盐化业的产业链，提倡开发资源与节约资源并重的发展模式。

20.2.5 南海区海洋盐业发展方向

盐业是一项本少利厚的产业。新中国成立以来，广东盐业为国家积累了大量资金，1949—1984年上缴的税利（含海南）就有23亿多元。广东（含海南）盐除了满足省内需要，还供应广西、湖南、湖北、云南、贵州、河南、江西等省区1亿多人口的食用盐，部分出口我国的港澳地区以及新加坡、马来西亚等地，为国家增加大量外汇收入。虽然目前盐业开发面临着各种困难，但各地在解决这些困难的实践中已总结、摸索出许多综合开发利用盐业资源的经验，使这个传统海洋产业得到更新和改造，不断增强行业的生机和活力。

海水中还包含钾、镁、碘等多种元素化合物，综合利用盐场卤水，可获取多种副产品。但在目前，由于技术、成本等原因，这种综合开发尚处在摸索或起步阶段。现在只有莺歌海、北海、徐闻等少数几个盐场、利用盐卤生产氯化钾、溴素、氯化镁等化工产品。例如目前北海市的溴素年产量为 100~120 吨。有人统计，每生产 1 万吨海盐的盐卤，可生产氯化钾 100 吨，溴素 9 吨。如果把岭南沿海盐场的盐卤利用起来，其经济效益是相当可观的。海南省在制定国民经济和社会发展"八五"计划和十年规划中规定，在乐东莺歌海盐场建设年产 1 000 吨的溴素厂，并进行深加工，生产阻燃剂、灭火剂、溴乙烷等系列产品。近年，许多盐场调整了产品结构，由过去只生产单一品种的粗盐转变为多品种日晒优质细盐，增加生产调味盐、汤料盐、低钠盐、加碘盐、加锌加铁盐和保健盐等，不断充实和扩大海水化学资源开发利用的内涵和外延。

积极发展海水淡化产业，实现淡水—盐化双丰收。岭南沿海地区经济快速发展，人口集聚，生态环境承受压力越来越重，淡水资源供应量日益紧张，加之一系列耗水企业（如林浆纸一体化项目）在沿海地区的集中布局，水资源短缺的形势必将更加严峻。所以，研究海水淡化及海水综合利用技术将势在必行。研究发现，建设日产 50 万吨的海水淡化厂，其每年派出的浓缩海水可提取 470 万吨原盐、3.8 万吨氧化镁、8.1 万吨氯化钾、1.1 万吨溴素等盐及盐化工产品。这一方面缓解了淡水资源的不足，另一方面也实现了盐化工产品的综合开发。因此，积极谋划海水淡化等新兴海洋产业是缓解盐业与工业争地、争水的便捷途径。

20.3 南海区域的海洋油气业

20.3.1 发展与现状

海洋油气业指在海洋中从事勘探、开采、输送、加工原油和天然气的生产活动。

20.3.1.1 地质条件

由地质构造特征可知，南海海盆为第三纪下沉形成的。南海北部，从台湾海峡到两广沿海的大陆架以及大陆坡南北缘的地槽中，都有厚厚的第三纪沉积物。南海南部的巽他大陆架、南中深海盆等处也有很厚的第三纪地层。它们都是天然油气资源形成的先决条件。从地质构造上看，南海海盆又是一个利于生油和聚集的中心，仅南海陆缘极为重要的盆地就有 16 个。它们都具有油气地质的条件和基本特征，所以南海油气储量前景十分喜人，举世瞩目，已发展成为海洋国土开发的重心之一。

20.3.1.2 油气资源勘探与开发

实际上，南海油气资源的勘探很早就开始了。20 世纪 50 年代中期以前，主要是在南海周边陆地上或沿海地带勘探油气，如马来西亚的米里（Miri）油田和文莱的诗里亚（Seria）油由就是这个时期发现的。从 50 年代中期到 60 年代中期，引进海洋地震调查技术，并开始海上钻探，才揭开南海海底油气资源调查的序幕。而我国对南海石油的调查工作是在 20 世纪 60 年代初开始的。1962 年 10—11 月，地质部航空物探大队对北部湾和雷州半岛、琼州海峡等区域进行了航空磁测。1970 年地质部第二海洋地质调查大队，对南海进行以石油为主的海洋地质和地球物理调查。此后，有关调查不断扩大和深入，取得重大进展。1972 年圈定北部湾盆地，1975年发现珠江口盆地和琼东南盆地，1974—1976年圈定莺歌海盆地，肯定这些盆地有油气资源。随后又发现台湾浅滩南盆地（台西南盆地）、雷东凹陷以及台湾海峡地区的韩江凹陷、晋江凹陷和九龙江凹陷等为含油气远景区。同时在南海北部陆坡又相继发现西沙海槽、尖峰北盆地以及笔架、中建南、西沙、中沙两个盆地群；在下陆坡发现了双峰南盆地群和笔架南盆地群，都是具有油气远景的中生代和新生代沉积盆地。在南沙群岛附近海域又证实了曾母盆地、礼乐盆地、万安西盆地等几个大型含油气盆地的存在。这一切都揭示了南海油气的广阔前景。

1944年，著名地质学家盖斯特（Gester）曾把东半球的波斯湾和里海、西半球的墨西哥两个地区称之为地球上的两个油极。它们的石油储量占当时世界石油总储量的95%以上。过了50年后，世界石油勘探有了巨大的进展，继在中东和波斯湾地区有新的突破后，特别是西西伯利亚、北非、墨西哥、阿拉斯加和北海等巨型新油气区的发现，已经改变了原来对两个油极的认识。而南海油田的发现，又改变了人们对世界油气远景区域的评价。南海总面积350万平方千米，相当于墨西哥湾的1.7倍，北海的6倍，拥有37个沉积盆地（或盆地群），这些盆地具备多种适宜油气产生、聚集的地质环境。目前共有7个与南海毗邻的国家在进行浅海油气勘探，并在大部分陆缘盆地中发现油气。

据统计，南海18个主要沉积盆地面积只占南海陆架总面积的48.8%，即使说南海还有一半以上的陆架面积的含油气储量仍是个未知数。据已有的资料可以判断，南海地层是一片蕴藏量极大的油海。南海油气储量的报道也不断被刷新。1975年苏联地质学家迈耶霍夫在《1975年世界石油报告——中国的石油潜力》中估计，南海石油储量为11亿吨。1984年我国《海洋》杂志转引有关方面报道说是130亿吨。而差不多同一时候，有人根据我国地质矿产部有关单位地质调查的结果，推测为323亿吨，其中珠江口盆地有56亿吨，台湾浅滩南盆地（台西南盆地）有17亿吨，琼东南盆地有42亿吨，北部湾盆地有14亿吨，曾母盆地有137亿吨；还有其他油气盆地11个，共有57亿吨。到1988年，据金庆焕主编的《南海地质与油气资源》一书估计，在南海将至少可以找到250个油气田，其中可能有12个大油气田，总探明可采石油储量为200亿吨，天然气储量约为4万亿立方米。如果按可采储量1倍推算，则南海石油地质储量为400亿吨，天然气地质储量为8万亿立方米。近几年勘探结果表明，新探明的油气总储量仍在快速攀升。据《羊城晚报》1992年6月10日报道，仅南沙群岛我国传统海疆内的石油和天然气储量就达225亿吨，相当于大庆油田储量的8倍，足可与中东和波斯湾的储油量相媲美，南沙群岛由此被誉为"第二个波斯湾"。可以想象，整个南海的石油和天然气储量将是个何等庞大的数字。特别是南海曾母盆地，是世界上罕见的油气盆地，举世瞩目，早就引起石油地质学家的高度注意，同时也引起邻近一些国家的垂涎和染指。近40年来，一些国家不断在这一盆地属我国传统海域内进行勘探开采，一条条海底输油管正日复一日地抽取这里的油气资源。据2006年9月9日《羊城晚报》引述新出版《瞭望》周刊载文披露，南沙群岛海域1 000多口油井没有一口属于中国。南沙群岛周边国家每年从南沙群岛开采石油超过6 000万吨、天然气546亿立方米，这些油井绝大部分位于南海断续线中国一侧海域。这非常值得我们警觉。

20.3.1.3 南海的5个含油气沉积盆地

南海沉积盆地主要围绕大陆边缘分布，特别是南海北部和南部的大陆架十分宽广，盆地面积较大，也是主要的油气田所在。现已查明，在南海西南部和南部的7个盆地中有135个油气田,其中油田72个、气田63个,有4个盆地已探明石油可采储量约为10亿吨,天然气可采储量约2万亿立方米。南海北部油气勘探尚处在初始或起步阶段,但已证实有28个油气田或含油气构造。石油专家预言,在南海北部盆地至少可以找到120个油气田,其中的六七个可望成为大型油气田。越来越多的勘探结果证明,这些预言是有充分科学依据的。现在发现的我国南海北部大陆架的含油气沉积盆地共有5个,它们是珠江口盆地、北部湾盆地、莺歌海盆地、琼东南盆地、台湾浅滩南盆地(台西南盆地)。

1)珠江口盆地

珠江口盆地位于南海北部大陆架中部,面积约15万平方千米,是一个大型的以新生代沉积为主的沉积盆地,沉积岩厚度可逾万米。珠江口盆地北接万山隆起区,西邻海南隆起区和莺歌海盆地,南界为东沙隆起区,东面与东沙隆起区和台湾浅滩南盆地(台西南盆地)相望。盆地内有较高的地温梯度,即地层深度每增加100米,温度升高4.2℃。这对盆地内沉积物中有机物转变为油气很有利。勘探查明,珠江口盆地在漫长的演化阶段所形成的构造模式和沉积模式,决定了它具有极为有利的石油地质条件,包括生油条件良好,油源丰富;有多种类型的油气储集体(砂石、碳酸盐岩体等)和良好的盖层条件以及以背斜和半背斜为主的圈闭形态,有利于油气聚集和开采。这也决定了它有很大的油气潜力。

1983年,根据与外国公司进行技术合作的勘察协议,在珠江口盆地打井69口,其中17口井有油流,发现并证实17个油气田和17个油气富集区,油气总地质储量约为73亿吨。1990年投产的有惠州21-1中型油田,高峰期年产量约100万吨。1991年投产的有西江24-3中型油田,高峰期年产150万吨。惠州26-1油田和陆丰13-1油田也相继投产。此外,还有一批油田近几年陆续投产,正在评价中的还有一些油田。

2)北部湾盆地

在北部湾靠海南岛和雷州半岛一侧,面积约3万平方千米,呈北东—南西走向,是在古生代基底和燕山期花岗岩之上发育起来的中、新生代沉积盆地,也是新华夏系第二沉降带最南端一个含油气盆地。在晚白平纪时便开始形成一些地堑式断陷盆地,并在其中充填了火山岩、凝灰岩和陆相岩层。早第三纪时盆地强烈沉降,沉积了厚达4 000米以湖相为主的碎屑岩,形成盆地主要的生油层、储油层和盖层组合;晚第三纪时盆地继续沉降,沉积物为滨海—浅海相碎屑岩,厚达2 000米;至新生代沉积物最厚可达8 000米以上。这些地层中已发现了丰富的油气和油气显示,个别探井日产油千吨以上。勘探表明该盆地不但地层中有机物丰富,热成熟条件好,而且地质构造发育,有背斜圈闭54个、半背斜和断鼻22个、断块2个、地层圈闭22个,利于油气聚集和保存。目前在中法合作区已发现4个含油构造和3个含油气层段,且水深都在50米以内,开采条件好。

1986年8月,中法合作勘探开发的北部湾涠10-3油田建成,并投入评价性生产。到1989年10月底,累计生产原油95.18万吨,已形成年产20万吨生产能力。1989年11月,我国自行开发的涠10-3N油田也竣工投产。我国自行勘探开发的涠11-4油田正酝酿着合作开发,预计开发后高峰期年产量可达50万吨。我国自行勘探的涠6-1凝析油气田也准备开发,估计开发后其天然气日产量可达900万立方米。1990年,我国对涠5-3构造和涠6-1构造进行了自营三维地震,还通过钻探涠10-3N-3井证实了涠10-3N油田是具有投入开发价值的高产油田。1990年底,涠10-3N油田共有油井23口,全年产油26.12万吨。可见北部湾盆地油气前景甚好，将对发展中的广西沿海经济，增添新的生机和活力。

3）莺歌海盆地

莺歌海盆地位于海南岛西南海域，据钻井资料可知，盆地基底为寒武纪变质岩系，呈北西向延伸，构造上与红河大断裂有密切关系。红河大断裂形成于第三纪，在东北侧下沉很深，形成凹陷盆地。第三系和第四系地层总厚度可达 10 千米，内有泥丘背斜构造，可能成为良好的油气圈闭。

莺歌海西南海面上的油气苗，发现至今已有 100 多年。油气苗共 40 多处，分布范围达 10 平方千米，目前仍在不断地冒气。从 20 世纪 50 年代中期以来，不断进行勘探。在这里所钻一些浅井，也曾捞到一些原油，推测这些油气是从盆地中部的油气储集层中通过断层或基岩风化面慢慢运移到海面上的。大量油气苗存在，直接证明该盆地具有良好的生油和储油条件。1982 年以后，美国阿科公司和美国圣太菲公司参与莺歌海盆地部分海域的油气勘探、开发和生产。1983 年 6 月，在距三亚市 96 千米海域发现崖 13 – 1 气田。后经中外双方及世界权威机构评价计算，该气田的天然气储量约为 1 000 亿立方米，是迄今为止中国发现的最大气田，建成投产后，每年可产气 34 亿立方米，稳定供应 20 年。同年即有两口探井分别获得日产 120 万和 83 万立方米的天然气，并有一口井获得可供研究的原油。此后一系列勘探，进一步证明以上结论。该气田原定 1989 年 7 月 1 日开始向香港、深圳、广州等地供气，通往这些城市的输气管亦在此之前开始勘测施工，全长 1170 千米。但直到 1992 年 3 月 12 日，中国海洋石油总公司等才在北京与有关方面签订了"中国南海崖 13 – 1 气田天然气销往香港的原则协议"，使莺歌海盆地油气开发获得突破性进展。任时国务院总理李鹏称这一协议的签署"不仅标志着中国南海大气田开发建设的起步，也是对外开放的一项具体成果"。由此所获得的丰厚利益，将有力地支持海南特区经济建设。

4）琼东南盆地

琼东南盆地位于海南岛东南海域，呈北东方向延伸，面积大于 6 万平方千米。在构造成因上，它与同一方向伸展的珠江口盆地关系极为密切，有专家认为它是珠江口盆地向西南的延伸部分。该盆地受一系列北东向的大断裂所控制，推测在晚白垩纪时这里已形成断陷盆地，充填了陆相碎屑沉积。晚第三纪时开始大规模海侵，沉积了厚达数千米的海相沉积物，使琼东南盆地与西邻的莺歌海盆地连接在一起，构成一个统一的向南凸出的弧形大凹陷。有关专家据此将两个盆地统称为莺歌海凹陷盆地或广义的莺歌海盆地，而上述海南岛西南的为狭义莺歌海盆地（面积大于 1.5 万平方千米）。琼东南盆地新生代沉积物厚达 1 万米，盆地中央发育着泥岩穿刺构造。构造圈闭类型也与上述几个油气盆地不同，包括泥鼻 16 个、断块 25 个、地层 9 个、礁 27 个，有利于油气聚集。但从目前勘探结果分析，盆地北部和中部更有利于油气聚集。例如，在北侧陵水海域莺 9 井海相岩中已获得日产几十吨的高蜡、低硫、轻质的原油。由此看来，琼东南盆地的含油气远景也是很好的。但盆地最大水深超过 1 000 米，目前勘探程度尚低。

5）台湾浅滩南盆地（台西南盆地）

台湾浅滩南盆地位于台湾浅滩以南，其西北界是澎湖 – 台湾浅滩 – 东沙隆起区。东沙隆起将它与珠江口盆地分开。这一盆地是陆缘张裂所致，面积 4.6 万平方千米。中有很厚的新生代沉积层，平均厚度为4 300米，最大厚度为9 000米，基底推测为中生代。1974年台湾石油公司在台湾浅滩南部钻到了具有工业开采价值的天然气，日产量为68.6万立方米，并有凝析油34吨，产气层为中新统砂岩。目前已发现50个圈闭、4个气田和1个油气田，天然气可采储量估计超过50亿立方米。台湾浅滩南盆地也是一个含油气远景较好的盆地。

此外，南海南部宽广的大陆架更是世界上最重要的油气产区之一。目前主要是泰国、马来西亚、印度尼西亚、文莱等在南海南部的北大年盆地、马来盆地、西纳土纳盆地、曾母盆地和沙巴-文莱盆地等进行油气勘探活动，结果都有良好的油气发现，其中不少油气田已经开采投产。南海邻近一些国家也在我国传统海疆的盆地内勘探开采油气资源。例如，在南沙群岛礼乐滩盆地和范围压国境线的巴拉望岛西北盆地，从1973年开始勘探，到1988年钻井10口，其中油井3口、气井1口，日产气13万立方米，并发现一个油田，现已投产。在范围压国境线的曾母盆地，勘探开采油气井更多，已成为南海石油的热点。该盆地估算油气储量20世纪80年代初约为137亿吨，1988年约为177亿吨。

实际上，以上所列仅是南海最大的含油气盆地，规模较小的盆地也不少。计有东沙群岛南部的东沙南盆地，石油储量约3亿吨；西沙群岛东北、北纬18度附近的西沙海槽带状盆地，石油储量约7亿吨；中沙大环礁及其周围的中沙盆地，石油储量约5亿吨，西沙中建岛西南的中建岛盆地，石油储量约7亿吨；南沙中业群礁西部的中业岛盆地，石油储量约4亿吨；南沙广雅滩北部的广雅滩盆地，石油储量约5亿吨；南沙西卫滩西部的西卫滩西北盆地，石油储量约6亿吨；南沙南华礁及其周围的南华礁盆地，石油储量约6亿吨；太平岛及其周围的太平岛盆地，石油储量约3亿吨。

从各种情况判断，南海海底将来有希望成为世界上最重要的油田之一，将是继大庆、大港、胜利等油田之后在祖国南疆盛开的一朵奇葩。有报道称，20世纪60年代开始在大西洋及东、西太平洋等海底发现一种新能源，即由甲烷等组成的"可燃冰"。80年代美、英、德、法、日等发达国家相继投入巨资开展勘察，前景非常诱人。我国也在南海西沙海槽发现存在"可燃冰"的地球物理标志BSR，表明南海和其他海区有这种21世纪后续能源分布，值得进一步研究勘察。

20.3.2　广东省海洋油气产业现状

广东海洋油气开发处于稳步发展状况，2000—2006年间海洋原油产量稳定在1 300万吨左右，2001年海洋原油产量最低为1 225万吨，2004年海洋原油产量最高为1 482万吨（见图20.10）。海洋天然气产量呈"V"字形发展趋势，2000年海洋天然气产量34.6亿立方米，2003年下降到27.4亿立方米，2006年上升到54.9亿立方米（见图20.11）。

广东的海洋原油除国内供应外，还保持对外出口。2001—2006年海洋原油出口量每年保持在350万吨左右，占海洋原油产量的25%～30%。随着国际油价的上涨，2001—2006年海洋原油出口创汇额呈逐年递增态势，2001年广东海洋原油出口创汇5.7亿美元，2006年海洋原油出口创汇15.9亿美元。

20.3.3　广西壮族自治区海洋油气产业现状

据"908"调查数据显示，广西壮族自治区自1985年开始生产石油，当年产量5.13万吨，1990年达到最高产量17.14万吨，2000年以来，石油产量始终维持在（4.64～5.13）万吨之间；1980年以来广西石油消耗量逐年递增，到2006年石油消耗量为978.15万吨。由于

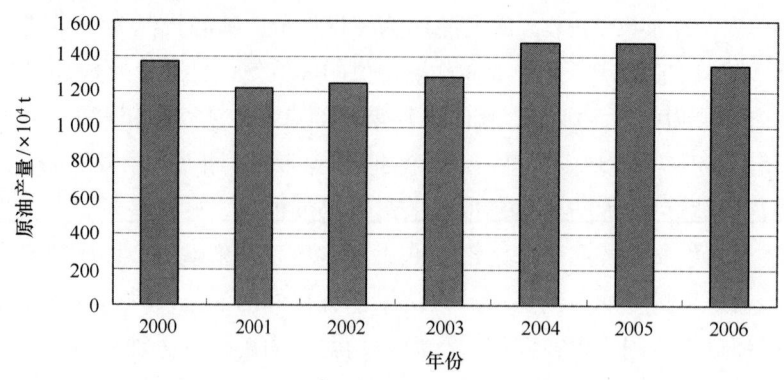

图 20.10 广东省海洋原油产量变化情况

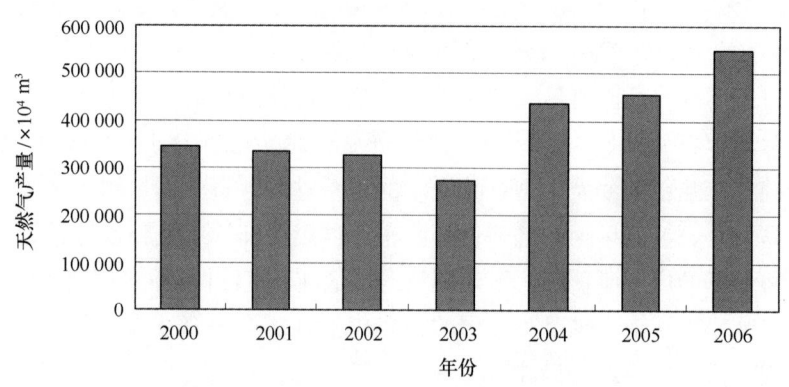

图 20.11 广东省海洋天然气产量变化情况

广西石油产量很少，绝大部分石油靠外地输入，2006 年外地输入石油量是本地生产石油量的 201 倍。2006 年石油消耗量是 1980 年的 5.18 倍（图 20.12）。

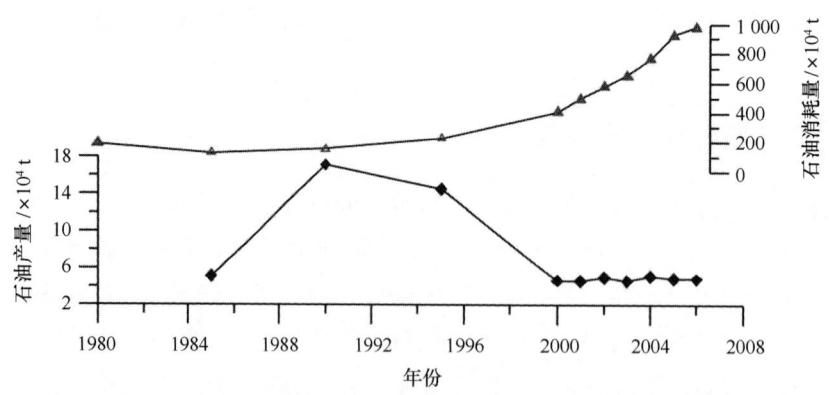

图 20.12 广西壮族自治区石油能源生产与消耗量变化

今后应加强沿海油气等矿产资源的勘察开发，进一步培育壮大海洋油气等矿产业。根据北部湾经济区发展相关规划，海洋油气勘探开发将是该区重点发展的特色海洋资源产业，将重点开展海域综合地质调查，勘探新的油气远景区和新的含油气层位，确保北部湾油田达到 80 万吨的年开采规模。充分利用北部湾油田及其邻近海区（海南莺歌海）的油气资源，有选择地发展本地的下游产业，完善产业结构。至 2010 年末，是北海市成为南海区重要的海洋油气开发和服务基地。

20.3.4 海南省海洋油气产业发展现状

地质资源调查结果表明，海南所辖的超过 200 多万平方千米的海域中，共有含油气构造 200 多个，油气田 180 个，中国已探明的 5 个天然气富集区，就有 3 个分布在海南岛周边。利用得天独厚的陆上和海洋油气资源，海南省不断加大对油气资源的勘探开发规模和力度，积极做好油气资源下游产业链的项目投资建设工作，将油气资源优势转变成为海南的经济优势和产业优势。海南油气化工业的发展目标是成为以巨型油田和天然气开发为主导的大型石化工业基地，加速工业化进程，带动全省经济快速发展。

海南省 1990 年完成天然气工程项目可行性研究，第一期工程利用 14 亿立方米天然气，生产合成氨、尿素和联合化工、海绵铁、玻璃器皿、水泥、钢化玻璃、输气管网及民用等。莺歌海天然气于 1993 年 1 月 1 日开始每年供气 40 亿立方米。

从"九五"计划开始，海南就把油气产业视为海南经济发展的重要支柱产业，积极实施"资源开发和产业发展并举"的方针，采取多元化投资，集中资金加快开发海洋天然气，以气带油滚动发展。海南经过十几年的发展，在海洋油气开发上已经取得了重要进展。近几年来，作为天然气储量大省的海南，对澄迈福山、莺歌海、东方市海域 3 大气田进行了开发。2007 年生产天然气已达 60 亿立方米，年销售收入达 150 亿元。目前 28.2 亿立方米天然气已用于海南的发电和化工企业，解决了电力不足的问题。在海口、三亚、东方三个城市建成 676 千米供气管网，30 多万城市居民用上了管道天然气。全省 5 360 辆公交车和出租车已有 3 300 辆实现了油改气，减少了排气污染。同时，海南还将 29 亿立方米天然气通过海底输气管道送往香港用于发电和居民生活，为香港的稳定繁荣贡献了力量。

目前，在海南岛已初步建成了一条以洋浦经济开发区和东方市海域区为中心的油气化工基地。

（1）天然气化工。主要布局在东方化工城，目前已建成项目有：年产 30 万吨合成氨；52 万吨尿素的富岛化肥一期；年产 45 万吨合成氨、80 万吨尿素的富岛化肥二期；年产 3 200 万条编织袋项目；3 万吨甲醛项目；5 万吨复合肥项目；3 万吨/年食品二氧化碳干冰项目等。60 万吨甲醇项目于 2006 年 10 月竣工。12 万吨三聚氰胺项目于 2006 年开工。"十一五"期间，重点规划建设 120 万吨大甲醇及制烯烃、6 万吨聚甲醛、50 万吨醋酸、1 万吨/年可降解塑料、MTO 等项目；并向下游延伸发展三聚氰氨等。

（2）石油加工与石油化工。石油加工与石油化工主要布局在洋浦经济开发区。把洋浦建成石油化工一体化产业基地，还要建设天然气发电产业、南海勘探开发支持基地、国际石油储备交易基地。重点发展石油储备中转、石油炼制、基础化工、精细化工等炼化一体的产业链项目。该产业由炼油/大芳烃和乙烯联合装置提供初级原料，往下游发展聚烯烃、聚酯、丙烯酸、异丙苯、碳四馏分深加工、碳五综合利用、氯碱/PVC 七个系列的精细化学工业产品及化学工业新产品。2005 年 24 万吨瓶级聚酯切片项目试产成功。800 万吨炼油、8 万吨苯乙烯项目于 2006 年底投产，并积极推进 150 万吨重油裂解烯烃项目建设。2007 年海南炼化累计加工原油及原料油 802.45 万吨，生产汽油、柴油、航空煤油、聚丙烯、硫黄等石化产品 742 万吨，出口产品 77 万吨。累计实现工业总产值 335.87 亿元，工业增加值 27.78 亿元，实现税金 15.13 亿元，高附加值收益率达到 90% 以上。

2008 年 4 月，国家同意海南开展乙烯工业项目的前期工作。乙烯工业是以石油为原料、生产三大合成材料及有机化工产品的基础原材料工业，其产品广泛应用于国民经济、人民生活、国防科技等领域，可以带动精细化工、轻工纺织、汽车制造、机械电子、建材工业以及现代农业发展。大乙烯项目选址洋浦开发区。该项目被誉为海南省"一号工业项目"。该项目建设不仅能为海南带来数百亿元的投资，数千亿元的产值及数百亿元的财政贡献，同时还将积极推动海南省石油化工产业链的延伸发展，对海南调整产业结构、较快提高经济实力、实现又好又快发展意义重大。

根据海南省发改厅的"十一五"规划，海南石油化工产业的发展目标是：到 2010 年新增产值 302 亿元，到 2020 年总产值 1 082 亿元。海南到 2010 年将再兴建乙烯 100 万吨、PTA60 万吨、聚丙烯 50 万吨、苯乙烯 28 万吨等项目。

目前，中海油、中石油、中石化 3 家中国最大的油气开采和加工企业"三油"联合，团结奋战，参与海南省的油气化工产业开发。其中仅中海油公司的投资总额就超过了 100 亿元。美国、德国、荷兰、新加坡等国家和香港地区的一批跨国公司也加入投资者的行列。

20.4 南海区域的海洋化工业

海洋化工业主要是利用海盐等海洋资源，生产纯碱、烧碱、盐酸、氯气等基本化学工业原料的工业。包括海盐化工、海水化工、海藻化工及海洋石油化工的化工产品生产活动。

20.4.1 南海区海洋化工业总体发展状况

海洋化工业作为海洋产业的重要支柱产业，在海洋经济发展中起着关键性作用。一个地区要发展海洋化工生产，首先要有优越的制盐条件，并以丰富的石油、天然气、煤、石灰石等辅助材料相配合，其次要有便利的交通运输条件和广阔的消费市场。在特殊的地理环境和国家政策条件下，岭南地区的海洋化工工业经历起步晚、发展快、产业科技化稳步提升阶段。

南海地区的海洋化工产业始于 20 世纪中期，那时主要是海水制盐，新中国成立后相当长的时期内，南海地区仍然以制盐业为主，海盐的生产导致了近代氯碱工业的建立。这一工业构成了一系列重化工产品的核心，并进一步带动了现代化学工业的发展。20 世纪 30 年代，人们开始研究直接从天然海水中提取有用的化学物质，到了 50 年代中期，海水提溴、提取镁化物的单向提取技术和改造工作，均已基本完成并用于生产阶段。在溴及溴系产品的生产上，我国在提取溴的技术方面做了大量的研究试验，但在实际生产上，我国基本上还是采用国外的先进技术，但是即使我国使用同样的技术，溴系产品的产出率仍然低于国外水平。从海水中提取的大量氯化镁，同样是技术含量低，在高新技术发展氯化镁附加值的深加工产品基本上空白。南海地区缺镁情况比较严重，而且镁肥产品单一，年产量较少，无法满足农业的需要，因此开发海水、卤水制取系列镁肥技术对南海地区的粮食和经济作物的丰产将起到重要作用。20 世纪 60 年代初期，从海洋中低浓物质和痕量元素的富集分离和提取的新技术新方法层出不穷，标志着近代海水化学产品开发的新开端。包括南海地区在内我国海水化学物质提取技术形成产业的规模小，品种少，目前具有一定规模的仅有溴、镁、钾、氯、钠、硫（酸盐）等几种物质，并且除了氯化钠是直接由海水得到外，其他元素的提取还仅限于低下卤水和苦卤的提取。

海洋藻类化工业作为海洋化工业中另一重要组成部分，在国民经济中的作用也不容忽视。海藻化工是利用某些海藻吸收海水中特定元素的生物学特性，对海藻进行收集、加工和处理，以获得需要化工产品的工业过程。南海地区的海藻工业起步于 20 世纪中后期，发展至今已形成了一个较完整独立的工业部门，其中大型海藻的养殖和应用一直处于世界领先地位。近年来，虽然经过不断地开拓，有褐藻酸、琼胶、卡拉胶、铸造胶等新产品投入市场，但是还无法形成取代老产品的气候，难以承受国内外市场变化冲击。海藻化工业要开发更多用途和开拓市场，还应扩大原料和产品品种，提高质量，积极推进产业化。

开展海水资源化学的科学研究，大力发展海洋化工，充分开发、利用海水中丰富多彩的化学物质和与之相关的能源，对解决人类社会发展中面临的能源等问题，具有极为重要的现实意义和战略意义。

20.4.2 广东省海洋化工业发展状况

20.4.2.1 发展现状

广东的沿海区位优势，滩涂资源丰富，水热配置良好，海水资源丰富，具有发展海洋化工的优势，珠三角地区以珠江口沿海城市群为中心，海洋开发基础好、程度高，大力发展海洋化工产业。

广东海洋化工工业主要集中在珠三角地区，主要为开发可供药用的丰富的海洋动植物资源，利用我国的中医中药理论和验方，发展海洋药物中成药和海洋保健食品。当前海洋化工业发展势头强劲，在海洋产业中地位不断提高。2006年，广东海洋化工业业总产值438.36亿元，占主要海洋产业总产值比重16.76%，大力推进大亚湾石化基地、中船龙穴造船基地、岭澳核电等大型能源项目建设。

根据广东省出台的《广东省石化工业2005—2010年发展规划》，未来5年，广东省将投资1 800亿元，规划建设5个石化基地，新建或扩建5个炼油项目、5个乙烯项目以及一大批下游化工。到2010年，全省石化工业总产值将达到7 300亿元，年均增长20%，炼油能力达6 500万吨/年。这预示着广东省已着手构建具有国际竞争力的石化工业体系，同时，为把广东省打造成亚洲主要的石化基地迈出重要一步。

五个石化基地包括大亚湾石化基地、茂湛石化基地、广州石化基地、崖门口石化基地、汕潮揭石化基地。五个炼油项目即中石化茂名分公司炼油扩建至2 000万吨、中石化广州分公司炼油扩建至1 300万吨、中石化湛江东兴炼油扩建至800万吨、新建中海油惠州1 200万吨/年炼油项目、规划"十一五"期间再新建1 500万吨/年炼油项目。另外，五个乙烯项目包括中石化广州乙烯扩建至100万吨工程、中石化茂名乙烯扩建至80万吨工程、中海壳牌惠州南海石化80万吨/年乙烯项目、争取新建汕头乙烯项目（CPP或HCC技术）、规划"十一五"期间再新建2个100万吨/年乙烯装置。

在海藻化工业方面，根据《全国农产品加工业"十一五"发展规划》，广东省重点开展江蓠、马尾藻、紫菜、麒麟菜和螺旋藻等研发，优先发展藻类即食食品、藻类保健品、藻类药物。广东汕头海藻资源种类为我国地级市之最，仅大型海藻就有24科61种，尤以南澳33个岛屿周边海域最为丰富，优越的种质、水文、气候资源为发展海洋藻类提供了得天独厚的自然条件，海藻形成产、加、销产业链条。根据《汕头市科学和技术发展第十一个五年规划》，汕头将进一步提高海藻的养殖和加工技术水平，拓展海藻产品的市场空间和应用领域，建设成为广东省海藻产业基地。

20.4.2.2 发展潜力与趋势

在未来发展上，广东省一是要加快石化基地基础设施建设，营造产业集群发展环境；二是要引导外资和民营资本投资石化基地;三是要积极培育石化深加工龙头企业,引导企业从上游装置开始调整产品结构,加大研发投入,进一步完善以企业为主体的技术创新体系,还特别要支持石化重点行业关键技术的开发;最终,将广东省打造成一个设备及管理理念先进、具备国际竞争力的亚洲主要石化基地。

此外,石化工业基地在发展的同时要注意环境保护和资源节约,禁止低水平重复建设。要建设集中污水处理设施,新建项目要按规定程序进行环保审查,能耗、水耗和产品收益率指标要符合国家标准要求并达到国内或国际同行业先进水平。以沿海产业带为依托,通过便利的交通和高质量的服务业以及丰富的资源,在产业集聚下,稳步发展海洋化工业,提升海洋化工业的整体竞争力,打造广东海洋化工品牌。

20.4.3 广西壮族自治区海洋化工发展状况

20.4.3.1 发展现状

广西沿海地区海水化学资源丰富,海水平均盐度为30%~32%,海水含溴量为60×10^{-6},平均海水温度23℃,滩涂平坦,广阔,此外,日照时间长,热辐射达477千焦/平方米,同时,还可以利用现有盐田发展溴素、氯化钾、氧化镁、硫化钠等化工产品。据"908"调查数据显示,目前广西主要的海洋化工企业有7家,均分布在北海市,以盐化工产品为主,生产盐品、炭黑、过磷酸钙、柴油稳定剂、腐殖酸液肥、肥料添加剂、复合肥,总量约为242 136.6吨,总产品销售量收入达1.47亿元(表20.6)。

表20.6 广西地区海洋化工企业基本情况表

企业名称	产品名称	产量/t	产品销售收入/万元
中盐广西盐业有限公司北海碘盐中心	盐品	104 197	6 283
南海西部石油北海炭黑厂	炭黑	9 312.6	2 746.5
北海市沃源化肥公司	过磷酸钙	122 391	4 603
北海广信高科实业公司	柴油稳定剂	12	175
北海高美施活性液肥公司	腐殖酸液肥	73	176
北海高美施活性液肥公司	肥料添加剂	18	5
北海是强力化肥公司	复混肥	6 133	736

在石油化工方面,广西石化工业充分发挥区位和资源优势,聚焦"专、精、特、新"发展石化工业,取得了喜人的成绩:2001年和2002年完成工业总产值分别比上年增长7.8%和10.5%。2003年前4个月完成工业总产值19.6亿元,同比增长了9.3%,呈现稳步持续发展的好态势。

广西石化工业经过半个多世纪的发展,先后建立起了化学矿、石油开采与炼制、基本化学原料、化学肥料、化学农药、有机化学品、专用化学品、合成材料、橡胶制品和化工机械、橡胶机械制造等行业。至2002年底,全系统共有规模以上企业271家。职工6.77万人。生产不同规格型号石化产品1 000多种,总产量超过230多万吨(含化学矿产品)。2002年完成工业总产值90.2亿元,工业增加值26.2亿元,销售收入97.8亿元,实现利税总额6.63亿元,工业总产值在广西工业中排位第二位。

2000年以来,广西石化工业结合产业实际,坚持发挥广西的区位优势和资源优势,以对接东盟和东南亚经济，服务我国大西南经济发展，采取改造提升和开拓创新齐头并进的发展战略，即一方面利用高新技术和先进适用技术改造石化产业，实现提升的目标；另一方面实施临海工业园——高新技术开发区的发展模式，提高广西石化工业的整体素质。

广西石化工业呈现了两大发展特色：一是利用高新技术和先进适用技术改造、提升传统产业和老企业的步伐在加快。先后完成了南宁化工集团公司2万吨离子膜烧碱、鹿寨化肥有限公司DAP（磷酸氢二铵）装置改产NPK等一批项目。其中氧化锌改性三聚磷酸钠远销国外，针剂结晶山梨醇产品填补了国内空白。同时，研制出了高纯度氯化铝、蒎烷、二氢松油醇等一批精细化工新产品。二是临海工业园和高新技术产业开发区中的石化和与石化相关产业的发展日渐凸现。在钦州临海工业园内，钦州明鑫食用磷酸厂有80%产品出口，年产50万吨润滑油的钦州宏基润滑油厂一期工程已经完工。在建的项目有年产50万吨的沥青厂、年产25万吨的电解锌厂和广西木薯综合开发示范工程等。该园区油、气的仓储、中转和加工业也快速发展，已建成投产项目3个，年仓储和中转油、气能力200万吨以上，已成为目前我国西南地区最大的油、气集散和石油加工基地。北海工业园区的北海生物药业也已建成投产。北海国发海洋生物科技园生产的OS施特灵、广西喷施宝有限公司生产的第三代喷施宝等生物农药销往国内外。南宁国家高新技术产业区的安力泰美诗药业有限公司运用国际一流设备和高新技术，生产氨基酸系列产品全部销往美、德、法和意大利等国。广西临海工业园的石化经济正在成为广西石化产业新的增长点。

20.4.3.2 发展潜力与趋势

广西沿海地区是中国与东盟的结合部，是泛珠三角经济区与东盟、东南亚地区的连接点，是西南地区的出海通道，区位优势明显，资源、人口、环境承载容量大，开发潜力巨大。"十一五"沿海工业发展面临这极为有利的发展环境和难得的发展机遇。根据广西沿海工业"十一五"发展规划，广西将抓之国家调整重化工战略布局的重大机遇，利用南海丰富的天然气资源及进口石油、石油副产品的有利条件，全力培育和发展沿海石油化工产业集群。将在沿海建设1 500万吨至2 000万吨炼油、300万吨液化天然气、西南成品油管道二期工程等重大项目，形成600亿元以上的产业规模，打造沿海石油工业基地。同时，利用沿海炼油和液化天然气的原料优势，实施上游带动战略，延长产业链，大力发展石油化工产业，带动下游合成材料、有机化工、精细化工、化学建材和纺织、服装等相关产业的发展。重点建设90万吨乙烯、30万吨合成氨、52万吨大颗粒尿素、40万吨乙醇、40万吨聚氯乙烯、6万吨乙烯－醋酸乙烯共聚物、60万吨天然气甲醇、60万吨聚酯等项目，形成1 200亿元以上的海洋化工产业规模，成为我国重要的石化工业基地。

广西将主要从三个方面抓好石油化工的调整升级。一是发挥广西的区位优势，积极利用"两种资金，两个市场"鼓励和支持国内外企业参加临海工业园区和高新技术产业开发区石化经济的开发和建设。重点是创造条件，2010年在北海建设年炼油能力600万吨至1 200万吨的广西炼油厂及与其配套的乙烯装置。在钦州临海工业园建设完善大西南最大的油气集散和磷化产品生产基地，建立和完善广西的石化产业和以进出口为主体业务的石化产品体系，在"新"和"专"上做文章。

二是发挥广西木薯淀粉和制糖废糖蜜等资源优势，依托各高新技术产业开发区和骨干企业，发展以"精"和"特"为特色的石化产品体系。重点推进以木薯淀粉为原料的明阳生化科技公司20万吨/年高档变性淀粉项目以及10万吨/年医用酒精、3 000吨/年衣糠酸、5 000

吨/年六元醇等精细化工产品项目的建设。

三是努力建设大型石化企业（集团）。促使南宁化工集团、柳州化工集团、鹿寨化肥公司、河池化工集团公司等骨干企业成为销售收入超 10 亿元，具有较强竞争力的大型企业。同时，支持桂林的子午线轮胎项目和桂林全钢子午线轮胎项目的建设。

20.4.4 海南省海洋化工发展状况

20.4.4.1 发展现状

海南沿海地区分布有莺歌海、北海、徐闻等少数几个盐场利用盐卤生产氯化钾、溴素、氯化镁等化工产品。但由于目前技术、成本等原因，这种综合开发尚处在摸索或起步阶段。近年来，许多盐场调整了产品结构，由过去只生产单一品种的粗盐转变为多品种日晒优质细盐，增加生产调味盐、汤料盐、低钠盐、加碘盐、加锌加碘盐和保健盐等，不断充实和扩大海水化学资源开发利用的内涵和外延。利用热带海洋药用生物资源丰富的优势，通过外引内联，利用大都市的资本、技术和人才优势，培育海洋医药企业，发展海洋医药产业。发展本省的海洋药物研发能力，研究提取热带海洋生物活性物质，研究开发具有自主知识产权的热带海洋生物新药；研究开发技术含量高、市场容量大、经济效益好的海洋中成药和海洋保健品；逐步开发农用海洋生物制品、工业海洋生物制品；到 2020 年，形成一定规模的海洋医药产业。

海南大化肥基地的第二期工程——中海油大化肥项目奠基，2000 年设计能力为 45 万吨合成氨、80 万吨尿素，总投资近 30 亿元，预计 2003 年底建成投产。此外，公司还着手进行了年产 60 万吨复混肥、50 万吨甲醇等下游产品的预可研，预计两个项目投资分别为 3 亿～4 亿元和 11 亿元。到 2004 年底新项目全部投产后，将形成年产 250 万吨化工产品、实现产值 33 亿元的全国最大化肥生产基地。海南大化肥基地的配套项目——东方 1-1 气田陆上工程也开始动工。这座由中国海洋石油有限公司投资 32.7 亿元的气田，天然气储量为 996.8 亿立方米；一期工程包括一座海上中心平台、一座海上井口平台、两条海底管道、一条海底电缆、一座陆上终端，年处理天然气 24 亿立方米，其中 8 亿立方米专门供给中海石化化肥厂。工程预计于 2003 年 7 月竣工，海上工程不久也将启动。此外，东方 1-1 气田开发的另外两个配套项目——投资 5.4 亿元的东方—洋浦—海口天然气输气管道项目和洋浦电厂"油改气"改造项目也已启动。

在石油化工方面，海南岛周边海域蕴藏着丰富的油气资源，为发展石油重化工业提供了重要基本条件。南海主要盆地的天然气资源潜量为 58 万亿立方米，石油资源潜量为 290 亿吨。现已探明的南海天然气资源主要分布在莺歌海盆地，探明可采天然气总储量约为 4 万亿立方米，石油为 20 亿吨。海南不仅具有发展石油和化学工业需要的丰富资源和区位优势，并且已经具备了石油和化学工业发展的重要基础条件。中海油、中石化、中石油等化工巨头已先后进入海南进行油气资源开发与加工，中化工也在海南的投资项目从意向转入实质性阶段，因此海南石油重化工业即将步入高速发展的快车道。

2006 年海南的海洋化工产品主要有复合肥、汽油、柴油、煤油、海水螺旋藻粉和牡蛎精粉，产品销售创收 92.24 亿元。其中石油化工产品的销售收入遥遥领先，占总体海洋化工销售额的七成以上，海水化工目前的市场销售额仅为产品销售总额的 0.12%，有待进一步开发与强化。

20.4.4.2 发展潜力与趋势

海南石油化工总的发展战略思路是："十一五"及今后一段时间内，海南要以海洋油气资源为依托，紧紧把握重要战略发展机遇期，有选择地承接发达国家和国内沿海地区的产业转移，使石油和化学工业成为海南经济发展的重要支撑点和在国内有重要影响力的国家级化学工业基地。不断加大招商引资力度，走多元化投资的道路。争取国家给予开发南海油气资源的政策，积极引进国内外著名企业，上规模、高水平、高起点建设一批石油化学工业项目。大力发展石油和化学工业产业集群，建设若干个大型化学工业基地和化学工业城。积极采用国内外最先进技术，拓展和延伸产业链，向高、深加工度演化，促进海南石油和化学工业产业结构优化升级，全面提高市场的综合竞争能力，走出一条科技含量高、经济效益好、资源消耗低、环境污染少的新路子。

海南省的区位优势给海南建设石化工业带来很大的发展机遇，因为这种区位优势可以转化为资源优势和市场优势，而且海南已经有了一定的发展基础，因此很有必要在海南省适度发展石化工业。海南也非常重视沿海石油化工业的发展，经过多年的建设和发展，成为海南实施"一省两地"（新兴工业省、海岛旅游胜地、热带高效农业基地）发展战略的新亮点，海南未来由此可望成为国家级化工基地。

20.5 南海区域的海水利用业

海水利用业是指对海水的直接利用和海水淡化活动，包括利用海水进行淡水生产和将海水应用于工业冷却用水和城市生活用水、消防用水等活动，不包括海水化学资源综合利用活动。

20.5.1 发展现状

无论生活用水还是工农业生产用水，绝大多数都必须是淡水。南海诸岛和两广沿海许多岛屿及海南岛西部、粤西等地，河流稀少，淡水严重不足。而随着南海北部沿海地区国民经济持续快速发展，城市化进程的加快和人民生活水平的提高，水资源短缺和水环境恶化的问题日益严重。国家海洋局1998年曾对我国沿海10个城市的淡水供应作过调查，其中深圳、珠海工业、生活用水增长最快。近年广州和珠三角经济异军突起，外来人口大量增加，河水和地下水污染日趋严重，淡水供需矛盾非常突出。海水淡化是解决生活、军事和旅游等用水的一个重要途径。

20世纪50年代后期，海水淡化在世界许多地区迅速发展起来。我国则从1958年开始研究这门技术。到20世纪70年代中期，中国科学院能源研究所在海南三亚陵水湾娱岐州岛和西沙永兴岛分别建立了两台顶棚式直接淡化装置，产水量分别为每日1吨和0.2吨，为我国自行在南海淡化海水之始。1986年我国第一台日产200吨淡水的电渗析海水淡化站在永兴岛正式投产使用。淡化水的水质符合国家规定的饮用水标准，耗电量为每吨淡水16~17千瓦时，淡化水的成本约为用船送水的1/4。此外，在永兴岛还设置了太阳能蒸馏海水淡化装置，成本低，使用方便，深受岛上军民欢迎。香港在使用广东东江水之前，"水荒"是众所周知的，为此也建造了日产18万吨的多级闪蒸海水淡化工厂。该厂属一座大型海水淡化厂，为缓解香港水荒发挥重大作用。但据估计，到2010年广东东江水系统向香港供水量将达到饱和，新淡水资源难以寻求，海水淡化又将重新受到重视。另外，香港自20世纪50年代末已采用海水冲厕所，至今已发展到占冲厕所用水的2/3左右，并计划实现全部使用海水冲厕所。香港这个经验，对沿海缺淡水城市非常值得借鉴。

2009年广东省水利厅的一项调查显示，近年来随着节水型社会建设步伐加快，广东供水结构正在发生微妙的变化。2008年全省供水总量比前年减少，海水利用率提高。调查显示广东海水利用率提高，去年全省海水利用量203.8亿吨，主要是沿海地区火、核电厂冷却用水，比上年200.2亿吨增加3.6亿吨，提高海水利用率是缓解淡水资源短缺的重要途径。建设较大规模的海水淡化和海水直接利用产业化示范工程，在深圳、湛江等地区创建国家级海水综合利用产业化基地。提高技术装备的设计、加工水平和产品产业化能力，在沿海地区的电力等重点行业大力推广利用海水为冷却水，在有条件的沿海城市建设海水冲厕示范小区。至2010年，全省海水淡化能力达到每日20 000立方米以上，海水直接利用能力达到每年190亿立方米，海水利用对解决沿海地区缺水问题的贡献率达到16%以上。

广西沿海地区海水利用情况。主要分为：海盐生产企业生产工艺用海水取盐，年生产海盐耗海水约1 600万立方米；海水灌溉用水，防城港市防城圆方海蓬有限公司直接用海水灌溉种植海蓬子；工业利用海水，如钦州2×600兆瓦、北海4×300兆瓦燃煤发电厂建成后将利用海水为冷却用水，随着钦州临海工业园大型钢铁厂、炼油厂、金光纸浆一体化等项目的建成投产，工业用水也将以海水利用为主。

20.5.2　海水利用存在的主要问题

一是海水开发科研投入少。海水利用示范工程没有资金渠道，影响了海水开发利用工作的进展。海水淡化本身需要大量的科技投入和长期的研发，作为一项新兴产业，海水淡化工程应用仍需要很长一段时间。

二是海水利用的成本过高。如膜法海水淡化技术应用，从投资岛海水淡化运行处理费用约为6元/立方米，成本过高，目前还无法大量投入生产和市场化。

20.5.3　潜力与趋势

现在海水淡化成本虽较高，但对于干旱少雨地区，特别是经济高度发达的沿海城市，仍不失为解决用水的重要途径。此外，南海上许多重要的军事岛屿，由于岛上没有淡水资源，目前生活用水主要是平时收集的雨水，生活用水十分紧张，海水淡化技术的发展将有助于我国南海边防事业后勤保障服务的顺利开展。南海三省毗邻于广阔的海洋，海水淡化技术的进步和应用，将丰富的海水转化为淡水，为以后社会发展所需的生活用水、工业用水等提供了强有的保障。岭南地处热带亚热带，有充足的太阳能可以利用，高效、节能、无污染的太阳能海水淡化器，将会有广阔的应用前景。

坚持开发与节约并重的方针，制定出鼓励对海水开发利用的政策和有效措施，鼓励沿海地区开展海水利用，通过加强海水直接利用技术开发，扶持海水直接利用示范工程的建设，进一步降低海水处理成本，加快推进海水的规范化利用进程。同时，开发沿海地区丰富的海水及其化学资源以及地下卤水资源，形成海洋盐业、盐化工业、海水直接利用业、海水淡化等产业，并促进电力、冶金、石化、钢铁、食品等耗水量大的产业向沿海地区发展。

海水淡化工程势在必行，同时也要注意到淡化工程的环境可持续性和科学有效利用，因为海水淡化会带来55%以上的高浓盐水。利用这个"副产品"同步发展盐业和海洋化工产业，它就是宝贵的资源；弃之海内，又会成为一害，所有海洋生物都将荡然无存，海域、滩涂将彻底荒漠化。因此，伴随海水淡化要尽快出台相应法规，实行浓海水零排放。

20.6 南海区域的海洋工程建筑业

海洋工程建筑业是指在海上、海底和海岸所进行的用于海洋生产、交通、娱乐、防护等用途的建筑工程施工及其准备活动，包括海港建筑、滨海电站建筑、海岸堤坝建筑、海洋隧道桥梁建筑、海上油气田陆地终端及处理设施建造、海底线路管道和设备安装，不包括各部门、各地区的房屋建筑及房屋装修工程。

20.6.1 发展现状

20.6.1.1 广东省海洋工程建筑业

广东海域虽然都属于南海的一部分，但区域条件仍存在一定的地域差异，主要分为珠三角、粤东、粤西三大海洋功能区。珠三角沿海地区地势平坦，滩涂资源丰富，港湾条件优良，腹地经济发达，与港澳经济联系紧密，海洋产业规模和实力不断壮大，海洋工程建筑业发展迅速。随着粤东、粤西海洋经济发展，大量的海洋资源开始被开发利用，特别是丰富的滩涂资源和优良的港湾，经济发展和珠三角产业转移，粤东、粤西海洋经济发展面临良好的历史发展机遇。近些年来海洋产业发展势头强劲，临港工业群的兴起，特别是承接一大批国家级建设项目，作为产业布局的一个重要组成部分，为海洋产业生产、运输等服务提供基础保障。海洋工程建筑业发展越来越受关注。

2006年，广东的主要海洋工程建筑项目有茂港区南海水闸重建工程，茂港区文行水闸重建工程，电白县水东海堤建设，汕尾红草马宫堤坝建设，阳东虾围基建工程，新会、台山码头建设、海堤加固工程，新会航道疏浚工程等项目。2007年、2008年，广东省海洋工程建筑业分别实现增加值50亿元、55亿元。

20.6.1.2 广西壮族自治区海洋工程建筑业

广西沿海地区地形由平原、丘陵和山地构成，区域面积20 318平方千米，市区总面积8 352平方千米，耕地面积30.47万公顷，林面积84.1万公顷，森林覆盖率达到48.63%，还拥有超过1 000平方千米的滩涂面积，土质主要由砂质黏土、沙砾等构成，地耐力每平方米15～18吨，具有成片开发、建筑时期短、投资省、功效高的优越条件。丰富的土地资源，可满足大型工业用地需求。

根据"908项目"调查的广西沿海地区海洋工程建筑业统计数据，可以看出，沿海工程建设中的水产养殖工程比较高，工业开发建设比例相对较低，除北海和钦州的港口区和沿海城区，建设用地的比例都低于10%。尽管目前广西沿海地区工业水平较低，但由于广西沿海腹地广阔、海岸曲折，有众多的天然深水良港，开发潜力巨大。随着我国西部开发战略的逐步推进，区域经济进一步发展，经济区与东盟合作更加深入，经济区的海上运输需求将会大幅度增加，从而为促进沿海地区的迅速发展提供契机。总体上，广西沿海地区特别是北部湾经济区自身具备发展的优势，如区位条件好、港口条件优越、生产成本低等，同时又面临着良好的外部机遇，包括北部湾是国家"十一五"规划西部少数的重点开发区域之一，北部湾是大西南地区距离最近的出海口、还在中国——东盟自由贸易区中具有优越的地理优势,有利于吸引珠江三角洲产业转移和发展临海型工业,具有明显的后发优势。

根据广西沿海地区重点发展产业的布局,"十一五"期间,广西充分发挥工业区的产业集聚作用,重点建设钦州港经济开发区、钦州河东工业区、北海工业园区、北海铁山港临海工业区、北海高新技术产业区、北海国家出口加工区、防城港东湾工业区等工业区、钦州县域工业集中区(带)、北海县区工业产业带、防城县域工业集中区(带)。依托沿海港口优势及背靠大西南的区位优势,利用南海丰富的天然气资源及进口石油、石油副产品的有利条件,全力培育和发展石油化工产业集群;充分利用沿海便于原材料和产品大进大出的区域优势,布局大型钢铁联合企业,发展钢、铁及钢材产业,并带动钢铁制品、炼焦、机械制造等相关产业的发展,形成沿海钢铁产业集群;充分利用广西丰富的森林资源,发挥比较优势,在沿海地区大力发展林浆纸一体化产业,拉长产业链,加快发展精深加工产业,积极发展综合利用产业,形成沿海林浆纸产业集群。

20.6.1.3 海南省海洋工程建筑业

近年来,海南省沿海各市县不断调整优化海洋经济结构,推动了各主要海洋产业加快发展。2008年,全省海洋第一产业增加值87.21亿元,海洋第二产业增加值113.96亿元,以滨海旅游业、海洋交通运输业和海洋服务业等为主的海洋第三产业增加值228.44亿元。据了解,目前海南已建成沿海港口码头总泊位153个,其中万吨级以上深水泊位30个。主要港口2008年货运吞吐能力达到7 000万吨以上,旅客吞吐量2 000多万人。国内航线已覆盖所有沿海港口,形成了北有海口港、南有三亚港、西有洋浦港和八所港、东有龙湾港、清澜港的"四方五港"格局。海南海洋经济的快速发展强力地带动了海洋工程建筑业,在沿海地区公路、铁路、海运、航空等交通基础设施的配套建设,港口的装卸等服务体系、航道的疏浚、渔港的扩建改造等设施建设,此外,沿海工业带项目引进的生产、运营的基础设施等都加快了海南海洋工程建筑业的发展。

2006年海南的海洋工程建筑项目共有12项,其中新建项目9项,包括东水港防潮堤二期、海口市港二期、南山货运港、众城国际客运港、西岛及肖旗港、六道湾中心渔港、南海渔货交易中心、昌化一级渔港和疏港工程;改建项目1项:海口火电大带小工程;维修项目1项:岭头渔港维修;单纯购置项目1项:海外捕捞。12项建筑工程,计划总投资99.86亿元,2006年共完成累计投资总额32.15亿元。

20.6.2 潜力与趋势

海洋有着丰富的资源和优越的发展空间,大力开发海洋成为当前沿海省市重要的发展方针。海洋经济呈现快速发展的趋势,对海洋的开发利用备受广泛关注,在岭南地区,广东提出了"海洋经济强省"、"蓝色产业带";广西提出了"蓝色计划";海南提出了建设"海洋大省"、"以海兴岛,建设海洋大省"、"以海带陆,依海兴琼,建设海洋经济强省"等。海洋事业的蓬勃发展带动了海洋工程建筑业的壮大。

当前国家海洋事业发展的趋势主要有调整海洋产业结构、促进海洋二、三次产业发展,建设临港工业群,提出科技产业的兴起,加大海洋资源开发广度和深度,等等。海洋事业发展首先需要建设基础设施,因此,海洋工程建筑业势必发展迅速,海洋开始向难度更高、风险更大,从近海向远洋发展,今后的海洋建筑业将拥有更广阔的发展空间,同时也必然面临更大的海上风险和技术难度,把握当前大好形势,优化产业体系、促进产业升级换代,提升海洋工程建筑业发展。加快科学技术在海洋工程建筑业上的研发,着重提高在海上平台石油开发平台设施建设集聚,并在海底工程建筑等领域上有新的突破。

20.7 南海区域的海洋船舶工业

海洋船舶工业是指以金属或非金属为主要材料,制造海洋船舶、海上固定及浮动装置的活动以及对海洋船舶的修理及拆卸活动。

20.7.1 发展现状

船舶工业是为水上交通、海洋开发和国防建设等行业提供技术装备的现代综合性产业,也是劳动、资金、技术密集型产业,对机电、钢铁、化工、航运、海洋资源勘采等上、下游产业发展具有较强带动作用,对促进劳动力就业、发展出口贸易和保障海防安全意义重大。我国沿海地区,特别是南海地区劳动力资源丰富,工业和科研体系健全,产业发展基础稳固,拥有适宜造船的漫长海岸线,发展船舶工业具有较强的比较优势。同时,我国对外贸易的迅速增长,也为船舶工业提供了较好的发展机遇,我国船舶工业有望成为最具国际竞争力的产业之一。当前,世界船舶工业正在加速向劳动力、资本丰富和工业基础雄厚的区域转移。

中国散货船、油船、集装箱船3大主流船型整体经济技术水平在国际上具有一定的竞争优势,已经具备了3大主流船型的自主开发能力,形成了具有较强国际竞争力的品牌船型。手持订单中散货船市场占有率达到国际市场的46%,居世界第一位。油船和集装箱船的市场占有率分别达到国际市场的27%和20%,均居世界第二位。除豪华邮轮外,我国已经能够建造大型天然气船、大型客滚船、大型挖泥船、万箱级集装箱船等在内的各种高技术船舶。

20.7.2 广东省海洋船舶工业发展状况

20.7.2.1 发展现状

广东是我国南方重要的造船省市之一,拥有悠久的造船历史,造船能力位居全国前列。2006年国务院审议并通过了《船舶工业中长期发展规划》,规划中明确提出,"十一五"期间我国将重点建设环渤海湾、长江口、珠江口区域三个现代化大型造船基地,其中,珠江口区域造船基地结合广州地区船舶工业结构调整,重点建设龙穴造船基地;2010年和2015年,珠江口地区的造船能力分别达到200万载重吨和300万载重吨。沿海地区有多家造船企业,主要包括粤丰船厂、广州中船南沙龙穴建设发展有限公司、广船国际股份有限公司、广州文冲船厂有限责任公司、广州中海工业菠萝庙船厂、江门市南洋船舶工程有限公司、汕尾市万聪船厂等,主要分布在广州、江门、汕尾等地区(表20.7)。

表20.7 广东省主要船坞生产能力及分布状况

地区	企业名称	类型	主尺度/m			最大造船能力/×10⁴ t
			长	宽	深	
广州市	广州中船南沙龙穴建设发展有限公司	造船干船坞	490	106	13.1	30
广州市	广州中船南沙龙穴建设发展有限公司	船坞式试验场	260	96	14.3	10
广州市	广州中船南沙龙穴建设发展有限公司	造船干船坞	480	92	13.1	30

续表 20.7

地区	企业名称	类型	主尺度/m			最大造船能力 /×10⁴ t
			长	宽	深	
广州市	广州中船南沙龙穴建设发展有限公司	修船干船坞	360	65	13.3	30
广州市	广州中船南沙龙穴建设发展有限公司	修船干船坞	300	74	13.3	20
广州市	广船国际股份有限公司	干船坞				5
广州市	广州文冲船厂有限责任公司	1#船坞	215	24	9.5	15
广州市	广州文冲船厂有限责任公司	2#船坞	250	35	11.2	25
广州市	广州中海工业菠萝庙船厂	浮船坞	158.7	22.8	13.2	16
江门市	江门市南洋船舶工程有限公司	1#船坞	240	41.8	10.8	60
汕尾市	汕尾市万聪船厂	干船坞	138	22	5.6	0.8

广东海洋船舶工业在新世纪发生了转变，由过去注重数量向现在注重高附加值船舶修建的质量型转变。海洋修造船艘数呈下降趋势，2001—2006 年造船完工量由 165 艘下降为 30 艘，修船完工量由 5 121 艘下降到 128 艘。而造船完工量由 2001 年的 27.82 万综合吨，上升到 2006 年的 59.16 万综合吨（图 20.13）。

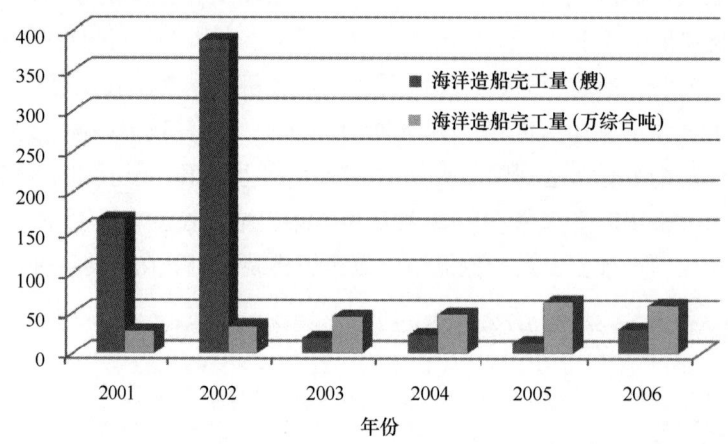

图 20.13　广东省 2001—2006 年海洋造船完工量变化情况

资料来源："908"项目资料

2001 年广东海洋船舶工业实现总产值 38.25 亿元，创造增加值 7.1 亿元；2005 年海洋船舶工业实现总产值 64.8 亿元，创造增加值 11 亿元；分别比 4 年前提高了 69.4%、54.9%（表 20.8）。

表 20.8　广东省 2001—2005 年海洋船舶工业产值变化状况

年份	总产值/亿元	增加值/亿元
2001	38.25	7.1
2002	46.95	5.65
2003	50	9
2004	52	12.7
2005	64.8	11

资料来源：参考"908"项目资料。

20.7.2.2 发展趋势

据统计，广东省各类船舶出口2009年上半年同比增长4.5%，出口量创下新的历史纪录，但造船业是长周期产业，金融危机对其影响可有滞后显现。作为全国三大船舶生产基地之一的广东省，具有强大的船舶生产制造能力。据广州海关统计，2009年1—6月，广东累计出口各类船舶价值7.8亿美元，比2008年同期增长4.5%。数据显示，广东船舶出口以加工贸易方式为主，而一般贸易增长幅度则高于加工贸易。1—6月，广东以加工贸易方式出口船舶7.4亿美元，增长2.3%，占同期广东出口船舶总值的94.9%；一般贸易方式出口3 330万美元，增长1.4倍，占同期广东出口船舶总值的4.2%。出口额中超过八成由外商投资企业和国有企业完成，私营企业增长势头迅猛。1—6月，广东外商投资企业船舶出口3.7亿美元，增长0.8%，占同期广东船舶出口总值的47.4%，同期国有企业出口船舶3.1亿美元，下降10%，占同期广东出口船舶总值的39.7%；此外，私营企业出口9 959.3万美元，大幅增长1.8倍。成品油船和集装箱船为主要出口品种。1—6月，广东出口成品油船价值2.8亿美元，下降24.1%；出口集装箱船价值1.7亿美元，下降23.9%，两者合计占同期广东船舶出口总值57.6%。此外，出口机动多用途船和机动散货船1.1亿美元和9 544.7万美元，分别大幅增长1.7倍和1.2倍。

船舶工业是发展国际贸易、促进国民经济增长的重要产业，船舶工业的振兴对促进国民经济平稳较快发展具有重要的战略意义，而目前国际制造业的产业转移趋势是中国船舶制造业发展面临的最大机遇。因此，行业管理部门积极协调并全面落实《船舶工业调整和振兴规划》，适时跟踪政策的落实情况和效果；银行管理部门不断创新金融产品，在贷款、保函、结算等方面为企业量身打造金融解决方案，研究开办船舶研发贷款、船舶租赁融资、船舶企业并购贷款等一系列新业务，打造完整的船舶融资产业链；广东造船企业应未雨绸缪，加强自身软实力建设，把降本增效作为应对风险的基本措施，深入挖潜，提高生产效率和设施利用率，降低原材料的耗损率，继续挖掘自身的产能优势，积极拓展国际市场，引进先进造船国家（韩国、日本）先进造船技术，造大船、造高配备的船舶，实现由船壳经济向船体经济转变。

20.7.3 广西壮族自治区海洋船舶工业发展状况

20.7.3.1 发展现状

广西海洋船舶工业起步比较晚，规模比较小。2008年，广西北海市铁山港正在抓紧建设一个大型船舶修造基地，这一项目一期在2008年底建成后，北部湾将结束没有万吨船舶修造厂的历史。在2008年新奥海运有限公司也将在铁山港动工建设5万吨级船舶修造厂。此外，深圳盐田港注册成立的北海船舶修造有限公司计划在铁山港投资20亿元，建设5万~10万吨级船舶修造厂。与此同时，北部湾的钦州、防城港两市也在筹建大型船舶修造项目。按照《广西北部湾经济区发展规划》，北部湾沿海发展重化工为重点的临海工业，并建设大型物流基地，需要船舶修造业的配套，为北部湾作为重要国际区域经济合作区和中国-东盟开放合作的物流基地、商贸基地、加工制造基地信息交流中心提供保障。万吨级修造船项目的引进，正是广西北部湾船舶工业发展思路的体现。根据广西国防科工办《船舶工业行业管理工作意见》提出要重点发展北部湾沿海地区修造船基地，实施沿海大型修造船为主、内河造船为辅的发展战略。如今北部湾地区建立船舶修造产业基地的条件可以说是得天独厚，发展船舶修造业具有多方优势。

广西拥有1 629千米的海岸线，深水良港多，但海岸线资源利用率非常低，港口建设迫在眉睫，港口工业继续发展，这也为现在加快船舶工业发展提供了基础条件。北部湾地区处于中国-东盟自贸区、泛北部湾经济合作区、大湄公河次区域、中越"两廊一圈"、泛珠三角经济区、西南六省（区、市）协作等多个区域合作交汇点，背靠大西南，东连珠三角，面向东南亚，是我国西部12个省、市、自治区中唯一的沿海地区，是贵州、四川、云南等西南五省（区）的出海大通道，是中国沿海与东盟国家进行海上交往的重要地区，是促进中国与东盟全面合作的重要桥梁和基地，区位优越，市场巨大，为船舶修造业的发展提供了有利的区位优势。此外，广西临海一大批重大产业集群的逐步形成、北部湾报税物流体系的构建，都为广西发展修造船产业提供了有力支撑。

广西受国际金融危机影响，特别是珠三角地区首当其冲，大量企业减产、停工以至倒闭，钢铁、水泥、沙石等建材产品及煤炭、矿产品等需求直线下降。而这些产品（包括大西南地区出口货物）大部分是通过西江水路输往珠三角和港、澳地区。货物运量减少，导致船运价格大幅下降，航运效益下降直接影响到新船的增加，航运市场不景气，船舶制造业从2008年下半年开始进入"寒冬"。随着国家十大产业振兴规划和"保增长，保就业，保民生"的政策纷纷出台，广东省也出台了振兴房地产业措施，房地产业出现回暖迹象，一大批重点项目和基础设施工程开工，带动内需扩大。钢铁、水泥、砂石、煤炭等需求必然大增，带动了西江航运量增长。新南广铁路的启动和大藤峡水电站的立项，黔桂、湘桂铁路扩能改造以及广西区亿吨运输西江黄金水道的战略决策，将使大西南有更多的货物选择西江运往珠三角、港、澳地区及出口外国。贵港至梧州2 000吨级航道扩能工程及桂平二线船闸竣工，梧州长洲枢纽扩能，都将大大提高西江航运能力，改善航运条件。而且随着老旧船舶的淘汰更新，广西区水路运输市场及船舶制造业将会摆脱目前的困境，迎来新一轮发展。

加快产业、交通、北部湾经济区优先发展的战略布局。一方面，科学谋划、扎实推进北部湾经济区开发建设，加快推进亿吨海港建设；另一方面，要根据西江黄金水道具有低成本、低能耗、低污染、运量大等特点；打造亿吨级西江黄金水道，促进全区区域协调发展。

20.7.3.2 发展潜力与趋势

内外需求拉动近几年，北部湾地区风起云涌，地区合作趋势渐强，经济飞速发展，港口工业建设步伐加快，贸易往来频繁，对船舶的需求和船舶维修的需求是船舶修造业能够在地区内立足并发展的重要条件。北部湾是中国西部重要的出海通道，是中国-东盟贸易运输的重要交合点。未来，北部湾地区将建成面向东盟和大西南市场的钢铁、工业、贸易和物流基地，物流、货运、旅游客运等交通运输都需要必要的交通工具，而北部湾经济区最重要的交通工具是船舶。运输业发展对船舶的需求使造船业具有巨大的发展市场。作为海上交通要道，往来船舶的维修费用是一笔不小的利润，而以前广西没有能维修3 000吨级以上的船舶修造厂，到港船舶只能到珠江三角洲一带或东南亚维修。所以，在临海的大港建设船舶修造基地不仅有利于北部湾地区的港口工业的发展，更能保证本地区运输的顺畅和方便。另外，根据国家"十一五"规划，广西境内的河流航道也将被疏通，通行2 000吨级和3 000吨级的内河船舶，为船舶修造业开辟了更大市场空间。

广西在加快发展的过程中，需要做大做强船舶工业，并把船舶工业列为广西重点发展的优势产业之一。广西已经启动《广西北部湾经济区沿海修造船基地布局规划》编制工作。这为国内外船舶工业企业提供了良好商机，将为来广西投资、发展造船修船和船舶业务方面提供便利和参考依据，并为企业发展提供优质服务。国家出台的船舶工业振兴规划，给当前处于低迷状态的船舶制造业注入了一支强心剂，随着规划的逐步实施，加上钢铁、纺织、基础设施等行业振兴规划的出台，船舶制造业将会摆脱目前的艰难困境。

迎合世界造船业趋势，推动北部湾船舶修造业的兴起，与世界修造船业向中国大陆转移的趋势相吻合。亚洲的韩国、日本、新加坡、马来西亚等国家和中国台湾是修造船最发达的地区，目前这一产业正加快向中国大陆转移，北部湾面向东南亚，修造船业基本属于空白，自然而然成为主要的转移地。

北部湾肩负着大西南和东南亚造船业的重任，在这里建设一个造船厂应该会有广阔的市场。现在中国多数造船工业都集中在东部沿海地区特别是北方沿海，但是很多地方因为天气寒冷的原因，有3个月时间不能动工，而北部湾地区则可全年工作，条件得天独厚。

有原料和技术支持要建设船舶修造基地必须具备充足的建造维修的原料和成熟的技术支持。在原料供应上，北部湾地区港口发展的规划中提出把钢铁工业作为主导产业发展，"广东湛江千万吨级钢铁基地项目"和"广西防城港千万吨钢铁基地项目"都在紧锣密鼓地进行当中，是东南钢铁基地的重要组成部分，必将为造船业巨大的钢铁消耗提供可靠保障。

《广西北部湾经济区发展规划》实施，给广西的船舶修造行业带来了难得的机遇。广西政府制定了《广西北部湾经济区沿海修造船基地规划》，以"修船起步，修造结合、量力而行、滚动发展"的规划原则发展船舶修造业。为实现与其他地区错位竞争，发挥本区的特长，《规划》大力发展"高、特、快"船舶；重点发展沿海大型船修造船基地、货船修理及制造、公务船修理及制造、中小电力推动环保型油船、海洋石油平台三用工作船等。同时，要以资本合作与技术合作相结合的方式，加快优势船配产品的引进和发展，重点发展甲板机械、柴油机、船用换热器、船用通信、导航和自动化系统等，引进知名企业和品牌，努力发展广西船配业。

广西国防科工办关于《广西北部湾经济区沿海修造船基地规划》中提出了到"2010年广西北部湾沿海地区形成修造船能力50万载重吨；2030年形成修造船能力800万载重吨"以及"钦州、北海、防城港三市在做好北部湾经济区临海工业发展规划的同时，要考虑到沿海修造船基地留有足够的水域面积和陆域岸线长度，并不准占做它用"的修改意见和建议为广西船舶工业发展提出了明确的发展要求。

20.7.4　海南省海洋船舶工业发展状况

20.7.4.1　发展现状

海南是岛屿省，属海洋大省，海域面积200万平方千米，占全国海洋面积的42.3%，是本省陆地面积的58倍，拥有全国最丰富的海洋资源，是名副其实的海洋大省。

海南建省以来，各项经济持续不断的发展，但海洋经济发展不够理想，因原有海上相关配套的修造船设施已远远无法满足实际的需要，为此，海南省在落实中央建设海洋强省经济精神的同时，提出了建造几座大中型的修造船厂的构想。目前，因海南省及周边地区有数十个万吨级的港口码头，但无一座1 000吨级以上的船坞及配套设施完整的大、中型船舶修造厂，出现了产业布局极不合理的现象。据有关数据统计，上述港口的年吞吐量超过4亿8 000

万吨，2007年到港的大型船舶8 200艘。按行业规律，远洋船舶到港坞修率7%，航修率21%，在此区域2007年将有600艘大型船舶进厂坞修，近2000艘航修，此外还有大量的渔船、港监、边防巡逻艇、安全、公安、海关行政用船每年需要维修。船舶制造业市场，在海南现有12 000多艘捕捞渔船中，普遍都是小吨位的旧木渔船，船龄又长，其中20吨以下的渔船占8 000多艘，20—100吨的渔船有4 000多艘，这种旧设备严重制约了海南远洋深海捕捞渔业的经济发展。因此，为了改变这一现状，海南省委、省政府下大力计划在5—10年内报废这些吨位小、船龄长的旧木渔船，支持新造上万艘吨位大、配套设备先进、适应远洋深海捕捞的钢制较大吨位的渔船和万吨级远洋捕捞供养服务船等，上述现状与举措均给船舶制造业的发展带来了400亿—500亿元产值的蓬勃商机。

至2008年为止，海南只有一家具备1万吨级以上5万吨级以下造船资质的船厂，为海南威隆船舶工程有限公司，在文昌和儋州也有具备建造千吨级以上船舶资质的船厂，可此前海南连一艘千吨级以上的船舶都没有自主建造过。究其主要原因：一是没有像浙江、福建等造船大省那样的优惠政策；二是没有造船所需的配套产业；三是本地企业没有造大船的勇气，也找不到订单。

海南首造万吨船舶，实现造船业的历史性飞跃。而此时，全国造船业的大背景是：国内造船持续6年大热，到达顶点后，于2008年底第四季度进入低谷。2009年2月，国务院常务会议审议并原则通过了船舶工业调整振兴规划，其中一点是今后3年暂停现有船舶生产企业新上船坞、船台扩建项目。对于海南威隆公司来说，海南造船的历史性大好机遇把在面前，至少3年内，省内以及华南地区都会有新的竞争对手出现。而对于威隆公司所在的临高金牌港，更是面临发展船舶修造产业集群的历史机遇。

大力发展船舶工业，向海洋进军，打造产业，发展经济，应成为海南省经济发展战略的必然选择。船舶工业是发展海洋产业的基础，所凝聚的工业技术高，人才尖。在海南启动修造船项目，不仅可以加快海南的发展，可以带动机械制造及其相关配套产业的发展，还可以在海南形成修造船这样一个新的产业，填补海南的产业空白。

20.7.4.2 存在问题

当前，海南船舶工业发展尚存在诸多问题：一是企业少，产品技术含金量低、市场竞争力弱；二是尚未形成一条紧密联系、门类齐全的主导产业链，工业企业分布零散，行业间的生产联系和协作配套差，成本高，产品链和市场链薄弱；三是工业发展起点低、基础差、人才缺乏，港口、铁路、公路等出岛运输制约瓶颈依然存在，工业发展环境尚需改善。

20.7.4.3 发展潜力与趋势

造船工业是拉动海南相关产业发展的关键产业，船舶工业产业是一个地区综合实力的反映。海南省与泛珠三角地区的经贸交流合作不断深入，今后在泛珠三角经济圈"9+2"的经济合作框架下，中国-东盟"10+1"和泛珠三角经济圈"9+2"及琼北三港重组的机会，以参与珠三角区域协作为重点，主动接受发达地区的产业、资金、技术转移和经济辐射，积极进入区域产业分工合作体系。国内船舶工业正处于新的发展阶段，资源进行整合是必然的选择，这为发展海南船舶工业产业提供一个很好的机遇。

加大投入，发展船舶工业，实施做大做强集团发展战略，逐步使我市发展成为中国南海连接东南亚的重要船舶工业基地并逐步向交通、能源、农业、服务贸易业等方面拓展，这必将推动优势产业的快速发展。

在发展过程中要积极借鉴发达省市经济发展战略的成功经验，把船舶工业作为海南发展的优势特色产业，重点培养，重点扶持。研究制定好发展海口船舶工业的规划。向国内外船舶工业发达地区学习，加快人才的引进，加快制造技术能力的建设。借助发达地区的产业、资金、技术转移的机遇，积极进入区域产业分工合作体系，由政府高层出面引进船舶工业产业的制造专家等。以船舶工业建设为基础，拉动相关产业发展。船舶工业的发展，结合远洋渔业、临港工业区、现代物流园区、保税区、高科技产业、信息化产业、第三产业、金融等产业的聚集区一并统筹考虑。加快船舶工业产业物流体系建设。大流通体系与海洋经济结合，扩大海口的经济实力。抓紧船舶工业基地定位，建设船舶工业园。

20.8 南海区域的海洋生物制药业

20.8.1 发展现状

20.8.1.1 广东海洋生物制药业

近年来，广东省海洋生物制药业的重点是发展海洋生物活性物质筛选技术，重视海洋微生物资源的研究开发，加强医用海洋动植物的养殖和栽培。利用海洋生物资源，重点开发具有自主知识产权的抗肿瘤药物、抗心脑血管疾病药物以及抗菌和抗病毒药物，努力开发技术含量高、市场容量大、经济效益好的海洋中成药，积极开发农用海洋生物制品、工业海洋生物制品和海洋保健品。

20.8.1.2 广西壮族自治区海洋生物制药业

广西毗邻越南，濒临南海，拥有广阔的海洋资源，尤以北部湾为重。北部湾面积约 13 万平方千米，兼属热带和亚热带地区，陆上近 200 条河流携带大量有机物及营养盐类注入海洋，使其成为中国高生物量的海区之一，生物资源种类繁多，有鱼类 500 多种，虾类 200 多种，拥有丰富的海洋药用生物资源，如珍珠、河豚、海蛇、海参等，为海洋药物业的发展提供了极为有利的条件。《广西北部湾经济区发展规划》提出北海市重点要发展海洋生物制药，北海市委、市政府决定利用丰富的海洋药用生物资源和一定的产业基础，重点发展海洋生物制药产业，把北海打造成我国重要的海洋生物制药产业基地。

随着《广西北部湾经济区发展规划》的实施，北海市迎来了重要的发展机遇。近年来北海市在海洋生物活性物质提取及综合开发利用技术方面取得一定突破，开发生产一批海洋药物和保健品、海洋生物农药（肥）、海洋化妆品等系列产品，形成国发海洋、北生药业、东方创美等为代表的近 30 家从事海洋医药、保健品、农药（肥）、化妆品生产企业群，具有一定的产业基础和规模效益。其中，北海国发生物产业股份有限公司投资 2 亿元，建成了包括滴眼液、片剂、胶囊剂、丸剂、散剂共有 6 个 GMP 车间，成为剂型较为齐全的制药加工基地。整个基地依托北部湾丰富的海水珍珠、海藻、动物甲壳资源，生产药品、保健品、生物农药、化肥等产品，基地内的科技园分为海洋生物制药加工区、海洋生物农药加工区、海洋生物化妆品加工区、珍珠首饰加工区和南珠历史文化主题公园，是一个集制造加工、科研开发和旅游于一体的产业园。

2004年，广西首个以海洋生物为资源的制药加工基地日前在北海市建成投产。该基地的目标是建成为国内重要的海洋生物制药产业生产基地，利用北部湾海洋药用生物资源从事心脑血管疾病药、抗癌药、抗病毒和基因等药物和保健品以及化妆品等产品的研制和生产。初步规划面积80公顷，划分为办公和生活区、研发区、孵化区和生产区，生产区按功能分为药品、保健品、化妆品等区域。孵化区是为初创型医药企业提供研发和中试场地。

尽管广西区海洋生物产业迎来了大好的发展前景，但产业发展目前仍存在一些问题，海洋生物研发能力十分有限，政、产、学、研结合不紧密，知识产权保护也严重滞后。面临这些问题，广西需要加大海洋生物技术科研经费投入，提高科研水平，培育高素质的中青年科研人员，相关学者加强知识产权保护的意识，科研单位、高校等科研机构与企业实现专业化协作，加快科技成果的转化，促使广西海洋生物开发早日实现规模化。

20.8.1.3 海南省海洋生物制药业

在全国范围内，海南具有得天独厚的海洋药物资源，海绵、海藻、红树林植物珊瑚和海草等都具有巨大的开发价值，海洋药物发展拥有着不可比拟的自身特色。当前，海南的海洋生物医药业正处在起步阶段。从908专项调查结果来看，海南从事海洋生物生产的企业仅2家，生产的产品主要是龟干粉、鳖干粉和牡蛎精粉等，种类少，特色单一，营业额小。2006年，全省海洋生物医药增加值仅为0.09亿元，远远低于全国2.56亿元的平均水平。今后，仍需要对海洋生物医药业进行更加深入和更广泛的开发应用，充分发挥好其对海洋经济发展的突出作用。

20.8.2 海洋生物制药业发展政策与趋势

海洋生物资源还有人体所需的多种营养成分，其中生物活性物质是具有极高的开发利用价值。利用从海洋生物中提取的活性化合物，可以生产出具有较高医用价值和广阔市场前景的海洋生物保健产品。随着社会进步，人们越来越关心自身生存和生活质量的提高。海洋生物保健品就是提高生活质量不可缺少的必需品，海洋生物制药是一个技术含量高，开发潜力巨大，前景无限的新兴产业。海洋生物技术将向着水产养殖、天然产物获取和新能源开发个方向发展，海洋生物技术的兴起，极大繁荣海洋药物的研究与开发。今后海洋生物制药的主要发展方向有以下几个方面。

（1）开发海洋生物基因工程药物。用细菌、酵母、蓝藻作为表达系统，选择海洋生物中药理活性强的多肽和蛋白质类物质为突破口，开展基因工程研究，促进基因工程药品的发展。如不仅从受体生物中分离纯化单一成分的目的产物，还可以直接以海产品为口服性药物，进行海洋基因工程疫苗研究。

（2）开发海洋生物细胞工程药物。选择海藻细胞为突破口，通过筛选和改良，选取药用价值高的细胞株，利用相应的生物反应器，进行规模化生产。

（3）增强海洋天然产物的活性。以基因工程、细胞工程和酶工程为手段，培育出生长快、活性高、抗病性强的海洋药材新品种，并利用生物技术防治海洋药材人工养殖中的病虫害。

（4）加强海洋微生物药物的开发。采用现代生物技术，加速发展海洋抗菌药物和其他海洋微生物药物的研制。

随着人类对海洋资源的依赖和开发，海洋生物技术的研究及应用对生产生活的影响日益增加。海洋生物技术是海洋药物产业化的主导技术和关键手段，随着生物技术向海洋生物研究领域的渗透,必将加速海洋药物的产业化进程。海洋生物制药产业化,应当坚持"务实、高效"的原则,一方面通过政府政策鼓励和宏观管理,增加在海洋生物技术尤其是海洋生物医药产业方面的投入;另一方面在大学、研究所和企业间建立密切联系,发挥各自在人力、智力、财力上的优势,协调合作,重点发展几个社会效益高、市场前景广阔的项目。最终形成在基础研究方面不断取得进展,并将研究成果迅速转化为现实的生产力,反过来支持和促进基础研究这一良性循环的局面。

在海洋发展政策方面,明确将重点发展海洋生物医药等特色海洋资源产业,支持相关基础应用研究和技术开发,支持相关基础应用研究和技术开发,发现、养殖或栽培药用海洋动植物,鼓励开发有自主知识产权的海洋药品、保健品及功能食品等系列新产品;制定相关产业规划和系列政策,吸引人才、技术和资金,创造条件培育海洋生物技术及其产业,组建并扶持大型海洋生物技术企业集团。

现代生物技术应用于海洋药物的研究,改变了以往单纯从海洋生物中提取活性物质制药的模式,解决了海洋药物开发中规模化和合理化的矛盾,使生物技术制药进入一个新的时代,为海洋科学和制药产业的发展以及人类可持续地开发海洋资源开辟了新的道路。

20.9 南海区域的海洋矿业

海洋矿业包括海滨砂矿、海滨土砂石、海滨地热、煤矿开采和深海采矿等采选活动。

20.9.1 发展现状

20.9.1.1 海滨砂矿

岭南沿海一带广泛分布着不同时期的变质岩、侵入岩和火山岩,含有各种重矿物,由于长期的各种地质、地貌变化的综合作用,塑造了各种阶地以及沙堤、沙坝、港湾、岬角等,在这些地貌单元埋藏的海滨砂矿资源十分丰富,但只在新中国成立之后,才开始对海滨砂矿资源的调查、勘探与开发。

20 世纪 50 年代初,中山大学、中国科学院、华南热带生物资源综合考察队等对粤西沿海砂矿资源进行调查,发现在现代沙堤、沙滩、潟湖里有锆英石、独居石、磷灰石、钛铁矿等多种有用砂矿。后来确定远景矿体,由生产部门开采。20 世纪 50 年代末到 60 年代初,广东省地质局 704 地质大队等单位对全省海滨砂矿资源进行了大量调查研究,获得了有关砂矿分布、规模、品位、矿物组合、成因机制等一系列重要成果,并圈定了许多有工业开采价值的矿体,供有关地区和部门开采。1971—1978 年,地质部南海地质调查指挥部研究大队先后完成绘制了北部湾沿岸 15 米水深之内及扩大海区 1∶5 000 000 海底表层沉积砂矿调查,海南岛沿岸海域、雷州半岛以东至汕头南澳岛以西,南至 18 米等深线以北海域的 1∶250 000 和 1∶5 000 000 综合海洋调查报告;并对西沙群岛 13 个岛屿、4 个沙洲及广东沿岸浅水区 40 多个岛屿进行了地质调查。共完成地质取样数千个,浅地层剖面 1 000 千米,声呐扫描数千千米,编制了有用矿物分布图、砂矿异常图等,基本上摸清了岭南海滨砂矿的家底,为它们开发利用提供科学依据。

这些调查结果表明,广东、海南海滨砂矿资源非常丰富,其储量在全国居首位。在漫长的海岸线上,分布着许多大小矿床,其中主要砂矿有砂锡矿、钽铌铁砂矿、独居石砂矿、玻璃砂矿和稀土矿等。这些砂矿多环海呈长条状分布，与海岸线大致平行。已知的矿体都富存于全新世形成的沙堤、沙地、海滩中。单个矿体面积大小不等，大者可达十几平方公里，矿层的厚度一般在10米以内，且多直接出露地表，容易开采。目前已知的主要海滨砂矿带有海南东部沿岸、汕头至吴川沿岸、广西北部湾沿岸、河口区等。

海南岛是我国海滨砂矿的重要产地，形成三亚—文昌的钛铁矿、锆英石、独居石、玻璃砂成矿带。这一地带茫茫海滩上，钛铁矿资源十分丰富，绵延300千米以上，储量约达7亿吨，现已探明的工业储量达2 000万吨，占全国70%；品位也很高，每立方米海沙约含钛铁砂15~41千克。锆矿多为海滩上的沙子，挖过数十天，潮水一涨，又布满矿砂，挖也挖不尽。万宁的兴隆、文昌的铺前、琼海的潭门、陵水的乌石—港坡、三亚的马岭等地，锆矿资源已在开采，锆英石品位每立方米海沙在1千克以上。

汕头至吴川沿海一带，也有多种砂矿分布，形成锡石、锆英石、独居石成矿带。砂锡矿主要分布在沿岸地带，多属中、小型残积型和坡积型，是广东海岸优势矿种之一。海丰牛头山、赤坑、赤石塘、陆丰博美、深圳坪山、中山长江、石鼓达、斗门石坑尾、台山圆山头、新会牛枯岭等地都是砂锡重要产地。锆英石和独居石在这一带含量普遍较高，有的地区达到工业品位或可采品位的高含量点有上百个，多数分布在近岸浅水15米等深线之内。如粤西沿岸有独居石19个点，最高含量每立方米可超过1千克。独居石以含铈、钍、钇和镧等稀土元素为主，具有很重要经济价值，很多矿点已开采。

广西北部湾沿岸已探明的海滨砂矿主要是石英砂、钛铁矿及其伴生的氧化钪、金红石、黄玉等。其中石英砂远景储量初步估计在10亿吨以上，是我国重要的石英砂产地。用于制玻璃的石英砂产于北海白虎头、电白寮，合浦西场、草头村，钦州天堂坡，防城京族三岛。钛铁矿已有多处产地，其中以1987年发现和探明的合浦官井钛铁矿床规模最大。矿区面积达20平方千米以上，储量达157.48亿吨，属大型优质矿床。它将为广西乃至我国钛白粉生产提供一个大型原料基地。此外，在海岸线以下港湾三角洲上，分布有4处规模巨大的金红石、钛铁矿－锆英石异常、锆英石－钛铁矿异常以及独居石－锆英石异常，总面积达1 850平方公里，其中有许多高含量点达到工业指标要求。

岭南各省区广泛分布着中酸性岩浆岩。这些岩石风化后形成大量石英砂，被水流搬运堆积在河口地区，形成矿床。1976年以前，我国探明的石英砂储量超过4亿吨，其中广东占了82.7%，近年探明的储量已达15亿吨，广东仍不失其领先地位。另外，很多沙金也分布在河口、海湾洼地及海滩地区。广东阳江平兰、惠东铁冲、深圳大鹏半岛、电白等地，有滨海相或河口冲积相金矿点，品位最高为每立方米1.85克，历史上多有开采，现在产量越来越少了。

20.9.1.2 其他矿产

岭南各省区海岸带还埋藏着多种金属和非金属矿产，许多矿床已被探明或规模开采。不过这些矿床以中小型为主，散布在漫长的海岸线上。按其工业用途，这些矿产包括燃料矿产、黑色金属、有色金属及贵金属、化工原料、建筑材料、地下热矿水和肥水等。

燃料矿产有煤、褐煤和天然气。煤分布在惠东、宝安，远景储量约为560万吨，正在开采。褐煤见于海南儋县长坡煤矿，虽属小型矿山，但对能源匮乏的海南却起一定作用。陆上天然气见于海南东方感城至板桥一带，具有开采价值含气层分布面积约12平方千米；更大量第四纪浅层天然气见于珠江三角洲之中山、顺德、南海、番禺诸县市，为海陆交互沉积地区的天然气，成分以甲烷为主。

黑色金属铁矿在广东、海南沿海共发现 66 处，其中小型矿床 14 处。比较重要的有饶平暗井、惠东铁炉嶂、九龙马鞍山、珠海南山铁矿等，皆以磁铁矿为主。另临高、澄迈有风化淋滤型褐铁矿，埋藏很浅。这些铁矿大部分在开采。其余锰、铬、钛等皆为砂矿，存于海滨。

岭南是我国著名的有色金属之乡，其部分矿床也分布在海滨。除砂矿以外，原生脉状矿也不少。钨产于阳江南鹏（已采尽）、澄海莲花山、海丰陶河、深圳大鹏岭澳等处，多伴生有铜、铋、锡等；铅、锌、铜、银、多金属矿产矿床在广东、海南发现 22 处，比较重要的有海丰梅陇铅锌矿、惠东山仔下铅锌矿和昌江昌化铅锌矿等。脉金见于粤西、海南岸段，以阳江、电白、东方等地金矿为著。

化工原料矿产有泥炭、磷和硫化铁等。其中泥炭是广东、广西海岸带优势矿种之一，仅广东沿海已发现矿床（点）132 处，其中大型矿床 10 处，主要分布在雷州半岛和海南岛北部，质量上乘。部分矿床在开采，除作为能源外，广泛用于化工、医药、建材、肥料等。岭南红壤缺磷，故磷矿尤为珍贵。广东、海南沿海已发现磷矿床 5 处，以三亚大茅磷矿价值较大。至于硫铁矿分布更颇广泛，主要在饶平、东莞、惠东、万宁等地，但主要因效益等问题，开采的并不多。

建材矿产种类繁多，除最大量的石英矿以外，尚有重晶石、石墨、白云母、黏土、石灰岩等，分布甚广，开采也很普遍。比较重要的有番禺大冈重晶石矿，遂溪城月、宝安庙角岭、东方抱板的黏土矿等。

岩浆作用的结果，还在海岸带留下热矿水。在广东、海南海岸共发现 60 处，分布于吴川、电白、阳江、台山、斗门、中山、广州、深圳、惠东、海丰、陆丰、普宁、潮安、饶平、文昌、琼海、万宁、陵水、三亚、东方等地。泉温水滑，含多种化学元素，适宜于饮用、医疗、洗涤等多种用途，对发展旅游、疗养、饮料业等作用甚大。已开发的有中山三乡雍陌热氡泉、宝安玉律热泉、广州三元里温泉、潮州东山湖热泉和东山湖下埔碳酸水。拟开发的矿泉更多。随着沿海经济发展和人民生活水平提高，地下热矿水开发利用具有广泛前景。

在珠江三角洲第四纪沉积层中，还埋藏有一种铵态氮的地下水，称地下肥水，具有除盐害和作为肥料使用的效能，是一种特殊矿产。在珠江三角洲分布面积有 152 平方千米，集中在顺德、新会、中山一带，总储量 10 308 万吨，可采量占六成左右。

此外，在寒冷、寂静的南海深处，锰结核资源也很丰饶。目前虽未全面调查，但从已知的一些调查中，发现南海东北部大陆坡有锰结核，同时还含有稳定的铜、钴、镍等，也发现有海绿石等矿藏。喜人的是，1987 年以来中德合作在中沙、西沙和南沙群岛附近海域大陆坡，发现大量锰结核和锰结壳，一般在水深 2 000 米左右，最深不超过 3 600 米。1988 年地矿部第二海洋地质大队"海洋四号"调查船在南海北部的一次试航中，用拖网办法一网就采到 262.75 千克锰结壳，说明南海底下锰矿资源前景非常光明，若有计划有系统进行调查，必将有更诱人的成果。

20.9.2　发展趋势与对策

岭南三省区是一个海域辽阔、岸线曲折而海底砂矿资源较丰富的地区。其潜在资源优势和经济价值在我国整个资源位置中占有一定比例。做好海洋砂矿的找矿和研究是当前地质工作的当务之急，也是各级决策部门必须考虑的现实问题。

一是以高科技为支撑，发展海洋勘察、测试手段由于成因和分布上的特殊性，海洋砂矿的调查较陆上砂矿复杂得多，因此，加强高精度、高质量和高分辨率的探测仪器和测试技术的攻关和技术引进非常必要，走一条引进、消化、开发、研制的道路，以发展我国滨海和浅海开发技术，加快海洋砂矿的调查和评价。

二是加强对以往海区调查资料的再研究，在以往海区综合地质调查过程已做过大量底质取样（表层和柱状样）、沉积物和重矿物分析，并进行了充分研究。建议主管部门首先归笼调查的原始数据、成果等资料，然后组织技术力量对这些资料进行重新整理、重新综合研究，这对我国的海洋砂矿进一步评价大有益处。

三是建立滨海砂矿勘察试验区。根据滨海砂矿在区域分布上具有明显的地带性规律，结合我国国民经济需要矿种，建议建立滨海砂矿勘查试验区。试验区的设置应以成矿远景区为依据，以急需资源需求为基础，以金刚石、金、锡、稀有稀土矿种为目标。

四是建立滨海砂矿评价专业技术队伍。海洋固体矿产调查研究和评价是一个系统工程，单纯依赖于调研单位分散的勘察，不足以解决问题。必须建立一个综合性专业技术队伍，整理和综合以往海上做过的全部砂矿调查成果和正在实施的项目资料。通过对整个区域的砂矿资料综合研究，才能对该资源作出客观的总体评价。

20.10 南海区域的海洋电力业

海洋电力业是指在沿海地区利用海洋能、海洋风能进行的电力生产活动。不包括沿海地区的火力发电和核力发电。海洋动力能包括潮汐、潮流、海流、波浪、温差、盐差、风能等方面的能量，相对于煤、石油、天然气等一次性能源而言，它们都是再生能源，取之不尽，用之不竭，同时具有就地可取、不需运输、分布广泛、分散使用、不污染环境、不破坏生态、周而复始、可以再生等优点，因而具有极大的应用价值和诱人的前景，正越来越受到人们的重视。尤其是在人类面临着能源危机的今天，它们已成为人类寻找新能源的重要方向之一。

20.10.1 发展现状

海洋能利用的历史至少可追溯到中世纪时期。9世纪前在我国的唐朝时期，劳动人民在生产实践中就开始应用潮汐的能量。据考古发现，山东蓬莱地区当时已出现以潮汐为动力的潮汐磨。11世纪在高尔、安达卢西亚和英国沿岸已有原始的潮汐水车在运转。波浪能和温差能利用的设想也早在19世纪末就提出，但是，有规模地对海洋能进行开发研究是在20世纪50年代以后，首先是潮汐能，然后是波浪能、温差能等。海洋能利用的主要方式是发电。除潮汐发电已实际应用之外，其他海洋能的利用尚处在技术开发、示范研究，或基础研究阶段。近期可能利用的海洋能源主要有潮汐、波浪、潮流和温差能。

1）潮汐能

南海周边就有许多适宜潮差发电之处。1958年，我国沿海先后兴建了40多座小型潮汐电站，总装机容量583千瓦。其中以广东顺德发展最快，在半年之内先后建成20多座小型潮汐电站，总装机容量为401千瓦，约占当时全国潮汐发电站总装机容量的70%。最大一座是大良潮汐发电站，装机容量为144千瓦。另有东莞镇口、黎洲角和番禺磨碟口电站等。但因这些电站调查研究不周，一哄而上，结果后来绝大多数都下马了。20世纪70年代初期，又出现建设小型潮汐电站的高潮，广东沿海建成数座这类电站。如顺德甘竹洪潮电站和甘竹电站于1974年5月建成投产，装机容量为5 000千瓦。东莞镇口潮汐电站是我国一座典型单库双向电站，除平潮以外，不管在涨潮或退潮时均能发电，比较充分地利用潮汐能量。

据我国有关海洋开发部门研究分析，广东、海南与浙江、福建地区一样，沿海或岛屿以及海上固定设施的辅助能源应是潮汐能，近期以建设小型潮汐电站为主，待条件成熟后建设大、中型潮汐电站。最近有学者提出，筑一道堤坝拦断琼州海峡，产生水位差可用于发电。按理论计算，琼州海峡的潮汐能约为465万千瓦，筑堤发电能力约为30万千瓦，相当于海南新建的洋浦电厂装机容量的一半。设想在琼州海峡东部筑一道30千米长大堤，将海南岛和雷州半岛联起来。这在技术上是可行的，世界上已有先例。荷兰治理须德海的两道拦海大堤长36千米，已在20世纪30年代施工建成，经受了著名的北海大风浪考验，至今仍在使用。又据计算，海南岛沿海潮差虽然比较低，一般为1.7米，但仍存在一定数量的潮汐资源，约为37.7万千瓦，按可利用率30%计算，可发电11.1万千瓦，这也是一笔可观能源。广西沿海潮汐能量，据初步统计，可开发能量达37.9万千瓦，年发电量10.82亿千瓦时。可建成装机容量达500千瓦的港湾有18处，如龙门港理论装机容量5万千瓦，年发电量2.75亿千瓦时。目前关于潮汐发电事例还不多，有学者开始提出在广东南澳岛附近筑坝蓄潮发电的开拓性潮汐综合发电理念，虽然在理论和技术上还不够完善，但从长远来看，有很高的战略意义和颇大的利用价值。而且潮汐发电对远离大陆的一些海岛来说，这是解决岛上能源短缺的途径之一。

2）波浪能

南海处于东亚季风区，蕴藏着巨大的波浪能量，仅广东、广西、海南三省区沿岸及其海岛附近所蕴藏的波浪能量就达3 232万千瓦。其主要分布在粤东、珠江口、粤西和广西沿海。据调查推算，广西沿海波浪能理论总功率达59.4万千瓦，其中大陆沿岸为30.1万千瓦，岛屿为29.3万千瓦。平均波能密度，大陆沿岸为0.35千瓦/米，岛屿为0.55千瓦/米，岛屿波能密度明显大于大陆沿岸波能密度。波浪能量因起于季风，故具有明显季节变化，一般情况是夏、秋季变化大，冬、春季节变化小，与同期的波浪分布基本相同。广东、海南具有与广西相类似的波浪能季节变化格局。

波浪能量的利用，国内外发展情况相似，主要是研制小型波能发电装置，作为航标灯、浮标灯等的电源使用。上海已研究成功一台波能发电装置，一天发电量可供一台航标灯使用3天。至于广东在波浪能利用方面比全国沿海一些省区先走了一步。1983年广州某单位研制成10瓦超小型波浪发电装置，同年中国科学院广州能源研究所提出了千瓦级小型波浪发电装置的研究方案，后在珠江口大万山岛研制出3~5千瓦波能发电试验站。然而这毕竟是试验性质的波能开发利用，要想获得更大规模的实际应用，仍需倾注很大的努力。

至于大功率的波能发电装置的研制，世界上许多临海国家都不甘人后，尤以日本、英国、挪威、瑞典、美国等在这方面投资相当多。英国从1977年以后5年间就投资3 000万美元。然而成就最大的应该是日本，1980年由益田善雄主持研制的消波发电船"海明"号建成，长80米、宽12米，波高3米的最大输出电量达2 000千瓦，它既能发电，又可消波。英国、美国、加拿大等国都参加了该项实验工作，目前尚在继续改良之中。这种经验,值得我国尤其常年风力较强、波能密度大,且无冰期、能源又较短缺的岭南沿海地区借鉴参考。

3)海(潮)流能

海流和潮流同是海水的运动,但两者成因不同,潮流是海流的一种。而由定常风向、海水密度差或海面存在坡度等许多因素而引起的海流,由于它的流速和流向都比较稳定,故开发利用的价值也比较大。

海流通过某种装置,同样可以发电。但是世界各大洋的海流都有自己的分布规律,因而对海流能量的利用也有很大地区差异。对于南海,亦有不少强海流区可资开发利用。例如琼州海峡即为著名的强潮流区,最大流速可达每小时 6~7 海里,海南岛东部海域也属强海流区,均蕴藏着可观的海流能源。据有关调查和计算,广东沿海最大潮流速度达 2.5 海里以上的潮流资源就有 10 多处,可装机总容量达 2 280 万千瓦。其中琼州海峡为 2 067 万千瓦,占 91%;雷州半岛东岸海域为 143 万千瓦,占 6%;珠江口岸段海域为 52 万千瓦,占 2%;上、下川岛至雷州半岛海域为 18 万千瓦,占 1%。潮流能密度最大海域在琼州海峡东口及北边的外罗水道。这样的海域在粤西岸段有 10 处,在珠江口岸段有 7 处,如矾石水道、伶仃水道、崖门口等处都是潮流能密度较大的海域。但由于与上述同样的原因,对海(潮)流能的开发利用,至今仍在探索试验之中。

4)温差能

利用上下层海水的温差来发电,这种构想自 20 世纪初以来一直为许多国家的海洋科学工作者所重视,并作过多种试验。自 1948 年法国人在大西洋非洲岸边的象牙海岸首都阿比让建立温差电站以来,进展一直缓慢,只是在最近 20 年才稍有起色。然而受各种条件限制,温差发电至今仍未普遍实用化。我国的情况尤其如此。

南海海域表层水温较高,如 5—8 月表面水温为 26~28℃,2 月和 11 月也仍然在 20~26℃。南海的水深大部分地区都在 2 000 米以上。自表层向下 500~1 000 米处,即可获得温度为 5℃的冷却水。特别是南海中拥有那么多的岛屿、礁石、浅滩、暗沙等,从岛缘向外,很快就可以达到 2 000 米的水深处。在那里设置温差电站,将大大缩短电站管道长度,减少投资费用。南海诸岛可以称得上是温差发电的天然场所,比我国沿边其他海域优越得多。有人估算过,南海温差能蕴藏量每年达 18.89×10^{20} 焦。这样庞大的能源蕴藏量当然是非常诱人的,但因投资多,工程浩大,目前还难以开发利用。还有另一个尚未解决的问题是,在大规模温差发电出现之后,大量的冷层海水被提升到表层,这种海水所饱含的大量营养物质也随之被带到表层。这样,显然会对全球性的海洋温度变化和海洋生态系统带来无法预估的影响。此外,若广泛使用氨为发电装置的工作流体,就有可能出现氨的漏泄,它对海洋生物的生长又会产生什么样的后果?诸如此类的问题,目前都未找到确切的答案,有待进一步探索和研究。

5)盐差能

南海海域面积最大,盐差能平面和垂直分布遍及各海区,因而也是我国盐差能最重要的分布区。特别是岭南沿海,有多条河流直接注入南海,形成多处海河交汇区,是建立盐差能电站的优先选择对象。近年中国科学院南海海洋研究所对西沙和南沙海域进行多次科学考察，收集了这方面丰富的资料，为今后盐差能源开发利用提供了决策和设计上的重要参考数据。

6）风能

风能是气象能之一，虽然在大陆上也被广泛利用，但对于能源匮乏的沿岸和海岛，却有特别重要的意义，同时也是一种利用简单方便的能源，故也列入海洋能源之列。

岭南以往一些盐场有使用风车纳潮和灌田的习惯，对引水晒盐和农业生产起一定作用。海南岛莺歌海和三亚地区的盐场即属其列。近年广东沿海一些风能丰富地区开始利用风能发电，取得良好效果。例如，南澳岛风大是全国著名的，有风岛之称，大于8级大风日数一年有80天以上，为广东31个沿海县、市气象站记录之冠。1989年在该岛大王山上安装一部90千瓦、两部150千瓦风力发电机，在4~25米/秒有效风速内运行发电，年发电量可达156万千瓦时。1992年又在该岛隆澳建成我国沿海最大的风力发电场，装机12台，每年可发电450万千瓦时。风力资源的利用，还在逐步发展中。

为了衡量一个地方风能大小，评价其风能潜力，一般采用风能密度这个指标。它是气流在单位时间内垂直通过单位截面积的风能；另外，风能资源多寡，还与风速及其吹风持续时间长短有关。我国采用一定的标准进行风能区划（表20.9）。

表20.9 风能区划指标

区名	年平均有效风能密度/（W/m²）	全年3~20 m/s风速的累计小时数
丰富区	>500	>5 000
较丰富区	201~500	4 001~5 000
可利用区	20~200	2 000~4 000
贫乏区	<50	<2 000

广东沿海岛屿的风力资源是相当丰富的。云澳、白沥、大万山、担杆、黄茅洲等岛屿的年平均风速均在6米/秒以上，其中黄茅洲达8.3米/秒。另外，云澳、白沥、大万山、担杆、黄茅洲、上川、硇洲等岛屿的有效风能密度均在200瓦/平方米以上，有效风速时数在5 000小时以上。特别是黄茅洲，年有效风能密度达631瓦/平方米，有效风速小时数为7 847小时，即该岛全年有31%时间的风速是可被利用的。上列其他岛屿的有效风速频率，也都在67%以上，即它们全年至少有2/3时间的风速可被利用，故这些岛屿均属风能资源丰富区。其他岛屿，从总体上也属风能丰富区（表20.10）。

表20.10 广东主要岛屿及近岸风能分布

地点	总风能/（kW·h）	有效风能/（kW·h）	总风能密度/（W/m²）	有效风能密度/（W/m²）	有效风能时速/h	有效风速频率/%
隆澳	820	804	93	169	4 765	54
云澳	1 895	1 859	216	314	5 592	67
达濠	1 279	1 205	146	146	4 901	55
白沥	5 310	3 770	607	521	7 241	82
大万山	4 734	2 993	540	475	6 296	71

续表 20.10

地点	总风能 /(kW·h)	有效风能 /(kW·h)	总风能密度 /(W/m²)	有效风能密度 /(W/m²)	有效风能时速 /h	有效风速频率 /%
担杆	4 212	3 233	481	434	7 444	84
黄茅洲	5 707	4 953	660	631	7 847	91
上川	1 678	1 498	192	255	5 878	67
闸坡	1 186	1 099	151	188	5 837	74
硇洲	1 976	1 946	226	273	7 143	82
碣石	733	720	88	122	5 883	71
汕尾	434	425	50	238	1 788	20
遮浪	3 027	2 968	349	398	7 458	86
大坑	413	322	47	119	2 703	30
东海	647	503	74	125	3 986	45
港口	419	401	48	76	5 272	60
电白	158	135	18	47	2 882	33

广西沿海也是风能资源丰富的地区，有一定开发利用价值。经初步估算，沿海西部的白龙尾，年有效风能为1 253～1 428千瓦时/平方米；涠洲岛附近为811～1 194千瓦时/平方米；防城县的东兴附近年有效风能为69～107千瓦时/平方米；钦州、合浦、北海则为186～370千瓦时/平方米。有效风能密度，涠洲岛和白龙尾为200～240瓦/平方米；东兴为85瓦/平方米。若在涠洲岛安装一台风轮直径4米的风力发电机，塔高为10米，设计风速为8米/秒，则一年可发电1 450千瓦时左右，基本上可满足10家农户的照明用电。而一台风轮直径为10米的风力发电机，据估计一年可发电3万千瓦时，1平方千米面积上能安装直径10米的风力发电机约50台，每年可获得电能150万千瓦时。甚至在遥远的南沙群岛，自1989年以来，我国海军及有关部门也专门对岛上风能资源进行调查研究发现，全年有效风能达3 085千瓦时，有效风能频率达77%，均属南海海域最高一级之列。该研究现在虽处在试验阶段，但填补了我国在这一海区开发和利用风能资源的空白，更为以后大规模开发这里的自然资源提供动力选择参考。南海风力是如此巨大的能源，将为沿海，特别是海岛经济振兴，提供强大的动力。

海南岛常风大且比较稳定，存在着相当可观的风能。特别是岛西部地区，有效风能密度为150～200瓦/平方米，有效风速频率大于60%。海南现已被提议列为全国12个较大规模的风力发电场之一。

20.10.2 潜力与趋势

海洋能是一种清洁可再生循环能源，一次性投入长期受益，特别在当前陆域矿物能源与日递减的情况下，早期研究开发，将对国家能源发展有着极其深远的战略意义和显著的前瞻性意义。据有关学者估计，按现在的消费水平，煤只够开采220年，石油只能供40年使用，天然气只够60年之用。海洋能源储备巨大，根据理论估算，全球储量达760亿千瓦，便于利用的有157亿千瓦。我国可开发的海洋能总量有4.41亿千瓦。是21世纪人类活动应该非常值得重视的清洁、可持续使用的替代能源。

要加强海洋能资源调查。人类能源供应必将由现在主要依靠石油、煤炭等化石燃料逐步向储量巨大的、清洁的、可再生的能源过渡，这是未来不可逆转的能源供应发展规律。作为可再生资源之一的海洋能将组建被扩大开发利用，也将是历史的必要趋势。为了将来大规模开发利用海洋能，尽快摸清南海地区海洋能储量和可利用量，并研究海洋能资源特性及海洋能开发利用与环境的关系等问题，显然是一项观测科学发展观、对国家可持续发展、能源安全、生态安全等具有战略意义的工作。

海洋能是未来能源，摸清南海海洋资源储量和可利用量，研究各类海洋能的特性及环境问题，可以为国家、沿海地区制定海洋能利用发展规划、制定海洋能开发技术政策、实施海洋能开发管理提供科学依据，为海洋能开发选址和电站转换装置设计提供宏观指导和基础资料，是一项十分必要的、公益的基础性工作，对海洋能开发起到推动作用。

要加快海洋能研究。海洋能的储存形态范围很广，开发利用过程中涉及多学科参与，需要众多理论和技术，海洋能资源研究的能容主要包括：海洋能资源特性、资源储与可得用量的计算及评价方法、海洋能开发与环境的关系。因此，需要提高社会各界对海洋能开发利用的重视，加大科研单位、高校、企业加大对海洋能研发资金的投入，充实海洋能开发的理论、技术研究，为后续海洋能海发提供理论、技术指导。

当前海洋能发电利用主要还是以风能发电为主，而潮汐能、波浪能等海洋能利用比较少，主要是由于资金投入太大，运营成本过高，不易投入市场运营。目前，海洋能利用的主要领域还是利用风能、潮汐能发电。面对当前潮汐发电站建设资金大的问题，可将小型潮汐电站的电力用于水产养殖和改进导航服务等方面。实践经验证明，对于那些无力投巨资建造大型潮汐电站的地方，小型潮汐电站是一种发展方向。当前潮汐能的发展趋势主要为：①随着机械、材料和技术的不断发展和改进，大规模开发潮汐能的实际成本会略有下降；②随着超低水头电站和综合利用的发展，小型潮汐电站将会进一步得到推广应用。

陆地石化能源日益枯竭，生态环境恶化的情况下，开发新能源，充分利用海洋能是未来能源发展的必然趋势，南海海洋能源丰富，风能、盐差能、温差能、海（潮）流能、波浪能、潮汐能蕴藏丰富。在技术和条件尚未符合的条件下，首先要在意识上给予重视，鼓励开发海洋能研究，积极促进海洋能发电的推广。

20.11 南海区域的海洋交通运输业

海洋交通运输业是指以船舶为主要工具从事海洋运输以及为海洋运输提供服务的活动，包括远洋旅客运输、沿海旅客运输、远洋货物运输、沿海货物运输、水上运输辅助活动、管道运输业、装卸搬运及其他运输服务活动。

20.11.1 南海区海洋交通运输业总体发展概况

20.11.1.1 主要港口群开发状况

港口发挥着联系陆向腹地和海向腹地这两个扇面的作用，所以它们的开发利用，不完全是海洋国土问题，而涉及交通大系统和地区经济发展、规划等领域，并且与全国沿海港口地域组合格局有紧密联系。因此，不应只就单个港口来谈发展，而要按与经济区或腹地大抵相对应的港口群来介绍它们的开发利用。通常将岭南沿海港口划分为粤东、"珠三角"（粤中）、粤西、广西、海南岛和南海诸岛6个港口群。每个港口群由一个枢纽港、若干个地方中心港和一批地方港口组成，其中有些是专业港。这样一种层次分明、分工明确、布局合理的港口群，将有力推动海洋和陆地国土，特别是港口资源的开发。

1) 粤东港口群

粤东港口群东从柘林湾，西迄平海湾。岸线长为760千米，有主要港口约20个，是改善投资环境，促进粤东、赣南和闽西陆地和海洋国土开发、建立海洋经济的重要基地。

粤东港口群陆向腹地宽广，包括韩江流域与粤东其余地区以及赣南、闽西部分地区。已经竣工通车的广梅汕铁路和京九铁路广东段，使本港口群的陆向腹地延伸得更深更广；而其海向腹地，由于具有东连台湾，西邻港澳的区位优势也变得甚有开拓前景。现在，这些港口大部分兼有商港和渔港的双重功能，港口吞吐量一般在10万~50万吨，个别达100万吨。1986年港口总吞吐量约600万吨，约占同期岭南各省区（不含香港地区）总吞吐量的6.8%。港口设备较为落后，全岸段缺乏深水泊位，仅汕头港有5 000吨级泊位，汕尾港有1 000吨级泊位，其他港口泊位均在1 000吨级以下。在地区分布上，主要港口都集中在韩江口和榕江口，其余岸段港口都较零落。过去各地在围海造田和兴修水利过程中，忽视对港口的保护，造成一些港口的港池和航道淤塞，急需加以疏浚和整治。

随着粤东经济的发展，这些港口担负着海陆向腹地的繁重的货物转运任务，因而一方面要建设深水港，发展沿海和远洋运输；另一方面要加速和完善中小型港口建设，形成合理的港口分布格局。有人提出，汕头港发展为枢纽港，建设深水泊位；汕尾港、三百门港、榕城港、海门港和考洲洋港等为地区中心港；其余海山港、莱芜港、炮台湾、关埠港、棉城港、潮州港、神泉港、甲子港、碣石港、乌坎港、港口港、南澳港等地方小港，可选其条件较优者发展为地区中心港；另外，柘林湾、南澳岛、汕头港、广澳港、碣石湾遮浪附近、汕尾港、马宫港、考洲洋等可作石油开发基地或其他专用港。这无疑为粤东港口群开发建设勾画了一幅美丽蓝图。事实上有些港口规划或计划已经完成或者在实施之中。无论现在还是将来，在本港口群中具有龙头作用的是汕头港和汕尾港，其他较为重要的是三百门港、莱芜港、海门港、神泉港和后宅等小港。

汕头港，位于榕江、韩江和练江入海的汇合处，水域由两岸相夹而成，港池宽敞，属天然良港。现为粤东、赣南、闽西南物资的转运地，也是潮汕、梅州和闽南华侨出入口岸。

17世纪中叶，汕头港已成为商船集散地。第二次鸦片战争后，于1861年清政府正式确定为通商口岸，1864年设潮海关，此后渐渐发展为粤东重要港口。新中国成立后，修复了过去仅有的浮码头，改造旧仓库，修建驳岸。1958年开始有装卸机械，并填海建造仓库、堆场。1972年新建3 000吨级泊位一个，1976年建成5 000吨级泊位两个。到20世纪90年代初，汕头港已拥有40个泊位，总长2 400米，其中5 000吨级各种泊位8个，另有浮筒泊位8个以及石油、粮食、杂货等专用泊位。此外，还有仓库、堆场25万平方米，各种装卸机械180多台，船舶90多艘以及一大批其他附属设施。现在，汕头港年吞吐能力达360万吨，客运能力40万人次，是一个中型海港。

汕尾港，在红海湾内，具有潟湖-沙坝海岸系统特点。港湾东部品清湖（潟湖），面积达24.5平方千米，是天然的纳潮内湖，另在出海潮汐通道与大海之间，有长达1.8千米的隆起沙嘴，成为汕尾港天然屏障。这种地利，使汕尾港自明末清初以来舟楫林立，商贾云集。20世纪初，孙中山先生在《建国方略》中把汕尾港规划为重点开发的港口。新中国成立之前，汕尾已有海关之设，1956年设港务所。但1978年以前，汕尾港仍处于自然状态，轮船装卸货物大部分依赖驳运。1978年建成3个1 000吨级泊位码头，此后又有2 000吨级泊位投入使用。现有各类码头岸线近1 000米、10多个泊位，内外港区水域水深4~6米，可锚泊2 000吨以下船舶。1986年1月恢复与香港海上通航，自此汕尾港进入我国外贸港口之列。

汕尾港经济腹地目前主要限于海丰、陆丰、陆河、惠来等县市。货物年吞吐量约320万吨。其中外贸物资约占15%。进出口主要物资有石油、煤、盐、建材、粮食等。近年汕尾设市，城区人口大增，港口承担任务更重，可发展为中型港口。另外，汕尾港也是粤东著名渔港，随着开发海洋事业兴起，它有可能成为远洋渔业基地。

2）珠三角港口群

珠三角港口群即珠江三角洲及其附近港口群，从大亚湾延伸到镇海湾，海岸线（含香港、澳门和较大海岛岸线）长约1 800千米。这是岭南最重要的港口群，现有大小港口60多个，占岭南沿海已开发港口的半数左右，平均每30千米岸线有一个港口，密度居岭南沿海之首。1989年货物吞吐量达1.6亿吨，占岭南港口总吞吐量的84%，在我国沿海港口群中也占很重要地位。此外，本港口群还拥有世界最大的集装箱港口之一的香港和华南内地最大的枢纽港广州港。两港陆向和海向腹地甚广，不但具有全国性意义，而且远及世界许多国家和地区。港口发展与外向型经济关系极大。外向型经济发展为港口开发提供机遇，而港口发展和建设又为外向型经济发展准备良好基础条件。珠江三角洲稠密的水道网及其丰富港湾资源，也是港口群发展的良好的基本条件之一。这都大大加强了本港口群在岭南和在全国的地位和影响。

珠三角港口群逐渐发展为等级和分工不同的港口体系。以吞吐量言之，1989年香港、广州港和深圳西片港口超过1 000万吨，居大港之列；江门港、容奇港和澳门港为200万~300万吨，属中等港口；另外，50万~200万吨的港口还有19个，其中不少也是中等港口。以港口泊位言之，万吨以上深水泊位有香港、广州港、南沙港、深圳西片和深圳东片港口以及珠海九州港等4个；3 000~5 000吨的泊位2个（中山港和新会港）；100~1 000吨泊位约40个，其中有一部分属中等港；再有一些专用港，如珠江口沙角燃煤电厂泊位和香港青山燃煤电厂泊位等。以港口分工言之，现在基本上以香港港和广州港为两大中心，各中小港口向大港疏运，其中有一部分中小港开展国内远海运输，香港港和广州港则承担远洋和远海运输。至于深圳港是广州港和香港两大港之间起分流作用的港口，并带有较明显的外向型工业专用港的性质。

广州港是我国海外贸易最早的港口之一。远在2000多年前的秦汉时代，广州已和南洋等地发生海外交通和贸易往来。唐贞观年间（627—649年）唐朝首先在广州设置市舶使（结好使），管理外贸，此为我国外贸史上创举。自唐代至清代1000多年期间，除南宋和元朝两代以外，广州一直是我国对外贸易的首港。第一次鸦片战争后，广州又是被迫开放的五个对外通商口岸之一。20世纪20年代，孙中山先生在其《建国方略》中，主张广州发展为南方大港，并提议在黄埔一带开辟深水码头区。1936年黄埔港始动工兴建，1939年投产。新中国成立后50多年来，广州港一直被列为我国建港重点之一。到1987年已建成万吨级码头12个，在黄埔的墩头东基和西基开辟新的装卸作业区，在洪圣沙开辟了新装卸作业点，建成大沙头、洲头咀、黄埔3个客运站，装备遥大批装卸搬运机械，扩拓各种作业用地，增添大量其他设施，使广州港发展成为我国南方对外贸易的最大港口和华南沿海与内地物资交流的重要港口。近年广州港货物年吞吐量以7%~8%速度增加，1989年吞吐量达4 649万吨，居全国沿海各港第四位，仅次于上海港、秦皇岛港和大连港。广州港腹地甚为深广，通过京广、京九、广深等铁路，西江、北江、东江及珠江三角洲水网等水运干线，联系两广、湖南、湖北、云南、贵州、四川以及江西、河南等部分地区，海向腹地可至我国沿海各港口及世界各大港。1988年广州港外贸货物吞吐量达1 395万吨，占全港货物吞吐量30%左右。随着国际集装箱吞吐量逐年增加以及国际货运航线遍及五大洲，广州港日益成为一个国际性海港。

深圳港，属山地丘陵溺谷湾，拥有优良的港湾资源，是近几年获得飞速发展的特区港口。港区包括东西两片港口。西片有蛇口港、赤湾港、妈湾港、东觉头港和深圳内港，是目前主要港区，货物吞吐量占绝大部分；东片港现仅有盐田港，建有万吨级泊位，将发展为专业性深水大港。此外，还有鲨鱼涌港区，属中型港，以建材输出为主。在深圳港东西两侧，已有香港和广州两个大港，深圳港是后起之秀，内外交通条件都不及它们。但深圳港有优越的港口资源和建港综合条件，并且依靠特区政策与区位优势，不断开拓海向腹地，使深圳港在与邻近港口竞争中立于不败之地，在不到10年时间里跻身全国第十大港。1989年货物吞吐量达1 050万吨，在广东次于广州港和湛江港。现在，深圳东西两片港区总共有79个泊位，其中500吨的39个，1 000~5 000吨的29个，10 000~20 000吨的6个，35 000吨的5个。泊位总长延绵5.8千米。腹地除深圳特区、珠江三角洲、东江和西江流域以外，还包括广东其他地区、广西和湖南部分地区，即泛珠三角大部分地区。深圳临港工业大部分原材料和产品均在海外，故其海向腹地尤为广大，国际航线通欧、美、亚三大洲26个国家或地区的港口。进出口大宗货物有钢材、玉米、化肥、豆粕、集装箱、砂糖、沙石、杂货、水泥、木材等。深圳港是深圳经济特区的窗口，特区的发展，使港区巨轮云集，集装箱连墙，一派繁忙景象。

香港港，香港海岸曲折多湾，岛屿星罗棋布，可以屏障台风，不受或少受珠江河口泥沙影响，故湾内水很深，不少地段达15~20米，建港条件十分优越。香港和九龙一些港湾自古就是通粤东、闽浙必经之地，也是广州外港。鸦片战争后，香港渐渐成为国际贸易港口。1869年苏伊士运河通航，欧洲往东方的航程大为缩短，香港作为一个自由港，万商云集，1870—1889年间出入港船只吨位增加了4倍。第二次世界大战后，香港港口货物吞吐量成倍增长，1947年为338.8万吨，1959年达748.1万吨，1966年突破1 000万吨大关（1 237.8万吨），1979年达3 031万吨，居世界第七位。此后香港港口货物吞吐量一直居于世界前列。1990年达8 910万吨后，近10年每年增加437万吨，递增率为9%，举世瞩目。香港港口集装箱运输虽然起步较欧美各国要晚，但发展甚快，1974年为72.6万标准箱，1979年已达130万箱，居亚洲榜首，1990年为510万标准箱。1979—1989年，平均每年增加31.4万标准箱，递增率达12%，香港已成为全世界处理集装箱最多的港口。

香港资源匮乏，但利用中转贸易发展为国际性港长口，同时也促进香港成为一个国际贸易中心、金融中心、工业中心、旅游中心和购物中心，一个国际大都会。历史事实证明，香港港口发展，一是取决于其本身制造业发展，使其有充足货源；二是中国内地发展，保障其有足够多的中转货物。例如中国改革开放20多年以来，香港港口货物吞吐量1990年比1979年增加了2倍。按目前香港港口发展势头与经济发展前景，香港港口有继续发展的可能，故时下在建或计划兴建的有葵涌、青衣、昂船洲等7—9号集装箱码头。它们竣工后，无疑将进一步加强港口吸引力和辐射力，但归根到底，还是取决于社会经济发展的需要以及人们能否把握住机遇，因地制宜并适应潮流地发展港口。

3) 粤西港口群

粤西港口群东起阳江东平港，西至雷州半岛西部廉江安铺港，海岸线长约 2 000 千米，大小港湾数十处，港口资源较为丰富，大部分可供开发利用。但至今港口建设落后，很多港湾，尤其是大部分小港的航道水深仍处于天然状态。现除湛江港为大型深水港以外，其他港口泊位均为 1 000 吨以下的小港，中型港口暂缺。这都与粤西地区经济欠发达有很大关系。有关研究指出，粤西应着重发展中小港口，以促进陆上和海洋国土开发，特别是满足临海工业发展需要。拟议中的地区性中心港有阳江港（海陵港）、水东港和海安港。而县乡镇小港，有条件的应扩建为综合港，即从渔港或运输港向多功能港转变，如东平港、沙扒港、博贺港、黄坡港、海康港、流沙港、北潭港、安铺港等。另外，海陵港、博贺港、水东港、湛江港、海安港、流沙港等有条件发展为大型专用深水港，逐步形成粤西地区较完整的港口体系。

湛江港，在雷州半岛东北侧海湾内，港湾曲折，水域宽广。外有硇洲、东海、南三等海岛为屏障，除台风期间以外，水域基本平静，为我国南方一个天然深水良港和避风良港。

湛江港所在港湾清代多称为"广州湾"，1899 年被法国租借后通称为"广州湾"，但与广州无关。为避免混乱，从 20 世纪 60 年代起，在我国地图上已改称"湛江港"。在法占广州湾 44 年间（1899—1943 年），该港仅是个海轮锚泊装卸作业港口，仅容 3 000 吨轮船停泊。新中国成立后，湛江港成为重点建设工程，1957 年 12 月新港正式投产开港。现已发展为 4 个作业区，有生产性泊位 21 个，其中万吨级以上泊位 15 个（含 5 万吨级油码头一座），码头岸线 3.7 千米，铁路专线 74 千米，堆场 38 个、面积 32 万平方米以及一大批装卸、接驳等设施。本港经济腹地深广，陆向腹地包括云南、贵州、四川、广西东部、湖南西部及粤西地区，是我国西南和中南部分地区包括泛珠三角大部分地区对外贸易的门户；海向腹地邻近东南亚，与世界五大洲 70 多个国家和地区有商船往来。港口通过能力为 1 410 万吨。1989 年货物吞吐量为 1 557 万吨，居全国沿海各港第 8 位，在岭南仅次于广州港（未算香港港口）。湛江港连接黎湛铁路，沟通我国大西南，辐射海内外，是我国南方一个中心枢纽港。货物吞吐量中以石油和铁矿石至为大宗，粮食、化肥、煤炭、钢铁、非金属矿产数量也很大，其中外贸物资约占半数左右；外轮来往频繁，港区附近设有各种对外服务机构和设施。近年在港口附近建立的湛江经济技术开发区，已成为利用湛江港口资源，发挥临海优势，带动地区开发的试验基地。

4) 海南岛港口群

海南四周环水，港口资源很丰富，有大小港湾 78 个，不少港口可建深水泊位。但长期以来，海南港口资源开发程度很低，设备也较落后，许多中小型港口航道处于天然状态。1989 年全岛港口货物吞吐量才 800 多万吨，只有广州港的 17%，湛江港的 51%，比深圳港少 250 万吨，不及山东一个石臼港（841 万吨）。这与拥有全国最大海洋国土面积的海南的地位很不相称，也不能适应方兴未艾的海南特区开发建设的要求。所以海南建省不久，即于 1991 年确定"以海兴琼，建设海洋大省"的奋斗目标，编制了《九十年代海南省海洋开发纲要》。其中港口开发建设被列为重要项目，其紧迫性也显得更加突出。事实上，海南作为一个海岛省区，没有发达的海上交通，没有众多的港口作为依托，岛上的开发建设将重蹈历史上封闭式的老路。

海上运输一直是海南经济的生命线。到海南建省前,全岛有商港14个,其中海口港(秀英港)、八所港、三亚湾和海口新港为对外开放港口;白马井港、新村港、博鳌港、清澜港、铺前港为小型商港;新盈港、岭头港、海头港、新英港和昌化港为运输小港(除码头以外,几乎没有其他港口设备);马袅港、调楼港、海尾港、三亚港西、黎安港、港北港、青葛港、潭门港、抱陵港均为县属渔港;而望楼港、东营港和东寨港都被泥沙淤塞,只作为季节性捕鱼港湾;只有西北部洋浦港、马村港和东南部的乌场港等深水港被列入开发;其余港湾则未被利用。海南建省后,港口开发的落后、停滞局面发生重大改变。根据海南划分为海口、三亚、清澜、洋浦、八所5个经济区的需要,海南港口群布局体系已经基本形成。即海口港为全省枢纽港,三亚港、洋浦港、八所港、清澜港、乌场港为地区中心港,而其他港口则作为县乡镇地方性小港。这个层次和空间格局,将有利于充分开发岛上港口资源,带动以港口城市为中心的各个经济区的发展。

海口港,位于海南岛北部海口湾之南,由海湾与河口(南渡江)组成的会潮港。港口周围地势低平,有较好的沙质海岸线,长约8.4千米,具有发展深水泊位乃至超大型深水泊位的条件;只要港址选择得当,海口港可建设为深水大港。

海口港素有"琼州门户"之称,宋元以来即成为海南与大陆联系的主要商港。清咸丰八年(1858年)根据中英《天津条约》规定,琼州(即海口)辟为商埠,1876年在海口设海关,修建码头,驳接停靠在深水处外轮货物。此后港口设施陆续增加,1926年海口设市,海口港发展为海南唯一的对外贸易港口。1940年侵占海南的日军在秀英村一带修建可泊千吨级军舰的港池,自此,海口港中心移至秀英,并分成两个码头区:秀英港和长堤码头。新中国成立后,秀英港发展为旅客出入主要门户和对外贸易的重要港口。1976年在原海口港旧址进行整治扩建,命名为"海口新港"。为了便于识别,习惯上将现海口港称为秀英港或秀英码头,而将原海口港旧址称为新港码头或海口内港。

5)南海诸岛港口群

为了祖国海疆的安全,保卫海上生产补给和交通转运,在南海诸岛的珊瑚礁上设置港口不仅是必要的,而且从地质地貌特征和自然条件看来也是可能的。例如岛礁中潟湖和向海坡可为天然港池,口门通道是天然航道,潟湖盆和向海坡上的水下阶地可作锚地,礁坪可当防波堤和陆域的基础等。当然风浪大对建港也是很不利的,但只要根据需要,对天然地貌加以人工改造和采取各种海洋工程措施,仍可在南海诸岛间获得优良港址。事实上,到了近代,由于国防和生产需要,南海诸岛的重要岛屿和个别礁体已开辟港池和航道,有的还建筑了码头。现在南海诸岛上共有9处港口,分别建于东沙岛、永兴岛、广金岛、金银岛、珊瑚岛、东岛、中建岛、太平岛、永暑礁等。这些港口,按它们所在位置以及建造方式,分为4种类型:①潟湖型。一是顺岸建设码头,港口就建在潟湖边。这是最理想的建港形式。西沙深航岛和广金岛相连的港口即属这种形式。二是栈桥式,直接利用潟湖水深,从岛边伸到潟湖,节省大量土方工程量。南沙太平岛即架设200米长栈桥,伸到郑和群礁潟渴湖,港池可供中小型舰艇停泊。②礁缘型。即沿礁坪前缘直接利用自然水深建造顺岸码头。如东沙岛在东南水深较大的沿岸,修筑简单码头数座,可供小型船只靠泊。③开挖礁坪,建造挖入式港池。这种形式在岛屿的港口开发中占多数,西沙永兴岛、中建岛、金银岛、珊瑚岛和东岛的港口均属此类。④礁坪造陆建港。即在无岛屿天然陆地作为依托情况下,在礁坪中挖入港池航道,构填人工岛以取得港口。目前我国已在南沙永暑礁开挖港池航道,填海造陆0.8公顷,修建了码头和防波堤,并在陆地上建筑直升机坪、房舍,开辟了菜园,还配备海水淡化设备,使永暑礁成为我国军民在南沙的一个海防和生活基地。

据调查,在南海诸岛中尚有不少可供建港选址的礁体。如在南沙,除已建港的永暑礁外,尚有诸碧礁、赤瓜礁、东门礁、美济礁、蒙自礁、半月礁、仁爱礁等都是港址条件较好的礁体,它们将在开发利用南沙国土资源中发挥重要作用。

6) 广西港口群

广西沿海海岸甚为曲折,港湾水道众多且多深入陆地,水深且避风条件好,故天然良港甚多,是我国港口资源最丰富的岸段之一。主要港口有防城港、北海港、龙门港、珍珠港、铁山港、大风江港、英罗港、沙田港、营盘港、白龙港、电白寮港、南历港、高德港、南湾港、犀牛角港、籪沟港、沙井港、企沙港、茅岭港、江平港、东兴港21个。其中以防城、北海两港规模最大,均建有万吨级泊位,其余则为小型渔港。具有建设万吨级以上泊位条件的港口有籪沟港、珍珠港、铁山港等,后备港湾资源也相当丰富。

广西港口群陆向腹地辽阔,包括广西大部、贵州大部、云南大部及四川南部;海向腹地有近东南亚,紧邻越南的区位条件。广西港口群的开发不但促进沿海经济发展,还肩负着我国大西南大部分地区进出口货物转运的使命,特别是泛珠三角概念提出以后,云、贵、川各省区更需要广西港口群,所以广西港口群具有很大发展潜力。

20.11.1.2 南海海上航运发展状况

海上运输是海洋国土空间开发的方式之一,它是由海港和海上航运所组成。南海地区沿海海港状况如上所述。海上航运分为沿海与远洋航运两大部分。岭南拥有我国面积最大的海洋国土,南海航运经过我国最大的海区,无论在沿海航运还是远洋航运上都具有举足轻重的意义。

1) 沿海航运

根据有关规定,我国沿海航运主要以厦门为界,分为南、北两大航区。其北至鸭绿江口为北方沿海航区。而南方沿海航区,东起厦门港,西迄广西东兴港,包括海南岛、台湾和南海诸岛的港口和水域。北方航区由上海海运局和大连轮航公司经营干线运输;而南方沿海干线运输则由广州海运局经营,地方水运企业一般经营地区间的支线运输。

岭南海上运输历史上有过一个个光辉的里程碑,从西汉的帆船远航南海和印度洋,隋唐名震国际航线的海船,宋代的指南针,元代海运到明代郑和七下西洋,都足以唤起我国人民,特别是岭南沿海人民的追忆和骄傲。但直到新中国成立前,岭南沿海运输仍很落后,长期以来都是使用风帆船运输,晚清时期才逐渐引进轮船,发展十分缓慢。到1949年,在广东经营沿海运输的只有招商、民生、华达、建通、天一、华侨6家轮船公司,共有各种客货轮29艘,约5.5万吨位,先后开辟了广州、香港、澳门、汕头、湛江、海口、北海之间的航线,对广东近代社会经济发展,或多或少起过一定的作用。

新中国成立后,由于台湾海峡被封锁,岭南沿海运输一直只能在华南区域内进行。航线短、货源少,年货物运输量直到1971年前也只有440万吨。直到1972年沿海南北航线恢复后,岭南沿海运输才开创了新的局面,运输量大幅度上升,运输船舶也得到迅速发展,并且逐步向大型化、专业化、集装箱化和内燃机化的船舶发展。广州海运局1950年成立时,只有

5艘驳船和1艘拖轮，总吨位不过2 795吨。经过近40年的艰苦努力，到1987年，广州海运局已拥有各类运输船舶129艘，162万载重吨（比1950年增加29倍），7 500个载客位，1.8万职工，经营的航线有350多条，可以满足各类物资运输需要。1987年完成客运量124.5万人次，货运量2 513.8万吨，分别比1950年增长38倍和56倍。其中南北航线的运输量达1 947.6万吨，占总货运量的78%，为经济建设作出积极贡献。这也说明处在不同纬度的我国南北之间交换非常必要，是区域国土开发不可或缺的一个环节。现在，该局已拥有国内沿海最大货轮"罗浮山"号（5.2万吨级），最大油轮"大庆252"轮（7.2万吨级）和最大旅游船"紫罗兰"号（万吨级）游弋于各大港口。

广州海运局营运航线逐年增多，现从广东、海南、广西各港出发海轮已达国内沿海43个港口，包括营口、秦皇岛、天津、大连、烟台、威海、龙口、青岛、石臼、连云港、南通、张家港、上海、镇江、舟山、宁波、温州、福州、泉州、厦门港等，开辟货运航线100多条；客运则有广州至海口、三亚、汕头、蛇口，广州经厦门至上海、广州经青岛到大连等省内外航线和海口至香港航线等。另外，以西沙群岛的永兴岛为中心，有航线通汕头、广州、湛江和榆林港以及从北部湾涠洲岛通北海航线也属沿海航运范围（表20.11）。

表20.11　石油在沿海各航线的流向表（1983年）

航线名称	起止港名称	航程/n mile	运载数量/t	备注
国内南北航线	大连－汕头	1 110	18 126	北方各港南下石油运量共计7 390 601 t
	大连－黄埔	1 332	952 635	
	大连－湛江	1 491	2 416 517	
	秦皇岛－黄埔	1 437	556 387	
	秦皇岛－湛江	1 596	15 000	
	青岛－黄埔	1 189	963 241	
	青岛－湛江	1 348	2 209 614	
	南京－汕头	857	9 445	
	南京－黄埔	1 080	249 636	
华南沿海各港	黄埔－汕头	280	110	华南沿海航线运油量共403 045 t
	黄埔－八所	486	4	
	湛江－汕头	424	4 830	
	湛江－地都	434	14 201	
	湛江－黄埔	288	22 299	
	湛江－广州	301	158 025	
	湛江－香港	247	200 065	
	香港－广州	85	3 511	

沿海航运是按照货物种类的流向来组织实施的。这些船运货物种类主要有石油、金属矿产、非金属矿产和煤炭等。它们占了各港口货物吞吐量的大部分，也反映它们在我国沿海各港陆向腹地范围内的开采、加工、利用状况（见表20.12～表20.14）。

表 20.12 煤炭在沿海各航线的流向表（1983 年）

航线名称	起止港名称	航程/n mile	运载数量/t	备注
国内南北航线	大连 – 八所	1 649	12 571	北方各港南运煤炭 共计 2 480 556 t
	秦皇岛 – 黄埔	1 437	1 002 129	
	秦皇岛 – 香港	1 364	450 410	
	青岛 – 厦门	940	7 170	
	青岛 – 汕头	966	5 580	
	青岛 – 黄埔	1 189	923 759	
	连云港 – 黄埔	1 180	48 077	
	南通 – 黄埔	937	30 860	
华南沿海各港	黄埔 – 汕头	280	95 001	华南沿海各港运煤炭 共计 519 405 t
	黄埔 – 海口	347	62 731	
	黄埔 – 八所	486	54 828	
	黄埔 – 三亚	467	47 969	
	广州 – 汕头	293	680	
	广州 – 八所	499	10	
	湛江 – 汕头	424	80 666	
	湛江 – 黄埔	288	102 465	
	湛江 – 海口	136	75 055	

表 20.13 非金属矿产在沿海各航线的流向表（1983 年）

航线名称	起止港名称	航程/n mile	运载数量/t	备注
国内南北航线	广州 – 大连	1 348	15 714	华南北航线运输非金属矿产 共计 250 613 t
	广州 – 青岛	1 205	27 140	
	广州 – 南通	953	4 000	
	广州 – 上海	912	49 886	
	广州 – 宁波	824	14 550	
	广州 – 福州	549	5 900	
	广州 – 马尾	549	3 000	
	湛江 – 烟台	1 457	32 744	
	湛江 – 青岛	1 348	56 087	
	湛江 – 宁波	967	23 744	
	湛江 – 温州	697	17 848	

续表 20.13

航线名称	起止港名称	航程/n mile	运载数量/t	备注
华南沿海各港	黄埔-海口	347	13 242	华南沿海各港运输非金属矿产共计 66 653 t
	湛江-汕头	424	3 308	
	湛江-黄埔	288	19 467	
	湛江-广州	301	21 750	
	湛江-海口	136	7 886	
	湛江-北海	255	1 000	

表 20.14 金属矿石在沿海各航线的流向表（1983 年）

航线名称	起止港名称	航程/n mile	运载数量/t	备注
国内南北航线	湛江-上海	1 055	3 000	北航线运输金属矿石共计 1 778 954 t
	海口-上海	1 083	3 733	
	八所-大连	1 649	272 651	
	八所-青岛	1 506	281 704	
	八所-南通	1 254	920 649	
	八所-上海	1 213	266 717	
	北海-大连	1 636	20 990	
	北海-上海	1 200	9 510	
华南沿海各港	汕头-广州	293	50	华南沿海各港运输金属矿石共计 1 734 646 t
	海口-广州	360	7 566	
	八所-黄埔	486	379 958	
	八所-湛江	275	1 343 412	
	三亚-广州	480	3 660	

诸表货流方向说明，岭南所短缺能源石油和煤炭主要仰仗于北方，而北运的主要是岭南盛产的金属和非金属矿产。至于这些物资在华南沿海各港的流动，主要是它们从枢纽港转运到消费地或地方性港口。海上航运促进了它们的产销平衡，也是生产力的合理流动和地域组合，进一步加强了我国南北和华南沿海国土资源的开发。

2）远洋航运

我国境外的航运即为远洋航运，这在岭南已有 2 000 多年历史。新中国成立前，远洋航运南通南洋群岛，西通印度和欧洲。但航运权都掌握在外国轮船公司手里，并且多以香港为转运港，再航向各港口，如香港至马尼拉、新加坡、西贡（今胡志明市）等；也有少数港口直接与海外通航的，如海口至逻罗（泰国）、新加坡、海防航线；北海至海参崴、大阪、海防、西贡航线等。虽然这些航运班次少，运量极为有限，对开发海洋和沿海地区还谈不上有多大作用，但却是外国资本主义倾销商品，占领我国市场，汲取我国人民膏血的大动脉。这种状况，直到新中国成立以后才结束。

远洋航运必须通过南海海区，而南海与相邻海区之间的许多通道，不但是海水交换，也是海上航行的必经之地。其中较重要的通道有 8 条，一起构成南海远洋航运的自然基础，即：一是台湾海峡，它北通东海，南下南海，为我国海道对外交通的生命线。现在随着台湾海峡局势的缓和，南北客货的运输日益增加，以后将会有很大的发展前途。二是巴士海峡，介于台湾南部与吕宋北部巴坦群岛之间，水深2 000米以上，是南海东通太平洋、斐济苏瓦的最重要的水道。三是巴林塘海峡，在巴士海峡以南，也是通向太平洋的水道之一，但不及巴士海峡深。四是民都洛海峡，位于巴拉望岛与民都洛岛之间，东通苏禄海，是南海途经菲律宾首都马尼拉，转航关岛、檀香山，抵美国西海岸最大港口旧金山和南美巴拿马城的太平洋上最重要的航线之一。五是巴拉巴克海峡，在巴拉望岛以南，东濒苏禄海，接上述航线。六是卡里马塔海峡，位于南海南部，在印度尼西亚的加里曼丹岛与勿里洞岛之间，是南海与爪哇海的通航水道，由此可以抵达印尼首都雅加达和这个千岛之国各港口。七是加斯帕海峡，介于勿里洞与邦加岛之间，同样通爪哇海。八是马六甲海峡，位处南海西南方向、马来半岛与苏门答腊岛之间的狭长水道，是世界航运的枢纽、太平洋与印度洋的咽喉，海峡边缘的新加坡为东南亚最大的港口。据估算，每年来往于马六甲海峡的船只约10万艘，其中18万吨级的超级油轮有1 500～1 600艘。对资源贫乏的日本来说，马六甲海峡为其原料运输的命脉。例如20世纪80年代日本70%以上的石油从波斯湾经此进口，1983年运往日本的石油就近2亿吨。而我国南沙群岛附近海域恰是马六甲海峡通道上的第一把锁。综观南海与它周围海陆的分布形势可见，如果控制了南海的航运，无异于把握了这些水道与南北美洲、南太平洋诸国以及印度洋沿岸国家乃至大洋洲的生命线。

海南建省后，在高度重视港口建设的同时，也大力发展海洋运输。1990年海南创办了自己第一家远洋运输公司——海南省轮船公司，地方船舶国内航线已延至大连、天津、青岛等港口，国际航线可达日本、韩国和东南亚、非洲、欧洲等地。到1990年底，全省共有从事海上运输的船务公司50余家，拥有运输船舶165艘，其中货轮132艘，23.5万载重吨，为建省前的5.88倍。运力结构渐趋合理，大中小货船配套，基本上能满足海南目前经济建设发展的需要。1990年经海上进出海南的旅客达348.97万人次，占旅客总数的82.7%；货物达930.55万吨，占货物总运量的99.9%，海洋运输能力初具规模。

广西海上航运业发展也很快，1989年沿海地区已有海运船舶3.11万载重吨，直航港澳、海口、广州、上海等地，完成货运量119万吨。1989年广西海洋运输公司成立，购得一艘7 000吨级货轮，开创了广西远洋航运事业。1990年该货轮首航新加坡。广西集装箱运输也从无到有，1990年已拥有集装箱3 576箱，全年集装箱货运量达3.2万箱。

20.11.2 广东省海洋交通运输业发展现状与趋势

20.11.2.1 基础设施情况

广东海洋交通运输业是地区海洋经济的支柱产业，同时依靠其强大的基础设施，影响辐射了整个珠三角地区。海洋交通运输业基础设施主要包括港口、运输船舶两部分。

广东港口资源丰富，广泛分布于沿海14个市区。广州港、湛江港、虎门港、江门港、汕头港、珠海港等主要港口码头总延长均超过8 000米，6个港口的码头泊位个数总合超过1 250个（见表20.15）。

表 20.15　2006 年广东沿海港口主要设施情况

地区名称	港口名称	码头总延长/m	泊位个数/个	铁路专用线总延长/m	输油管线总延长/m	仓库堆场面积/m²	仓库堆场容量/t
广州市	广州港	49 348	631	57 763	35 288	4 124 199	5 799 363
湛江市	湛江港	11 866	113	85 583	55 875	2 178 087	7 670 249
东莞市	虎门港	9 400	156	0	70 400	1 273 000	3 100 000
江门市	江门港	9 306	168	0	25 000	230 000	350 000
汕头市	汕头港	8 662	82	6 300		1 702 981	1 968 907
珠海市	珠海港	8 580	101		44 738	609 310	3 079 339
惠州市	惠州港	3 620	24	正在修建（9 千米）		300 000	200 000
揭阳市	揭阳港	2 650	46			21 869	234 153
茂名市	茂名港	1 752.5	15	0	35 000	12 794	25 588
潮州市	潮州港	1 734.5	11			276 500	
中山市	港航企业集团中山港码头	741	13				
阳江市	阳江港	308	3			75 674	
汕尾市	红海湾七万吨级煤码头	280	1			22 608	260 000
汕尾市	汕尾港 5 000 吨级码头	255	2		120	30 000	90 000
汕尾市	汕尾港老港区千吨级码头	215	3			9 000	27 000
中山市	中山港外运码头	210	5				
汕尾市	红海湾 3 000 吨级重件码头	132	1				
汕尾市	陆丰乌坎港五百吨级码头	124	2			18 000	50 000
深圳市	盐田		31				
深圳市	蛇口		5				

发展海洋交通的主要工具是船舶，广东拥有各类运输船舶 149 艘，总吨位 108.09 万总吨，净载重吨 156.43 万吨位，国际标准集装箱位 5 662 标准箱。海洋交通运输船舶中集装箱船 32 艘、总吨 37 409 吨位、集装箱位 3 668 标准箱；油船 26 艘、总吨 85 767 吨位、净载重吨 69 981 吨位；散货船 29 艘、总吨 801 646 吨位、净载重吨 1 297 828 吨位（见图 20.14）。

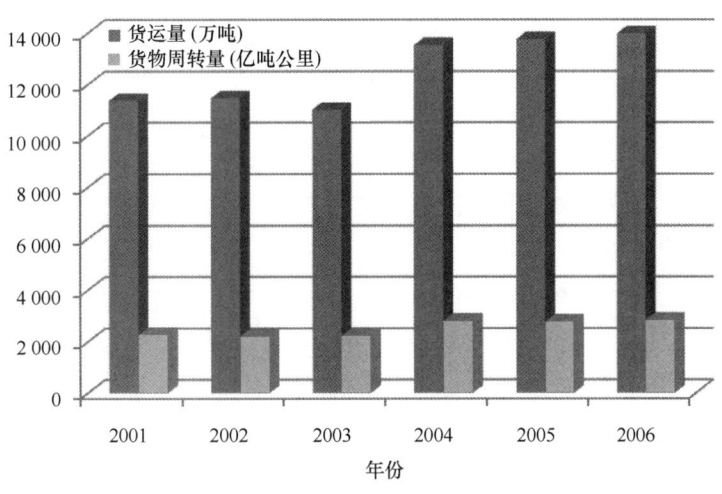

图 20.14　海洋货物运量及周转量变化情况

20.11.2.2　生产情况

2000—2006 年，广东海洋货物运量和周转量基本呈稳步增长态势，除 2003 年受"非典"影响有些波动外，其余年份增长平稳。

2001—2006 年，广东国际标准集装箱运量呈基本上升状况，箱数由 2001 年的 276 万 TEU，增长到 2006 年的 451 万标准箱；重量由 2 320.5 万吨增长到 3 837.6 万吨，增长幅度超过 50%。

广东主要港口集装箱吞吐量呈直线上升态势，2006 年国际标准集装箱吞吐量箱数是 2001 年的 3.4 倍，而国际标准集装箱重量则增长了 2.5 倍（表 20.16）。

表 20.16　广东主要港口 2001—2006 年集装箱吞吐量变化情况

年份	数量/×10⁴ TEU	重量/×10⁴ t
2001	829.9	6 814
2002	1 217.1	9 595.9
2003	1 616.7	12 471.4
2004	1 990.4	15 890.4
2005	2 378.1	19 208.67
2006	2 837.6	23 733

广东沿海港口众多，广州、湛江、深圳等大港在各类货物吞吐量位于前列。广州港石油天然气制品吞吐量居全省首位，进出港石油天然气制品 4 037.35 万吨，占全省港口石油天然气制品吞吐量的 36.5%；湛江港金属矿石吞吐量居全省首位，进出港金属矿石 2 173.07 万吨，占全省港口金属矿石吞吐量的 63.3%；深圳港粮食吞吐量居全省首位，进出港粮食吞吐量占全省港口粮食吞吐量的 60.2%，粮食吞吐量以内贸为主，占总量的 92.7%。深圳港是主要的外贸港，其中外贸货物吞吐量占货物吞吐量总量的 69.7%。

20.11.2.3　发展趋势

广东交通运输业要充分发挥港口群的整体优势，合理规划港口布局，积极与国际航运市场接轨，努力开辟多条国际航线，发挥运输船队的运输优势，带领内陆地区全面发展。

20.11.3 广西壮族自治区海洋交通运输业发展现状与趋势

20.11.3.1 产业发展状况

自2003年以来,广西沿海港口基础设施建设全面推进,北部湾经济区集疏运条件明显改善。到2007年底,全区港口生产性泊位达到810个,其中万吨级以上泊位达到34个,总吞吐能力突破1亿吨,达到1.06亿吨。广西沿海沿海港口群从东到西主要布局有三大港口:北海港、钦州港及防城港。随着广西作为国家大西南出海通道的建设,铁路网、公路网、河运、空港与海运的日臻完善,广西沿海三大港口在西南物流业的龙头地位日益突出。

1) 港口的基本建设

防城港市广西沿海港口的龙头,也是全国24个枢纽港之一,始建于1968年3月,具备装卸各种件杂货、散货、集装箱、石油化工产品及其仓储中转联运等功能。钦州港建港比较晚,港口建于1992年8月,近年来港口建设也取得了较大的发展,其港口建设已经初具规模,临海工业腹地广阔。北海港是三大港口中历史最悠久的一个,早在1877年就正式开埠,自1984年北海市成为全国沿海开放城市以来,北海港口建设不断加快,逐步成为以商贸旅游为特色的综合港。

防城港的码头泊位数29个,北海港43个,钦州港35个,其中万吨级泊位数防城港14个,北海港7个,钦州港9个。防城港在万吨级以上泊位数具有极明显的优势。为顺应西部大开发的需要,防城港已建设了20万吨级矿石专用码头,其年通过能力将达1 500万吨,是华南地区岸线最长、前沿水深最大、自动化程度及效率最高的矿石码头。此外,防城港市在防城港东湾建成了东湾5万吨级液体化工码头,建成了全国唯一的硫磷专业码头,每小时装卸率高达2 000吨,是非专业码头装卸率的5倍。防城港的航道长6.1海里,底宽125米,底标高负9.5米,具有水深、避风、不淤积、航道短、可用岸线长的优越条件,而且防城港还拥有集装箱专业码头,因此它成为北部湾除湛江港外最大的海港,也会是目前和今后相当一个时期内广西和西南地区主要的出海港口(表20.17)。

表20.17 广西沿海地区港口主要设施情况

地区名称	港口名称	码头总延长/m	泊位个数/个	铁路专用线总延长/m	输油管线总延长/m	仓库堆场面积/m²	仓库堆场容量/t
北海市	合浦	487	16			2 908	
北海市	润洲	450	11				
北海市	铁山港新龙燃气有限公司	134	1				2 500
北海市	北海海运公司石头埠港务所	294	5	500		17 500	2 700
北海市	国投北部湾发电有限公司	1 056	8	4 675	480	225 608	39 326
北海市	黔桂石油勘探局北海石油服务处	650	3				2 800
北海市	新澳海洋运输公司	280	3				

续表 20.17

地区名称	港口名称	码头总延长/m	泊位个数/个	铁路专用线总延长/m	输油管线总延长/m	仓库堆场面积/m²	仓库堆场容量/t
北海市	北海石油分公司	151	1				2 800
北海市	粮油食品进出北海国际海洋运输公司	84	1			1 000	2 000
北海市	西北海中油水产石油有限公司	100	1				
北海市	南海救助局北海基地	91	1				
防城港市	防城港	5 907	31			908 000	2 130 000
钦州市	钦州港	4 433	38	10 166	234 000	5 218 804	27 225 855

2）港口的运营机制

广西沿海三大港口的运营机制各不相同。防城港为国有独资企业，由国家投资并经营防城港现有的泊位和海岸线。钦州港则形成了多家投资经营的格局，港务局只投资其中部分泊位，大部分泊位或岸线向外来投资者出让。北海港在 10 年前已将投资控股权出让给外来投资者。

3）港口的吞吐总量

近年来，广西沿海港口的发展相当迅速，其总吞吐量保持持续快速增长的态势，其中防城港及钦州港的增长速度呈逐年上升趋势。

4）港口的货物运输

近年来，广西沿海三大港口运输的货物主要是金属矿石、非金属矿石、粮食及煤炭等四大散货，这几大散货的吞吐量占 3 个港口吞吐量的比重超过一半以上。这几大散货正是西南地区的云、黔、川、湘各省以及广西自身的优势资源，是港口的腹地资源，对广西沿海港口货物吞吐量起着重要作用。

20.11.3.2 发展潜力与趋势

广西背靠大西南，面向东南亚，是西南地区通向我国沿海、东南亚乃至世界各地的重要交通要道之一，还是西南地区最便捷的出海口。南昆铁路建成通车后，西南地区货物通过广西沿海港口群进出的条件有了明显改善，进出的货物种类不断增加，货运量持续扩大。一是实施西部大开发战略后，广西沿海地区作为西南地区出海大通道的桥头堡作用得到进一步强化。意识开发利用西部地区优势资源、调整产业结构。西南地区煤炭、化工、有色金属等矿产资源丰富，资源的开发力度加大后，通过广西沿海港口运输的货物量将会有较快的增长。二是扩大西部地区的对外开放。西南地区对外贸易依存度仅为 6.5%，远低于全国 47% 的平均水平，预计未来较长一段时期内，这一地区的对外贸易有望进入一个高速增长的新阶段；同时，西南地区石油等资源相对短缺，借助于广西沿海港口群这一便捷的通道，可利用中东地区等国外原油及油品。三是随着西部大开发的实施，西部地区包括交通在内的基础设施建设将会有突破性进展，西南地区货物集中运输条件将会有很大程度的改善，从而进一步降低西南地区货物通过广西沿海港口群进出成本，并且更方便快捷。

2008年初，国家已经批准实施《广西北部湾经济区发展规划》，为确保"十一五"工业目标的实现，该规划提出必须建立和完善多种形式构成的交通运输保障体系，包括重点建设快速客运系统、大宗散货运输系统、煤炭运输系统、成品油管道运输系统、集装箱运输系统，从而为工业发展提供交通运输支撑。沿海地区的交通建设以提高港口吞吐能力为重点，"十一五"期末沿海港口吞吐能力达到1亿吨以上。为此，今后广西沿海交通运输业将按照《规划》中关于推进沿海基础设施和现代化大型组合港建设的要求，紧紧围绕加快北部湾经济区开放开发和实现"十一五"末建成沿海亿吨大港的目标，迅速掀起新一轮开发建设高潮，进一步完善港口集疏运出海大通道，全力推进沿海基础设施大会站二期工程项目建设，为广西产业布局和促进临海工业发展提供有力的交通支撑。

20.11.4 海南省海洋交通运输业发展现状与趋势

20.11.4.1 发展现状

海南省港口建设正全面提速。截至2008年，海南初步构建了北有海口港、南有三亚港、东有清澜港、西有八所港和洋浦港的"四方五港"格局。五港功能各异，海口港是交通运输部规划的25个沿海主枢纽港之一，洋浦港是规划与建设中的区域国际航运枢纽和物流中心，八所港是我省重要的工业港，三亚港以国际客运为主、货运为辅，清澜港是我省东部地区重要的支线补充港和国家航天发射基地的主要海运枢纽。

引进战略投资，改组港口企业两大举措，为海南港航业发展注入了强心剂。海南省相继完成了琼北三港、八所港重组，引进了中海油化学公司、中远集团等知名企业加盟我省港航建设。据统计，最近5年，海南港口建设投资达29.88亿元。近年来，洋浦港二期和三期工程、中国石化洋浦炼化项目30万吨级原油和10万吨级成品油码头工程、金海纸浆洋浦专用码头工程、华能海口电厂3.5万吨级配套煤码头工程、三亚国际客运港一期工程、八所港化工危险品码头工程等一大批港口建设项目相继完工并投入使用。

据统计，截至2007年，海南全省沿海港口码头总泊位达到152个，其中，万吨级以上深水泊位30个，分别比2002年增长了46.15%和76.47%。2007年全省港口货物吞吐量首次突破7 000万吨，达到7331万吨，比2002年增长了182.18%。2008年预计可达7 800万吨。海口港和洋浦港分别跻身于4 000万吨和2 000万吨港口之列。

2006—2007年，海南省港口建设实际投资额均保持在每年10亿元左右，这在海南交通建设史上是少有的。2008年虽受全球金融危机影响，海南省港口航道建设全年预计可完成投资9.04亿元，全年新建成投入运行的万吨级深水泊位4个，至2008底，海南省深水泊位达34个，新增货物通过能力410万吨/年。

20.11.4.2 发展潜力与趋势

"十一五"期间，海南省港口建设力争完成投资40亿元，新增万吨级以上深水泊位14个，新增吞吐能力3 440万吨/年，其中，集装箱运输吞吐能力45万标准箱/年，原油运输吞吐能力1 750万吨/年，煤炭运输吞吐能力510万吨/年。将三亚建成国际邮轮母港，将八所港、清澜港建成功能优化的现代化重要港口。新增的14个深水泊位主要包括洋浦港三期3个2万吨散货泊位、海口港2个3万吨级（结构5万吨级）集装箱泊位、马村港一期扩建工程5个2万吨级散杂泊位等。海口港马村中心港区一期工程是我省"十一五"重点建设项目，工程于去年破土动工，明年将进入施工关键期。二期将建4个5万吨级散杂泊位。总投资16.6亿元的马村港区未来将发展成为以能源、集装箱、散杂货及危险品运输为主，设施先进、功能完善、文明环保的现代化综合性港区，而海口港整个港区未来的吞吐量将达上亿吨。

在航道建设方面，2015年前，以洋浦港10万吨级航道项目和八所港5万吨级航道项目为切入点，加快推进沿海港口航道建设，重点是大力推进海口港10万吨级航道项目。海南省将以洋浦港专用高速公路、洋浦－白马井跨海通道、马村港中心港区疏港公路、清澜－东郊跨海通道等项目建设为突破口，加紧规划和推进公路和铁路大型枢纽、场站、通道建设，与海口美兰国际机场以及大型航空集团组建战略联盟，着力构建海陆相连、空地一体、衔接良好的立体交通网络，全面提升港口枢纽纵深辐射功能。

随着海南省港口的建设以及海上航道和陆上公路的发展，港口将成为城市和区域的物流中心，并将带动城市经济和区域经济的发展。

20.12 南海区域的滨海旅游业

滨海旅游业包括以海岸带、海岛及海洋各种自然景观、人文景观为依托的旅游经营、服务活动。主要包括：海洋观光游览、休闲娱乐、度假住宿、体育运动等活动。

20.12.1 南海区滨海旅游业总体发展状况

根据海洋旅游资源本身所具有的特性，即自然旅游资源和人文旅游资源之异，同时结合旅游活动的性质，即人们观赏、运动、休（疗）养、娱乐以及科学考察等目的的不同，南海海洋旅游资源可分为热带风光和海岛旅游资源、海滨浴场和水上运动旅游资源、温泉旅游资源和人文胜迹旅游资源四大类。对它们进行单项或综合开发，即可形成旅游景区（点）和旅游市场，满足游人需要。

20.12.1.1 热带风光和海岛旅游资源

岭南拥有我国最大的热带国土，热带海洋壮观瑰丽的风光和众多的海岛，是岭南别具一格的旅游资源。从粤东南澳岛经珠江口万山群岛、上川岛、下川岛、海陵岛、硇洲岛，直到海南文昌七洲列岛、北部湾涠洲岛、七十二泾群岛，乃至西沙、南沙群岛等1758个岛屿以及大量洲滩礁沙，都有可供旅游开发之处。而按目前科学技术水平，仅海南省所拥有的500多座岛礁中，能够开发利用的就有220多座，这将是开辟大特区旅游业的巨大资源。广东、广西岛礁之多，也是不言而喻的。在这些地方，既可以观赏到热带红树林、珊瑚海岸的自然景观，也可流连于热带椰风海韵，观看野生动物和日出与晚霞，有的还适合开发钓鱼、观海等活动，甚至可以潜入海底，作"龙宫探胜"，等等。

近几年，广东、海南、广西已先后完成海岛资源的综合调查，对其中"海岛旅游资源"也作了单项考察和研究，划分了景观类型，确定分布范围，评价其旅游价值，提出开发利用的构思，使过去海岛旅游资源不清、开发迟缓的状态有所改变。但是，目前除了海陵岛、上川岛、下川岛、龙穴岛、妈屿岛、东海岛等旅游资源已有部分开发以外，仍有很多海岛对此尚未起步，或者开发很不充分，显示这笔旅游资源是个大有开发潜力的领域。

20.12.1.2 海滨浴场和水上运动旅游资源

岭南拥有很长的海岸线，是海陆相互作用形成的独特地带，有蔚蓝清澈的海水、洁白细软的沙滩，还有与之相连的面积大小不等的陆地。不少海岸后面还倚靠着翠绿的山丘，形成了既有水色，又有山景；既可下海戏水弄潮，又可登高远眺，山景水色兼备的特殊环境。这是建立海滨浴场，发展海岸、海岛旅游的良好场所。这样的岸段在沿海分布很广，目前开发的不下 30 处。除在海岛的以外，在大陆上比较著名的有深圳小梅沙、溪涌、西冲海滩，珠海香炉湾海滩，湛江霞山海滩，海口秀英海滩，三亚大东海等。此外，靠近大中城市和与其他旅游资源组合较好，近期有较好的开发条件以及正在开发的海滨沙滩还有汕头达壕岛、潮阳莲花峰、陆丰碣石湾、深圳大梅沙和迭福、台山赤溪、电白虎头山、文昌芝兰湾、万宁博鳌港、陵水新村港香水湾、三亚牙笼湾、娱蛟洲、乐东莺歌海、东方八所鱼鳞洲、临高县临高角、广西北海白虎头等。在沙滩后面往往耸立高大壮观的沙堤，在海南沿海至为常见，一般高 20~30 米，个别甚至达 50 米。它们是海南岛体间歇性上升、海水多次退却后遗留下来的。往往由多条沙堤组成堤群连续分布，其中在东部海岸最为发育，在西南海岸发育也不错。堤上现已种上大片木麻黄树形成防护林带，远看犹如一道道绿色长城，在海水蓝天映衬下别有一番风韵。这样的海滩景观很多，足以吸引、激发游人的兴趣。

新中国成立后，沿海地区建设了为数众多的水库，它们不仅为农业和城市提供用水，也是开展水上活动和其他旅游项目的重要资源。中山市长江水库，深圳市深圳水库、西丽湖、香蜜湖等都开发为重要旅游景区。沿海各地的水库，值得效法开发利用。

利用港湾或近海水体发展水上运动，也具有很大的吸引力。斗门县白藤湖农民度假村，就是一个很有特色的水上旅游中心。此外，新会的银洲湖、惠阳的大亚湾内湾、湛江内港、汕头的牛田洋等皆为发展水上旅游的优良水域。

20.12.1.3 温泉旅游资源

温泉是一种很宝贵的旅游资源。大多数温泉含有多种微量元素，有很高的理疗价值，温泉浴对游客很有吸引力。

岭南自燕山运动以来的断层、火山活动颇多，形成和出露的温泉不少。广东是我国温泉分布最广的省区之一，温泉数量约占全国的 1/10。海南岛温泉就有 22 处，水温在 65~90℃，价值异乎寻常。新中国成立后，沿海温泉主要用于工会系统的疗养地，很少用于发展旅游业。近年开发比较好的仅中山雍陌温泉和邻近沿海的从化温泉。可进一步开发的还有深圳的玉律和坪山温泉、台山的温泉圩温泉、珠海的海上温泉、汕头的东湖温泉、万宁兴隆温泉、琼海温泉以及文昌迈号温泉等。

20.12.1.4 人文胜迹旅游资源

由于人类的活动和自然条件变迁等历史原因，在沿海地区形成的文物古迹、风景名胜等旅游资源甚多，一向是古今游人乐于涉足之地。过去虽有不少文物古迹但布满历史灰尘，甚至被人遗忘。近年经过文物普查，人文胜迹的价值又被重新得到认识和肯定，成为一种具有观赏、游览和科学研究意义的旅游资源。在岭南沿海，这样的景点极为普遍，如南澳岛的古铳城、大地震遗迹、宋皇井，汕头君石、桑浦山、青云岩，潮阳莲花峰、东岩、西岩，惠来神泉港"海市蜃楼"、"海角甘泉"，陆丰县的玄武山、水月宫，东莞沙角古炮台，深圳的沙头角、锦绣中华、中华民俗文化村、世界之窗、野生动物园，番禺莲花山、大虎、小虎，珠海唐家公园、烈士陵园、九州城、拱北海关，新会崖门的抗元古迹，电白虎头山－小良人工生态林，博贺海岸防护林，湛江湖光岩，琼山海底村庄遗址，琼海万泉河，博鳌"亚洲论坛"会址，三亚的天涯海角、鹿回头、小洞天、南山寺，崖城古迹，广西合浦的珍珠城、东坡亭，钦州刘永福故居、冯子材墓和故居，北海市镇风光，等等。

20.12.2 广东省滨海旅游业发展现状

广东依靠自身强大的滨海旅游资源优势，大力发展滨海旅游业。2006 年滨海旅游业国际外汇收入 698 188 万美元，接待入境旅游者人数 1 954 万人次，比 2001 年分别增长 68.3%、63.7%。

2006 年，广州、深圳的滨海旅游收入为 50.63 亿美元，占全省滨海旅游收入的 72.5%；全省沿海城市接待入境旅游者人数最多的是深圳市，2006 年深圳接待入境旅游者人数超过 700 万，占全省沿海城市接待总数的 35.8%（图 20.15，图 20.16）。

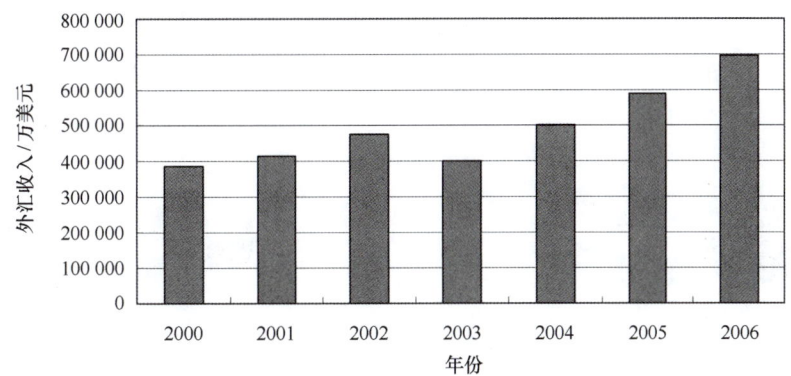

图 20.15　2000—2006 年广东省滨海旅游业外汇收入情况

图 20.16　2006 年沿海城市滨海旅游业外汇收入分布情况（单位：万美元）

20.12.3 广西壮族自治区滨海旅游业发展现状

据广西"908"项目数据调查显示，广西壮族自治区沿海三市 2000 年旅游收入达 16 亿元（钦州市未统计），2006 年旅游收入达到 28 亿元，比上年增加 16.1%，其中北海市旅游收入最高，占三市旅游收入总和的 67.6%（表 20.18，图 20.17，图 20.18）。

表 20.18　广西沿海三市 2000—2006 年旅游收入　　　　　　　　　　　单位：万元

地区	2000 年	2001 年	2002 年	2003 年	2004 年	2005 年	2006 年
北海市	154 400	159 106	175 502	161 600	145 313	161 718	189 300
防城港市	5 689	5 500	5 358	2 407	4 017	4 358	5 059
钦州市					62 656	75 264	85 844
合计	160 089	164 606	180 860	164 007	211 986	241 340	280 203

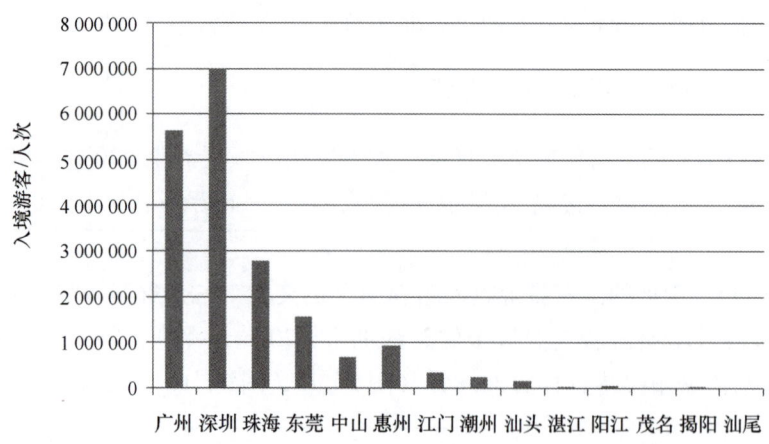

图 20.17　2006 年广东沿海城市滨海旅游业接待入境旅游者情况

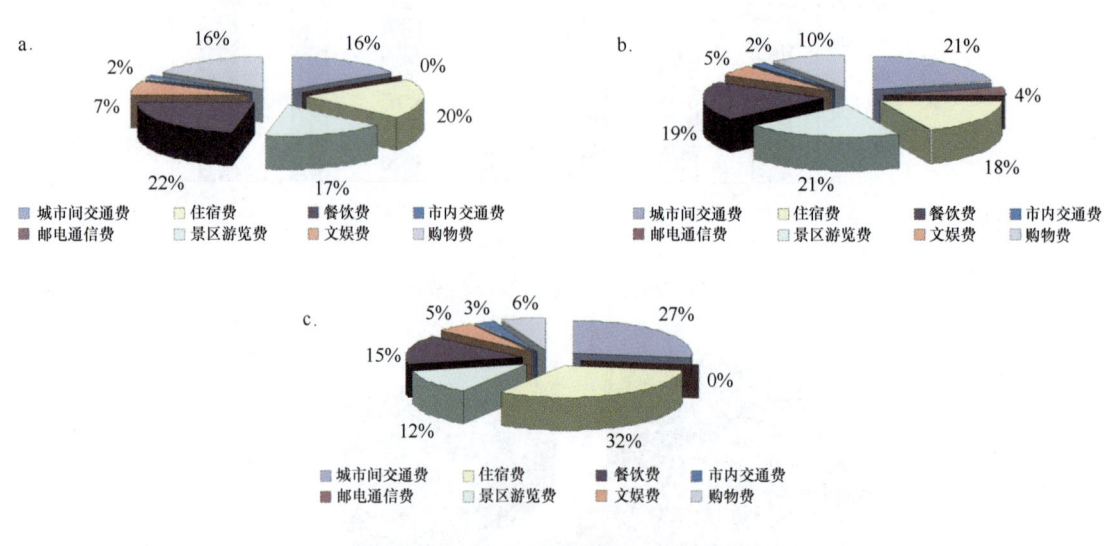

图 20.18　广西三市旅游收入花费构成
a：北海市；b：防城港市；c：钦州市
资料来源：广西沿海地区"908"项目数据

20.12.4　海南省滨海旅游业发展现状

海南发展滨海旅游业，有着其他沿海城市不可比拟的海洋和滨海区位优势、政策优势、资源优势和环境优势。在"一声两地"发展战略引导下，经过多年的发展，世界一流的热带海岛海滨度假休闲旅游胜地初现雏形。截至 2007 年，全省旅游接待人数达 1 845.5 万人次，是建省前 1987 年的 24.6 倍，旅游总收入达 191.37 亿元，是 1987 年的 150 倍；旅游综合效益明显提高，海洋旅游业成为海洋经济发展的重要支柱。

20.12.5　南海区滨海旅游业发展趋势

我国海岸线漫长，纵跨热带、亚热带和温带，漫长的岸线上镶嵌着众多的港湾，辽阔的海疆分布着繁多个大小岛屿，海滨的奇山异峰、珍稀的植物群落，历史文化、地质珍迹构成了优美的滨海旅游资源。广东、广西、海南主要以亚热带—热带气候为主，具有丰富的旅游资源，发展旅游业的潜力巨大，是一块有待开发的广阔的旅游天地。这里有珊瑚礁、海洋生物、红树林等独特海洋景观，也有海岛和沿岸许多的庙宇、古堡、炮台、文物古迹、历史传说、革命纪念地等人文景观。人文景观与自然景观相结合，构成南海海洋旅游的风景资源基础。

旅游产业是新兴的产业，不同于传统产业的是，旅游产业能耗低、环境污染小、能够吸纳较多的就业人员、产业关联度高、创造附加值的能力强。因此，可以说发展旅游产业，也就是发展国民经济。而从整个经济的角度来看，由于经济结构不合理，目前我国的经济运行中，存在着能耗高、环境污染严重的问题。这样的经济结构，不利于可持续的发展，需要调整。目前发达国家的产业结构调整普遍趋向是向第三产业转移，第三产业以投资小、见效快、无污染等特点，此外还可以吸纳大量的劳动力资源，因此，充分开发利用海洋赋予的优厚资源，大力发展南海海洋旅游，促进岭南地区经济发展。

未来南海旅游发展趋势。随着社会、经济发展，旅游产业也在不断更新换代，发展壮大。但是目前国际上旅游业发展趋势不外乎是提高旅游服务水平和旅游项目的吸引力、完善基础设施建设和增加旅游附加业值。滨海旅游业发展建议在以下几个方面给予加强：

（1）打造适应国际潮流的滨海旅游产品。顺应21世纪国际滨海旅游市场需求，整合、完善和深度开发南海地区滨海观光旅游产品，优化滨海旅游产品结构，设计一批新产品、改造提高一批老产品，规划一批未来产品，使旅游产品丰富多彩。

（2）积极开发独具特色的海岛旅游。充分利用南海丰富的海岛资源的优势，加快海岛旅游基础设施建设，深度挖掘，推出一批海岛精品游，吸引更多的海内外游客。

（3）进一步加强滨海旅游基础设施建设。高水平建设一批具有较高服务管理体系的酒店、度假区，促进滨海休闲度假游发展。精心建设、完善旅游交通网体系、提高旅游地的便捷性。建造滨海游艇旅游基地，开发、深挖滨海旅游项目。

（4）加快培养高质量的滨海旅游人才。积极培养和引进旅游服务业的技术和管理人才，加强综合信息和多种翻译以及导游、领队人才的培训，建设一批高素质的旅游人才。

20.13 小结

在当今资源短缺、环境恶化、发展空间难以为继的严峻形势下，海洋经济受到了高度关注，21世纪，全球海洋经济快速发展，成为世界经济增长的重要组成部分和新的亮点，世界各沿海国家纷纷将目光投向海洋，制定海洋发展战略与规划，在全世界范围掀起了新一轮海洋竞争。我国沿海地区新一轮的海洋经济发展热潮已经启动，近年来，南海海洋经济在以广东为龙头下，保持了持续快速发展的良好势头，海洋产业发展迅速，产业基础不断壮大，海洋经济总量不断提升。

海洋产业的核心竞争力。受世界及中国宏观经济形势的影响，传统海洋产业如海洋运输业、滨海旅游业、海洋油气业稳步发展，以海洋生物医药业、海水综合利用业为代表的海洋新型产业发展速度明显加快。在新一轮的海洋产业结构转型升级的推动下，一些资源消耗型、劳动密集型的传统海洋产业的发展瓶颈逐渐凸显，一些技术含量高、环境友好、经济效益好的海洋新兴产业发展潜力初步显现。海洋新兴产业资源消耗程度小，资源利用效率高，其生产方式无疑对今后南海区域海洋产业结构的调整、发展方式的转变、海洋经济的持续发展起到积极推动作用。作为未来海洋经济乃至国民经济新的增长点，发展海洋新兴产业具有战略意义。

海洋资源的需求日益强烈。国际经验表明，人均 GDP 超过 3 000 美元以后，城镇化、工业化进程会加快，人民生活水平将会进一步提高，居民消费类型和行为也会发生重大转变。当前中国经济社会正处于这一进程中，购买力不断提升，消费层次不断提高。需要海洋生物育种和健康养殖业、海洋生物医药与功能制品提供大力的健康食品和特效药物，解决食品和健康问题；需要海洋新材料，海洋检测仪器为防灾减灾和环境保护服务；需要淡化海水、海洋油气缓解经济社会发展中存在的资源与能源瓶颈；需要各种海洋装备和精密仪器保障国家海洋权益和海上安全。南海海洋资源丰富，为南海区域海洋经济发展提供了充足的物质基础保障。

进入"十二五"时期，在广东建设全国海洋经济发展试点地区、广西北部湾经济发展规划、海南国际旅游岛等诸多国家海洋经济发展规划的指导和部署下，南海海洋经济必将在数量和质量两方面实现较大飞跃发展，在国家、省（自治区）和各级政府的共同推动下，建设繁荣的南海区域海洋经济的目标定将实现。

第 21 章　南海海洋区域经济

区域空间布局是经济发展战略的重要组成部分，突出海洋经济发展的空间特点，是加快海洋经济开发的要求。海洋经济分区主要依据以下基本原则：

一是海陆一体化开发。即要按照国民经济总体规划，加强陆域经济和海域经济的联动发展，构建大海洋经济圈，实现陆海资源互补、产业互动、布局互联、平衡发展。要把海洋产业发展与布局，更好地与沿海、海岛的优势资源开发和城市化、工业化结合起来，合理布局海洋产业和临港工业园区，加快形成功能分工明确的海洋产业带，在路还联动中实现海洋产业的调整和布局。

二是突出海岸带与海湾。海洋经济区域由海岸带陆域、岛屿和海域三部分组成。海岸带是海洋经济的起点和基地，是陆地和海洋交接的重要地区。海湾是构建整个海岸带的中心，是发展海洋产业最重要的区域。因此，海洋经济区域布局要充分考虑海岸带与近海特点，构建由岸到岛、由近海到远洋、由浅海至深海岛多层次立体开发格局。

三是统筹安排与重点保障并重。在进行产业和区域布局时，应处理好当前利于与长远利益、局部利益与全局利益的关系，合理配置开发类、保护类和保留类的海洋功能区，统筹安排各涉海行业用海。应根据海域的自然资源条件、环境状况、地理区位、开发利用现状，兼顾考虑国家或地区经济与社会发展的需要，科学合理地进行空间布局和重大项目安排，使海域的开发利用从总体上获得最佳的社会效益、经济效益和生态效益。

四是促进可持续发展。要切实转变经济增长方式，坚持开发利用和保护治理并举，海洋经济发展与资源环境承载能力相适应，着力建设节约型和效益型海洋经济体系，在开发中保护，在保护中促进开发，使海洋经济发展建立在良性循环的生态系统和海洋资源可持续利用的基础之上，实现经济持续发展、资源永续利用、环境不断改善的协调发展。

21.1　南海海洋经济分区

根据自然条件和资源分布特征、经济发展水平和行政区划，南海区海洋经济布局的总体分区为：广东的"珠三角"、粤东、粤西三大海洋经济区，广西的临海经济带和泛北海海域的"一带一海"，海南的"一环四带海洋经济圈、三大阶梯式海洋开发区"。

21.1.1　"珠三角"海洋经济区

"珠三角"海洋经济区东起惠东县，西至台山市，包括广州、深圳、珠海、惠州、东莞、中山、江门 7 个市。该区域经济发展基础好，外向型经济优势明显，产业体系完善，经济辐射能力强，是全国沿海三大经济圈之一，也是全国海洋经济增长最快、最充满活力的地区之一。其海洋资源优势主要在于港口资源、旅游资源和滩涂资源。但随着"珠三角"的开发利用逐步加大，区域经济发展受空间、资源和环境的制约日益明显。

21.1.2 粤东海洋经济区

粤东海洋经济区东起饶平县,西至海丰县,包括汕头、汕尾、潮州、揭阳4个市。该区域地理区位优越,海洋资源良好,但经济仍以粗放型为主,工业化进程相对缓慢,海洋资源优势未转化为海洋经济优势。

21.1.3 粤西海洋经济区

粤西海洋经济区东起阳东县,西至北部湾与广西交界,包括阳江、湛江、茂名3个市。粤西地区海洋资源丰富,优势海洋资源为港口资源、滩涂浅海资源、海洋生物资源,同时也是我国大西南最主要的出海口,区位优势日益突出。但该地区工业化进程缓慢,基础设施建设不完善,经济发展相对落后。

21.1.4 广西临海经济带

北海、钦州、防城港三个沿海城市构成了广西的滨海带,相互间聚集度较密,发展海洋经济都具有相类同的基础,终将与南宁市形成一个城市群。按照区域经济发展战略,各沿海市将突出特色、发挥比较优势,海陆结合,发展各具特色的海洋经济。

21.1.5 广西泛北部湾海域经济区

广西近期对北部湾以外的南海大陆架及远洋区域的开发,主要为海洋捕捞。对这一海域的开发,均可以列入重点开发区范畴,加大投资力度开发潜在的资源,继续按照国家渔业结构调整方向,以中越北部湾划界及北部湾渔业合作协定为契机,推进外海及远洋渔业发展,以实现广西海洋捕捞业发展的战略性转变。到中远期,随着中国-东盟自由贸易区建成及泛北部湾海洋领域的紧密联结,远洋渔业及海底油气资源合作开发的大幕将正式拉开,泛北部湾海域成为广西与各方在海洋经济领域上互为促进、共同发展的合作平台。

21.1.6 海南"一环四带"海洋经济圈

"一环四带"海洋经济圈包括环海南岛海洋经济活动涉及的沿海陆域及海南省管辖海域,总面积约4万平方千米。环岛海洋经济圈地理位置优越,具有滨海旅游、港口海湾、滨海砂矿、滨海土地、近海油气和近海渔场等多种资源优势,是海南省人口和城镇最为密集、经济和科技发展水平最高的地区,也是该省对外开放的前沿地带。2003年,该区域总人口666.9万人,地区生产总值达到605亿元,分别占全省的84.4%和87.5%。遵循全省"南北带动,两翼推进,发展周边,扶持中间"的区域经济协调发展的要求,分别构建四个主导产业不同的产业带。

21.1.7 海南"阶梯式"海洋开发区

第一阶梯:南海北部海洋开发区。①渔业资源开发。南海北部海南岛以东渔区自福建的东山岛至台湾的鹅銮鼻连线以西,至东经110度以东的广东、海南两省沿岸区,作业渔场面积约24.6万平方千米,鱼类超过1 000种,虾蟹类300多种,头足类约60种,目前开发的海藻类5种、贝类13种、头足类24种、鱼类40多种。本海区的渔业资源年可捕量约100万吨,尚有开发潜力,应继续发展传统捕捞业,同时积极发展娱乐休闲渔业,在海上选择一些海域，作为游钓场和观赏水生生物的水域。北部湾渔区面积 10.7 万平方千米，鱼类约 240 种，贝类 200 多种，头足类 20 多种，虾蟹类 100 多种，大型海藻 30 多种，渔业资源年可捕量估计为（21~40）万吨。②油气资源开发。琼东南盆地已发现构造圈闭 73 个，非构造圈闭 27 个，石油和天然气资源丰富。莺歌海盆地内有构造圈闭 22 个，非构造圈闭 14 个。加强莺琼盆地勘探，争取形成具有战略意义的天然气开发区。北部湾盆地已发现涠 10-3、涠 11-1、涠 11-4、涠 12-3、乌石 16-1 油田，含油气构造 7 个。

第二阶梯：南海中部海洋开发区。①基础设施建设。西沙群岛周围海域包括北纬 12 度以北、水深大于 200 米的海域，面积约 68 万平方千米。②渔业资源开发。西沙和中沙渔区位于东经 107°~115°，北纬 15°~17.5°，面积 21 万平方千米。已经记录的鱼类有 500 多种，潜在渔获量为（23~24）万吨。③油气资源勘探。西沙和中沙盆地位于琼东南-台西南、珠江口盆地以南，中沙群岛至越南的归仁盆地一线以北的区域。④旅游业。西沙旅游资源丰富，发展热带海洋旅游观光、休闲娱乐业潜力大。

第三阶梯：南海南部海洋开发区。南海南部海域是指北纬 12 度以南的南沙群岛区域。这个区域在我国断续线以内的面积约 73 万平方千米，其中有岛、礁、沙洲、暗滩等 230 多个，出露水面的有 25 个，最大岛屿太平岛面积 0.423 平方千米，区域内油气资源和渔业资源丰富。南沙群岛附近海域是重要的国际航道，战略意义突出。

21.2 主要海洋经济区发展战略定位

21.2.1 "珠三角"海洋经济区发展战略定位

目前，"珠三角"海洋经济区海洋产业主要以海洋高科技产业、现代综合服务业、交通运输业、临海工业和海洋战略新兴产业为主。以广州、深圳、珠海为中心的珠江口城市现代物流业为优势，形成临港工业、高科技产业和现代服务业一体化的产业集群基地，海洋生物工程技术、精细化工、信息等新兴产业成为海洋经济新的增长点。以惠州为主的大亚湾地区以石化产业为主导，构建高技术信息和汽车工业、滨海旅游业、港口物流业协调发展的产业集群。"珠三角"地区已形成了珠江口和大亚湾两大实力雄厚的海洋产业集群区。

今后，"珠三角"海洋经济区要创新发展模式，提升发展能力，做优做强海洋产业，辐射带动泛"珠三角"区域经济发展，继续保持海洋经济在全国的领先地位。充分发挥"珠三角"龙头带动作用，重点发展高端制造业和现代综合服务业，形成产业集群；强化协调海洋交通运输业，错位发展，提升扩大海洋交通运输业的影响力，打造世界级的港口群和国际航运中心、物流中心；优化滨海旅游业；壮大扶持新兴海洋产业，形成新的极点；培育海洋现代服务业体系。加强城市之间的分工协作和优势互补，以广州、深圳、珠海为重点加强与港澳、东南亚的产业分工与合作，整合区域内产业、资源和基础设施的建设，通过空间的合理布局促进"珠三角"海洋经济区海洋产业的持续健康发展。

21.2.2 粤东海洋经济区发展战略定位

该区域以汕头为龙头，以发展特色型、生态型工业为核心的战略经济带发展势头迅猛。随着汕头东部城市经济带全面推进，大唐潮州三百门电厂、中广核陆丰核电、惠来电厂等项目建设加快以及潮汕揭石化基地逐步壮大，粤东海洋经济发展优势日益突出，极大地推动了粤东地区经济社会发展。粤东地区已形成两大海洋产业集群区，分别是以临港能源、造船、石化和装备制造、现代物流、滨海旅游和现代渔业为主的潮汕揭产业集群区，和以新型能源、水产品加工为主的汕尾-惠来能源产业集群区。

粤东海洋经济区要加快发展以汕头为中心的粤东城镇群，积极构建工业经济带、生态经济带、东延城市经济带三大战略经济带，把汕头市建设成现代产业协调发展、城乡经济整体推进的经济强市，带动整个粤东地区海洋经济的发展。充分发挥侨乡优势，以发展特色型、生态型工业为核心，重点建设汕潮揭石化基地等项目，加快发展海洋水产品精深加工业、海洋船舶制造业和海洋电力业，大力推动滨海旅游业。

21.2.3 粤西海洋经济区发展战略定位

粤西海洋经济区要加快发展以湛江为中心的粤西城镇群，发挥大西南出海口的优势，形成沿海经济新的增长带。加快湛江主枢纽港建设，建设湛茂沿海重化产业带，重点发展外向型渔业、临海重化工业、临海钢铁工业和配套产业以及外向型渔业、水产品加工业。

21.2.4 广西临海经济带发展战略定位

21.2.4.1 北海市海洋经济发展战略定位

依托较为完善的城市基础，继续抓住传统产业，突出新兴产业和临海大产业，重点发展滨海旅游、海洋水产、海洋生物技术、海洋交通运输、海洋矿产及临海大工业。

旅游业：发挥各种资源的集成效应，实施政府主导型战略，大力发展特色鲜明的海字系列多功能旅游产品，发展大众化旅游和营造跨境旅游的环境，建成集观光、休闲、康复、度假、会议等功能于一体的国际性滨海旅游城市。

水产业：全面推进水产业结构优化，增养殖业重点发展珍珠、对虾、文蛤和牡蛎养殖等高附加值产业，鼓励现有的外、远海船队加大对外海和南沙的开发力度，增加优质经济鱼类、珊瑚礁观赏鱼类等捕捞品种，项目布局于重点开发区内；以适应水产业的整体发展；渔业基础设施方面，改善渔港网络体系，建设现代化水产品交易中心市场。

海洋生物技术产业：建设以海洋为特色的高新技术产业开发区。生物资源的开发利用，以生物技术为依据继续进行海水养殖技术升级（对虾、珍珠、文蛤、鲍等）；生物制品和海洋药业，以鲎试剂、珍珠系列甲壳素等为主；综合利用红树林种植、海蓬子种植和加工、海藻资源开发等为主，项目布局于重点开发区内。

海洋交通运输及修造船：重点围绕旅游和商贸发展交通基础设施建设，适当扩大港口规模，建设客运中心，以集装箱泊位建设为主发展物流业，扶持北海航运业实现重点突破和发展船舶修造，项目布局于重点开发区内。

海洋矿产：重点对合浦钛矿进行集约化规模开发，项目布局于重点开发区内。

临海大产业：铁山港具有建设临海原材料工业专业码头及海洋环境容量可用量大（二类水质标准的COD现存容量为15万吨/年）的良好条件，依靠外来资金和项目推动临海工业的发展，结合现有沿海电厂的建设，在港后开发原材料及电力工业园区，布局已形成趋势或潜在可能的林浆纸一体化、石油加工、金属冶炼等项目，项目布局于重点开发区内。

21.2.4.2 钦州市海洋经济发展战略定位

利用区位条件，陆海结合，跨越式发展临海大产业，重点发展基础工业、临海大工业、海洋交通运输、海水养殖、滨海旅游业。

临海大工业及基础产业：在钦州湾口附近建设大型临海工业园区，利用其海洋环境容量空间大（二类水质标准的COD环境容量为14万吨/年）的优势，主要发展油气加工及石化、天然气发电、火电、铝材加工、林浆纸一体化等大型重化工项目，项目布局于重点开发区内。要着眼于集中建设布局，对无法集中于园区内的大项目，要尽力减少占用海域，为其他海洋产业预留发展空间。

海洋交通运输：发挥具有建设特大型深水泊位的潜力，加快建设大型原材料输运码头，并做好航道及其他基础设施的配套工作。

海洋水产：全力加速发展海洋渔业开发的深度，以海水养殖为水产业的支柱产业。海水养殖重点发展近江牡蛎、对虾和名贵鱼类养殖。调整陆域高位池发展生态养殖，茅尾海内的养殖不再扩大发展，项目布局于限制开发区内；进一步开发浅海及龙门岛礁附近海域的养殖，项目布局于优化开发区内。

滨海旅游：以麻兰岛旅游度假村为龙头，以开发建设大环——麻兰岛旅游区（休闲度假区）为突破口，拉动七十二泾（自然生态风景旅游区）、三娘湾滨海景点的开发建设，形成钦州湾口滨海旅游格局。

21.2.4.3 防城港市海洋经济发展战略定位

突出枢纽物流中心的地位，全力建设出海主枢纽，配套城市基础设施。重点发展海洋交通运输、滨海旅游业、海水养殖、临海大产业。

海洋交通运输：建设防城港综合物流中心。重点建设专业码头和集装箱码头，疏浚深水航道，扩大港口规模以适应货物结构性变化和港口码头专业化、大型化的要求，逐步由单输运功能向现代港口业务物流化转变，由"运输中心"向"配送中心"乃至"综合物流中心"转变。

滨海旅游：以景区景点开发为中心，建设发达的旅游通道系统并逐步发展为旅游基地；开发滨海运动、体育竞技、娱乐健身旅游；突出京族风情、民俗文化及中越小商品购物旅游，逐步形成"边海山"三位一体、国内游、边境游、跨国游互为促进的格局。

海水养殖。重点发展对虾、珍珠和泥蚶等滩涂贝类养殖，在进一步开发滩涂及池塘养殖基础上，积极开发浅海吊养及网箱养殖，重点区域为企沙半岛和江山半岛沿海，项目布局于优化开发区内。与此配套，加强渔港基础设施建设，形成防城港海产品物流中心，项目布局于重点开发区内。

临海大产业：在企沙半岛设立的沿海工业园区，具备临港、海域开阔、陆地平整等发展临海大工业的基础条件，可将基本完成项目建设前期工作的千万吨级钢铁厂项目落此，项目布局于重点开发区内；白龙尾半岛人口稀疏、海域宽敞的有利条件可作为核电项目基地，项目布局于优化开发区内。

21.2.5 广西泛北部湾海域经济区发展战略定位

1）北部湾外海捕捞

目前，北部湾湾口以南海域、南海中部深海海域以及西沙、中沙、东沙和南沙群岛珊瑚礁的外海海域，渔业的规模和产量都还不大，外海渔业具有很大的发展空间。"十一五"期间,稳定发展外海渔业,到2010年,外海捕捞产量达到60万吨,占海洋捕捞总产量的60%,实现海洋捕捞业结构的根本性转变。

重点海域:一是北部湾湾口以南80～200米水深的陆架海域,是近十余年来才开辟的渔场,大部分为蓝圆鲹、金线鱼等经济价值较高的鱼类。可以在适度发展底拖网利用较丰富的底层鱼类资源的同时,积极发展刺钓、围网、变水层拖网等作业,充分开发尚有很大潜力的中上层鱼类资源。二是"四沙"海域,有丰富的底层经济鱼类及观赏鱼类,开发高附加值的海洋渔业。三是南海深海区开发,启动深海渔场试捕,拓宽作业渔场范围,利用大中型拖、围、刺、钓渔船,开发南海北部200米等深线以深至南海中部海域的渔业资源,捕捞鲐鱼、无斑圆鲹、太平洋塔乌贼等,提高外海渔业的产量。

2)远洋渔业

"十一五"期间,广西远洋渔业要在过洋性远洋渔业发展的基础上,推进大洋公海渔业开发,重点发展南太平洋、印度洋的金枪鱼延绳钓资源,并配合竿钓作业。到2010年,广西远洋渔业产量达到5万吨。重点领域:一是与东南亚有关国家合作,发展远洋捕捞。印度尼西亚邦加岛专属经济区海域,渔场作业面积46万平方千米,是优良的底拖网作业渔场,渔业资源蕴藏量120万吨,可捕量60万吨,目前每年的捕捞量仅30万吨以上,还有很大的开发潜力。马来西亚也是渔业资源较丰富的国家,有较大的合作开发潜力。广西远洋渔业的发展首先在东南亚建立据点,站稳脚跟,然后再图发展南太平洋和印度洋的金枪鱼资源。二是远洋渔业基地建设。在发展东南亚拖网渔业的基础上,首先在印尼邦加岛和新加坡建设冷库和后勤补给设施,形成东南亚远洋渔业生产基地,然后再东扩西进,逐步建立以马来西亚槟城为中心的印度洋金枪鱼延绳钓基地、以斐济为中心的南太平洋金枪鱼延绳钓基地和以巴西、秘鲁为中心的南美金枪鱼延绳钓和围网作业基地。同时,把北海市作为远洋渔业在国内的加工和销售基地。

3)海洋油气开发

据2000年的评价结果,北部湾盆地石油资源量为16.7亿吨,其中最终技术可采储量2亿吨;天然气(伴生)资源量1457亿立方米。北部湾口外的莺歌海盆地也是我国近海天然气资源主要分布区之一,目前开采规模仍不断扩大。中越两国对能源有着共同的需要,随着泛北部湾经济合作的深入发展,广西将积极推动国家层面的合作勘探、开发,探明共有海域的油气资源,共同实现规模化开发海底油气资源。

21.2.6 海南"一环四带"海洋经济圈发展战略定位

遵循海南省"南北带动,两翼推进,发展周边,扶持中间"的区域经济协调发展的要求,分别构建四个主导产业不同的产业带。

1)北部综合产业带

包括海口、澄迈、临高、文昌4市县及其邻近海域,海岸线长568.3千米,以区位条件、港湾资源、旅游资源和渔业资源为主的优势十分明显,是全省政治、经济、文化中心。要以海口市和海口港为区域经济"增长极",带动两翼发展,建设琼北滨海城镇密集区,形成综合性海洋产业带。

(1)海口综合海洋经济区。包括海口市全境。确立建设"大海口"的思路,加快城市建设及其发展的现代化和国际化进程，成为本区未来发展的核心。①要进一步加大城市基础设施、港口设施和专业化市场建设，加快现代海洋运输配套产业的发展步伐，促进区域性物流分拨中心的形成，并带动其他第三产业的发展；②依托西海岸旅游风景长廊和东部铺前生态旅游景区，发展城市郊区娱乐健身、休闲度假为主题的滨海旅游业；③利用海口湾和铺前湾的浅海、滩涂资源，大力推进以贝类、藻类为主的养殖业的发展，建成以泥蚶、牡蛎为主要特色的海水养殖与加工基地。

（2）澄迈湾临港工业-水产养殖区。包括以马村港为依托的澄迈县沿海地区。本区港口条件优越，工业发展基础良好，是琼北地区重要工业集聚区。①以海港运输为基础，形成大型机械、船舶制造产业序列，同时利用"三港合一"的契机，依托马村港区形成临港工业区；②加快以盈滨半岛为重点旅游度假区的建设，使之成为琼北旅游圈的重要组成部分和新亮点；③利用区内浅海、滩涂资源条件，积极发展水产养殖和水产品加工业，重点突出牡蛎、江蓠、文蛤和鲍鱼等养殖品种，建成精品养殖与加工基地。

（3）临高综合海洋经济区。以渔业经济为重点，筹划建设沿海公路，实现后水湾、头咀港、新盈港、黄龙港、调楼港、抱才港、美夏港、临高角旅游区、红牌港、马袅港等重要生产基地的相互贯通，带动海水养殖、捕捞加工、渔需品加工、修造船业、渔业服务业、渔港小城镇建设、休闲渔业、滨海房地产、旅游业和海洋运输业等产业的协调发展，使本地带成为琼北海洋经济综合产业带的重要组成部分。

（4）清澜港滨海旅游-轻加工业区。包括清澜港及其腹地文昌县的大部分地区。本区山海、椰林为主的旅游资源优势突出，滨海砂矿、海洋水产和热作农副产品资源开发潜力巨大。今后，应在进一步巩固旅游业的主导产业地位、带动其他第三产业发展的同时，逐步加大特色水产品和农副产品加工、滨海采矿等产业的发展，加快发展风力发电产业。

（5）南部度假休闲产业带以三亚市为中心，包括三亚、陵水和乐东三县市及其周边海域，海岸线长382.5千米，旅游资源优势突出，盐业资源丰富，海洋渔业发展基础良好。2003年全区总人口130.3万人，GDP达76.6亿元，分别占全省的16.5%和11.1%。应突出三亚市作为海南省南部区域经济增长中心的作用，进一步扩大城市规模、完善城市职能；大力发展海水养殖、海水育苗、远洋捕捞、海洋水产品加工业，壮大渔业产业的实力；发展海盐化工和海水化学工业，利用莺歌海油气资源登陆点的便利条件，积极发展油气化工，培育新的区域经济增长点。

（6）三亚观光-疗养-度假旅游区。包括三亚市沿海陆地区域及其周边海域，是海南省旅游业发展的黄金地段。以建设国家级旅游度假基地和国际性热带滨海疗养度假胜地为目标，大力促进旅游业的发展，是本区未来发展的主要方向。依托三亚渔港加快渔业发展，发展海洋生物技术产业。

（7）陵水湾旅游-渔业-热作农业经济区。包括陵水县沿海区域及其周边海域。①依托三亚旅游客源市场，大力发展以香水湾、南湾猴岛、陵水分界洲岛和椰子岛等为重点的旅游业，带动城镇建设和特色农副产品种植（养殖）、加工业的发展。②在加快新村国家级中心渔港建设的基础上，大力发展浅海、滩涂和深水网箱养殖业，积极拓展深海捕捞业，加快发展冷冻、印刷、包装、运输等配套产业，建设现代化渔港经济区。③加快陵水气田勘探、开发进程，发展天然气开采及其相关配套产业。

（8）莺歌海化工为主导的经济区。包括莺歌海盐场为主的乐东县沿海地区及其周边海域，是海南岛最大的盐场所在地。①进一步加大盐业转产、转制和产业结构调整；②以莺歌海油气资源开发为契机，积极发展海洋油气化工业；③利用沿海滩涂、浅海及莺歌海转产盐场，建设海产品养殖基地。

2）西部工业产业带

包括儋州、昌江、东方3县市沿海地区、白沙县西部地区以及周边海域，海岸线长406.1千米。2003年，总人口151.5万人，占全省的19.2%；GDP为108.1亿元，占全省的15.6%。铁矿石、石灰石、石英砂及近海油气等矿产资源丰富，又有洋浦、八所港口及高速公路、国道公路和铁路沟通与区内外和国外的联系。应加快临海重化工基地建设，谋划国家石油战略储备基地建设项目，加快旅游业、海洋渔业、特色农产品种植及农副产品加工业的发展。重视滨海经济中心建设，近期以那大和八所为重点，远期以洋浦开发区和东方化工城（八所）为双核心，形成三个专业化经济区域。

（1）洋浦石油化工-港口物流业经济区。本区以洋浦港为依托，范围包括洋浦开发区、儋州沿海陆域及其周边海域以及白沙县西部地区。①以洋浦开发区为载体，以石油炼制及石油化工项目为龙头，在进一步提高生产能力和扩大生产规模的基础上，大力拓展下游产品的生产；②配合洋浦港口建设，兴建港口综合物流园区，争取兴建自由贸易区；③谋划并争取获准建设国家石油战略储备库；④利用白马井、新盈、排铺、海头等渔港和浅海、滩涂资源，发展捕捞、养殖、水产育苗和水产加工业，建设现代化渔港经济区。

（2）八所天然气深加工-滨海砂矿开发区。以八所港和东方市（八所镇）为中心，包括昌江和东方2县市海岸带及其周边海域。①依托天然气化肥、大型甲醇、苯烯和大型三聚氰胺等项目，加快发展天然气深加工和精细化工及其下游配套产品，建成全国最大的海洋天然气化工和能源基地、农用化工产品生产基地；②利用石英砂为主的非金属矿产资源，发展玻璃、水泥等建材工业。适当发展海洋渔业和旅游业。

3）东部旅游农业产业带

包括琼海和万宁2县市沿海区域及其附近海域，海岸线长260.9千米。2003年总人口101.4万人，GDP为85亿元，分别占全省的12.8%和12.3%。农业发展基础好，旅游资源特色突出，钛铁砂矿和锆英石等矿产资源富集，又是海南岛重要的侨乡，"博鳌亚洲论坛"位居于此。应充分发挥"博鳌亚洲论坛"带来的机遇，推进以会展为特色的旅游业发展，带动服务业的全面提升。同时，发展农副产品和海洋水产品加工业，滨海砂矿资源开采与加工业。

（1）龙湾港旅游-港口贸易-渔业经济区。本区以龙湾港为依托，包括琼海市沿海区域及其周边海域，海岸线长41.7千米。①龙湾港是海南岛东部的重要出海口，要加快建设大型深水港口，发展中转贸易及其他以大宗来料出口加工为主的临港工业；②发挥"博鳌亚洲论坛"的品牌效应，依托博鳌水城、万泉河生态旅游区、官塘温泉度假区、白石岭风景区，建设会议展览、康体疗养、旅游观光、休闲度假于一体的国际性旅游胜地；③发展农产品加工、旅游工艺品、水产品加工业；④利用潭门中心渔港建设的契机，发展海洋捕捞、养殖、加工及水产品流通业，加快现代化渔港经济区的建设步伐。

（2）万宁沿海旅游-农副产品加工-滨海砂矿业经济区。包括万宁市沿海区域及其附近海域。应进一步发展旅游业，特色热作农产品种植与农副产品加工业以及滨海砂矿资源开采与加工业，积极开发抗高温、耐腐蚀的国防和航天需要的高级原材料。加快外海捕捞与养殖业的发展，以港北、坡头等重点渔港建设为基础，发展水产品保鲜、加工、储运、销售等产业。

21.3 南海海洋经济区发展状况

随着人类对海洋资源的深入开发和利用,海洋经济已成为当今世界经济发展的主流方向之一,也成了经济发展到一定程度时的必然趋势,沿海地区把海洋经济产业的发展作为抢占全球新一轮经济社会大发展的重要抓手,将海洋经济发展作为沿海地区经济协调发展的有效途径之一,海洋经济发展规模和发展活力愈来愈凸显。

21.3.1 广东海洋经济区发展状况

海洋经济是未来广东社会经济发展新的增长点。拓展深化海洋开发,加快构建现代海洋产业体系,集中力量发展海洋经济,有利于广东适应世界海洋开发趋势的变化,增强海洋国土意识和保障国家海洋权益;对广东突破陆地资源不足,把丰富的海洋资源优势转化为经济优势,构建和谐社会的重大战略举措,广东海洋经济发展取得了良好成效。

一是海洋经济保持快速增长势头。2010年全省海洋生产总值达8 291亿元,占全省地区生产总值的18.2%,"十一五"期间年均增长17.8%,海洋经济总量连续16年保持全国领先地位。

二是现代海洋产业体系初步形成。海洋优势主导产业不断壮大,海洋渔业、海洋交通运输业、滨海旅游业、海洋油气业和海洋化工业五大海洋支柱产业占全省海洋生产总值的23%。全省主要海洋产业三次产业比例为10∶42∶48。

三是海洋科技自主创新成果丰硕。形成了一批具有自主知识产权的科技创新成果,"十一五"期间,全省海洋与渔业科技项目共获得省级以上奖励92项,成为全国海洋科技创新的重要基地。

四是海洋生态环境保护成效显著。建成人工鱼礁区24座,礁区面积1.9万公顷。五年来共放流海水鱼虾贝苗4.9亿尾(粒)。海洋与渔业保护区达100个、面积65.8万公顷,保护区数量、面积和种类均居全国首位。

21.3.1.1 海洋经济总量与发展速度

自2003年广东省第五次海洋工作会议以来,全省海洋经济继续保持良好的发展态势,海洋经济总量稳步增长,海洋经济对国民经济和社会发展的贡献日趋突出。海洋经济步入数量积累和规模扩大的快速增长期,经济总量连续多年居全国首位。2006年广东海洋产业总产值4 530亿元,连续11年居全国首位,是2003年的2.1倍,多年约占全国比重的20%;其中,海洋产业增加值2 350亿元,是2003年的2.2倍,年均增长32.8%,占广东生产总值的9%。

海洋经济继续保持高于广东GDP增长速度,海洋经济增长速度高于同期国民经济增长速度,2003—2006年广东海海洋产业增加值以年均32.8%的增长速度高速发展,高出同期地区生产总值14.8个百分点,对广东国民经济的贡献日益增大,已成为国民经济的新经济领域。

21.3.1.2 主要海洋产业

在广东海洋综合开发的广度和深度不断拓展,主要海洋产业发展迅速,产业结构不断优化,海洋产业规模不断壮大,逐渐形成了以海洋油气业、交通运输业、海洋化工业、滨海旅游业和海洋渔业五大海洋支柱产业为主,其他海洋产业迅速发展的新格局。

2006年,海洋油气业、交通运输业、海洋化工业、滨海旅游业和海洋渔业的总产值为2 125亿元,占全部海洋产业总产值的73%。其中,海洋油气业随着广东海洋石油天然气开采能力不断增强，发展快速，2006年总产值448亿元，居全国前列，比2003年增加250亿元，同比增长1.1倍多，年均增长率为27.01%。海洋交通运输业2006年总产值达705.5亿元，居全国前列，比2003年增加了478.5亿元，同比增长209%。广州港货物吞吐量位居全国第三，进入世界十大港口行列。而深圳港已位列新加坡、香港、上海之后，排在全球集装箱港吞吐量排名的第4位。海洋化工业发展势头强劲，在海洋产业中地位不断提高，2006年，广东海洋化工业总产值438.36亿元，占主要海洋产业总产值比重16.76%。滨海旅游业保持平稳较快发展，旅游市场持续扩大，旅游消费稳步增长，服务水平进一步提升。2006年滨海旅游收入692.4亿元，居全国前列，比2003年增加42.4亿元，同比增长6.5%。广东沿海地区继续加强对近海渔业资源的保护，积极发展远洋渔业和海洋水产品加工业，2006年实现总产值279.1亿元，居全国前列。

近年来，海水综合利用业、海洋船舶业等在海洋经济中的地位逐步上升，未来发展潜力巨大。广东海水利用业发展异军突起，沿海地区不断扩大海水淡化和综合利用的生产规模，产业产值已占全国海水利用业产值的45.68%，居全国首位。2007年，全年海水利用业总产值0.78亿元。海洋船舶工业继续保持强劲增长势头，2006年实现工业总产值43.6亿元，比2003年增加12亿元。

21.3.1.3 海洋产业结构

广东海洋产业门类齐全，发展呈现新格局。目前，已形成了以海洋渔业、滨海旅游业、海洋电力业、海洋油气业、海洋交通运输业为主体，海水利用、海洋船舶制造、海洋生物医药等全面发展的海洋经济体系，涉及国民经济十多个门类。2006年，海洋第一产业总产值182.8亿元，海洋第二产业总产值1 640.5亿元，海洋第三产业总产值2 290.6亿元，三大产业比例为23∶40∶37。

2003—2006年，广东主要海洋产业结构调整明显，呈优化趋势。海洋渔业在海洋产业中的比重呈现逐年下降趋势，由2003年的21%调整到2006年的4.4%；海洋第二产业的比重则由2003年的39%发展到2006年的40%，说明广东海洋经济的产业结构正在处于重大调整过程中，第二产业特别是海水利用、海洋油气、海洋船舶制造的发展呈现加速趋势；海洋经济的"服务化"阶段即海洋产业发展的高级化阶段也初露端倪，滨海旅游、海洋运输、海洋信息、技术服务等海洋第三产业成为海洋经济的未来支柱，特别是滨海旅游业发展的突飞猛进使得海洋产业结构不断得到优化，产业结构日趋合理，各产业更加协调发展。

21.3.1.4 海洋经济空间布局

经过多年发展，目前，广东省珠三角、粤东和粤西三大海洋经济区的建设已初见成效。

珠三角地区以珠江口沿海城市群为中心，海洋开发基础好、程度高，大力发展海洋高科技产业、海洋交通运输业、临海工业和新兴海洋产业，大力推进大亚湾石化基地、中船龙穴造船基地、岭澳核电等大型能源项目建设。2006年，深圳港集装箱吞吐量居全球第4位，仅深圳盐田进出口集装箱吞吐量达830万标准箱，创历史新高，单港集装箱吞吐量居全国首位。广州港吞吐量达到3.02亿吨，全港集装箱吞吐量超过665.5万标准箱，港口货物吞吐量居全国沿海港口第3位，居世界十大港的第5位。惠州的中海壳牌投产后，为惠州市的GDP增加了250亿元人民币。目前，珠三角经济区已成为我国海洋经济发展最具活力和潜力的地区之一。

东西两翼海洋经济发展各具特色，海洋经济发展迈上了新的台阶。粤东地区以汕头为龙头，发挥侨乡、特别是对台经济交往的优势，积极推进汕头东部经济带和汕潮揭石化基地建设，积极发展海洋资源精深加工业和海洋电力工业。粤西地区以湛江为龙头，发挥大西南出海口的优势，加快了海上交通枢纽港建设，积极培育临海工业、滨海旅游业和外向型渔业，积极推进东海岛钢铁基地和湛茂石化基地建设，湛江港2006年吞吐量为9 165万吨，已打造成大西南和华南出入海主通道。

21.3.2 广西海洋经济区发展状况

广西背靠大西南，面向东南亚，是西南地区通向我国沿海、东南亚乃至世界各地的重要交通要道之一，还是西南地区最便捷的出海口。南昆铁路建成通车后，西南地区货物通过广西沿海港口群进出的条件有了明显改善，进出的货物种类不断增加，货运量持续扩大。

改革开放特别是实施西部大开发战略以来，北部湾经济区经济社会发展取得显著成就，进入了历史上最好的发展时期。经济实力明显增强，经济总量占广西全区比重不断提高；基础设施建设取得重大进展，沿海港口吞吐能力超过5 000万吨，集疏运条件逐步完善，西南出海大通道作用得到发挥；特色优势产业快速发展，一批国家重大项目已经建成或将开工建设；开放水平不断提高，与国内其他地区的经济合作日益深化，在面向东盟开放合作中的地位日益凸显；人民生活水平明显提高，生态建设和环境保护不断加强。

实施西部大开发战略后，广西沿海地区作为西南地区出海大通道的桥头堡作用得到进一步强化。一是开发利用西部地区优势资源、调整产业结构。西南地区煤炭、化工、有色金属等矿产资源丰富，资源的开发力度加大后，通过广西沿海港口运输的货物量将会有较快的增长。二是扩大西部地区的对外开放。西南地区对外贸易依存度目前仅为6.5%，远低于全国47%的平均水平，预计未来较长一段时期内，这一地区的对外贸易有望进入一个高速增长的新阶段；同时，西南地区石油等资源相对短缺，借助于广西沿海港口群这一便捷的通道，可利用中东地区等国外原油及油品。三是随着西部大开发的实施，西部地区包括交通在内的基础设施建设将会有突破性进展，西南地区货物集中运输条件将会有很大程度的改善，从而进一步降低西南地区货物通过广西沿海港口群进出成本，并且更方便快捷。

改革开放特别是实施西部大开发战略以来，北部湾经济区经济社会发展取得显著成就，进入了历史上最好的发展时期。经济实力明显增强，经济总量占广西全区比重不断提高；基础设施建设取得重大进展，沿海港口吞吐能力超过5 000万吨，集疏运条件逐步完善，西南出海大通道作用得到发挥；特色优势产业快速发展，一批国家重大项目已经建成或将开工建设；开放水平不断提高，与国内其他地区的经济合作日益深化，在面向东盟开放合作中的地位日益凸显；人民生活水平明显提高，生态建设和环境保护不断加强。

但目前广西海洋经济发展现状与拥有的海洋资源很不相称。表现在：海水产品深加工或向更高层次产业转化延伸的能力还很低，甚至连把海水产品加工成罐头食品或即食食品的也不多；海洋捕捞、海洋运输、海洋观光旅游、船舶修造等传统产业发展缓慢；海洋生物、能源、矿物等资源开发利用领域基本上还没有开始或只处于很低水平；海洋教育尚处空白，海洋科研相当落后；等等。如何尽快使丰富的海洋资源转化成经济发展的现实优势，实现科学合理开发和利用海洋，这是需要着重考虑的问题。

21.3.2.1 广西海洋经济总体发展状况

据广西"908"项目数据资料显示，2004年北部湾经济区实现生产总值1 010亿元，人均

GDP为8 275元。将北部湾经济区与国家"十一五"规划的中西部其他重点开发区域相比可发现：从经济总量上看，北部湾经济区在中西部的6个重点开发区域中处于最低，尽管地理面积大于长株潭城市群。从人均GDP的角度上看，北部湾经济区与西部的关中、成渝地区相差不大但都明显低于全国平均水平，也低于中部的三个重点开发区域。从总体上看，北部湾经济区在全国重点开发区域中经济发展水平相对落后，需迎头赶上。

将北部湾经济区与东部的长三角、珠三角、京津冀、辽中南、山东半岛、海峡西岸城市群进行对比，可以明显得出：从经济总量上看，北部湾只有长三角和珠三角的1/27，只有海峡西岸和辽中南的1/6~1/5，可见经济总量上存在巨大差距。从人均GDP的角度上看，北部湾大约只有珠三角的1/10，大约只有海峡西岸和辽中南等城市群的1/3，可见人均GDP的巨大差距。总体上看，北部湾要成为中国沿海经济的"第四增长极"，还有一定的距离，需要加快发展速度。

目前，与其他沿海开放地区比较起来，北部湾经济区经济发展水平最低，开发时间最短，城市群人口偏小，对外开放落后，投资不足，欠缺辐射带动能力强的中心城市。经济外向度低。2004年，北海、钦州、防城港外贸出口分别为9 500万、5 217万、8 358万美元；实际利用外资方面，三市均未超过2 600万美元。

21.3.2.2 广西海洋产业发展现状

2005年，北部湾经济区整体三次产业结构构成为22∶33∶45；就内部四城市来看，南宁第一产业比重最低、第三产业比重最高，三次产业结构构成相对最先进；而钦州第一产业比重最高、第二和第三产业比重都处于最低，三次产业结构构成相对落后。与广西壮族自治区三次产业结构相比，北部湾经济区整体三次产业结构构成中，第一产业与自治区大体相当，第二产业比重低于自治区对应的比重，而第三产业比重高于自治区对应比重。从总体上可以判断出，由于北部湾经济区第二产业构成低于全自治区总体水平，北部湾经济区工业化水平低于全自治区平均水平，同时也说明了北部湾经济区第三产业呈现"虚高"的特征。就经济区内部四城市来说，北海市三次产业结构与全自治区最为接近，而钦州的农业比重明显过高、工业化水平明显偏低。南宁和防城港市分别由于省会城市、港口城市的缘故而第三产业比重偏高。

与全国的三次产业结构相比，北部湾经济区三次产业结构构成中，第一产业的比重高于全国7个百分点，而第二产业的比重低于全国近20个百分点，反映了北部湾经济区的工业化水平较全国总体远远落后。同时，广西壮族自治区的三次产业结构与全国相比，也处于明显落后状态。就经济区内部四城市来说，第二产业的比重都明显低于全国总体，虽然除钦州外，南宁、北海和防城港三市的第三产业比重高于全国平均，但这是由于第二产业比重不足而引起的，也就是说，北部湾经济区与自治区整体、全国相比，工业化水平都处于较低的水平，大力推进工业化是北部湾经济区发展的一个重要内容。

在三次产业结构中，第一产业主要依托自然资源条件，第二产业中的采掘业也多是依托天然矿藏资源，第二产业中的建筑业和第三产业主要服务于本地区经济社会发展，根据相关研究，制造业往往是一个区域或城市发展的主要动力，所以本报告重点分析北部湾经济区制造业发展的特征。

北部湾经济区制造业结构中以特色资源和原材料工业为主，其他制造业，尤其是中高技术制造业产业规模较小，产业基础薄弱。这一特征也反映了北部湾经济区工业化水平低、工业基础薄弱的总体特征，加快制造业发展是提高工业化水平的必由之路。

北部湾经济区经济基础薄弱，工业化水平低，伴随着产业竞争力不强，主要表现在：一是尽管农业生产的综合条件较好，但农业生产方式落后，传统农业向现代农业和农业产业化转变速度慢，农产品加工增值率低；第二产业缺乏一批拥有自主知识产权的知名品牌和国际竞争力较强的优势企业；第三产业特色不鲜明，无论是物流，还是旅游等服务业特色不明显。二是缺乏有竞争力的产业集群，产业以原材料工业为主，产业链条短，缺乏上下游等环节的相互衔接与延伸，产品附加值低，存在结构趋同、产品趋同，低层次的竞争和低水平的重复建设等问题。三是无论FDI规模，还是民营经济都比较薄弱，既缺乏"明星"企业的牵引作用——行业龙头或跨国公司，又缺乏"众星"的辉映——民营企业的扎堆集聚。

21.3.2.3 广西临海工业布局与发展

为提高广西沿海的产业竞争力，广西壮族自治区人民政府正实施"沿海基础设施建设大会战"，加紧布局沿海钢铁、石化、电力等能源和重化工产业。2005年底，印度尼西亚金光集团在钦州总投资达78.7亿元的广西金桂浆纸业有限公司60万吨纸浆工程项目正式启动；世界上最大的纸业公司斯道拉恩索公司也已计划在北海投资建设热磨机械浆、液体包装纸项目，一期建设规模为年产30万吨热磨机械浆、50万吨液体包装纸，项目总投资超过100亿元（不含造林部分）；武钢与广西柳钢也正式签订了联合重组意向书，将联合建设防城港企沙千万吨级大型钢铁联合企业（目前项目核准报告正在上报国家发改委审批）；国务院已批准中石油钦州千万吨大型炼油项目，总投资达119.6亿元。总体上，广西北部湾经济区的临海型工业已初具雏形。

但是，在整个环北部湾地区（包括广西沿海地区、海南岛西海岸和广东西部的湛江等地）来说，由于长期受条块分割的影响和地方利益的驱使，环北部湾地区生产力布局重复，产业结构同化、特点同化、职能同化现象较为突出。而财政"分灶吃饭"又促使地方政府争上高税利产业。目前，海南、广东、广西均提出要重点发展钢铁石化、林纸浆一体化、修造船、粮油加工等产业。如在海南洋浦开发区，印度尼西亚金光集团投资102亿元的100万吨木浆项目已正式投产，中石化集团投资116亿元的800万吨炼化项目投产，300万吨LNG项目正在报批，500万吨商业石油储备、30万吨修造船项目正在洽谈之中；又如在广东湛江，总投资达94亿元的湛江70万吨高级造纸木浆也已启动，主要投资方之一的中国高新投资集团已在湛江挂牌运作；在钢铁项目方面，国家发改委已经批准了上海宝钢在湛江建设2 000万吨的湛江宝钢钢铁基地，一期先建设1 000万吨产能；在石油炼制产业，湛江一直是老牌的炼油基地，也在加紧进一步扩大炼油规模。

产业结构重叠，导致环北部湾经济区内各地对资源和市场的剧烈争夺，恶性竞争在所难免。一是对港口货源的争夺已初现端倪。如铁矿石——环北部湾各港口吞吐量最大的货物，为了获得货源，各港口大打价格战，装卸费从每吨40多元降低到20多元，一些小型码头甚至降到10多元，恶性竞争导致北部湾港口群陷入"吞吐量大，利润率低"的怪圈。二是招商引资恶性竞争，导致多方受损。各地竞相压价，相互攀比优惠政策，拼地价、税收吸引投资。在土地问题上，地价从每亩10万元左右到5万元，甚至2万~3万元，有的地方甚至提出免收土地转让费；税收问题上，许多地方已突破"两免三减半"的企业所得税的优惠政策底线，暗地执行"五免五减半"政策，有的甚至承诺给予"十免十减半"的税收优惠政策，导致国家收入流失，农民利益受到损害，造成了低层次、无序恶性竞争的局面。

21.3.3 海南海洋经济区发展状况

海南作为我国第一海洋大省，拥有丰富的海洋生物资源和滨海旅游资源。建省之初，海南作为国家的边防前沿、军事重地，海洋经济没有得到充分的重视和开发，唯有渔业一枝独大。随后，海洋交通、海盐、海洋旅游等产业不断发展壮大，扩充了海洋经济内涵，海洋产业结构不断得以完善；进入21世纪，随着海南省委省政府提出建设"新型工业省"发展思路，在不污染环境的前提下，实施"大企业进入、大项目带动"的发展战略，海洋油气业、临海工业，海洋医药生物业等得到大力发展。

近年来，海南省依托"依海兴琼"战略，通过科学规划，不断做大做强海洋产业，海洋经济已形成了海洋渔业、海洋旅游业、海洋油气业、海洋交通运输业四大产业的发展格局，2006年，四大支柱产业对全省海洋经济贡献为56.16%。蓝色经济的崛起日渐成为海南新的经济增长点，推动沿海市县全面发展。"十一五"期间，海南省逐步形成海洋渔业、滨海旅游业、海洋交通运输业、海洋油气业等四大支柱产业。2009年，全省海洋生产总值达467.7亿元，比2005年增加189.23亿元，增长68%，年均增长14%。全省海洋产业总产值由2002年的210.3亿元增至2009年的371.94亿元。海南海洋经济发展速度之快，占国民生产总值的比重之大，均居全国之首。

"十一五"期间，作为海南省海洋先导产业的海洋渔业实现海洋捕捞由浅入深，水产养殖由港内向近海发展，水产加工由粗加工向精加工三大转变。全省已在近海建起6个深水网箱养殖基地，投放深水网箱169组676口，新增海水鱼类养殖产量8 700吨，产值2.1亿元。全省罗非鱼总产量19.5万吨，年产值13.7亿元，产量居全国第二。2010年1月至5月，海南水产品产量、产值分别比去年同期增长14%和15%。作为海南旅游特色产业之一的海洋旅游也日渐升温，目前，海南已建成热带滨海旅游景点100多处。2010年全年共接待境内外游客1 605.02万人次，旅游总收入141.43亿元，旅游综合效益明显提高。与此同时，中海油在海南岛琼东南海盆地的崖13-1气田、莺歌海盆地的东方1-1气田已形成年产58亿立方米的天然气生产能力。随着海南800万吨炼油项目的建成投产，海南从此不再缺油。

海南还先后建设了洋浦港和一批沿海渔港，对一批港口进行扩建改造。洋浦港一、二期工程已建成两个2万吨级、3个3.5万吨级泊位和1个3 000吨级工作船泊位，使大型运输船舶可顺利进出洋浦港，带动了洋浦工业的快速发展。全省现有大小港口22个，万吨级泊位16个，2010年规模以上港口货物吞吐量达3 891万吨，集装箱吞吐量完成29万标准箱。除与国内各大港口通航外，还开辟了国际航线69条，与24个国家和地区开展国际集装箱运输业务和贸易运输往来。三亚凤凰岛10万吨级国际邮轮码头正式启用后，国际邮轮频频造访三亚。

21.4 小结

南海区域海洋经济区可分为南海北部海洋经济区、北部湾海洋经济区和海南岛海洋经济区三个部分。南海北部海洋经济区海洋开发基础好、程度高，是我国海洋经济发展最具潜力的地区之一；北部湾海洋经济区优势海洋资源是港口资源、渔业资源和油气资源，海洋经济处于发展阶段；海南岛海洋经济区优势海洋资源是热带海洋生物资源、海岛及海洋旅游资源和油气资源，海洋经济基础相对较薄弱。

南海毗邻太平洋，是中国海洋战略的主战场之一。在中国-东盟"10+1"自由贸易协定全面生效的大背景下，南海区域应以更广阔的全球视野制定海洋经济发展战略，以中国-东盟深化合作为突破口，启动"南海战略"，力促"10+1"合作重心由陆地转向海洋，把南中国海建成区域经济合作的"内海"，推动南海区域海洋经济持续强劲发展，打造"南海深蓝经济"。

第 22 章 南海专属经济区与大陆架资源开发

22.1 南海自然概况

22.1.1 南海地形地貌概况

南海是中国四大海区中最大的海区，南北长 2 900 千米，东西长 1 600 千米，南海海域面积为 350 万平方千米，海区平均水深 1 212 米。海底地貌呈环状分布，中央为海盆，盆地水深 4 000 米，最深达 5 559 米，海盆外围是台阶状或陡峭的大陆坡，大陆坡外围则是大陆架，大陆架渔场面积 18 210 平方千米，占总面积的一半左右。南海岛、礁、洲众多，大于 500 平方米的岛屿共有 1 827 个，我国西、中、南沙群岛由 200 余个岛、礁、洲、沙滩组成，其中西沙群岛 40 余个，中沙群岛 33 个，南沙群岛 192 个。

22.1.1.1 南海大陆架

地理学上，大陆架范围自海岸线（一般取低潮线）起，向海洋方面延伸，直到海底坡度显著增加的大陆坡折处（水深在 20~550 米之间，平均水深为 130 米）为止，也有把 200 米等深线作为陆架下限的。大陆架平均坡度为 0~0.7，宽度在数千米至 1 500 千米间不等。

国际法中，《联合国海洋法公约》规定，沿海国的大陆架包括陆地领土的全部自然延伸，其范围扩展到大陆边缘的海底区域，如果从测算领海宽度的基线起，自然的大陆架宽度不足 200 海里，通常可扩展到 200 海里，或扩展至 2 500 米等深线处；如果自然的大陆架宽度超过 200 海里而不足 350 海里，则自然的大陆架与法律上的大陆架重合；自然的大陆架超过 350 海里，则大陆架最多扩展到 350 海里。

南海大陆架按区域分布可分为四部分：

（1）东部陆架（或称岛架）。由巴拉望岛、民都洛岛、吕宋岛和台湾岛西临南海一侧的海域组成。巴拉望岛架呈 NE—SW 向分布，宽 30~60 千米，坡角为 10′~12′。岛架北部总体上呈南北向展布，宽仅 5~10 千米，海底坡角为 50′~1°40′。该陆架区域有珊瑚礁分布，主要分布区卡拉塔群岛、巴拉望岛西南端及加里受丹岛东北一带，我国台湾岛南端、吕宋岛等地亦有零星分布，该海域的水团除有局地特征外，还受民都洛水道入侵的苏禄海水的影响。

（2）北部陆架。东起台湾海峡，西至北部湾，呈 NE—SW 向带状分布。北部大陆架的地形特征是坡度平缓，仅在横剖面下部坡度稍大。在滨岸带和陆架外缘坡角分别为 2′~3′ 和 5′~7′。该陆架外缘水深 110~150 米，一般宽度为 200~220 千米。其中北部湾最宽处达 495 千米，坡折处外缘水深为 180 米。北部陆架上分布着珠江水下三角洲和古水下三角洲、红河水下三角洲及古河谷以及水下阶地。在澎湖列岛、海南岛、栩洲外发育有珊瑚岸礁。海洋水团有本地的特征，当水团通过台湾海峡时明显受到沿岸流和外海水团的影响，混合水团具有特殊的海洋学特征。

（3）西部大陆架。由北部湾口起到湄公河三角洲止的中南半岛东部陆架，受断裂构造控制，呈南北向展布。南北两端稍宽，约为 52 千米，中间狭窄，仅宽 20 千米。陆架外缘坡折处水深 140~300 米，平均坡角为 11′~17′，其上发育有湄公河三角洲。由台湾海峡、巴士海峡扩展而来的外海水团的影响在北部陆架区大为减弱，水团从而有更明显的局地海洋学特征。

（4）南部陆架。即巽它陆架，起自南沙西缘海谷，东至马尼拉海沟西南，NE 走向，最宽处 876 千米，坡折处水深 100~800 米，平均坡 1′~8′。其上也有阶地和古河道发育。在曾母暗沙附近发育有珊瑚丘、在南康、北康暗沙一带分布着许多珊瑚环礁或台礁，其水团更具有热带水团的特征。

22.1.1.2 大陆坡

大陆坡是大陆架转折处开始向下延伸到大陆基的陡坡区。大陆坡的水深一般 150~3 500 米之间，区域变化较大。南海大陆坡地形复杂，受海槽和海底峡谷切割，其上还有海山、海丘穿插，形成 2~5 个台阶。其中南海北、西、南三面陆坡较宽，东部的陆坡较窄。具体情况如下。

（1）东部陆坡（或称岛坡）。东部陆坡是从台湾岛西面的澎湖海槽以南到菲律宾的民都洛岛西缘的一条狭长的陡坡带，一般宽度为 60~90 千米，走向近南—北，坡角 1°45′~4°5′之间。上岛坡由岛架外缘下延至 2 000 米深处，坡角为 5°~10°；下岛坡大致从水深 2 900 米延伸到深海盆，平均坡度为 7°，坡底部增至 13°。上、下岛坡间发育有吕宋海槽，其中位于北部的北吕宋海槽水深为 3 300~3 500 米；位于南部的西吕宋海槽，水深 2 000~2 500 米。吕宋海槽以西是一海岭，其水深为 1 300~1 800 米。海岭以西是著名的马尼拉海沟，北段呈南北向，南段变成向西突出的弧形，全长约 350 千米，底部较平坦，宽约 10 千米，水深一般为 4 800~4 900 米，最深点位于南端，深达 5 377 米的水团配置更为复杂，不同水层的外海水团，通过巴士海峡、民都洛水道等，对南海海洋性质都有影响。本区是南海划界争议最大的海区之一。

（2）北部陆坡。这里指的是位于西沙北海槽以北的大陆坡，呈 NE 向展布，向东延伸至台湾以南，基本上与海岸线或地质构造平行，宽 140~280 千米，中部宽较广、两端收敛，平均坡度 0°35′~1°20′。由于受 NE、NEE、E—W 向断裂控制，大陆坡上发育了许多海槽和海底峡谷，包括直达海面的东沙珊瑚环礁及其附近的南卫滩和北卫滩。该海域除有表层水团外，南海次表层水团，甚至次 - 中层混合水团的影响已趋明显。

（3）西部陆坡。位于西沙北海槽以南，越南以东，西南深海盆西北的广阔的三角形地区。西部陆坡从水深 200 米开始向下延伸，直达水深 3 600~4 000 米的深海盆地上，宽达 520 千米。其内外缘坡度大，坡面被强烈切割，形成 5 级台阶，其中西部大陆坡海槽和海谷切割得支离破碎。此海区为越、马与我国有争议区。

（4）南部陆坡。东起马尼拉海沟，西至西南深海盆的延伸部分——南沙西缘海谷，水深介于 150 米至 3 500~4 000 米之间，走向 NE，长 1 200 千米，宽 500~520 千米，是南海中范围最大的大陆坡。在大陆坡的上部是大陆架外向下急剧倾斜的斜坡，水深 150~1 500 米，坡角为 1.8°~5.2°，大陆坡下部从 2 000 米水深直下达 3 800~4 200 米的深海盆边缘，坡角为 3.2°~7.8°，在平面上呈一狭长条带，围绕于深海盆周围。其上发育急剧隆升的基岩海山和海底峡谷。本区南部属中、印尼、马有争议的海区。

22.1.1.3 沉积盆地

南海位于欧亚、太平洋和印度洋3大板块的交汇处。3大板块的相互作用，使该区地壳受到多方面的构造应力作用，形成了独特的地球物理场和边界构造特征。新生代期间，在太平洋板块和印度－澳大利亚板块的俯冲作用下，东南亚大陆边缘地壳发生减薄、裂解、漂移、聚敛和碰撞等组合过程，南海正是在这种板块活动背景和演化过程中形成离散、聚敛、转换和俯冲4种不同类型的大陆边缘，并形成各种不同类型广泛分布的沉积盆地，南海在我国传统海疆线内除中国沿海大陆架几个沉积盆地外，在陆坡区及印支大陆陆架区，还有曾母盆地、文莱－沙巴盆地、万安盆地、巴拉望盆地、南沙海槽盆地、礼乐滩盆地、北康盆地、南薇盆地、中建盆地、西沙海槽盆地、笔架盆地、安渡滩盆地等26个沉积盆地（表22.1）。

表22.1 南海主要沉积盆地

盆地名称	面积/ $\times 10^4$ km²	新生界厚度/km	沉积岩体积/ $\times 10^3$ km³
台西南	14.7	9	347
珠江口	6.0	9	
北部湾	2.7	8	38
琼东南	4.7	10	170
莺歌海	4.8	8~10	46
礼乐滩	2.7	>4	
巴拉望	2.9	8	
万安西	7.7	>5	
曾母	18.32	9	
文莱－沙巴	7.75	9	

22.1.2 南海自然资源概况

南海除具有独特的热带、亚热带气候资源和生物等特色资源外，还具有丰富的海底油气资源、海洋能源、港址资源、滨海砂矿和旅游资源等，是我国沿边四海中自然资源最富集的地区，尤其是油气、滨海生物资源具有显著的比较优势。

（1）油气资源：南海是世界上四大海洋油气聚集中心之一。据初步估计，整个南海的地质储量介于（20~150）亿吨之间，被称为"第二个波斯湾"，是重要的国家级战略资源。

生物资源：南海大陆架目前有记录的鱼类有1 004种，隶属于173科，499属，其中具有经济价值的鱼类达200多种，虾类135种，头足类73种，甲壳类有230多种以及具有特色的软体动物、棘皮动物、环节动物。据估计，南海区潜在渔获量为224万~260万吨。

（2）海运资源：南海岸线曲折，海湾众多，有港湾210处，可建5万~10万吨泊位的大港址占全国的41%，对外开放一类口岸占全国的48%，有深水航道12条。

（3）滨海矿砂资源：调查表明，海南岛、广东和广西滨海地区是我国滨海砂矿的主要分布地区，其中广东沿岸集中了全国滨海砂矿总量的90%以上，非金属砂矿的80%以上，有用矿物达几十种，其中形成工业矿床的有独居石、锆英石、磷矿石、钛铁矿、金江石、锡石、铌钽铁矿等。

22.2 南海资源开发利用

南海独特的地理环境和海洋动力条件，为海洋生物提供了较为丰富的饵料和繁衍生境，形成了大量具有较高产量的渔业水域。

22.2.1 南海渔业区划

《中国渔业区划》将南海划分为南海沿岸渔业区、南海近海渔业区、南海外海渔业区、北部湾沿岸渔业区、北部湾近海渔业区、东沙群岛渔业区、西沙中沙群岛渔业区、南沙群岛渔业区和南海大陆坡深水渔业区等9个（亚）次级渔业区，即：将40米机轮禁渔区线以浅水域划为沿岸渔业区，亦即传统渔业作业区；将100米以内陆架水域适底拖网作业渔场划为近海渔业区；然后又以雷州半岛、海南岛为界，其西部划为北部湾沿岸与北部湾近海渔业区、东部划为粤北沿岸和近海渔业区；将水深100～200米的水域划为外海渔业区；把水深超过200米的陆坡水域划为南海大陆坡深水渔业区；将南海诸岛依其渔业地理相似性划为东沙、中西沙和南沙渔业区。上述区划的优点在于：其一，依水深与传统渔业生产作业进行划分，符合常规也便于渔业管理；其二，北部湾和粤北陆架相应独立划分二个区更便于行政管理。然而，据渔业区划的定，应是根据自然地理与社会经济的综合划分，且应更侧重于自然属性而不是行政区划。然而，渔业区的划定，应是根据自然地理与社会经济的综合划分，且应更侧重于自然属性而不是行政区划，因此对其做以下调整。

（1）南海北部陆架渔业区：此区包括了传统南海沿岸、近海和外海以及北部湾沿岸和北部湾近海渔业区。依传统渔业生产和顾及渔政管理方便，可将沿岸和40米至100米水深的近海渔业区再细划分为北部湾和南海沿岸渔业区（海南岛以东40米以内）二个3级渔业区。北部大陆架海域潜在渔获量为120万～121万吨。

（2）南海北部陆坡渔业区：指200米以深的陆坡作业区，本来可称为南海外海渔业区，但此区尚包括中沙水域。据需要亦可再划出北部陆坡和中沙水域两个3级渔业区。

（3）南海南部陆架渔业区：主要作业渔场已远离我国大陆1 000千米，其海底特征明显，是南沙西缘海谷至马尼拉海沟之间起伏不平的台地。

（4）西南沙渔业区：该渔业区主要包括西沙、中沙和南沙的诸岛礁群海域的渔业区。虽然这片水域广阔，南北范围跨越上千千米，但当前渔场仍局限于以各岛礁为中心作业的渔场，即称为岛礁渔场。依需要尚可再划分出中西沙和南沙两个3级渔业区，其范围同《中国渔业区划》。

西沙群岛、中沙群岛、南沙群岛及其附近海域的水产资源种类繁多，《南海诸岛海域鱼类志》记载了鱼类521种，按其生态特征大体可以分为大洋性鱼类和礁盘底层鱼类两大类型。但生物量明显低于大陆架水域的生物量，平均年生物量为23毫克/立方米，为大陆架海域生物量的1/4左右，仅礁盘附近出现高于100毫克/立方米的高量区。这主要由于该海域远离陆地，没有明显的沿岸径流注入，除了礁盘附近为浅水外，大部分水域的水深均超过1 000米以上，因此该海域的生物量也无明显的季节变化。据袁蔚文根据初级生产力估算南沙群岛大陆架以外水域的潜在渔获量为21万～35万吨，西沙渔场的潜在渔获量为23万～34万吨。目前西、中沙群岛附近海域已进行了开发，而南沙群岛岛礁渔业作业的水域面积仅约1.68万平方千米，约占可作业水域面积的65%。

22.2.2 北部湾渔业概况

22.2.2.1 北部湾渔业资源概况

北部湾，位于我国南海西北部，是中越两国陆地和中国海南岛所环抱的一个半封闭的海湾，最宽处180千米，最窄处110千米，面积约为12.8万平方千米。它有两个出口，较小的出口是琼州海峡，较大的出口是海南岛和越南海岸之间。北部湾地形平坦，海水平均深度为40~50米，最深处才约有100米，湾内有丰富的海洋生物资源，是著名的优良渔场。年渔获量达30万吨以上，鱼种达500种以上，经济鱼类50余种。由于是一个以新生代为主的中、新生代沉积凹陷区，在演变过程中，形成各类不同的沉积，其中一些沉积层对油气的形成与聚集起重要作用，据估算北部湾的石油储量为22.14亿吨，天然气储量约为14 440亿立方米。

北部湾气候和环境得天独厚，为鱼类洄游、产卵、发育、栖息的良好场所。北部湾栖息的鱼类种类繁多根据鱼类的生态习性，可以将北部湾鱼类划分成中上层鱼类、近底层鱼类、底层鱼类和岩礁鱼类四大生态类群，罗春业等对北部湾472种鱼类进行归类，得出中上层鱼类64种，占总数的13.6%，近底层种类129种，占27.3%，底层种类251种，占53.2%，珊瑚礁种类28种，占5.9%。说明北部湾鱼类种类数以底层和近底层种类为主，珊瑚礁种类很少。

由于北部湾全湾几乎可以看做一个渔场，因此渔业管理部门习惯把全湾划分为12部分，以此为基本单位进行渔业数据资料统计，称之为机轮拖网渔场。作为我国重要渔业水域之一，1955年就开始有机轮底拖网渔业生产，沿海地区渔船和渔获量的发展可以划分为5个阶段。

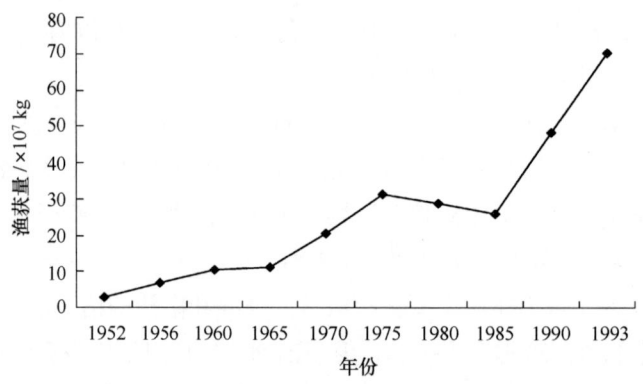

图22.1 北部湾沿海地区渔获量的年变化

（1）1955—1965年缓慢发展时期，此时机动渔船开始发展，但海洋捕捞作业仍以非机动渔船为主，作业效率不高，渔获量增长比较缓慢。

（2）1965—1985年为中速发展时期，海洋捕捞业单位有较大的发展，，机动渔船转变为主要的捕捞作业方式。期间渔获量略有下降，与70年代末80年代初，越南在北部湾干扰我国渔民捕捞作业有关。

（3）1985—1993年为高速发展时期，伴随着生产结构和捕捞作业方式日渐合理，使得北部湾沿海地区的渔获量显著增加，1993年与1985年相比，渔获量增加1.5倍，平均每年递增12.2%。出现了捕捞作业量与渔获量同步增长的局面。

（4）自1993年至今，由于捕捞强度的迅速提高，捕捞量呈逐年增加的趋势，但是严重破坏了鱼类生存环境和海洋食物链，造成渔业产量、渔获组成等方面呈现恶化的趋势，使得渔业生产出现了恶性循环的局面。

（5）1999年开始，为了扭转渔业资源衰退的趋势，我国开始对海洋捕捞业实行控制，提出捕捞产量零增长的目标，并将休渔制度扩大到南海区，北部湾从此逐渐步入管理型渔业的阶段，其渔业资源有望得以恢复。

当然对北部湾渔场的划分也可按照地理区位划分为北部湾沿岸渔业区（东起安铺河口，西至北仑河口）和北部湾近海渔区（水深40～100米范围内）。费鸿年等根据生产习惯把北部湾划分为13个生产渔区，在原来12个渔场的基础上增多一个三亚渔场（图22.2）。

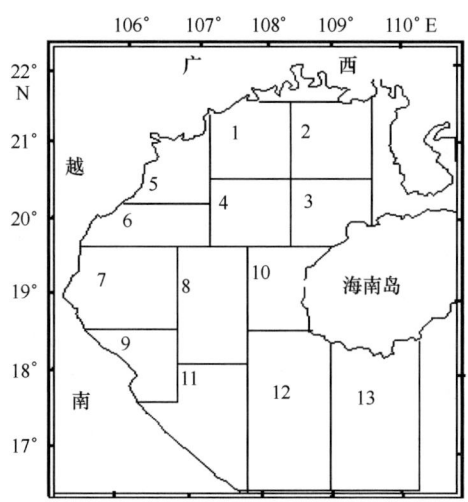

注：1. 涠州渔场；2. 青兰山渔场；3. 白马井渔场；4. 夜莺岛渔场；5. 婆湾渔场；6. 上外海渔场；7. 下外海渔场；8. 中部渔场；9. 红弱岛渔场；10. 昌感渔场；11. 虎岛渔场；12. 莺歌海渔场；13. 三亚渔场

图22.2 北部湾渔场分布

22.2.2.2 北部湾渔业协定

作为有中越两国重要的传统渔业水域，随着两国捕捞技术的差距凸显、渔业资源的衰退以及国家海洋权益意识的提升，中越北部湾划界争端发端于20世纪70年代中后期，谈判前后历时26年，分三个阶段：一是1974年；二是1977—1978年；三是1992—2000年。2000年12月25日中越两国在北京签署《中越北部湾划界协定》和《中越北部湾渔业合作协定》（以下简称《渔业协定》），2004年6月30日正式生效，这是我国第一次签署海上划界协定，同时也是第一次在海域划界后就渔业问题签署渔业合作协定。

北部湾划界协定确定了中越在北部湾的领海、专属经济区和大陆架的分界线，根据中方提出的两国在北部湾总体政治地理关系大体平衡的基本观点，取得了划归双方海域面积大体相当的公平结果，其中中越所得海域面积分别是5.9万平方千米和6.6万平方千米。同时，考虑到渔业在北部湾周边的重要性，双方通过缔结渔业合作协定以实现划界后北部湾渔业资源的合理分配和养护，中越双方根据北部湾的自然地理特点、渔业资源特性和双方渔业现状等情况，协商设立了"跨界共同渔区"，共同渔区的范围为北部湾封口线以北、北纬20°以南、距北部湾划界协定所确定的分界线各自 30.5 nm 的两国各自专属经济区，面积为 3.3 万平方千米以上，共同渔区的有效期为 12 年，期满后自动延长 3 年，共 15 年。

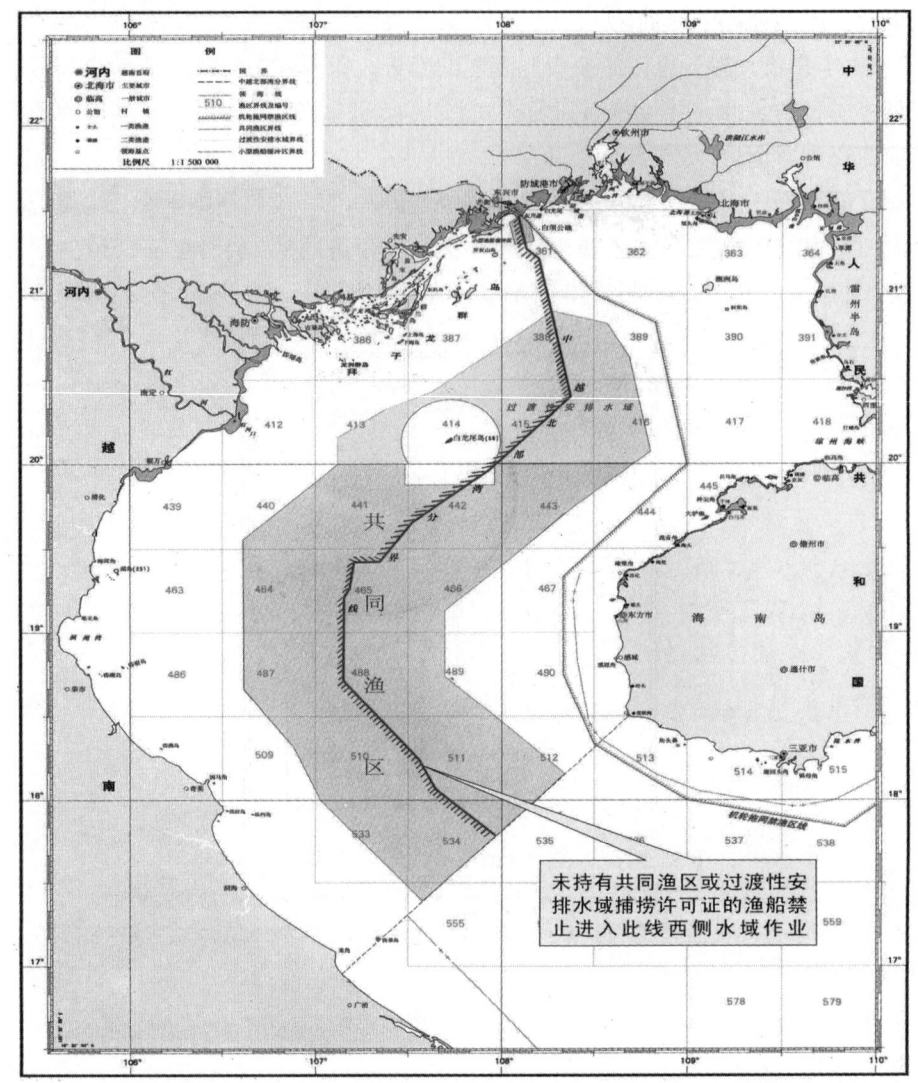

图 22.3　北部湾共同渔业区

北部湾划界，确定了我国第一条海上边界线，首先它为两国在北部湾保护、管理、利用、开发海域和大陆架经济开辟了新阶段，促进中越的合作，有利于双方持久性地开发北部湾，加强两国间的互信和多方面合作。其次北部湾划界的成功实践可以为南海群岛的纷争寻找解决之道。

22.2.2.3　北部湾渔业发展存在的问题

一是近岸环境污染。随着沿岸社会经济发展，近岸环境污染程度加剧，赤潮爆发次数增加。

二是渔业资源开发模式落后，发展格局不合理。北部湾渔业作业过程中，所进行的资源开发管理模式仍然以传统渔业管理模式为主，这种模式其理论依据为群体数量变动理论，根据海洋渔业资源群体数量变动理论，在渔业资源开发利用过程中，只要保持渔业资源再生量 $R+G$（R 为群体补充量，G 为群体生长量）大于渔业资源年消耗量 $M+F$（M 为自然死亡消耗量，F 为捕捞死亡消耗量），渔业资源就不会遭受破坏。这时，增加捕捞力量就能提高渔业产量。这是一种以不断增加捕捞强度来提高渔业产量的单向猎捕开发模式。开发利用渔业资源过程中的另一弊端是：过于注重单种渔业，盲目调整作业结构、缺乏对生态、社会效应的综合考虑。

三是渔业资源衰退。20 世纪 80 年代以后，在强大捕捞压力的影响下，北部湾的渔业资源出现明显衰退的现象：渔获量降低，渔获组成呈现小型化、低龄化、低质化的趋势，鱼类多样性降低，种类更替明显，可捕量下降；随着高价值种类的衰退，一些低值的小杂鱼却大量繁殖，出现明显的种类演替。最明显的更替种类是发光鲷；中上层种类比例明显增加，如头足类占底拖网渔获组成的比例也呈明显的上升趋势，头足类的生命周期短（一般为一年生），有集群洄游习性，其资源繁殖快，数量波动变化较大，容易成为鱼类资源衰退的更替品种。

四是捕捞力量严重过剩，渔民转产面临双难局面。从 20 世纪 80 年代初开始，随着渔业经营的私有化，捕捞能力更是急剧增加。用总产量模式估计，北部湾最适捕捞渔船总功率为 60 万千瓦，但在 1993 年时，仅广东、海南和广西 3 省区在北部湾沿海的捕捞作业渔船的总功率区就达 80 万千瓦，近年来该海区捕捞渔船总功率大致为北部湾最适捕捞作业量 2 倍。北部湾划界导致我国在北部湾中西部的捕捞作业区域减少，捕捞能力过剩的情况将更加严重，沿湾几十万渔民带来暂时的困难。以北海市为例，划界前，北海市海洋捕捞总产量中 60% 是捕自分解线西部渔场，划界后，北海市有 3 200 艘渔船受到影响，其中有大批渔船需要重新寻找生产出路或转产专业。由此带来部分渔民收入下降，出现失业和返贫的现象，部分原来在中越边界线捕捞的渔船全部撤回到我国近海作用，捕捞网产和年产迅速递减。近海渔业资源有限，想开发远洋捕捞，但限于资金有限，贷款不易，另一方面同时渔船的沉没成本大，渔船资产变现难，用途窄，渔民的转产专业受到制约，处于想转产也赚不了的两难境地。

五是中越渔业管理合作和联合执法有待进一步深化。因共同渔区由中越双方各自管理所辖区域，导致对渔业资源现状全面调查相对困难，使捕捞许可证的发放科学性受到削弱，在一定程度上可能加剧部分区域资源衰退的形势；同时双方沿岸作业小渔船，因难以确切把握中越北部湾分界线的准确位置，从而可能误入对方管辖水域生产；或者被对方误认为进入其水域，引起纠纷，甚至可能采取过激行动，以至引发政治问题。部分渔民可能会不顾有关规定，擅自越界生产，造成双方执法难度加大。

22.2.3 南海油气资源

22.2.3.1 南海油气资源储量及分布

作为西太平洋最大的边缘海和世界上最大的热带海盆，地貌以海盆、海槽、海沟、大陆坡、大陆架和岛屿组成，南海陆缘区为石油、天然气和天然气水合物形成提供充足的烃源岩以及适宜的温压场环境的同时，还为油气藏形成提供了有利的构造条件，是世界著名的四大海洋油气资源区之一，南海陆架新生代地层厚 2 000～3 000 米，有的达 6 000～7 000 米。第三纪沉积有海相、陆相及海陆相互交互相，具有良好的生油和储油岩系，含油构造 200 多个，油气田 180 个。

据估计，珠江口盆地的原油资源约 40 亿～50 亿吨，莺歌海盆地原油约 4 亿～5 亿吨；现在这两个地区的天然气已进入开发阶段。北部湾盆地油气资源总量为 4 亿～5 亿吨，曾母盆地第三纪沉积厚度 4 000～9 000 米，面积约 25 万平方千米，推测油气资源储量为 137 亿吨，万安滩油气资源估计超过 40 亿吨。金庆焕院士 1989 年发表的南海主要盆地油气资源量为 70 718 亿吨，其中石油资源潜量为 29 119 亿吨，天然气资源潜量为 582 260 亿立方米，探明可采石油地质储量为 20 亿吨，探明可采天然气储量约为 40 000 亿立方米。经初步估计，整个南海的石油地质储量在 230 亿～300 亿吨之间，约占我国总资源量的 1/3（丁文金，朱大奎）。

其中南沙海区有曾母、文莱－沙巴、北巴拉望、礼乐、万安西 5 个较大的油气生成盆地，总面积约为 37.9 万平方千米（其中有 26.9 万平方千米在我国传统海疆线内），石油资源量高达约 235 亿吨，天然气资源量约为 8.3 万亿立方米。其中曾母暗沙盆地为巨型含油气盆地，初步估算石油储量为 120 亿到 30 亿吨。

22.2.3.2　我国勘探开发南海油气资源概况

1957 年南海莺歌海面发现油气资源，当时整个南海海域的勘探处于起步阶段，1958 年，中国就开始了海洋综合普查性质的海洋区域地质调查。此后，相继开展了一系列的海洋地质调查工作，其中包括大陆架及邻近海域勘察、沉积地貌调查、海洋地质综合调查等以及综合科学考察等海洋油气资源调查与评价。但受 1965 年越南战争影响，中国海洋石油工业重心由南海转到北方渤海海域。直到 1973 年越南战争结束，中国燃料工业部才再一次成立南海石油勘探筹备处，其后由于国内原因，南海海域的石油勘探开发一直处于停滞状态。

1975—1980 年，珠江口盆地获得工业油气流，揭开了南海油气勘探的新一幕。

1982 年，中国海洋石油总公司（简称中海油）的组建，标志着新一轮南海油气勘探开发的启动，当时，启动南海油气勘探开发面临两大难题：技术和资金。考虑到开采成本风险，外资石油商与中海油都确定在浅海区域（200 米以下为浅海，200 米以上水深则为深海）合作，通过"市场换技术"的合作方式，中海油获得油气田 51% 的权益同时还可以得到一些技术。到 1985 年，因为勘探发现的油气田储量达不到 1 亿吨，第一批来到南海的顶级石油商相继离开。

到 1986 年中海油在南海的第一个油田平台才开始搭建。又过了 3 年，南海的第一个油田建成投产。从 1996 年至今，中海油深圳分公司（以南海海域东经 113°10′ 为界）的油产量已经连续 10 年突破 1 000 万立方米。

2004 年 7 月，国土资源部向中石油股份公司发放了南海海域勘探许可证，允许勘探和开采 18 个位于南海南部海域的深海区块，包括南沙群岛地区的区块。中石油公司获得的矿权面积大约在 10 万平方千米。

2005 年 3 月 14 日，中国海洋石油总公司与菲律宾国家石油公司、越南石油和天然气公司在菲律宾首都马尼拉正式签署《在南中国海协议区三方联合海洋地震工作协议》。根据协议三家石油公司将联手合作，在三年协议期内，收集南海协议区内定量二维和三维地震数据，并对区内现有的二维地震线进行处理．该协议合作区总面积超过 14 万平方千米。

2005 年 12 月初，中海油先后与美国丹文能源公司、科麦奇公司以及加拿大赫斯基能源公司签署了珠江口海域不同区块的深水油气开发协议。

但是虽然到目前为止国土资源等部门已经在南海南部的 14 个主要盆地进行了油气资源评价（中海油曾恒一院士认为南海油气资源可开发价值超过 20 万亿元人民币）但是截至 2011 年底南部海域中国尚未产一桶油。

22.2.3.3 南海周边国家的油气开发状况

至2000年,越南、菲律宾、马来西亚、印度尼西亚和文莱已在南海建起200多个钻井平台,打出的油气井超过1 000口,并已发现200多个含油气构造,探明近80个油田、70个气田,其中有11个油田和15个气田在我国传统海疆线内。

以越南为例,其石油年产量1986年还只有4万吨。越南1988年颁布《投资法》、1991年制定了专门的《石油勘探法》,后一项法规为外国公司提出非常优惠的条件,比如:外国公司可以决定油井是否进行商业性开采;产油后减免产区土地使用金;延长油田开发期等。同时开放石油工业的上下游行业。从1992年开始越南举行第二轮的海上石油勘探招标,将从越苏石油公司收回尚未勘探的近海区块,积极邀请包括壳牌公司、英国石油公司、英国企业石油公司、澳大利亚BHP公司等西方石油公司竞标。不久,位于南海西部的白虎、大熊和青龙3个巨型油田相继投产,到1996年产量就已突破800万吨。1998年,"越俄石油联合企业"在南海的采油量达到1 100万吨,伴生气开采量超过10亿立方米;2000年越南采油1 600万吨、采气18亿立方米。2005年采油产量约为1 900万吨、采气18亿立方米。2007年初建成储油量为520万吨的储油基地。

据中国海洋石油总公司1998年调查材料,南海有关国家在我国南海传统海疆线内的年采油量高达3 000万吨、天然气达213亿立方米。

上述国家在南海的油气资源开发,多数已由勘探阶段进入商业性开采阶段,并成为各国经济收入的重要组成部分。越南石油产值增长率1996年以来一直保持在12%以上,到2005年已达日产原油370 000桶的水平。每年石油输出收入高达10多亿美元,占其年财政收入的20%以上。鉴于石油已成为越南的头号出口产品和国家财政收入"最可靠的主要来源",其近年不断加大对石油工业的投入,计划到2010年使年采油量达到3 000~4 000万吨的水平。

随着周边国家对南海石油资源的开发所带来的巨大收益,其开发活动越来越向我国传统海域渗透,在南海西部,越南的油气开发区已由90年代距其海岸线120海里的沿海区域向东延伸到300海里以上的南海纵深区域,已进入我国传统海疆线,其对外招标的区域几乎包括整个南沙海域;在东部,菲律宾沿海油气开采区已向西推进到我国传统海疆线内在南部,马来西亚油气开发范围已深入我国曾母暗沙以北约120海里。1999年5月,马来西亚在内部已将北纬8度线以南划入其专属经济区进行资源开发;印度尼西亚、文莱也已将勘探开采范围推进到我国南沙群岛海区。值得注意的是,2000年5、6月间,越南、菲律宾还联合对我国南沙北部、东部海域和黄岩岛海域进行了资源调查。

22.2.3.4 区域外国家参与

20世纪后半叶开始,为增加在南海开采油气与我国抗衡的力量,越南等国采取联合国际知名大公司共同开采的方法,不断加大对南海资源的开发力度。与越南联合勘探或开采的有来自美国、英国、荷兰、比利时、法国、澳大利亚、加拿大、日本、科威特、俄罗斯、奥地利、挪威等30多个国家和地区的上百家石油公司。2000年4、5月间,越南国家海洋局还与东盟海洋经济委员会对南海西北部海域进行了联合勘探考察。越南与法国、马来西亚、日本合资建设的一号炼油厂于2002年建成,其投资额为13亿美元,年加工能力为650万吨;投资额为20亿美元的二号炼油厂也已建成。菲律宾自1990年起,先后与美国、英国、瑞典等国的23家石油公司开展合作。马来西亚也与美国、荷兰、日本、意大利等国的20多家石油公司建立了合作关系。为保证掠夺南海油气资源的顺利进行，越南、菲律宾、马来西亚、印度尼西亚都十分重视对外国勘探船只和联营船只的保卫，一有情况一般都要动用军事力量采取警戒措施。

22.2.4 南海资源开发利用存在的问题及相关制约因素

目前，南海的开发处于一种混乱无序的状态。这种状态造成了有关各方的紧张局势。从长远看，这种短期收益不符合各方的共同利益。南海地区各国的交往具有博弈性，各方都想让本国利益最大化，这就使得南海地区国际关系不可能处在没有矛盾的和谐状态中。

22.2.4.1 我国南海资源开发利用过程中存在的问题

我国南海资源开发虽然取得了较大的成绩，但相对于我国南海区所拥有的资源特点和面临的形势而言，我国南海资源的开发、利用与保护还存在着许多问题。

1) 海洋资源开发利用技术总体水平不高、生产水平相对低下

目前我国南海海洋资源开发的科技含量不高，特别是具有世界领先的、具自主知识产权的技术还少，与其实际需求相比还有较大的差距。

首先，海洋资源开发前期基础工作不足，过去的海洋资源基础调查工作存在着区域不连续、精度低、内容和项目少等问题，使得该海域海洋资源本底不清，并缺乏对其资源与环境的综合评价，已不能满足区内大规模开发利用海洋资源的需要。

其次，传统资源开发的技术装备水平不高，新兴海洋资源的开发利用技术研究远落后于国际先进水平，目前国际上着重开发的海洋卫星遥感技术、深潜技术、深海资源开发技术、海洋空间利用技术、海洋化工和海洋药物开发技术等正逐步投入使用，而国内这些技术极为缺乏。总之，我国对南海资源的开发利用普遍存在规模小、技术水平低、分散粗放和开发深度不够等问题，许多海洋资源的开发还只停在简单开采和粗加工的水平上，海洋资源开发利用率和生产水平相对较低。特别是广西、海南的海洋产值仅占全国海洋总产值的1.8%和0.22%，与其拥有的海洋资源极不相称。

2) 近海资源开发过度，污染日趋严重，环境质量不断下降

南海海域虽然总的生态环境较好。但近年来一方面受科学技术水平等客观条件限制，另一方面由于海洋资源的开发上重近轻远，缺乏科学的规划利用，导致近岸海域环境污染程度日益加剧，整体环境质量不断下降，许多著名的传统渔场（如涠洲、白马井、莺歌海等）基本消失，已经没有明显鱼汛期。

近年来，实施的休渔制度虽然取得一定成效，但休渔后往往出现报复性狂捕，10多天就能把几个月保护的成果葬送掉，未能从根本上解决问题；在海岸开发中，各行各业争用岸线与滩涂，盲目围海造地修建海岸工程现象十分突出，造成局部海域污染严重，赤潮频发。

3) 海洋执法队伍分散，海洋资源管理乏力

目前对南海海洋资源管理仍基本上是以行业和部门管理为主，虽然有关各行各业的主管部门都不同程度地制定了各部门对海洋资源的管理办法并建立有相应的管理队伍和机构，但由于各管理部门归属不同、职责不一、力量分散、职能交叉、缺乏协调，难以形成有效管理。

4）基础设施薄弱、海洋自然灾害频繁，损失严重

南海是我国海洋灾害最严重的地区之一，不但种类多，而且灾害影响范围大，损失严重。如台风、风暴潮、海浪、地面沉降、海平面上升，人为因素诱发的海岸侵蚀等。尤其是远离大陆的南沙，基础设施薄弱，抵御自然灾害的能力低，在相当大的程度上影响了我国对南海资源的开发利用和主权的维护。

5）国土资源流失严重，权益形势严峻，外部压力大

我国南海海洋权益受到侵犯，许多岛礁被侵占，资源被掠夺，海域划界矛盾突出。我国与南海周边相邻或相向的菲律宾、印度尼西亚、文莱、马来西亚、新加坡、越南等国存在海域划界和岛屿归属的矛盾和争议。在资源开发方面，这些国家积极对外招标，与外国大搞共同开发，加速南海油气资源的开发。目前已经有60多个国家的公司插手南海，每年从南海开采石油超过5 000万吨，有些是在我国海上版图的续断线以内。据有关专家估计，按照已知储量和目前的开采速度计算，南沙海域的石油还能开采17年，天然气还能开采40年；在军事利用方面，菲律宾、印度尼西亚在侵占我国的南沙岛礁上建立永久性设施，除军事利用外，还进行海洋旅游开发；在海洋权益方面，周边国家不惜投入巨大的财力、物力和人力，巩固侵占、抢占我岛礁，南沙群岛230个岛、礁、滩、沙洲等，目前我国大陆控制的岛礁11个，我国台湾控制1个，周边国家抢占50多个，1998年越南又新占我2个岛礁，企图造成实际管辖的事实，为今后与我国海上划界制造借口。近年来，美、日也在加紧插手南海。

22.2.4.2　制约因素

中国-东盟国际社会的不成熟性，这是阻碍南海共同开发制度化的社会因素，不可否认，中国与东盟之间存在很多共同的利益，如政治上有广泛的共识，经济上双方有很强的互补性，文化上有众多的汇合点。但这些共同利益不能决定中国与东盟之间形成成熟的国际社会，因为这些共同利益总是处于不断的变化之中，双方缺乏一个足以支撑整个关系的有效合作基础。

南海问题的产生是多种因素综合作用的结果，主要有以下这些。一是经济因素。南海资源丰富和重要的贸易通道对有关争端方经济发展具有重大的意义。二是法律因素。《联合国海洋法公约》提升了南海的价值。三是中国因素。海洋意识的淡薄和自身力量的制约使中国忽略了对南海的经营。所以，有关争端国采取了损害中国的根本利益，主要是多国占领、扩充军备、联合对华和开发无序，毫无疑义地导致南海地区的无政府性日趋明显，实质上分割了中国在南海的主权。主权问题涉及中国的民族情感问题，是一个原则问题，所以，南海共同开发制度化不能忽略中国的主权问题。有关争端方妄图以占领的既成事实来得到国际社会的承认，对中国提出的共同开发心存疑虑，这严重地损害了它们之间共同开发的意愿，导致南海共同开发制度化进程的缓慢。

22.2.5　南海海洋资源开发利用对策

战略高度认识海洋国土资源的重要性和紧迫性，强化"寸海寸金"的海洋国土意识。必须从战略高度认识海洋国土资源的重要性和紧迫性，增强国民对海洋国土的忧患意识，树立"寸海寸金"的海洋国土观，加大海洋国土资源开发利用的力度，促进海洋经济腾飞。

统一规划、相对集中、按照由远及近的原则实施重点区域开发战略。南海地域辽阔，在

资金、技术有限的情况下，资源开发不能全面铺开，必须实行相对集中、重点开发的战略。针对目前的国际形势，南海区海洋开发重点应由海岸带和近海转向外海，包括中部海域和南部海域，在坚决维护国家主权的前提下，加强与周边国家的合作研究与开发，逐步实现对南海海域的有效管理。坚持重点资源如渔业、油气资源优先开发。

  建立强有力的海上统一执法队伍，加强海洋资源和环境的保护，促进开发利用与保护协调发展。现阶段的管理体制往往使海洋管理政出多门、缺乏协调，力量分散，难以对海洋资源进行综合管理。随着海洋资源开发力度的加大和沿海社会经济的高速发展，对海洋资源和环境的压力将越来越大。因此在大力开发利用海洋资源的同时，必须进一步理顺海洋资源管理体制，组建一支统一的适合中国国情的、现代化的海上执法队伍，加强海洋资源开发管理和环境的保护力度，促进海洋资源开发利用持续发展。在保护海洋资源方面，通过海洋资源的价值核算和评价，实行海洋资源有偿使用制度，利用价格体系调节海洋资源的供求关系，尽可能保证海洋资源的持续利用；在保护海洋环境方面，控制陆源污染物的排放，强化盐田、海水养殖池废水、石油开采、拆船和海洋运输排废的管理，维护海洋生态平衡和资源的永续利用。

  优化海洋产业结构，促进海洋产业结构的调整与升级。海洋作为一个立体空间，不仅地域广阔，其资源也是复杂的、多层次的。在资源的开发方面，要根据市场状况及区域经济发展方向和国内外的环境，确定并优先开发优势资源，延伸产业链条，使产业向高级化发展。海洋油气、热带生物、滨海旅游、海运等资源是南海地区的主要优势资源，国家应优先支持这些优势资源的开发及加工，延伸产业链条，重点发展海洋油气业，建立以海洋油气为主导，海洋油气业、滨海旅游业、海洋交通运输业、海洋渔业为支柱以及其他海洋产业协调发展的现代海洋开发体系。

  积极开发南海诸岛海域渔业资源。南沙群岛、西沙群岛、中沙群岛位于南海的中南部，海洋面积超过130万平方千米，渔业资源丰富，且分布广，由于种种原因，该海域渔业生产水平低下，利用率不足可捕量的10%。近几年来由于国家相关政策的扶持，在南沙海域从事捕捞作业的渔船已从过去的几十艘发展到目前的约500艘。渔业管理部门应继续组织渔船到南沙海域从事渔业生产，在开发该海域渔业资源、减轻南海北部海域捕捞强度的同时充分体现我国在该海域的渔业存在。政府应大力支持南海中南部海域的渔业资源调查和监测，为合理安排渔业生产提供科学依据，同时为维护我国对南沙海域的主权积累资料。

  实行区域技术合作。南海资源的开发，因地理环境复杂、气候变化异常，需要先进的高精尖技术。而我国海洋资源开发技术虽然有了长足发展，但由于种种原因，仍远远落后于发达国家。

  化解南海资源开发的投资风险，需要实现区域资金合作。对内是政策合作，包括与南海开发相关的经济政策、科技政策、产业政策合作；对外，是与东盟各国建立谈判机制和协调机制。这里特别需要强调的是，南海资源的区域合作开发必须坚持主权归我的原则，在这原则下采取多种形式的合作开发方式。

22.3 小结

  近年来，国家海洋形势的变化，对我国周边海洋权益形势产生一定影响。南海周边国家权力主张交叉重叠，域外大国插手本地区事务，折射出南海问题的敏感性和复杂性。中国始终不渝地走和平发展道路，努力推动和谐周边建设，致力于通过友好谈判和平解决领土与海洋权益争端。作为崛起的和平力量，中国将继续在维护周边海上形势总体稳定方面做出积极努力。但区域内外多种因素盘根错节，海洋权益问题新旧交织，海上不和谐因素仍将长期存在。

南海三省作为国家实行南海保护与开发战略的桥头堡，在抓住国家赋予发展海洋经济优惠政策和资金支持的同时，更需要做好在深海资源保护与开发、海洋权益维护等方面的前期工作，更好地为我国创造南海海洋经济强劲发展营造和谐环境添砖加瓦。

第 23 章 南海区域海洋经济发展战略、规划与管理

23.1 南海区域海洋经济规划体系

南海是我国四大海区中最大的海区，南海三省区是我国重要的沿海地区之一。广东省海洋发展水平位居全国前列，海洋经济总量连续多年排全国第一，海洋产业门类齐全，发展势头强劲，为广东国民经济发展做出重要贡献。广西壮族自治区近年来海洋经济发展迅猛，特别是广西北部湾经济区优越的区位条件和国家政策的大力扶持，广西海洋经济越做越强。海南省海洋经济相对较弱，目前主要以滨海旅游为主，随着海南国际旅游岛的开发与建设，加上丰富的海洋资源，海南海洋经济发展同样不可小视。

南海三省区海洋经济规划属广东省最为完善和深入，涵盖到海洋经济发展的方方面面，海洋规划主要是以海洋发展战略总体规划为基础，3个区域性海洋规划为依托，3类14个专项规划为重点，沿海市县级规划为补充的广东省海洋规划体系。区域性规划指的是为加强某些重要海域海洋开发利用保护行为，尤其是加强协调这些海域不同行政区间的政府行为而开展的区域海洋规划。广东省重点是开展珠三角、粤东、粤西等区域的海洋开发与保护总体规划。专项规划指的是就海洋资源开发利用、海洋生态环境保护与监测、海岸带社会经济发展等领域内就某一专题进行规划布局，以达到科学开展海洋开发、利用与保护工作的目的。其中资源开发利用类包括海域使用规划、海洋空间利用规划、海域资源开发与利用规划、海岛开发与建设总体规划等专题；海洋生态环境保护类专项规划包括海洋资源保护规划、海洋生态环境保护规划、海洋自然保护区建设规划、海洋防灾减灾总体规划、海洋监测体系建设规划等；海洋社会经济发展类专项规划包括海洋经济发展规划、海岸带建设总体规划、海洋工程建设与管理规划、海洋科技发展规划、海洋开发战略发展规划等。规划主要包括《广东省1999—2010年科技兴海规划》、《广东省海域开发利用与保护总体规划纲要》、《广东省海洋与渔业自然保护区发展规划（2004—2015年）》、《广东省海洋经济"十一五"发展规划》、《广东省渔业发展"十一五"规划》、《广东省海洋环境保护规划（2005—2015年）》、《泛珠渔业合作规划》、《珠江口海砂开采海域使用规划》、《广东省海洋科技"十一五"发展规划》，另外还有个沿海地区的海域开发利用总体规划、海洋功能区区划、海洋经济发展规划以及海岸带保护与利用规划等。一系列海洋经济规划都是为了明确海洋发展、保护环境、促进海洋经济又好又快发展的政策措施，为海洋经济发展指明方向、保驾护航。

近年来，在国家相关海洋政策与规划的指导下，广东、广西、海南三省（区）均制定了本省（区）海洋经济十一五规划。沿海市县也相继开展了海域开发利用总体规划、海洋经济发展规划等工作。但尚无夸省级行政区划的区域性海洋经济规划与政策的联合出台。

23.2 省级海洋经济发展规划

23.2.1 广东省海洋经济发展战略

因海而兴是广东发展历史的重要特征。作为"海上丝绸之路"的发源地，长期以来，广东在海洋开发实践活动中，与世界多个国家和地区，建立了紧密的交流合作和贸易往来关系，已成为我国对外交往的重要门户和桥头堡。改革开放以来，在党中央、国务院的正确领导下，广东海洋开发不断向广度、深度拓展，海洋经济保持了持续、快速发展的良好势头，为我国开发利用海洋和发展沿海经济作出了突出贡献。广东作为海洋大省，推进海洋开发面临严峻挑战和重大机遇，肩负着重要历史使命。在国家加快经济发展方式转变的关键时期，将广东列为全国海洋经济发展试点地区，2011年国务院批准的《广东省海洋经济综合试验区发展规划》，标志着广东海洋经济已上升为国家级发展战略。

按照国家的统一部署，在广东省和国家有关部委的具体落实下，广东海洋经济将按照统筹兼顾、纵深发展、科技兴海、人海和谐、体制创新等原则，贯彻国家关于发展海洋经济的战略部署，努力将广东打造成为提升我国海洋经济国际竞争力的核心区、促进海洋经科技创新和成果高效转化的集聚区、加强海洋生态文明建设的示范区、推进海洋综合管理的先行区。

根据《规划》提出的发展目标，到2013年，建设海洋经济强省迈出重要步伐，海洋生产总值超过1.1万亿元，占全省生产总值的20%以上；海洋三次产业比例为5∶47∶48，珠三角、粤东、粤西三大海洋经济区发展水平进一步提高，区域合作框架基本建成；海洋综合管理体制机制逐步完善；各类海洋功能区水质达标率不低于90%，海域生态环境恶化的趋势得到基本遏制；海洋公共服务能力偏低的状况得到初步扭转；海洋科技创新体系初步建成。

到2015年，初步建成海洋经济强省。海洋经济总量显著提升，海洋生产总值达到1.5万亿元，占全省生产总值的24%以上。海洋产业结构和空间布局进一步优化，海洋三次产业比例为3∶44∶53，珠三角、粤东、粤西三大海洋经济区全面发展，形成门类齐全、高端发展、创新引领的现代海洋产业体系和分工合理、优势集聚、辐射联动的区域发展格局。海洋综合管理体系进一步完善，建立起以生态系统为基础的海洋区域管理模式，实现海洋管理的法制化、规范化和信息化。各类海洋功能区水质达标率90%以上，基本消除水质劣于Ⅳ类标准的海洋功能区，近海生态环境普遍明显好转。海洋公共服务能力显著提高，初步建成海洋监测、预警、预报、应急处置等防灾减灾体系以及海洋管理技术支撑体系。海洋自主创新能力明显提升，主要海洋科技领域达到国内领先水平。

23.2.2 广东省海洋经济发展"十二五"规划

《广东省海洋经济发展"十二五"规划》（以下简称《规划》）是指导"十二五"时期广东海洋经济发展的重要指导文件。按照《规划》，"十二五"时期，广东海洋经济发展将按照"加快转型升级、建设幸福广东"的战略部署，以科学发展为主题，以加快转变海洋经济发展方式为主线，以建设海洋强省为目标，以提高海洋经济核心竞争力和综合实力为导向，调整优化海洋经济结构，整合要素资源，着力提升海洋传统优势产业，培育发展海洋战略性新兴产业，加强海洋生态环境修复与保护，促进海洋经济全面协调可持续发展，努力把广东建成提升全国海洋经济国际竞争力的核心区和全国海洋生态文明建设的示范区。

《规划》在优化海洋经济空间布局上提出按照"集约布局、集群发展、海陆联动、生态优先"的要求，进一步优化海洋经济空间布局，着力构建"一核二极三带"的新格局。"一核"即珠江三角洲海洋经济优化发展区；"二极"为粤东海洋经济重点发展区、粤西海洋经济重点发展区；"三带"为广东省临海产业带、滨海城镇带和蓝色景观带。以珠三角为核心，同时培育粤东、粤西两个新的增长极，由"三带"构成生产、生活和生态三位一体的广东沿海经济带。在构建现代海洋产业体系上提出以大力提升传统优势海洋产业为基础，以培育发展战略性海洋新兴产业为支撑，以集约发展高端临海产业为重点，进一步优化产业结构，沿集聚化、园区化、融合化和生态化的路径，形成具有国际竞争力的现代海洋产业体系。

《规划》在提升海洋科技和教育的支撑能力上，将科技和教育作为海洋经济发展的重要支撑，充分发挥海洋科技教育资源的优势，推进科技和教育资源整合，加快科技体制创新，加快提高自主创新能力，推动科技成果向现实生产力转化，加快培养科技创新人才。

《规划》在推进海岛保护与开发上，提出按照科学规划、保护优先、合理开发、永续利用的基本原则推进海岛开发与保护。尽快制定和完善海岛保护和开发的地方性法规，建立海岛综合管理协调机制，制定海岛保护和利用规划，依法治岛、以法兴岛、以规划引导。加强海岛资源、环境的综合调查和海岛生态环境保护，建立海岛及其周边海域生态系统监控网络，定期开展生态评估。

《规划》在区域合作方面，提出要加强我省与港澳台、闽桂琼等周边地区的海洋经济合作，形成优势互补、互利共赢的区域合作关系，拓展我省海洋经济的发展空间，增强我省海洋经济的辐射带动能力。在海洋环境保护方面，提出要加强海洋生态环境修复与资源保护。提出坚持开发与保护并重、污染防治与修复并举，加强海洋与海岸带生态系统建设，坚持海陆同防同治，进一步增强海洋经济可持续发展能力，实现人海和谐。在保障上，提出从体制机制、投融资、基础设施建设、人才队伍建设等方面提出推动落实《规划》的措施。

23.2.3 广西北部湾经济区发展规划

广西壮族自治区地处华南、西南结合部，是我国面向东盟的重要门户和前沿地带，是西南地区最便捷的出海大通道，在促进区域协调发展、深化与东盟开放合作、维护国家安全和西南边疆稳定中具有重要战略地位。北部湾经济区功能定位是：立足北部湾、服务"三南"（西南、华南和中南）、沟通东中西、面向东南亚，充分发挥连接多区域的重要通道、交流桥梁和合作平台作用，以开放合作促开发建设，努力建成中国－东盟开放合作的物流基地、商贸基地、加工制造基地和信息交流中心，成为带动、支撑西部大开发的战略高地和开放度高、辐射力强、经济繁荣、社会和谐、生态良好的重要国际区域经济合作区。

根据《国务院关于进一步促进广西经济社会发展的若干意见》，广西北部湾经济区的发展战略：一是打造区域性现代商贸物流基地、先进制造业基地、特色农业基地和信息交流中心。充分发挥广西北部湾经济区和西江经济带集聚辐射带动作用，完善产业布局，加快发展先进制造业、高技术产业和现代服务业，大力发展特色农业，构建特色鲜明、集群发展、协调配套、竞争力强的现代产业体系。二是构筑国际区域经济合作新高地。加快建设并完善与东盟合作平台，拓展合作领域，扩大合作范围，创新合作机制，在中国－东盟自由贸易区中发挥更大作用，增强参与国际经济合作和竞争的能力，提升经济国际化水平，构建内外联动、互利共赢、安全高效的开放型经济体系。三是培育我国沿海经济发展新的增长极。依托沿海港口，进一步加强西南出海大通道建设，构建连接多区域的国际通道，积极发展临海现代产业，优化沿海经济布局，充分发挥后发优势，形成我国沿海新的经济增长极。四是建设富裕文明和谐的民族地区。坚持各民族共同团结奋斗、共同繁荣发展的主题，认真落实各项民族政策，珍惜和维护社会主义新型民族关系，加快民族地区经济社会发展，巩固和发展经济繁荣、社会进步、民族团结、边疆稳固的良好局面。为推进沿海沿江率先发展，完善区域发展总体布局，要积极做好以下三个方面。

1）充分发挥北部湾经济区引领带动作用

按照高起点、高水平、高标准的要求，加快实施广西北部湾经济区发展规划，坚持合理布局、有序开发，尽快将广西沿海打造成为西部大开发战略高地和重要的国际区域经济合作区。充分利用沿海港口优势，积极引进国内外大企业，重点发展石油化工、钢铁、林浆纸、修造船、电子信息、粮油加工、新能源等产业，培育壮大临港产业集群，加快形成临海先进制造业基地和现代物流基地。当前，要加快淘汰落后产能，积极推进企业兼并重组，进一步调整产业结构，适时建设防城港钢铁精品基地、钦州炼油二期、北海铁山港石化等重大项目。加快建设南（宁）北（海）钦（州）防（城港）一小时城市圈，加强与周边地区铁路、高速公路、航空等基础设施的对接和共建，增强城市群要素集聚作用，形成连接多区域的重要交通枢纽。鼓励在行政管理、财政、金融、投融资、土地和涉外经济等改革方面先行先试。落实鼓励类产业的税收优惠政策，开展城镇建设用地增加与农村建设用地减少挂钩试点。对已列入规划的项目，要加快核准、审批，提高行政办事效率。

2）积极打造西江经济带产业集聚优势

桂东、桂中、桂北沿西江地区，面向珠江三角洲，背靠西南腹地，交通运输便利，工业基础较好，要进一步整合资源、集聚优势，加快形成西江经济带。要加快西江黄金水道开发，提高通航能力，形成铁路、公路、水路相互衔接、优势互补的综合交通运输体系，有效降低综合物流成本，为产业拓展、提升、集聚提供强有力的支撑。以区域内重点城市为节点，以产业园区为载体，完善空间布局，形成分工明确、优势明显、协作配套的产业带。柳州要加大产业结构调整力度，做优做强汽车、机械、冶金、化工等产业，加快建设先进制造业基地。桂林要充分发挥旅游资源优势，打造国际旅游胜地，推进机械、汽配、橡胶、医药、特色农林产品精深加工等产业升级换代，进一步办好国家高新技术产业开发区。来宾要提升糖蔗综合加工利用水平，积极发展铝、锰深加工，培育壮大新兴资源加工型产业。梧州、玉林、贵港、贺州等地要加快与珠江三角洲地区的市场对接，改善投资环境，增强配套能力，主动承接东部产业转移，壮大产业规模，提升发展水平。抓紧研究制定西江经济带发展规划。

3）增强资源富集的桂西地区自我发展能力

桂西地区矿产、水能、旅游等资源富集，要积极实施优势资源开发战略，大力发展特色产业，积极探索老少边山穷地区加快发展的新路子。百色重点打造全国重要的铝工业基地和红色旅游目的地，加快发展煤炭、电力、农产品加工等产业。河池重点打造有色金属、水电和生态旅游基地，加快发展特色食品、桑蚕等产业。崇左重点发展糖业和锰深加工，加快发展旅游、水泥、剑麻深加工等产业。崇左、百色要利用沿边优势，加快发展边贸物流和出口加工业。

23.2.4 海南省海洋经济发展规划

海南是我国最大的经济特区和唯一的热带岛屿省份。建省办经济特区20多年来，经济社会发展取得显著成就。但由于发展起步晚，基础差，目前海南经济社会发展整体水平仍然较低，保护生态环境、调整经济结构、推动科学发展的任务十分艰巨。充分发挥海南的区位和资源优势，建设海南国际旅游岛，打造有国际竞争力的旅游胜地，是海南加快发展现代服务业，实现经济社会又好又快发展的重大举措，对全国调整优化经济结构和转变发展方式具有重要示范作用。

海南要积极发展服务型经济、开放型经济、生态型经济，形成以旅游业为龙头、现代服务业为主导的特色经济结构；着力提高旅游业发展质量，打造具有海南特色、达到国际先进水平的旅游产业体系；注重保障和改善民生，大力发展社会事业，加快推进城乡和区域协调发展，逐步将海南建设成为生态环境优美、文化魅力独特、社会文明祥和的开放之岛、绿色之岛、文明之岛、和谐之岛。

根据《国务院关于推进海南国际旅游岛建设发展的若干意见》，建设海南国际旅游岛有以下几个方面的战略定位：一是我国旅游业改革创新的试验区。充分发挥海南的经济特区优势，积极探索，先行试验，发挥市场配置资源的基础性作用，加快体制机制创新，推动海南旅游业及相关现代服务业在改革开放和科学发展方面走在全国前列。二是世界一流的海岛休闲度假旅游目的地。充分发挥海南的区位和资源优势，按照国际通行的旅游服务标准，推进旅游要素转型升级，进一步完善旅游基础设施和服务设施，开发特色旅游产品，规范旅游市场秩序，全面提升海南旅游管理和服务水平。三是全国生态文明建设示范区。坚持生态立省、环境优先，在保护中发展，在发展中保护，推进资源节约型和环境友好型社会建设，探索人与自然和谐相处的文明发展之路，使海南成为全国人民的四季花园。四是国际经济合作和文化交流的重要平台。发挥海南对外开放排头兵的作用，依托博鳌亚洲论坛的品牌优势，全方位开展区域性、国际性经贸文化交流活动以及高层次的外交外事活动，使海南成为我国立足亚洲、面向世界的重要国际交往平台。五是南海资源开发和服务基地。加大南海油气、旅游、渔业等资源的开发力度，加强海洋科研、科普和服务保障体系建设，使海南成为我国南海资源开发的物资供应、综合利用和产品运销基地。六是国家热带现代农业基地。充分发挥海南热带农业资源优势，大力发展热带现代农业，使海南成为全国冬季菜篮子基地、热带水果基地、南繁育制种基地、渔业出口基地和天然橡胶基地。

《国务院关于推进海南国际旅游岛建设发展的若干意见》提出要积极做好以下几个方面：

一是加强生态文明建设，增强可持续发展能力。包括：严格实行生态环境保护制度。广泛开展生态文明宣传教育，加强生态环境保护立法，完善生态环境保护责任制和问责制；加强生态建设。继续推进海防林恢复和建设工程、天然林保护工程，巩固退耕还林成果，完善海南国家级公益林补偿机制；大力推进节能减排。严格执行环境准入制度，严格主要污染物排放总量控制，严禁高耗能、高耗水、高排放和产能过剩行业发展，加大淘汰高耗能、高耗水、高排放和落后产能的力度。强化环境污染防治。完善污水、垃圾处理费征收政策，建立健全治污设施正常运营保障机制。开展入海河流、直排污染源和南海海域环境监测，建立环境质量例行监测公报和重点海域污染物排海总量控制制度等。

二是发挥海南特色优势，全面提升旅游业管理服务水平。包括：建设富有海南特色的旅游产品体系。依托优势资源，发展特色旅游产品，进一步优化旅游产品结构；打造精品旅游景区。科学规划和布局景区景点，精心设计旅游线路，优化时间、空间配置，逐步形成区域特色明显、山海互补的旅游格局，塑造"阳光海南、度假天堂"的整体旅游形象。进一步规范旅游市场秩序。推进旅游服务标准化和国际质量认证，在旅游餐饮、住宿、交通、景区、旅行社、导游、购物及应急管理等方面，加快建立与国际通行规则相衔接的旅游服务标准体系；加强旅游公共服务体系建设。进一步转变政府职能，深化改革，建立健全政府引导、行业自律、企业依法自主经营的旅游管理体制和运行机制。

三是大力发展与旅游相关的现代服务业，促进服务业转型升级。包括：加快发展文化体育及会展产业。加快发展文化产业，引进创意产业人才，大力发展文化创意、影视制作、演艺娱乐、文化会展和动漫游戏等各类文化产业，积极培育具有海南地域和民族特色的文化产业群；加快发展现代物流业。依托洋浦保税港区和海口综合保税区，大力发展航运、中转等业务，促进国际物流和保税物流加快发展；保持房地产业平稳健康发展。积极引导和发展与旅游业相适应的房地产业，科学规划房地产业发展的类型、规模和速度，鼓励有实力、有信誉的企业发展富有海南特色、高品质的星级宾馆、度假村等房地产项目；加快发展金融保险业。鼓励金融机构调整和优化网点布局，完善服务设施。

四是积极发展热带现代农业，加快城乡一体化进程。包括：积极发展热带现代农业。大力发展热带水果、瓜菜、畜产品、水产品、花卉等现代特色农业；加快推进城乡一体化。根据资源环境承载能力和综合发展条件，科学确定功能分区，优化区域空间布局。

五是加强基础设施建设，增强服务保障能力。包括：构建安全、方便、快捷的综合交通运输体系。完善进出岛交通基础设施条件，推进琼州海峡跨海通道工程前期工作；加强能源、水利等基础设施建设。进一步优化能源结构，提高清洁能源比重，推进昌江核电项目；加强信息网络设施建设。大力发展有线和无线宽带网络，推进数字海南建设，实现高速宽带无线网络覆盖全岛。

六是推进以改善民生为重点的社会建设，加快形成人文智力支撑。包括：加强人力资源建设。合理控制人口规模，努力提高人口素质，全面提高中小学教育质量，推进义务教育均衡发展；加快公共文化服务体系建设。统筹考虑当地居民与游客的需求，推进乡镇综合文化站和村级文化活动室建设，进一步完善县级图书馆、文化馆的设施设备条件，大力加强城市及社区公共文化体育设施建设，建立公共文化体育机构正常运行的经费和人才保障机制；完善城乡医疗卫生服务体系。在海口、三亚等地建设区域性医疗中心，健全农村三级卫生服务网络和城市社区卫生服务体系，推进建立国家基本药物制度，提高城乡医疗卫生服务质量和水平。营造文明和谐的社会环境。深入开展群众性精神文明创建活动，加强社会公德、职业道德、家庭美德和个人品德建设，培育讲文明、重礼仪、团结友善、热情好客的社会风尚。

七是充分利用本地优势资源，集约发展新型工业。集约发展新型工业。坚持在不污染环境、不破坏资源、不搞重复建设的原则下集约发展新型工业，绝不以牺牲生态环境为代价盲目追求工业扩张；鼓励发展高技术产业。加快建设海南生态软件园和三亚创意产业园，鼓励和吸引国内外知名信息技术企业向园区集聚，根据国家软件产业发展规划和产业基地建设总体布局，积极支持海南发展软件和信息服务业，逐步形成软件产业基地；加快发展海洋经济。加大海洋石油资源勘探开发力度，提高海洋油气资源开发利用水平，把海南建成南海油气资源勘探开发服务和加工基地。

八是加强组织协调，落实各项保障措施。包括：加大政策支持。在政策、资金、项目安排等方面给予特殊扶持。

23.3 南海区域海洋经济管理

23.3.1 广东省海洋经济管理与发展

广东省委、省政府历来高度重视海洋工作，始终把海洋工作作为全省经济社会发展的重要领域进行研究部署，广东率先在全国以省委、省政府名义召开全省海洋工作会议，出台了一系列海洋方面的专门文件。

1993年广东省召开的第一次海洋工作会议，吹响了向海洋进军的号角；1995年第二次海洋工作会议，出台了《中共广东省委、广东省人民政府关于加快发展海洋渔业的决定》（粤发〔1995〕11号），提出了加快海洋渔业发展的政策部署；1997年第三次海洋工作会议提出了一手抓开发，一手抓管理的要求；1999年第四次海洋工作会议制定了关于加快海洋综合开发的意见，在2000年出台了《中共广东省委、广东省人民政府关于推进海洋综合开发的意见》（粤发〔2000〕1号），提出了"大力推进海洋综合开发，加快海洋经济发展"的战略部署。2003年底，在湛江召开了第五次海洋经济工作会议，出台了《中共广东省委、广东省人民政府关于加快发展海洋经济的决定》（粤发〔2004〕3号），提出了广东要"走出一条海洋经济发展的新路子，率先建成具有全国领先水平的蓝色产业带，在沿海地区率先实现全面小康社会"的要求。2008年11月，广东省在汕头召开了第六次全省海洋工作会议。会前，省委、省政府印发了《关于促进海洋经济科学发展的决定》，明确提出到"十二五"末广东省海洋生产总值占全省生产总值的20%，初步建成海洋经济强省。会上作出了"因海而兴是广东发展历史的重要特征"的科学论断，强调广东过去的发展离不开海洋，现在的发展仍离不开海洋，将来的发展更离不开海洋。明确了"争当全国海洋事业科学发展的排头兵，努力把广东建成提升全国海洋经济国际竞争力的核心区、海洋经济科学发展的示范区"的战略定位。

广东省第六次全省海洋会议，明确提出了广东省海洋工作必须以建设海洋经济强省为目标，以提高产业竞争力和现代化水平为核心，以建设珠三角、粤东、粤西三大海洋经济区为重点，以构建海洋科技创新体系为突破口，加快转变海洋经济发展方式，调整优化海洋经济结构，加大海洋基础设施和新渔区建设力度，加强海洋环境保护和水生生物资源养护，完善海洋科技支撑服务体系，切实解决涉及渔业、渔村、渔民的重点民生问题，努力实现"数字海洋、生态海洋、安全海洋、和谐海洋"，促进海洋经济全面协调可持续发展，为推动全省经济社会又好又快发展发挥更大作用、作出更大贡献。这次海洋会议后，出台的《关于促进海洋经济科学发展的决定》提出了建立起以生态系统为基础的海洋区域管理模式，实现海域管理的法制化、规范化、信息化。海洋可持续发展能力增强，近岸重点海域污染恶化和生态破坏趋势基本得到遏制，重要生态系统得到有效监控，海洋功能区环境质量全面达标。海洋公益服务能力显著提高，建立起完善的海洋监测、预警、预报、应急处置等防灾减灾体系以及海洋管理技术支撑体系。海洋开发自主创新能力明显提升，主要海洋科技领域达到国内领先水平。现代渔业建设稳步推进，建成一批标准化渔港、标准化鱼塘、标准化养殖基地，建成一批新渔村、培育一批新渔民、发展一批新型专业合作组织。

此外，为进一步加强对海洋工作的领导，统筹海陆经济协调发展，加快推动海洋经济强省建设步伐。2008年11月10日，省政府成立了由省长任组长、分管副省长任副组长，各涉海部门为成员的省海洋工作领导小组，领导小组办公室设在省海洋与渔业局，强化了对全省海洋经济发展工作的领导和协调，形成新阶段海洋工作合力。

广东省的每一次海洋工作会议的召开，都认真总结前一阶段海洋工作进展，详细分析海洋发展面临的机遇和挑战。同时，对于不同阶段国家的发展政策和国际海洋发展趋势的变化，及时调整海洋发展方向和侧重点，提出极具建设性的战略思想，并制定如何加快我省海洋发展的各种海洋政策、文件，指导海洋事业健康有序地发展。六次全省海洋工作会议间接反映了广东省海洋经济管理水平不断提高，对广东省海洋事业发展起了积极的指导、规范和推动作用。今后，广东将以推进海洋经济综合试验区建设为重要发展契机，重点突出做好以下六个方面：

（1）着力构建"三大海洋经济主体功能区"。珠三角海洋经济优化发展区要重点推进广州南沙、深圳前海、珠海高栏以及大亚湾、广海湾等区域开发。粤东海洋经济重点发展区要着力推进柘林湾、广澳湾、海门湾、惠来海岸、红海湾、南澳岛等区域开发。粤西海洋经济重点发展区要着力推进湛江湾、水东湾、海陵湾、东海岛、海陵岛等区域开发。

（2）着力构建现代海洋产业体系。大力发展深蓝渔业，加快建设一批海上产业园，建设一支装备先进和生产力水平较高的现代化远洋渔业船队、一批功能齐备的远洋渔业基地。提升发展滨海旅游业，重点发展滨海生态休闲、海水运动、滨海体验，培育游艇、邮轮旅游等新产品。启动建设一批海洋产业园区，重点推进广州、江门等地大型船舶修造基地以及珠海、东莞、中山等地游艇建造基地建设，加快广州、深圳、珠海等生物医药科技产业园建设，推进广钢环保迁建湛江、中科合资广东炼化一体化、中委广东石化炼油等重大临海项目建设。

（3）着力实施科技兴海战略。按照将广东省建成"海洋科技创新和成果高效转化集聚区"的部署，大力实施科技兴海战略。按照政产学研有机结合的模式，加快构建一批海洋科技创新平台，加强海洋工程装备制造、海洋可再生能源利用、海水综合利用等高新技术重大专项攻关。加快海洋学科领军人才引进培养，加强中山大学、广东海洋大学、广东省石化工学院等院校海洋人才教育，推进建设广东海洋工程职业技术学院。

（4）着力推进南海资源保护利用。充分利用国家明确将广东省建成南海资源保护开发重要基地、支持广东省参与油气资源开发的有利机遇，大力推进南海油气、矿产、深海生物等资源的勘探开发。加快发展深海海洋装备制造业，推进建设南海油气资源勘探开发后勤基地、油气终端处理和加工储备基地，建立国际一流的石油勘探开发综合性服务体系。加快粤东、粤中、粤西三大维权执法基地建设，为我国南海保护利用和权益维护提供有力保障。

（5）着力强化海洋生态环境保护。按照将广东省建成"加强海洋生态文明建设的示范区"的战略定位，把海洋生态环境保护放在推进海洋经济综合试验区的建设重要位置。加强红树林、珊瑚礁、滨海湿地等典型海洋生态系统保护，新建一批海洋保护区、海洋公园。加大海洋生物资源养护力度，建设一批海洋牧场。加强海洋环境监测和预警预报能力建设，提高海洋防灾减灾能力。

23.3.2 广西壮族自治区海洋经济管理与发展

2008年国务院批准实施《广西北部湾经济区发展规划》，标志着广西发展海洋经济进入了一个新的阶段。在海洋管理政策方面，广西壮族自治区党委、政府出台了一系列政策，对广西海洋产业发展，包括在土地政策、人才、财政支持、产业支撑方面都有非常明细的阐述，为抓住广西经济社会发展的大好机遇，保障广西海洋经济又好又快发展，广西在海洋经济管理方面提出一系列发展措施政策。"十二五"时期，广西海洋经济将紧紧围绕广西经济社会发展大局，立足于北部湾经济区的总体规划，依托区位优势，今后，海洋经济管理将重点做好以下六个方面：

1）运用行政手段，提高可持续发展的综合管理能力

一是加强领导，强化责任。沿海各级政府主要领导要重视海洋的可持续发展，将海洋开发利用与保护纳入日常工作议程。政府要成立一把手负总责的海洋工作领导小组和海洋经济工作领导小组，统筹协调和解决海洋工作和经济发展中的重大问题。各涉海部门应建立和完善严格的目标考核责任制和奖惩制度，明确任务，落实相应责任。

二是制订规划，有序开发。广西海洋资源丰富，发展海洋经济得天独厚。要实现海洋经济快速、健康、可持续发展，必须抓住规划这个"龙头"。广西将综合考虑国民经济和社会发展的需要，摸清海洋资源和环境承载力，制定各类海洋资源开发、利用、配置和保护的规划。近两年，结合《广西北部湾经济区发展规划》，广西已经出台了《广西关于全面实施广西北部湾经济区发展规划的决定》、《广西海洋产业规划》等规划和指导性文件，有力地推动了海洋工作。近期，自治区党委、自治区人民政府正在研究制定《关于加快我区海洋经济发展的决定》，同时正抓紧制定和实施《广西海洋事业发展规划》、《广西"十二五"海洋经济发展规划》、《广西海洋主体功能区划》、《广西科技兴海规划》等。

三是抓好论证，科学决策。要依法实施建设项目海域使用论证、实施海洋工程环境影响评价制度。对各类工程用海项目的用海合理性、必要性、可行性及对海洋环境影响等方面进行评价和论证，判断各类工程用海项目是否超过海域环境的承载能力，能否符合用海条件，实现与环境保护相协调发展。积极探索重大项目和重大决策的可持续发展影响评价制度，建立公众参与综合决策的渠道，努力提高公共服务水平。

四是规范程序，严格审批。严格落实政务公开制度。审批程序公开、透明；严格执行海洋功能区划制度，不符合功能区划的各类申报项目，不予通过；严格执行建设用海指标管理，对围填海项目实施年度计划管理，实行地方计划指标统一管理，重点保障基础设施、产业政策鼓励发展项目和民生领域用海需求。确保国务院批准的沿海发展战略和区域规划得到有效落实。同时，将制定和出台项目用海面积控制指标，对区域建设用海和重点产业用海面积实行指标控制，防止盲目圈占、浪费海域资源。

2）运用经济手段，实现市场调节与政府调控相衔接

一是广西将重点支持改善投资软硬环境而进行的基础性、公益性建设项目及基础性研究。对于具有战略性质的海洋资源开发利用，要将市场调节和政府调控相衔接。要注意发挥市场供求关系自发调节的作用，逐步尝试海域使用权的招投标、拍卖和挂牌出让，推进海洋资源利用的市场化运作。

二是合理配置资源，助推海洋产业结构调整。经初步核算，2010年广西海洋经济生产总值570亿元，其中海洋第一产业增加值107亿元，第二产业增加值233亿元，第三产业增加值229亿元，主要海洋产业总值342亿元。总体而言，广西海洋产业总量小，产业结构不合理。因此需要通过区划、布局规划、使用审批、产业政策引导、海域使用金征收和量化指标管理等对资源进行合理配置，助推海洋产业结构调整。要实现广西海洋经济的跨越发展，在

进一步抓好传统海洋产业，尤其在深化港口体制改革、将沿海三港组建为综合性港口群的同时，必须推进临海大产业发展，提高二、三产业的比重。依托沿海区位和生态环境优势发展临海工业、海洋工业。第三产业以旅游业为重点，大力发展休闲、度假、娱乐等具有特色的滨海旅游业。

3）通过科教力量，为推进可持续发展提供强有力的支撑

一是大力实施科技兴海战略。①大力引进及大幅整合广西海洋科技和人才资源，推动重点实验室、工程技术中心、监测中心建设，加快筹建广西海洋研究院、海洋科技信息中心、海洋灾害预警预报及应急响应中心等海洋事业机构。支持、鼓励有条件的企业自办或与科研院所、大专院校联合创办海洋研发中心，促进科技成果转化。②建立自治区海洋经济专家咨询机制，为政府领导决策提供智力帮助。③积极推动海洋科技成果产业化，加强科技攻关和先进实用技术的开发、示范和推广。

二是开展"数字海洋"建设。增强信息科技对海洋综合管理、海洋防灾减灾预报能力的支撑。

三是大力发展海洋教育。在钦州学院加挂钦州海洋学院牌子，开设相关海洋应用专业，为地方培养应用型海洋人才。

四是做好海洋知识的宣传和普及工作。增强公众对海洋可持续开发利用的认识。

4）提高公益服务能力，保障海洋经济活动的顺利进行

一是加强海洋环境监测能力建设。以陆源污染防治为重点，以恢复和改善北部湾生态系统为立足点，提高监测设备的装备水平，完善海洋环境监测系统与评价体系，支持、鼓励发展生态型种植业、养殖业，加大入海河口的综合整治，进一步推进海洋生态和环境保护体系建设。

二是加强防灾减灾能力建设。要落实自治区和沿海各市赤潮和风暴潮海啸应急预案，积极开展应急机构建设、应急联动机制建立、救灾设备物资准备和相关基础研究等方面工作。通过建立自治区海洋信息中心，使之成为与广西海洋事业相适应的海洋信息服务系统，在海洋灾害预报和海洋统计信息方面逐步扩展功能和信息量。完善沿岸堤防工程，建立海上安全救助与污染应急系统，尤其要制订海上污染损害应急方案，配备海上溢油事故的基本应急设备，与北部湾各海区形成区域救护援助体系。

5）运用法律手段，维护海洋资源的有序利用

一是广西要加快法制建设步伐。进一步建立健全地方性涉海法规规章，完善涉海审批、重大行政决定的规划符合性审查制度。要借鉴兄弟省市的成功经验，力争尽早出台《广西壮族自治区海域使用补偿办法》、《围填海计划管理办法》、《养殖用海招标拍卖挂牌管理办法》等法规制度，努力做到依法治海，依法管海。

二是要加大执法力度。严惩各类违法用海、损害海洋生态资源的行为，保障海洋资源合法、有序地开发利用。

6）加强广泛合作，为可持续发展创造良好的环境

广西北部湾经济区处于中国–东盟自由贸易区、泛北部湾经济合作区、大湄公河次区域、

中越"两廊一圈"、泛珠三角经济区、西南6省（区、市）协作等多个区域合作交汇点，广西需要积极参与全球环境合作，利用国际国内两种资源和两个市场，推动北部湾海洋经济的可持续发展。

23.3.3 海南省海洋经济管理与发展

海南省是海洋大省，拥有广阔的海域、丰富的海洋资源和独具特色的海洋文化。海南提出实施陆海统筹发展战略，重点加强陆海规划衔接、综合开发陆海资源、协调陆海产业发展、加强陆海生态环境保护、理顺陆海管理体制机制、加强陆海国防建设等，贯彻国家海洋发展战略，推动海南国际旅游岛建设。

1）统筹陆海发展战略

加大沿海地区的开发力度，减少中部的开发力度，一些核心保护地区可以严禁开发。在制定发展战略的时候，要充分考虑到海洋、海岛和海岸带，强化以海带陆、海陆联动的发展意识，努力提高沿海地区的经济效益，同时加强中部地区生态环境保护，提高淡水资源的涵养能力，以维持海岛经济脆弱的生态系统，把海南岛建设成为一个可持续发展的生态岛。

2）统筹陆海规划

在组织规划编制过程中，要贯彻陆海联动的发展意识，加强规划之间的衔接，努力构建统一衔接的陆海规划体系。各部门专项规划应该统筹考虑陆地和海洋，特别是要关注到西南中沙群岛及其海域。各涉海部门规划应当以海南省海洋功能区划为布局依据，严格按照海岛、海岸带相关法律制订规划，沿海土地利用总体规划、城乡规划、港口规划涉及海域使用的，应当与海洋功能区划相衔接。

3）统筹陆海资源

充分利用陆海资源，加快陆海产业发展，在加强海洋资源勘探开发步伐的同时，陆地给予用地支持，形成以海带陆，以陆促海的发展局面。

一是建设南海油气资源勘探开发服务基地。支持大型石油公司加大海洋石油资源勘探开发力度，提高海洋油气资源开发利用水平，努力把海南建成南海油气资源勘探开发、加工和服务基地。适时规划建设海南国家石油战略储备基地，鼓励发展商业石油储备和成品油储备。

二是建设海洋渔业资源开发和服务基地。完善渔港体系建设，建成协调配套、功能齐全、布局科学的渔港体系。加快建设西、南、中沙渔业补给基地，加大西、南、中沙渔场的开发力度。在重点港口组建几个大型水产批发市场，完善冷冻仓储设施建设，建成几个大型水产品物流基地。加强渔业信息服务平台建设，促进传统渔业向现代渔业转变。

三是建设海洋科研基地。整合现有的海洋科技力量，组建省海洋科学研究院。支持海洋重点实验室和工程技术研究中心建设，争取设立国家南方海洋科研中心和科考基地。建设南海海洋科技研发基地和产业园区，加快海洋高科技产业化进程。建设国内先进水平的新药研发平台，加快发展海洋生物制药，增强海洋药物的自主研发能力，抢占新一轮经济和科技发展制高点。

4）统筹陆海产业

陆海产业密切相关，建立统一协调的陆海产业体系有利于海南经济健康快速发展。

一是发展海洋旅游业。充分利用稀缺的热带海湾海岸资源，高标准建设滨海度假景区，打造国家滨海休闲度假海岸。建设西沙群岛旅游开发基地，发展西沙旅游项目。尽快规划建设国际邮轮母港，策划邮轮旅游精品路线，逐步发展成为世界性的豪华邮轮旅游中心。

二是大力发展临港工业。按照"技术水平先进、经济效益好、环保水平高"的原则，在洋浦经济开发区和东方工业区集中打造油气化工产业。建立大型海洋工程装备修造基地、区域性船舶修造基地和游艇修造基地。

三是建设海南国际航运物流中心。以洋浦经济开发区为龙头，努力打造面向东南亚的航运枢纽、物流中心和出口加工基地。充分利用洋浦港的区位优势和洋浦保税区的政策优势，促进海南保税区物流产业共同发展。

5）统筹陆海环境

海洋生态系统是一个稳定性较大的生态系统，与陆域生态系统存在着较大的互补性。只有坚持陆海统筹，才能推进海岛的经济建设与环境保护协调发展，走可持续发展的道路。

一是加强陆海污染源的监管。控制陆源污染和海洋开发利用活动污染物排放和海洋倾废，实施重点港湾海洋排污总量控制制度，重点污染企业实现全面达标排放。

二是加强海岸带综合保护。以立法和规划为主要手段，提高海岸带综合管理水平。在东部，加强海岸带的保护和监管，形成以观光、休闲度假为主的旅游海岸；在西部，集中安排特定海岸带，集中布局、集约发展临港工业、海洋矿产、海洋油气化工业，提高经济效益，减少海洋污染。

三是加强保护和修复海洋生态环境。实施生物资源保养增殖等生态保护与修复工程，加强珍稀濒危海洋动物栖息地生态环境、海洋渔业资源及生物多样性的保护，使海洋生物资源衰退趋势得到初步遏制。重点保护好红树林、珊瑚礁和海草床等典型海洋生态系统。

6）统筹陆海管理

海洋开发是一个综合性的经济活动，涉及多个方面。海洋经济管理、海岸带保护与开发涉及多个部门的职责，协调好各涉海部门是提高海洋综合管理能力的关键。

一是要成立海南省海洋与海岸领导小组。成员由涉海厅局和沿海市县政府组成，明确各成员单位职责，加强各成员单位的横向联系，形成职责明确、分工合理、配合协调的管理体系。各级政府要围绕海洋经济发展的大局，各尽其职，各负其责，为海洋产业发展做好管理服务，形成开发海洋资源、发展海洋经济合力。

二是建立科学统一的海陆管理法规体系。完善地方立法内容，重点推进法规空白领域的地方性立法工作，增强陆海法规的针对性和可操作性。加强配套制度、配套措施、实施细则和工作规程等制度的制定与检查落实。要加强海洋渔业管理、海洋资源管理、海岛开发与保护、海域管理和海洋环境保护等法规体系建设。当前特别紧迫的是要加快海岸带保护与开发管理的立法步伐。海岸带保护与开发涉及众多部门，一方面每个部门的行政都有法可依，另一方面却是每一部法律纵向都到了底，但横向又都没有到边。这样就形成了遇到好事一哄而上，遇到问题又互相推诿，谁都管谁都不管的局面。

三是统筹陆海行政审批，赋予海域使用权、海岛使用权与物权法中其他物权以同等的法律地位。

23.4 小结

海洋问题历来是国家战略问题。1990年第45届联合国大会作出决议敦促世界沿海国家和地区将海洋开发列入国家发展战略。许多沿海国家和地区把海洋问题提升到国家战略的高度。纷纷把本国主权管辖海域作为"蓝色国土"加以开发、利用和保护，积极参与国际海底和大洋的勘探开发，向广袤的海洋索取陆地衰竭和缺乏的战略资源，争夺在海洋上的有利态势和战略利益。《中华人民共和国国民经济和社会发展第十二个五年规划纲要》第十四章专章论述关于推进海洋经济发展，要求"坚持陆海统筹，制定和实施海洋发展战略，提高海洋开发、控制、综合管理能力"。在国家对沿海地区的战略部署下，广东、广西、海南分别贯彻实施《广东海洋综合试验区发展规划》、《广西北部湾经济区发展规划（2006—2020）》、《关于推进海南岛国际旅游岛建设发展的若干意见》，南海区域海洋经济将在未来一个时期内完成对沿海区域经济和社会发展的战略性优化布局，为实现海洋经济又好又快发展打好基础。

"十二五"时期是推进海洋经济快速发展的重要战略机遇期，南海区域海洋经济要抓住时机，准确定位海洋经济发展战略，提升海洋综合管理水平，将南海优越的海洋资源优势转化为海洋经济优势，全面推动海洋事业实现跨越式发展，为建设和谐海洋、维护国家海洋权益作出应有的贡献。

参考文献

《中国海洋经济发展趋势与展望》课题组．中国海洋经济预测研究［J］．统计与决策，2005

艾万铸，陈瑛，杨娜．中国海洋经济发展前景分析［J］．海洋开发与管理，2008（2）

白福臣．中国沿海地区海洋经济可持续发展能力评价研究［J］．改革与战略，2009（4）

陈光良．海南经济史［M］．广州：中山大学出版社，2004

陈可文．中国海洋经济学［M］．北京：海洋出版社，2003

陈史坚．浩瀚的南海［M］．北京：科学出版社，1985

高强．我国海洋经济可持续发展的对策研究［J］．中国海洋大学学报，2004（3）

顾明．中国改革开放辉煌成就十四年 国家海洋局卷［M］．北京：中国经济出版社，1992

广东省国土厅．广东省国土资源［R］．广东省国土厅，1986

广东省海岸带和海涂资源综合调查大队，广东省海岸带和海涂资源综合调查领导小组．广东省海岸带和海涂资源综合调查报告［M］．北京：海洋出版社，1988

广东省政府发展研究中心．广东发展海洋经济报告书［R］．1998

广西壮族自治区海岸带和海涂资源综合调查领导小组．广西壮族自治区海岸带和海涂资源综合调查报告［M］．1986

国家海洋局．中国海洋21世纪议程［M］．北京：海洋出版社，1996

海洋发展战略研究所课题组．中国海洋发展报告［M］．北京：海洋出版社，2008

韩增林，栾维新．区域海洋经济地理理论与实践［M］．辽宁：辽宁师范大学出版社，2001

黄良民．中国海洋资源与可持续发展［M］．北京：科学出版社，2007

姜旭朝．中国海洋经济评论［M］．北京：经济科学出版社，2008

蒋铁民．中国海洋区域经济研究［M］．北京：海洋出版社，1990

金庆焕．南海地质与油气资源［M］．北京：地质出版社，1989

李克．海南经济特区定位研究［M］．海口：海南出版社，2000

李晓华．2008年中国可持续发展战略报告——政策回顾与展望［M］．北京：科学出版社，2008

李珠江，朱坚真．21世纪中国海洋经济发展战略［M］．北京：经济科学出版社，2007

刘洋，丰爱平，马林娜，刘大海．海洋产业经济的定量分析技术研究［J］．海洋开发与管理，2005（6）

卢兆发．建设广西渔业区域经济的战略思考［J］．海洋渔业，2002（1）

吕彩霞．世界主要海洋国家海洋管理趋势及我国的管理实践［J］．中国海洋报，2005

栾维新．中国海洋产业高技术化研究［M］．北京：海洋出版社，2003

罗鹏，白福臣，张莉．中国海洋经济前景预测［J］．渔业经济研究，2009（2）

罗钰如，等．当代中国的海洋事业［M］．北京：中国社会科学出版社，1985

罗章仁．华南港湾［M］．广州：中山大学出版社，1992

马志荣，张莉．海洋区域经济和谐发展的对策探讨［J］．经济问题探索，2006（3）

莫大同．广西通志 自然地理志［M］．南宁：广西人民出版社，1994

乔俊果．三种数学模型在海洋经济预测中的应用［J］．广东海洋大学学报，2008（2）

石家涛．海权与中国［M］．上海：复旦大学出版社，2006

史忠良．产业经济学［M］．北京：经济管理出版社，2005

王芳．中国海洋资源态势与问题分析［R］．国土资源，2003（8）

王诗成．蓝色的挑战［M］．北京：海洋出版社，2004

徐丛春，李双建．我国海洋经济发展趋势预测研究［J］．海洋开发与管理，2007（4）

徐建华．现代地理学中的数学方法［M］．北京：高等教育出版社，2004

徐志良，等．中国"新东部"——海陆区划统筹构想［M］．北京：海洋出版社，2008

徐质斌. 中国海洋经济发展战略研究 [M]. 广州：广东经济出版社，2007

杨金森. 海洋强国兴衰史略 [M]. 北京：海洋出版社，2007

杨丽娟，詹伟芳，张虹鸥. 广东海洋产业发展态势分析 [J]. 海洋开发与管理，2009（4）

叶向东. 海洋产业经济发展研究 [J]. 海洋开发与管理，2009（4）

殷克东，方胜民. 海洋强国指标体系 [M]. 北京：经济科学出版社. 2008

殷克东，秦娟，张斌，等. 基于数列灰预测的海洋经济预测 [J]. 海洋信息，2007（4）．

于谨凯，于海楠，刘曙光. 我国海洋经济区产业布局模型及评价体系分析 [J]. 产业经济研究，2008（2）

于永海，苗丰民，张永华，等. 区域海洋产业合理布局的问题及对策 [J]. 国土自然资源研究，2004（1）

张静，韩立民. 试论海洋产业结构的演进规律 [J]. 中国海洋大学学报（社会科学版），2006（6）

郑贵斌，高霜，李磊. 海洋经济发展的战略体系与战略集成创新 [J]. 生态经济，2009（10）

郑敬高. 海洋管理与海洋行政管理 [J]. 青岛海洋大学学报，2001（4）

中国海洋年间编纂委员会. 中国海洋年鉴（1998—2008）[M]. 北京：海洋出版社，1998-2008

中国科学院南沙综合科学考察队. 南沙群岛及其邻近海区综合调查研究报告 [M]. 北京：科学出版社，1989

朱启贵. 可持续发展报告 [M]. 上海：上海财经大学出版社，1999

朱小檬，栾维新，孙爱田. 海洋经济前景预测分析 [J]. 大连海事大学学报（社会科学版），2009（2）